U0729332

中国三峡集团招标文件范本

项目类型：水力发电工程

建筑与安装工程类招标文件范本

（2017 年版）

中国长江三峡集团有限公司　编著

中国三峡出版传媒

中国三峡出版社

图书在版编目（CIP）数据

建筑与安装工程类招标文件范本：2017年版/中国长江三峡集团有限公司编著．—北京：中国三峡出版社，2018.6

中国三峡集团招标文件范本

ISBN 978-7-5206-0052-1

Ⅰ．①建… Ⅱ．①中… Ⅲ．①三峡水利工程—建筑安装—招标—文件—范本 Ⅳ．①TV512

中国版本图书馆 CIP 数据核字（2018）第 135943 号

责任编辑：李　东

中国三峡出版社出版发行

（北京市西城区西廊下胡同 51 号　　　100034）

电话：(010) 57082645 57082655

http://www.zgsxcbs.cn

E—mail：sanxiaz@sina.com

北京华联印刷有限公司印刷　新华书店经销

2018 年 6 月第 1 版　2018 年 6 月第 1 次印刷

开本：787×1092 毫米　1/16　印张：40.75

字数：770 千字

ISBN 978-7-5206-0052-1　定价：208.00 元

编 委 会

主　　任　张　诚

副 主 任　彭　冈　钱锁明

委　　员　张曙光　程永权　王湘潭　毕为民　胡　斌　孙志禹　吴卫江　洪文浩

　　　　　张成平　胡伟明　王毅华　李　斌　江　华　黄日福　张传红　刘　锋

　　　　　陈俊波　刘先荣　冯选群　曾　洪　黄子安　李毅军　马　可　丁琦华

　　　　　薛福文　关杰林　李　峡　王武斌　李　巍

主　　编　钱锁明

副 主 编　李毅军　马　可

本册主编　苗永光　孙晓明　刘　峰

编写人员　（按姓氏笔画排序）

　　　　　万志鸿　王克祥　吕宗强　邬　昆　刘　琨　刘　鲲　刘　攀　许传稳

　　　　　苏兴明　李大鹏　李云城　李　政　杨　帆　余　飔　汪红宇　宋良丰

　　　　　金殷伟　於蓓蓓　孟少魁　胡长浩　柳　意　唐　清　黄卫华　彭　帅

　　　　　程　惠　廖雪源

前　言

　　1992 年，经全国人大批准，三峡工程开工建设。中国长江三峡集团有限公司（原名"中国长江三峡工程开发总公司"，以下简称"三峡集团"）作为项目法人，积极推行"项目法人负责制、招标投标制、工程监理制、合同管理制"，对控制"质量、造价、进度"起到了重要作用。三峡工程招标采购管理的改革实践，引领了当时国内大水电招标采购管理，为国家制定招投标方面的法律法规提供了宝贵的实践经验。三峡工程吸引了全国乃至全世界优秀的建筑施工企业、物资供应商和设备制造商参与投标、竞争，三峡集团通过择优选取承包商，实现了资源的优化配置和工程投资的有效控制。三峡集团秉承"规范、公正、阳光、节资"的理念，打造"规范高效、风险可控、知识传承"的招标文件范本体系，持续在科学性和规范性上深耕细作，已发布了覆盖水电工程、新能源工程、咨询服务等领域的 100 多个招标文件范本。招标文件范本在公司内已经使用 2 年，对提高招标文件编制质量和工作效率发挥了良好的作用，促进了三峡集团招标投标活动的公开、公平和公正。

　　本系列招标文件范本遵照国家《标准施工招标文件》（2007 年版）体例和条款，吸收三峡集团招标采购管理经验，按照标准化、规范化的原则进行编制。系列丛书分为水力发电工程建筑与安装工程、水力发电工程金结与机电设备、水力发电工程大宗与通用物资、咨询服务、新能源工程 5 类 9 册 15 个招标文件范本。在项目划分上充分考虑了实际项目招标需求，既包括传统的工程、设备、物资招标项目，也包括科研项目和信息化建设项目，具有较强的实用性。针对不同招标项目的特点选择不同的评标方法，制定了个性化的评标因素和合理的评标程序，为科学选择供应商提供依据；结合三峡集团的管理经验细化了合同条款，特别是水电工程施工、机电设备合同条款传承了三峡工程建设到金沙江 4 座巨型水电站建设的经验；编制了有前瞻性的技术条款和技术规范，部分项目采用了三峡标准，发挥企业标准的引领作用；对于近年来备受关注的电子招标投标、供应商信用评价、安全生产、廉洁管理、保密管理等方面，均编制了具备可操作性的条款。

招标文件编制涉及的专业面广，受编者水平所限，本系列招标文件范本难免有不妥当之处，敬请读者批评指正。

联系方式：ctg＿zbfb@ctg.com.cn。

编者

2018 年 6 月

目　录

水电工程施工招标文件范本

水电工程施工招标文件范本

中国三峡 China Three Gorges Corporation

QZ/CTG 01. 01. V2—2017

_____项目施工招标文件

招标编号：_____

招标人：

招标代理机构：

20____年____月____日

使用说明

一、《招标文件》适用于中国长江三峡集团有限公司大中型水电建设项目的土建工程施工招标。小水电建安工程项目招标文件可参考本标准招标文件进行编制。

二、《招标文件》用相同序号标示的章、节、条、款、项、目，供招标人和投标人选择使用；以空格标示的由招标人填写的内容，招标人应根据招标项目具体特点和实际需要具体化，确实没有需要填写的，在空格中用"/"标示。

三、《招标文件》第一章的招标公告或投标邀请书中，投标人资格要求按照单一标段编写。多标段招标时，可并列编写各标段投标人资格要求。

四、招标人可以根据项目实际情况，约定是否允许投标文件偏离招标文件的某些要求，并对《招标文件》第二章"投标人须知"前附表第1.12款中的"偏离范围"和"偏离幅度"进行约定。

五、《招标文件》第三章"评标办法"采用综合评估法，评标办法各评审因素的评审标准、分值和权重基于大型水电工程进行设定。对中小型水电主体工程施工项目，可根据项目特点参照设置调整技术部分的评审因素和权重。

六、《招标文件》第四章"合同条款及格式"中，结合中国长江三峡集团有限公司水电建设项目以往招标范本进行针对性修改，便于标段合并。

七、《招标文件》第五章"工程量清单"由招标人根据招标项目具体特点和实际需要进行细化和完善，并与"投标人须知"、"合同条款及格式"、"技术标准和要求"、"图纸"相衔接。本章所附表格可根据有关规定作相应的调整和补充。

八、《招标文件》第六章"图纸"由招标人根据招标项目具体特点和实际需要编制，并与"投标人须知"、"合同条款及格式"和"技术标准和要求"相衔接。

九、《招标文件》第七章"技术标准和要求"由招标人根据招标项目具体特点和实际需要编制。"技术标准和要求"中的各项技术标准应符合国家强制性标准。

十、《招标文件》将根据实际执行过程中出现的问题及时进行修改。各使用单位对《招标文件》的修改意见和建议，可向编制工作小组反映。

邮箱：ctg _ zbfb@ctg.com.cn

第一章　招标公告（未进行资格预审）

　（项目名称及标段）　施工招标公告

1　招标条件

本招标项目　（项目名称及标段）　已获批准建设，建设资金来自　（资金来源）　，招标人为　中国长江三峡集团有限公司　，招标代理机构为　三峡国际招标有限责任公司　。项目已具备招标条件，现对该项目的施工进行公开招标。

2　项目概况与招标范围

2.1　项目概况

＿＿＿＿＿＿＿＿＿＿（说明本次招标项目的建设地点、规模等）。

2.2　招标范围

＿＿＿＿＿＿＿＿＿＿（说明本次招标项目的招标范围、标段划分（如果有）、计划工期等）。

3　投标人资格要求

3.1　本次招标要求投标人须具备以下条件：

（1）资质条件：＿＿＿＿＿＿＿＿＿＿；

（2）财务要求：＿＿＿＿＿＿＿＿＿＿；

（3）业绩要求：＿＿＿＿＿＿＿＿＿＿；

（4）项目经理要求：＿＿＿＿＿＿＿＿；

（5）信誉要求：未处于中国长江三峡集团有限公司限制投标的专业范围及期限内；

（6）其他要求：＿＿＿＿＿＿＿＿＿＿。

3.2　本次招标　（接受或不接受）　联合体投标。联合体投标的，应满足下列要求：＿＿＿＿＿＿＿＿＿。

3.3　投标人不能作为其他投标人的分包人同时参加投标。单位负责人为同一人或者存在控股、管理关系的不同单位，不得参加同一标段投标或者未划分标段的同一招标项目投标。

3.4 各投标人均可就上述标段中的 （具体数量） 个标段投标。

4 招标文件的获取

4.1 招标文件发售时间为＿＿＿年＿＿月＿＿日＿＿时整至＿＿＿年＿＿月＿＿日＿＿时整（北京时间，下同）。

4.2 招标文件每标段售价＿＿＿元，售后不退。

4.3 有意向的投标人须登录中国长江三峡集团有限公司电子采购平台（网址：http://epp.ctg.com.cn，以下简称"电子采购平台"，服务热线电话：＿＿＿＿＿）进行免费注册成为注册供应商，在招标文件规定的发售时间内通过电子采购平台点击"报名"提交申请，并在"支付管理"模块勾选对应条目完成支付操作。潜在投标人可以选择在线支付或线下支付（银行汇款）完成标书款缴纳：

（1）在线支付（单位或个人均可）时请先选择支付银行，然后根据页面提示进行支付，支付完成后电子采购平台会根据银行扣款结果自动开放招标文件下载权限；

（2）线下支付（单位或个人均可）时须通过银行汇款将标书款汇至三峡国际招标有限责任公司的开户行：工商银行＿＿＿＿＿支行（账号：＿＿＿＿＿）。线下支付成功后，潜在投标人须再次登录电子采购平台，依次填写支付信息、上传汇款底单并保存提交，招标代理机构工作人员核对标书款到账情况后开放下载权限。

4.4 若超过招标文件发售截止时间则不能在电子采购平台相应标段点击"报名"，将不能获取未报名标段的招标文件，也不能参与相应标段的投标，未及时按照规定在电子采购平台报名的后果，由投标人自行承担。

5 电子身份认证

投标文件的网上提交需要使用电子钥匙（CA）加密后上传至本电子采购平台（标书购买阶段不需使用CA电子钥匙）。本电子采购平台的相关电子钥匙（CA）须在＿＿＿＿＿指定网站办理（网址：＿＿＿＿＿，服务热线电话：＿＿＿＿＿），请潜在投标人及时办理，以免影响投标，由于未及时办理CA影响投标的后果，由投标人自行承担。

6 投标文件的递交

6.1 投标文件递交的截止时间（投标截止时间，下同）为＿＿＿年＿＿＿月＿＿＿日＿＿＿时整。本次投标文件的递交分现场递交和网上提交，现场递交的地点为＿＿＿＿＿；网上提交的投标文件应在投标截止时间前上传至电子采购平台。

6.2 在投标截止时间前，现场递交的投标文件未送达到指定地点或者网上提交的投标文件未成功上传至电子采购平台的，招标人不予受理。

7　发布公告的媒介

本次招标公告同时在中国招标投标公共服务平台（http：//www.cebpubservice.com）、中国长江三峡集团有限公司电子采购平台（http：//epp.ctg.com.cn）、三峡国际招标有限责任公司网站（www.tgtiis.com）上发布。

8　联系方式

招　标　人：＿＿＿＿＿＿＿＿＿　　招标代理机构：＿＿＿＿＿＿＿＿＿

地　　　址：＿＿＿＿＿＿＿＿＿　　地　　　址：＿＿＿＿＿＿＿＿＿

邮　　　编：＿＿＿＿＿＿＿＿＿　　邮　　　编：＿＿＿＿＿＿＿＿＿

联　系　人：＿＿＿＿＿＿＿＿＿　　联　系　人：＿＿＿＿＿＿＿＿＿

电　　　话：＿＿＿＿＿＿＿＿＿　　电　　　话：＿＿＿＿＿＿＿＿＿

传　　　真：＿＿＿＿＿＿＿＿＿　　传　　　真：＿＿＿＿＿＿＿＿＿

电子邮箱：＿＿＿＿＿＿＿＿＿　　电子邮箱：＿＿＿＿＿＿＿＿＿

招标采购监督：＿＿＿＿＿＿＿＿＿

联　系　人：＿＿＿＿＿＿＿＿＿

电　　　话：＿＿＿＿＿＿＿＿＿

传　　　真：＿＿＿＿＿＿＿＿＿

＿＿＿＿＿年＿＿月＿＿日

第一章　投标邀请书（适用于邀请招标）

　　（项目名称及标段）　　施工投标邀请书

　　（被邀请单位名称）　：

1　招标条件

本招标项目　（项目名称及标段）　已获批准建设，建设资金来自　（资金来源）　，招标人为　中国长江三峡集团有限公司　，招标代理机构为　三峡国际招标有限责任公司　。项目已具备招标条件，现邀请你单位参加　（项目名称及标段）　施工投标。

2　项目概况与招标范围

2.1　项目概况

_____（说明本次招标项目的建设地点、规模等）。

2.2　招标范围

_____（说明本次招标项目的招标范围、标段划分（如果有）、计划工期等）。

3　投标人资格要求

3.1　本次招标要求投标人须具备以下条件：

（1）资质条件：_____；

（2）财务要求：_____；

（3）业绩要求：_____；

（4）项目经理要求：_____；

（5）信誉要求：未处于中国长江三峡集团有限公司限制投标的专业范围及期限内；

（6）其他要求：_____。

3.2　你单位　（可以或不可以）　组成联合体投标。联合体投标的，应满足下列要求：_____。

3.3　投标人不能作为其他投标人的分包人同时参加投标。单位负责人为同一人或者存在控股、管理关系的不同单位，不得参加同一标段投标或者未划分标段的同一招标项目投标。

3.4　各投标人均可就上述标段中的＿＿（具体数量）＿＿个标段投标。

4　招标文件的获取

4.1　招标文件发售时间为＿＿＿＿年＿＿月＿＿日＿＿时整至＿＿＿＿年＿＿月＿＿日＿＿时整（北京时间，下同）。

4.2　招标文件每标段售价＿＿＿元，售后不退。

4.3　有意向的投标人须登录中国长江三峡集团有限公司电子采购平台（网址：http://epp.ctg.com.cn，以下简称"电子采购平台"，服务热线电话：＿＿＿＿＿＿）进行免费注册成为注册供应商，在招标文件规定的发售时间内通过电子采购平台点击"报名"提交申请，并在"支付管理"模块勾选对应条目完成支付操作。潜在投标人可以选择在线支付或线下支付（银行汇款）完成标书款缴纳：

（1）在线支付（单位或个人均可）时请先选择支付银行，然后根据页面提示进行支付，支付完成后电子采购平台会根据银行扣款结果自动开放招标文件下载权限；

（2）线下支付（单位或个人均可）时须通过银行汇款将标书款汇至三峡国际招标有限责任公司的开户行：工商银行＿＿＿＿＿＿支行（账号：＿＿＿＿＿＿）。线下支付成功后，潜在投标人须再次登录电子采购平台，依次填写支付信息、上传汇款底单并保存提交，招标代理机构工作人员核对标书款到账情况后开放下载权限。

4.4　若超过招标文件发售截止时间则不能在电子采购平台相应标段点击"报名"，将不能获取未报名标段的招标文件，也不能参与相应标段的投标，未及时按照规定在电子采购平台报名的后果，由投标人自行承担。

5　电子身份认证

投标文件的网上提交需要使用电子钥匙（CA）加密后上传至本电子采购平台（标书购买阶段不需使用CA电子钥匙）。本电子采购平台的相关电子钥匙（CA）须在＿＿＿＿＿＿＿＿＿＿指定网站办理（网址：＿＿＿＿＿＿，服务热线电话：＿＿＿＿＿＿），请潜在投标人及时办理，以免影响投标，由于未及时办理CA影响投标的后果，由投标人自行承担。

6　投标文件的递交

6.1　投标文件递交的截止时间（投标截止时间，下同）为＿＿＿＿年＿＿月＿＿日＿＿时整。本次投标文件的递交分现场递交和网上提交，现场递交的地点为＿＿＿＿＿＿；

网上提交的投标文件应在投标截止时间前上传至电子采购平台。

6.2　在投标截止时间前，现场递交的投标文件未送达到指定地点或者网上提交的投标文件未成功上传至电子采购平台的，招标人不予受理。

7　确认

你单位收到本投标邀请书后，请于_____年___月___日___时整前以传真或电子邮件方式予以确认。

8　联系方式

招　标　人：_____　　招标代理机构：_____

地　　　址：_____　　地　　　址：_____

邮　　　编：_____　　邮　　　编：_____

联　系　人：_____　　联　系　人：_____

电　　　话：_____　　电　　　话：_____

传　　　真：_____　　传　　　真：_____

电子邮箱：_____　　电子邮箱：_____

招标采购监督：_____

联　系　人：_____

电　　　话：_____

传　　　真：_____

_____年___月___日

第一章 投标邀请书（代资格预审通过通知书）

＿＿（项目名称及标段）＿＿ 施工投标邀请书

＿＿（被邀请单位名称）＿＿：

你单位已通过资格预审，现邀请你单位按招标文件规定的内容，参加＿＿（项目名称及标段）＿＿施工投标。

请你单位于＿＿＿＿年＿＿月＿＿日＿＿时整至＿＿＿＿年＿＿月＿＿日＿＿时整（北京时间，下同）购买招标文件。

招标文件每标段售价＿＿＿＿元，售后不退。

请登录中国长江三峡集团有限公司电子采购平台（网址：http：//epp.ctg.com.cn，以下简称"电子采购平台"，服务热线电话：＿＿＿＿＿）进行免费注册成为注册供应商，在招标文件规定的发售时间内通过电子采购平台点击"报名"提交申请，并在"支付管理"模块勾选对应条目完成支付操作。潜在投标人可以选择在线支付或线下支付（银行汇款）完成标书款缴纳：

（1）在线支付（单位或个人均可）时请先选择支付银行，然后根据页面提示进行支付，支付完成后电子采购平台会根据银行扣款结果自动开放招标文件下载权限；

（2）线下支付（单位或个人均可）时须通过银行汇款将标书款汇至三峡国际招标有限责任公司的开户行：工商银行＿＿＿＿＿支行（账号：＿＿＿＿＿）。线下支付成功后，潜在投标人须再次登录电子采购平台，依次填写支付信息、上传汇款底单并保存提交，招标代理机构工作人员核对标书款到账情况后开放下载权限。

若超过招标文件发售截止时间则不能在电子采购平台相应标段点击"报名"，将不能获取未报名标段的招标文件，也不能参与相应标段的投标，由于未及时通过规定的平台报名的后果，由投标人自行承担。

投标文件递交的截止时间（投标截止时间，下同）为＿＿＿＿年＿＿月＿＿日＿＿时整。本次投标文件的递交分现场递交和网上提交，现场递交的地点为＿＿＿＿；网上提交的投标文件应在投标截止时间前上传至电子采购平台。

在投标截止时间前，现场递交的投标文件未送达到指定地点或者网上提交的投标文件未成功上传至电子采购平台的，招标人不予受理。

你单位收到本投标邀请书后，请于＿＿＿＿＿年＿＿月＿＿日＿＿时整前以传真或电子邮件方式予以确认。

招　标　人：＿＿＿＿＿＿＿＿＿　　　招标代理机构：＿＿＿＿＿＿＿＿

地　　　址：＿＿＿＿＿＿＿＿＿　　　地　　　址：＿＿＿＿＿＿＿＿

邮　　　编：＿＿＿＿＿＿＿＿＿　　　邮　　　编：＿＿＿＿＿＿＿＿

联　系　人：＿＿＿＿＿＿＿＿＿　　　联　系　人：＿＿＿＿＿＿＿＿

电　　　话：＿＿＿＿＿＿＿＿＿　　　电　　　话：＿＿＿＿＿＿＿＿

传　　　真：＿＿＿＿＿＿＿＿＿　　　传　　　真：＿＿＿＿＿＿＿＿

电子邮箱：＿＿＿＿＿＿＿＿＿　　　电子邮箱：＿＿＿＿＿＿＿＿

招标采购监督：＿＿＿＿＿＿＿＿

联　系　人：＿＿＿＿＿＿＿＿

电　　　话：＿＿＿＿＿＿＿＿

传　　　真：＿＿＿＿＿＿＿＿

＿＿＿＿＿年＿＿月＿＿日

附表　集中招标项目资格条件汇总表（格式）

序号	标段编号	标段名称	招标范围	资格条件要求	标书款金额	保证金金额	备注

第二章 投标人须知

投标人须知前附表

条款号	条款名称	编列内容
1.1.2	招标人	名　　称：＿＿＿＿＿＿＿＿＿＿＿ 地　　址：＿＿＿＿＿＿＿＿＿＿＿ 联 系 人：＿＿＿＿＿＿＿＿＿＿＿ 电　　话：＿＿＿＿＿＿＿＿＿＿＿ 电子邮箱：＿＿＿＿＿＿＿＿＿＿＿
1.1.3	招标代理机构	名　　称：三峡国际招标有限责任公司 地　　址：＿＿＿＿＿＿＿＿＿＿＿ 联 系 人：＿＿＿＿＿＿＿＿＿＿＿ 电　　话：＿＿＿＿＿＿＿＿＿＿＿ 电子邮箱：＿＿＿＿＿＿＿＿＿＿＿
1.1.4	项目名称及标段	＿＿＿＿＿＿＿＿＿＿＿＿＿＿＿＿
1.1.5	建设地点	＿＿＿＿＿＿＿＿＿＿＿＿＿＿＿＿
1.2.1	资金来源	＿＿＿＿＿＿＿＿＿＿＿＿＿＿＿＿
1.2.2	出资比例	＿＿＿＿＿＿＿＿＿＿＿＿＿＿＿＿
1.2.3	资金落实情况	＿＿＿＿＿＿＿＿＿＿＿＿＿＿＿＿
1.3.1	招标范围	＿＿＿＿＿＿＿＿＿＿＿＿＿＿＿＿ ＿＿＿＿＿＿＿＿＿＿＿＿＿＿＿， 关于招标范围的详细说明见第七章"技术标准和要求"。
1.3.2	计划工期	计划工期：＿＿＿日历天 计划开工日期：＿＿＿＿＿年＿＿月＿＿日 计划完工日期：＿＿＿＿＿年＿＿月＿＿日 除上述总工期外，发包人还要求以下区段工期： ＿＿＿＿＿＿＿＿＿＿＿＿＿＿＿＿ 有关工期的详细要求见第七章"技术标准和要求"。
1.3.3	质量要求	质量标准：＿＿＿＿＿＿＿＿＿＿＿ 关于质量要求的详细说明见第七章"技术标准和要求"。
1.4.1	投标人资质条件、能力和信誉	资质条件：＿＿＿＿＿＿＿＿＿＿＿ 财务要求：＿＿＿＿＿＿＿＿＿＿＿ 业绩要求：＿＿＿＿＿＿＿＿＿＿＿ 项目经理要求：＿＿＿＿＿＿＿＿＿ 信誉要求：＿＿＿＿＿＿＿＿＿＿＿ 其他要求：＿＿＿＿＿＿＿＿＿＿＿

条款号	条款名称	编列内容
1.4.2	是否接受联合体投标	□不接受 □接受，应满足下列要求： 联合体资质按照联合体协议约定的分工认定。
1.5	费用承担	其中中标服务费： □由中标人向招标代理机构支付，适用于本须知1.5款_____类招标收费标准。 □其他方式：_____
1.9.1	踏勘现场	□不组织 □组织，踏勘时间：_____ 　　　踏勘集中地点：_____
1.10.1	投标预备会	□不召开 □召开，召开时间：_____ 　　　召开地点：_____
1.10.2	投标人提出问题的截止时间	投标预备会____天前
1.10.3	招标人书面澄清的时间	投标截止日期____天前
1.11	分包	□不允许 □允许，分包内容要求：_____ 　　　分包金额要求：_____ 　　　接受分包的第三人资质要求：_____
1.12	偏离	□不允许 □允许，偏离范围：_____ 　　　偏离幅度：_____
2.2.1	投标人要求澄清招标文件的截止时间	投标截止日期_____天前
2.2.2	投标截止时间	_____年___月___日_____时整
2.2.3	投标人确认收到招标文件澄清的时间	在收到相应澄清文件后24小时内
2.3.2	投标人确认收到招标文件修改的时间	在收到相应修改文件后24小时内
3.1.1	构成投标文件的其他材料	_____
3.2.3	最高投标限价或其计算方法	_____
3.3.1	投标有效期	自投标截止之日起___天
3.4.1	投标保证金	□不要求递交投标保证金 ☑要求递交投标保证金 投标文件应附上一份符合招标文件规定的投标保证金，金额为人民币___万元/标段。 **1. 递交形式** 通过在线支付或线下支付递交的投标保证金或由国内银行的省、地市级分行出具的银行保函，不接受汇票、支票或现钞等其他方式。 **2. 递交办法** **2.1 使用在线支付或线下缴纳投标保证金** 潜在投标人须登录电子采购平台，于投标截止时间前在"投标管理—投标"菜单中选择项目并点击"支付保证金"，并在"支

条款号	条款名称	编列内容
		付管理"模块勾选对应条目完成支付操作。潜在投标人可以选择在线支付或线下支付进行缴纳： （1）在线支付（通过"B2B"即企业银行对公支付）保证金时，请根据页面提示选择支付银行进行支付； （2）线下支付投标保证金时，潜在投标人须通过银行汇款至招标代理机构，汇款成功后，再次登录电子采购平台，依次填写支付信息、上传递交凭证扫描件并保存提交； **2.2 使用银行保函缴纳投标保证金** 潜在投标人须开具有效的银行保函，登录电子采购平台，在线下支付付款方式中选"保函"，并上传银行保函彩色扫描件。 **3. 递交时间** 潜在投标人选择在线支付方式缴纳投标保证金时，须确保在投标截止时间前投标保证金被扣款成功，否则其投标文件将被否决；选择线下支付缴纳投标保证金时，在投标截止时间前，投标保证金须成功汇至招标代理机构银行账户上，否则其投标文件将被否决；选择投标保函作为投标保证金时，在投标截止时间前，投标保函原件必须随纸质投标文件一起递交招标代理机构，否则其投标将被否决。 **4. 退还信息** 《投标保证金退还信息及中标服务费交纳承诺书》原件应单独密封，并在封面注明"投标保证金退还信息"，随投标文件一同递交。 **5. 收款信息** 开户银行：＿＿＿＿＿＿＿＿＿＿＿＿＿＿＿＿＿＿＿ 账号：＿＿＿＿＿＿＿＿＿＿＿＿＿＿＿＿＿＿ 行号：＿＿＿＿＿＿＿＿＿＿＿＿＿＿＿＿ 开户名称：＿＿＿＿＿＿＿＿＿＿＿＿＿＿＿ 汇款用途：BZJ
3.4.3	投标保证金的退还	**1. 在线支付或线下支付** 未中标的投标人的投标保证金，将在中标人和招标人书面合同签订后 5 日内予以退还，并同时退还投标保证金利息；中标人的投标保证金将在合同签订并提供履约担保后 5 日内，由招标代理机构直接扣付中标服务费后多退少补。 投标保证金利息按收取保证金之日的中国人民银行同期活期存款利率计息，遇利率调整不分段计息。存款利息计算时，本金以"元"为起息点，利息的金额也算至元位，元位以下四舍五入。按投标保证金存放期间计算利息，存放期间一律算头不算尾，即从开标日起算至退还之日前一天止；全年按 360 天，每月均按 30 天计算。 **2. 银行保函** 未中标投标人的银行保函，将在中标人和招标人签订书面合同后 5 日内退还；中标人的银行保函将在中标人和招标人签订书面合同、提供履约担保（如招标文件有要求）且支付中标服务费后 5 日内退还。
3.5.2	近年财务状况的年份要求	＿＿＿＿＿＿年，＿＿＿＿＿＿年至＿＿＿＿＿＿年

条款号	条款名称	编列内容
3.5.3	近年完成的类似项目的年份要求	_____年，_____年___月___日至_____年___月___日
3.5.5	近年发生的诉讼及仲裁情况的年份要求	_____年，_____年___月___日至_____年___月___日
3.6	是否允许递交备选投标方案	□不允许 □允许
3.7.3	现场递交投标文件份数	现场递交纸质投标文件正本1份、副本___份和电子版___份（U盘）。
3.7.4	纸质投标文件签字或盖章要求	按招标文件第八章"投标文件格式"要求，签字或盖章
3.7.5	纸质投标文件装订要求	装订应牢固、不易拆散和换页，不得采用活页装订
3.7.6	现场递交投标文件电子版（U盘）要求	投标报价应使用.xlsx进行编制，其他部分的电子版文件可用.docx、.xlsx或PDF等格式进行编制
3.7.7	网上提交的电子投标文件中格式	第八章"投标文件格式"中的投标函和授权委托书采用签字盖章后的彩色扫描件；其他部分的电子版文件应采用.docx、.xlsx或PDF格式进行编制
4.1.2	封套上写明	项目名称及标段：_____ 招标编号：_____ 投标人名称：_____ 文件名称：投标文件正本，或投标文件副本，或投标文件电子版，或投标保证金 在_____年___月___日___时整前不得开启
4.2	投标文件的递交	**本条款补充内容如下：** **投标文件分为网上提交和现场递交两部分。** **（1）网上提交** 应按照中国长江三峡集团有限公司电子采购平台（以下简称"电子采购平台"）的要求将编制好的文件加密后上传至电子采购平台（具体操作方法详见<http：//epp.ctg.com.cn>网站中"使用指南"）。 **（2）现场递交** 投标人应将纸质投标文件的正本、副本、电子版、投标保证金退还信息和投标保证金银行保函原件（如有）分别密封递交。纸质版、电子版应包含投标文件的全部内容。
4.2.2	投标文件网上提交	网上提交：中国长江三峡集团有限公司电子采购平台（http：//epp.ctg.com.cn/） （1）电子采购平台提供了投标文件各部分内容的上传通道，其中： "投标保证金支付凭证"应上传投标保证金汇款凭证、"投标保证金退还信息、中标服务费交纳承诺书"以及银行保函（如有）彩色扫描件； "评标因素应答对比表"本项目不适用。 （2）电子采购平台中的"商务文件"（2个通道）、"技术文件"（2个通道）、"投标报价文件"（1个通道）和"其他文件"（1个通道），每个通道最大上传文件容量为100M。商务文件、技术文件超过最大上传容量时，投标人可将资格审查资料、图纸文件从"其他文件"通道进行上传；若容量仍不能满足，则将未上传的部分在投标文件"十、构成投标文件的其他材料"中进行说明，并将未上传部分包含在现场递交的电子文件中。

条款号	条款名称	编列内容
4.2.3	投标文件现场递交地点	现场递交至：＿＿＿＿＿＿＿＿＿＿
4.2.4	是否退还投标文件	□否 □是
5.1	开标时间和地点	开标时间：同投标截止时间 开标地点：同投标文件现场递交地点
7.2	中标候选人公示	招标人在中国招标投标公共服务平台（http：//www. cebpubser-vice. com）、中国长江三峡集团有限公司电子采购平台（http：//epp. ctg. com. cn）网站上公示中标候选人，公示期 3 个工作日。
7.4.1	履约担保	履约担保的形式：银行保函或保证金 履约担保的金额：签约合同价的＿＿＿％ 开具履约担保的银行：须招标人认可，否则视为投标人未按招标文件规定提交履约担保，投标保证金将不予退还。 **（注：300 万元及以上的工程类合同，签订前必须提供履约担保；300 万元以下的工程类合同，可按项目实际情况明确是否需要履约担保）**
10		**需要补充的其他内容**
10.1	中标人是否应向招标人提交农民工工资支付保函	□ 否 □ 是。在签订合同前，中标人应向招标人提交农民工工资支付保函。金额为＿＿＿万元。
10.2	知识产权	构成本招标文件各个组成部分的文件，未经招标人书面同意，投标人不得擅自复印和用于非本招标项目所需的其他目的。招标人全部或者部分使用未中标人投标文件中的技术成果或技术方案时，需征得其书面同意，并不得擅自复印或提供给第三人。
10.3	电子注册	投标人应登录中国长江三峡集团有限公司电子采购平台（ht-tp：//epp. ctg. com. cn）进行免费注册。 **未进行注册的投标人，将无法参加投标报名并获取进一步的信息。** **本项目投标文件的网上提交部分需要使用电子身份认证（CA）加密后上传至电子采购平台（标书购买阶段不需使用电子钥匙），本电子采购平台的相关电子身份认证（CA）须在北京天威诚信电子商务服务有限公司指定网站办理（网址是：http：//sanxia. szzsfw. com）。请潜在投标人及时办理，并在投标截止时间至少 3 日前确认电子钥匙的使用可靠性，未办理及确认导致的后果，由投标人自行承担。** **具体办理方法：一、请登录电子采购平台（http：//epp. ctg. com. cn/）在右侧点击"使用指南"，之后点击"CA 电子钥匙办理指南 V1.1"，下载 PDF 文件后查看办理方法；二、请直接登录指定网站（http：//sanxia. szzsfw. com），点击右上角用户注册，注册用户名及密码，之后点击"立即开始数字证书申请"，按照引导流程完成办理。（温馨提示：电子钥匙办理完成网上流程后需快递资料，办理周期从快递到件计算 5 个工作日完成。已办理电子钥匙的请核对有效期，必要时及时办理延期！）**

条款号	条款名称	编列内容
10.4	投标人须遵守的国家法律法规和规章，及中国长江三峡集团有限公司相关管理制度和标准	
10.4.1	国家法律法规和规章	投标人在投标活动中须遵守包括但不限于以下法律法规和规章： （1）《中华人民共和国合同法》 （2）《中华人民共和国民法通则》 （3）《中华人民共和国招标投标法》 （4）《中华人民共和国招标投标法实施条例》 （5）《工程建设项目施工招标投标办法》（国家7部委第30号令） （6）《工程建设项目招标投标活动投诉处理办法》（国家发展改革委等7部门令第11号） （7）《关于废止和修改部分招标投标规章和规范性文件的决定》（国家发展改革委等9部门令第23号）
10.4.2	中国长江三峡集团有限公司相关管理制度	投标人在投标活动中须遵守以下中国长江三峡集团有限公司相关管理制度： （1）《中国长江三峡集团有限公司供应商信用评价管理办法》 （2）中国长江三峡集团有限公司供应商信用评价结果的有关通知（登录中国长江三峡集团有限公司电子采购平台（http：//epp.ctg.com.cn）后点击"通知通告"）
10.4.3	中国长江三峡集团有限公司相关企业标准	三峡企业标准：_____ 查阅网址：
10.5	投标人和其他利害关系人认为本次招标活动中涉及个人违反廉洁自律规定的，可通过招标公告中的招标采购监督电话等方式举报	

1 总则

1.1 项目概况

1.1.1 根据《中华人民共和国招标投标法》等有关法律、法规和规章的规定，本招标项目已具备招标条件，现对本项目施工进行招标。

1.1.2 本招标项目招标人：见投标人须知前附表。

1.1.3 本招标项目招标代理机构：见投标人须知前附表。

1.1.4 本招标项目名称及标段：见投标人须知前附表。

1.1.5 本招标项目建设地点：见投标人须知前附表。

1.2 资金来源和落实情况

1.2.1 本招标项目的资金来源：见投标人须知前附表。

1.2.2 本招标项目的出资比例：见投标人须知前附表。

1.2.3 本招标项目的资金落实情况：见投标人须知前附表。

1.3 招标范围、计划工期和质量要求

1.3.1 本次招标范围：见投标人须知前附表。

1.3.2 本招标项目的计划工期：见投标人须知前附表。

1.3.3 本招标项目的质量要求：见投标人须知前附表。

1.4 投标人资格要求（适用于已进行资格预审的）

投标人应是收到招标人发出投标邀请书的单位。

1.4 投标人资格要求（适用于未进行资格预审的）

1.4.1 投标人应具备承担本项目施工的资质条件、能力和信誉。

1）资质条件：见投标人须知前附表；

2）财务要求：见投标人须知前附表；

3）业绩要求：见投标人须知前附表；

4）项目经理资格：见投标人须知前附表；

5）信誉要求：见投标人须知前附表；

6）其他要求：见投标人须知前附表。

1.4.2 投标人须知前附表规定接受联合体投标的，除应符合本章第1.4.1项和投标人须知前附表的要求外，还应遵守以下规定：

1）联合体各方应按招标文件提供的格式签订联合体协议书，明确联合体牵头人和各成员方的权利义务；

2）由同一专业的单位组成的联合体，按照资质等级较低的单位确定联合体的资质等级；

3）联合体各方不得再以自己名义单独或参加其他联合体在同一标段中投标。

1.4.3 投标人不得存在下列情形之一：

1）为招标人不具有独立法人资格的附属机构（单位）；

2）为本招标项目前期准备提供设计或咨询服务的，但设计施工总承包的除外；

3）为本招标项目的监理人；

4）为本招标项目的代建人；

5）为本招标项目提供招标代理服务的；

6）与本招标项目的监理人或代建人或招标代理机构同为一个法定代表人的；

7）与本招标项目的监理人或代建人或招标代理机构相互控股或参股的；

8）与本招标项目的监理人或代建人或招标代理机构相互任职或工作的；

9）被责令停业的；

10）被暂停或取消投标资格的；

11）财产被接管或冻结的；

12）在最近三年内有骗取中标或严重违约或出现重大工程质量问题的；

13）投标人处于中国长江三峡集团有限公司限制投标的专业范围及期限内。

1.4.4 投标人不能作为其他投标人的分包人同时参加投标。单位负责人为同一人或者存在控股、管理关系的不同单位，不得参加同一标段投标或者未划分标段的同一招标项目投标。

1.5 费用承担

投标人在本次投标过程中所发生的一切费用，不论中标与否，均由投标人自行承担，招标人和招标代理机构在任何情况下均无义务和责任承担这些费用。本项目招标工作由三峡国际招标有限责任公司作为招标代理机构负责组织，中标服务费由中标人向招标代理机构支付，具体金额按照下表（中标服务费收费标准）计算执行。投标人投标报价中应包含拟支付给招标代理机构的中标服务费，该费用在投标报价表中不单独出项。收费类型见投标人须知前附表。

中标服务费在合同签订后 5 日内，由招标代理机构直接从中标人的投标保证金中扣付。投标保证金不足支付中标服务费时，中标人应补足差额。招标代理机构收取中标服务费后，向中标人开具相应金额的服务费发票。

中标服务费收费标准

中标金额（万元）	工程类招标费率	货物类招标费率	服务类招标费率
100 以下	1.00％	1.50％	1.50％
100—500	0.70％	1.10％	0.80％
500—1000	0.55％	0.80％	0.45％
1000—5000	0.35％	0.50％	0.25％
5000—10000	0.20％	0.25％	0.10％
10000—50000	0.05％	0.05％	0.05％
50000—100000	0.035％	0.035％	0.035％
100000—500000	0.008％	0.008％	0.008％
500000—1000000	0.006％	0.006％	0.006％
1000000 以上	0.004％	0.004％	0.004％

注：中标服务费按差额定率累进法计算。例如：某工程类招标代理业务中标金额为 900 万元，计算中标服务收费额如下：

100 万元×1.0％＝1.0 万元

(500−100) 万元×0.7％＝2.8 万元

(900−500) 万元×0.55％＝2.2 万元

合计收费＝1.0 万元＋2.8 万元＋2.2 万元＝6 万元

1.6 保密

参与招标投标活动的各方应对招标文件和投标文件中的商业和技术等秘密保密，违者应对由此造成的后果承担法律责任。

1.7 语言文字

除专用术语外，与招标投标有关的语言均使用中文。必要时专用术语应附有中文注释。

1.8 计量单位

所有计量均采用中华人民共和国法定计量单位。

1.9 踏勘现场

1.9.1 投标人须知前附表规定组织踏勘现场的，招标人按投标人须知前附表规定的时间、地点组织投标人踏勘项目现场。

1.9.2 投标人踏勘现场发生的费用自理。

1.9.3 除招标人的原因外，投标人自行负责在踏勘现场中所发生的人员伤亡和财产损失。

1.9.4 招标人在踏勘现场中介绍的工程场地和相关的周边环境情况，供投标人在编制投标文件时参考，招标人不对投标人据此作出的判断和决策负责。

1.10 投标预备会

1.10.1 投标人须知前附表规定召开投标预备会的，招标人按投标人须知前附表规定的时间和地点召开投标预备会，澄清投标人提出的问题。

1.10.2 投标人应在投标人须知前附表规定的时间前，在电子采购平台上以电子文件的形式将提出的问题送达招标人，以便招标人在会议期间澄清。

1.10.3 投标预备会后，招标人在投标人须知前附表规定的时间内，将对投标人所提问题的澄清，在电子采购平台上以电子文件的形式通知所有购买招标文件的投标人。该澄清内容为招标文件的组成部分。

1.11 分包

投标人拟在中标后将中标项目的部分非主体、非关键性工作进行分包的，应符合投标人须知前附表规定的分包内容、分包金额和接受分包的第三人资质要求等限制性条件。

1.12 偏离

投标人须知前附表允许投标文件偏离招标文件某些要求的，偏离应当符合招标文件规定的偏离范围和幅度。

2 招标文件

2.1 招标文件的组成

2.1.1 本招标文件包括：

第一章 招标公告/投标邀请书；

第二章 投标人须知；

第三章 评标办法；

第四章　合同条款及格式；

第五章　工程量清单；

第六章　图纸；

第七章　技术标准和要求；

第八章　投标文件格式。

2.1.2　根据本章第1.10款、第2.2款和第2.3款对招标文件所作的澄清、修改，构成招标文件的组成部分。

2.2　招标文件的澄清

2.2.1　投标人应仔细阅读和检查招标文件的全部内容。如发现缺页或附件不全，应及时向招标人提出，以便补齐。如有疑问，应在投标人须知前附表规定的时间前在电子采购平台上以电子文件形式，要求招标人对招标文件予以澄清。

2.2.2　招标文件的澄清将在投标人须知前附表规定的投标截止时间15天前在电子采购平台上以电子文件形式发给所有购买招标文件的投标人，但不指明澄清问题的来源。如果澄清发出的时间距投标截止时间不足15天，并且澄清内容影响投标文件编制的，招标人相应延长投标截止时间。

2.2.3　投标人在收到澄清后，应在投标人须知前附表规定的时间内以书面形式通知招标人，确认已收到该澄清。未及时确认的，将根据电子采购平台下载记录默认潜在投标人已收到该澄清文件。

2.3　招标文件的修改

2.3.1　在投标截止时间15天前，招标人在电子采购平台上以电子文件形式修改招标文件，并通知所有已购买招标文件的投标人。如果修改招标文件的时间距投标截止时间不足15天，并且修改内容影响投标文件编制的，招标人相应延长投标截止时间。

2.3.2　投标人收到修改内容后，应在投标人须知前附表规定的时间内以书面形式通知招标人，确认已收到该修改。未及时确认的，将根据电子采购平台下载记录默认潜在投标人已收到该修改文件。

2.4　对招标文件的异议

2.4.1　潜在投标人或者其他利害关系人对招标文件及其修改和补充文件有异议的，应在投标截止时间10日前提出。

2.4.2　对招标文件及其修改和补充文件的异议由招标代理机构受理。具体要求见9.5规定。

3 投标文件

3.1 投标文件的组成

3.1.1 投标文件应包括下列内容：

　　1）投标函及投标函附录；

　　2）授权委托书、法定代表人身份证明；

　　3）联合体协议书；

　　4）投标保证金；

　　5）已标价工程量清单；

　　6）施工组织设计；

　　7）项目管理机构；

　　8）投标人拟承担或分包情况表；

　　9）资格审查资料；

　　10）构成投标文件的其他材料。

3.1.2 投标人须知前附表规定不接受联合体投标的，或投标人没有组成联合体的，投标文件不包括本章第 3.1.1 3）目所指的联合体协议书。

3.2 投标报价

3.2.1 投标人应按第五章"工程量清单"的要求填写相应表格。

3.2.2 投标人在投标截止时间前修改投标函中的投标总报价，应同时修改第五章"工程量清单"中的相应报价，投标报价总额为各分项金额之和。此修改须符合本章第 4.3 款的有关要求。

3.2.3 招标人设有最高投标限价的，投标人的投标报价不得超过最高投标限价，最高投标限价或其计算方法在投标人须知前附表中载明。

3.3 投标有效期

3.3.1 在投标人须知前附表规定的投标有效期内，投标人不得要求撤销或修改其投标文件。

3.3.2 出现特殊情况需要延长投标有效期的，招标人在电子采购平台上以电子文件形式通知所有投标人延长投标有效期。投标人同意延长的，应相应延长其投标保证金的有效期，但不得要求或被允许修改或撤销其投标文件；投标人拒绝延长的，其投标失效，但投标人有权收回其投标保证金。

3.4 投标保证金

3.4.1 投标人在递交投标文件的同时，应按投标人须知前附表规定的金额、担保形式和第八章"投标文件格式"规定的投标保证金格式递交投标保证金，并作为其投标文件的组成部分。联合体投标的，其投标保证金由牵头人递交，并应符合投标人须知前附表的规定。

3.4.2 投标人不按本章第3.4.1项要求提交投标保证金的，其投标将被否决。

3.4.3 招标代理机构按投标人须知前附表的规定退还投标保证金。

3.4.4 有下列情形之一的，投标保证金将不予退还：

1）投标人在规定的投标有效期内撤销或修改其投标文件；

2）中标人在收到中标通知书后，无正当理由拒签合同协议书或未按招标文件规定提交履约担保。

3.5 资格审查资料（适用于已进行资格预审的）

投标人在编制投标文件时，应按新情况更新或补充其在申请资格预审时提供的资料，以证实其各项资格条件仍能继续满足资格预审文件的要求，具备承担本招标项目施工的资质条件、能力和信誉。

3.5 资格审查资料（适用于未进行资格预审的）

3.5.1 "投标人基本情况表"应附投标人企业法人营业执照副本（全本）的扫描件、资质证书副本和安全生产许可证等材料的扫描件。

3.5.2 "近年财务状况表"应附经会计师事务所或审计机构审计的财务会计报表，包括资产负债表、现金流量表、利润表和财务情况说明书的扫描件，具体年份要求见投标人须知前附表。

3.5.3 "近年完成的类似项目情况表"应附中标通知书和（或）合同协议书、工程移交证书（工程完工验收证书）的扫描件，具体年份要求见投标人须知前附表。每张表格只填写一个项目，并标明序号。

3.5.4 "正在施工和新承接的项目情况表"应附中标通知书和（或）合同协议书扫描件。每张表格只填写一个项目，并标明序号。

3.5.5 "近年发生的诉讼及仲裁情况"应说明相关情况，并附法院或仲裁机构作出的判决、裁决等有关法律文书扫描件，具体年份要求见投标人须知前附表。

3.5.6 投标人须知前附表规定接受联合体投标的，本章第3.5.1项至第3.5.5项规定的表格和资料应包括联合体各方相关情况。

3.6 备选投标方案

除投标人须知前附表另有规定外，投标人不得递交备选投标方案。允许投标人递交备选投标方案的，只有中标人所递交的备选投标方案方可予以考虑。评标委员会认为中标人的备选投标方案优于其按照招标文件要求编制的投标方案的，招标人可以接受该备选投标方案。

3.7　投标文件的编制

3.7.1　投标文件应按第八章"投标文件格式"进行编写，如有必要，可以增加附页，作为投标文件的组成部分。其中，投标函附录在满足招标文件实质性要求的基础上，可以提出比招标文件要求更有利于招标人的承诺。

3.7.2　投标文件应当对招标文件有关工期、投标有效期、质量要求、技术标准和要求、招标范围等实质性内容作出响应。

3.7.3　投标文件包括网上提交的电子投标文件和现场递交的纸质投标文件及投标文件电子版（U 盘），具体数量要求见投标人须知前附表。

3.7.4　纸质投标文件应用不褪色的材料书写或打印，并由投标人的法定代表人或其委托代理人签字或盖单位章。委托代理人签字的，投标文件应附法定代表人签署的授权委托书。投标文件应尽量避免涂改、行间插字或删除。如果出现上述情况，改动之处应加盖单位章或由投标人的法定代表人或其委托代理人签字确认。所有投标文件均需使用阿拉伯数字从前至后逐页编码。签字或盖章的具体要求见投标人须知前附表。

3.7.5　现场递交的纸质投标文件的正本与副本应分别装订成册，具体装订要求见投标人须知前附表规定。

3.7.6　现场递交的投标文件电子版（U 盘）应为未加密的电子文件，并应按照投标人须知前附表规定的格式进行编制。

3.7.7　网上提交的电子投标文件应按照投标人须知前附表规定格式进行编制。

4　投标

4.1　投标文件的密封和标记

4.1.1　投标文件现场递交部分应进行密封包装，并在封套的封口处加盖投标人单位章；网上提交的电子投标文件应加密后递交。

4.1.2　投标文件现场递交部分的封套上应写明的内容见投标人须知前附表。

4.1.3　未按本章第 4.1.1 项或第 4.1.2 项要求密封和加写标记的投标文件，招标人不予受理。

4.2　投标文件的网上提交与现场递交

4.2.1　投标人应在投标人须知前附表规定的投标截止时间前分别在网上提交和现场递交投标文件。

4.2.2　投标文件网上提交：投标人应按照投标人须知前附表要求将编制好的投标文件加密后上传至电子采购平台（具体操作方法详见＜http：//epp.ctg.com.cn＞网站中"使用指南"）。

4.2.3　投标人现场递交投标文件（包括纸质版和电子版）的地点：见投标人须知前

附表。

4.2.4   除投标人须知前附表另有规定外，投标人所递交的投标文件不予退还。

4.2.5   在投标截止时间前，网上提交的投标文件未成功上传至电子采购平台或者现场递交的投标文件未送达到指定地点的，招标人将不予受理。

4.3   投标文件的修改与撤回

4.3.1   在本章第 2.2.2 项规定的投标截止时间前，投标人可以修改或撤回已递交的投标文件，但应以书面形式通知招标人。

4.3.2   投标人如要修改投标文件，必须在修改后再重新上传电子文件；现场递交的投标文件相应修改。

4.3.3   修改的内容为投标文件的组成部分。修改的投标文件应按照本章第 3 条、第 4 条规定进行编制、密封、标记和递交，并标明"修改"字样。

4.3.4   投标人撤回投标文件的，招标人自收到投标人书面撤回通知之日起 5 日内退还已收取的投标保证金。

4.4   投标文件的有效性

4.4.1   当网上提交和现场递交的投标文件内容不一致时，以网上提交的投标文件为准。

4.4.2   当现场递交的投标文件电子版与投标文件纸质版正本内容不一致时，以投标文件纸质版正本为准。

4.4.3   当电子采购平台上传的投标文件全部或部分解密失败或发生第 5.3 款紧急情形时，经监督人或公证人确认后，以投标文件纸质版正本为准。

5   开标

5.1   开标时间和地点

招标人在本章第 2.2.2 项规定的投标截止时间（开标时间）和投标人须知前附表规定的地点公开开标，并邀请所有投标人的法定代表人或其委托代理人准时参加。

5.2   开标程序（适用于电子开标）

招标人在规定的时间内，通过电子采购平台开评标系统，按下列程序进行开标：

1）宣布开标程序及纪律；

2）公布在投标截止时间前递交投标文件的投标人名称，并点名确认投标人是否派人到场；

3）宣布开标人、记录人、监督或公证等人员姓名；

4）监督或公证人检查投标文件的递交及密封情况；

5）根据检查情况，对未按招标文件要求递交纸质投标文件的投标人，或已递交了一封可接受的撤回通知函的投标人，将在电子采购平台中进行不开标设置；

6）设有标底的，公布标底；

7）宣布进行电子开标，显示投标总价解密情况，如发生投标总价解密失败，将对解密失败的按投标文件纸质版正本进行补录；

8）显示开标记录表（如果投标人电子开标总报价明显存在单位错误或数量级差别，在投标人当场提出异议后，按其纸质投标文件正本进行开标，评标时评标委员会根据其网上提交的电子投标文件进行总报价复核）；

9）公证人员宣读公证词；

10）宣布评标期间注意事项；

11）投标人代表等有关人员在开标记录表上签字确认（有公证时，不适用）；

12）开标结束。

5.2 开标程序（适用于纸质投标文件开标）

主持人按下列程序进行开标：

1）宣布开标纪律；

2）公布在投标截止时间前递交投标文件的投标人名称，并点名确认投标人是否派人到场；

3）宣布开标人、唱标人、记录人、监督或公证等人员姓名；

4）由监督或公证人检查投标文件的递交及密封情况；

5）按照现场递交投标文件的顺序，逆序进行开标；

6）设有标底的，公布标底；

7）按照宣布的开标顺序当众开标，公布投标人名称、项目名称及标段、投标报价及其他内容，并记录在案；

8）公证人员宣读公证词；

9）宣布评标期间注意事项；

10）投标人代表等有关人员在开标记录表上签字确认（有公证时，不适用）；

11）开标结束。

5.3 电子招投标的应急措施

5.3.1 开标前出现以下情况，导致投标人不能完成网上提交电子投标文件的紧急情形，招标代理机构在开标截止时间前收到电子钥匙办理单位书面证明材料后，采用纸质投标文件正本进行报价补录。

1）电子钥匙非人为故意损坏；

2）因电子钥匙办理单位原因导致电子钥匙办理来不及补办。

5.3.2 当电子采购平台出现下列紧急情形时，采用纸质投标文件正本进行开标：

1) 系统服务器发生故障，无法访问或无法使用系统；

2) 系统的软件或数据库出现错误，不能进行正常操作；

3) 系统发现有安全漏洞，有潜在的泄密危险；

4) 病毒发作或受到外来病毒的攻击；

5) 投标文件解密失败；

6) 其他无法进行正常电子开标的情形。

5.4 开标异议

如投标人对开标过程有异议的，应在开标会议现场当场提出，招标人现场进行答复，由开标工作人员进行记录。

5.5 开标监督与结果

5.5.1 开标过程中，各投标人应在开标现场见证开标过程和开标内容，开标结束后，将在电子采购平台上公布开标记录表，投标人在开标当日登录电子采购平台查看相关开标结果。

5.5.2 无公证情况时，不参加现场开标仪式或开标结束后拒绝在开标记录表上签字确认的投标人，视为默认开标结果。

5.5.3 未在开标时开封和宣读的投标文件，不论情况如何均不能进入下一步的评审。

6 评标

6.1 评标委员会

6.1.1 评标由招标人依法组建的评标委员会负责。评标委员会由招标人或其委托的招标代理机构熟悉相关业务的代表，以及有关技术、经济等方面的专家组成。

6.1.2 评标委员会成员有下列情形之一的，应当回避：

1) 投标人或投标人的主要负责人的近亲属；

2) 项目行政主管部门或者行政监督部门的人员；

3) 与投标人有经济利益关系，可能影响对投标公正评审的；

4) 曾因在招标、评标以及其他与招标投标有关活动中从事违法行为而受过行政处罚或刑事处罚的；

5) 与投标人有其他利害关系。

6.2 评标原则

评标活动遵循公平、公正、科学和择优的原则。

6.3 评标

评标委员会按照第三章"评标办法"规定的方法、评审因素、标准和程序对投标文件进行评审。第三章"评标办法"没有规定的方法、评审因素和标准，不作为评标依据。

7 合同授予

7.1 定标方式

招标人依据评标委员会推荐的中标候选人确定中标人。

7.2 中标候选人公示

招标人在投标人须知前附表规定的媒介公示中标候选人。

7.3 中标通知

在本章第 3.3 款规定的投标有效期内,招标人以书面形式向中标人发出中标通知书,同时将中标结果通知未中标的投标人。

7.4 履约担保

7.4.1 中标人应按投标人须知前附表规定的金额、担保形式和招标文件第四章"合同条款及格式"规定的履约担保格式及时间要求向招标人提交履约担保。联合体中标的,其履约担保由牵头人递交,并应符合投标人须知前附表规定的金额、担保形式和招标文件第四章"合同条款及格式"规定的履约担保格式要求。

7.4.2 中标人不能按本章第 7.4.1 项要求提交履约担保的,视为放弃中标,其投标保证金不予退还,给招标人造成的损失超过投标保证金数额的,中标人还应当对超过部分予以赔偿。

7.5 签订合同

7.5.1 招标人和中标人应当自中标通知书发出之日起 30 天内,根据招标文件和中标人的投标文件订立书面合同。中标人无正当理由拒签合同的,招标人取消其中标资格,其投标保证金不予退还;给招标人造成的损失超过投标保证金数额的,中标人还应当对超过部分予以赔偿。

7.5.2 发出中标通知书后,招标人无正当理由拒签合同的,招标人向中标人退还投标保证金;给中标人造成损失的,还应当赔偿损失。

8 重新招标和不再招标

8.1 重新招标

有下列情形之一的依法必须招标的项目,招标人将重新招标:

1) 投标截止时间止,投标人少于 3 名的;

2) 经评标委员会评审后否决所有投标的;

3) 国家相关法律法规规定的其他重新招标情形。

8.2　不再招标

重新招标后投标人仍少于 3 名或者所有投标被否决的，不再进行招标。

9　纪律和监督

9.1　对招标人的纪律要求

招标人不得泄露招标投标活动中应当保密的情况和资料，不得与投标人串通损害国家利益、社会公共利益或者他人合法权益。

9.2　对投标人的纪律要求

9.2.1　投标人不得相互串通投标或者与招标人串通投标，不得向招标人或者评标委员会成员行贿谋取中标，不得以他人名义投标或者以其他方式弄虚作假骗取中标；投标人不得以任何方式干扰、影响评标工作，或以不正当手段获取招标人评标的有关信息，一经查实，招标人将否决其投标。

9.2.2　如果投标人存在失信行为，招标人除报告国家有关部门由其进行处罚外，招标人还将根据《中国长江三峡集团有限公司供应商信用评价管理办法》中的相关规定对其进行处理。

9.3　对评标委员会成员的纪律要求

评标委员会成员不得收受他人的财物或者其他好处，不得向他人透漏对投标文件的评审和比较、中标候选人的推荐情况以及评标有关的其他情况。在评标活动中，评标委员会成员不得擅离职守，影响评标程序正常进行，不得使用第三章"评标办法"没有规定的评审因素和标准进行评标。

9.4　对与评标活动有关的工作人员的纪律要求

与评标活动有关的工作人员不得收受他人的财物或者其他好处，不得向他人透漏对投标文件的评审和比较、中标候选人的推荐情况以及评标有关的其他情况。在评标活动中，与评标活动有关的工作人员不得擅离职守，影响评标程序正常进行。

9.5　异议处理

9.5.1　异议必须由投标人或者其他利害关系人以实名提出，在下述异议提出有效期间内以书面形式按照招标文件规定的联系方式提交给招标人。为保证正常的招标秩序，异议人须按本章第 9.5.2 项要求的内容提交异议。

　　1）对招标文件及其修改和补充文件有异议的，应在投标截止时间 10 日前提出；

　　2）对开标有异议的，应在开标现场提出；

　　3）对中标结果有异议的，应在中标候选人公示期间提出。

9.5.2　异议书应当以书面形式提交（如为传真或者电邮，需将异议书原件同时以特快专递或者派人送达招标人），异议书应当至少包括下列内容：

　　1）异议人的名称、地址及有效联系方式；

　　2）异议事项的基本事实（异议事项必须具体）；

　　3）相关请求及主张（主张必须明确，诉求清楚）；

　　4）有效线索和相关证明材料（线索必须有效且能够查证，证明材料必须真实有效，且能够支持异议人的主张或者诉求）。

9.5.3　异议人是投标人的，异议书应由其法定代表人或委托代理人签订并盖章。异议人若是其他利害关系人，属于法人的，异议书必须由其法定代表人或委托代理人签字并盖章；属于其他组织或个人的，异议书必须由其主要负责人或异议人本人签字，并附有效身份证明扫描件。

9.5.4　招标人只对投标人或者其他利害关系人提交了合格异议书的异议事项进行处理，并于收到异议书3日内做出答复。异议书不是投标人或者其他利害关系人的提出的，异议书内容或者形式不符合第9.5.2项要求的，招标人可不受理。

9.5.5　招标人对异议事项做出处理后，异议人若无新的证据或者线索就所提异议事项再提出异议，招标人将不予受理。除开标外，异议人自收到异议答复之日起3日内应进行确认并反馈意见，若超过此时限，则视同异议人同意答复意见，招标及采购活动可继续进行。

9.5.6　经招标人查实，若异议人以提出异议为名进行虚假、恶意异议，阻碍或者干扰了招标投标活动的正常进行，招标人将对异议人作出如下处理：

　　1）如果异议人为投标人，将异议人的行为作为不良信誉记录在案。如果情节严重，给招标人带来重大损失的，招标人有权追究其法律责任，并要求其赔偿相应的损失，自异议处理结束之日起3年内禁止其参加招标人组织的招标活动。

　　2）对其他利害关系人招标人将保留追究其法律责任的权利，并记录在案。

9.6　投诉

投标人和其他利害关系人认为本次招标活动违反法律、法规和规章规定的，有权向有关行政监督部门投诉。

10　需要补充的其他内容

需要补充的其他内容：见投标人须知前附表。

附件一：开标记录表

<u>   </u> （项目名称）

开标一览表

招标编号：   标段名称：

开标时间：   开标地点：

序号	投标人名称	投标报价（元）	备注
1			
2			
3			
4			
5			
6			
7			
8			
9			
……			

备注：

记录人：   监督人：   公证人：

附件二：问题澄清通知

<u>   </u>项目问题澄清通知

编号：<u>   </u>

<u>   </u>（投标人名称）：

现将本项目评标委员会在审查贵单位投标文件后所提出的澄清问题以传真（邮件）的形式发给贵方，请贵方在收到该问题清单后逐一做出相应的答复，澄清答复文件的签署要求与投标文件相同。请于<u>   </u>年<u>   </u>月<u>   </u>日<u>   </u>时前将澄清答复文件扫描后以电子邮件的形式传给我方，邮箱地址：<u>   </u>。未按时送交澄清答复文件的投标人将不能进入下一步评审。

附：澄清问题清单

1.

2.

      ……

<u>   </u>招标评标委员会

<u>   </u>年<u>   </u>月<u>   </u>日

附件三：问题的澄清

＿＿＿＿＿＿＿＿＿（项目名称）问题的澄清

编号：＿＿＿＿＿

＿＿＿＿＿＿＿＿＿（项目名称）招标评标委员会：

问题澄清通知（编号：＿＿＿＿＿＿＿＿）已收悉，现澄清如下：

1.

2.

......

投标人：＿＿＿＿＿＿＿＿＿＿＿＿（盖单位章）

法定代表人或其委托代理人：＿＿＿＿＿＿＿＿（签字）

＿＿＿＿＿年＿＿月＿＿日

附件四：中标候选人公示和中标结果公示

（项目及标段名称）中标候选人公示
（招标编号：　　　　　）

招标人			招标代理机构	三峡国际招标有限责任公司	
公示开始时间			公示结束时间		
内容		第一中标候选人	第二中标候选人	第三中标候选人	
1. 中标候选人名称					
2. 投标报价					
3. 质量					
4. 工期（交货期）					
5. 评标情况					
6. 资格能力条件					
7. 项目负责人情况	姓名				
	证书名称				
	证书编号				
8. 提出异议的渠道和方式（投标人或其他利害关系人如对中标候选人有异议，请在中标候选人公示期间以书面形式实名提出，并应由异议人的法定代表人或其授权代理人签字并盖章。对于无异议人名称和地址及有效联系方式、无具体异议事项、主张不明确、诉求不清楚、无有效线索和相关证明材料的异议将不予受理）。	电话				
	传真				
	Email				

（项目及标段名称）中标结果公示

　　（招标人名称）根据本项目评标委员会的评定和推荐，并经过中标候选人公示，确定本项目中标人如下：

招标编号	项目名称	标段名称	中标人名称

　　招标人：

　　招标代理机构：三峡国际招标有限责任公司

　　日期：

附件五：中标通知书

中标通知书

_____（中标人名称）：

在_____（招标编号：_____）招标中，根据《中华人民共和国招标投标法》等相关法律法规和此次招标文件的规定，经评定，贵公司中标第____标段（中标金额：____元）。请在接到本通知后的____日内与_____联系合同签订事宜。

请在收到本传真后立即向我公司回函确认。谢谢！

合同谈判联系人：

联系电话：

三峡国际招标有限责任公司

_____年___月___日

附件六：确认通知

确认通知

_____（招标人名称）：

我方已接到你方_____年___月___日发出的_____（项目名称）招标关于_____的通知，我方已于_____年___月___日收到。

特此确认。

投标人：_____（盖单位章）

_____年___月___日

第三章 评标办法（综合评估法）

评标办法前附表

条款号		评审因素	评审标准
2.1.1	形式评审标准	投标人名称	与营业执照、资质证书、安全生产许可证一致
		投标函签字盖章	有法定代表人或其委托代理人签字或加盖单位章
		投标文件格式	符合第八章"投标文件格式"的要求
		联合体投标人（如有）	提交联合体协议书，并明确联合体牵头人
		报价唯一	只能有一个有效报价
2.1.2	资格评审标准	营业执照	具备有效的营业执照
		安全生产许可证	具备有效的安全生产许可证
		资质条件	符合第二章"投标人须知"第1.4.1项规定
		财务要求	符合第二章"投标人须知"第1.4.1项规定
		业绩要求	符合第二章"投标人须知"第1.4.1项规定
		项目经理要求	符合第二章"投标人须知"第1.4.1项规定
		信誉要求	符合第二章"投标人须知"第1.4.1项规定
		其他要求	符合第二章"投标人须知"第1.4.1项规定
		联合体投标人	符合第二章"投标人须知"第1.4.2项规定
2.1.3	响应性评审标准	投标内容	符合第二章"投标人须知"第1.3.1项规定
		工期	符合第二章"投标人须知"第1.3.2项规定
		工程质量	符合第二章"投标人须知"第1.3.3项规定
		投标有效期	符合第二章"投标人须知"第3.3.1项规定
		投标保证金	符合第二章"投标人须知"第3.4.1项规定
		权利义务	符合第四章"合同条款及格式"规定
		已标价工程量清单	符合第五章"工程量清单"给出的范围及数量
		投标报价	符合第二章"投标人须知"第3.2.3项规定
		技术标准和要求	符合第七章"技术标准和要求"规定

条款号	条款内容	编列内容
2.2.1	评审因素权重（100%）	（1）资信部分：10% （2）商务部分：40% （3）技术部分：40% （4）项目管理机构部分：10%

条款号	评审因素	评审标准
2.2.2	评标价基准值计算方法	投标人评标价：指各投标人经修正后的投标报价。 以所有进入详细评审/通过初步评审的投标人评标价算术平均值×＿＿（0.92～0.97）作为本次评审的评标价基准值B。并应满足计算规则： （1）当进入详细评审的投标人超过5家时去掉一个最高价和一个最低价； （2）当同一企业集团多家所属企业（单位）参与本项目投标时，取其中最低评标价参与评标价基准值计算，无论该价格是否在步骤（1）中被筛选掉； （3）依据（1）、（2）规则计算B值后，如参与计算的投标人不少于3名，去掉评标价高于B值×130％（含）的评标价，重新计算B值。 （注： **1. 计算系数（0.92～0.97），招标人可根据项目规模、难度以及市场竞争性选择计算系数，对于项目规模大、技术难度大、市场竞争不充分的项目，可在规定范围内适当上浮计算系数；对于项目规模小、技术相对简单、市场竞争较强的项目，可在规定范围内适当下浮计算系数；** **2. 第（3）条在建安类项目中，根据具体情况，在编制招标文件时选择使用）**
2.2.3	偏差率计算公式	偏差率（Di）＝100％×（投标人评标价－评标价基准值）/评标价基准值

条款号		评审因素	评审标准	权重
2.2.4　1)	资信部分评分标准（10％）	投标人法人地位及资质、财务状况	对投标人的法人地位及资质、财务状况综合评价	2％
		经验、业绩	满足招标文件业绩要求的得60分，每增加一个业绩加＿＿分，最多得100分	4％
		信用评价	根据中国长江三峡集团有限公司最新发布的年度供应商信用评价结果进行统一评分，A、B、C三个等级信用得分分别为100、85、70分。如投标人初次进入中国长江三峡集团有限公司投标或报价，由评标委员会根据其以往业绩及在其他单位的合同履约情况合理确定本次评审信用等级	4％
2.2.4　2)	商务部分评分标准（40％）	总报价（评标价）得分	当0＜Di≤3％时，每高1％扣2分； 当3％＜Di≤6％时，每高1％扣4分； 当6％＜Di，每高1％扣6分； 当－3％＜Di≤0时，不扣分； 当－6％＜Di≤－3％时，每低1％扣1分； 当－9％＜Di≤－6％时，每低1％扣2分； 当Di≤－9％时，每低1％扣3分； 满分为100分，最低得60分。 上述计分按分段累进计算，当入围投标人评标价与评标价基准值B比例值处于分段计算区间内时，分段计算按内插法等比例计扣分。	25％

续表

条款号		评审因素	评审标准	
2.2.4 2)	商务部分评分标准（40%）	商务条件及投标符合性	商务文件的完整性、响应性及商务偏差	1.5%
		分项报价	分项报价合理性、平衡性	3%
		基础价格及取费	基础价格及取费合理性	3%
		主要工程单价	主要单价合理性	5%
		主要专业工程报价（根据项目情况选择）	专业工程报价合理性	1.5%
		价差调整权重	合理性和平衡性	1%
2.2.4 3)	技术部分评分标准（40%）	施工难点与关键点	项目重点、难点的分析与对策	7%
		施工方案与进度工期、强度	施工进度、强度分析的合理性及保证措施	6%
		施工布置	施工布置的合理性及与现场环境协调	6%
		施工方法、程序、配合环节	施工方法、程序、配合环节的合理性	5%
		施工设备布置及设备配套	选型的合理性、投入本合同的设备的完好性和可靠性	6%
		质量、进度、文明施工、环保、水保的保证措施	保证质量、文明施工的技术措施，环保、水保实施措施，防灾应急措施，对周边已有设施的保护措施等	4%
		安全设计方案及安全措施	施工安全设计方案及安全措施合理性	4%
		专项工程的设计及技术措施	方案及保证措施合理性	2%
		……	……	
2.2.4 4)	项目管理机构部分评分标准（10%）	项目经理和技术负责人的经历、主持过的项目工程与效果	项目经理为一级建造师且有 10 年以上工作业绩得 60 分。技术负责人具有高级职称的加 20 分，技术负责人也具有类似工程业绩的加 20 分。	3%
		项目现场组织机构与职责、运作方式（包括分包管理）；技术、质量、进度管理体系与措施，协调配合	项目现场组织机构、职责、运行方式及保障措施	2%
		合同、劳务、设备、材料、财务管理等体系与措施	体系建设及保证措施	2%
		项目资金使用（包括分包价款的结算支付）、保证与分配、封闭管理及奖惩措施	资金使用效率及保障措施	1%
		拟投入合同的施工队伍状况（包括自有的专业队伍和分包人）	成建制的专业队伍整体素质	2%
		……	……	
3.1.1	初步评审名单的确定	详细评审名单的确定标准	不适用	
3.2.1	详细评审名单的确定	详细评审名单的确定标准	不适用	
3.2.2	详细评审	投标报价的处理规则	不适用	

（注：评标办法各评审因素的评审标准、分值和权重基于大型水电工程进行设定。对中小型水电主体工程施工项目，可根据项目特点参照设置调整技术部分的评审因素和权重。）

1 评标方法

本次评标采用综合评估法。评标委员会对满足招标文件实质性要求的投标文件，按照本章第2.2款规定的评分标准进行打分，并按综合得分由高到低的顺序推荐不超过3名中标候选人，但投标报价低于其成本的除外。综合评分相等时，以投标报价低的优先；投标报价也相等的，技术得分高的优先；当技术得分也相等的，由招标人自行确定。

2 评审标准

2.1 初步评审标准

2.1.1 形式评审标准：见评标办法前附表。

2.1.2 资格评审标准：见评标办法前附表。

2.1.3 响应性评审标准：见评标办法前附表。

2.2 详细评审标准

2.2.1 分值构成

1）资信部分：见评标办法前附表；

2）商务部分：见评标办法前附表；

3）技术部分：见评标办法前附表；

4）项目管理机构部分：见评标办法前附表。

2.2.2 评标价基准值计算

评标价基准值计算方法：见评标办法前附表。

2.2.3 偏差率计算

偏差率计算公式：见评标办法前附表。

2.2.4 评分标准

1）资信部分评分标准：见评标办法前附表；

2）商务部分评分标准：见评标办法前附表；

3）技术部分评分标准：见评标办法前附表；

4）项目管理机构部分评分标准：见评标办法前附表。

3 评标程序

3.1 初步评审

3.1.1 初步评审短名单的确定：见评标办法前附表。

3.1.2 评标委员会依据本章第2.1款规定的标准对投标文件进行初步评审。有一项不符合评审标准的，评标委员会应当否决其投标。

3.1.3　投标人有以下情形之一的，评标委员会应当否决其投标：

　　1）第二章"投标人须知"第1.4.3项规定的任何一种情形的；

　　2）串通投标或弄虚作假或有其他违法行为的；

　　3）不按评标委员会要求澄清、说明或补正的。

3.1.4　投标报价有算术错误的，评标委员会按以下原则对投标报价进行修正，修正的价格经投标人书面确认后具有约束力。投标人不接受修正价格的，评标委员会应当否决其投标。

　　1）投标文件中的大写金额与小写金额不一致的，以大写金额为准；

　　2）总价金额与依据单价计算出的结果不一致的，以单价金额为准修正总价，但单价金额小数点有明显错误的除外。

3.1.5　评标委员会将参考招标人现阶段掌握的投标人不良行为记录进行评审。

3.1.6　经初步评审后合格投标人不足3家的，评标委员会应对其是否具有竞争性进行评审，因有效投标不足3家使得投标明显缺乏竞争的，评标委员会可以否决全部投标。

3.2　详细评审

3.2.1　详细评审短名单确定：见评标办法前附表。

3.2.2　投标报价的处理规则：见评标办法前附表。

3.2.3　评分按照如下规则进行。

　　1）评分由评标委员会以记名方式进行，参加评分的评标委员会成员应单独打分。凡未记名、涂改后无相应签名的评分票均作为废票处理。

　　2）评分因素按照A～D四个档次评分，A档对应的分数为100～90（含90），B档90～80（含80），C档80～70（含70），D档70～60（含60）。评标委员会讨论各进入详细评审投标人在各个评审因素的档次，评标委员会成员宜在讨论后决定的评分档次范围内打分。如评标委员会成员对评分结果有不同看法，也可超档次范围打分，但应在意见表中陈述理由。

　　3）评标委员会成员打分汇总方法，参与打分的评标委员会成员超过5名（含5名）以上时，汇总时去掉单项评价因素的一个最高分和一个最低分，以剩余样本的算术平均值作为投标人的得分。

　　4）评分分值的中间计算过程保留小数点后三位，小数点后第四位"四舍五入"；评分分值计算结果保留小数点后两位，小数点后第三位"四舍五入"。

3.2.4　评标委员会按本章第2.2款规定的量化因素和分值进行打分，并计算出综合评估得分。

　　1）按本章第2.2.4　1）目规定的评审因素和分值对资信部分计算出得分A；

2）按本章第 2.2.4　2）目规定的评审因素和分值对商务部分计算出得分 B；

3）按本章第 2.2.4　3）目规定的评审因素和分值对技术部分计算出得分 C；

4）按本章第 2.2.4　4）目规定的评审因素和分值对项目管理机构部分计算出得分 D；

5）投标人综合得分＝A＋B＋C＋D。

3.2.5　评标委员会发现投标人的报价明显低于其他投标人的报价，或者在设有标底时明显低于标底，使得其投标报价可能低于其成本的，应当要求该投标人作出书面说明并提供相应的证明材料。投标人不能合理说明或者不能提供相应证明材料的，由评标委员会认定该投标人以低于成本报价竞标，否决其投标。

3.3　投标文件的澄清和补正

3.3.1　在评标过程中，评标委员会可以书面形式要求投标人对所提交投标文件中不明确的内容进行书面澄清或说明，或者对细微偏差进行补正。评标委员会不接受投标人主动提出的澄清、说明或补正。

3.3.2　澄清、说明和补正不得改变投标文件的实质性内容（算术性错误修正的除外）。投标人的书面澄清、说明和补正属于投标文件的组成部分。

3.3.3　评标委员会对投标人提交的澄清、说明或补正有疑问的，可以要求投标人进一步澄清、说明或补正。

3.4　评标结果

3.4.1　评标委员会按照综合得分由高到低的顺序推荐不超过 3 名中标候选人。

3.4.2　评标委员会完成评标后，应当向招标人提交书面评标报告。

3.4.3　中标候选人在信用中国网站（http：//www.creditchina.gov.cn/）被查询存在与本次招标项目相关的严重失信行为，评标委员会认为可能影响其履约能力的，有权取消其中标候选人资格。

第四章 合同条款及格式

第一节 通用合同条款

一、定义、联络和文件

1 定义

通用合同条款、专用合同条款中的下列词语应具有本款所赋予的含义。

1.1 合同当事人及其他相关方

1）发包人：指专用合同条款中指明并与承包人在合同协议书中签字的当事人。

2）承包人：指其投标后被发包人接受并与发包人签订本合同的中标人。

3）承包人项目经理：指承包人派驻施工场地的全权负责人。

4）分包人：指本合同项下与承包人签订分包合同的当事人。

5）设计人：指在专用合同条款中指明，受发包人委托负责工程设计并具备相应工程设计资质的法人或其他组织。

6）监理人：指在专用合同条款中指明，受发包人委托对本合同履行实施监理的法人或其他组织。

7）总监理工程师：指由监理人委派常驻施工场地对合同履行实施管理的全权负责人。

1.2 合同

1）合同文件（或称合同）：指由发包人与承包人签订的为实施、完成并维修本合同规定的工程和各项工作、履行双方责任权利和义务的文件，其内容包括合同协议书及有关补充资料、合同协议书备忘录（包括澄清材料）、中标通知书、经评标确认的已标价的工程量清单、专用合同条款、通用合同条款、技术标准和要求、图纸（包括设计说明及技术文件）、投标函及投标函附录、投标辅助资料及其他在投标人须知和合同协议中明确列入包括的文件。

2）合同协议书：指第8.5款所指的合同协议书。

3）技术标准和要求：指构成合同文件组成部分的名为技术标准和要求的文件，包括合同双方当事人约定对其所作的修改或补充。

4）图纸：指列入合同的招标图纸和投标图纸，以及发包人按合同约定向承包人提供的施工图纸和其他图纸（包括配套说明和有关资料）。

5）投标文件：指承包人为完成本合同规定的各项工程，向发包人提交并为发包人的中标函所接受的包括投标函及投标函附录及其他文件等。

6）投标函：指构成合同文件组成部分的由承包人填写并签署的投标函。

7）投标函附录：指附在投标函后构成合同文件的投标函附录。

8）已标价工程量清单：指构成合同文件组成部分的由承包人按照规定的格式和要求填写并标明价格的工程量清单。

9）中标通知书：指发包人通知承包人中标的函件。

10）其他合同文件：指经合同双方当事人确认构成合同文件的其他文件。

11）书面形式：指合同文件、信函、电报、传真等可以有形地表现所载内容的形式。

1.3　工程和设备

1）工程：指永久工程和（或）临时工程。

2）永久工程：指按本合同规定应建造的并移交给发包人使用的工程，包括工程设备。

3）临时工程：指为完成本合同规定的永久工程所修建的各类临时性工程，不包括施工设备。

4）主体工程：指全部永久或临时工程中的主要工程。

5）永久设备（或称工程设备）：指构成或计划构成永久工程一部分的机电设备、金属结构设备、仪器装置及其他类似的设备和装置。

6）施工设备：指为完成本合同规定的各项工作所需的全部用于施工的设备、器具和临时工程中除土建工程和材料以外的其他一切物品。

7）承包人设备：指承包人的自带或租赁的施工设备。

8）临时设施：指为完成合同约定的各项工作所服务的临时性生产和生活设施。

9）进场：指承包人接到开工通知后进入施工场地。

10）"装配"、"安装"、"设置"、"使用"或"布置"：指承包人按合同文件指定的地理位置办理规定的项目、物品或仪器或永久设备部件收货、运往工地并按图纸所示或规定进行装配、安装、设置、使用或布置所做的所有工作并承担的所有费用（包括劳务、材料、施工设备和管理费）和利税等。

11）施工场地（或称工地、现场）：指本合同工程施工场所，以及在合同中指定作为施工场地组成部分的其他场所，包括永久占地和临时占地。

12）永久占地：指发包人为建设本合同工程永久征用的场地。

13）临时占地：指发包人为建设本合同工程临时征用，承包人在完工后须按合同要求退还的场地。

1.4　日期和期限

1）开工通知：指发包人委托监理人通知承包人开工的函件。

2）开工日期：指在开工通知中明确的开工日期。

3）完工日期：指本合同规定的全部工程完工，并通过完工验收在移交证书中写明的日期。

4）工期：指合同工程关键线路的直线工期。

5）完工验收：指合同项下的所有工程验收合格，承包人提交全部有关验收资料后，由发包人组织对合同内全部工程进行验收。

6）天：指日历天。合同中按天计算时间的，开始当天不计入，从次日开始计算，从次日开始计算。期限最后一天的截止时间为当天 24：00。

1.5　合同价格和费用

1）签约合同价：指签订合同时合同协议书中写明的，包括了暂列金额、暂估价的合同总金额。

2）合同价格：指承包人按合同约定完成了包括缺陷责任期内的全部承包工作后，发包人应付给承包人的金额，包括在履行合同过程中按合同约定进行的变更和调整。

3）费用：指为履行合同所发生的或将要发生的所有合理开支，包括管理费和应分摊的其他费用，但不包括利润。

4）暂列金额：指已标价工程量清单中所列的暂列金额，用于在签订协议书时尚未确定或不可预见变更的施工及其所需材料、工程设备、服务等的金额，包括以计日工方式支付的金额。

5）暂估价：指发包人在工程量清单中给定的用于支付必然发生但暂时不能确定价格的材料、设备以及专业工程的金额。

6）计日工：指对零星工作采取的一种计价方式，按合同中的计日工子目及其单价计价付款。

7）质量保证金（或称保留金）：指按第 46.5 款约定用于保证在缺陷责任期内履行缺陷修复义务的金额，为保证承包人履行合同义务，发包人在工程价款结算时按规定比例无息滞留，工程完工时转作工程质量保证金，质保期满后返还。

1.6　其他

1）提供：指发包人或承包人按合同文件指定的地理位置提供规定的项目、永久设备、物品、仪器或永久设备部件并负责交货而做的所有工作和承担的所有费用（包括劳务、材料、施工机械设备和管理费）和利润。

2）坝区：泛指坝区河段和枢纽工程征地红线范围，特指发包人提供承包人在合同有效期内使用的或航运部门批准的指定地点与范围的场地。

2　联络

2.1　与合同有关的通知、批准、证明、证书、指示、要求、请求、同意、意见、确定和决定等函件，均应采用书面形式。任何这与合同有关的通知、批准、证明、证书、指示、要求、请求、同意、意见、确定和决定等都不应被无故扣发或延误，否则由责任方对由此造成的后果负责。

2.2　第2.1款中的通知、批准、证明、证书、指示、要求、请求、同意、意见、确定和决定等来往函件，均应在合同约定的期限内送达指定地点和接收人，并办理签收手续。

2.3　承包人应将工程施工期间在指示或工程设计或技术标准和要求中发现的任何错误、遗漏、差错和其他缺陷及时通知监理人。

3　合同语言和法律

3.1　合同语言

除专用术语外，合同使用的语言文字为中文。必要时专用术语应附有中文注释。

3.2　适用法律

适用于合同的法律包括中华人民共和国法律、行政法规、部门规章，以及工程所在地的地方法规、自治条例、单行条例和地方政府规章。

4　合同文件

4.1　合同文件的优先顺序

组成合同的各项文件应互相解释，互为说明。但在有含意不清或有矛盾时，除非专用合同条款另有约定外，解释合同文件的优先顺序如下：

1）合同协议书及有关补充资料（如果有）；

2）合同协议备忘录（包括澄清材料）；

3）经评标确认的已标价工程量清单；

4）专用合同条款；

5）通用合同条款；

6）技术标准和要求；

7）中标通知书；

8）投标函及投标函附录（包括投标辅助资料）；

9）图纸（包括设计说明及技术文件）；

10）其他合同文件。

二、监理人

5 监理人和监理人员

5.1 监理人的职责和权力

1）监理人受发包人委托，享有合同约定的权力。监理人在行使某项权力前需要经发包人事先批准而通用合同条款没有指明的，应在专用合同条款中指明。监理人在行使下述合同赋予的权力前，应得到发包人的批准：

（1）变更合同的范围；

（2）变更合同单价或合价或合同价格；

（3）合同分包；

（4）重大设计或技术方案的变更；

（5）影响工期、质量、合同价等其他重大决定；

（6）专用合同条款中指明的其他权力。

2）监理人发出的任何指示应视为已得到发包人的批准，但监理人无权免除或变更合同约定的发包人和承包人的权利、义务和责任。

3）合同约定应由承包人承担的义务和责任，不因监理人对承包人提交文件的审查或批准，对工程、材料和设备的检查和检验，以及为实施监理作出的指示等职务行为而减轻或解除。

4）当监理人认为出现危及生命、工程或毗邻财产等安全的紧急事件时，在不免除合同约定的承包人责任的情况下，监理人可以指示承包人实施为消除或减少这种危险所必须进行的工作，即使没有发包人的事先批准，承包人也应立即遵照执行。监理人应按第 47 条的约定增加相应的费用，并通知承包人。

5.2 总监理工程师

发包人应在发出开工通知前将总监理工程师的任命通知承包人。总监理工程师更换时，应在调离 14 天前通知承包人。总监理工程师短期离开施工场地的，应委派代表代行其职责，并通知承包人。

5.3　监理人员

1）总监理工程师可以授权其他监理人员负责执行其指派的一项或多项监理工作。总监理工程师应将被授权监理人员的姓名及其授权范围通知承包人。被授权的监理人员在授权范围内发出的指示视为已得到总监理工程师的同意，与总监理工程师发出的指示具有同等效力。总监理工程师撤销某项授权时，应将撤销授权的决定及时通知承包人。

2）监理人员对承包人的任何工作、工程或其采用的材料和工程设备未在约定的或合理的期限内提出否定意见的，视为已获批准，但不影响监理人在以后拒绝该项工作、工程、材料或工程设备的权利。

3）承包人对总监理工程师授权的监理人员发出的指示有疑问的，可向总监理工程师提出书面异议，总监理工程师应在48小时内对该指示予以确认、更改或撤销。

4）除专用合同条款另有约定外，总监理工程师不应将第5.6款约定应由总监理工程师作出确定的权力授权或委托给其他监理人员。

5.4　监理人的指示

1）监理人应按第5.1款的约定向承包人发出指示，监理人的指示应盖有监理人授权的施工场地机构章，并由总监理工程师或总监理工程师按第5.3　1）项约定授权的监理人员签字。

2）承包人收到监理人按第5.5　1）项作出的指示后应遵照执行。指示构成变更的，应按第47条处理。

3）在紧急情况下，总监理工程师或被授权的监理人员可以当场签发临时书面指示，承包人应遵照执行。承包人应在收到上述临时书面指示后48小时内，向监理人发出书面确认函。监理人在收到书面确认函后48小时内未予答复的，该书面确认函应被视为监理人的正式指示。

4）除合同另有规定外，承包人只从监理人总监那里取得指示或从上述第53.1款规定的监理人员处取得指示。

5）由于监理人未能按合同约定发出指示、指示延误或指示错误而导致承包人费用增加和（或）工期延误的，由发包人承担赔偿责任。

5.5　监理人应公正地履行职责

1）监理人应按本合同规定履行职责，凡按合同要求由监理人作出决定、表示意见、审批文件、确定价格时，应在认真复核计算（必要时应测量）、查清事实和取证后依据合同规定做出处理。

2）监理人对现场监理的资料、计量和计价的真实性和准确性承担责任。监理过程和结果资料、工程量台账、计量计价计算书、测量资料、鉴别验收资料等应完整、齐全，及时整编，按发包人规定归档，并符合规范要求。

5.6　商定或确定

1）合同约定总监理工程师应按照本款对任何事项进行商定或确定时，总监理工程师应与合同当事人协商，尽量达成一致。不能达成一致的，总监理工程师应认真研究后审慎确定。

2）总监理工程师应将商定或确定的事项通知合同当事人，并附详细依据。对总监理工程师的确定有异议的，构成争议，按照合同条款第 53 条的约定处理。在争议解决前，双方应暂按总监理工程师的确定执行，按照合同条款第 53 条的约定对总监理工程师的确定作出修改的，按修改后的结果执行。

三、图纸和承包人文件

6　图纸和承包人文件

6.1　招标图纸和投标图纸

1）列入合同的招标图纸仅作为承包人投标报价和履行合同过程中衡量变更的依据，不能直接用于施工。

2）列入合同的投标图纸仅作为发包人选择中标人和履行合同过程中检验承包人是否按其投标内容进行施工的依据，亦不能直接用于施工。

6.2　图纸的提供

1）发包人应按技术标准和要求约定的期限和数量将施工图纸以及其他图纸（包括配套说明和有关资料）提供给承包人。

2）在监理人批准合同条款第 36.1 款约定的合同进度计划或者合同条款 36.2 款约定的合同进度计划修改后 7 天内，承包人应当根据合同进度计划和本项约定的图纸提供期限和数量，编制或者修改图纸供应计划并报送监理人，其中应当载明承包人对各区段最新版本图纸（包括合同条款第 6.3 项约定的图纸修改图）的最迟需求时间，监理人应当在收到图纸供应计划后 7 天内批复或提出修改意见，否则该图纸供应计划视为得到批准。经监理人批准的最新的图纸供应计划对合同双方有合同约束力，作为发包人或者监理人向承包人提供图纸的主要依据。发包人或者监理人不按照图纸供应计划提供图纸而导致承包人费用增加和（或）工期延误的，由发包人承担赔偿责任。承包人未按照本目约定的时间向监理人提交图纸供应计划，致使发包人或者监理人未能在合理的时间内提供相应图纸或者承包人未按照图纸供应计划组织施工所造成的费用增加和（或）工期延误由承包人承担。

3）承包人发现发包人提供的图纸存在明显错误或疏忽，应及时通知监理人。

6.3 图纸的修改

图纸需要修改和补充的，应由监理人取得发包人同意后，在该工程或工程相应部位施工前的合理期限内签发图纸修改图给承包人，具体签发期限在专用合同条款中约定。承包人应按修改后的图纸施工。

发包人和监理人有权随时向承包人发出施工图纸的设计修改图与设计修改通知单、以及为使工程合理及正确施工、完工以及修补缺陷所需的补充图纸和指示。承包人应执行这些设计修改、补充文件和指示，并受其约束。

1）用于施工的设计图纸和其他补充图纸，经监理人提供，在合同签订后和工程进行中作为施工用的图纸（包括设计技术要求），若有必要可以修改或补充。承包人必须在各方面严格按图纸进行永久性工程施工。如永久性工程的任何部分未按图纸施工，必须由承包人纠正，发包人不另付费用。

2）对于开挖、地质缺陷处理、临时支护、基础处理与基础灌浆工程等，这类工程据其通性和惯例，在工程实际施工进行中才能全面确定这些作业的具体要求，一些图纸在颁发后的施工过程中需要做几次修改或补充图纸和指示。承包人不能因此声称干扰他的计划而要求额外支付，这些修改或补充引起的工作量变化经监理人确认，发包人批准后计列，并按合同规定进行计量支付。

3）工程施工和检验应与技术标准和要求表明的标准一致，属于必须执行的强制性条款，则必须按技术标准的强制性规定执行。承包人提议的标准未经监理人批准不得使用。技术标准和要求可以在工程施工过程中由设计人或监理人不断修改、扩充或补充并由监理人发送。承包人对由于使用废弃的或不完整的标准和技术规范所出现的任何错误负责。承包人应采用新的标准和技术规范。

6.4 承包人提供的文件

承包人提供的文件（包括部分工程的大样图、加工图等）应按技术标准和要求约定的期限和数量提供给监理人。监理人应按技术标准和要求约定的期限批复承包人。

6.5 资料的保密

1）发包人提供的图纸和文件，未经发包人同意，承包人不得为合同以外的目的泄露给他人或公开发表与引用。

2）承包人提供的文件，未经承包人同意，发包人和监理人不得为合同以外的目的泄露给他人或公开发表与引用。

6.6 现场保存一份图纸

承包人应在施工场地各存一套完整的包含第 6.1 款、第 6.2 款、第 6.3 款约定内容的图纸和承包人文件，这些图纸皆可供监理人和由监理人书面授权的其他人进行检查和使用。

四、发包人的义务和责任

7 发包人的义务和责任

7.1 遵守法律

发包人在履行合同过程中应遵守法律和发包人的有关管理办法，保证承包人免于承担因发包人违反法律和发包人的有关管理办法而引起的任何责任。

7.2 发出开工通知

发包人应按第 37.1 款委托监理人向承包人发布开工通知。

7.3 委托监理人实施监理

发包人应在开工通知发布前委托并安排监理人及时进入工地开展监理工作。

7.4 提供施工场地

发包人应按合同技术标准和要求规定的承包人场地范围和时限，办理施工用地和范围内的征地和移民，按时向承包人提供施工场地。发包人提供的施工场地范围图应标明场地范围内永久占地与临时占地的范围和界限，以及指明提供给承包人用于施工场地布置的范围和界限及其有关资料。

在发包人向承包人提供的场地中，凡属已建成的道路、桥涵、房屋和构筑物、灯柱、地下管线、绿化带等设施均属发包人所有，承包人在进行场地规划时，不得损坏上述设施，否则由此产生的一切后果均由承包人承担。

7.5 协助承包人办理证件和批件

发包人应协助承包人办理法律规定的有关施工证件和批件。

7.6 组织设计交底

发包人应根据合同进度计划，组织设计单位向承包人进行设计交底。

7.7 提供部分施工准备工程与临时设施

发包人应按合同技术标准和要求规定，完成由发包人承担的道路、桥梁、房屋、供水、供电和消防设施等施工准备工程，并按合同规定的期限提供承包人使用。其中，发包人提供的施工供水、施工供电、施工营地、生活营地等临时设施及计费标准在专用合同条款明确。

7.8　办理保险

发包人应按第54.2款办理由发包人投保的保险。

7.9　移交测量基准

发包人应按第34.1款的有关规定，委托监理人向承包人移交现场测量基准点及其有关的书面资料。

7.10　及时提供图纸

发包人应第6.2款委托监理人在合同规定的期限内向承包人提供图纸。

7.11　支付合同价款

发包人应按第46条的规定支付合同价款。

7.12　组织工程验收

发包人应按第43条的规定主持和组织工程的中间验收及完工验收。

7.13　安全保卫

发包人应按第15.1款的规定履行其安全保卫职责。

7.14　提供已有的水文和地质勘探资料

发包人应向承包人提供已有的与本合同工程有关的水文气象资料和地质勘探资料，但只对作为发包人承担的工程设计依据并列入合同文件的水文和地质勘探资料准确性负责，不对承包人使用上述资料所作的分析、判断和推论负责。

7.15　环境保护

发包人应按第16.1款的规定履行其环境保护职责。

7.16　其他义务和责任

发包人应承担履行合同约定的义务和责任。

五、承包人的义务和责任

8　签署合同之前的责任

8.1　承包人现场查勘

发包人按第7.14款向承包人提供水文气象资料和地质勘探资料。承包人应对施工场地和周围环境进行查勘，并收集有关地质、水文、气象条件、交通条件、风俗习惯以及其他为完成合同工作有关的当地资料。在全部合同工作中，应视为承包人已充分估计了应承担的责任和风险。

8.2　投标报价包括所有费用

承包人应对投标报价以及工程量清单中所报的单价和合价的正确性和完整性负责。除合同中另有规定外，上述报价包括合同规定的全部责任，以及为工程的施工、完工和修补缺陷所需的全部有关费用和利润等。

8.3 联合体投标

发包人不接受联合体投标，除非专用合同条款另有规定。

8.4 履约担保及其有效期

1）履约担保

承包人应按投标人须知中规定的金额在收到中标通知后和在签订合同协议书的同时向发包人提交履约担保，除专用合同条款另有约定外，履约担保采用发包人认可的附件银行保函格式。

2）履约担保的有效期

承包人应保证其履约担保在发包人颁发缺陷责任期终止证书前一直有效。发包人应在缺陷责任终止证书颁发后 28 天内将履约担保退还给承包人（无息）。

8.5 合同协议书

承包人应签订和遵守如招标文件所附格式并在中标通知书规定的时间与发包人签订合同协议书，如需要可进行适当修改。除法律另有规定或合同另有约定外，发包人和承包人的法定代表人或其委托代理人在合同协议书上签字并盖单位章，并按 8.4 款提交合格履约保函后，合同生效。

9 承包人的义务和责任

9.1 遵守法律

承包人在履行合同过程中应遵守法律，并保证发包人免于承担因承包人违反法律而引起的任何责任。

9.2 照章纳税

承包人应按有关法律规定纳税，应缴纳的税金包括在合同价格内。

9.3 及时进场施工

承包人应按照监理人发布的开工通知及时进场施工。及时调遣人员和调配施工设备、材料进入工地，按施工总进度和工期目标要求完成施工准备工作。

9.4 完成各项承包工作

承包人应按投标文件承诺的项目施工组织机构、机制和组成人员、设备、合同项目资金等进行管理，并不断改进完善。

承包人应按合同约定以及监理人根据第 5.4 款作出的指示，实施、完成全部工程，并修补工程中的任何缺陷。除合同另有约定外，承包人应提供为完成合同工作所需的劳务、材料、施工设备、工程设备和其他物品，并按合同约定负责临时设施的设计、建造、运行、维护、管理和拆除。

9.5 合同价款专款专用

发包人按合同约定支付给承包人的各项价款应专用于合同工程。

1）承包人现场机构须在发包人指定银行开户，保证合同项目资金的专款专用，不得因资金挪作他用而使工程项目资金短缺影响工程建设。

2）如承包人出现资金困难，承包人应自行解决资金（如总部流动资金注入、商业银行贷款等）。

3）承包人接受发包人对本水电站工程建设资金管理的有关规定对合同工程资金的使用进行的监督检查。

9.6 对施工作业和施工方法的完备性负责

承包人应按合同约定的工作内容和施工进度要求，编制施工组织设计和施工措施计划，并对所有施工作业和施工方法的完备性和安全可靠性负责。

9.7 办理保险

承包人应按第 55.2 款办理由承包人投保的保险。

9.8 保证工程质量

承包人应严格按合同规定的质量要求完成各项工作。承包人的法定代表人、项目经理和主要技术人员对本工程的施工质量负有终身责任。

9.9 编制工程施工报表

承包人应按合同规定的内容和时间编制各项工程施工报表，按期提交发包人和监理人。

9.10 保证工程施工和人员的安全

承包人应按第 15.2 款约定采取施工安全措施，确保工程及其人员、材料、设备和设施的安全，防止因工程施工造成的人身伤害和财产损失。

9.11 治安保卫

在合同期间，承包人应采取合理的措施，防止其职工发生任何妨碍治安的行为，以维护社会秩序和保护工程附近的人员和财产免遭上述行为的侵害。

9.12 保护环境

承包人应按照第 16.2 和 16.3 款约定负责施工场地及其周边环境与生态的保护工作。

9.13 避免施工对公众与他人的利益造成损害

承包人在进行合同约定的各项工作时，不得侵害发包人与他人使用公用道路、水源、市政管网等公共设施的权利，避免对邻近的公共设施产生干扰。承包人占用或使用他人的施工场地，影响他人作业或生活的，应承担相应责任。

9.14　为其他人提供方便

除合同规定承包人提供有关条件、配合和协调的内容和可能发生的费用由发包人或其他人承担外，承包人应免费为其他人在施工现场或附近实施与工程有关的其他各项工作提供必要的条件、配合和协调。

9.15　工程维护和照管

工程移交证书颁发前，承包人应负责照管和维护工程。工程移交证书颁发时尚有部分未完工工程的，承包人还应负责该未完工工程的照管和维护工作，直至完工后移交给发包人为止。

9.16　保护知识产权和专利技术

承包人应严格遵守第 60 条知识产权和专利技术的相关义务和责任。

9.17　防止贿赂

承包人应严格遵守双方签署的廉政合同，杜绝贿赂，维护本水电站建筑市场的正常秩序。因贿赂造成对方损失的，行为人应赔偿损失，并承担相应的法律责任。

9.18　完工清场和撤离

承包人应按合同规定的期限完成工地清理并按期撤退人员、设备和剩余材料。

9.19　承包人的责任不予减免

监理人对承包人的施工计划、方法、措施以及设计资料的审查与批准，或对于分包人的确认批准，或对于承包人实施的工程的检查和检验，并不意味着可变更或减轻承包人应承担的全部合同义务和责任。

9.20　施工设备的检验与发证

承包人应主动配合地方劳动部门、技术监督检验部门、计量管理部门依照有关政策法规开展的各项检验、检查、办理或注册登记和发证工作，有关费用由承包人承担。

9.21　现场施工配合与协调

承包人在实施和完成承建合同工程及修复缺陷过程中的一切作业应保证发包人免于承担因承包人借用、占用或进出或施工排水和爆破烟尘进入其他承包人的工区或影响作业等所引起的索赔、诉讼费、损害赔偿及其他开支，有义务提供与其他承包人之间的施工配合与协调，包括：

1）工作面的安全和施工质量影响（包括开挖爆破的控制和安全措施）。

2）施工进度的影响。

3）及时提供或移交工作面。

4）保持相邻界面附近的结构质量。

5）混凝土结构界面附近如有止水、排水结构，先浇筑者应保护完整，直至移交。

6）为其他承包人提供交通道路、交叉工作面的作业场地。

7）由承包人负责的发包人提供的公用设施（包括道路、供水管道、电力线路、照明设施、辅助生产设施等）的维护与保养，不得造成损坏或障碍而影响其他承包人的施工。

8）承包人应自费派员参加发包人组织的工程设备出厂验收，并协助发包人和监理人对由承包人负责安装的工程设备进行验收，并负责接收。承包人应严格按照制造厂家的要求对这些工程设备进行仓储保管、维护，并确保这些工程在合同期内不会受到任何损伤或破坏。

9）承包人应有相应的专门施工组织工程措施，防止自己承包范围内的流水、废气、射线、化学物质、飞石、废渣（包括垃圾）、爆破震动等进入其他标造成的影响或损失，并负责其排除和承担安全与经济责任。

10）承包人之间产生矛盾时，应服从监理人的协调或决定。

因承包人违反上述规定，造成发包人或其他标承包人损失或额外支付费用，发包人与监理人核实后将从应支付承包人价款中扣除。

9.22 施工期运行

承包人应负责部分工程在工程完工验收之前的修理及日常维护，工程完工验收后，承包人应将该项工程（包括设施、设备）完好地移交给发包人。

9.23 报告事故

承包人应在事故发生后尽快向监理人报告事故的详细情况。对任何死亡事故或重大事故，承包人应立即以最快的方法通知监理人。此规定不免除承包人按正常事故报告制度的责任。发生任何人员伤亡或其他安全事故，承包人应积极采取措施妥善处理。

9.24 保障人员健康

承包人应自费采取有效的措施，保证其雇员的健康和安全，并与当地卫生部门合作，保证合同期间在营地、住房区和工地有医务人员、急救设备和必需品，并应采取合适的措施防止流行病和满足必要的福利和卫生要求。

9.25 其他

承包人应承担履行合同约定的以及专用合同条款约定的其他义务和责任。

六、承包人的人员及其管理

10 承包人的人员

10.1 承包人的管理机构

承包人应在接到开工通知后 28 天内，向监理人提交承包人在施工场地的管理机构以及人员安排的报告，其内容应包括管理机构的设置、各主要岗位的技术和管理人员名单及其资格，以及各工种技术工人的安排状况。承包人应向监理人提交施工场地人员变动情况的报告。

10.2　承包人的职员和工人

1）承包人应向工地派遣技术合格和为完成合同规定的各项工作所需数量足够的下述人员：

（1）具有合格证明的各类专业技术工人和普通工人。

（2）具有技术理论知识和施工经验的各类专业技术人员及有能力进行现场施工管理和指导施工作业的工长。

（3）施工质检人员。

（4）具有相应岗位资格的管理人员。

2）承包人如果雇用劳务须事先将所有雇用人员的资料报监理人审查、批准，并向发包人备案。报审的资料至少应包括：

（1）雇用人员的来源地、身份证明（包括身份证和户口）、工种。

（2）雇用人员的工种资质材料和资格证明。

（3）承包人对雇用人员上岗的工种与技能、质量和安全的培训与考核证明。

（4）承包人对雇用人员的组织编制与管理措施。

（5）承包人提供雇用人员的薪金、福利、工伤与保险、劳动保障等待遇。

（6）承包人与受雇人员的合同协议。

（7）监理人或发包人要求的其他材料。

未经培训和监理人批准的人员（包括民工和其他劳务等）承包人不得雇用。承包人私自雇用劳务应视为违约。

3）承包人提供雇用人员的薪金等最低待遇不应低于本合同价格中人工费的标准（八小时工作制），并还应按从发包人结算的价差发放给雇用人员。

4）承包人的上述人员应遵守发包人关于本工程的管理规定并接受监督。

10.3　承包人项目经理

1）承包人应按合同约定指派项目经理，并在约定的期限内到职。承包人更换项目经理应事先征得发包人同意，并应在更换14天前通知发包人和监理人。项目经理短期离开工地必须报发包人同意，并委派代表代行其职。主要管理人员调离应得到监理人的批准。

2）承包人为实施本合同发出的一切函件均应由承包人盖单位章和由承包人项目经理或其委托代理人签字后方为有效。

3）承包人项目经理应按合同约定以及监理人按第5.4款作出的指示，负责组织合同工程的实施。在情况紧急且无法与监理人取得联系时，可采取保证工程和人员生命财产安全的紧急措施，并在采取措施后 24 小时内向监理人提交书面报告。

4）承包人项目经理 1 年内在工地时间不得少于 222 天，项目经理不得在本工程工地以外的其他项目担任任何职务。

5）项目经理和技术总工不得同时离开工地。

10.4 承包人的安全及质量工程师

1）承包人应指派具有较丰富经验、经国家安全考试合格的专职安全工程师负责承包人所辖工地的施工安全工作，检查落实安全措施的落实情况、安全措施是否得当及存在的安全隐患是否已及时处理，杜绝重大安全事故的发生。

2）承包人应每月 25 日前向监理人提交安全检查报告。专职安全工程师的更换应提前 14 天通知发包人和监理人，并应得到发包人和监理人的同意。

3）承包人在机构设置中必须设置独立运行的安全、质量专业管理体系，质量和安全管理应设立专职项目副经理，并配置相应的独立部门。

10.5 承包人的施工监督人员

承包人应在工程的施工中行使包括施工质量检查在内的全部必要的监督。承包人应委派经发包人和监理人同意的一位合格的委托代理人全权负责工程监督。该委托代理人应代表承包人接受监理人的指示。

11 承包人人员的管理

11.1 承包人人员的安排

除合同另有规定外，承包人应自行安排和调遣其本单位或其雇用的所有职员和工人，为上述人员提供必要的工作和生活条件，并负责支付酬金。

承包人安排在工地的主要管理人员和专业技术骨干应相对稳定，上述人员的调动应经监理人同意。

11.2 提交人员情况报告

承包人应在接到开工通知后 35 天内向监理人提交承包人在工地的管理机构以及人员安排的报告，其内容应包括管理机构的设置、主要技术及管理人员的资质以及各工种技术工人的配备状况。若监理人认为有必要时，承包人还应按规定的格式，定期向监理人提交在工地人员变动情况的报告。

11.3 承包人人员的上岗资格

技术岗位和特殊工种的工人均应持有通过国家统一考试或考核的资格证明，监理人认为有必要时还应在上岗前进行岗位培训，并进行理论和操作的考试或考核，合格者才准上岗。承包人应在按第 11.2 款要求提交的人员情况报告中说明承包人人员持有上岗资格证明的情况。监理人有权随时检查承包人人员的上岗资格证明。

承包人的特殊工种，包括爆破、灌浆、焊接、压力容器、起重、射线探伤、大型设备操作、仓储保管等工种的操作人员均应通过国家有关规定的岗位资格考试或考核，持证上岗。当设备制造厂对岗位资格有要求的，还应通过设备制造厂的考试或考核并取得资格证书才能上岗。

对于承包人及其分包人雇用的民工或其他工人，只有在经过专业培训或技能考核取得相应证书的才能上岗。

11.4　撤换承包人项目经理和其他人员

承包人应对其项目经理和其他人员进行有效管理。监理人要求撤换不能胜任本职工作、行为不端或玩忽职守的承包人项目经理和其他人员的，承包人应予以撤换。

11.5　保障承包人人员的合法权益

承包人应遵守《中华人民共和国劳动法》和有关法律、法规的规定，充分保障承包人人员的合法权益。承包人应：

1）承包人应与其雇佣的人员签订劳动合同，并按时发放工资。

2）承包人应按劳动法的规定安排工作时间，保证其雇佣人员享有休息和休假的权利。因工程施工的特殊需要占用休假日或延长工作时间的，应不超过法律规定的限度，并按法律规定给予补休或付酬。

3）承包人应按发包人有关办法规定对其劳务分包代发民工工资。

4）承包人应为其雇佣人员提供必要的食宿条件，以及符合环境保护和卫生要求的生活环境，在远离城镇的施工场地，还应配备必要的伤病防治和急救的医务人员与医疗设施。

5）承包人应按国家有关劳动保护的规定，采取有效的防止粉尘、降低噪声、控制有害气体和保障高温、高寒、高空作业安全等劳动保护措施。其雇佣人员在施工中受到伤害的，承包人应立即采取有效措施进行抢救和治疗。

6）承包人应按有关法律规定和合同约定，为其雇佣人员办理保险。

7）承包人应为其雇员进行上岗前的技术和安全教育培训的责任。

8）承包人应负责处理其雇佣人员因工伤亡事故的善后事宜。

七、转让和分包

12　转让和分包

12.1　转让

承包人不得将其承包的全部工程转包给第三人，或将其承包的全部工程肢解后以分包的名义转给第三人。

12.2　分包

1）合同项目主体工程不允许分包，承包人应遵守《中国长江三峡集团有限公司水电工程分包管理办法（试行）》和发包人在本工程建设工地发布的建筑市场和分包管理相关制度。

2）除合同另有规定者外，未经监理人审查和发包人批准，承包人不能把工程的任何一部分分包出去。承包人对本合同任何一部分工程（包括临时工程）分包，须经监理人审查后报发包人批准，否则应视为承包人私自转让合同，按承包人违约处理。分包人应具备承担分包工程的资质要求和具有符合专业技术上岗资格要求的工人，所有的分包（含协作、劳务）队伍必须在现场配置专职的生产和技术负责人。承包人对本合同任何一部分工程（包括临时工程）分包须提交一式三份分包的文件，其中包括：

（1）分包的项目或工序项目工作。

（2）分包的金额与价格计算书。

（3）分包人的资格文件，包括工商营业执照、资质与业绩证明文件、组织机构、财务制度与近年会计师事务所审计的财务报表。

（4）分包人的负责人与其他人员的身份证和资格证明材料。

（5）工人应具有符合专业技术工种资格的上岗证明、身份证、健康证等材料。

（6）分包协议书。

（7）分包人的现场管理机构。

3）经发包人同意的分包，分包合同中应明确分包的总金额，并向发包人提供分包协议书和分包合同价格组成清单，承包人可向分包人适当收取分包合同价一定比例的施工组织、协调和管理的费用。任何这类同意均不免除承包人根据合同规定应承担的责任和义务，并应将任何分包人、分包人代理人、职员或工人的行为、违约和疏忽，视为承包人自己、其代理人、职员或工人的行为、违约和疏忽，并为之负完全责任。但下列事项承包人不需征得发包人同意：

（1）采购符合合同规定标准的材料和设备。

（2）合同中已明确了分包人的工程分包。

4）按合同规定分包的项目不得再次分包。

12.3　转让给发包人

如果分包人为承包人承担的施工和提供材料、设备和服务等合同责任，在时间上超过合同规定承包人的缺陷责任期，承包人应在缺陷责任期满后，按发包人的要求，将未到期的上述分包人义务和利益转让给发包人。并对由此给发包人造成损失承担赔偿责任。

12.4　承包人拒绝施工或滞工

对于合同范围内的任何项目，承包人应按合同进度安排和监理人的指示积极组织实施，承包人不得以任何理由不予组织实施或滞工。否则，发包人有权委托其他承包人实施，所发生的费用（无论多少）由发包人直接向该其他承包人支付，并从支付给承包人的工程价款中扣回。承包人不得拒绝，并承担由此产生的一切费用、损失和责任，且不得向该委托承包人收取任何管理费用。

八、场地和交通

13 现场的占用和撤离

13.1 发包人提供的场地

发包人根据合同技术标准和要求应提供的施工场地和施工通道，为使承包人能根据工程进度计划开始进行施工，发包人将随着工程的进度逐步提供本合同规定的场地。

13.2 发包人未按时提供场地时

如果因发包人未能按 13.1 款规定提供上述场地而导致承包人延误工期和（或）发生额外费用时，承包人有权要求发包人延长工期和（或）增加费用。

13.3 承包人负责场地平整等准备工作

征用土地上原有设施的拆除、清理及场地平整等准备工作由承包人负责。其费用已包含在合同价格中，发包人不单独另行支付。

13.4 完工清场

1）除合同另有约定外，工程移交证书颁发后，承包人应按以下要求对施工场地进行清理，直至监理人检验合格为止。完工清场费用由承包人承担。

（1）工地范围内残渣、污物、残留的垃圾已全部清除出场。

（2）发包人提供给承包人的营地墙地面平整、门窗完好、开关自如、房间内给排水设施工作正常、残损部位按监理人的指示进行了修缮；营地内无堆弃物及废渣液。

（3）临时工程已按合同规定拆除，场地已按合同要求清理和平整。

（4）按合同规定应撤离的承包人的设备和剩余的建筑材料已按计划撤离工地，废弃的施工设备和材料亦已清除出场。

（5）施工区内的永久道路和永久建筑物周围（包括边坡）的排水沟道均已按合同图纸要求或监理人的指示进行了疏通和修整。

（6）主体工程建筑物附近及其上、下游河道中的施工堆积物，已按监理人的指示清除出场。

（7）油污已清理，由安装损坏的土木工程及建筑装修已修复。

（8）监理人或发包人指示应清理的其他物质或废水等已清理完毕。

2）承包人未按监理人的要求恢复临时占地，或者场地清理未达到合同约定的，发包人有权委托其他人恢复或清理，所发生的金额从拟支付给承包人的款项中扣除。

3）承包人应按监理人的通知，保留发包人认为需要保留的施工辅助设施，并无条件的、完好的移交给发包人。报价中已全额摊销的设施，发包人不再另行支付费用。

13.5　承包人的队伍的撤离

1）工程移交证书颁发后的 56 天内，除了经监理人同意需在缺陷责任期内继续工作和使用的人员、施工设备和临时工程外，其余的人员、施工设备和临时工程均应撤离施工场地或拆除。除合同另有约定外，缺陷责任期满时，承包人的人员和施工设备应全部撤离施工场地。

2）承包人应按合同技术标准和要求规定清理和平整临时征用的施工用地，做好环境恢复工作。承包人未按监理人或发包人通知规定的时间清场、撤离，发包人有权没收履约担保，并强制清退，发生的费用将从承包人的合同余款中扣回。

3）除合同另有规定外，承包人人员、施工设备和临时工程的撤离、场地平整和环境恢复等工作所需费用由承包人承担。

13.6　承包人进入他人施工现场应得到许可

承包人如因工作需要，需进入其他承包人的施工现场（不包括施工道路）应取得监理人和其他承包人的许可，并遵守其施工现场的有关规定和要求。

14　交通运输

14.1　道路通行权和场外设施

承包人应取得出入现场所需要的专用或临时道路的通行权，并承担有关费用。承包人对发包人提供的专用或临时道路造成损坏或污染应负责处理、清理或赔偿，服从这些道路、设施的管制要求。

14.2　场内施工道路

1）发包人向承包人提供的场内道路、交通设施及发包人指定由承包人负责维护管理的交通设施详见技术标准和要求，承包人负责其责任范围内交通设施在合同实施期内的维修、养护和交通管理工作，并承担其一切费用。

2）除本款 1）项所述的由发包人提供的部分场内道路和交通设施外，承包人应负责修建、维修、养护和管理其施工所需的全部其余的场内临时道路和交通设施（包括合同约定由发包人提供的部分道路和交通设施的维修、养护和管理），并承担其一切费用。

3）承包人修建的场内临时道路和交通设施，应免费提供给发包人和监理人以及与本合同有关的其他承包人使用。

4）承包人车辆行驶在其他承包人负责维护和管理的道路时，应严格按照道路和桥梁的限制荷载安全行驶，采取必要措施防止运渣车辆在道路上弃渣、漏渣，并服从道路维护人员的管理。

14.3 场外交通

1）承包人车辆外出行驶所需的场外公共道路的通行费、养路费和税款等由承包人承担。

2）承包人应遵守有关交通法规，严格按照道路和桥梁的限制荷重安全行驶，并服从交通管理部门的检查和监督。

14.4 超大件和超重件的运输

由承包人负责运输的超大件或超重件，应由承包人负责向交通管理部门办理申请手续，发包人给予协助。运输超大件或超重件所需的道路和桥梁临时加固改造费用和其他有关费用，由承包人承担，但专用合同条款另有约定除外。

14.5 道路和桥梁的损坏责任

因承包人运输造成施工场地内外公共道路和桥梁损坏的，由承包人承担修复损坏的全部费用和可能引起的赔偿。

14.6 水路运输和航空运输

本条上述各款的内容适用于水路运输和航空运输，其中"道路"一词的含义包括河道、航线、船闸、机场、码头、堤防以及水路或航空运输中其他相似结构物；"车辆"一词的含义包括船舶和飞机等。

九、施工安全、治安保卫和环境保护

15 安全和保卫

发包人应负责协调全工地的施工安全、社会治安、消防、防汛和防灾、抗灾等工作，承包人应接受发包人的统一管理并认真执行监理人发出的有关上述安全管理工作的任何指示。发包人对安全的统一管理和协调工作并不解除承包人按第 15.2 款规定应负的安全责任。

15.1 发包人的施工安全责任

1）发包人应按合同约定履行安全职责，授权监理人按合同约定的安全工作内容监督、检查承包人安全工作的实施，组织承包人和有关单位进行安全检查。监理人的监督检查不减轻承包人应负的安全责任。

2）发包人应在委派一支消防队伍负责全工地的消防工作，配备必要的消防设备和救助设施。

3）发包人应在每年汛前组织承包人和有关单位进行防汛检查，并负责统一指挥全工地的防汛抗灾工作。

4）发包人应对其现场机构雇佣的全部人员的工伤事故承担责任，但由于承包人原因造成发包人人员工伤的，应由承包人承担责任。

5）发包人应负责赔偿以下各种情况造成的第三者人身伤亡和财产损失：

（1）工程或工程的任何部分对土地的占用所造成的第三者财产损失；

（2）由于发包人原因在施工场地及其毗邻地带造成的第三者人身伤亡和财产损失。

6）发包人应定期发布水情或汛情预报。

7）发包人按照已标价工程量清单所列金额和合同约定的计量支付规定，支付安全作业环境及安全施工措施所需费用。

15.2　承包人的施工安全责任

1）在工程施工、完工及修补缺陷的整个过程中，承包人应按合同规定履行其安全职责。承包人应设置必要的安全管理机构和配备专职的安全人员，加强对施工作业安全的管理，严格按照国家安全标准制定施工安全操作规程，配备必要的安全生产和劳动保护设施，加强对承包人人员的安全教育，并发放安全工作手册和劳动保护用具。

2）承包人必须加强施工期安全度汛工作，做好防汛预案，及时向监理人提供安全监测成果和安全运行的措施，经监理人批准后实施。

3）在需要的时间和地点，或根据监理人或有关部门要求，提供和维持所有灯光、护板、栅栏、警告信号和值班人员，以及对工程进行保护或为公众提供安全和方便。

4）承包人为履行其在本合同中的责任，需要使用、运输并贮存炸药或其他类似物品时，应事先采取必要的安排或预防措施，并应遵守与上述物品有关的条例、法律和规定。对于其他易燃易爆品或其他在使用、运输或贮存中存在危险的物品，也应遵守有关的条例、法律和规定。承包人应做好爆破设计与试验、爆破安全监测与动态设计以及爆破安全防护措施，在进行爆破之前，需要与有关部门取得联系以获得必要的许可，并应遵守有关的规定和指示。承包人应对开挖爆破产生的振动、冲击波、飞石等对承包的工程结构（包括围岩）相邻或附近的已建建筑物与设备设施承担安全责任。承包人应将有关炸药的贮存、运输和使用的上述安排和预防措施报告监理人，承包人作出上述安排和措施仍不能免除他根据有关炸药管理的条例、法律和规定应承担的责任和义务。

5）承包人应进行安全管理，施工作业区应设置必要的安全通道（包括排架、栈桥、护栏、警示标牌等）和安全岗，对进入施工作业区人员进行管理；配置作业人员的安全保护器具。承包人应对其履行合同所雇佣的全部人员，包括分包人人员的工伤事故承担责任，但由于发包人原因造成承包人人员工伤事故的，应由发包人承担责任。

6）承包人应配置专门的机构和人员负责施工设备（包括其辖区内发包人的施工设备）的安全管理工作。严格遵守各类设备的安全操作规程，确保设备所有安全保护装置、机构的齐备、完好、可靠。采取有效的预防控制措施，防止设备的碰撞、倾覆、失控。承包人应设置专职项目副经理专管安全生产、环保水保等。

7）承包人应对其工程以及其管辖范围内的人员、材料和设备（包括在其辖区内发包人的人员、材料和设备）的安全负责。应负责做好其辖区内的工作场所和居住区的日常治安保护工作。由于承包人原因在施工场地内及其毗邻地带造成的第三者人员伤亡和财产损失，由承包人负责赔偿。

8）承包人应负责其管辖范围内的消防、防汛和防灾、抗灾等工作，按监理人的指示制定应对灾害的紧急预案，报送监理人审批。设置必要的消防水源和消防设施以及防汛器材和救助设施。建立管理机构，配备相应人员，并按监理人的指示定期进行防火安全检查和每年的汛前检查，做好安全防汛、度汛工作。

9）承包人应注意保护工地邻近建筑物和附近居民的安全，防止因施工措施不当使附近居民的人身和财产遭受损失。

10）承包人应为发包人、监理人员、设计人员提供完成其履行合同责任的安全工作条件，保证人身安全和物品免于遭受损失。

11）合同约定的安全作业环境及安全施工措施所需费用应遵守有关规定，并包括在相关工作的合同价格中。因采取合同未约定的安全作业环境及安全施工措施增加的费用，由监理人按第 5.6 款商定或确定。

12）承包人应遵循安全生产法律法规和发包人制定的相关安全生产管理办法规定和要求。

13）合同约定的其他安全责任。

15.3 治安保卫

1）除合同另有约定外，发包人应与当地公安部门协商，在现场建立治安管理机构或联防组织，统一管理施工场地的治安保卫事项，履行合同工程的治安保卫职责。

2）发包人和承包人除应协助现场治安管理机构或联防组织维护施工场地的社会治安外，还应做好包括生活区在内的各自管辖区的治安保卫工作。

3）除合同另有约定外，发包人和承包人应在工程开工后，共同编制施工场地治安管理计划，并制定应对突发治安事件的紧急预案。在工程施工过程中，发生暴乱、爆炸等恐怖事件，以及群殴、械斗等群体性突发治安事件的，发包人和承包人应立即向当地政府报告。发包人和承包人应积极协助当地有关部门采取措施平息事态，防止事态扩大，尽量减少财产损失和避免人员伤亡。

15.4 事故处理

工程施工过程中发生事故的，承包人应立即通知监理人，监理人应立即通知发包人。发包人和承包人应立即组织人员和设备进行紧急抢救和抢修，减少人员伤亡和财产损失，防止事故扩大，并保护事故现场。需要移动现场物品时，应作出标记和书面记录，妥善保管有关证据。发包人和承包人应按国家有关规定，及时如实地向有关部门报告事故发生的情况，以及正在采取的紧急措施等。

16　环境、文物保护和文明施工

16.1　发包人的环境保护责任

发包人严格遵守国家和地方的有关环境保护的法规和规章以及本合同的有关规定，配合国家和地方环境保护与水行政主管部门对该项目环境保护和水土保持工作的监督检查。负责制定施工区内环境保护和水土保持等管理办法和管理规定；负责工程施工过程中环境保护和水土保持等监督管理等工作。

16.2　承包人的环境保护责任

1）承包人在施工过程中应严格遵守国家和地方的有关环境保护的法规和规章以及本合同的有关规定，并应对其违反上述法规和规章以及本合同的规定所造成的环境破坏、水土流失、人员伤害和财产损失负责。

2）承包人需要配备环保负责人员，定期向发包人报送承包项目环境保护实施进度、工程量以及投资，并协调环保、水保管理、监理工作；参加由发包人开办的环境保护培训班和召开的环境保护工作计划和总结会议。

3）施工中出现因承包人违反合同规定或措施不当造成环境影响及纠纷，由承包人自行承担责任及自费处理由此引起的后果。

16.3　采取合理的环境保护措施

1）承包人应按合同约定的环境保护和水土保持工作内容，编制施工环境保护和水土保持措施计划，提交监理人批准。

2）承包人应按照批准的施工环保措施计划有序地堆放和处理施工废弃物，避免对环境造成破坏。因承包人任意堆放或弃置施工废弃物造成妨碍公共交通、影响城镇居民生活、降低河流行洪能力、危及居民安全、破坏周边环境，或者影响其他承包人施工等后果的，承包人应承担责任。

3）承包人应按合同约定采取有效措施，对施工开挖的边坡及时进行支护，维护排水设施，并进行水土保护，避免因施工造成的地质灾害。

4）承包人应按国家饮用水管理标准定期对饮用水源进行监测，防止施工活动污染饮用水源。

5）承包人应按合同约定，加强对噪声、粉尘、废气、废水和废油的控制，努力降低噪声，控制粉尘和废气浓度，做好废水和废油的治理和排放。

16.4 化石及文物保护

1）在施工场地发掘的所有文物、古迹以及具有地质研究或考古价值的其他遗迹、化石、钱币或物品属于国家所有。一旦发现上述文物，承包人应采取有效合理的保护措施，防止任何人员移动或损坏上述物品，并立即报告当地文物行政部门，同时通知监理人。发包人、监理人和承包人应按文物行政部门要求采取妥善保护措施，由此导致费用增加和（或）工期延误由发包人承担。

2）承包人发现文物后不及时报告或隐瞒不报，致使文物丢失或损坏的，应赔偿损失，并承担相应的法律责任。

16.5 文明施工

1）工程施工过程中，承包人应合理地保持施工现场不出现不必要的障碍，存放和处置好承包人的设备及多余材料，从现场清除掉所有垃圾及不再需要的临时设施。

2）承包人应遵照本合同技术标准和要求规定和本工程安全文明施工相关规定的要求进行施工，完成相应的文明施工配套设施。

16.6 渣场管理

承包人应按照本合同规定或监理人的指示将渣料运输至合同指定渣场，弃渣时应服从渣场管理人员或监理人的指挥，有序堆渣。上述费用已包括在合同价格中，发包人不另行支付。

16.7 施工期排水

本合同工程承包人负责施工范围内的施工期排水，承包人应采取必要措施，防止渗水排泄到相邻标施工区，影响其施工。施工期各项排水费用已包含在合同价中，发包人不另行支付。如因承包人原因造成相邻标承包人的施工索赔，其费用经监理人核实后，由承包人支付。

16.8 施工协调

本合同工程承包人应按照监理人指示，与共用施工场地的承包人就岩石钻孔、爆破、出渣等作业签订作业协调协议，并开展相应的协调工作，避免因施工干扰造成工期延误。对承包人不接受监理人协调造成工期延误，按照本合同第 49 条有关规定处理。合同实施过程中，承包人违反作业协调协议规定对其他承包人造成人员伤亡或设备损坏的，承包人应承担相应责任。

17　为其他人提供方便

17.1 对交通和邻近设施的干扰

在合同要求范围内的施工、完工和修补缺陷均应不使下述各方面遭受不必要的干扰：

1）公众的便利及公用道路的畅通。

2）进入、使用或占用通往发包人或他人财产的便道的正常使用。

承包人应保证发包人免于受到或承担应由承包人负责的上述事项所引起的索赔、诉讼、损害赔偿及其他开支。

17.2 给其他承包人提供方便

承包人应为下列人员工作提供方便：

1）由发包人雇用的其他承包人及其雇员。

2）发包人的施工人员。

3）其他合法的施工人员，他们可能被雇用在施工现场或附近从事不属于本合同的其他工作。

17.3 供其他承包人使用的设施

由于工程建设总布置或临时需要，发包人和监理人有权指定本承包人为第 17.2 款所述人员提供以下方便，承包人不得推诿和延误。

1）使用承包人负责维护的道路或通道。

2）施工控制网的使用、施工材料的临时性调剂借用、储存仓库的临时性借用、发包人和监理人提供认为需要提供的其他方便。

3）允许第 17.2 款所述人员使用的施工现场的临时工程或承包人的设备。

4）为第 17.2 款所述人员提供用电、用水、用风方便。

5）为第 17.2 款所述人员提供的其他服务。

根据上述 3）、4）、5）项的规定提供的使用或服务按承包人提供的工作量和合同中相应的价格计算相应增加的费用。

十、材料

18　材料供应

18.1 发包人提供的材料

1）发包人提供的材料应在专用合同条款中写明材料的名称、规格、数量、基础价格、交货方式、交货地点和计划交货日期等。

2）承包人应根据合同进度计划的安排，向监理人报送要求发包人交货的日期计划。发包人应按照监理人与合同双方当事人商定的交货日期，向承包人提交材料。

3）发包人应在材料到货 7 天前通知承包人，承包人应会同监理人在约定的时间内，赴交货地点共同进行验收。除专用合同条款另有约定外，发包人提供的材料验收后，由承包人负责接收、运输和保管。

4）发包人要求向承包人提前交货的，承包人不得拒绝，但发包人应承担承包人由此增加的费用。

5）承包人要求更改交货日期或地点的，应事先报请监理人批准。由于承包人要求更改交货时间或地点所增加的费用和（或）工期延误由承包人承担。

6）发包人提供的材料的规格、数量或质量不符合合同要求，或由于发包人原因发生交货日期延误及交货地点变更等情况的，发包人应承担由此增加的费用和（或）工期延误。

7）发包人提供的材料基础价格是发包人上述指定地点的价格，发包人指定地点至施工现场的场内转运费和临时仓储费，由承包人承担，已包括在合同价格中。除经发包人批准或授权同意自购外，承包人必须接受发包人的材料供应。

8）材料供应计划

承包人投标时所报发包人供应的材料量仅作参考，不作为供应与核销依据，实际由发包人供应的材料，承包人应根据工程进度计划和项目施工详图以及监理人批准的试验结果参数或现场差额测定的定额，编制分年各种材料数量的预算计划，并在供应年度编制年度、季、月材料申请计划，附分项核算表和材料明细表，并经监理人、发包人审核认定。经审核的年度材料申请计划必须在上年底前报送发包人，经审核的季度、月度计划分别在季前 30 天和月前 10 天报送发包人。否则影响施工，发包人不负任何责任。

监理人和发包人对承包人报送的材料申请计划，按工程项目、工程量和发包人认可的消耗定额分项审定材料需用量，并作为发包人供应材料的参考依据。发包人对承包人所需的由发包人供应的材料实行分期供应，总量控制。实际供应按设计图纸计算和审定的总量和明细表，双方据以执行。

18.2　由承包人提供的材料

1）除合同条款第 18.1 款约定由发包人提供的材料外，本合同所用其他材料均由承包人负责采购、运输和保管。承包人应对其采购的材料负责。

2）对承包人提供的材料，承包人应会同监理人进行检验和交货验收，查验材料合格证明和产品合格证书，并按合同约定和监理人指示，进行材料的抽样检验的检验测试，检验和测试结果应提交监理人，所需费用由承包人承担。

3）用于本合同主体工程的材料，承包人应提前 28 天，向发包人提交经监理人和发包人项目部审批的采购计划，在发包人审核批准之后，方可采购。对于这部分材料的采购，发包人有调整生产厂家、货源的权力。

对于需由承包人提供的结构用钢材，承包人必须提前 28 天向监理人提交采购计划、材料品种、制造厂家材料的主要性能指标、材料样品以及监理人要求的其他证明材料，在监理人批准之后方可采购。

4）除合同另有规定，用于临时工程或设施的材料，由承包人自行提供。除非本合同条款另有规定，由承包人提供的施工用材料的价差由承包人承担。

5）承包人应对其负责采购的材料的规格、品种、质量、数量、供货、收货后的场内运输、装卸、仓储等以及由此而产生的一切后果负全部责任。

18.3　材料供应的管理

1）提交材料用量汇总表

承包人必须在正式开工前（特殊情况经与发包人协商可在正式开工后）根据中标确定的合同项目的分部分项工程及工程量和投标文件所列数量，向发包人和监理人上报经审核确认的分部分项工程材料需要用量详表和汇总详表（必须含有品种、规格、数量详细说明），发包人审核确认后据此作为正式的材料供应开户的预控制依据。

投标时填报的《主要材料需用量分项汇总表》是编制分部分项工程材料需用量详表和汇总详表的依据，《主要材料需用量分项汇总表》中必须明确统供材料的分项单耗标准，单耗标准应与对应分项目的单价分析表中单耗取值应一致。

2）编制年、季、月度材料计划表

由发包人供应的材料，承包人应根据本合同条款第 18.1　8）项的规定，编制年、季、月材料申请计划，附分项核算表和材料明细表，并经监理人审核，按合同条款中规定的时间报送发包人，发包人审核确定后据此作为材料分期供应依据。

3）材料供应数量的改变

合同执行过程中因发包人原因引起的变更导致的材料供应开户总量、分部分项项目材料需用量及供应计划的变化，参照本合同有关条款规定作相应调整。其中，承包人年、季、月材料申请供应变更计划必须在监理人审核确认签名之日起 48 小时内附上监理人签发的变更书面说明一并报送发包人，发包人审核确认后据此作相应调整。

4）未按时提交材料计划的责任

若承包人未按规定时间上报材料申请计划及变更计划，发包人视资源情况供应，但不承诺保证供应，承包人自行承担因此影响施工的合同责任。

5）对提交材料供应计划负责

承包人对报送的材料申请计划的时效性、准确性承担责任并要严肃履行。对多报计划少领材料，如差额超过月度计划的 15％以上，承包人要向监理人专题报告原因并承担月度申请计划量与实际领用量之差超过月度申请计划 15％以上部分的采保、损耗、变质、处理损失（由监理人核定），发包人将从当期工程进度款中扣除；对少报计划多领材料，发包人只供应上报计划内数量，对超出计划数量部分的材料发包人视资源情况供应，不承诺保证供应。

6）材料专用于本合同工程

承包人在本工程中不得将发包人审定用于某分项工程的材料挪用于其他工程；未经监理人质量认可的材料，无论其来源如何，不得用于本工程。

7）材料的采购限价

本合同期内，属发包人供应的材料，经发包人同意由承包人自购，则自购材料的价格和数量不得高于发包人在自购审批表中所规定的限价和数量，发包人将按实际采购价格和验收合格的数量支付承包人 2% 的采保费并结算其实际采购价格与基础价格的价差，否则实际采购价格与基础价格的正价差和采保费由承包人自理，实际采购价格与基础价格的负价差由监理人核定报发包人审批后，在工程进度款中扣除。

8）承包人应接受发包人供应的材料

除经发包人批准同意承包人自购外，承包人必须接受发包人的负责供应的主要材料，若承包人未经发包人批准擅自自购属发包人供应的材料，为严重违约行为，应承担由此造成发包人相应材料的采保、损耗、变质、处理损失。因此影响施工的责任由承包人承担。

9）材料的质量

（1）发包人或发包人指定的单位在向承包人提供材料时，应同时提供材料质量证明书或检验报告。承包人应在领料后 24 小时内通知监理人一起取样检验。若该批材料的质量检验报告与发包人或发包人指定的单位提供的检验报告不符，并达不到本合同的质量标准，承包人应在质量检验报告之日起 24 小时内将情况反馈给发包人协商处理，若有异议，可提请上级质检部门复验，并以此结论为准，其间导致的一切损失由责任方承担；若承包人在领料后 24 小时内不通知监理人一起检验或在检验结果出来后 24 小时内不把检验结果（与发包人提供的原始检验报告不符）通告发包人，则发包人视承包人确认或默认检验质量合格，因该批材料质量问题而导致的损失由承包人承担。

（2）发包人供应的材料在使用进程中若出现问题，承包人应及时反馈给发包人，损失由认定的责任方承担。

（3）发包人批准同意承包人自购属于发包人供应范围内的材料，承包人应在到货后 24 小时内向发包人提供发票、材质证明书，经发包人盖章认定后通知监理人一起检查验收。若检查验收的质量检验报告与原始检验报告不符，并未达到本合同规定的质量标准，承包人必须在监理人指定的时间内移走上述不合格材料，并重新安排采购进货，直至质量符合标准并得到监理人的认可，其间因此造成的损失由承包人承担。

（4）承包人自发包人处领取的材料未经监理人质量签证认可不得用于本工程，否则因此造成损失由承包人承担。

（5）若承包人对监理人材料质量认证意见持有异议，可申请双方认可的质检部门进行检验，所发生的费用、损失由责任方承担。在处理质量争议期间，承包人应按监理人的指令保证工程正常施工，减少窝工待料损失。

（6）承包人自购的材料未经监理人质量认可，不得用于指定的工程项目，否则因此造成的损失由承包人承担。承包人自购材料虽经监理人质量认可，也不解除承包人的质量责任。

（7）发包人应承包人请求帮助调剂解决的材料，发包人保证质量。

10）剩余材料的回收

为保证工区良好的施工秩序和工程材料的质量，防止材料流失，凡进了工区的工程材料，无论运输方式如何，必须持有发包人印发的材料进出场许可证，否则不得通行。废钢铁等废旧材料，按照国家有关规定由承包人组织回收。对于发包人提供的或合同中计入摊销的钢材等，产权属于发包人，承包人完成工作后应送交发包人指定地点统一回收，以促进现场管理、文明施工。

11）材料的领用

为避免冒领材料给发包人、承包人造成损失，承包人在正式开工前须携带必要的证件、资料到发包人的有关部门办理领料开户登记手续。领料时，领料人员必须持有发包人颁发的领料证，方可办理领料事宜。

领料地点为合同条款中标明的供应地点。

12）材料的计量

（1）本节所述的发包人供应的材料，按规定的交货地点和计量方法进行计量。

（2）在交货地点由承包人、供货人和监理人三方人员共同验货、计量，并记录、登记台账。

（3）各批货物材料交货计量时，应有产品合格证、质量证明或检验报告、货单，并由三方签证。

（4）除经发包人批准外，承包人对本合同的材料不得用于其他项目或其他工程。承包人收货后应对收货后的产品质量和数量负责，承包人内部仓储、加工、成品和施工等过程应按本合同项目单列台账。

13）材料款的结算

承包人从发包人处领用材料的材料款，发包人凭承包人和监理人三方签认的领料单和计量单从当月工程进度款中扣除。

19　材料专用于本合同工程

承包人提供的所有材料（包括由发包人提供和承包人自己提供的）一经运入工地，即应被视为专供本合同工程使用。未经监理人同意不得将上述材料运出工地或用于其他合同工程。但是此项要求不应被认为监理人已批准使用上述材料。

20 材料核销

材料供应计划是发包人供应材料的参考，不能代表工程实际的材料消耗水平。材料核销是确定工程实际消耗材料数量的主要措施，是国家规定的工程验收资料之一。承包人应按招标文件规定和发包人制定的统供物质核销相关管理办法的规定要求开展材料的统计和核销工作，包括：

1）承包人应提供原始的用于本合同各部分工程的各类材料的内部台账（包括半成品）、各部分材料的计算书、计算参数。由监理人审查、复核计算后，报发包人审核，由发包人审定。凡属承包人责任引起的损耗、灭失、流失、浪费等不予计量核销。

2）材料核销工作分季度、年度和完工（包括阶段性完工）三种进行核销，其中年度核销应与当年统计结算报表同步完成。

3）承包人应按合同项目建立材料的收入与消耗台账，并在报送下个月度材料申请计划的同时，向发包人报送上个月度的收、支、存材料报表和经监理人审查签证、发包人审核的材料核销报表，如无故不报，发包人将不予批准材料申请计划和结算工程价款，所产生的影响由承包人负责。

4）承包人的材料收入和消耗台账及发包人统计的材料供应情况，是进行核销的原始资料，必须真实可靠、完整齐备。承包人台账材料消耗量应与监理人和发包人确认的材料实际消耗用量相符。

5）工程项目完工后，承包人应在项目完工验收会前编制报送完工项目的材料核销报告和核销报表。材料核销工作完成前，不予组织完工验收。材料核销报告和报表应附所采用的核销依据文件（如：经审批的混凝土配合比、计算钢筋应耗量的设计施工图纸、专业定额标准文件）及其他相关证明文件。

20.1 核销的依据

1）经发包人审查的设计文件和变更通知以及其他组成合同文件的有关资料。

2）经发包人和监理人审批的混凝土施工配合比。

3）经监理人签证、发包人审定的工程进度完成情况统计报表。

4）国家和各专门部委颁发的有关专业定额、承包人投标文件中标明的损耗量（或损耗率）。当投标文件中标明的损耗量（或损耗率）高于国家或各专门部委颁发的有关专业定额时，以定额为准；否则以投标文件中标明的损耗量（或损耗率）为准。

5）经核对的材料收、支、存统计报表。

20.2 核销的内容

1）确定合同项目的材料核销总量。

2）确定各时段或单项工程的材料实际消耗量。

3）分析材料消耗总量及单耗水平。

4）核对分时段或单项工程发包人调拨量与承包人领用量。

5）审核承包人的材料在加工量、库存量和自购量。

20.3 核销标准

设计用量加上定额损耗或承包人投标文件中标明的损耗量（或损耗率）。

20.4 核销处理

1）发包人将会同监理人对核销材料形成核销意见，并编报本合同项目主要材料核销报告。

2）当待核销量与按核销标准计算的可核销量不一致时，承包人应详细分析、实事求是地说明：欠耗部分是否有擅自自购、降低质量标准、工程量统计偏大或工艺水平如何提高等原因；超耗部分是否有损失浪费、挪用串项、材料外流或结算滞后等原因。

3）如承包人实际领用量高于核定总量，发包人在完工结算时，对超过核定耗量部分按实际采购成本加计6％管理费，从工程结算款中扣回。实际采购成本按施工期该类材料采购的平均成本计算。

承包人实际领用量低于核定总量时，如当时市场实际价格低于合同基础价格，可认定存在私自采购属于发包人供材范围材料的行为。在完工结算时，通过核算实际领用量和核销总量的差额，以实际采购成本和合同基础单价之间的差额为依据，计算出欠耗部分材料的价差。发包人从工程结算款中直接扣减该部分价差款，并有权视情节采取进一步的处罚措施。

十一、施工设备

21 承包人的施工设备

除合同另有规定外，为完成本合同工程所需的一切施工设备，均由承包人自带或租赁，包括用于本合同工程的施工机械和辅助加工工厂与临时工程的工艺设备。主力施工设备和关键施工设备必须完好，具有有效的使用寿命和额定的生产能力。

1）承包人投标文件所报的施工机械和设备，以及完善投标时选配的施工设备配置，应被认为是承包人已选定使用于本合同工程，应保证在合同期间，表中标明的规格、型号和数量的设备应按所报的进场时间按期运到工地。

2）承包人负责施工设备安装、投入施工运行，保证施工设备的性能和生产能力，并满足施工进度、施工强度及施工质量的要求。

3）如需变更投标文件施工设备计划和合同规定的施工设备，须经监理人或发包人批准，但承包人应承担由此影响合同工程施工进度和质量的责任与费用。

4）承包人在合同实施过程中，由于承包人的原因为了满足施工进度、质量和安全的要求，无论是否改变施工方案、工艺和方法，需要调整配置施工设备型式、种类、规格、数量和相应的施工资源等而发生的任何费用均已包括在合同价格中，由承包人承担。

5）承包人应提供为实施和完成本合同工程所需要的所有施工设备和设施（包括辅助工厂），并应根据自己的施工进度安排和本合同技术标准和要求的要求完成这些设施的设计、制造及建安工作。

22 发包人提供的施工设备

除专用合同条款另有约定外，工程所需施工设备均由承包人自行解决。业主提供设备管理、采购、运行以及维护按照发包人相应管理办法执行。

23 施工设备的管理

23.1 施工设备专用于本合同工程

1）承包人的所有施工设备一经运至工地，即应被视为专供本合同工程使用。

2）承包人除在工地内转移这些设备外，未经监理人同意，不得将施工设备中的任何部分运出工地。对于从事人员交通和外出接运货物的车辆可以不需经过监理人同意。

3）按不同施工阶段工程完工情况或工程施工不再需要，在经过监理人批准后，或按监理人的指示，承包人可撤走自带的闲置设备。

23.2 承包人施工设备的管理

合同规定的承包人设备应按合同进度计划（在施工总进度计划尚未批准前，按签署协议书时商定的设备进点计划）进入工地，并需经监理人核查后投入使用，若承包人需变更合同规定的承包人设备时，须经监理人批准。

23.3 监理人有权要求承包人增加和更换施工设备

监理人一旦发现承包人使用的施工设备影响工程进度或质量时，有权要求承包人增加或更换施工设备，承包人应予及时增加或更换，由此增加的费用和工期延误责任由承包人承担。

23.4 施工设备损失和损坏的责任

发包人不对承包人自带施工设备的损失或损坏承担任何责任。

23.5 必须写入分包合同中的条款

在为任何部分的施工而签订分包合同时，承包人应把本条中对承包人带到工地施工设备的规定包括在分包合同中。

十二、永久设备

24　永久设备供应

24.1　发包人提供的永久设备

1）发包人提供永久设备，应在专用合同条款中写明永久设备的名称、规格、数量、价格、交货方式、交货地点和计划交货日期等。

2）发包人供应的永久设备由发包人运抵工地承包人拼装场或安装现场或发包人工地仓库，承包人参加到货后的验收，收货验收后承包人负责运输、卸车、保管、安装、调试、交付使用，并负责工程移交前运行与维护。

24.2　装置性材料供应

1）除合同另有规定外，永久装置性材料由承包人负责按发包人提供的设计要求进行采购、运抵工地、贮存、安装、检验、交付使用，并承担所有费用。由承包人负责采购的永久装置性材料包括：

（1）供电、照明、通信、消防、通风、给排水、控制等设备埋件（除闸门门槽）。

（2）成品埋件的插筋、锚板。

（3）其他安装用非消耗性材料。

为固定或防护主体设备和配套设备材料的支架、托板、套管、护屏（或网罩）、预埋件、法兰、螺栓、膨胀螺栓、管夹、电缆夹、油漆、支吊架、电缆头、电缆鼻子、绝缘包装材料、接线盒、分线盒、开关盒、插座盒、后置式固定装置及附件等。

2）对于辅助性材料，包括按技术规定用于设备构件连接或材料安装设备所用的消耗性材料如焊条、氧气、乙炔、棉纱、油料、油脂等，属于安装施工用材料，费用包括在永久设备安装价格中，这类材料属于承包人负责采购供应范围。

3）发包人供应的装置性材料由承包人负责制作（或制造）与安装，装置性材料的材料费包含在相应制作安装项目的单价与合价中，不另行支付。对于承包人负责供应的原材料应符合本合同条款第18条的规定。

4）承包人供应或制造的装置性材料，必须符合设计图纸和本合同技术规范的要求，并对材料质量、规格、品种、尺寸、重量、数量负责。在采购前应将采购计划报送监理人审查，货源须经发包人同意或审核后才能实施采购计划。

5）在此类材料的每批货物运抵工地前或在工地制造的闸门发运安装地点前，承包人应将到货的全部细节通知监理人，包括：

（1）采购合同号。

（2）到货日期和发运日期与存放地点。

（3）材料名称、规格、品种、数量、重量、单价和合价。

（4）由监理人指定或同意的检验机构出具的检验证书和厂家的检验报告。

6）装置性材料的材料费包含在相应装置性材料制作安装项目的单价与合价中，发包人不另行支付。

24.3　承包人提供的永久设备

除合同另有规定外，本合同工程所需的永久设备均由发包人提供，本标承包人不负责永久设备的采购。

24.4　代用品及产品选择

24.4.1　范围

代用品的使用，是指当承包人未能使用发包人及设计文件原指定的型号、品牌及等级的材料与设备，完成指定部位的埋件埋设或设备的安装及调试工作，也适用于在承包人动用已完成安装、调试的设施之后，在正式向发包人移交时，部分或全部设备的外观性能和使用价值已不能达到移交的必需条件，而必须更换的情况。承包人使用代用品时，应按第24.4.2款提交代用产品的资料及证明。有下列情况之一时，承包人应按规定的程序申请代用：

1）发包人采购和供应的材料和设备，承包人应按计划使用，不得挪作他用。当承包人由于计划上的原因或由于承包人的责任，造成材料和设备短缺或损坏，而承包人又无法取得与原供应的型号、品牌及等级的材料和设备时。

2）承包人根据与发包人签订的合同或协议而负责采购及供应的材料和设备，当承包人无法取得发包人及设计文件所指定的型号、品牌和等级的材料和设备时。

3）当承包人根据与发包人签订的合同或协议，对已安装调试完成的设备动用及维护运行后，在该设备最后向发包人移交，部分或全部设备的外观、性能和使用价值不能达到原设计的规定或动用合同（协议）中所规定的移交标准，而承包人又无法取得原所采用的型号、品牌和等级的设备及材料时。

24.4.2　代用品

1）对于在任何方面不同于技术规范或图纸所规定的且合同规定由承包人自行采购的材料和设备，承包人应提交1份完整的清单给监理人审查，该清单还应包括在本合同技术规范中没有明确提出的材料及设备。

2）当本合同技术规范及设计文件对制造厂家的商品、产品、设备部件或系统的名称、商标或模型做出规定时，则此规定应作为质量和有效性评估的尺度或标准，但这并不意味着或者说含有限制竞争的意思。所规定的制造厂家的名称多于一个的，第一个被提到的制造厂家是设计的依据，第二、三及随后提到的制造厂家的名称应被考虑为代用的，但对此代用不要求提出申请。

3）如果承包人希望使用任何其他商标或与规定的产品具有同等质量、外观和效用的其他产品，他应该按下面的方式提出代用申请，否则，不允许有任何与设计文件和技术规范的偏差。

4）当承包人按下述规定提出的代用申请才被考虑：

（1）提交了代用品全部的技术资料，包括图纸，全部性能规范；提交试验数据和完成监理人可能要求的试验，并提供推荐代用产品的样品（如果必需）。

（2）提交所推荐的代用品的材料、设备或系统的比较资料。

（3）如果承包人关于代用品的申请或建议涉及工程的费用问题，当所建议的代用品被接受，则发包人将从合同价款中扣减因采用代用品使成本相应降低的金额，同时发包人将不支付因使用代用品而增加的任何费用。

（4）申请信中应包括1份由承包人签字的证明书，证明所推荐的代用品完全符合招标文件和施工图纸的要求。

（5）所有的代用申请，随同要求的资料和证明一起提交给监理人一式三份。

（6）对于代用申请，在申请信的信头或标题中，至少应包括下述内容：

①工程部位和代号：

②标题（部件和部分的名称）。

③参考图纸和技术规范：图号和详图、技术规范和设计文件的条款。

5）分析某一所建议的代用品是否符合技术规范、图纸和工程的设计条件，需考虑推荐代用品的所有元件的供应、服务、运行和维护经验。发包人可以要求尽快告知不少于3个在过去5年内用过所推荐代用品的工程，该工程应是易于去了解和进行比较的。

6）出于对发包人利益保护的考虑，承包人应提供书面保证，担保所推荐的设备及部件代用品可以在规定的最短期限，通常是1年内以令人满意的运行。

7）如果推荐的代用品造成了与合同要求或设计方面的偏差，发包人可予以拒绝。

8）承包人应承担由于代用品引起的自身工作的任何变化，发包人不承担增加的费用。

9）直到监理人书面表示接受了代用品，承包人才可代用，这种接受并不减轻承包人承担符合图纸和技术规范要求的义务。

10）任何提交给监理人的代用申请，如不符合上述要求，不予审查。

11）除非代用申请按上述要求提交并被接受，否则仍应提供原规定的产品。

25　永久设备交货

25.1　交货时间与地点

1）发包人根据批准的计划向承包人供货，在每批永久设备运抵工地前7～14天，发包人将到货细节，以函件形式通知承包人，并提供一份厂家或卖方详细交货清单，包括：

（1）设备合同号。

（2）设备名称、规格、数量、总毛重、总体积和主要件装箱尺寸。

（3）承运人名称和水运运单或汽车运单。

（4）设备到达工地的预计日期、吊运和存放中的特殊要求和注意事项（如果有）。

（5）商检证书和/或工厂的检验报告（如有）。

上述文件至少在设备运抵工地前3天送达承包人，如未送达承包人，发包人应负责由此产生的费用。

承包人必须在所指定的时间和地点参加验收，并当场接收和储存，由于未能及时卸货而引起的额外增加的费用由承包人承担。

2）交货地点

（1）运抵承包人的安装基地交货，由承包人负责卸车并承担费用。

（2）运抵承包人的安装现场交货，由承包人负责卸车并承担费用。

（3）在发包人的设备仓库向承包人交货，承包人应承担提货时装车、场内运输及卸车费用。

当设备运抵承包人安装基地或安装现场，承包人应在1～2天内完成卸货，承包人必须支付由于他没有及时卸（提）货而引起的滞期费，且对卸货发生的损坏负责。

3）交货计划

（1）对发包人提供而由承包人安装的永久工程设备和埋件，承包人应在合同签订后3个月内根据发包人和监理人审定的施工总进度计划，提出永久设备供货计划，报监理人和发包人审核、批准。发包人将按经审核、批准后的永久设备供货计划供货。同时承包人应按监理人审核和发包人批准的永久设备供货计划相应调整施工安排，并不得因此提出索赔。

（2）当承包人根据工程实际进度需要，要求改变已经监理人审核调整的永久设备供货计划时，应提前1个月书面报告监理人，发包人将根据监理人审批意见视实施的可能性予以办理。但无论结果如何，承包人都不得因此而提出索赔。必要时发包人也可根据设备制造实际进度状况，提出变更设备供货计划。当设备交货期比供货计划交货期提前或推迟1个月内时，不属发包人违约，承包人亦不得因此提出索赔。但发包人应提前1个月将调整的交货期通知承包人。承包人应按此相应调整施工安排。除非承包人同意，不要求承包人保管早于规定交货日期前1个月到货的设备。

（3）由发包人提供而由承包人安装的永久工程设备和埋件，其运到工地的时间，是按照充分满足施工进度所示的安装日期来安排的，这些设备由发包人在现场交付给承包人。承包人在修改施工进度的日期时必须充分考虑已安排的交货日期，由于改变进度安排而使发包人增加的费用，由承包人支付。

25.2　收货检验与保管

承包人应按合同的规定进行收货验收及保管。

1）承包人在设备到达安装基地或安装现场后或在发包人的设备仓库提货时，应按时派遣人员自费参加发包人组织的开箱检验，检查设备的包装、外观、数量、规格和质量，应作开箱记录或验货记录，并由双方代表人签字。

2）若监理人不在交货地点，则承包人必须检查所接收材料和设备的数量和状态，并书面通知监理人。当发现损坏或数量不足时则必须在交货日后 3 天内向监理人书面报告。

3）如果承包人对设备的任何部分检验之后，认为其一部分有缺陷或规格、质量与设备及合同不符合，可以在检验结果后 3 天内，以书面形式通知发包人，拒绝该部分设备，并出具检验证明和分析资料，配合发包人向供货厂家索赔。

4）承包人应按发包人的要求派出具有相应资质的人员，参加发包人组织的设计审查和设备出厂验收，有关费用已包括在合同价格中。

5）承包人应建立完善的仓储管理制度，对设备的存放进行规划，建立出、入库设备台账，实施计算机管理。设备因保管不善而损坏，承包人应负责修复或更换，由此造成的损失费用全部由承包人承担。

25.3　承包人收货的责任

1）在开箱检验或取货时，因承包人的原因造成设备损坏，应由承包人负责赔偿。

2）设备进入工地或安装现场后，承包人应按设备保护要求，妥善贮存或保管，防止浸入雨水产生锈蚀，对需要特殊贮存的特种部件应严格按照供货厂家的有关规定进行保管。如在保管和安装过程中发生设备损坏及数量短缺，承包人应承担相应的设备重置费，并承担因此造成工期延误的责任。

3）承包人卸运永久设备时可由供货者代表进行监督，监视卸运作业，并在必要时对起吊、吊运、运送和贮存方式提出意见，但损坏或损失的责任应由承包人承担。这项工作必须以谨慎妥善的方式进行，对于供货者代表或监理人的任何合理要求，承包人都应遵照执行，以免永久设备的损坏或散失。

4）从永久工程设备移交给承包人卸货时起，承包人即必须对其维护和保养、储存承担一切责任。

26　永久设备的安装

26.1　永久设备安装与调试

承包人应根据设备的性能和安装特性及技术要求，进行设备安装方案和工艺设计，详细安排作业计划与措施，编制成文件。承包人的安装方案和作业计划需经监理人审查认可后才能实施。按照设备厂家的代表指导和提供的技术文件进行现场组装、安装、调试和验收试验，对设备的安装、调试和试验的质量负责，应符合技术规范和有关技术标准的规定。

1）承包人应在合同规定的时间完成永久设备的安装、调试，并使之能正常地投入使用。

2）属于承包人安装的设备需进行的调整、修整、整定、拆卸与复装、检测等工作与费用包括在工程量清单相应设备安装价格中。

3）安装环境的保护

承包人应在土建工程完工后，工程设备就位处的装修工程或二期混凝土工程已全部完成后，才能进行工程设备的安装。承包人应负责保证安装设备的存放环境不会造成设备故障或隐形故障。需加热或带电养护的设备，应按制造厂家的规定加热或带电养护。承包人应采取措施防止在维护中的设备的外观及性能受到人为损伤，保证向发包人移交时设备具有优良的外观及性能。

4）在每台（套）设备或其部分完成安装后，承包人应在厂家代表的指导下进行检查、调整、校正、启动运转和负载检测等内容的预调试，所有检测工作完成后，承包人应书面确认设备可进行正式调试，报经监理人组织对设备进行初步检查、验收试验，达到下列要求被认为初步试验验收是合格的：

（1）所有现场试验全部完成。

（2）所有技术性能及保证值均满足功能要求。

（3）机械部分按照技术规范要求连续试运转后停机检查、未发现异常。

如果初步验收试验由故障而中断，需共同分析原因，采取措施重新进行试验。

26.2　埋件和装置性材料安装

承包人应按设计要求和技术标准和要求规定或监理人的指示进行埋设、安装和试验，在每部分埋件或装置性材料完成安装后，应对安装工作进行检查和验收，并进行保护。还应根据设计要求或监理人的指示进行必要的压水试验（如有）。

26.3　永久设备安装作业的协调

26.3.1　承包人的协调工作责任

承包人应对其承担的全部埋件、工程设备的埋入、安装及交接进行相应的协调和完善，并承担全部责任。承包人埋设与安装作业应符合设备安装特性和工艺的要求。应按发包人的要求提供全部有关的安装作业的设计文件图纸和安装调试过程中的现场资料与检测成果等。

承包人应充分理解一些设施，如提供共用通道、桥梁及其他设施等将是几个承包人一起共用。当使用过程中发生矛盾时，应立即通知监理人，并服从监理人的决定，且不能因此而提出额外的补偿。

26.3.2　承包人与设备制造厂家或设备供应商的协调配合

承包人应与设备制造厂家或设备供应商就图纸、样板、尺寸及必需的资料进行协调，以保证正确地完成所有本合同所规定的制造、吊运、安装、调试与验收试验工作。

除在合同中另有规定外，对于为了使设备制造厂家所提供的设备适应现场实际情况而要求的较小修改，不得要求额外的补偿。所有承包人之间的有关上述调整，发包人均不增加任何附加费用。这些费用应包括在每个项目的报价中。

承包人有责任与设备制造厂家或设备供应商进行合作，以便保证工程按期完成。包括：

1）承包人应与设备制造厂家或设备供应商就埋件和设备的安装方法与工艺进行协调。

2）承包人应与启闭机、控制设备、照明设备、供电设备设备制造厂家或设备供应商进行协调，以保证上述系统设备的正确安装、调试和维护运行。

3）与合同规定的其他设备制造厂家或设备供应商的协调。

4）承包人有责任提供制造厂或设备供应商在工地需完成的工艺工作和设备缺陷修复、各阶段设备调试、试运行等各阶段的配合工作，对于所有配合不得提出延长工期或进度方面索赔。承包人所有配合工作费用已包含在合同价中，发包人不再另行增加费用，这些配合工作包括：

（1）提供起重与运输设备及必要的工器具支持。

（2）水、电、气等供应。

（3）作业工作面、通道、时间等。

（4）提供劳力。

（5）配合调试或试运行中故障或缺陷检查，提供所负责安装设备的拆卸和复原安装，并在拆装过程中检查问题或按有关单位要求进行检查，并详细记录与分析故障或缺陷问题。

（6）接受培训。

（7）承包人在进行设备系统联合调试阶段直至试运行结束，还应向工程安装监测单位提供配合并符合原型观测单位和监测工作计划与实施要求。

26.4　设备安装技术文件的提交

26.4.1　施工质量检查报告

承包人应在每一部位或单项工程完工之后，及时向监理人提交该部位或单项工程的质量检查报告。

每月的第一个工作周之内，承包人应将上个月所完成的工作质量检查记录整理、汇总后向监理人报告。

监理人可根据实际施工情况，要求对完工项目进行复查，包括：

1）承载混凝土的强度及埋入件的机械强度。

2）埋入管件的连通性检查及承压管件的承压能力。

3）焊接件焊接质量。

4）安装设备的工作性能检查。

5）埋入件及安装设备的位置和尺寸复核。

当复查结果证明是由于承包人责任而存在缺陷时，承包人应负责进行改正，承担复查而引起的费用并按合同的有关条款处罚。在复查后证明承包人的工程质量没有问题时，复查的费用由发包人支付。

26.4.2 安装试验报告

承包人应于每项规定的安装或例行试验项目完成之后一周之内，将每项试验数据整理成图、表提交给监理人审查。监理人对有疑问的项目或数据，可以要求承包人进行复核或重新试验（在没有破坏性后果时）。

26.4.3 设备材料试验报告

对承包人采购的设备材料（当这些材料是用在对其品质有严格要求的部位时）以及发包人委托进行检验的材料，承包人应按规程、规范规定的试验方法进行试验。在试验完成一周之内，应将试验数据及图表整理汇总后提交监理人审查。

26.4.4 设备安装完工交接报告

在工程完工正式交接之前，承包人应向发包人及监理人提交交接报告，报告至少应包括以下内容（但不限于）：

1）各单项工程的进行情况和新出现过的重大问题。

2）主要单项工程施工的主要技术手段和方法。

3）单项工程的主要试验和质量检验数据（包括隐蔽工程或不可重复的试验项目）。

4）完工图纸。

5）调试试验报告。

26.4.5 文件的真实性

以上各项文件必须客观和真实地反映在工程进行过程中的情况，不允许修改检验和试验的数据和情况，不允许杜撰未发生的过程。承包人应对文件的全部内容承担责任。

26.5 安装的设备和埋件维护与保管

26.5.1 对埋件的维护与保管

承包人应对埋件和安装设备的维护与保管负有全部责任，直至安装工程结束或运行单位移交完成止。在此期间，承包人应采取措施防止埋入件外露部分的锈蚀。对埋入的支架、管道等的外露部分应采取措施防止施工期间的碰撞，使之在向其他安装承包人移交时不变形。管道应采取临时封堵措施防止异物和水进入。

26.5.2　设备安装后的维护与保管

承包人对已安装完成的设备，应负责维护、保管至向发包人移交为止。对装有锁的机械或电气盘、箱、柜应加锁，并指定专人管理。对装有电加热器的盘、箱、柜应将电加热器投入运行，并指定专人经常检查，防止设备结露或过热。对设备制造厂或设备供应商要求在设备开箱或安装后必须带电养护的设备，应带电养护。电源种类、工作电压和频率的波动范围应符合制造厂的规定。带电的设备应根据情况断开其输出执行回路，不使其产生危害性的作业。施工过程中不得碰损监测仪器设备和损坏电缆。承包人不得造成建筑物损坏或破坏，并负责防火、防止撞击、防潮、防锈、防雨、防尘、防雷击等，如属于承包人责任造成建筑物损坏或破坏，或属于作业造成火灾烧坏、损坏设备，或属于未按本条款规定保护造成损坏，应承担相应的经济赔偿。

在设备向发包人移交时（包括建筑物），应根据设计的技术要求，提供埋件的资料（包括图纸、质量检验等），演示设备的性能，并应视情况做必要的检查或试验（如绝缘检查等），检查所有的建筑物结构资料。

26.6　永久设备动用

动用是指永久设备或设施在工程项目正式完工移交之前，承包人根据发包人的委托或承包人自己申请用于工程临时运行和施工作业而启用的部分设备或设施。

26.6.1　动用的条件

可动用的设备或设施必须具备下列条件：

1）动用的设备或设施已经全部完工，并已经过由监理人在现场监督的单项工程检验，检验合格的文件已经监理人签字认可。

2）由发包人或监理人确认，该项设备或设施的动用不会对工程其他部位的施工人员安全以及环境造成不良影响。

3）已建立了被动用设备或设施的管理机构，并有相应的操作、运行的规程。

4）被动用的设备或设施的监护、操作及值班人员已经过上岗前的培训并通过了行业安全规程的资格考试。

5）已与发包人签订了该设备或设施的动用运行、维护及管理的合同或协议。

对于为保证工程或有关部位、地区的人员及财产安全的应急动用将不受本条款约束。

26.6.2　动用的申请

承包人应在设施或设备启用前向发包人提出申请，在发包人或监理人批准了承包人的动用申请之后，才能动用永久工程设备。申请文件应包括下列内容：

1）申请动用的设施和设备的名称及范围，明确在动用期间承包人管理范围的界面和责任。

2）该动用设施和设备的单项工程检验报告。

3）相关管理机构及责任人名单。

4）监护、操作及值班人中业务培训和安全规程考试成绩单及上岗人员、班组编组名单。

5）设备或设施的操作、运行管理规定。

在发包人审查了承包人提交的申请文件，并确认承包人的申请有效之后，承包人可在发包人或有关指导机构的指导下，对动用设施或设备进行操作、维护和管理。除在危急情况下之外，任何未经发包人批准而动用某项设施或设备所造成的操作后果应由承包人承担全部责任。

26.6.3 权力和责任

永久工程设备在正式完工移交之前，承包人只能按发包人和监理人批准或委托合同动用。并应在发包人或有关指导机构的监督和指导下，对这些设施或设备进行操作、维护和管理。承包人对移交前的动用负有全部责任，并应承担相应的运行、管理、维护和修理等费用，保证：

1）永久设备动用期由发包人根据现场情况与条件确定。永久设备动用期内，发包人有权随时收回。发包人如果不同意动用，则不免除承包人应为完成合同工程自费采取施工设备措施的责任。

2）被动用设施或设备及时地按发包人或有关指导机构的指令以及发包人审定的操作运行管理规定正确作业。

3）维护、保养被动用设施或设备，使其始终处于最好的运用状况；根据实际运行情况及时更换不合格的易损件，防止缺陷或故障扩大；保护设施或设备的运行环境，防止运行环境及工况的恶化。

4）承包人应对违章作业、人为损坏以及维护保养不当所造成的损失承担责任。但承包人对执行发包人或监理人的指示而造成的后果不负责任。

5）除非监理人颁发了工程设备移交证书，移交前发包人不能使用工程设备。如果发包人使用了工程设备，则被使用的工程设备应被认为在使用之日起已经移交。

26.6.4 动用后的移交

承包人应按动用的委托合同（或协议）或本合同工程完工计划，向发包人移交已动用的设施（或设备）。除发包人同意外，移交时承包人应使设施（或设备）处于以下状态：

1）设施或设备的工作环境符合运行要求，房间的地面墙壁应平整、清洁；门窗完整可便利开启及关闭；排水设施的集水井、廊道应无淤积物或其他杂物；照明、通信、供电以及招标文件规定所有设备应完好无损。

2）设施（或设备）应处于可运用的良好状态，机械、电气盘箱、柜及其附属设备应清洁、美观；对于设备的易损件应予以更新；损坏的部件应全部修理好并可保证继续安全使用一段时间（一般为一年）；整个设施（或设备）的性能指标符合制造厂的要求。

3）承包人向发包人移交已动用的设施（或设备）时，仍应像未动用项目一样提交完工移交时所应提交的全部文件及资料

十三、质量和检验

27 材料、设备、工艺和工程的质量

承包人负责提供的材料、设备、工艺和承建的工程均应：

1）符合合同规定的和监理人要求的品种、等级、规格及数量，并符合合同约定验收标准。

2）土建、安装等工程施工质量必须满足合同约定验收标准。

3）随时按监理人要求，在工程施工现场或合同规定的其他地方进行检查。

4）因承包人原因造成工程质量达不到合同约定验收标准的，监理人有权要求承包人返工直至符合合同要求为止，由此造成的费用增加和（或）工期延误由承包人承担。

5）因发包人原因造成工程质量达不到合同约定验收标准的，发包人应承担由于承包人返工造成的费用增加和（或）工期延误，并支付承包人合理利润。

28 质量检查的职责和权力

28.1 承包人的质量管理

1）承包人应建立健全质量管理体系，应在施工场地设置专门的质量检查机构，配备专职质量检查人员，建立完善的质量检查制度。承包人应在接到开工通知后的 14 天内，提交工程质量保证措施文件，包括质量检查机构的组织和岗位责任、质检人员的组成、质量检查程序和实施细则等，报送监理人审批。

2）承包人应加强对施工人员的质量教育和技术培训，定期考核施工人员的劳动技能，严格执行规范和操作规程。

28.2 承包人的质量检查

承包人应按合同约定对材料、工程设备以及工程的所有部位及其施工工艺进行全

过程的质量检查和检验，并作详细记录，编制工程质量报表，报送监理人审查。

28.3 监理人的质量检查

监理人有权对工程的所有部位及其施工工艺、材料和工程设备进行检查和检验。承包人应为监理人的检查和检验提供方便，包括监理人到施工场地，或制造、加工地点，或合同约定的其他地方进行察看和查阅施工原始记录。承包人还应按监理人指示，进行施工场地取样试验、工程复核测量和设备性能检测，提供试验样品、提交试验报告和测量成果以及监理人要求进行的其他工作。监理人的检查和检验，不免除承包人按合同约定应负的责任。

28.4 发包人的质量检查

1）发包人有权对合同项目重点或关键部位项目实施检测和检验，承包人应为发包人检测和检验提供方便。

2）当承包人和监理人的检测或检验结果有争议时，可由发包人进行最终检测和检验，对此，承包人应提供进行检测和检验所必需试件或条件。如果检测和检验结果表明承包人的检测结果是正确的，则该项检测和检验的费用由发包人承担。否则，承包人应承担检测和检验费用，并承担由此而引起的一切后果。

29 材料、工程设备和工程的检查和检验

29.1 提交制造厂家的质量证明

发包人提供或承包人采购的材料、设备等，在用于工程之前必须向监理人提交制造厂的质量证明，以说明其质量是合格的。

29.2 承包人负责检验和交货验收

不论是发包人指定供应来源的或承包人自行采购用于工程的材料和工程设备，承包人均应负责检验和交货验收。承包人应在合同指定的地点（生产厂、制造厂、工地或其他约定地点）进行检验和交货验收，验货时应同时检验其材质证明和产品合格证书。承包人还应按本合同技术标准和要求的规定进行材料的抽样试验和工程设备的开箱检查或检验测试，并应将检验结果提交监理人，所需检查和检验的费用由承包人承担。

检查和检验内容依照国家和有关部门颁布的现行施工技术和质量验收规程规范以及相应单项工程质量等级评定标准的规定执行，并应达到上述规程、规范和标准规定的合格要求。

29.3 监理人进行检查和检验

1）承包人应按合同约定进行材料、工程设备和工程的试验和检验，并为监理人对上述材料、工程设备和工程的质量检查提供必要的试验资料和原始记录。按合同约定应由监理人与承包人共同进行试验和检验的，由承包人负责提供必要的试验资料和原始记录。

2）监理人未按合同约定派员参加试验和检验的，除监理人另有指示外，承包人可自行试验和检验，并应立即将试验和检验结果报送监理人，监理人应签字确认。

29.4　拒收不合格的材料和工程设备

1）若承包人未经监理人同意接受并使用了不合格的材料或工程设备，监理人有权按第32.2款规定指示承包人予以清除，由此造成的费用损失和（或）工期延误由承包人承担。

2）若承包人未按第29.3款规定作好检查或检验，或者监理人认为检查或检验的结果表明该材料或工程设备不符合合同要求时，监理人可以拒绝验收，并立即通知承包人和说明拒收理由，承包人应立即将其清除出工地或约请监理人共同研究补救措施，由此增加的费用和（或）工期延误由承包人承担。

29.5　未按规定进行检查和检验

若承包人未按合同规定对材料和工程设备进行检查和检验，监理人可以指示承包人按合同规定补作检查和检验，承包人应予执行，并应承担所需的检查和检验增加费用和（或）工期延误责任。

29.6　额外检验和重新检验

1）监理人可以要求对材料和工程设备进行在合同中未明确的额外的检查和检验，承包人应予执行，但应由发包人承担额外检验的费用和工期延误责任。

2）监理人对承包人的试验和检验结果有疑问的，或为查清承包人试验和检验成果的可靠性要求承包人重新试验和检验的，可按合同约定由监理人与承包人共同进行。重新试验和检验的结果证明该项材料、工程设备或工程的质量不符合合同要求的，由此增加的费用和（或）工期延误由承包人承担；重新试验和检验结果证明该项材料、工程设备和工程符合合同要求，由发包人承担由此增加的费用和（或）工期延误，并支付承包人合理利润。

29.7　承包人不进行检查和检验的补救办法

若承包人不按第29.5款和29.6款的规定完成监理人指示的检查和检验工作，监理人可以指派自己的人员或委托其他有资质的检验机构或人员进行检查和检验，承包人不得阻挠，并应提供一切方便。由此增加的费用和（或）工期延误由承包人承担。

30　现场试验

30.1　现场材料试验

承包人根据合同约定或监理人指示进行的现场材料试验，应由承包人提供试验场所、试验人员、试验设备器材以及其他必要的试验条件。

监理人在必要时可以使用承包人的试验场所、试验设备器材以及其他试验条件，进行以工程质量检查为目的的复核性材料试验，承包人应予以协助。上述试验所需提供的试件和监理人使用试验室设备所需的费用由承包人承担。

30.2 现场工艺试验

承包人应按合同规定或监理人的指示进行现场工艺试验，除合同另有规定外，其所需费用由承包人承担。在施工过程中，若监理人要求承包人进行额外的现场工艺试验时，承包人应遵照执行，但其费用由发包人承担。

对大型的现场工艺试验，监理人认为必要时，应由承包人根据监理人提出的工艺试验要求，编制工艺试验措施计划，报送监理人审批。

31 工程隐蔽部位覆盖前的检查

31.1 覆盖前的验收

隐蔽工程和工程的隐蔽部位在具备覆盖条件的24小时前，承包人应通知监理人进行验收，通知应按规定的格式说明验收地点、内容和验收时间，并附有承包人自检记录和必要的验收资料。监理人应按时到场检查。经监理人检查确认质量符合隐蔽要求，并在检查记录上签字后，承包人才能进行覆盖。监理人检查确认质量不合格的，承包人应在监理人指示的时间内修整返工后，由监理人重新检查。

31.2 监理人未到场检查

监理人未按第31.1款约定的时间进行检查的，除监理人另有指示外，承包人可自行完成覆盖工作，并作相应记录报送监理人，监理人应签字确认。监理人事后对检查记录有疑问的，可按第31.3款的约定重新检查。

31.3 监理人重新检查

承包人按第31.1款或第31.2款覆盖工程隐蔽部位后，监理人对质量有疑问的，可要求承包人对已覆盖的部位进行钻孔探测或揭开重新检验，承包人应遵照执行，并在检验后重新覆盖恢复原状。经检验证明工程质量符合合同要求的，由发包人承担由此增加的费用和（或）工期延误，并支付承包人合理利润；经检验证明工程质量不符合合同要求的，由此增加的费用和（或）工期延误由承包人承担。

31.4 承包人私自覆盖

承包人未通知监理人到场检查，私自将工程隐蔽部位覆盖的，监理人有权指示承包人钻孔探测或揭开检查，由此增加的费用和（或）工期延误由承包人承担。

32 清除不合格工程

32.1 禁止使用不合格的材料和工程设备

工程使用的一切材料和工程设备均应满足本合同规定的品级、质量标准和技术特性。监理人在对工程的质量检验中发现承包人使用了不合格的材料和（或）工程设备时，有权随时发出指示，要求承包人立即改用合格的材料和工程设备，并禁止在工程中继续使用这些不合格的材料和（或）工程设备。

32.2　清除不合格工程、材料和工程设备

1）承包人使用不合格材料、工程设备，或采用不适当的施工工艺，或施工不当，造成工程不合格的，监理人可以随时发出指示，要求承包人立即采取措施进行补救，直至达到合同要求的质量标准，由此增加的费用和（或）工期延误由承包人承担。

2）由于发包人提供的材料或工程设备不合格造成的工程不合格，需要承包人采取措施补救的，发包人应承担由此增加的费用和（或）工期延误，并支付承包人合理利润。

32.3　承包人拒绝执行指示的补救

若承包人无故拖延或拒绝执行监理人的上述指示，则发包人有权委托其他承包人执行该项指示，由此增加的费用和利润以及工期延误责任，由承包人承担。

33　设备安装完工的检验

33.1　检验的通知

承包人应提前21天将提供检验的日期通知监理人，做好进行完工后检验的准备。除非另外协商，检验应在该通知的日期后14天中由监理人确定的某一日或数日内进行。

33.2　检验的时间

如监理人收到承包人提交的检验日期后，未确定检验日期，或在确定的时间和地点未来参加，则承包人有权在没有监理人员在场的情况下进行检验。这样的检验应被认为是有监理人员在场进行的，因而检验的结果应由监理人确认予以接受。

33.3　推迟的检验

如承包人无故推迟检验，则监理人可以用通知催促承包人在收到通知后21天内进行检验。承包人应在限定的时间内定出日期进行检验，并把该日期通知监理人。

如承包人未在21天的限期内进行检验，则监理人可以自己做这项检验。监理人所做检验的一切的风险和费用应由承包人承担，这种费用应从合同价中扣除。而且检验也就被当作是有承包人在场进行的，其结果应确认予以接受。

33.4　为完工检验提供便利条件

除另有规定者外，承包人应为进行检验自费提供所需要的劳工、材料、电源、燃料、水、仓库、器械和原料。

33.5 重复检验

如全部工程或其某部分未能通过检验，则监理人或承包人就需要按照同样的条件和情况重复该检验。这种重复检验的费用，由承包人负责承担。

33.6 对检验结果的分歧

如监理人与承包人对检验结果的判断意见不同，他们应在出现分歧后 14 天内彼此交换各自的意见书。该意见书应附有一切有关的证据。最终检验的结果以发包人书面决定为准。

33.7 未能通过完工检验的善后措施

如全部工程或其某部分仍未能通过本条 33.5 款所规定的重复检验，则监理人在与发包人和承包人进行协商后，有权采取下述措施：

1）指令按照本条 33.5 款所规定的条件再做一次重复检验，或＿＿＿＿＿＿＿＿。

2）拒绝接收全部工程或其某部分，在此情况下，发包人有权要求承包人按重置费赔偿，或＿＿＿＿＿＿＿＿。

3）如发包人愿意，尽管工程尚未完成，可发表一个接管声明。合同价格将按照发包人和承包人可能同意的款额减少，或者，如不能取得同意，可用诉讼解决。

33.8 检验合格证

全部工程或其某一部分通过了检验，监理人应发给承包人一份检验合格证。

33.9 检验与调试工作

设备在安装过程中及安装完成后最终的检验或试验和调试均由承包人承担，在进行有关检验或试验和调试前 28 天，承包人应向监理人提交详细的检验或试验和调试的项目、内容、计划、程序、手段（或工艺设备）、人员的报告，在监理人批准之后，方可实施。检验、试验和调试必须满足国家或有关行业、部门的规程、规范，并应接受制造厂家和监理人的监督和指导。

33.10 工程设备埋设与安装质量的违约责任

当承包人未按本合同及设计文件规定的技术标准完成工程设备埋件的埋设和工程设备的安装、调试及验收时，承包人应采取应有的措施更正。验收时仍不能达到要求时，承包人应承担相应的违约责任与处罚。

33.10.1 埋设质量的违约责任

对未按设计文件埋设应埋的埋件时，承包人应采取措施补埋。在埋件的位置、尺寸、偏差超出规定的范围，埋设的管道堵塞或达不到规定的试验压力时，应向监理人报告，由监理人决定处理方案，承包人应按监理人的决定进行处理，直至监理人认可为止。

承包人应按照设备制造厂的要求埋设有关的埋件，有关埋件的安装和埋设应遵守制造厂的工艺、技术标准和设计文件的要求，并接受制造厂监督人员的指导，对未按制造厂文件及现场指导人员指导而造成的偏差或过错，应由承包人承担全部责任，并承担返工和修改所引起的费用与工期延误责任。

33.10.2　安装质量的违约责任

承包人应将合同规定的设备安装、调试完成，直至设备能按有关规程、规范的要求安全、平和地运转，并应达到该设备制造厂所规定的性能指标。承包人应对其安装、调试人员未执行规程、规范的要求和制造厂现场指导人员的指导安装使用说明书要求而造成的设备性能偏差或损坏承担全部责任，并承担返工、修改和更换损坏设备或部件的经济责任与工期赔偿。

当设备制造厂现场指导人员或设备安装使用说明书所采用的工艺、技术措施与规程、规范有抵触时，承包人应立即向监理人报告，由监理人决定应采用哪种工艺、技术措施。承包人不承担在正确执行规程、规范和制造厂安装技术要求后而产生的偏差和不良后果。

对于其他设备或安全监测仪器的安装、埋设质量违约，参照本条款执行。

34　测量放线

34.1　施工控制网

1）发包人应在根据工程进度，通过监理人向承包人提供测量基准点、基准线和水准点及其书面资料。除专用合同条款另有约定外，承包人应根据国家测绘基准、测绘系统和工程测量技术规范，按上述基准点（线）以及合同工程精度要求，测设施工控制网，并在监理人规定的期限内，将施工控制网资料报送监理人审批。

2）承包人应负责管理施工控制网点。施工控制网点丢失或损坏的，承包人应及时修复。承包人应承担施工控制网点的管理与修复费用，并在工程完工后将施工控制网点移交发包人。

34.2　施工测量

1）承包人应负责施工过程中的全部施工测量放线工作，并配置合格的人员、仪器、设备和其他物品。

2）监理人可以指示承包人进行抽样复测，当复测中发现错误或出现超过合同约定的误差时，承包人应按监理人指示进行修正或补测，并承担相应的复测费用。

34.3　监理人使用施工控制网

监理人可以使用承包人建立的施工控制网、点对工程进行检查，承包人应及时提供必要的协助，发包人亦不再为此另行支付费用。本合同承包人还应为其他承包人使用其建立施工控制网、点提供方便，所需的费用和相关责任由双方另行协商。

34.4　基准资料错误的责任

发包人应对其提供的测量基准点、基准线和水准点及其书面资料的真实性、准确性和完整性负责。发包人提供上述基准资料错误导致承包人测量放线工作的返工或造成工程损失的，发包人应当承担由此增加的费用和（或）工期延误，并向承包人支付合理利润。承包人发现发包人提供的上述基准资料存在明显错误或疏忽的，应及时通知监理人。

35　不利物质条件

35.1　不利物质条件

1）除专用合同条款另有约定外，不利物质条件是指在施工中遭遇不可预见的外界障碍或自然条件造成的施工受阻，但不包括气候条件。

2）承包人遇到不利物质条件时，应采取适应不利物质条件的合理措施继续施工，并及时通知监理人。监理人应当及时发出指示，指示构成变更的，按第 47 条约定办理。监理人没有发出指示的，承包人因采取合理措施而增加的费用和（或）工期延误，由发包人承担。

3）承包人遇到不利物质条件时，承包人有权根据第 52 条约定，要求延长工期及增加费用，监理人收到此类要求后，应在分析上述外界障碍或自然条件是否不可预见及不可预见程度的基础上，按第 47 条的约定办理。

35.2　补充地质勘探

在合同实施期间，监理人可以指示承包人进行必要的补充地质勘探和提供有关资料；承包人为本合同永久工程施工的需要进行补充地质勘探时，须经监理人批准，并应向监理人提交有关资料，上述补充勘探的费用由发包人承担。承包人为其临时工程所需进行的补充地质勘探，其费用由承包人承担。

十四、工程进度

36　进度计划

36.1　提交进度计划

承包人在接到监理人发出开工通知后的 35 天内，应根据招标文件（包括图纸）和发包人的意见修正、编制施工组织设计，提交一份完整而详细的说明施工方法和施工进度的计划，由监理人批准。承包人的进度计划与措施，必须满足合同规定的工程进度目标要求。

承包人必须更详细地呈报在投标文件中说明的施工方法和计划。补充修改的施工方法应是详细地叙述承包人采用的设备、施工顺序、施工与生产的预期进度、材料与劳力的预期需求、充分保证施工质量的控制与检测方法、安全措施以及临时工程的详细项目等。此后，任何改变施工设备和施工方法的建议必须提交监理人批准。

施工进度表必须详细表明工程的不同单元与分单元；提出工作内容之间的顺序及关系，完成一项工程的次序，以及某一作业的启动如何依赖其他作业的完成。应为每项工作内容提供下列资料：

1）工作和相应节点的序号说明。

2）持续时间。

3）最早开工日期及完工日期。

4）最迟开工日期及完工日期。

5）总的时差和局部时差。

6）施工资源需要量。

施工进度表一经发包人和监理人批准即成为合同的正式进度表。

对各项工作的日期、持续时间和顺序的修改，如果承包人认为有必要纳入施工进度表，承包人应在工作发生后14天内呈交监理人批准。提议的修改内容须显示在修改的工程进度表上，还必须说明由于修改所导致的人员、承包人设备、永久工程设备及材料需求的改变。

在实际施工过程中，承包人应每三个月向监理人提交适时修正的施工进度表。如果涉及原计划的工程进度的修改，更应经常向监理人提交修正的施工进度计划。提交并经监理人批准的适时修正的施工进度表应包括工程完工和任何部分的完成，如果修改的施工进度超出了规定的中间完工及完工日期，监理人对修正进度表的批准决不意味着批准这些日期的延长，也不意味着限制根据合同承包人所承担的责任或妨碍发包人行使合同规定的权利。

承包人对工程施工应与监理人批准的施工进度表一致。如果未经监理人事先同意，工程的任何部分施工与施工进度表不一致，除非由于明显紧急情况，监理人有充足的理由命令承包人与施工进度表不一致的工程部分暂时停工。承包人由此提出的任何索赔都不予考虑。

承包人在提交施工进度计划与资金估算表的同时，应向监理人提交与施工进度计划相适应的分年分月材料计划。

承包人应在工程开工后按合同技术标准和要求规定的内容和时限以及监理人的指示，编制详细的施工总进度计划、季度和月度进度计划、网络进度、形象进度等提交监理人审批。监理人应在合同技术标准和要求规定的时限内批复承包人。经监理人批准的施工总进度计划（称合同进度计划）经发包人审核后作为控制本合同工程进度的依据。当原定的进度计划与实际进度或承包人义务不相符时，承包人还应提交一份修订的进度计划。每份进度计划应包括：

1）承包人计划实施工程的工作顺序，包括工程的各个阶段施工、承包人文件资料、采购、工程设备的制造、运到现场、施工、安装和试验的预期时间安排。

2）由各分包人从事的以上各个阶段工作。

3）合同中规定的各项检验和试验的顺序和时间安排。

4）配套报告，包括：

（1）关于承包人在工程各主要阶段拟采用的方法的一般描述。

（2）列明承包人在工程各主要阶段现场所需各类承包人雇员和施工设备合理估计数量的详细情况。

除非监理人在收到进度计划后21天内向承包人发出通知，指出其中不符合合同要求的部分，承包人即应按照该进度计划执行，并遵守合同规定的其他义务。发包人有权按照该进度计划安排他们的活动。

对于未来可能对工程施工造成不利影响、影响合同价格或延误施工进度的事件或情况，承包人应向监理人提供报告。监理人可要求承包人提交此类未来事件或情况预期影响的估计和（或）提出建议。

如果任何时候监理人向承包人发出通知，指出进度计划（在指出的范围内）不符合合同要求，或与实际进展或承包人提出的意向不一致时，承包人应遵照本款向监理人提交一份修订进度计划。

36.2 修订进度计划

1）不论何种原因造成工程的实际进度与第36.1款的合同进度计划不符时，承包人应按监理人的指示在28天内向监理人提交修订合同进度计划的申请报告，并附有关措施和相关资料，报监理人审批；监理人也可以直接向承包人作出修订合同进度计划的指示，承包人应按该指示修订合同进度计划，报监理人审批。监理人应在收到该进度计划后的14天内批复。监理人在批复前应获得发包人同意。

2）若承包人因其自身原因未能按合同进度计划完成预定工作，监理人应要求承包人采取有效措施赶上进度，承包人则应在向监理人提交修订的进度计划的同时，编制一份赶工措施报告报送监理人审批。赶工措施应以保证工程质量和按期完工为前提。所有这些赶工措施的费用由承包人承担。

36.3 单位工程进度计划和年度施工计划

若监理人认为有必要时，承包人应按监理人指定的内容和时限，并根据合同进度计划的进度控制要求编制单位工程进度计划和年度施工计划报送监理人。

36.4 提交资金流估算表

承包人应在按第 36.1 款的规定向发包人和监理人提交施工总进度计划的同时，向监理人提交按月的资金流估算表。估算表应包括承包人计划向发包人获取的全部款额，以供发包人参考。此后，如监理人提出要求，承包人还应按监理人指定的时限内提交修订的资金流估算表。

36.5 合同工程进度主要控制工期

本合同的全部工程、单位工程和部分工程的要求完工日期规定在专用合同条款中明确，承包人应在上述规定的完工日期内完工或在第 42.1 款和第 40 条规定可能延后或提前的完工日期内完工。

37 工程开工

37.1 开工

1）承包人应按合同规定期限内完成优化的施工组织设计和进度计划安排，向监理人提交工程开工报审表，经监理人审批后执行。开工报审表应详细说明按合同进度计划正常施工所需的施工道路、临时设施、材料设备、施工人员等施工组织措施的落实情况以及工程的进度安排。

2）监理人应在承包人提交工程开工报审表后 7 天内，向承包人发出开工通知。监理人在发出开工通知前应获得发包人同意。承包人应在收到开工通知后尽快进场施工。工期自监理人发出的开工通知中载明的开工日期起计算。

37.2 发包人延误开工

监理人未按合同第 37.1 款规定的时限内发出开工通知或发包人未能按合同规定向承包人提供开工的必要条件，承包人有权提出费用增加和（或）延长工期的要求，监理人应在收到承包人的书面要求后，按第 5.6 款的约定，与合同双方商定或确定增加的费用和延长的工期。发包人要求提前工期，按合同第 40.2 款有关规定处理。

37.3 承包人延误进场

承包人在接到开工通知后 14 天内未按进度计划要求及时进程组织施工，监理人可通知承包人在接到通知后 7 天内提交一份说明其进场延误的书面报告，提交监理人。书面报告应说明不能及时进场的原因和补救措施，由此增加的费用和工期延误由承包人承担。

38 暂停施工

38.1 承包人暂停施工的责任

因下列暂停施工增加的费用和（或）工期延误由承包人承担：

1）由于承包人失误或违约等责任引起的暂停施工。

2）由于现场非异常恶劣气候条件引起的正常停工。

3）由于承包人原因为工程合理施工和安全保障所必需的暂停施工。

4）未得到监理人许可的承包人擅自停工。

5）承包人其他原因引起的暂停施工。

6）专用合同条款约定由承包人承担的其他暂停施工。

38.2　发包人暂停施工的责任

由于发包人原因引起的暂停施工造成工期延误的，承包人有权要求发包人延长工期和（或）增加费用，并支付合理利润。

38.3　监理人的暂停施工指示

1）监理人认为有必要时，可向承包人作出暂停施工的指示，承包人应按监理人指示暂停施工。不论由于何种原因引起的暂停施工，暂停施工期间承包人应负责妥善保护工程并提供安全保障。

2）由于发包人的原因发生暂停施工的紧急情况，且监理人未及时下达暂停施工指示的，承包人可先暂停施工，并及时向监理人提出暂停施工的书面请求。监理人应在接到书面请求后的 24 小时内予以答复，逾期未答复的，视为同意承包人的暂停施工请求。

38.4　暂停施工后的复工

1）暂停施工后，监理人应与发包人和承包人协商，采取有效措施积极消除暂停施工的影响。当工程具备复工条件时，监理人应立即向承包人发出复工通知。承包人收到复工通知后，应在监理人指定的期限内复工。

2）承包人无故拖延和拒绝复工的，由此增加的费用和工期延误由承包人承担；因发包人原因无法按时复工的，承包人有权要求发包人延长工期和（或）增加费用，并支付合理利润。

38.5　暂停施工持续 56 天以上

1）监理人发出暂停施工指示后 56 天内未向承包人发出复工通知，除了该项停工属于第 38.1 款的情况外，承包人可向监理人提交书面通知，要求监理人在收到书面通知后 28 天内准许已暂停施工的工程或其中一部分工程继续施工。如监理人逾期不予批准，则承包人可以通知监理人，将工程受影响的部分视为按第 47.2 款的可取消工作。如暂停施工影响到整个工程，可视为发包人违约，应按第 50 条的规定办理。

2）由于承包人责任引起的暂停施工，如承包人在收到监理人暂停施工指示后 56 天内不认真采取有效的复工措施，造成工期延误，可视为承包人违约，应按第 49 条的规定办理。

39　工期延误

39.1　发包人的工期延误

在履行合同过程中，由于发包人的下列原因造成工期延误的，承包人有权要求发包人延长工期和（或）增加费用，并支付合理利润。发生本款所述的发包人延误工期情况，造成项目施工进度计划关键路线上的工期拖延时，承包人可有权要求延长合同约定的工期，并按第 36.2 款的约定，修订合同进度计划。

1）增加合同工作内容。

2）改变合同中任何一项工作的质量要求或其他特性。

3）发包人迟延提供材料、工程设备或变更交货地点的。

4）因发包人原因导致的暂停施工。

5）提供图纸延误。

6）未按合同约定及时支付预付款、进度款。

7）发包人造成工期延误的其他原因。

39.2　承包人要求延长工期的处理

1）若发生第 39.1 款所列的事件时，承包人应立即通知发包人和监理人，并在发出该通知后的 14 天内向监理人提交一份细节报告，详细申述发生该事件的情节和对工期的影响程度，并在提交细节报告后的 14 天内按 36.2 款的规定修订进度计划和编制赶工措施提交监理人审批，修订的进度计划应能保证按期完工。

2）若事件的持续时间较长或事件影响工期较长，当承包人采取了赶工措施而无法实现工程按期完工时，除应按上述第 1）项规定的程序办理外，承包人应在事件结束后的 14 天内提交一份补充细节报告详细申述要求延长工期的理由，并最终修订进度计划。此时应按下述第 3）项规定的程序批准给予承包人延长工期的合理天数。

3）监理人应及时调查核实上述第 1）和 2）项中承包人提交的细节报告和补充细节报告，并在审批修订进度计划的同时，由发包人和承包人协商决定延长工期的合理天数，并通知承包人。

4）对于仅要求相应顺延工期的项目，其顺延时间由监理人根据实际发生的天数，报发包人认可后通知承包人顺延工期。

39.3　承包人的工期延误

由于承包人原因，未能按合同进度计划完成工作，或监理人认为承包人施工进度不能满足合同工期要求的，承包人应采取措施加快进度，并承担加快进度所增加的费用。由于承包人原因造成工期延误，承包人应支付逾期完工违约金。逾期完工违约金的计算方法在专用合同条款中约定。承包人支付逾期完工违约金，不免除承包人完成工程及修补缺陷的义务。

39.4　异常恶劣的气候条件

1）由于出现专用合同条款规定的异常恶劣气候的条件导致工期延误的，承包人有权要求发包人延长工期。

2）异常恶劣气候条件的界定是以确保工程施工和人员的安全为前提，当工程所在地发生危及施工安全的异常恶劣气候时，发包人和承包人应按合同条款第 38 条的约定，及时采取暂停施工或部分暂停施工措施。异常恶劣气候条件解除后，承包人应及时安排复工。异常恶劣气候条件造成的工期延误和工程损坏，应由监理人参照合同条款第 5.6 款的约定共同协商处理。

40　工期提前

40.1　承包人要求提前工期

1）承包人为了完成合同项目总进度计划；或年、季、月进度计划；或阶段性工程形象进度；或满足合同规定的完工日期的要求或自行加快进度，而采取的赶工措施，应确保工程质量和安全，承担相应的赶工措施费用。

2）若承包人在征得发包人同意后，能在保证工程质量的前提下，可以较合同规定的完工日期提前完工。

3）如承包人提出提前完工的建议能够给发包人带来效益的，应由监理人与承包人共同协商采取加快工程进度的措施和修订合同进度计划，发包人应承担承包人由此增加的费用。

40.2　发包人要求提前工期

发包人可要求承包人提前合同规定的完工日期，由监理人与承包人共同协商采取加快工程进度的措施和修订合同进度计划，并由发包人和承包人签订提前完工协议。其协议内容应包括：

1）提前的时间和修订后的进度计划。

2）承包人的提前工期措施。

3）发包人为提前工期提供的条件。

4）提前工期措施补偿费。

十五、完工和缺陷责任

41　工程完工

41.1　完工日期

全部工程、单位工程和分部工程应按本合同规定的完工日期完工，或者按 42.1 款规定在允许的延长的工期内完成。实际完工日期在工程移交证书中写明。

41.2 部分工程实质上完工

如果永久工程的某项单位工程已基本完成并通过了本合同规定的中间验收，那么在全部工程完工之前，可协商永久工程的该项单位工程进行移交。但在全部工程未完工验收前，不免除承包人对该项单位工程承担的全部合同责任与义务。

41.3 全部工程的移交证书

当全部工程基本完成并通过本合同规定的验收时，承包人可将此结果通知监理人和发包人，同时附上一份在缺陷责任期内完成任何未完工作的书面保证。此通知和书面保证应视为是承包人提出要求签发全部工程的移交证书的申请。监理人应在承包人发出这一通知之日起的 28 天内予以答复，若该工程已按合同基本完工，则向承包人明确其完工日期并签发一份移交证书，否则向承包人发出书面指示，详细说明移交证书签发之前需要承包人完成的所有工作，同时指出工程中影响实质上完工的缺陷，这些缺陷可能会在发出书面指示之后和工程完工之前出现。承包人在完成所指出的工作并纠正了所指出的缺陷之后的 28 天内，经监理人认可，可得到全部工程的移交证书。

41.4 恢复地面或表面原状

在全部工程完成之前，就永久工程的任何部分签发移交证书不应认为需要整修的地面或表面已经完工，除非该移交证书对此有明确的说明。

41.5 完工清场和撤离

承包人应立即从已办了移交证书的那部分现场上搬走或清除承包人的设备、多余材料、所有垃圾以及各种临时设施，并满足合同条款第 43.9 款的规定和保持该部分现场和工程清洁整齐，达到监理人满意的使用状态。但在缺陷责任期内承包人在发包人批准的情况下可在现场上保留他为在缺陷责任期内履行其义务而需要的材料、设备和临时设施。

42 工程延期

42.1 完工日期的延长

如果由于：

1）本合同条款涉及的由发包人责任引起的工期延误，或_____；

2）在工程所在地发生超设计标准的水文、气象条件，或_____；

3）发生不可抗力，或_____；

4）可能会出现的但不是承包人的过失或违约或应负责任的其他特殊情况。

承包人有理由延期完成工程或部分工程，监理人应在同发包人和承包人商议之后决定完工日期延长的期限。

不属于以上情况，而属于承包人责任的工程延期，也应取得监理人和发包人的批准，发包人有权向承包人索赔直至撤换承包人。

42.2　承包人提交延期通知并提供详细情况

承包人应在出现工程延期情况的 14 天内提交延长工期的报告，详细说明要求延长完工日期的具体情况，以便监理人和发包人可以及时对他申述的情况进行研究。

42.3　不可抗力延续 84 天以上

如果由于不可抗力延续超过 84 天，发包人和承包人应通过友好协商，在合理的时间内达成协议，解决合同实施的问题。

43　验收资料和完工验收

43.1　完工验收申请报告

承包人完成合同工程具备以下条件时，即可申请对合同工程进行完工验收，并向监理人提交完工验收申请报告（附完工资料）。

1）除监理人同意列入缺陷责任期内完成的尾工（甩项）工程和缺陷修补工作外，合同范围内的全部单位工程以及有关工作，包括合同要求的试验、试运行以及检验和验收均已完成，并符合合同要求。

2）已按第 43.2 款的规定备齐了符合合同要求的完工资料。

3）已按监理人的要求编制了在缺陷责任期内完成的尾工（甩项）工程和缺陷修补工作清单以及相应施工计划。

4）监理人要求在完工验收前应完成的其他工作；

5）监理人要求提交的完工验收资料清单。

43.2　完工资料

完工资料（一式 6 份）应包括，但不仅限于：

1）工程实施概况和大事记。

2）核销材料清单。

3）已完工程移交清单（包括永久工程设备）。

4）永久工程完工图。

5）列入保修期继续施工的尾工工程项目清单。

6）需缺陷修复项目清单。

7）施工期的观测资料。

8）监理人指示应列入完工报告的各类施工文件、施工原始记录以及其他应补充的完工资料。

9）上述资料的电子文档（1 份）。

43.3　工程完工验收

监理人收到承包人按第 43.2 款约定提交的完工验收申请报告后，应审查申请报告的各项内容，并按以下不同情况进行处理。

1）监理人审查后认为尚不具备完工验收条件的，应在收到完工验收申请报告后的 28 天内通知承包人，指出在颁发移交证书前承包人还需进行的工作内容。承包人完成监理人通知的全部工作内容后，应再次提交完工验收申请报告，直至监理人同意为止。

2）监理人审查后认为已具备完工验收条件的，应在收到完工验收申请报告后的 28 天内提请发包人进行工程验收。

3）发包人经过验收后同意接受工程的，应在监理人收到完工验收申请报告后的 56 天内，由监理人向承包人出具经发包人签认的工程移交证书。发包人验收后同意接收工程但提出整修和完善要求的，限期修好，并缓发工程移交证书。整修和完善工作完成后，监理人复查达到要求的，经发包人同意后，再向承包人出具工程移交证书。

4）发包人验收后不同意接收工程的，监理人应按照发包人的验收意见发出指示，要求承包人对不合格工程认真返工重作或进行补救处理，并承担由此产生的费用。承包人在完成不合格工程的返工重作或补救工作后，应重新提交完工验收申请报告，按第 43.3　1）项、第 43.3　2）项和第 43.3　3）项的约定进行。

5）除专用合同条款另有约定外，经验收合格工程的实际完工日期，以提交完工验收申请报告的日期为准，并在工程移交证书中写明。

6）发包人在收到承包人完工验收申请报告 56 天后未进行验收的，承包人有权要求发包人立即作出验收安排，并确定验收日期。若验收合格，其实际完工日期应是提交完工验收申请报告的日期。若发包人在收到承包人的完工申请报告后不及时进行验收，或在验收后不颁发工程移交证书，则发包人应从承包人发出完工申请报告 56 天后的次日起承担工程保管费用。

43.4　单位工程验收

1）发包人根据合同进度计划安排，在全部工程完工前需要使用已经完工的单位工程时，或承包人提出经发包人同意时，可进行单位工程验收。验收的程序可参照第 43.1 款、第 43.2 款和第 43.3 款约定进行。验收合格后，由监理人向承包人出具经发包人签认的单位工程验收证书。已签发单位工程移交证书的单位工程由发包人负责照管。单位工程的验收成果和结论作为全部工程完工验收申请报告的附件。

2）发包人在全部工程完工前，使用已接收的单位工程导致承包人费用增加的，发包人应承担由此增加的费用和（或）工期延误，并支付承包人合理利润。

43.5　分部（分项）工程验收

在全部工程完工验收前，发包人根据合同进度计划的安排，需要提前使用尚未全部完工的某项工程时，可以对已完成的分部（分项）工程进行验收，其验收的内容和程序可参照第 43.1 款、第 43.2 款和第 43.3 款的规定进行，并应由发包人或授权监理人签发移交证书，其完工验收申请报告应说明已验收的该分部（分项）工程的项目或部位，还需列出应由承包人负责修复的缺陷项目清单。

43.6 完工验收受阻

若监理人确认承包人已完成或基本完成合同规定的工程，并具备了完工验收条件，但由于非承包人原因使完工验收不能进行时，则应由发包人承担其延误责任，此时，应由监理人进行初步验收，并签发移交证书，但承包人仍应执行监理人在此后进行正式完工验收所发出的指示；当正式完工验收发现工程未符合合同要求时，承包人仍应有责任按监理人指示和规定的时间内完成缺陷修复工作，并承担其费用。

43.7 施工期运行

1）施工期运行是指合同工程尚未全部完工，其中某项或某几项单位工程或工程设备安装已完工，根据专用合同条款约定，需要投入施工期运行的，经发包人按第 43.4 款和第 43.4 款的约定验收合格，对其局部建筑物承受施工运行荷载的安全性进行复核，在证明其能确保安全时，并办理了有关手续后，才能投入施工期运行。

2）在施工期运行中发现工程或工程设备损坏或存在缺陷的，应按第 44 条的规定办理。

3）由于承包人的原因导致试运行失败的，承包人应采取措施保证试运行合格，并承担相应费用。由于发包人的原因导致试运行失败的，承包人应当采取措施保证试运行合格，发包人应承担由此产生的费用，并支付承包人合理利润。

4）因施工期运行增加了承包人修复因运行导致设备损坏工作的困难，应通过协商由发包人合理分担其费用。

43.8 试运行

1）除专用合同条款另有约定外，承包人应按专用合同条款约定进行工程及工程设备试运行，负责提供试运行所需的人员、器材和必要的条件，并承担全部试运行费用。

2）由于承包人的原因导致试运行失败的，承包人应采取措施保证试运行合格，并承担相应费用。由于发包人的原因导致试运行失败的，承包人应当采取措施保证试运行合格，发包人应承担由此产生的费用，并支付承包人合理利润。

43.9 专项验收及决算审计

承包人有责任参加由政府有关主管部门主持的水库蓄水及工程完工安全鉴定、枢纽工程完工验收、消防工程完工验收、水土保持工程完工验收、环境保护工程完工验收、劳动保护及工业卫生工程完工验收及工程决算、审计等专项验收工作，并提供相应的施工报告和完工图纸、资料。并服从上述主管部门提出的意见并进行整改。

44　缺陷责任和保修责任

44.1　缺陷责任期

除专用合同条款另有约定外，缺陷责任期从工程通过合同工程完工验收后开会计算。在合同工程完工验收前，已经发包人提前验收的单位工程或部分工程，若未投入正常使用，其缺陷责任期亦从工程通过合同工程完工验收后开始计算；若已投入使用，其缺陷责任期从通过单位工程或部分工程投入使用验收后开始计算。缺陷责任期期限在专用合同条款中约定，包括根据第44.4款约定所作的延长。

44.2　完成未完工作和修补缺陷

为了在缺陷责任期满后立即按合同要求的条件（合理磨损除外）将工程交付给发包人，承包人应：

1）尽快完成在移交证书中指明的当时尚未完工的工程（如有的话）。

2）如果监理人或其代表在缺陷责任期满之前进行检查后，指示承包人重建或修补缺陷、收缩变形或其他毛病时，承包人应在缺陷责任期内或期满后14天之内实施监理人指示的上述所有工作，直至经监理人检验合格为止。

44.3　缺陷责任

1）承包人应在缺陷责任期内对已交付使用的工程承担缺陷责任。

2）缺陷责任期内，发包人对已接收使用的工程负责日常维护工作。发包人在使用过程中，发现已接收的工程存在新的缺陷或已修复的缺陷部位或部件又遭损坏的，承包人应负责修复，直至检验合格为止。

3）监理人和承包人应共同查清缺陷和（或）损坏的原因。经查明属承包人原因造成的，应由承包人承担修复和查验的费用。经查验属发包人原因造成的，发包人应承担修复和查验的费用，并支付承包人合理利润。

4）承包人不能在合理时间内修复缺陷的，发包人可自行修复或委托其他人修复，所需费用和利润的承担，按第44.3　3）项约定办理。

44.4　缺陷责任期的延长

由于承包人原因造成某项缺陷或损坏使某项工程或工程设备不能按原定目标使用而需要再次检查、检验和修复的，发包人有权要求承包人相应延长缺陷责任期，但缺陷责任期最长不超过2年。工程修复责任期延长的时间等于由于缺陷或损坏而引起的工程不能使用的时间。如果只是工程的一部分，则缺陷责任期的延长只适用于那一部分。

44.5　不合格设备部件的拆修

如有缺陷或损坏的设备部件不能在工地上进行迅速而有效的修理，则承包人在取得发包人或监理人的许可后，可以把那些不合格或损坏的设备部件从工地运出以便修理。

44.6　完工后的重复、检验

如果修复的工程设备替换件或更新件可能会影响工程的效能，则发包人可以要求将完工后检验重复一次。这项要求应以通知的方式在替换件或更新件完成后 28 天内提出。该检验应按照第 33 条的规定来完成。

44.7　进一步试验和试运行

任何一项缺陷或损坏修复后，经检查证明其影响了工程或工程设备的使用性能，承包人应重新进行合同约定的试验和试运行，试验和试运行的全部费用应由责任方承担。

44.8　通行权

在发出最终付款证书以前，承包人应有通行权以便视察有关工程并了解其操作和效能的记录。缺陷责任期内承包人为缺陷修复工作需要，有权进入工程现场，但应遵守发包人的保安和保密规定。

这种通行权限于在发包人的正规工作时间内使用，并由承包人承担其风险和费用。通行权也应授予承包人正式委任的代表，其姓名应用书面传达给监理人。

如经监理人批准，则承包人也可以由自己承担其风险和费用来做他所要求的必要检验。

44.9　设计和设备制造的缺陷

承包人对发包人或监理人所提供的设计和永久设备所造成的缺陷不负责任。但对缺陷和修复和处理有提供服务的责任。

44.10　承包人查找缺陷的原因

如监理人用书面要求，则承包人应在监理人的指导下查找缺陷的原因。除非该缺陷按照本条款的规定是应由承包人负责的，否则承包人为查找缺陷原因工作的费用应由发包人承担。

44.11　承包人未能执行监理人修补缺陷的指示

承包人在要求时间内未能执行监理人修补缺陷的指示时，发包人有权雇用其他人和支付给其他人费用来完成这项工作。如果这些工作按合同规定应由承包人自费完成，那么这些费用由发包人从承包人应得的或可能得到的付款中扣除。

44.12　缺陷责任证书终止证书

在第 44.1 款约定的缺陷责任期，包括根据第 44.4 款延长的期限终止后 14 天内，由监理人向承包人出具经发包人签认的缺陷责任期终止证书，并退还剩余的质量保证金。

44.13　对尚未履行完的义务承担责任

尽管颁发了缺陷责任证书，承包人和发包人仍应对在缺陷责任证书颁发之前按合同规定应该履行，而在缺陷责任证书颁发时尚未完成的义务承担责任。为了确定该义务的性质、范围，合同应视为在当事人双方之间仍然有效。

44.14　保修责任

合同当事人根据有关法律规定，在专用合同条款中约定工程质量保修范围、期限和责任。保修期自实际完工日期起计算。在全部工程完工验收前，已经发包人提前验收的单位工程，其保修期的起算日期相应提前。

十六、计量与支付

45　计量

45.1　工程量

本合同工程项目除工程量清单备注栏内注明"固定总价承包"的项目外，其余项目按单价承包。

工程量清单中所列的工程量数量系招标设计的工程量，作为投标报价的基础；用于支付的工程量应是承包人履行合同实际完成的、符合合同规定的已经监理人签认且录入发包人提供的施工管理系统并经发包人审查确认的工程量。对于合同中"固定总价承包"项目以合同报价表的细项和规模计量。

45.2　已完工程量的计量

1）工程量计量确认

承包人应按合同规定的计量方法上报已完成的合格数量并附工程量计算书等资料，由监理人按合同规定依据施工图纸计算工程量并审查复核承包人上报的工程量，监理人应对计量审核负责。

2）承包人应对各项工程量做好台账，并逐月向发包人提供报表。当监理人要对已完工的工程量进行计量时，应适时地通知承包人，承包人应：

（1）参加或派合格代表前往协助监理人从事上述计量工作。

（2）提供监理人要求的一切详细资料。

如果承包人不参加，或由于疏忽或遗忘而未派代表参加，则监理人进行的或由他批准的计量应被认为是对该部分工程的正确计量。对需要采用记录和图纸来计算的永久工程量，监理人应在工程进行过程中做好记录并保存好图纸，而当承包人被书面要求进行该项工作时，应于14天内和监理人一起审查和认可有关记录和图纸，并应在双方取得同意时，在上述文件上签名。如果承包人不出席此记录和图纸的审查、认可时，则应认为这些记录和图纸是正确无误的。在对上述记录和图纸进行审查后，如果承包人对这些记录和图纸不同意，或不签字表示同意，则这些记录和图纸仍应被认为是正确的，除非承包人在上述审查后 14 天内向监理人发出通知申明承包人认为上述记录和图纸不正确。在接到上述通知后，监理人应审阅记录和图纸，予以确认，或者修改。

监理人在审核计量（应复核计算书）后，登记签证的工程量台账，并报发包人。

只有经过上述计量程序计量和监理人审核且录入发包人提供的施工信息管理系统并经发包人审查确认的已完工程量，才能得到相应价款支付。

45.3　全部工程量的最终核实

承包人完成工程量清单中每个子目的工程量后，监理人应要求承包人派员共同对每个子目的历次计量报表进行汇总，以核实最终结算工程量。监理人可要求承包人提供补充计量资料，以确定最后一次进度付款的准确工程量。承包人未按监理人要求派员参加的，监理人最终核实的工程量视为承包人完成该子目的准确工程量。

45.4　固定总价承包项目的分解与支付

1）承包人应将工程量清单中的固定总价承包项目明细项目进行分解，并按其标明的所属子项、规模、规格与标准、分阶段的工程量和需支付的金额计算。发包人根据明细项目完成的实际进度进行支付。

2）承包人未按要求对工程量清单中的固定总价承包项目进行明细项目分解，该项目费用在本合同完工后一次性支付。

3）每个固定总价承包项目实施前，承包人应向监理人申报项目设计文件和实施计划，监理人批准后实施。监理人负责验收、审核计量、登记台账，报发包人审核支付；未实施的项目，不予计量支付。

45.5　安全及专项措施项目计量考核

工程量清单中单列的安全及文明施工、环境保护和水土保持、劳动安全与工业卫生、验收及资料整编、保险费等专项项目，由监理人、发包人现场联合检查、考核合格后进行计量，才能办理支付。如检查、考核不合格，将从专项措施费中扣除。

46　凭证和支付

46.1　工程预付款及支付

1）预付款

预付款用于承包人为合同工程施工购置材料、工程设备、施工设备、修建临时设施以及组织施工队伍进场等。预付款的额度和预付办法在专用合同条款中约定。预付款必须专用于合同工程。

2）预付款保函

除专用合同条款另有约定外，承包人应在收到预付款的同时向发包人提交预付款保函，预付款保函的担保金额应与预付款金额相同。保函的担保金额可根据预付款扣回的金额相应递减。

3）预付款的扣回与还清

预付款在进度付款中扣回，扣回办法在专用合同条款中约定。在颁发工程移交证书前，由于不可抗力或其他原因解除合同时，预付款尚未扣清的，尚未扣清的预付款余额应作为承包人的到期应付款。

46.2 工程进度付款

1）结算月付款的时间：1月份为1月1日至25日，12月份为上月26日至31日，其余月份为上月26日至当月25日。

2）月付款申请：承包人在每个结算月终了后的2天内向监理人提交7份由_____工程信息管理签证结算系统生成的以工程量清单为格式的已完工程月报表。承包人不得超前计算工程量或故意多报工程量。除专用合同条款另有约定外，进度付款申请单应包括下列内容：

（1）截至本次付款周期末已实施工程的价款；

（2）根据第47条应增加和扣减的变更金额；

（3）根据第52条应增加和扣减的索赔金额；

（4）根据第46.1款约定应支付的预付款和扣减的返还预付款；

（5）根据第46.5款约定应扣减的质量保证金；

（6）根据合同应增加和扣减的其他金额。

3）审查和支付：监理人在收到已完工程月报表3天内，应对承包人所完成的工程形象、质量、数量以及申报的单价、合价进行审查签证，并将已完工程月报表以及审查意见送发包人负责的项目部门。

发包人的项目部在收到监理人审查签证的已完工程月报表后，应按发包人规定的职责分工和程序进行审查，在3天内将审查后的已完工程月报表返回承包人，承包人据此在4天内编制提交给发包人财务部门合同支付申请单，发包人财务部门在收到合同支付申请单和经发包人计划部门确认的已完工程月报表后的7天内办理付款手续。如果发包人在结算月终了的第21天没有付款，则应从第22天起每天按0.01%的利率付给承包人利息，但合同支付申请单未经审查同意的除外。

4）对于承包人质量不符合规定的工程量或工程项目不予计量和支付。

46.3 工程进度付款的修正与更改

在对以往历次已签发的进度付款证书进行汇总和复核中发现错、漏或重复的，监理人有权予以修正，承包人也有权提出修正申请。经双方复核同意的修正，应在本次进度付款中支付或扣除。

46.4 固定总价承包项目的支付

工程量清单所有的固定总价承包项目应按第 45.4 款的规定提交明细项分解表，合同实施中按实际发生的细项，以监理人审查核定的实施规模进行价款计算和支付，未发生的细项不予支付。当实施规模超过合同规定的规模时，按合同规定的规模结算支付。

46.5 质量保证金

1）竣工验收合格后，按核定的工程结算书付清余款后扣除质保金，并将履约保函退还承包人。

2）在第 44.1 款约定的缺陷责任期满时，承包人向发包人申请到期应返还承包人质量保证金金额，发包人应在 14 天内会同承包人按照合同约定的内容核实承包人是否完成缺陷责任。如无异议，发包人应当在核实后将质量保证金返还承包人。

3）在第 44.1 款约定的缺陷责任期满时，承包人没有完成缺陷责任的，发包人有权扣留与未履行责任剩余工作所需金额相应的质量保证金余额，并有权根据第 44.4 款约定要求延长缺陷责任期，直至完成剩余工作为止。

4）承包人未按合同要求或监理人指示向发包人提供工程完工档案资料或承包人完工清场撤退，视为承包人违约，质量保证金不予支付。

46.6 完工付款申请单

1）工程移交证书颁发 28 天内，承包人向监理人提交 7 份完工付款申请单，并提供相关证明材料。除专用合同条款另有约定外，完工付款申请单应包括下列内容：完工结算合同总价、发包人已支付承包人的工程价款、应扣留的质量保证金、应支付的完工付款金额。

2）监理人对完工付款申请单有异议的，有权要求承包人进行修正和提供补充资料。经监理人和承包人协商后，由承包人向监理人提交修正后的完工付款申请单。

46.7 完工付款证书及支付时间

1）监理人在收到承包人提交的完工付款申请单后的 14 天内完成核查，提出发包人到期应支付给承包人的价款送发包人审核并抄送承包人。发包人应在收到后 42 天内审核完毕，由监理人向承包人出具经发包人签认的完工付款证书。

2）发包人应在监理人出具完工付款证书后的 14 天内，将应支付款支付给承包人。发包人不按期支付的，按第 46.2 款约定利率支付给承包人逾期利息。

3）承包人对发包人签认的完工付款证书有异议的，发包人可出具完工付款申请单中承包人已同意部分的临时付款证书。存在争议的部分，按合同条款第 53 条的约定办理。

46.8　最终结清申请单

1）缺陷责任期终止证书签发 28 天内，承包人向监理人提交 7 份最终结清申请单，并提供相关证明材料。

2）发包人对最终结清申请单内容有异议的，有权要求承包人进行修正和提供补充资料，由承包人向监理人提交修正后的最终结清申请单。

46.9　最终结清证书和支付时间

1）监理人收到承包人提交的最终结清申请单后的 14 天内，提出发包人应支付给承包人的价款送发包人审核并抄送承包人。发包人应在收到后 14 天内审核完毕，由监理人向承包人出具经发包人签认的最终结清证书。

2）发包人应在监理人出具最终结清证书后的 14 天内，将应支付款支付给承包人。发包人不按期支付的，按第 46.2 款约定利率支付给承包人逾期利息。

3）承包人对发包人签认的最终结清证书有异议的，按合同条款第 53 条的约定办理。

4）办理结清付款手续，承包人即应交发包人 7 份书面结清单，确认最终付给他的全部和最终金额。并根据发包人相关办法编制合同项目完工财务决算。

46.10　增值税专用发票

1）实行"先票后款"。发包人取得合规的增值税专用发票后才支付款项，对于预付款，也应提供等额增值税专用发票。

2）合同变更如涉及增值税专用发票记载项目发生变化的，则应当约定作废、重开、补开、红字开具增值税专用发票。如果收票方取得增值税专用发票尚未认证抵扣，则可以由开票方作废原发票，重新开具增值税专用发票；如果原增值税专用发票已经认证抵扣，则由开票方就合同增加的金额补开增值税专用发票，就减少的金额开具红字增值税专用发票。

3）变更索赔支付需明确要求承包人优先选择一般计税方式，并提供增值税专用发票。

十七、变更和价格调整

47　合同变更

47.1　变更的范围

除专用合同条款另有约定外，在履行合同中发生以下情形之一，应按照本条规定进行变更。

1）取消合同中任何一项工作，但被取消的工作不能转由发包人或其他人实施；

2）改变合同中任何一项工作的性质、质量、标准或其他特性；

3）改变合同工程的基线、标高、位置或尺寸；

4）改变合同中任何一项工作施工时间或改变已批准的施工工艺或顺序；

5）增加或减少合同中任何工作，或追加额外的工作；

6）专用合同条款约定的其他情形；

上述变更不应使合同无效，而对所有由变更造成的影响（如果有的话），除合同另有规定外，应按第47.3款和第47.4款进行估价。

47.2 变更权

在履行合同过程中，经发包人同意，监理人可按第47.3款约定的变更程序向承包人作出变更指示，承包人应遵照执行。没有监理人的变更指示，承包人不得擅自变更。

47.3 变更程序

47.3.1 变更的提出

1）在合同履行过程中，可能发生第47.1款约定情形的，监理人可向承包人发出变更意向书。变更意向书应说明变更的具体内容和发包人对变更的时间要求，并附必要的图纸和相关资料。变更意向书应要求承包人提交包括拟实施变更工作的计划、措施和完工时间等内容的实施方案。发包人同意承包人根据变更意向书要求提交的变更实施方案的，由监理人按第47.3.3项约定发出变更指示。

2）在合同履行过程中，发生第47.1款约定情形的，监理人应按照第47.3.3项约定向承包人发出变更指示。

3）承包人收到监理人按合同约定发出的图纸和文件，经检查认为其中存在第47.1款约定情形的，可向监理人提出书面变更建议。变更建议应阐明要求变更的依据，并附必要的图纸和说明。监理人收到承包人书面建议后，应与发包人共同研究，确认存在变更的，应在收到承包人书面建议后的14天内作出变更指示。经研究后不同意作为变更的，应由监理人书面答复承包人。

4）若承包人收到监理人的变更意向书后认为难以实施此项变更，应立即通知监理人，说明原因并附详细依据。监理人与承包人和发包人协商后确定撤销、改变或不改变原变更意向书。

47.3.2 变更估价

1）除专用合同条款对期限另有约定外，承包人应在收到变更指示或变更意向书后的14天内，向监理人提交六份详细的变更报价书，报价内容应根据第47.4款约定的估价原则，详细开列变更工作的价格组成及其依据，并附上相应的施工组织、图纸、施工措施、进度计划和施工资源（人员、材料、施工设备）等。

2）变更工作影响工期的，承包人应提出调整工期的具体细节。监理人认为有必要时，可要求承包人提交要求提前或延长工期的施工进度计划及相应施工措施等详细资料。

3）除专用合同条款对期限另有约定外，监理人收到承包人变更报价书后的14天内，根据第 47.4 款约定的估价原则，按照第 5.6 款商定或确定变更价格。

47.3.3　变更指示

1）变更指示只能由监理人发出。

2）变更指示应说明变更的目的、范围、变更内容以及变更的工程量及其进度和技术要求，并附有关图纸和文件。承包人收到变更指示后，应按变更指示进行变更工作。

47.4　变更的处理原则

1）上述第 47.1　1）～6）目的变更内容引起的工程施工组织和进度计划发生实质性变动和影响其原定的价格时，才予调整该项目的单价。

2）变更需要延长工期时，应按第 36.2 款和第 39.2 款的规定办理；若变更使合同工作量减少，监理人认为应予提前变更项目的工期时，由监理人和承包人协商确定。

3）除专用合同条款另有约定外，按以下原则确定其单价或合价：

（1）本合同工程量清单中有适用于变更工作的项目时，应采用该项目的单价。

（2）本合同工程量清单中无适用于变更工作的项目时，则可在合理的范围内参考本合同类似项目的单价或合价作为变更估价的基础，由发包人和监理人与承包人协商确定变更后的单价或合价。

（3）本合同工程量清单中无类似项目的单价或合价可供参考，则应由发包人与监理人和承包人协商，根据投标报价的基础价格及取费标准确定新的单价或合价。

4）承包人根据合同工程结构设计和技术要求，为了满足工程质量和进度控制与安全要求，在合同实施过程（含合同的规定）中调整或改变原施工组织设计、施工方法（包括开挖、喷锚、混凝土、基础处理、设备安装与埋设、设备材料加工制作或构件制作等）、施工顺序、工艺流程、施工参数、布置、施工资源（包括施工设备、器具、模板、测量、检测、人力、管理、资料等）等，属于承包人自我完善的施工动态控制与管理的惯例措施，这类调整或改变所需的所有费用已包含在合同价格中，发包人不再另行支付。

5）专用合同条款约定的其他估价原则。

47.5　变更报价书的提交

1）承包人提交变更报价书还应提供下列详细的完整资料：

（1）监理人对变更的技术核定单、变更项目的设计通知单、变更项目的会议纪要、发包人提出变更的文件等。

（2）变更项目部位的设计图纸、工程照片、现场测量资料、工程量核算资料、检测资料。

（3）每天的施工原始记录（或施工日志），劳力、材料、施工设备使用的记录，如有新增加的资源应提供这些资源合法证明或原始发票复印件。

（4）工程量详细计算书。

（5）变更范围的说明、合同变更依据、原因。

（6）监理人要求的其他资料。

如果承包人没有上述完整的资料，监理人就有充分的理由拒收此项变更报价，所产生的后果由承包人承担责任。

2）承包人按合同规定提交的变更报价资料必须完整、真实可靠。经核实，如发现承包人的变更报价资料有意弄虚作假，监理人有权不予办理，由此引起的一切后果由承包人负责。

47.6　变更处理决定

1）监理人应按第47.3.2　3）项约定期限和要求对变更报价书审核后作出变更处理决定，并通知承包人。

2）承包人对监理人作出的变更处理决定持有异议时，可在收到变更处理决定通知指示后7天内通知监理人，超过此时间提出的异议应被认为无效。监理人则应在收到通知后7天内答复承包人。

3）发包人和承包人未能就监理人的变更处理决定取得一致意见，则监理人可暂定他认为合适的价格和需要调整的工期，并将其暂定的变更处理意见通知发包人和承包人，此时承包人应遵照执行。对已实施的变更，监理人可将其暂定的变更费用列入第46.3款规定的月进度付款中。但发包人和承包人均有权在收到监理人变更处理决定后的28天内要求按第53条的规定提请诉讼解决，若在此期限内双方均未提出上述要求，则监理人的变更处理决定即为最终决定。

4）在紧急情况下，监理人向承包人发出的变更指示，可要求立即进行变更工作。承包人收到监理人的变更指示后，应先按指示执行，再按第47.4款的规定向监理人提交变更报价书，监理人则仍应按本款1）、2）、3）项的规定补发变更处理决定通知。

47.8　承包人原因引起的变更

1）若承包人根据工程施工的需要，要求监理人对合同的任一项目和任一项工作作出变更，则应由承包人提交一份详细的变更申请报告送监理人审批。未经监理人批准，承包人不得擅自变更。若承包人要求的变更属合理化建议的性质时，应按第47.9款规定办理，否则由于变更引起的费用增加和（或）工期延误应由承包人承担。

2）由于承包人违约或其他由于承包人原因引起的变更，除按第49条有关规定办理外，由于变更引起的费用增加（或）和工期延误应由承包人承担。

47.9　承包人的合理化建议

1）在履行合同过程中，承包人对发包人提供的图纸、技术要求以及其他方面提出的合理化建议，均应以书面形式提交监理人。合理化建议书的内容应包括建议工作的详细说明、进度计划和效益以及与其他工作的协调等，并附必要的设计文件。监理人应与发包人协商是否采纳建议。建议被采纳并构成变更的，应按第 47.3.3 项约定向承包人发出变更指示。

2）承包人提出的合理化建议降低了合同价格、缩短了工期或者提高了工程经济效益的，除专用合同条款另有约定外，发包人按其建议项目节约的合同价格净值的 ＿＿＿＿ 予以奖励。

47.10　暂列金额

暂列金额只能按照监理人的指示使用，并对合同价格进行相应调整。

47.11　计日工

1）发包人认为有必要时，由监理人通知承包人以计日工方式实施变更的零星工作。

2）采用计日工计价的任何一项变更工作，应从暂列金额中支付，承包人应在该项变更的实施过程中，每天提交以下报表和有关凭证报送监理人审批：

（1）工作名称、内容和数量；

（2）投入该工作所有人员的姓名、工种、级别和耗用工时；

（3）投入该工作的材料类别和数量；

（4）投入该工作的施工设备型号、台数和耗用台时；

（5）监理人要求提交的其他资料和凭证。

3）计日工由承包人汇总后，按第 46.2 款的约定列入进度付款申请单，由监理人复核并经发包人同意后列入进度付款。

47.12　暂估价

1）发包人在工程量清单中给定暂估价的材料、工程设备和专业工程属于依法必须招标的范围并达到规定的规模标准的，由发包人和承包人以招标的方式选择供应商或分包人。发包人和承包人的权利义务关系在专用合同条款中约定。中标金额与工程量清单中所列的暂估价的金额差以及相应的税金等其他费用列入合同价格。

2）发包人在工程量清单中给定暂估价的材料和工程设备不属于依法必须招标的范围或未达到规定的规模标准的，应由承包人按第 18.2 款的约定提供。经监理人确认的材料、工程设备的价格与工程量清单中所列的暂估价的金额差以及相应的税金等其他费用列入合同价格。

3）发包人在工程量清单中给定暂估价的专业工程不属于依法必须招标的范围或未达到规定的规模标准的，由监理人按照第 47.3 款和第 47.4 款进行估价，但专用合同条款另有约定的除外。经估价的专业工程与工程量清单中所列的暂估价的金额差以及相应的税金等其他费用列入合同价格。

48　价格调整

48.1　不计物价波动影响的项目

除专用合同条款另有约定外，本合同不计物价波动影响的影响的项目包括：

1）工程量清单"备注"栏内标明"固定总价承包"的项目。

2）合同实施过程中发生的索赔、赶工补偿和奖励等费用项目。

3）合同实施期间发包人供应的材料以定价供应，材料费不参与价格调整。

48.2　受物价波动影响的项目

工程量清单中采用单价承包的项目，除专用合同条款另有约定外，在本合同中视为受物价波动影响的项目，在合同期内仅对人工费（含机上人工）、承包人提供的材料（包括汽油、柴油等）、承包人自带的施工机械使用费（仅指折旧费和修理费）和其他费用（包括其他直接费和间接费）进行价格调整。

48.3　其他要求调价的因素

除专用合同条款另有约定外，其余各种因素的影响均不调整合同价格。

48.4　工期延误后的价格调整

若合同工期被延误，只对第 48.2 款规定的项目进行价格调整。

1）延误工期是发包人的责任造成，按实际工程进度的日期的价格调整指数调整。

2）延误工期是承包人的责任造成，按合同规定工程进度的日期的价格调整指数调整。

3）延误工期是发包人与承包人的共同责任造成的，按双方协商确定补偿工期日期的价格调整指数调整。

48.5　权重的调整

权重按承包人所报的值并经发包人确定的权重计算。除专用合同条款另有约定外，在合同实施过程中，本合同中规定的价格调整（即价差）结算公式和权重不进行调整。

48.6　价格调整办法

1）调价基期为投标截止当月，投标当年价格不进行调整

2）价格调整即价差结算每年进行一次，价格指数的确定和价差结算，按照《中国长江三峡集团有限公司水电工程建设价差管理办法（试行）》执行，按下述价差结算公式计算，在次年向承包人办理价差结算，价差结算不计息。

除专用合同条款另有约定外，价差结算公式：

$$Q＝\Sigma P（AKa＋BKb＋CKc＋DKd）*（1＋Ce）$$

式中：Q——价差调整额（单位：元）

P——价格调整年内，按 46.2 款、46.7 款和 46.9 款规定范围内发包人支付给承

包人的分类工程合同价款，不包括预付款及扣回预付款，不包括扣保留金和返回保留金，也不包括其他不进行价差结算的合同价款（单位：元）。

A——人工费权重，各类工程项目人工费权重按本款 4）项的规定。

B——材料费权重，材料指发包人提供材料以外的材料，各类工程项目材料费权重按本款 4）项的规定。

C——机械使用费（指承包人施工设备折旧费和修理费）权重，各类工程项目机械使用费权重按本款 4）项的规定。

D——其他费用（指其他直接费和间接费）权重，各类工程项目其他费用权重按本款 4）项的规定。

Ce——合同税率。

Ka——人工费价格调整指数。

Kb——材料费价格调整指数。

Kc——机械使用费价格调整指数。

Kd——其他费用价格调整指数。

Ka、Kb、Kc、Kd 在专用合同条款中明确。

3）发包人提供的材料由发包人承担价格风险。

4）各类工程的调价因子的权重应按专用合同条款权重范围表计算，并经发包人确定。

十八、违约和索赔

49 承包人违约

49.1 承包人违约的情形

在履行合同过程中发生的下列情况属承包人违约：

1）承包人无正当理由未按开工通知规定的开工日期及时进场组织施工和未按中标承诺的进度计划和实施中年度施工组织设计与进度计划有效地开展施工准备，造成工期延误。

2）承包人违反第 12 条规定私自将合同或合同的任何部分或任何权利转让给其他人，或私自将工程或工程的一部分分包出去。

3）未经监理人批准，承包人私自将已按合同规定进入工地的施工设备、临时工程或材料撤离工地。

4）承包人违反第 32.1 款的规定使用不合格的材料和（或）工程设备，或拒绝按第 32.2 款的规定清除不合格的工程、材料和工程设备。

5）承包人因其自身原因未能按合同进度计划及时完成合同约定的工程或部分工程，已造成或预期造成工期延误。

6）承包人违反有关质量控制和安全规定以及发包人和监理人的指令，造成施工质量不合格或重大质量事故或安全事故，且补救后留有缺陷；或由于上述违约给工程造成损害。

7）承包人未按合同规定使用工程价款（包括工程预付款），影响工程正常施工。

8）承包人在缺陷责任期内未按第 44 条的规定和工程移交证书中所列的缺陷清单内容进行修复，或经监理人检验认为修复质量不合格而承包人拒绝再进行修补。

9）违反安全指令和质量控制规定、未有效履行本合同安全的义务和责任。

10）因承包人的失误包括施工组织、能力与投标报价估计不足、技术、工艺方法、方案、施工机械设备配套与布置、雇员素质与技能、现场项目施工管理、合同工程资金使用等未能满足合同规定和工程要求或推卸合同责任。

11）承包人未按渣场规划弃渣。

12）未有效配合施工期永久监测项目的实施。未有效实施施工期临时监测项目，或未按时向监理人提供监测数据。

13）承包人否认合同有效或拒绝履行合同规定的承包人职责，或由于承包人法律、财务等原因导致承包人无法继续履行或实质上停止履行本合同的职责。

14）承包人不按合同约定履行义务的其他情况。

49.2　承包人违约责任

1）承包人发生第 49.1　13）目约定的违约情况时，发包人可通知承包人立即解除合同，并按有关法律处理。

2）承包人发生第 49.1　13）目约定以外的其他违约情况时，监理人应及时向承包人发出整改通知，限令其在收到书面警告后的 28 天内予以改正。承包人应承担其违约所引起的费用增加和（或）工期延误。

3）承包人应立即采取有效措施按合同规定认真改正，并尽可能挽回由于违约造成的工期延误和损失，并将改正的详细措施书面报告提交监理人。承包人还应在上述时限内向监理人提交一份供监理人核查其改正结果的执行报告，并抄送发包人。由于承包人采取改正措施引起的费用增加应由承包人自行承担，由于承包人违约引起的工期延误应由承包人按本合同条款第 39.3 款规定缴纳逾期完工违约金。

4）经检查证明承包人已采取了有效措施纠正违约行为，具备复工条件的，可由监理人签发复工通知复工。

5）专用合同条款约定的其他违约责任情形，专用合同条款约定的违约金由发包人直接从承包人的合同结算款中扣出，如果结算款不足罚款则从质量保留金和履约保函中抵扣，违约金支付不影响承包人正常应履行合同义务和责任。

49.3 承包人违约解除合同

监理人发出整改通知 28 天后，承包人仍不纠正违约行为的，发包人可向承包人发出解除合同通知。合同解除后，发包人可派员进驻施工场地，另行组织人员或委托其他承包人施工。发包人因继续完成该工程的需要，有权扣留使用承包人在现场的材料、设备和临时设施。但发包人的这一行动不免除承包人应承担的违约责任，也不影响发包人根据合同约定享有的索赔权利。

49.4 合同解除后的估价、付款和结清

1）合同解除后，监理人按第 5.6 款商定或确定承包人实际完成工作的价值，以及承包人已提供的材料、施工设备、工程设备和临时工程等的价值。

2）合同解除后，发包人应暂停对承包人的一切付款，查清以下各项付款和已扣款金额，包括承包人应支付的违约金。

（1）承包人按合同规定已完成的各项工作应得的金额和其他应得的金额。

（2）承包人已获得发包人的各项付款金额。

（3）承包人按合同规定应交纳的逾期完工违约金和其他应付金额。

（4）由于解除合同，承包人应合理赔偿发包人损失的金额。

3）合同解除后，发包人应按第 52.5 款的约定向承包人索赔由于解除合同给发包人造成的损失。

4）合同双方确认上述往来款项后，出具最终结清付款证书，结清全部合同款项。监理人出具上述付款证书前，发包人可不再向承包人支付合同规定的任何金额，若承包人已得到的付款金额超过了监理人签证的支付金额，则承包人应将超出部分付还给发包人。此项款额应视为承包人应偿还发包人的债务。

5）发包人和承包人未能就解除合同后的结清达成一致而形成争议的，按第 53 条的约定办理。

49.5 协议利益的转让

若因承包人违约终止合同，发包人为保证工程延续施工，有权要求承包人将其为实施本合同而签订的任何材料和设备的提供或任何服务的协议和利益转让给发包人。发包人在终止合同后的 14 天内通过法律程序办理这种转让。

49.6 紧急情况下无能力或不愿进行抢救

在工程实施期间或缺陷责任期内发生危及工程安全的事件，监理人通知承包人进行抢救，承包人声明无能力或不愿立即执行的，发包人有权雇佣其他人员进行抢救。此类抢救按合同约定属于承包人义务的，由此发生的金额和（或）工期延误由承包人承担。与之有关的费用和利润应在发包人支付给承包人的金额中扣除，监理人应与发

包人协商后将作出的决定通知承包人。

50 发包人违约

50.1 发包人违约的情形

在履行合同过程中发生的下列情形，属发包人违约：

1）发包人未能按合同规定的内容和时间提供施工用地、测量基准和应由发包人负责的部分准备工程等承包人施工所需的条件。

2）监理人未能按合同规定的时限向承包人提供应由监理人负责的施工图纸。

3）发包人未能按合同规定的时间支付各项预付款或合同价款，或拒绝批准任何支付凭证，导致付款延误。

4）发包人无法继续履行或明确表示不履行或实质上已停止履行合同的。

5）发包人不履行合同约定其他义务的。

50.2 承包人有权暂停施工

发包人发生除第 50.1 4）目以外的违约情况时，承包人可向发包人发出通知，要求发包人采取有效措施纠正违约行为。发包人收到承包人通知后的 28 天内仍不履行合同义务，承包人有权暂停施工，并通知监理人，发包人应承担由此增加的费用和（或）工期延误，并支付承包人合理利润。

50.3 发包人违约解除合同

1）发生第 50.1 4）项的违约情况时，承包人可书面通知发包人解除合同。

2）承包人按第 50.2 款暂停施工 28 天后，发包人仍不纠正违约行为的，承包人可向发包人发出解除合同通知。但承包人的这一行动不免除发包人承担的违约责任，也不影响承包人根据合同约定享有的索赔权利。

50.4 合同解除后的付款

因发包人违约解除合同的，发包人应在解除合同后 28 天内向承包人支付下列金额，承包人应在此期限内及时向发包人提交要求支付下列金额的有关资料和凭证：

1）合同解除日以前所完成工作的价款；

2）承包人为该工程施工订购并已付款的材料、工程设备和其他物品的金额。发包人付款后，该材料、工程设备和其他物品归发包人所有；

3）承包人为完成工程所发生的，而发包人未支付的金额；

4）承包人撤离施工场地以及遣散承包人人员的金额；

5）由于解除合同应赔偿的承包人损失；

6）按合同约定在合同解除日前应支付给承包人的其他金额。

发包人应按本项约定支付上述金额并退还质量保证金和履约担保，但有权要求承包人支付应偿还给发包人的各项金额。

50.5　解除合同后的承包人撤离

因发包人违约而解除合同后，承包人应妥善做好已完工工程和已购材料、设备的保护和移交工作，按发包人要求将承包人设备和人员撤出施工场地。承包人撤出施工场地应遵守第 43.9 款的约定，发包人应为承包人撤出提供必要条件。

51　第三人造成的违约

在履行合同过程中，一方当事人因第三人的原因造成违约的，应当向对方当事人承担违约责任。一方当事人和第三人之间的纠纷，依照法律规定或者按照约定解决。

52　索赔

52.1　承包人索赔的提出

根据合同约定，承包人认为有权得到追加付款和（或）延长工期的，应按以下程序向发包人提出索赔：

1）承包人应在知道或应当知道索赔事件发生后 28 天内，向监理人递交索赔意向通知书，并说明发生索赔事件的事由。承包人未在前述 28 天内发出索赔意向通知书的，丧失要求追加付款和（或）延长工期的权利；

2）承包人应在发出索赔意向通知书后 28 天内，向监理人正式递交索赔通知书。索赔通知书应详细说明索赔理由以及要求追加的付款金额和（或）延长的工期，并附必要的记录和证明材料；

3）索赔事件具有连续影响的，承包人应按合理时间间隔继续递交延续索赔通知，说明连续影响的实际情况和记录，列出累计的追加付款金额和（或）工期延长天数；

4）在索赔事件影响结束后的 28 天内，承包人应向监埋人递交最终索赔通知书，说明最终要求索赔的追加付款金额和（或）延长的工期，并附必要的记录和证明材料。

52.2　承包人索赔处理程序

1）监埋人收到承包人提交的索赔通知书后，应及时审查索赔通知书的内容、查验承包人的记录和证明材料，必要时监理人可要求承包人提交全部原始记录副本。

2）监理人应按第 5.6 款商定或确定追加的付款和（或）延长的工期，并在收到上述索赔通知书或有关索赔的进一步证明材料后的 42 天内，将索赔处理结果答复承包人。

3）承包人接受索赔处理结果的，发包人应在作出索赔处理结果答复后 28 天内完成赔付。承包人不接受索赔处理结果的，按合同条款第 53 条的约定办理。

52.3　承包人提出索赔的期限

1）承包人按第 46.6 款和第 46.7 款的约定接受了完工付款证书后，应被认为已无权再提出在合同工程移交证书颁发前所发生的任何索赔。

2）承包人按第 46.8 款和第 46.9 款的约定提交的最终结清申请单中，只限于提出工程移交证书颁发后发生的索赔。提出索赔的期限自接受最终结清证书时终止。

52.4　人员设备窝工闲置费用和计算标准

根据上述条款规定所产生的索赔补偿所导致的人员设备窝工闲置费用补偿，除专用合同条款另有约定外，按以下规定计算索赔补偿费用：

1）补偿的费用由人员窝工费、机械停置费和管理费构成。

2）补偿费用计算标准

（1）人员窝工费补偿标准按_____元/人·天补偿

窝工人员数量包括生产（含机上）和管理人员。

（2）机械停置费补偿标准，按停置机械每昼夜一个停置台班考虑，机械停置费按下列公式计算：

机械停置费＝（折旧费＋修理费×35％）×50％＋车船使用税（如发生时）

（3）管理费：管理费按人员窝工费的14％计取。

补偿费用计算中的窝工人员数和停置机械等实物数量，监理人和发包人应根据翔实记录和有关证明材料，按合同条款的有关规定认真核实。

52.5　人员设备窝工闲置费用和计算标准

1）发生索赔事件后，监理人应及时书面通知承包人，详细说明发包人有权得到的索赔金额和（或）延长缺陷责任期的细节和依据。发包人提出索赔的期限和要求与第51.4 款的约定相同，延长缺陷责任期的通知应在缺陷责任期届满前发出。

2）监理人按第 5.6 款商定或确定发包人从承包人处得到赔付的金额和（或）缺陷责任期的延长期。承包人应付给发包人的金额可从拟支付给承包人的合同价款中扣除，或由承包人以其他方式支付给发包人。

3）承包人对监理人按第 52.5　1）项发出的索赔书面通知内容持异议时，应在收到书面通知后的 1 天内，将持有异议的书面报告及其证明材料提交监理人。监理人应在收到承包人书面报告后的 14 天内，将索赔处理意见通知承包人，并按第 52.5　2）项的约定执行赔付。若承包人不接受监理人的索赔处理意见，按本合同第 53 条的约定办理。

52.6　发包人的索赔

1）发生索赔事件后，监理人应及时书面通知承包人，详细说明发包人有权得到的索赔金额和（或）延长缺陷责任期的细节和依据。发包人提出索赔的期限和要求与第52.3 款的约定相同，延长缺陷责任期的通知应在缺陷责任期届满前发出。

2）监理人按第 5.6 款商定或确定发包人从承包人处得到赔付的金额和（或）缺陷责任期的延长期。承包人应付给发包人的金额可从拟支付给承包人的合同价款中扣除，或由承包人以其他方式支付给发包人。

十九、争议的解决

53 争议的解决

合同双方在履行合同中发生争议的，友好协商解决。协商不成的，诉讼解决。

二十、风险和保险

54 发包人的风险和保险

54.1 发包人的风险

发包人的风险包括：

1）属发包人责任的第三者责任风险。

2）因非承包人工程设计不当或非承包人责任而造成永久工程的损失或破坏。

3）由于发包人责任造成工程设备的损失和损坏。

4）工程本身的风险。

54.2 发包人的保险

发包人的风险由发包人负责投保，建筑安装工程保险、发包人责任的第三者责任险、雇主责任险由发包人负责办理保险。

54.3 风险的补救

由于发包人风险造成的损失或破坏，如果要求由承包人补救这些损失或破坏，则应增加合同价，并延长工期；如果承包人无能力或不能立即进行此项工作时，发包人可雇用其他人员从事此项工作，并支付有关费用。对因综合风险造成的损失或破坏，这种增加款项的决定应考虑承包人和发包人应分别承担的责任比例。

55 承包人的风险和保险

55.1 承包人的风险

承包人的风险包括：

1）承包人所雇用的在工地从事与工程有关工作的职员、工人、民工以及其他雇员的人身伤亡。

2）由于承包人责任造成的工程损失或破坏，以及因施工和处理缺陷而对工程以外的其他人员和财产造成的损失或破坏，包括全部赔偿费、诉讼费和其他开支。

3）承包人自带的施工机械、器具或其雇用人员自有财产发生的损失。

4）由承包人负责保管和使用的材料、设备（含发包人提供的施工设备）因保管不善、使用不当造成的损失或破坏。

5）属承包人责任的第三者责任风险。

6）承包人提供的设备、材料的涨价风险。

7）所采购和供应设备、材料的运输险。

8）承包人的财务风险。

9）承包人负责的设计、标准、规模、规格、数量、价格、经营管理等风险。

55.2 承包人的保险

1）承包人的风险由承包人负责办理保险，除合同另有规定外，所需费用包括在合同价内。

2）承包人雇用的在工地从事与工程有关工作的职员、工人、民工及其他雇员的人身伤害和死亡责任险，由发包人统一代为投保雇主责任险（最高赔偿限额和保险条款在专用合同条款中约定），所需投保费用由发包人承担，不包括在合同价格中，但其所有责任仍由承包人负责，并应协助发包人办理投保、报案和理赔工作。超过最高赔偿限额由承包人自行投保。

3）承包人必须为自带施工机械、器具投保财产险。

4）承包人采购的材料及设备应自行投保运输险。

56 共同的风险和责任

56.1 共同的风险和责任

由发包人和承包人共同责任造成的人员伤亡或财产物资的损失、损坏或破坏以及与之有关的赔偿费、诉讼费或其他费用，应根据事故调查报告结论和双方各自购买的保险以及本合同的条款协商解决。

56.2 不可抗力

按合同条款第 57 条规定执行。

56.3 工程理赔

当承包人所承包的工程风险发生后，承包人应在 24 小时之内向监理人和发包人报告，并采取有效措施避免事态扩大，如在 24 小时内不报告，则由承包人承担由此引起的一切损失或后果。承包人应配合发包人共同向保险公司办理理赔事宜。

工程一切险范围内，一次损失额在保险合同免赔额以下不属于承包人责任的风险损失，由发包人给以适当补偿；属承包人责任的由承包人自行承担。

本合同实施期间，承包人必须遵守发包人关于主体工程保险实施细则。

56.4 风险责任的转移

工程通过合同工程完工验收并移交给发包人后，原由承包人应承担的风险责任，以及保险的责任、权利和义务同时转移给发包人，但承包人在缺陷责任期前造成损失和损坏情形除外。

57 不可抗力

57.1 不可抗力的确认

1）不可抗力是指承包人和发包人在订立合同时不可预见，在工程施工过程中不可避免发生并不能克服的自然灾害和社会性突发事件，如地震、海啸、瘟疫、水灾、骚乱、暴动、战争和专用合同条款约定的其他情形。

2）不可抗力发生后，发包人和承包人应及时认真统计所造成的损失，收集不可抗力造成损失的证据。合同双方对是否属于不可抗力或其损失的意见不一致的，由监理人按第5.6款商定或确定。发生争议时，按合同条款第53条的约定办理。

57.2 不可抗力的通知

1）合同一方当事人遇到不可抗力事件，使其履行合同义务受到阻碍时，应立即通知合同另一方当事人和监理人，书面说明不可抗力和受阻碍的详细情况，并提供必要的证明。

2）如不可抗力持续发生，合同一方当事人应及时向合同另一方当事人和监理人提交中间报告，说明不可抗力和履行合同受阻的情况，并于不可抗力事件结束后28天内提交最终报告及有关资料。

57.3 不可抗力后果及其处理

1）不可抗力造成损害的责任

除专用合同条款另有约定外，不可抗力导致的人员伤亡、财产损失、费用增加和（或）工期延误等后果，由合同双方按以下原则承担：

（1）永久工程，包括已运至施工场地的材料和工程设备的损害，以及因工程损害造成的第三者人员伤亡和财产损失由发包人承担；

（2）承包人设备的损坏由承包人承担；

（3）发包人和承包人各自承担其人员伤亡和其他财产损失及其相关费用；

（4）承包人的停工损失由承包人承担，但停工期间应监理人要求照管工程和清理、修复工程的金额由发包人承担；

（5）不能按期完工的，应合理延长工期，承包人不需支付逾期完工违约金。发包人要求赶工的，承包人应采取赶工措施，赶工费用由发包人承担。

2）延迟履行期间发生的不可抗力

合同一方当事人延迟履行，在延迟履行期间发生不可抗力的，不免除其责任。

3）避免和减少不可抗力损失

不可抗力发生后，发包人和承包人均应采取措施尽量避免和减少损失的扩大，任何一方没有采取有效措施导致损失扩大的，应对扩大的损失承担责任。

4）因不可抗力解除合同

合同一方当事人因不可抗力不能履行合同的，应当及时通知对方解除合同。合同解除后，承包人应按照第50.5款约定撤离施工场地。已经订货的材料、设备由订货方负责退货或解除订货合同，不能退还的货款和因退货、解除订货合同发生的费用，由发包人承担，因未及时退货造成的损失由责任方承担。合同解除后的付款，参照第50.4款约定，由监理人按第5.6款商定或确定。

58 意外风险终止合同

在合同签订后，如果发生了合同双方都无法控制的意外情况，使双方中的一方受阻而不能履行其合同责任，或者成为不合法时，双方都毋需进一步履行合同。此时，发包人支付给承包人的已完工程的款额由双方另行协商。

二十一、其他

59 税费

承包人应按有关法律、法规的规定计取、缴纳税费，承包人应缴纳的税费均包括在合同价格中。

60 知识产权和专利技术

1）承包人应保障发包人免于承担工程所用的或与工程有关的任何材料、承包人设备或工程设备方面因侵犯专利权、设计商标或名称或其他受保护的权利而引起的一切索赔和诉讼，并应保障发包人免于承担由此导致或与此有关的一切损害赔偿费、诉讼费和其他有关费用。但如果此类侵犯是由于遵守监理人提供的设计或合同技术标准和要求引起者除外。

2）发包人要求采用的专利技术，由发包人办理有关的合法使用权手续，承包人则应按发包人的规定在本合同范围内使用，并承担使用专利技术的一切试验工作。申报专利技术和有关试验所需的费用由发包人承担。

3）承包人应保证不将发包人和监理人提供的合同工程设计和技术资料（图纸、文件、材料配方、工艺技术等）用于其他工程或提供给第三方。承包人的技术秘密和声明需要保密的资料和信息，发包人和监理人不得为合同以外的目的泄露给他人。

4）承包人在投标文件中采用专利技术的，专利技术的使用费含在投标报价内。

5）合同实施过程中，发包人要求承包人采用专利技术的，应办理相应的申办和使用手续，承包人应按发包人约定的条件使用，并承担使用专利的一切试验工作。使用专利所需的费用由发包人承担。

61　计算机信息管理和数字化管理

61.1　计算机信息管理和数字化管理的内容和基本要求

承包人应运用计算机技术对合同项目进行科学管理，全面提高合同工程施工管理水平。发包人开发了＿＿＿＿＿＿＿＿＿＿＿（工程管理信息系统（＿＿＿PMS)、计量签证系统、物资核销系统、施工人员信息系统，但不限于）等计算机管理系统，承包人是该系统最基础的信息源之一，承包人应配置和运用该系统进行项目施工管理，包括进度、质量、安全、资源、合同、合同结算、文档等管理系统。

承包人的计算机系统规划、配置和人员培训与技术指导等工作，由发包人批准或指定的分包人按合同规定项目费用提供服务，承包人必须配备计量录入及材料核销专职人员，以正确运用发包人在本工程运行的各类工程管理信息系统。

1）施工进度计划

承包人在工程承包合同中必须附上通过＿＿＿＿（P3、BIM 进度计划编制软件，但不限于）编制的（概要）施工总进度计划，在施工期间，承包人应使用名为＿＿＿＿（P3、BIM 进度计划编制软件，但不限于）的工程计划进度管理软件，编制的内容应符合技术标准和要求的有关规定。

在提交进度计划的同时，还应提交预计需求的劳动力计划表且附有工程实施计划的详细的描述，并应与合同文件相一致。该计划必须根据承包人合同中向发包人承诺的进度目标和监理人提出并经发包人统一协调后下发的项目管理纲要的要求，并报监理人和发包人批准后存入＿＿＿＿（P3、BIM 进度计划编制软件，但不限于）。施工期间承包人应以＿＿＿＿（P3、BIM 进度计划编制软件，但不限于）产生的进度计划为指导组织施工，定期（周、月）向＿＿＿＿（P3、BIM 进度计划编制软件，但不限于）录入施工实际进度信息，并将实际进度信息上报监理人核实。当计划与进度脱节时，必须运用＿＿＿＿（P3、BIM 进度计划编制软件，但不限于）软件，会同发包人、监理人等有关各方制定赶工计划，并将其反馈到原计划上去。计算机输出的结果将作为发包人、承包人、监理人与设计人"四方协调会议"讨论的基础。承包人的分包人的相应计划与控制手段由承包人自己负责。

2）实施进度报告

承包人按监理人指示提供月报、周报，在每个月底以前按已批准的格式填报周、月进度报告，相应资料应及时录入＿＿＿＿PMS，该报告至少应记载以下内容：

（1）按照合同报价单项目填报的计划以及日进度。

（2）现场施工的实际工程量进展情况（其中重点项目反映到日、周进展情况）。

（3）现场施工的形象进度。

（4）记载对施工进度产生不利影响的情况，以及为减轻这种不利状况并重新达到预期进度所采取的措施。

（5）包括雇员所用设施在内的现场实施和运行状况。

（6）承包人设备和工程设备的到货以及将来的到货计划。

（7）承包人关键施工设备的状况，包括配置、数量、运行、维护、性能等。

（8）合同期内对于钢筋、水泥、油料、炸药等主要材料计划和用量情况。

（9）施工现场各类雇员的数量和以后三个月的人员数。

（10）意外情况，如质量缺陷、人身事故及停工等记录。

（11）记载承包人拟要求进行的工程技术措施和管理决定等事项。

（12）坝址处的水文气象记录。

（13）应按监理人要求报告的其他情况等。

3）施工质量报告

承包人应迅速在＿＿PMS 系统中报告合同项目各施工单元的施工质量情况。

（1）日、周施工质量记录报告。

（2）当前施工质量问题、缺陷和处理措施、处理结果情况报告。

（3）合同项目单元工程分解。

（4）单元工程、工序的质量评定及验收。

（5）材料检验情况与结果。

（6）其他施工质量统计资料。

4）施工安全

承包人应按照有关规定提供安全培训、安全检查、安全措施、安全会议及安全事故方面的信息。报告的内容应符合监理人的要求和安全管理办法规定的有关内容。

5）合同价格与单价分析表

承包人应将合同价格，包括工程量清单、单价分析表和其他辅助资料（包括合同变更的单价分析资料）录入＿＿PMS。

6）合同变更、补偿

承包人应按有关规定将相关合同变更、补偿、奖励、价差等信息录入＿＿PMS。合同期中当前变更、补偿项目的情况，包括原因、范围、内容、实物量、价格计算分析、措施等，及时录入在＿＿PMS 中报告并汇总。

7）合同结算报表

承包人应按发包人有关规定将结算报表的信息录入＿＿PMS。

8）合同文档

承包人应按照监理人和发包人有关档案管理要求及时做好合同文件的归档，并通过____PMS 录入相关信息。

9）本款规定承包人应提供在线状况的____PMS 系统信的报告，应做到正确、完整、及时，但并不替代承包人按本合同规定应提交书面文件的责任及其有效性。

10）承包人应按照监理人和发包人的有关要求把工程量计算书及单元工程计量签证数据录入____PMS。

11）承包人有义务按发包人或监理人的要求，在____PMS 中录入其他的工程信息数据。

61.2　计算机网络

承包人办公场所应具备互联网条件，发包人将免费提供 VPN 等方式登录_____PMS 系统。

61.3　计算机硬件

承包人应配置满足____PMS 运行要求的计算机和工作站来支持日常的合同项目施工管理工作。

61.4　计算机软件

_____PMS 运行在_____（Windows2000、WindowsXP 或 NT4 等，但不限于）操作系统上，这部分软件由承包人自己负责。

61.5　人员配备及培训

承包人应配备一定数量的专门人员负责支持和维护发包人在本工程应用_____各类工程管理系统，并报发包人备案。系统操作人员须参加各类工程管理系统的培训，经考核合格后方能正式操作系统，系统培训由发包人免费提供。

61.6　信息内容、格式及信息传递要求

承包人应及时准确地按发包人和监理人所要求的时限、内容和格式将相关工程信息录入并传递给发包人和监理人。承包人如未能按规定将信息录入或传递给发包人，可以成为发包人缓付或停付工程进度款的理由。

61.7　信息安全

_____（工程管理信息系统（____PMS）、计量签证系统、物资核销系统、施工人员信息系统，但不限于）采用授权用户及密码验证以保证合法用户使用。承包人在使用_____（工程管理信息系统（____PMS）、计量签证系统、物资核销系统、施工人员信息系统，但不限于）的过程中，应采取必要的措施，以确保信息的完整、准确和安全。_____（工程管理信息系统（____PMS）、计量签证系统、物资核销系统、施工人员信息系统，但不限于）中的信息资源所有权属于发包人，在施

工承包过程中，承包人可以访问使用与所承包合同相关的信息。

62 合同生效和终止

62.1 合同生效

除合同另有规定外，发包人和承包人的法定代表人或其委托代理人在合同协议书上签字并盖单位章后生效。

62.2 合同终止

1）合同自然终止

若承包人已将合同工程全部移交发包人，且保修期满，监理人已颁发缺陷责任证书，合同双方均未遗留按合同规定应履行的职责时，合同自然终止。

2）意外风险终止合同

按合同条款第 60 条规定执行。

63 项目管理文件

承包人在合同实施过程中，应遵守在发包人制定的工程管理文件（在合同专用条款中明确），并按建设管理需要，及时提供所有的报告、资料、影像的纸质及电子资料。

64 审计

承包人应尊重并认可发包人委托的有资质的造价审计机构审核意见，并根据审核结果及时办理竣工结算及资料移交工作，最终合同结算金额以发包人委托的有资质的造价审计机构审核意见为准。

65 档案

承包人应在合同签订后 15 天内，将档案责任领导和档案管理人员名单报发包人备案；45 天内将本合同项目的归档范围报发包人备案。发包人应在合同签订后 30 天内，向承包人进行档案技术交底和培训，明确沟通方式和渠道。承包人在履行合同过程中向发包人报送文件时，应同步报送相应的电子文件。承包人应按发包人制定的水电站工程文件归档范围要求进行文件收集和积累。承包人应按发包人制定的水电站合同项目文件归档整理规范要求进行归档文件整理。承包人应按发包人制定的水电站文档管理规定要求的时间和套数将合同项目文件向发包人档案管理机构归档移交，并同步移交电子文档。承包人在交面或工程移交时，应同步向接收单位和运行管理单位移交相关工程档案。如果承包人未按规定向发包人进行档案移交，则发包人有权延迟或不予支付合同完工结算款和质保金。

第二节 专用合同条款

一、定义、联络和文件

1 定义

1.1 有关合同双方和监理人的词语

1）发包人：_____

2）承包人：_____

4）分包人：_____

5）设计人：_____

6）监理人：_____

5 监理人和监理人员

5.1 监理人的职责和权力

（6）监理人在行使下述合同赋予的权力前，应得到发包人批准的其他情形：_____

四、发包人的义务和责任

7 发包人的义务和责任

7.6 提供部分施工准备工程与临时设施

本合同由发包人向承包人提供的以下设施及计费标准如下：

1）施工供水设施、接口以及计费标准：_____；

2）施工供电设施、接口以及计费标准：_____，

3）施工营地、生活营地及计费标准：_____。

五、承包人的义务和责任

9 承包人的义务和责任

9.26 其他

承包人应承担义务和责任：_____。

九、安全、环境和文明施工

17 为其他人提供方便

17.3 供其他承包人使用的设施

6）供其他承包人使用的设施其他情形以及计费方式：＿＿＿＿＿＿＿＿＿＿＿＿＿＿。

十、材料

18 材料供应

18.1 发包人提供的材料

1）发包人负责提供的材料的名称、规格、数量、价格、交货方式、供货地点和计划交货日期等见合同附件七"发包人提供的材料和工程设备一览表"。

发包人提供材料供货方式、供货地点以及计价方式等事项进一步说明：＿＿＿＿＿＿＿

＿＿。

十一、施工设备

22 发包人提供的施工设备

发包人提供的施工设备：＿＿＿＿＿＿＿＿＿＿＿＿＿＿＿＿＿＿＿＿＿＿＿＿＿＿。

发包人提供的施工设备的使用管理以及费用承担方式：＿＿＿＿＿＿＿＿＿＿＿＿＿＿。

十二、永久设备

24 永久设备供应

24.1 发包人提供的永久设备

1）发包人负责提供永久设备的名称、规格、数量、价格、交货方式、交货地点和计划交货日期等见合同附件七"发包人提供的材料和工程设备一览表"。

发包人提供的永久设备供应方式、供货地点以及计价方式等事项进一步说明：＿＿＿

＿＿。

十三、质量和检验

35 不利物质条件

35.1 不利物质条件

1）不利物质条件的范围：_____。

十四、工程进度

36 进度计划

36.5 合同工程进度主要控制工期

本合同的全部工程、单位工程和部分工程的要求完工日期规定如下表：

要求完工日期表

序号	工程项目	完工或移交日期	备注

37 工程开工

38 暂停施工

38.1 承包人暂停施工的责任

6）承包人承担暂停施工责任的其他情形：_____。

39 工期延误

39.3 承包人的工期延误

逾期完工违约金的计算方法：_____。

逾期完工违约金最高限额：_____。

39.4 异常恶劣的气候条件

1）本合同工程界定异常恶劣气候的范围：

（1）日降雨量大于____mm的雨日超过____天；

（2）风速大于____m/s的____级以上台风灾害；

（3）日气温超过____℃的高温大于____天；

（4）日气温低于＿＿℃的严寒大于＿＿天；

（5）造成工程损害的冰雹和大雪灾害：＿＿＿；

（6）其他异常恶劣气候灾害。

43.7　施工期运行

1）需要施工期运行单位工程或工程设备：＿＿＿＿＿＿＿＿＿＿＿＿＿＿＿。

43.8　试运行

试运行的组织及费用承担：＿＿＿＿＿＿＿＿＿＿＿＿＿＿＿＿＿＿＿＿＿。

十五、完工和缺陷责任

44　缺陷责任和保修责任

44.1　缺陷责任期

缺陷责任期期限：＿＿＿＿＿＿＿＿＿＿＿＿＿＿＿＿＿＿＿＿＿＿＿＿＿。

44.14　保修责任

工程质量保修范围、期限和责任：＿＿＿＿＿＿＿＿＿＿＿＿＿＿＿＿＿＿＿。

十六、计量与支付

46　凭证和支付

46.1　工程预付款及支付

1）预付款额度和预付办法：＿＿＿＿＿＿＿＿＿＿＿＿＿＿＿＿＿＿＿＿。

2）预付款保函的提交时间：＿＿＿＿＿＿＿＿＿＿＿＿＿＿＿＿＿＿＿。

3）预付款的支付与抵扣：＿＿＿＿＿＿＿＿＿＿＿＿＿＿＿＿＿＿＿＿。

46.5　质量保证金

1）质量保证金的金额或比例：＿＿＿＿＿＿＿＿＿＿＿＿＿＿＿＿＿＿；

质量保证金的扣留采取以下第＿＿＿＿种方式：

（1）工程竣工结算时一次性扣留质量保证金（若实际支付的工程款金额低于质量保证金金额，承包人应补交差额），同时退还履约保函；

（2）工程竣工结算时，由承包人提供质量保证金保函，同时退还履约保函；

（3）延长履约保证金/履约保函有效期方式，将履约保证金/履约保函时间覆盖缺陷责任期；

（4）其他扣留方式：＿＿＿＿＿＿＿＿＿＿＿＿＿＿＿＿＿＿＿＿＿＿。

关于质量保证金的补充约定：＿＿＿＿＿＿＿＿＿＿＿＿＿＿＿＿＿＿＿＿

。

46.10　增值税专用发票

1）纳税人信息：

单位名称：_____；

纳税人识别号：_____；

地址：_____；

电话：_____；

开户行名称：_____；

账户：_____。

2）承包人应按照结算款项金额向发包人提供符合税务规定的增值税专用发票，发包人在收到承包人提供的合格增值税专用发票后支付款项。

3）承包人应确保增值税专用发票真实、规范、合法，如承包人虚开或提供不合格的增值税专用发票，造成发包人经济损失的，承包人承担全部赔偿责任，并重新向发包人开具符合规定的增值税专用发票。

4）合同变更如涉及增值税专用发票记载项目发生变化的，应当约定作废、重开、补开、红字开具增值税专用发票。如果收票方取得增值税专用发票尚未认证抵扣，收票方应在开票之日起 180 天内退回原发票，则可以由开票方作废原发票，重新开具增值税专用发票；如果原增值税专用发票已经认证抵扣，则由开票方就合同增加的金额补开增值税专用发票，就减少的金额依据收票方提供的红字发票信息表开具红字增值税专用发票。

十七、变更和价格调整

47　合同变更

47.1　变更的范围

属于变更范围其他情形：_____。

47.4　变更的估价与处理原则

5）变更估价与处理的其他估价原则：_____。

47.9　承包人的合理化建议

2）承包人的合理化建议奖励方法：_____。

47.12　暂估价

1）发包人、承包人在采用招标方式选择供应商或分包人时的权利和义务：_____

_____

3）不属于依法必须招标的暂估价工程最终估价人：_____。

48　价格调整

48.1　不计物价波动影响的项目

不计物价波动影响的其他项目：_____。

48.2　受物价波动影响的项目

物价波动影响的项目：_____。

48.6　价格调整办法

2）Ka、Kb、Kc、Kd价格指数来源如下表：

序号	调差因子	价格指数
1	Ka（人工费价格调整指数）	
2	Kb（材料费价格调整指数）	
3	Kc（机械使用费价格调整指数）	
4	Kd（其他费用价格调整指数）	

（2）分类工程调价因子权重：

分类工程调价因子权重范围表　　　　　　单位：％

工程类别	A	B	C	D
土石方工程（明挖）				
石方工程（洞挖）				
混凝土工程				
钢筋制安工程				
锚杆、锚索工程				
灌浆工程				
机电设备安装工程				
闸门及启闭机安装工程				
其他工程				

十八、违约和索赔

49　承包人违约

49.1　承包人违约

49.2　承包人违约责任

承包人其他违约责任情形：

5）项目经理及现场管理机构主要人员未按投标文件"现场管理机构主要人员表"中承

诺的人员派驻到工地的日期到达施工现场并开展工作，按＿＿元/次向发包人支付违约金。

6）现场管理机构主要人员的更换必须在28天前报监理人批准并征得发包人的同意，如不按此规定，按＿＿元/次向发包人支付违约金。

7）承包人的施工设备未按投标文件"施工设备计划表"中承诺的日期运抵施工现场，按＿＿元/次向发包人支付违约金。

8）承包人未经批准以外协或劳务的名义使用工人，以及承包人在每月底前向监理人未报送劳务用工资料（包括但不限于用工数量、劳务工身份证复印件、上岗证复印件、用工部位及工种等），按＿＿元/次向发包人支付违约金。

9）承包人违反第12条的规定而进行分包，按＿＿元/次向发包人支付违约金。

10）承包人必须建立健全安全和文明施工的保障体系，当监理人对现场的安全隐患要求承包人限期进行整改时，如承包人未能按时完成整改，则按＿＿元/次向发包人支付违约金。当因承包人责任而发生安全及伤亡事故，死亡按＿＿元/人向发包人支付违约金，重伤按＿＿元/人向发包人支付违约金。其他重大事故按国家有关规定处理。监理人对现场的文明施工提出要求时，承包人必须执行，否则按＿＿元/次向发包人支付违约金。

11）承包人必须加强质量管理，建立和健全质量保证体系，如监理人认为承包人的质量保证体系不满足工程需要，要求承包人进行整改时，承包人必须执行，否则按＿＿元/次向发包人支付违约金。重大及以上质量事故，经监理工程师认定后，按＿＿元/次予以处罚。

12）承包人必须加强对自购或自产原材料的质量管理工作，建立健全检验体系，如监理人发现有不合格的材料用于本工程，按＿＿元/次向发包人支付违约金并限时予以更换。

13）对于施工中出现的质量缺陷或质量事故，经监理人认定后，按相关规定向发包人支付违约金。

14）承包人发生重大事故，发包人有权自行决定更换施工队伍，并向国家有关行政主管部门通报。重大事故指：

（1）工期拖延＿＿个月及以上时间。

（2）造成直接经济损失＿＿元及以上。

（3）一次性人员伤亡＿＿人及以上。

15）承包人未按关键线路目标实现，关键线路节点（含交面日期）每延后1天按＿＿元/天向发包人支付违约金。承包人后期采取赶工措施赶上进度计划，发包人将违约金退回。本合同逾期完工违约金按39.3款约定办理，逾期完工违约金不足以弥补给发包人造成的损失的，承包人对超过的部分应予赔偿。

16）承包人未按合同条款第43条发包人及监理人要求按时提交完工资料，否则按逾期一天＿＿元/天向发包人支付违约金。

17）承包人未按技术标准和要求要求和监理人指示将渣料运往指定渣场，按___元/车向发包人支付违约金。

18）承包人应按照合同《技术标准和要求》的规定和监理人的指示，将满足砂石料加工的开挖料运输至指定地点堆存，所需费用已包括在工程量清单中相应项目的单价和合价中。如因承包人原因导致备料数量和质量未达到要求，承包人按每___元/m³（自然方）向发包人支付违约金。

19）承包人未能有效实施施工期临时监测项目，监理人有权要求承包人调整监测项目，承包人应对监测项目予以调整，否则承包人应以___/次向发包人支付违约金。承包人未按技术标准和要求要求按时向监理人提交施工期临时监测成果，按___元/次向发包人支付违约金。

52 索赔

52.4 人员设备窝工闲置费用和计算标准

2）补偿费用计算标准：_____。

十九、争议的解决

53 争议的解决方式

合同双方在履行合同中发生争议的，友好协商解决。协商不成的，诉讼解决。

二十、风险和保险

55.2 承包人的保险

雇主责任险投标内容、保险金额、保险费率和保险期限：_____。

二十一、其他

63 项目管理文件

承包人在合同实施过程中，应遵守中国长江三峡集团有限公司及＊＊＊工程建设筹备组制定的工程管理文件：_____。

64 审计

承包人应配合国家审计，执行审计结果。承包人应配合发包人的内部审计工作，在审计完成后进行完工结算。

第三节 合同附件格式

附件一 合同协议书

中国长江三峡集团有限公司

_____ 项目

合同协议书

发包人：中国长江三峡集团有限公司

承包人：

合同签订时间：

合同协议书

发包人（全称）：＿＿＿＿＿＿＿＿＿＿＿＿＿＿＿＿＿＿

承包人（全称）：＿＿＿＿＿＿＿＿＿＿＿＿＿＿＿＿＿＿

依照《中华人民共和国合同法》、《中华人民共和国建筑法》及其他有关法律、行政法规，遵循平等、自愿、公平和诚实信用的原则，双方就本建设工程施工事项协商一致，订立本合同。

（一）工程概况

工程名称：＿＿＿＿＿＿＿＿＿＿＿＿＿＿＿＿＿＿＿＿

工程地点：＿＿＿＿＿＿＿＿＿＿＿＿＿＿＿＿＿＿＿＿

（二）工程承包范围及内容

1. ＿＿＿＿＿＿＿＿＿＿＿＿＿＿＿＿＿＿＿＿＿＿＿＿＿

2. ＿＿＿＿＿＿＿＿＿＿＿＿＿＿＿＿＿＿＿＿＿＿＿＿＿

3. ＿＿＿＿＿＿＿＿＿＿＿＿＿＿＿＿＿＿＿＿＿＿＿＿＿

（三）合同工期

开工日期：＿＿＿＿年＿＿月＿＿日

完工日期：＿＿＿＿年＿＿月＿＿日

合同工期总日历天数：＿＿＿天

（四）质量标准：合格

工程质量标准：依据国家相关质量验收规范验收

（五）合同价款

合同总金额为：￥＿＿＿＿＿元人民币（大写：＿＿＿＿＿＿＿＿＿）。其中，税前工程造价：人民币（大写）＿＿＿＿＿元（￥＿＿＿＿），销项增值税额：人民币（大写）＿＿＿＿元（￥＿＿＿＿），增值税税率：＿＿＿＿。

（六）组成合同的文件

（1）合同协议书及有关补充资料（如果有）；

（2）合同协议备忘录（包括澄清材料）；

（3）经评标确认的已标价工程量清单；

（4）专用合同条款；

（5）通用合同条款；

（6）技术标准和要求；

（7）中标通知书；

（8）投标函及投标函附录（包括投标辅助资料）；

（9）图纸（包括设计说明及技术文件）；

（10）其他合同文件。

上述文件应互为补充和解释，若有不明确或不一致处以上列顺序在先者为准。

（七）本协议书中有关词语含义与本合同招标文件赋予它们的定义相同。

（八）承包人向发包人承诺按照合同约定进行施工、完工并在质量保修期内承担工程质量保修责任，根据国家有关工程质量要求对本工程质量负终身责任。

（九）发包人向承包人承诺按照合同约定的期限和方式支付合同价款及其他应当支付的款项。

（十）合同生效

合同订立时间：＿＿＿＿年＿＿月＿＿日

合同订立地点：＿＿＿＿＿＿＿＿＿＿＿＿＿＿＿＿＿

双方法定代表人或其委托代理人在此签字盖章并加盖单位章，签字之日起本合同生效。

（十一）合同份数

本合同一式壹拾贰份（其中正本贰份，副本壹拾份）。发包人执捌份（包括正本壹份），承包人执肆份（包括正本壹份）。

发包人：＿＿＿＿＿＿＿＿＿＿＿　　承包人：＿＿＿＿＿＿＿＿＿＿＿

法定代表人：＿＿＿＿＿＿＿＿＿　　法定代表人：＿＿＿＿＿＿＿＿＿

（或其委托代理人）（签名）＿＿＿＿　或其委托代理人）（签名）＿＿＿＿

地　　址：＿＿＿＿＿＿＿＿＿＿＿　地　　址：＿＿＿＿＿＿＿＿＿＿＿

电　　话：＿＿＿＿＿＿＿＿＿＿＿　电　　话：＿＿＿＿＿＿＿＿＿＿＿

传　　真：＿＿＿＿＿＿＿＿＿＿＿　传　　真：＿＿＿＿＿＿＿＿＿＿＿

＿＿＿＿＿年＿＿月＿＿日

附件二　履约保函格式

履约保函

_____：

鉴于_____（以下称"承包人"）已同_____签订__
_____合同（合同编号：_____）按合同要求进行施工、完工和
保修该工程（下称"合同"）。

鉴于你方在上述合同中要求承包人向你方提交下述金额的银行开具的保函，作为
承包人履行本合同责任的保证金；

本银行同意为承包人出具本保函；

本银行在此代表承包人向你方承担支付人民币_____元的责任，承包
人在履行合同中，由于资金、技术、质量或非不可抗力等原因给你方造成经济损失时，
在你方以书面提出要求得到上述金额内的任何付款时，本银行即予支付，不挑剔、不
争辩、也不要求你方出具证明或说明背景、理由。

本银行放弃你方应先向承包人要求索赔上述金额后再向本银行提出要求的权利。

本银行进一步同意在你方和承包人之间的合同条件、合同项下的工程或合同发生
变化、补充或修改后，本银行承担本保函的责任也不改变，有关上述变化、补充和修
改也无须通知本银行。

本保函直至合同项目完工验收合格且承包人向你方提供质量保证金之日内一直
有效。

银行名称：_____（盖章）

银行法定代表人（或其委托代理人）：_____（签字、盖章）

银行地址：_____

邮政编码：_____

电　　话：_____

_____年____月____日

备注：若开具保函银行对格式有特殊要求，在获得业主同意后，承包人可使用银行提供的保函格式，但其实质内容须与招标文
件要求保持一致。

附件三　预付款保函格式

　　_____：

　　根据_____（承包人名称）（以下称"承包人"）与_____（发包人名称）（以下简称"发包人"）于_____年___月___日签订的_____（项目名称及标段）承包合同，承包人按约定的金额向发包人提交一份预付款担保，即有权得到发包人支付相等金额的预付款。我方愿意就你方提供给承包人的预付款提供担保。

　　1. 担保金额人民币（大写）_____元（¥_____）。

　　2. 担保有效期自预付款支付给承包人起生效，至发包人签发的进度付款证书说明已完全扣清止。

　　3. 在本保函有效期内，因承包人违反合同约定的义务而要求收回预付款时，我方在收到你方的书面通知后，在 7 天内无条件支付。但本保函的担保金额，在任何时候不应超过预付款金额减去发包人按合同约定在向承包人签发的进度付款证书中扣除的金额。

　　4. 发包人和承包人按《合同条款》第 15 条变更合同时，我方承担本保函规定的义务不变。

　　担保人：_____（盖单位章）

　　法定代表人或其委托代理人：_____（签字）

　　地　　址：_____

　　邮政编码：_____

　　电　　话：_____

　　传　　真：_____

　　　　　　　　　　　　　　　　　　_____年___月___日

　　备注：若开具保函银行对格式有特殊要求，在获得业主同意后，承包人可使用银行提供的保函格式，但其实质内容须与招标文件要求保持一致。

附件四 质量保函格式

质量保函

致：_____（地址：_____，以下简称"贵方"。）

鉴于_____公司（地址：_____，以下简称"被保证人"。）与贵方就_____项目签订合同（以下简称"合同"）。_____（地址：_____，以下简称"我行"。）同意接受被保证人的申请，就被保证人在合同质量保修阶段履行保修责任提供担保，并出具以贵方为受益人，担保金额为人民币_____（大写：_____）的保函。

我行将在收到贵方出具的声明被保证人未按合同规定在合同质量保修阶段履行保修责任的书面索赔通知纸质原件后，凭本保函正本原件，在____个工作日内，按贵方所要求的方式支付给贵方累计总额不超过上述担保金额的款项。贵方出具的书面索赔通知纸质原件需由贵方负责人签字并加盖贵方单位公章。

本保函自开立之日起生效，至_____年___月___日止失效。保函项下的书面索赔通知纸质原件及索赔时需提交的本保函正本原件必须在本保函有效期内我行营业时间结束前送达我行上述地址。

未经我行书面同意，本保函不可转让，我行对除贵方之外的任何第三方不承担任何责任。

本保函失效后，请将本保函正本原件退回我行。

银行名称：_____（盖单位章）

许可证号：_____

地   址：_____

负 责 人：_____（签字）

联系电话：_____

日   期：_____年___月___日

备注：若开具保函银行对格式有特殊要求，在获得业主同意后，承包人可使用银行提供的保函格式，但其实质内容须与本保函格式要求保持一致。

附件五　农民工工资支付保函格式

农民工工资支付保函

致：＿＿＿＿＿＿＿＿＿＿（地址：＿＿＿＿＿＿＿＿，以下简称"贵方"。）

鉴于＿＿＿＿＿＿＿公司（地址：＿＿＿＿＿＿＿＿，以下简称"被保证人"。）将与贵方就＿＿＿＿＿＿项目签订合同（以下简称"合同"）。＿＿＿＿＿＿＿＿（地址：＿＿＿＿＿＿＿，以下简称"我行"。）同意接受被保证人的申请，就被保证人在履行合同过程中如期、足额支付农民工工资提供担保，并出具以贵方为受益人，担保金额为人民币＿＿＿＿＿＿（大写：＿＿＿＿＿）的保函。

我行将在收到贵方出具的声明被保证人未按合同规定如期、足额支付农民工工资的书面索赔通知纸质原件后，凭本保函正本原件，在＿＿个工作日内，按贵方所要求的方式支付给贵方累计总额不超过上述担保金额的款项。贵方出具的书面索赔通知纸质原件需由贵方负责人签字并加盖贵方单位公章。

本保函自开立之日起生效，至＿＿＿＿年＿＿月＿＿日止失效。保函项下的书面索赔通知纸质原件及索赔时需提交的本保函正本原件必须在本保函有效期内我行营业时间结束前送达我行上述地址。

未经我行书面同意，本保函不可转让，我行对除贵方之外的任何第三方不承担任何责任。

本保函失效后，请将本保函正本原件退回我行。

银行名称：＿＿＿＿＿＿（盖单位章）

许可证号：＿＿＿＿＿＿

地　　址：＿＿＿＿＿＿

负　责　人：＿＿＿＿＿＿（签字）

联系电话：＿＿＿＿＿＿

日　　期：＿＿＿＿年＿＿月＿＿日

附件六　工程质量保修书

工程质量保修书（格式）

发包人（全称）：_____

承包人（全称）：_____

发包人、承包人根据《中华人民共和国建筑法》、《建设工程质量管理条例》和《房屋建筑工程质量保修办法》，经协商一致，对中国长江三峡集团有限公司_____施工签订工程质量保修书。

一、工程质量保修范围和内容

承包人在质量保修期内，按照有关法律、法规、规章的管理规定和双方约定，承担本工程质量保修责任。

质量保修范围包括装修工程以及双方约定的其他项目。具体保修的内容双方约定如下：

在保修期内，除发包人和承包人以外的任何第三方责任以及不可抗力造成的损坏外，承包人应承担工程的质量缺陷和损坏的修复责任及赔偿责任。保修的内容应包括土建、装饰及安装工程的缺陷和损坏。

二、质量保修期

质量保修期从颁发工程移交证书之日算起。分单位完工验收的工程，按单位工程分别计算保修期。

双方根据国家有关规定，结合具体工程约定质量保修期如下：

（1）装饰工程为2年；

（2）电气安装工程为2年；

（3）给排水安装工程为2年；

（4）设备安装工程为2年；

（5）消防设备安装工程为2年；

（6）防水工程为5年。

三、质量保修责任

（1）属于保修范围和内容的项目，承包人应在接到修理通知之后3天内派人修理。承包人不在约定的期限内派人修理，发包人可委托其他人员修理。

（2）发生须紧急抢修事故的，承包人接到通知后，应立即到达事故现场抢修。

（3）对于涉及结构安全的质量问题，应当按照《房屋建筑工程质量保修办法》的规定，立即向当地建设行政主管部门报告，采取安全防范措施；由原设计单位或者具有相应资质等级的设计单位提出保修方案，承包人实施保修。

（4）质量保修完成后，由发包人组织验收。

四、保修费用

保修费用由承包人承担。费用由发包人在质量保证金中扣除，质量保证金扣除完毕后，仍不足以支付修理费用的由承包人另行支付，并且不能影响承包人保修义务的履行。

五、其他

保修期内，发包人可以委托承包人对本合同工程非承包人责任造成的损坏或缺陷进行修复，所需费用由发包人承担。

本工程质量保修书，由施工合同发包人、承包人双方在完工验收前共同签署，作为施工合同附件，其有效期限至保修期满。

发　包　人：（盖单位章）　　　　　承　包　人：（盖单位章）

法定代表人：（签字）　　　　　　　法定代表人：（签字）

（或其委托代理人）　　　　　　　　（或其委托代理人）

　　　　　　　　　　　　　　　　　_____年___月___日

附件七　廉洁协议

廉洁协议

甲方（发包人）：_____

乙方（承包人）：_____

为了防范和控制_____合同（合同编号：_____）商订及履行过程中的廉洁风险，维护正常的市场秩序和双方的合法权益，根据反腐倡廉相关规定，经双方商议，特签订本协议。

一、甲乙双方责任

1. 严格遵守国家的法律法规和廉洁从业有关规定。

2. 坚持公开、公正、诚信、透明的原则（国家秘密、商业秘密和合同文件另有规定的除外），不得损害国家、集体和双方的正当利益。

3. 定期开展党风廉政宣传教育活动，提高从业人员的廉洁意识。

4. 规范招标及采购管理，加强廉洁风险防范。

5. 开展多种形式的监督检查。

6. 发生涉及本项目的不廉洁问题，及时按规定向双方纪检监察部门或司法机关举报或通报，并积极配合查处。

二、甲方人员义务

1. 不得索取或接受乙方提供的利益和方便。

（1）不得索取或接受乙方的礼品、礼金、有价证券、支付凭证和商业预付卡等（以下简称礼品礼金）；

（2）不得参加乙方安排的宴请和娱乐活动；不得接受乙方提供的通讯工具、交通工具及其他服务；

（3）不得在个人住房装修、婚丧嫁娶、配偶、子女和其他亲属就业、旅游等事宜中索取或接受乙方提供的利益和便利；不得在乙方报销任何应由甲方负担或支付的费用；

2. 不得利用职权从事各种有偿中介活动，不得营私舞弊。

3. 甲方人员的配偶、子女、近亲属不得从事与甲方项目有关的物资供应、工程分包、劳务等经济活动。

4. 不得违反规定向乙方推荐分包商或供应商。

5. 不得有其他不廉洁行为。

三、乙方人员义务

1. 不得以任何形式向甲方及相关人员输送利益和方便。

（1）不得向甲方及相关人员行贿或馈赠礼品礼金；

（2）不得向甲方及相关人员提供宴请和娱乐活动；不得为其购置或提供通讯工具、交通工具及其他服务；

（3）不得为甲方及相关人员在住房装修、婚丧嫁娶、配偶、子女和其他亲属就业、旅游等事宜中提供利益和便利；不得以任何名义报销应由甲方及相关人员负担或支付的费用。

2. 不得有其他不廉洁行为。

3. 积极支持配合甲方调查问题，不得隐瞒、袒护甲方及相关人员的不廉洁问题。

四、责任追究

1. 按照国家、上级机关和甲乙双方的有关制度和规定，以甲方为主、乙方配合，追究涉及本项目的不廉洁问题。

2. 建立廉洁违约罚金制度。廉洁违约罚金的额度为合同总额的 1%（不超过 50 万元）。如违反本协议，根据情节、损失和后果按以下规定在合同支付款中进行扣减。

（1）造成直接损失或不良后果，情节较轻的，扣除 10%～40%廉洁违约罚金；

（2）情节较重的，扣除 50%廉洁违约罚金；

（3）情节严重的，扣除 100%廉洁违约罚金。

3. 廉洁违约罚金的扣减：由合同管理单位根据纪检监察部门的处罚意见，与合同进度款的结算同步进行。

4. 对积极配合甲方调查，并确有立功表现或从轻、减轻违纪违规情节的，可根据相关规定履行审批手续后酌情减免处罚。

5. 上述处罚的同时，甲方可按照中国长江三峡集团有限公司有关规定另行给予乙方暂停合同履行、降低信用评级、禁止参加甲方其他项目等处理。

6. 甲方违反本协议，影响乙方履行合同并造成损失的，甲方应承担赔偿责任。

五、监督执行

1. 本协议作为项目合同的附件，由甲乙双方纪检监察部门联合监督执行。

2. 甲方举报电话：＿＿＿＿＿＿＿＿；乙方举报电话：＿＿＿＿＿＿＿＿

六、其他

1. 因执行本协议所发生的有关争议，适用主合同争议解决条款。

2. 本协议作为＿＿＿＿＿＿＿＿合同的附件，一式肆份，双方各执贰份。

3. 双方法定代表人或其委托代理人在此签字并加盖单位章，签字并盖章之日起本协议生效。

甲方：（盖单位章）　　　　　　乙方：（盖单位章）

法定代表人（或其委托代理人）：　　法定代表人（或其委托代理人）：

附件八　安全生产协议

安全生产协议

甲　方（发包人）：＿＿＿＿＿＿＿＿＿＿＿＿＿＿＿＿＿＿＿＿
乙　方（承包人）：＿＿＿＿＿＿＿＿＿＿＿＿＿＿＿＿＿＿＿＿

为贯彻"安全第一、预防为主、综合治理"的方针，明确双方安全生产责任，确保工程施工安全，依据《中华人民共和国安全生产法》等法律、法规，签订本协议。

第一条　安全生产目标

（一）生产安全事故死亡率为零。

（二）生产安全事故重伤率为零。

（三）不发生直接经济损失 30 万元以上的生产安全事故。

（四）不瞒报、谎报、迟报生产安全事故。

（五）不发生职业病。

第二条　甲方（发包人）安全责任与义务

（一）严格遵守国家有关安全生产的法律法规及中国长江三峡集团有限公司的各项安全管理规定，认真执行工程承包合同中的有关安全要求。

（二）建立健全安全生产组织和管理机制，负责建设工程安全生产组织、协调、监督职责。建立由发包人、设计人、监理人和施工承包人等参加的安全生产委员会。

（三）建立健全工程建设安全管理制度，规范参建各方的安全管理职责和工作程序。

（四）严格承包人准入管理，查验承包人的生产经营范围和有关资质，履行工程分包管理监督责任，严禁施工单位转包和违法分包，将分包单位纳入工程安全管理体系，严禁以包代管。

（五）向承包人提供施工现场及毗邻区域内各种地下管线、气象、水文、地质等相关资料，提供相邻建筑物和构筑物、地下工程等有关资料。

（六）按照国家有关安全生产费用投入和使用管理规定，根据工程建设进展情况，及时、足额向承包人支付安全生产费用。

（七）建立健全安全生产监督检查和隐患排查治理机制，实施施工现场全过程安全生产管理，定期组织对承包人开展安全生产检查，督促承包人落实安全责任，及时消除安全隐患，对承包人的安全管理进行监督考核。

（八）积极推进工程现场安全生产标准化工作，督促承包人实行现场安全标准化管理。

（九）建立工程应急管理体系，编制应急综合预案，组织设计人、监理人、承包人等制定各类安全事故应急预案，落实应急组织、程序、资源及措施，定期组织演练，建立与国家有关部门、地方政府应急体系的协调联动机制，确保应急工作有效实施。

（十）组织参建单位落实防灾减灾责任，建立健全自然灾害预警和应急响应机制，对重点区域、重要部位地质灾害情况进行评估检查。应当对营地选址布置方案进行风险分析和评估，合理选址。组织承包人对易发生泥石流、山体滑坡等地质灾害工程项目的生活办公营地、生产设备设施、施工现场及周边环境开展地质灾害隐患排查，制定和落实防范措施。

（十一）建立健全安全生产应急响应和事故处置机制，实施突发事件应急抢险和事故救援，不得瞒报、谎报、迟报事故。

（十二）及时协调和解决影响安全生产的重大问题。

第三条　乙方（承包人）安全责任与义务

（一）严格遵守国家有关安全生产的法律法规及中国长江三峡集团有限公司、发包人的各项安全管理规定，认真执行工程承包合同中的有关安全要求。

（二）对施工现场的安全生产负责，应按照"党政同责、一岗双责、齐抓共管、失职追责"的原则，建立健全纵向到底，横向到边的安全生产责任制，规定从项目经理、书记、分管生产经营副经理、分管安全副经理、总工程师等管理人员到基层员工的岗位安全生产职责，并将分包商纳入本单位统一的安全生产管理体系，确保层层落实安全生产责任。

（三）设置独立的安全生产管理机构，配备专职分管安全生产工作的项目副经理及专职安全管理人员，专职安全管理人员数量不低于施工总人数2%，专职负责安全生产管理工作。

（四）建立健全安全生产管理制度和操作规程，并确保制度和操作规程执行到位。

（五）按国家有关规定和合同约定计列和使用安全生产费用。应当编制安全生产费用使用计划，报监理人审批，实施后需计量支付，确保专款专用。

（六）自行完成主体工程的施工，除可依法对劳务作业进行劳务分包外，不得对主体工程进行其他形式的施工分包；禁止任何形式的转包和违法分包。

（七）依法将主体工程以外项目进行专业分包的，分包单位必须具有相应资质和安全生产许可证。承包人应履行工程安全生产监督管理职责，严格分包单位准入，承担工程安全生产连带管理责任，分包单位对其承包的施工现场安全生产负责。

（八）实行劳务分包的，承包人应当履行劳务分包安全管理责任，派驻专职安全管理人员对劳务分包单位进行安全管理，将劳务派遣人员、临时用工人员纳入本单位的安全管理体系，落实安全措施，加强作业现场管理和控制，并对施工现场的安全生产承担主体责任。

（九）在工程开工前，承包人应当开展现场查勘，编制安全预评价报告、施工组织设计、施工方案和安全技术措施并按相关管理规定报发包人、监理人同意。

（十）在施工组织设计中编制安全技术措施和施工现场临时用电方案，对达到一定规模的危险性较大的分部分项工程（基坑支护与降水工程、土方开挖工程、模板工程、起重吊装工程、脚手架工程、拆除、爆破工程等）编制专项施工方案，并附具安全验算结果，经承包人技术负责人、监理人总监理工程师签字后实施，由专职安全生产管理人员进行现场监督；对复杂自然条件、复杂结构、技术难度大及危险性较大的分部分项工程，承包人应组织专家进行论证、审查。

（十一）分部分项工程开工前，承包人负责项目管理的技术人员应当向作业人员进行安全技术交底，如实告知作业场所和工作岗位可能存在的风险因素、防范措施以及现场应急处置方案，并由双方签字确认。

（十二）承包人进行有限空间作业、临近高压输电线路作业、危险场所动火作业、爆破作业、吊装作业等危险作业时，应当制定作业方案，经本单位技术负责人审查同意，确认现场作业条件符合安全作业要求，确认作业人员的上岗资格、身体状况及配备的劳动防护用品符合安全作业要求，向作业人员说明现场危险因素、作业安全要求及应急措施，安排专门人员进行现场安全管理，发现危及人身安全的紧急情况时，采取应急措施，立即停止作业并撤出作业人员。

（十三）建立风险分级管控机制，定期开展安全风险辨识，科学评定安全风险等级，制定针对性措施有效管控安全风险，对存在较大安全风险的工作场所，要设置明显警示标识，强化危险源监测和预警。

（十四）建立隐患排查治理长效机制，定期组织施工现场安全检查和隐患排查治理活动。施工班组每天开展日常安全检查，施工队每周至少开展一次安全生产综合大检查，承包人每月至少组织一次安全生产综合大检查，每季度开展一次有关消防、道路交通安全、设备安全、防坍塌安全等类型的专项检查，对检查出的隐患承包人应下达书面隐患整改通知书，限期整改闭合。同时，承包人应积极配合发包人的安全生产检查，对发包人签发的安全隐患整改通知书应及时进行整改。

（十五）承包人应积极推进安全生产标准化，确保施工现场标准化施工，严格按照行业标准开展安全生产标准化达标评级；按规定设置安全标志牌，安全标识标牌准确、醒目并满足现场要求。

（十六）按照相关规定组织开展安全生产教育培训工作。项目主要负责人、专职安全生产管理人员、特种作业人员需经培训合格后持证上岗，新入场人员特别是农民工应经过三级安全教育，考试合格后持证上岗作业。新入场人员（含农民工）安全培训不少于 32 学时，每年再培训不少于 20 学时。每个施工人员都应熟悉安全管理制度和安全操作规程。

（十七）应当按照规定召开班前会和危险预知活动，明确当班任务，分析存在的风险，制定有效的防范措施。承包人必须按规定为现场作业人员配备劳动防护用品，不按规定穿戴防护用品的人员不得上岗。

（十八）负责管辖范围内的防洪度汛工作，应编制年度防洪度汛方案和应急预案，经监理人批准后实施。

（十九）负责管辖范围内的地质灾害防治工作，加强施工区域内和附近有可能对施工造成影响的冲沟、变形体的监测和防护，采取必要的工程措施，对山洪、泥石流、崩塌等地质灾害点按设计方案进行疏导、拦挡、清理，确保施工安全。

（二十）对工程施工可能造成损害和影响的毗邻建筑物、构筑物、地下管线、架空线缆、设计及周边环境采取专项防护措施。对施工现场出入口、通道口、孔洞口、邻近带电区、易燃易爆及危险化学品存放处等危险区域和部位采取防护措施并设置明显的安全警示标志。

（二十一）负责管辖范围内的消防工作，制定用火、用电、易燃易爆材料使用等安全管理制度，建立消防管理机构，配备相应人员，确定消防安全责任人；按规定设置消防通道、消防水源、消防设施和消防器材，并定期进行消防安全检查。

（二十二）按照国家有关规定采购、租赁、验收、检测、发放、使用、维护和管理施工机械、特种设备，建立施工设备安全管理制度、安全操作规程及相应的管理台账、维保记录档案。应配置专门的机构和人员负责施工设备（包括其辖区内发包人的施工设备）的安全管理工作。严格遵守各类设备的安全操作规程，确保设备所有安全保护装置、机构的齐备、完好、可靠。采取有效的预防控制措施，防止设备的碰撞、倾覆、失控。

（二十三）承包人使用的特种设备应是取得许可生产并经检验合格的特种设备。特种设备的登记标志、检测合格标志应置于该特种设备的显著位置。

（二十四）在进行调试、试运行前，应当按照法律法规和工程建设强制性标准，编制调试大纲、试验方案，对各项试验方案制定安全技术措施并严格实施。

（二十五）为履行本合同，需要使用、运输并贮存炸药、雷管、导爆索等民爆物品时，应事先采取必要的安排或预防措施，并应遵守民爆物品有关安全管理规定。对于其他易燃易爆品或其他在使用、运输或贮存中的危险物品，也应遵守有关的法律、条例和规定。承包人应对施工爆破产生的振动、冲击波、飞石等对承包的工程结构（包括围岩）相邻或附近的已建建筑物与设备设施承担安全责任。

（二十六）承包人应加强职业健康管理，要采取有效措施防范职业病发生，尤其要落实防尘、防毒措施。对从事具有职业危害的施工生产人员应在岗前、岗中、离岗时进行职业病体检，岗中体检每年不少于一次。

（二十七）施工中采用新技术、新工艺、新设备、新材料时，必须制定相应的安全技术措施和安全操作规程。

（二十八）根据工程施工特点、范围，制定应急救援预案、现场处置方案，并组织开展应急培训和演练。应将分包单位纳入应急管理体系，组织分包单位开展应急管理工作。

（二十九）对其工程以及其管辖范围内的人员、材料和设备（包括在其辖区内发包人的人员、材料和设备）的安全负责。应负责做好辖区工作场所和居住区的日常治安保护工作。

（三十）若发生安全事故，承包人应积极采取有效措施，救治受伤人员、保护事故现场、防止事故扩大或发生衍生事故，并及时、如实向发包人和行业、地方负有安全生产监督管理的部门报告，不得隐瞒不报、谎报、迟报。承包人应处理好事故善后事宜，并按照"四不放过"的原则进行事故调查与处理。当发生人员死亡事故，应由承包人上级主管部门成立事故调查组，认真开展事故调查和处理工作，并及时向发包人报送事故调查和处理报告。承包人应服从发包人的统一指挥，积极配合发包人及其上级主管单位事故调查组开展事故调查，根据发包人提出的事故处理意见对事故责任人进行处罚和整改措施落实，并按规定发包人支付违约金。

第四条　违约责任

（一）发包人有权对承包人合同履行期间的安全生产落实情况进行定期监督考核，并将考核结果在全工地通报。

（二）合同履行期间，承包人在发包人组织的安全生产考核中，连续两次考核后两名的，发包人有权约谈承包人项目经理；连续两次考核不合格的，发包人有权清退承包人项目经理甚至终止工程合同，并由承包人承担由此造成的全部损失。

（三）承包人对员工安全培训不到位，未对新入场人员进行岗前培训、岗前培训或再培训不满足学时要求的，应按500元/人次向发包人支付违约金。

（四）承包人未落实安全生产法律法规标准和合同约定的有关规定，造成重大安全生产隐患或同类安全生产隐患重复发生的，应按1万元~2万元/次向发包人支付违约金。

（五）承包人不按期整改且无正当理由或拒不整改发包人指出的安全隐患的，按2万元~5万元/次向发包人支付违约金，同时，发包人有权安排第三方消除安全隐患，所需费用由承包人承担。

（六）承包人违反安全生产管理规定导致安全生产事故发生，死亡按50万元/人向发包人支付违约金，重伤按 10 万元/人向发包人支付违约金，同时，发包人有权对承包人进行全工地通报、通报承包人上级主管部门，并约谈承包人上级主管单位负责人；发生较大及以上生产安全事故的、累计年度死亡人数达到 3 人或发生瞒报、谎报或迟报生产安全事故的，发包人有权清退承包人项目经理，将承包人纳入发包人供应商黑名单，甚至终止工程合同，并由承包人承担由此造成的全部损失。

第五条　附则

（一）乙方承诺安全生产费用满足乙方履行合同需要，安全生产费应当用于施工安全防护用品及设施的采购和更新、安全施工措施的落实、安全生产条件的改善等相关内容，不得挪作他用。

（二）本协议作为_____合同（合同编号：_____）的一部分，由双方法定代表人或其委托代理人签字并加盖单位公章后与工程合同同时生效，全部工程完工验收后终止。

甲　　　方：　　　　　　　　　　乙　　　方：
法定代表人：　　　　　　　　　　法定代表人：
或其委托代理人：　　　　　　　　或其委托代理人：
电　　　话：　　　　　　　　　　电　　　话：
日　　　期：　　　　　　　　　　日　　　期：

附件九　发包人提供的材料和工程设备一览表

序号	材料设备名称	规格型号	单位	数量	单价	交货方式	交货地点	计划交货时间	备注

备注：除合同另有约定外，本表所列发包人供应材料和工程设备的数量不考虑施工损耗，施工损耗被认为已经包括在承包人的投标价格中。

附件十　承包人提供的材料和工程设备一览表

序号	材料设备名　称	规格型号	单位	数量	单价	交货方式	交货地点	计划交货时间	备注

第五章 工程量清单

1 工程量清单说明

1.1 本工程量清单应与投标人须知、通用合同条款、专用合同条款、技术标准和要求、图纸及附件等文件结合起来理解或解释或使用。

1.2 本工程量清单仅是投标报价的共同基础，实际工程计量和工程价款的支付应遵循合同条款的约定和第七章"技术标准和要求"的有关规定。

1.3 本工程量清单中所有单价、总价及表格等均由投标人填写，整个合同的总价应根据工程量清单中填写的工程量并按工程量清单中所载各项目内所报的单价和合价确定。

1.4 本工程量清单所列工程数量系招标设计的工程量，作为投标报价的基础；用于支付的工程量应是承包人履行合同实际完成的、符合合同规定的已经监理人签认且录入发包人提供的施工信息管理系统并经发包人审查确认的工程量。

1.5 具有标价的工程量清单中所报的单价和合价除另有规定外均已包括了实施合同项目所需的一般临时工程、施工工艺和措施、施工设备、材料、运杂费、储存保管、劳务及补贴费、管理、安装、试验、检测、维护、混凝土养护、保险、利润、税费及合同包括的所有风险、义务和责任等，其中保险应遵照合同条款第55.2款执行，建安工程一切险和发包人投保的雇主责任险的费用（最高赔偿限额为_____万元）由发包人代缴、代保，不计入报价。报价还应计入按国家现行法律、法规应计入的职工医疗保险、养老保险、失业保险以及意外伤害保险等所有费用。并包括了工程结构的细部构造所需费用。

1.6 投标报价所采用的人工费用标准应根据目前国内水电工程建设劳务市场价格水平合理确定。

1.7 对于发包人提供的材料，投标报价中应按相应表格中规定的价格为基础进行计算。

1.8 无论工程量是否列明，具有标价的工程量清单中的每一项均须填写单价或合价，对投标人没有填写单价或合价的项目的费用应视为已包含在工程量清单的其他单价或合价之中。

1.9 承包人应根据本工程特点及复杂性充分考虑与其他标的施工干扰和协调配合，其相应费用已包含在工程量清单报价中，发包人不另行支付。

1.10　工程量清单单独列报的"固定总价承包"项目，投标人应按投标辅助资料的格式分别列出固定总价承包项目的细项及其规模与规格、标准、数量，项目必需分解至分项工程，并列报相应细项的单价与总价，此类项目的报价中包括了按合同有关规定完成相应的全部工作所需的全部费用，投标人需要考虑管路、电缆、钢结构等材料的回收。

1.11　对于符合要求的投标文件，在签订合同前，如发现工程量清单中有计算和汇总算术错误，应按以下规定修正。

　　1）如果用数字表示的数额与用文字表示的数额不一致时，以文字数额为准。

　　2）单价承包项目当单价与工程量的乘积与合价之间不一致时，以标出的单价为准，除非招标人认为有明显的小数点错位，此时应以标出的合价为准，并修改单价。

　　3）总价承包项目中单价与工程量的乘积与合价不一致时，以合价为准。

　　4）当投标报价的工程数量与招标文件（包括补充通知）所载明的工程数量不一致时，以招标文件工程量清单载明（包括补充通知）的工程数量为准，并以相应的投标单价修正合价。

　　5）若投标报价汇总表中的金额与相应的各分组工程量清单中的合计金额不吻合时，以修正算术错误后的各分组工程量清单中的合计金额为准，改正投标报价汇总表中相应部分的金额和投标总报价。

1.11　工程量清单中各项均以人民币元为单位报价。

1.12　工程量清单的每一页均应盖投标人单位章并由法定代表人（或其委托代理人）签名。

1.13　投标人应完全按本章规定的格式与要求的文字说明，提供所列的投标辅助资料，并由投标人委托代理人签字。凡是有合计栏的应填列。

1.14　税费说明

　　1）本合同适用____计税方法（选择"一般"或"简易"），增值税税率为____（填税率）。采用一般计税方式的，投标人应按照"价税分离"方式进行报价（包括单价分析表），各项费用均以不含增值税（可抵扣增值税进项税额，具体适用增值税税率执行财税部门的相关规定）的价格计算。

　　2）承包人应按照国家有关法律、法规有关规定和国家营改增政策和增值税的相关规定，计取、缴纳税费，承包人应缴纳的税费均包括在合同价格中。

　　3）城市维护建设税、教育费附加、地方教育费附加应含在企业管理费中。建筑安装工程费用的税金是指按照国家税法规定应计入建筑安装工程费用内的增值税销项税额，不再包括城市维护建设税、教育附加以及地方教育附加等。

4）承包人还应遵守国家税收相关法规，配合施工现场税务机关税收征管工作。

2 工程量清单格式

2.1 投标报价汇总表

投标报价汇总表

组号	分组工程名称	报价金额（元）
	合计	

投标人：_____（盖单位章）

法定代表人（或其委托代理人）：_____（签名）

_____年_____月_____日

2.1　投标报价汇总表（甲供工程＋简易计税）

投标报价汇总表

组号	分组工程名称	报价金额 （不含甲供材料费）	甲供材料费（元）	备注
合计				

投标人：＿＿＿＿＿＿＿＿＿＿＿＿＿＿＿（盖单位章）

法定代表人（或其委托代理人）：＿＿＿＿＿＿＿（签名）

＿＿＿年＿＿＿月＿＿＿日

2.2　分组工程量清单

工程量清单

组号：1

项目编号	项目名称及内容	计量单位	工程量	单价（元）	合价（元）	备注

投标人：＿＿＿＿＿＿＿＿＿＿＿＿＿＿＿＿＿＿＿（盖单位章）

法定代表人（或其委托代理人）：＿＿＿＿＿＿＿（签名）

＿＿＿年＿＿＿月＿＿＿日

2.2　分组工程量清单（甲供工程＋简易计税）

工程量清单

组号：1

项目编号	项目名称及内容	计量单位	工程量	投标报价（不含甲供材料费）		甲供材料费		备注
				单价（元）	合价（元）	单价（元）	合价（元）	

投标人：＿＿＿＿＿＿＿＿＿＿＿＿＿＿＿＿＿（盖单位章）

法定代表人（或其委托代理人）：＿＿＿＿＿＿＿（签名）

＿＿＿年＿＿＿月＿＿＿日

3　投标辅助材料

3.1　单价分析表

投标人填入工程量清单中的工程单价，均应按表 3.1－1 与表 3.1－2 的格式编制单价分析表，该表格按工程量清单中的顺序，每个单价编制一份（采用相同单价的项目可只编制一个，但须注明），随同投标文件一起递交。

表 3.1－1　建筑工程单价分析表

项目编号：
项目名称：
单　　价：
分析单位：
施工方法：

编号	名称及规格	单位	数量	单价（元）	合价（元）
一	直接费				
1	基本直接费				
（1）	人工费				
	……	工时			
（2）	材料费				
	……				
（3）	机械使用费				
	……	台时			
2	其他直接费				
二	间接费				
三	利润				
四	税金				
	合计				

表 3.1－2　安装工程单价分析表

项目编号：
项目名称：
单　　价：
分析单位：
施工方法：

编号	名称及规格	单位	数量	单价（元）	合价（元）
一	直接工程费				
1	直接费				
（1）	人工费				
	……	工时			
	……	工时			
	……	工时			
	……	工时			

续表

编号	名称及规格	单位	数量	单价（元）	合价（元）
（2）	材料费				
	……				
	……				
	……				
（3）	装置性材料费				
（4）	机械使用费				
	……	台时			
	……	台时			
2	其他直接费				
二	间接费				
三	利润				
四	税金				
	合计				

3.1　单价分析表（甲供工程＋简易计税）

投标人填入工程量清单中的工程单价，均应按表 3.1－1 与表 3.1－2 的格式编制单价分析表，该表格按工程量清单中的顺序，每个单价编制一份（采用相同单价的项目可只编制一个，但须注明），随同投标文件一起递交。

表 3.1－1　建筑工程单价分析表

项目编号：
项目名称：
单　　价：
分析单位：
施工方法：

编号	名称及规格	单位	数量	单价（元）	合价（元）
一	直接费				
1	基本直接费				
（1）	人工费				
	……	工时			
（2）	材料费				
	……				
（3）	机械使用费				
	……	台时			

编号	名称及规格	单位	数量	单价（元）	合价（元）
2	其他直接费				
二	间接费				
三	利润				
四	甲供材料费扣减项				
1					
2	……				
五	税金（一＋二＋三－四）×3%				
	合计（不含甲供材料费）				

注：投标人需对"甲供材料费扣减项"进行分解，须列明甲供材料名称、单位、数量、单价及合价。

表 3.1－2 安装工程单价分析表

项目编号：

项目名称：

单　　价：

分析单位：

施工方法：

编号	名称及规格	单位	数量	单价（元）	合价（元）
一	直接工程费				
1	直接费				
（1）	人工费				
	……	工时			
	……	工时			
	……	工时			
	……	工时			
（2）	材料费				
	……				
	……				
	……				
（3）	装置性材料费				
（4）	机械使用费				
	……	台时			
	……	台时			
2	其他直接费				
二	间接费				

续表

编号	名称及规格	单位	数量	单价（元）	合价（元）
三	利润				
四	甲供材料费扣减项				
五	税金（一＋二＋三－四）×3％				
	合计（不含甲供材料费）				

3.2　报价基础价格及单价计算取费费率表

表 3.2－1　投标报价基础价格汇总表

编号	名称及规格	单位	预算价格（元）	备注
一	人工			
		工时		
		工时		
二	主要材料			
三	主要机械使用费			
		台时		
		台时		
		台时		

表 3.2－2　人工工时单价计算表

序号	名称	单位	计算式	价格（元）	备注
	合计				

表 3.2－3　投标人自购材料预算价格组成表

序号	名　称	单位	供应价格（元）	装卸费（元）	运输费（元）	采保费（元）	材料预算价格（元）

表 3.2－4　发包人供应材料预算价格组成表

序号	名　称	单位	供应价格（元）	装卸费（元）	运输费（元）	采保费（元）	材料预算价格（元）

表 3.2－5　单价计算取费费率表

项目类别	费率（％）					综合费率
	其他直接费	间接费	利润	摊入费	税金	

注：（1）承包人应分别说明取费基础、费率，并列出综合费率的计算公式。

（2）承包人应说明间接费中总部管理费的组成和标准。

表 3.2－6　投标人提供设备表

序号	设备名称	单位	规格/型号	品牌	购买价	预算价

表 3.2－7　混凝土配合比表

混凝土名称	预算量												混凝土配合比单价（元/m³）
	水泥		砂		石子		水		外加剂		掺和料		
	耗量（kg）	单价（元/kg）	耗量（m³）	单价（元/m³）	耗量（m³）	单价（元/m³）	耗量（m³）	单价（元/m³）	耗量（kg）	单价（元/kg）	耗量（kg）	单价（元/kg）	

注：承包人应将水泥、砂、石子、水、外加剂及其他掺和料的综合损耗系数列明。

3.3 工程单价汇总表

表3.3－1　工程单价汇总表　　　　　　　　　　　　单价：元

项目编号	项目名称	单位	单价	单价构成							备注
				人工费	材料费	机械使用费	其他直接费	间接费	利润	税金	

3.3 工程单价汇总表（甲供工程＋简易计税）

表3.3－1　工程单价汇总表　　　　　　　　　　　　单价：元

项目编号	项目名称	单位	单价	单价构成								备注
				人工费	材料费	机械使用费	其他直接费	间接费	利润	甲供材费扣减	税金	

3.4　施工设备费用分析资料

3.4.1　投标人施工设备台时费用分析汇总表

表 3.4－1　投标人施工设备台时费用分析汇总表　　　　　　　　单位：元

计算施工设备台时费的人工、材料预算价格：

人工　　元/工时，柴油　　元/kg，汽油　　元/kg，电　　元/kW·h，风　　元/m³，水　　元/ m³。

编号	设备名称	台时费	一类费用				二类费用													
			折旧费	修理费	安拆费	小计	人工费		柴油		汽油		电		风		水		其他	小计
							数量	合价	数量	合价	数量	合价	数量	合价	数量	合价	数量	合价		

3.5　工程量清单费用构成汇总表

表 3.5－1　工程量清单费用构成汇总表　　　　　　　　单位：元

项目编号	项目或费用名称	直接费							间接费	利润	税金	合计
		人工费	材料费	机械使用费			其他直接费	直接费小计				
				一类费用	二、三类费用	小计						
组号1												
……												
小　计												
组号2												
……												
小　计												
……												
总计（即总报价）												

说明：（1）项目编号和项目或费用名称应与工程量清单一致。

（2）凡在工程量清单中列明的项目均须按此表的格式填报费用构成，总计的数额应与工程量清单的合计数额相等。

3.6 季用款计划表

表 3.6－1　季用款计划表　　　　　　　　　　　　　　　　单价：元

项目名称	季度支付款金额				合计
	__年__季	__年__季	__年__季	……	
合　计					

表 3.6－2　季度资金详细计划来源与使用估算表　　　　　　单价：元

资金来源		资金支出	
一、企业自有资金		一、材料	
二、工程价款		二、设备投资	
1. 预付款		1. 新购设备	
2. 进度款		2. 设备租赁	
三、企业融资		三、人工费	
1. 贷款		四、上交管理费	
2. 其他		五、其他支出	
四、其他来源			

3.7 资金流估算表

表 3.7－1　资金流估算表（格式）　　　　　　　　　　　　单位：元

年	月	工程预付款	完成工作量付款	保留金扣留	材料款扣除	预付款扣还	其他	应收款	累计应收款

年	月	工程预付款	完成工作量付款	保留金扣留	材料款扣除	预付款扣还	其他	应收款	累计应收款

3.8　主要材料需用明细表

表3.8－1　合同工程主要材料和电力分季需求计划表

来源	名称	规格	单位	总需用量	年季	年　季	……
	钢筋		t				
	水泥		t				
	炸药		t				
	柴油		t				
	电力负荷		kVA				
	……		……				
发包人供应的材料							

表 3.8－2　主要材料需用量分项汇总表

项目编号	项目名称	单价分析表编号	工程量		主要材料需用量															备注
					钢筋（t）		水泥（t）		炸药（t）		柴油（t）		外加剂（kg）		施工用电（kW·h）		铜止水（m）		…	
			单位	数量	单耗	总量	单耗	总量	单耗	总量	单耗	总量	单耗	总量	单耗	总量	单耗	总量	…	

3.9　固定总价承包工程项目报价资料

3.9.1　固定总价承包工程项目报价说明

1）投标人应分别列出投标人认为需要单独列项报价的临时工程、试验项目、安全监测配合等在工程量清单备注栏内标明为"固定总价承包"的工程项目的细项及其规模与规格、标准、数量，并列报相应细项的总价。

2）固定总价承包工程项目均由投标人负责设计、制造、建设、监测、运行维护和管理，其工程量或实物工作量由投标人根据自己的设计确定，按土建、安装、试验、监测分项列明工程量和报价，工艺设备和机电设备的设备费不包括在报价中。每个工程项目无论工程量是否列明，应视为包括了该项目全部的工程量。

3）报价单中已标价的此类项目的每一项均须填写单价与合价，对投标人没有填写单价或合价的项目的费用应视为已包含在报价单的其他单价或合价中。

4）固定总价承包工程项目的报价均应按表 3.9－1 和表 3.9－2 的格式分别填报，并按本章表 3.1－1、3.5－1 的格式提交单价分析表和费用构成表。固定总价承包项目必须分解至分项工程，并按本章要求格式提交单价分析表和费用构成表。

表 3.9－1　固定总价承包工程项目报价汇总表

项目编号	项目名称	工程规模、规格、标准	金额（元）	备注
	合计			

表 3.9－2 固定总价承包工程项目报价细目表   单价：元

项目编号	项目名称	规模、规格、标准	单位	工程量	单价	合价	备注
合计							

3.10 保险费构成明细表

表 3.10－1 保险费构成明细表

序号	保险费名称	计算说明	金额（元）	备注
合计				

注：承包人投报的保险费中不含建安工程一切险和雇主责任险。

3.11 安全生产措施费用报价资料

安全生产措施费报价说明

3.11.1 安全生产措施费应按投标报价（不含安全生产措施费、保险费等不列入竞争性报价项）的2.0%列报，安全生产措施费单独报价，不列入竞争性报价。"安全生产措施费用明细表"（表 3.11－1）作为承包人安全生产措施费分解指南，承包人应根据本标工程实施需要补充完善。报价应包括安全生产所需的人工、材料、设备、用品、设施及其他等一切费用。

3.11.2 资金使用计划

承包人在工程建设过程中的每年年度初期，按《工程量清单》"安全生产措施费用明细表"所列项目，根据年度生产进度计划制定年度安全生产费用投入计划。承包人应编制"安全文明措施费投入项目月计划表"并随月度施工生产计划一同报送，履行相同审批手续。专项安全施工措施项目根据项目实际情况应单独另行报送监理人审批。

3.11.3 计量和支付

安全生产措施费按《工程量清单》所列项目据实结算，总价控制，专款专用。安全生产措施费实施后，监理人对承包人安全生产费用项目实际完成情况进行复核，报发包人审批后支付。《工程量清单》所列单项之外的安全生产施工措施费均包含在工程各项工程价格中，不单独支付。

3.11.4 其他。若地方政府对文明施工措施费有规定的，承包人应按照规定分项列报，编制投入使用计划实施后，计量支付。

表 3.11－1 安全生产措施费用明细表

项目编号	项目名称及内容	计量单位	工程量	单价（元）	合价（元）	说明
1	完善、改造和维护安全防护设施设备支出（不含"三同时"要求初期投入的安全设施）					见本表后备注1项、2项
1.1	安全防护措施					
1.1.1	安全围栏（杆）					
1.1.1.1	固定式防护栏杆	m				
1.1.1.2	活动式防护栏杆	m				
1.1.1.3	临时隔离防护栏杆	m				
1.1.1.4	挡脚板（5cm厚木板）	m²				
1.1.1.5	挡脚板（5mm厚钢板）	m²				
1.1.2	拦挡防护措施					
1.1.2.1	临边竹夹板防护挡墙（≥2米）	m²				
1.1.2.2	临边砼防护墙	m³				
1.1.2.3	主动网	m²				
1.1.2.4	被动网	m²				
1.1.2.5	混凝土隔墩	个				
1.1.2.6	钢筋石笼	个				
1.1.2…	……					
1.1.3	孔洞隔离封闭措施					
1.1.3.1	非金属盖板（5cm厚木板）	m²				
1.1.3.2	金属盖板	m²				
1.1.3.3	封闭围栏	m				
1.1.3…	……					
1.1.4	防坠落安全措施					
1.1.4.1	防坠安全网	m²				
1.1.4.2	阻燃密目式封闭安全网	m²				
1.1.4…	……					
1.1.5	安全通道及平台					
1.1.5.1	安全通道	m				
1.1.5.2	施工栈道	m				
1.1.5.3	转梯式脚手架	m				
1.1.5.4	钢直爬梯	m				
1.1.5.5	排架斜梯	m				
1.1.5.6	岩壁斜梯	m				
1.1.5.7	移动式梯子	m				

项目编号	项目名称及内容	计量单位	工程量	单价（元）	合价（元）	说明
1.1.5.8	**平台**					
1.1.5.8.1	平台（5cm厚木板）	m²				
1.1.5.8.2	平台（5mm厚花纹钢板）	m²				
1.1.5.9	**防护棚**					
1.1.5.9.1	钢结构防护棚	m²				
1.1.5.9.2	钢管架防护棚	m²				
1.1.5…	……					
1.1.6	**设备防护措施**					
1.1.6.1	设备防护棚	m²				
1.1.6.2	气瓶推车	个				
1.1.6.3	气瓶临时存放防护笼	个				
1.1.6…	……					
1.1.7	**临时安全防护措施**					
1.1.7.1	警示带	m				
1.1.7.2	警示彩旗绳	m				
1.1.7.3	警示反光条	卷				
1.1.7.4	警示灯	套				
1.1.7…	……					
1.1.8	**其他安全防护措施**					
1.1.8.1	排架连墙件	根				
1.1.8.2	排架扶手栏杆（φ48mm钢管）	m				
1.1.8…	……					
1.2	**施工临时用电**					
1.2.1	配电箱、开关箱					
1.2.1.1	型号1	套				
1.2.1.2	型号2	套				
1.2.1…	……	套				
1.2.2	配电保护装置					施工临时用电系指"三级配电，二级保护"系统安全防护器材和装置。
1.2.2.1	漏电保护器					
1.2.2.1.1	型号1	套				
1.2.2.1.2	型号2	套				
1.2.2.1…	……	套				
1.2.2.2	断路器、隔离开关					
1.2.2.2.1	型号1	套				
1.2.2.2.2	型号2	套				

续表

项目编号	项目名称及内容	计量单位	工程量	单价（元）	合价（元）	说明
1.2.2.2…	……	套				施工临时用电系指"三级配电，二级保护"系统安全防护器材和装置。
1.2.2.3	电焊机节能防触电保护装置					
1.2.2.3.1	型号1	套				
1.2.2.3.2	型号2	套				
1.2.2.3…	……	套				
1.2.2.4	安全隔离变压器					
1.2.2.4.1	型号1	套				
1.2.2.4.2	型号2	套				
1.2.2.4…	……	套				
1.2…	其他临时用电保护装置……					
1.3	**施工道路交通安全措施**					
1.3.1	警示灯	套				
1.3.2	减速坎	道				
1.3.3	反光凸镜	套				
1.3…	其他……					
1.4	**消防安全措施**					
1.4.1	消防栓	个				
1.4.2	灭火器	个				
1.4.3	消防沙箱	个				
1.4.4	消防沙池	个				
1.4.5	水龙带	套				
1.4…	其他……					
1.5	**防爆**					
1.5.1	防爆柜	个				
1.5.2	防爆箱	个				
1.5…	……					
1.6	**防毒及有害气体监测**					
1.6.1	检测仪器购置	套				
1.6.2	地下洞室有害气体检测	次				
1.6…	……					
1.7	防雷					
1.7.1	防雷设施检测	次·年				
1.7.2	防雷设施运行维护	项·年				
1.7…	……					

项目编号	项目名称及内容	计量单位	工程量	单价（元）	合价（元）	说明
1.8	**防大风**					防大风专项措施主要包括人员、设备、材料、设施等专项防护及监控措施。
1.8.1	测风仪购置	项				
1.8.2	防风值班值守	项				
1.8.3	人员防风安全措施	项				
1.8.4	材料堆存防风加固措施	项				
1.8.5	设备设施防风加固措施	项				
1.8.6	通道和平台防风措施	项				
1.8…	……					
1.9	**防地质灾害**					
1.9.1	地质灾害部位监测	项				
1.9.2	地质灾害重点部位巡查	项				
1.9…	……					
1.10	**其他安全防护设施设备**					
1.10.1	安全警示警戒标识标牌（反光）					
1.10…	……					
2	**配备、维护、保养应急救援器材、设备支出和应急演练支出**	项				
2.1	配备应急救援器材、设备	项				
2.2	维护应急救援器材、设备	年				
2.3	保养应急救援器材、设备	年				
2.4	应急演练	次				
2.5	兼职应急救援队伍管理	年				
2.6	其他……	年				
3	**开展重大危险源和事故隐患评估、监控和整改支出**	项				
4	**安全生产安全检查、评价（不包括新建、改建、扩建项目安全评价）、咨询和标准化建设支出**	项				
5	**配备和更新现场作业人员安全防护用品支出**	项				
5.1	**安全帽**	顶				
5.2	**安全带**	条				

项目编号	项目名称及内容	计量单位	工程量	单价（元）	合价（元）	说明
5.2.1	双背安全带					
5.2.2	全背安全带					
5.2…	……					
5.3	**安全绳**	m				
5.3.1	纤维绳					
5.3.2	钢丝绳					
5.3…	……					
5.4	**防护手套**	双				
5.4.1	普通防护手套					
5.4.2	防水防腐蚀手套					
5.4.3	绝缘手套					
5.4.4	防割、刺手套					
5.4.5	耐高温阻燃手套					
5.4…	……					
5.5	**个体防坠落保险装置**	套				
5.5.1	攀登自锁器					
5.5.2	速差自控器					
5.5.3	水平滑动保险器					
5.5…	……					
5.6	**防护面（口）罩**	个				
5.6.1	普通防尘口罩					
5.6.2	防尘、毒半面罩					
5.6.3	防毒全面罩					
5.6.4	手持式焊接面罩					
5.6.5	头盔式焊接面罩					
5.6…	……					
5.7	**防护眼镜**	副				
5.7.1	防尘眼镜					
5.7.2	防尘/化学腐蚀眼镜					
5.7.3	防辐射眼镜					
5.7…	……					
5.8	**防护鞋**	双				

项目编号	项目名称及内容	计量单位	工程量	单价（元）	合价（元）	说明
5.8.1	普通工作鞋					
5.8.2	阻燃耐高温鞋					
5.8.3	布料软底鞋					
5.8.4	雨（胶）鞋					
5.8.5	防刺穿鞋					
5.8.6	绝缘鞋					
5.8…	……					
5.9	**防护服**	套				
5.9.1	普通工作服					
5.9.2	防静电服					
5.9.3	耐酸碱工作服					
5.9…	……					
5.10	**反光衣**	件				
5.10.1	普通反光衣					
5.10.2	防静电反光衣					
5.10…	……					
5.11	**耳部防护器**	只				
5.11.1	耳塞					
5.11.2	线式耳塞					
5.11.3	耳罩					
5.11…	……					
5.12	**救生圈和救生衣**	个				
5.12.1	救生衣					
5.12.2	救生圈					
5.12…	……					
5.13	**其他……**					
6	**安全生产宣传、教育、培训支出**	项				
6.1	安全宣传					
6.2	教育培训					
6.3	安全专项宣传教育活动					
6.4	……					
7	**安全生产适用的新技术、新标准、新工艺、新装备的推广应用支出**	项				
8	**安全设施及特种设备检测检验支出**	项				

续表

项目编号	项目名称及内容	计量单位	工程量	单价（元）	合价（元）	说明
9	**其他与安全生产直接相关支出**	项				
9.1	职业健康（岗前、岗中、离岗）体检费用	人				
9.2	防暑降温费用	项				
9.3	临时警戒、监护、值守	人				
9.4…	……	项				

备注：

①投标人应充分估算合同执行过程中相关项目所发生的工程量。

②投标人应按以上细目顺序填报，若有增加的细目，可在已有细目后续接。

③本表第1项（完善、改造和维护安全防护设施设备）的单价，应与投标人投标文件主体工程项目报价细目所采用的单价一致，主体工程项目报价细目中没有相应单价的，投标人应采用与主体工程项目相同的人工、材料、机械、费用水平，进行报价。

④发包人有权在开标后至合同签订前，对于明显不合理的单价进行调整。

3.12 机电设备安装工程报价计算表

本表为《工程量清单》中对应项目安装费用构成的分解计算资料，不作为合同计量与支付的依据

表3.12－1 机电设备安装工程报价计算表

项目编号	项目名称及内容	计量单位	工程量	单价（元）		合价（元）	
				主材费	制作安装费	主材费	制作安装费

3.13 费用调整权重

各类工程的调价因子的权重范围如下：

表3.13－1 分类工程调价因子权重范围参考资料表 单位：%

工程类别	人工费	材料费	机械使用费	其他费用
土石方工程（明挖）				
石方工程（洞挖）				
混凝土工程				
钢筋制安工程				
锚杆、锚索工程				
灌浆工程				
机电设备安装工程				
闸门及启闭机安装工程				
其他工程				

投标人应根据自己的报价测算拟定调价权重，并按表3.13－2的格式填报。但拟定的各类权重超出"分类工程调价因子权重范围表"中所列范围的，发包人有权在"分类工程调价因子权重范围表"范围内指定他认为合适的权重，投标人不得拒绝。

表 3.13－2　价格调整权重表　　　　　　　　　　　　　　单位:%

工程类别	人工费	材料费	机械使用费	其他费用
土石方工程（明挖）				
石方工程（洞挖）				
混凝土工程				
钢筋制安工程				
锚杆、锚索工程				
灌浆工程				
机电设备安装工程				
闸门及启闭机安装工程				
其他工程				

备注：①此表由投标人根据本标工程中人工费、材料费、机械费及其他费用所占比例情况测算后填报；发包人将对上表中认为不合适的权重指定他认为合适的权重，投标人不得拒绝。

②人工费：包含生产工人和机上人员的人工费。

③材料费：指发包人提供材料以外的材料（含柴油、汽油）。

④机械使用费：权重仅包含施工机械一类费用中的基本折旧费和修理费（指承包人施工设备折旧费和修理费以及发包人施工设备修理费），不包含一类费用的其他摊销费及二、三类费用。

⑤其他费用：仅指其他直接费和间接费。

⑥未列入上述调差范围的价格波动风险，投标人应在投标报价中自行充分考虑并承担风险费用。

第六章　图纸

1　图纸目录

序号	图名	图号	版本	出图日期	备注

2　图纸

另册提供

第七章　技术标准和要求

第一节　一般规定

1.1　说明

1.1.1　工程概况

1.1.1.1　枢纽工程概况

（简述本工程项目所在地的地理位置、工程规模、主要特征参数和综合利用要求；工程枢纽总布置、挡水、泄水、引水与厂区枢纽建筑物布置，以及各主要工程建筑物结构型式；主要机电设备布置、电气主接线、接入系统方式；施工组织规划要求等。）

1.1.1.2　本项目工程概况

（简述本合同项目的地理位置、工程规模、主要特征参数和综合利用要求；工程枢纽布置以及各主要工程建筑物结构型式；机电设备布置，金属结构设备布置，监测项目以及施工规划等。）

1.1.1.3　施工导流

（说明本枢纽工程以及合同项目施工导流方式、导流标准等。）

1.1.1.4　施工控制性进度

（说明本枢纽工程以及合同项目施工控制性进度等。）

1.1.2　水文气象和工程地质

1）水文气象

列出作为本合同文件组成部分的水文气象资料：包括坝址以上控制流域面积、流域洪水特性、各种代表性流量、库容特性以及降水量、气温、水温、地温、风速、湿度、泥沙、水质和冰凌等各项特征值。（或以招标文件《附件：参考资料——水文气象》提供。）

2）工程地质

列出作为本合同文件组成部分的地质资料：包括工程地区的地质平面图、工程建筑物地质剖面图及其有关勘探资料，以及建筑材料场的地质剖面图及其有关勘探资料等。（或以招标文件《附件：参考资料——工程地质》提供。）

1.1.3 交通运输条件

1.1.3.1 对外交通

1）（说明工程施工区外可利用交通运输条件，如公路、铁路、水运、航空的运输里程，道路、桥涵标准以及转运站（码头）的站址、储运和装卸能力，道路和桥涵标准等。）

2）（说明发包人修建的对外交通工程的永久、临时主干线交通道路以及桥涵码头等设施的设计标准及其交付使用日期。）

3）（说明本合同工程超大件和超重件的状况和数据。）

1.1.3.2 场内交通条件

1）（说明工程施工区内可利用交通运输条件，如公路、铁路、水运、航空的运输里程，道路、桥涵标准以及转运站（码头）的站址、储运和装卸能力，道路和桥涵标准等。）

2）（说明发包人修建的场内交通工程的永久、临时主干线交通道路以及桥涵码头等设施的设计标准及其交付使用日期。）

3）（说明本合同工程超大件和超重件的状况和数据。）

1.2 合同项目、工作范围、控制工期及与其他项目相互关系

1.2.1 分标界限

1）与本合同有关的其他承包人承担的工程项目及其工作内容

（说明其他承包人承担的，与本合同承包人工程项目相关的主要工程项目及其工作内容。）

2）本合同承包人与其他相关承包人的工作界面

（说明本合同承包人的工程项目与本工程其他承包人相关工程项目的界面及其接口的主要工作内容。）

1.2.2 本合同工程项目和工作内容

1.2.2.1 本合同承包人承担的工程项目和工作内容

本条所确定的工程项目和工作内容包括按本合同商务文件、技术标准和要求、图纸和监理人指示提供所有劳务、管理人员、承包人的设备和材料，以及完成本合同施工所必须进行的所有工作。

本标承包人应完成的主要工程项目有（但不限于）：

（说明本合同承包人承担的主体工程项目及其相关工作内容。）

1.2.2.2 本合同承包人应完成的辅助工程项目和工作内容

（说明由本合同承包人承担的施工辅助设施项目及其工作内容。包括按本技术标准

和要求第二章所列现场试验室、施工交通、施工供电、施工供水、施工供风、施工照明、施工通信、砂石料加工系统、混凝土生产系统、综合加工及机械修配厂、仓库、施工临时生产管理和生活设施等。承包人应承担上述辅助设施的设计、建造、运行、维护以及完工后的拆除和清理等。）

1.2.2.3　本项目主要工程量

本项目主要工程量见表1.2－1。

表1.2－1　招标项目主要工程量表（示例）

序号	项目	单位	工程量
1	土石方明挖	万 m³	
2	石方洞挖	万 m³	
3			

注：具体工程量以工程量清单为准。

1.2.3　由发包人承担并提供给本合同的工程项目

1）施工场地的征用、搬迁和移民安置。

2）由发包人完成并提供的施工道路（见第1.1.3条所述发包人提供施工道路）。

3）由发包人提供的施工用水、用电、有线通信接口（或接点）。

4）由发包人提供给承包人的生产、生活区用地。

5）永久设备采购及场外运输。

6）发包人提供计算机信息管理系统，供承包人免费使用，并按发包人规定的程序和格式进行运行。

7）……。

（根据合同项目实际情况，增减上述项目。）

1.2.4　与本标施工有关，但由其他承包人完成的主要工程项目

（根据合同项目实际情况，简要说明与本标施工有关，由其他承包人完成主要工程项目。）

1.2.5　本合同工程与其他合同工程之间的关系

（根据合同项目实际情况，简要说明由其他承包人完成主要合同项目与本标段之间相互关系，从时间和空间上简述。）

1.2.6　合同工期和工程目标工期

本工程合同工期拟于_____开工，要求_____完工。本合同工程关键项目（或节点）施工目标工期要求见表1.2－2。

表 1.2－2　本合同工程目标工期表（示例）

序号	工程项目	完工或移交日期
1	河床截流	
2	两岸电站进水口（不含保护层）开挖完成	
3	围堰工程完建	
4		

1.2.7　为其他承包人提供方便

本标承包人应根据合同条款规定及发包人或监理人的指示，在监理人协调下，妥善解决与（说明可能存在干扰的项目标段承包人之间的施工干扰问题，并为其他承包人进入本标范围内施工提供方便。

1）进度协调

（1）承包人应根据本合同条款的规定以及报经监理人批准的施工总进度计划，按规定的日期开工，并按规定的期限按时完成合同规定全部建设项目。由于承包人本身的原因而导致完工日期的延误，发包人将依据合同条款的规定视为承包人逾期违约而对承包人处以违约罚金。凡属于需要承包人与其他承包人交叉作业的工作面，承包人必须按照报经监理人批准的分年、分月进度计划，按时将后续已具备施工条件的工作面移交给发包人或后续承包人。如由于承包人本身的原因导致无法按时移交工作面时，承包人也将被视为逾期违约而处以违约罚金，并赔偿由此而引起的一切损失费用。

（2）凡属非承包人本身的原因导致承包人不能按期完工或移交工程项目和工作面时，承包人应及时地据实提出报告递交给发包人和监理人，发包人和监理人将对承包人递交的报告或修正或调整的施工进度计划予以审查，在尽量满足总进度要求的前提下适当调整各项完工和移交有关工作的日期。该计划一经批复，发包人将承担相应的履约责任和义务。

2）场地协调

（1）根据招标文件第八章图纸以及经监理人批准的施工总布置图的规定，凡划归其他承包人使用的施工场地，承包人必须在监理人指定的日期之前撤出，撤出工作（包括场地清理）并应符合监理人的要求。

（2）承包人与其他承包人在场地或其他设施的共同使用上发生矛盾时，将由发包人和监理人协调。

3）交通协调

（1）承包人在现场修筑的施工道路，应按合同规定范围无偿提供给其他承包人使用。

（2）承包人施工范围内的供其他承包人使用的道路，承包人必须按监理人的要求进行修筑、维护、拆除。

4）发包人提供的公用设备及设施协调

承包人需使用发包人提供的公用设备及设施时，需提前一周提出使用计划申请，并报监理人审批。正在使用发包人提供的公用设备、设施的承包人，对监理人的调用协调必须无条件服从。

1.3　由发包人完成和提供的条件

由发包人完成，为本标承包人进场后提供的条件有：

1）对外交通及场内交通条件详见1.1.3.1节、1.1.3.2节。

2）施工供水系统

（根据合同项目实际情况，说明由发包人负责提供的供水设施。）

3）施工供电系统

（根据合同项目实际情况，说明由发包人负责提供的供电设施。）

4）施工通讯

（根据合同项目实际情况，说明由发包人负责提供的施工通讯设施。）

5）施工场地及施工营地

（1）办公、生活营地

（根据合同项目实际情况，说明由发包人负责提供的办公、生活营地。）

（2）施工场地

（根据合同项目实际情况，说明由发包人负责提供的施工场地。）

1.4　发包人提供的图纸

招标文件所附的图纸为招标图纸，招标图纸仅供承包人投标之用，除监理人特别指明外，不能作为施工的依据。

未经监理人批准的任何图纸与设计资料仅供参考，不能作为正式施工的依据。

1.4.1　施工图纸的提供期限

1）合同签订后，工程施工阶段属于发包人提供的施工详图由监理人按合同条款的有关规定及与承包人共同协商的供图计划，陆续提交承包人。

2）用于本合同工程项目施工的工程建筑物结构布置图、体形图及开挖图等施工图纸，应在该项目工程建筑物施工前56天提供给承包人。

3）用于工程施工的配筋图、细部设计图等施工图纸，应在该部位施工前28天提供给承包人。

4）用于钢结构的制造和安装的施工图纸应在该项目制造或安装前56天提供给承包人。

1.4.2　设计修改

1）承包人应与监理人在相互提供技术资料、安排施工规划与贯彻设计意图方面密切合作，除双方已达成专门协议外，承包人在未收到监理人签发的图纸之前不得进行施工。

2）承包人在收到监理人按上述第1.4.1条提供的图纸和文件后，应进行详细阅读和检查，并有责任发现其中可能存在的缺陷或错误，若发现错误或表达不清楚时，应在收到图纸和文件后的14天内书面通知监理人，供监理人及时在施工前作出修改和补充，避免由此引起返工和造成经济损失。若监理人确认需要作出修改或补充时，亦应在接件后14天内将修改和补充后的图纸和文件提供给承包人。

3）监理人发出施工图纸后，需要对某些工程设计进行局部修改和补充时，应在该部位开始施工14天前及时签发设计修改图，其中涉及变更的应按本合同条款第6条的规定办理，对不属于变更范畴的设计修改，承包人不得要求增加额外付款。

4）由于受其他不可预见因素的影响，而无法按计划提供最终施工详图时，由监理人同承包人共同研究临时措施，把由此可能给工程带来的影响降到最低限度，若因此而造成停工影响，发包人会同监理人和承包人共同协商，适当调整施工工期，由此造成的经济损失归责任方承担。

1.4.3 图纸的份数

监理人应向承包人提供6份各类施工图纸（包括设计修改图）。承包人可根据施工需要自行复制所需数量施工蓝图，也可向监理人申请追加提供图纸份数，并为此支付其费用。复制或增加的图纸仅限于本工程施工使用，监理人和承包人无权用于与本工程无关的其他地方和扩散，否则追究当事人责任。

监理人发出的图纸均应盖有现场监理机构的单位章，无监理人盖章的图纸，均为无效图纸。

1.5 承包人提交的图纸和文件

1.5.1 说明

1）承包人应负责向监理人递交能够有效地实施工程所需的图纸、设计文件、试验成果、施工样品和必要的文字说明以及按监理人指示提供的录像、照片、会议纪要等，图纸和文件应配合协调，达到深度要求，相互无矛盾，以便于监理人进行复核与审批。

2）在合同签订后14天内，承包人应向监理人提交一份由承包人项目经理签署的各类图纸和文件递交日程表（一式6份，同时报送4份给发包人），呈请监理人批准，并按批准后的日程表顺序逐月执行，除非监理人另有指示，均应在实施单项工程前28天内递交必需的图纸和文件，提供图纸日期如需变更，须经监理人同意。

3）承包人提供给监理人的所有图纸、文件、影像资料等费用均包括在承包工程的总价中。

1.5.2 施工组织设计的图纸和文件

在合同签订后 28 天内，承包人应按合同条款的规定将详细的施工组织设计报送监理人批准。报送的图纸和文件应详细说明为实施工程施工的施工总布置、施工总进度（用____进度计划软件编制、附关键线路的网络进度图）、施工程序、主要施工方法和措施、主要施工设备和材料、组织措施、劳务计划、安全防护和施工期的消防措施等，施工总布置图中必须标明施工占地的范围和面积、施工道路、施工管理机构的地点和范围，除已征得监理人的同意外，均不得超越本文件第八章附图指定的各个项目的区域。

承包人应在每年 12 月 10 日前将下一年度详细的年度施工组织设计报监理人批准。

1.5.3 单项工程施工措施的图纸和文件

在单项工程开工前 28 天，承包人应向监理人报送详细的单项工程施工措施，其报送的图纸和文件（一式 6 份，同时报送 4 份给发包人）应详细说明单项工程的施工布置、施工进度、施工程序、施工方法和措施，如开挖的作业循环、爆破计划和参数、安全支护、排水和弃渣等。

1.5.4 环境保护、水土保持、安全文明施工及劳动工业卫生施工图纸和文件

承包人应将环境保护、水土保持、安全文明施工和劳动工业卫生的施工图纸和文件单独提供，报监理人审批，每月、季报实施工程量，不要与零星设施混在一起。

1.5.5 临时设施与合同外零星工程图纸和文件

1）在临时设施开工前 14 天，承包人应向监理人递交临时设施的主要图纸和文件（一式 6 份，同时报送 4 份给发包人），报请批准。其中应包括全部临时设施、场内施工道路的总布置图纸及必要的文字说明，以及混凝土预制工厂、风水电供应系统、材料仓库、金属结构制作与拼装场和生活设施及环境保护与安全措施等的设计图纸与必要的文字说明。

2）对于大型或特殊的单项临时工程或生产系统，必须由具备相应的设计资质的单位设计，以保证工程质量。

3）监理人根据工程的需要可要求承包人承担合同外零星工程，承包人应在商定的时间内向监理人报送为实施这些零星工程施工的有关资料。

1.5.6 图纸的审批

对于承包人递交的图纸和文件，除按本合同规定须经监理人批准外，监理人有权提出修改或否定该图纸或文件，监理人应在签收后 14 天以内作出审批并退还承包人，逾期不提出审批意见，则应视为同意。审批意见包括"照此执行""按修改执行""修改后重新递交"或"不能执行"。对于签有"不能执行"和"修改后重新递交"的图纸和文件，承包人应在签收后 14 天内进行修改，并重新报送监理人审批，凡合同规定须

经监理人批准的图纸和文件，必须由承包人的项目经理签署。

1.5.7 承包人对提供图纸和文件的责任

1）承包人递交监理人批准的图纸及文字必须（一式6份，同时报送4份给发包人），每张图纸和每份文件必须留出专供批准及签署意见的空白框格。监理人审查批准后，将签署"照此执行"或"按修改执行"的图纸和文件退还承包人4份，或另行发出审查（批准）意见的指示。

2）经监理人批准后，承包人因故需要修改图纸和文件时，仍须重新报请监理人批准。

3）承包人如不能按规定期限递交应报送须由监理人审批的图纸或文件而造成承包人自身的工期延误或造成其他协作承包人的损失，均应由承包人承担全部责任，由此引起的工程费用超支亦均应由承包人承担。

4）凡合同规定须经监理人批准的图纸和文件，只有在监理人予以审查并签署"照此执行"或"按修改执行"之后，承包人才能按图纸和文件实施施工，承包人不得以图纸已经监理人批准和审阅或对图纸和文件提出修改为理由推卸应承担的责任或要求发包人增加支付费用。

5）如果监理人认为承包人递交的图纸和文件的设计计算、数据资料或图纸不全，则有权要求承包人予以补充后重新递交。

1.5.8 图纸和文件的审批

承包人应当根据监理人的指示按1.16的规定在工程验收前的28天内，向监理人提交验收报告（完整资料一式6份，同时报送4份给发包人，其中报告50份），报告内容应反映详细的施工过程。

报告附件应包括（但不限于）：

1）工程施工总结和施工日志；

2）原始记录资料；

3）施工完工图（可以是复印件）；

4）重大质量事故及处理记录；

5）监理人要求作为工程完工的其他资料。

1.6 发包人提供的材料及设备

1.6.1 发包人提供的材料

（说明由发包人提供的材料，主要叙述供应地点、供应方式等，与商务文件合同条款所述保持一致。）

1.6.1.1 材料交货验收

承包人应在工地对发包人提供的材料按本合同条款第18.3款规定进行检查和验

收，其材料交货验收的内容包括（但不限于）：

1）查验证件：承包人应查验每批材料的发货单、计量单、装箱单、材料合格证书、化验单、图纸或其他有关证件，并应将这些证件的复印件提交监理人。

2）抽样检验：承包人应会同监理人按本合同条款第18.3款和本技术标准和要求各章的有关规定进行材料抽样检验，并将检验结果报送监理人。

监理人认为有必要时，可按本合同条款第18.3款的规定进行随机抽样检验。

3）承包人应对每批材料是否合格作出鉴定，并将鉴定意见书面提交监理人复查。

4）材料验收：经鉴定合格的材料方能验收入库，承包人应派专人负责核对材料品名、规格、数量、包装以及封记的完整性，并做好记录。

1.6.1.2 不合格材料的处理

严禁将不合格的材料运往施工现场。由发包人提供的材料，经本承包人检验为不合格材料，本标承包人有权拒绝接收并要求运离现场，由此发生的费用由发包人负责，一旦本标承包人检验合格并已接受，而在其后的检验中发现并经监理人确认的不合格材料，应禁止使用，由此发生的费用由本标承包人负责；承包人违约使用了经监理人确认的不合格材料，应按本合同条款第32条的规定处理。

1.6.2 发包人提供的工程设备

1.6.2.1 发包人提供的工程设备

（说明本合同项目由发包人提供的工程设备，必要时以清单列出。）

1.6.2.2 发包人提供的施工设备

（说明本合同项目由发包人提供的工程设备，必要时以清单列出，并说明施工设备使用、维护费用承担方以及投标报价反映情况等。）

1.7 承包人提供的材料和设备

1.7.1 承包人为完成承建工程及其临时设施所需的施工机械和承包人已拥有的专用机械设备，均由承包人负责自行采购和供应。其中发包人可提供的施工设备及设施参见本合同1.6条款。

1.7.2 承包人所需的预制混凝土构件（《工程量清单》所列）由混凝土预制构件厂供应，混凝土预制构件厂由承包人建设和运行维护。

1.7.3 承包人必须按合同条款有关器材供应的规定负责采购、验收、运输和保管工程施工中所需的发包人供应以外的材料和机械设备。材料和设备应具有材质证明或出厂合格证书，符合监理人指定的有关技术规范的要求。

1.7.4 由于某种原因无法提供规定的材料或设备时，承包人在事先28天向监理人提出使用替换材料的申请报告，报送监理人批准。采用代用材料的报告必须附有替代材料品种、型号、规格和该材料的技术标准和试验资料并报送监理人批准，只有在证明其不降低工程质量时才能得以批准。

1.7.5　由承包人提供的材料、设备应按合同规定经过检查和试验，监理人有权要求承包人提供材质证明、出厂合格证书、材料样品和试验报告。承包人对其提供使用的材料、设备应负有全部责任，监理人一旦发现承包人在本合同中使用了不合格的材料、设备时，承包人应按监理人的指示立即更换不合格的材料或设备，并承担由此造成的一切责任。

1.7.6　承包人应按合同要求配置为实现永久性工程按进度施工所需的全部设备，所有设备均须按合同规定经过检查、验收、运转和试验，监理人有权要求承包人提供设备订货单和有关的图纸资料，旧设备应有维修保养的合格证书，承包人对其所用的设备负有全部责任。监理人一旦发现所用的施工设备影响到工程的进度、质量和安全时，有权指示承包人更换设备。

1.7.7　一切材料的搬运方式，都应保证其质量并适应工程需要，材料从贮存地点运到施工现场时，应以合适的车辆运送，以防材料在装车和计量之后漏失或分离，保证材料的数量与质量。

1.7.8　材料、设备的贮存方式，应保证其质量并适应工程的要求，贮存的材料应置于便于检查的地方。

1.7.9　除非监理人批准，材料与设备不应贮存于道路用地和其他已指定用途的场地范围之内。

1.7.10　由承包人提供的已经到施工现场的不符合质量要求的劣质材料或被监理人拒绝接受的不合规格的材料，以及性能不良、机况恶劣的设备，承包人必须按监理人指示尽快地从现场运走，并且由承包人承担因此而发生的一切费用，以及可能对工期进度造成延误所承担的合同责任。

1.7.11　材料堆存以前，承包人应清理并平整全部堆存场地，除非监理人另有指示，否则堆存场地一旦利用完毕，承包人应立即自费将地面尽可能恢复到原来状态。

1.7.12　任何作业凡未经监理人的事前批准，或使用了未经事先检查验收的材料，则该作业的进行与作业项目的完成，应由承包人承担可能被拒绝验收或被作为非批准的作业项目而不予支付的风险。

1.7.13　承包人提供的设备，其保险由承包人自行办理，保险单的副本报送监理人。

1.8　进度计划的实施

1.8.1　施工进度计划

　　1）承包人必须按本条规定制订和执行施工进度计划，并须向监理人提交工程施工进度计划的复制本（一式 6 份，同时报送 4 份给发包人）。承包人制订的施工进度计划必须符合合同规定的工期要求和监理人提出的施工进度的关键日期要求。

2）在承包合同签订后，承包人必须按合同条款的规定向监理人提交按期完成合同各项工程的详细施工总进度计划，以供监理人批准，施工总进度计划中应说明各项工程的施工程序以及各项工程的开工和完工日期。各项工程项目细节中，除本合同中的工程外，还应包括其他承包人为完成本合同中施工所必须的其他施工活动以及材料、设备的订货和交货工作。

3）承包人应按报经监理人批准的总进度计划，详细制定分年、分季及分月施工进度计划与实施措施，并报监理人审阅和批准。承包人必须在每年开始前 28 天向监理人报送下一年度的施工进度计划，并于每季、月开始前 7 天向监理人报送下季、下月的施工进度计划，其内容应包括（但不限于）：

（1）包括临建工程在内按期完成的工程项目、进度和工程量的计划；

（2）主要物资材料（钢材、钢筋、水泥、粉煤灰、砂石骨料、炸药、外加剂、用水、用电）计划耗用量（由发包人供应的材料计划应按合同条款规定的时间另行单独报送）；

（3）施工现场各类人员和下一期劳务安排计划；

（4）材料、设备的订货、交货和使用安排；

（5）工程价款结算情况以及下一期预计完成的工程投资额；

（6）其他需要说明的事项。

4）承包人应于每周三下午 4 点前将周施工计划报送监理人审批，其内容包括本周施工情况及下周施工计划。

5）施工进度计划须采用关键路线法或与之相当的方法，并采用网络图和作业表的形式，网络图必须详细地、有条理地表明所有施工活动。说明工程持续的时间，以及各项工程间的依赖关系和主次关系。作业表与网络图至少应按下述要求表明各项施工活动：

（1）工作和相应节点的序号说明；

（2）持续时间；

（3）最早开工日期和完成日期；

（4）最迟开工日期和完成日期；

（5）总的时差和局部时差；

（6）施工资源需要量。

6）根据工程的实际进度，承包人应逐月修改和调整进度计划、劳动力计划。按监理人的意见，修改后的施工进度计划、劳务计划和实施计划的说明都应尽可能地充分体现履行合同条款中开工和完工的规定。

7）施工进度计划以及每项修改均应（一式 6 份，同时报送 4 份给发包人）事先提交监理人审阅和批准，承包人必须协助监理人审阅和评价递交的每项进度，未予批准的进度将退还给承包人进行修改，承包人在收到后的 7 天内须重新提交监理人审查。监理人对承包人进度计划的审查和批准并不意味着可以变更或减轻承包人对合同工期、施工安全质量应承担的全部义务和责任。

8）工程的施工应按最新的报经监理人批准的施工进度计划进行，除非遇到紧急情况，或事先得到监理人同意，否则工程任何部分的施工都应与施工进度计划相符合。

1.8.2 工程进度报告

1.8.2.1 承包人必须逐月编制并于月末向监理人递交当月施工实际进度与实施情况报告（一式 6 份，同时报送 4 份给发包人），报告中至少应记载以下内容：

（1）施工附属企业设备以及其他所需设备的订货与到货及现场安装情况；

（2）合同项目（包括施工附属企业）工程分部分项工程的完成情况；

（3）主要物资材料的实际消耗和储存情况；

（4）现场施工的工作量进展情况，包括当日完成工程量和累计完成工程量；

（5）主要设备（包括辅助生产）使用、维护与完好状况；

（6）现场施工形象进度（包括图、表）；

（7）记述对施工进度产生不利影响的原因，以及为消除这种不良状况并重新达到预期进度所采用的措施；

（8）记载承包人拟要求进行的合同解释、工程技术或政策决定等事项；

（9）施工现场各类职工的数量和以后 3 个月的计划人数；

（10）记述意外的事故，如质量问题、人身安全事故及停工等；

（11）记述坝址处的水文气象；

（12）财务收支报表；

（13）监理人要求报送的其他有关的资料。

报告应附有适当的说明、照片以及施工实际进度的复制本，以便监理人得以有效地评价工作进度和编制工程进度文件。

1.8.2.2 承包人应于每日定时向发包人（共 10 人）和监理人（共 5 人）以手机短信形式汇报当日工程进展情况，其费用包括在相应工程项目单价中。

1.8.2.3 进度计划及工程进度报告除按 1.2.1 和 1.2.2 条款编制外，还应满足发包人制定的相关的要求。

1.9 施工方案

1.9.1 承包人的施工方案应满足本合同有关条款和施工详图规定的要求，否则监理人有权要求停工或拒绝付款。

1.9.2 承包人在每个分部工程（或监理人要求的单元工程）工程开工前，均应按本分部工程（或单元工程）的特点，编制详细的施工工艺设计，报送监理人审批，其费用包含在相应工程的单价中，不再单独支付。

1.9.3 承包人的施工方案应满足工程主要控制进度的要求及有关项目交面的进度要求，并满足工程质量、安全及文明施工、环保水保、劳动卫生等要求，必要时根据具体项目特点编制专项的安全管理及技术措施。

1.9.4 承包人在工程实施中，如果由于各种原因可能造成的施工程序与方法的变更，均必须在开始实施前 28 天提出施工程序与方法的变更申请及相应的施工措施报告，报送监理人审批。监理人对施工程序变更的批准，决不意味着应能够减轻承包人应承担的一切责任。

1.9.5 由于承包人原因造成工期延误、施工程序混乱并由此发生工期延误与费用的增加均由承包人承担全部责任。

1.10 工程质量的检查和检验

1.10.1 承包人的质量自检

1）承包人应按本合同条款第 28.1 款的规定，建立完善质量管理体制，严格履行合同规定的质量检查职责。承包人应赋予质检人员对工程使用的材料和工程的所有部位及其施工工艺过程进行全面质量检查和随机抽样检验的权力。当发现工程质量不合格时，承包人质检人员应有责任及时纠正。

2）承包人应按本合同条款第 28.2 款的规定，详细作好质量检查记录，如实编写质量检查报表，承包人应定期向监理人提交质量自检报告。

1.10.2 监理人的质量检查

1）监理人有权按本合同条款第 28.3 款的规定，对工程的所有部位及其任何一项工艺、材料和工程设备进行检查和检验。

2）监理人检验工程材料的性能指标和检查工程质量时，有权要求承包人按合同规定的数量，提供试验用的材料样品和在现场钻取试件，承包人还应按监理人指示为质量检查进行需补充的试验检验工作。检查和检验的时间、地点和费用，应按本合同条款第 29.3 款规定办理。

3）监理人为检查工程设备质量需要检测设备性能，当监理人提出要求时，承包人应予提供测试设备，并协助监理人进行测试工作。

4）监理人为检查检验工程和工程设备质量的需要，可要求承包人提供材料和设备供应厂家资质文件、材料质量证明书和设备出厂合格证。材料试验和设备检测成果、施工和安装记录、质量自检报表等作为工程和工程设备验收的依据。

1.10.3 发包人的质量检查

发包人在现场建立测量、试验、安全监测、物探检测、环保水保监测等中心，并受发包人的委托，对承包人的施工质量、工程材料等进行检查，承包人应协助进行检测工作，其检测结果将作为质量评定的依据。

1.10.4 对承包人的施工质量的要求

承包人完成的施工项目单元工程合格率要求达到＿＿＿＿＿％，优良率达到＿＿＿＿＿％，其中一次验收合格率应不小于＿＿＿＿＿％。

1.11 现场施工测量

1.11.1 监理人负责的工作范围

监理人负责向本合同的承包人提供测区范围内有关三角网点和水准点的基本数据，承包人在此基础上实施所需的施工测量工作。承包人在收到以上三角网点和水准点的基本数据后应进行复核验算，如对监理人提供的数据有异议，应在收到数据后7天内以书面形式报告监理人，共同进行核实，核实后的数据由监理人重新以书面形式提供。

1.11.2 承包人负责的工作范围

1）承包人应根据监理人提供的三角网点和水准网点研究增设自己的控制点，这些增设的控制点必须完全符合监理人提供的三角网点和水准网点的基本数据，并应满足规定的施测精度。

2）承包人应负责进行并完成为施工所需要的放样测量、地形测量、断面测量、支付收方或验收测量等施工全过程所发生的测量工作。

3）承包人应在施测前14天将有关施工测量的意见报告（一式6份，同时报送4份给发包人）报送监理人审批，这份报告的内容包括施测和计算方法、操作规程、测量仪器设备的配置和测量专业人员的设置等。

4）承包人应负责保护和保存好全部三角网、水准网点和自己增设的控制点，防止移动和损失，一旦发生移动和破坏应立即报告监理人，协商补救措施。承包人应对测量控制点的移动、破坏负责，并定期对测量控制网进行复核。

5）穿越两个项目结构物高程等均需认真测量、复核。复测所选用的测量基准点必须是经监理人批准的基准点。

1.11.3 监理人的检查

全部测量数据和放样参数都应经监理人的检查，必要时监理人可以要求承包人的测量人员在监理人的直接监督下进行对照测量。监理人所作的任何对照测量，决不减轻承包人对保证结构物位置和尺寸精确性所应负的全部责任，也不能因此而要求额外付款。

1.11.4 施工测量费用

所有为工程施工进行的测量工作及费用已包括在《工程量清单》相应项目单价中。

1.12　现场材料检测和试验

1.12.1　承包人必须建立自己的现场材料试验室，配备足够的人员和设备以满足工程项目施工中必须进行的检测与试验要求。承包人应在递交施工组织设计的同时，递交建立现场材料试验的计划报告（一式 6 份，同时报送 4 份给发包人），报送监理人审批，内容包括试验室规划、试验人员配备及资质、仪器设备配置等。监理人有权随时对承包人试验室的资质及人员情况进行检查。

1.12.2　承包人应对整个施工过程中所采用的粗细骨料、水泥、掺和料及钢筋、钢材、钢绞线等进行取样试验，并将试验报告报送监理人审批。监理人有权通知承包人停止使用或降级使用不合要求的材料。

1.12.3　承包人应对混凝土拌和楼和现场仓面浇筑（灌）的混凝土、喷混凝土等进行取样试验，并将试验结果报送监理人，对于不合格的混凝土和喷混凝土应按本卷有关章节的规定和监理人的指示进行处理。

1.12.4　钢材的材料试验、焊接材料试验以及锚杆、锚索的试验，应按本卷有关章节的规定执行。

1.12.5　爆破、喷混凝土、灌浆等要求现场生产性试验，应按本卷有关章节的规定执行。

1.12.6　监理人或发包人如建立有自己的现场材料试验室时，监理人可根据需要取样进行以上各项材料试验，承包人应按本卷有关章节的规定向监理人无偿提供试验用材料和各种试件。

1.12.7　无论监理人或发包人是否已建立现场试验室，承包人均应按监理人的指示将现场的材料试验室免费提供给监理人使用，并应按监理人的指示进行各项取样和试验工作，提供必要的条件。这些规定的取样试验，以及为进行这些检测、试验所花费的所有人工、材料、设备及必须的辅助作业费用已包括在《工程量清单》相应项目单价中。

1.13　指定弃渣场及渣场管理

本标开挖有用料渣场为 _____ ，开挖弃渣料堆存地为 _____ 。

根据现场的施工需要，若弃渣场位置有调整时，承包人应服从发包人或监理人的管理，并弃至指定的其他地方。

施工承包人应根据施工图纸及监理人的指示，按规定的填渣时间、填渣方式、填渣部位、填筑高程及堆渣要求等进行安排。

有、无用料的界定应按照发包人的管理办法执行。

指定的弃渣场管理由其他项目承包人负责，本项目承包人需服从存料场、弃渣场管理的相关项目承包人的统一管理。

1.14 保险

发包人和承包人应按本合同条款的规定投保并承担相应的责任。

1.15 施工记录

承包人的每一班组，均应以台班为记录单元作好详细的施工记录，以备监理人查阅。

1.16 工程验收

1.16.1 承包人应当按照 DL/T5123—2000《水电站基本建设工程验收规程》、DL/T5113.1—2005《水电水利基本建设工程单元工程质量等级评定标准第 1 部分：土建工程》和发包人编制的有关工程验收的要求，并按照监理人的指示提供有关工程验收的全部资料（含电子文件，文字报告提交＿＿＿＿＿＿份）。

1.16.2 承包人应根据监理人的指示编制相应阶段的工程验收报告、工程安全鉴定自检报告和工程质量缺陷处理专题报告（文字报告提交＿＿＿＿＿＿份）。

1.16.3 承包人的工程验收报告、工程安全自检报告、工程质量缺陷处理专题报告（含电子文件）的格式、内容等应报监理人审批。

1.16.4 验收过程中发现的工程缺陷或质量问题，承包人应按照监理人指示自费修补。工程责任期内无论工程验收合格与否，都不能免除承包人对整个工程应负的合同责任和义务。

1.16.5 本节工作内容按项单独计量，并按相应阶段由监理人审核后支付。

1.17 工程量计量原则

1.17.1 本合同所有工程项目的计量，均以公制计量。

1.17.2 确定按合同提供的材料数量和完成的工程数量所采用的测量与计算方法，应是公认为符合相应规程规范规定的测量与计算方法。所有这些方法，应是监理人批准或指示的方法。

1.17.3 除非监理人另有指示，否则一切计量工作都应在监理人在场的情况下，由承包人测量。发现不符合监理人指示的测量成果，监理人有权指示承包人重新测量。

1.17.4 有承包人签名的计量或测量成果，应提交给监理人，监理人可以检查记录原本。

1.17.5 工程量应由承包人计算，由监理人审核。工程量计算的副本应提交给监理人并由监理人保留。

1.17.6 任何长度、面积或体积应按施工图纸所示结构物尺寸线计算，除非另行报经监理人批准或合同文件另有规定，或地质原因引起的超挖、超填按监理人指示以现场实际量测的结构物净尺寸线进行计算。

1.17.7 除《工程量清单》所列项目外，施工所需的全部模板、脚手架、装备机具、螺栓、垫圈和钢构件等所有辅助作业与所发生的材料、人工、机械费用均已包含在相应工程的单价中，不再单独计量。

1.17.8　钢材的计量应按施工图纸所示的净值计量。钢筋以直径和长度计算，不计入钢筋损耗量、接头量及架设定位的附加钢筋量；施工附加量均不单独计量，而应包括在有关钢筋、钢材和预应力钢材等各自的单价中。

1.17.9　承包人在合同实施中因承包人自身原因而调整改变施工方法、资源配置、土石方爆破参数，混凝土配合比品种参数等，均不单独计量支付，均已包括在相应项目的单价之中。

1.18　支付

1.18.1　进场费

承包人为进行施工准备所需的人员和施工设备的调遣费和进场开办费应由承包人按《工程量清单》所列的总价项目专项列报，发包人根据承包人的进场情况予以支付。

1.18.2　临时设施建设费

本条款所列的各项临时设施，应由承包人按《工程量清单》所列的总价项目分项列报（包括分项费用构成），各项目总价中应包括各项临时设施的设计和施工所需人工、材料和试验检验以及临时设施设备的安装和调试等全部费用（不包括临时设施设备的购置费）。

各项临时设施建设费（除另有规定外），根据投标文件中提供的单项总价分解表按该项临时设施的施工进度逐月支付，在支付达到单项总价的90％时，发包人不再按月支付，而是在按发包人的要求完成该项临时设施的拆除后的次月支付其余部分；如发包人以书面方式通知承包人某项临时设施不需拆除，则于通知后的次月支付其余部分。

1.18.3　退场费

工程完工验收后，承包人进行完工清场、撤退人员和设备、撤离临时工程，场地平整和环境恢复等所需的费用，应由承包人按合同规定的工作内容在《工程量清单》所列总价项目进行专项列报，发包人应在监理人检查确认承包人完成全部清场撤退工作后56天内予以支付。

1.18.4　其他费用

除《工程量清单》所列的全部总价和单价项目所包含的工程项目及其工作内容外，承包人按本章规定进行的各项工作，其所需费用均应分摊在各项目的报价中，发包人不再另行支付。

安全监测、劳动安全与工业卫等费用的计量与支付详见本技术标准和要求相关章节。

1.19 技术标准和规程规范

1）除本技术标准和要求另有规定外，承包人施工所用的材料、设备、施工工艺和工程质量的检验和验收应符合本技术标准和要求中引用的国家和行业颁布的技术标准和规程规范规定的技术要求，并以电力标准体系（DL）优先。

2）当本技术标准和要求的内容与所引用的标准和规程规范的规定有矛盾时，应以要求更高更严者为准。

3）技术标准和要求中有关工程等级、防洪标准和工程安全鉴定标准等涉及工程安全的规定，必须严格遵守国家和行业的标准，遇有矛盾时应由监理人按国家和行业标准的规定进行修正，涉及变更的应按本合同条款第47条的规定办理。

4）在施工过程中，监理人为保证工程质量和施工进度的要求，有权指示承包人或批准承包人采用新技术和新工艺，并增补和修改技术标准和要求的内容，其增补和修改的内容涉及变更时，应按本合同条款第47条的规定办理。

5）本标引用的技术标准和规程规范，分别列在各章的技术标准和要求内。

6）所有标准和规程规范都会被修订，在本合同执行过程中，如某标准和规程规范更新时，应执行其最新版本。

7）发包人根据有关规程规范制定的有关规定，承包人也应遵照执行。对于机电设备及埋件的安装、调整、检查和验收，除应遵循相关规程、规范及标准外，设备制造厂编制的技术文件也具有约束力。

第二节　临时工程及运行维护

2.1 说明

2.1.1 本合同第八节的附图中的场地仅仅表明由发包人征用并可供本标承包人使用的主要施工场地，在签订合同协议书后28天内，承包人必须递交一份详细表明其施工临时工程设施和施工临时生活设施的施工总布置图及其说明书（一式6份，同时报送4份给发包人），报请监理人审批。该图纸和文件应符合本合同的有关规定，图中必须标明场地位置、面积、用途和规模。临时工程设施至少应包括临时施工道路、承包人施工管理机构所在地及其办公室、各施工工厂（场）、各类仓库及堆储场、堆料区和临时供排水、供风、供电或其他任何临时设施设备等，该图一经批准，除非监理人另作规定，承包人应按不同的用途，对临时工程进行不同的设计，所有的临时设施必须据此建造。

2.1.2 除非《工程量清单》另有规定，本节中的全部临时工程费用应认为已包括了所有工程中需要的临时工程。

2.2 监理人的批准

2.2.1 凡是合同中规定必须由监理人事先批准的临时工程，承包人应在计划的开工日期以前至少14天提出请示批准。

2.2.2 承包人需要报送审核的图纸和文件中应表示临时工程的规模、建筑物、场地、道路、公共设施、排水设施、围墙及其他设施的平面布置。图纸的详略程度要满足规范、合同条款及其他有关法规条款的规定和监理人的要求。由于承包人未能按时提交足够详细的设计文件及图纸而使得监理人不能及时予以审查批准进行施工，从而延误了临时设施的开工时间，不能作为推迟完工的理由。监理人对承包人的图纸及文件的批准，不能减轻承包人全权负责按本规范及国家有关法律条例进行施工和维护的义务与责任。

2.2.3 如监理人给予上述批准，则这种批准应认为是对于临时工程相应部分开工的书面同意。

2.3 协调工作

临时工程的修建及运行、维护涉及地方部门或其他项目时，应得到对方的同意并报监理人批准。

2.4 场地工作

2.4.1 承包人使用的所有区域都应按批准的设计高程平整，并满足场地排水要求。在整个区域内应有有效的排水系统和对暴雨山洪的控制措施，防止边坡或场地地表受到水流的冲刷与塌陷，对排水系统亦应防止产生淤积。平整场地不能危及其他建筑物的运行和安全，也不得影响水电站所在航道的畅通和污染环境。

2.4.2 建筑物场地表层腐植土剥离满足有关规程的要求并使监理人满意，并对场地表层腐植土应集中存放，作为后期植被用料，建筑物周围应设置适当的排水设施，

2.4.3 场地平整范围应满足公共设施的规模和各种布置的需要。

2.4.4 应避免和防止排水系统与垃圾等对施工供水水源造成污染。

2.4.5 每个区域的所有建筑物及设施都应有良好的下水道及防污染集水排放设施，以保证环境卫生，并予以管理、维护直到合同结束。污水集排设施的设计及规模应保证集排水系统有效、安全、畅通。这些设施在施工之前都需要得到监理人的批准。

2.4.6 除非另有协议，或监理人另有指示，工程完工后，承包人应及时移去、拆除、消除和处理临时工程，整理好临时工程占用的区域，但不得损坏区内监理人指示需保留的设施。

2.5 施工道路与施工支洞

2.5.1 发包人提供的主要施工干道及主要施工交通工程技术指标见技术标准和要求第一节。本标承包人在本标施工期内应负责本标作业范围的临时道路、施工支洞的养护

及施工期照明，由发包人提供的道路由其他承包人负责维护。

2.5.2 承包人在使用发包人提供的路桥设施时，一般不允许超过设计规定的荷载标准，非常情况需超过此标准，应由承包人事先向监理人申报并自行负责加固以保证运输安全。

2.5.3 除发包人已提供的施工交通设施外，承包人应依据自身需要修建从施工干线公路至各施工点的临时道路、停车场，但应将拟议修建的施工道路的详细说明和图纸，在开工前 28 天提交监理人批准。承包人在道路的设计中，应包括警告、禁止标志和安全防护措施。

承包人自行修建的临时道路、停车场应免费提供给发包人、监理人及其他承包人使用。

2.5.4 承包人自行设计的施工支洞，应报监理人批准后方可实施，承包人自行设计的施工支洞要注意与周围洞室的关系，不得破坏其他洞室的结构安全，原则上不得穿过防渗帷幕，当确实需要穿过时应征得监理人同意，并加强补灌措施，否则，由此造成的一切后果和责任由承包人负责。对于穿过多条隧洞的支洞，洞间需全部进行封堵。

2.5.5 支洞与其他洞室的平交口或与洞室立体交叉部位，均应根据具体情况采取加强、加固措施，支洞布置图、结构图、平交口支护结构图及封堵图均应报监理人会同设计人批准。

2.5.6 承包人的交通车辆进出工区必须按工区交通管理部门的规定办理一切必备的证件，并服从交通管制。

2.5.7 承包人的交通工具（包括水上交通工具和路上交通工具）进出施工区必须按施工区交通管理部门的规定办理一切必备的证件，并服从交通管制。

2.5.8 承包人的水上交通工具，航行线路、停靠地点和时间、货物装卸方式和堆放地点等应遵守交通部颁布的内河航运规程规定和地方的有关规定，同时不能污染金沙江水源、影响金沙江航道和工程施工，否则由此造成的一切后果均由承包人负责。

2.5.9 承包人应保证施工期间交通畅通，且不得因施工道路的修建而使跨越路线的工区供电、通信、供水和排水等受到影响。

2.5.10 承包人修建的道路应做好路基和路面排水，并在整个施工期间按合同规定负责这些临时施工道路和停放场的维护和保养，以及负责为满足特殊运输任务的临时拓宽加固措施。包括当监理人认为必要时进行洒水，以减少扬尘。

2.5.11 如果由于承包人施工、维护或管理不善，对施工区临近的农田、民舍、其他项目或卫生环境造成了危害，则由此引起的一切损失及后果应由承包人承担责任。

2.5.12 发包人修建由承包人负责维护的道路除每天间隔一定时段进行洒水并保持路面清洁外，承包人还要负责合同工期内的局部维修和管理，其维护管理方案需报监理人批准。

2.6　施工工厂及仓储

2.6.1　混凝土生产系统

1）本合同工程所需的＿＿＿＿＿＿＿混凝土及砂浆由承包人自行生产。

2）临时工程的混凝土由＿＿＿＿＿＿＿混凝土生产系统供应，供应地点为＿＿＿＿＿＿＿砂石混凝土生产系统出机口。主体工程的混凝土（不包括喷射混凝土）由＿＿＿＿＿＿＿混凝土生产系统供应，供应地点为＿＿＿＿＿＿＿混凝土生产系统出机口。

3）承包人自行生产＿＿＿＿＿＿＿混凝土需做到：

（1）承包人应负责本合同工程所需的＿＿＿＿＿＿＿混凝土生产系统的设计、施工以及拆除，包括场地开挖、回填与平整、混凝土骨料储存、拌和、运输以及材料、设备和设施的采购、安装、调试、运行管理和维修以及系统的拆除、场地清理等。

（2）承包人应按批准的总布置规划进行＿＿＿＿＿＿＿混凝土系统的布置和设计，并做好场地排水和弃渣处理及防止污染环境等措施。

（3）＿＿＿＿＿＿＿混凝土生产必须满足＿＿＿＿＿＿＿混凝土的质量、品种和浇筑强度等级要求。

（4）承包人应按本技术标准和要求的规定对＿＿＿＿＿＿＿混凝土的原材料和配合比进行检测以及对＿＿＿＿＿＿＿混凝土拌制过程中各项主要工艺流程进行抽样检测，承包人的检测试验资料应及时报送监理人。

（5）＿＿＿＿＿＿＿混凝土生产系统使用完毕后，承包人按照监理人要求进行拆除。

2.6.2　施工机械修配系统

承包人可在发包人提供的施工场地内设置施工机械修理厂、汽车保养厂及停放场，报监理人批准后实施。

2.6.3　钢筋、木材加工厂

承包人可在发包人提供的施工场地内设置钢筋、木材加工厂，承包人负责设计、建造、管理和维护，报监理人批准后实施。

2.6.4　金结拼装及加工厂

承包人可在发包人提供的施工场地内设置金结拼装及加工厂，承包人负责设计、建安、运行、维护和拆除，报监理人批准后实施。

2.6.5　钢管加工厂

承包人可在发包人提供的施工场地内设置钢管加工厂，承包人负责设计、建安、运行、维护和拆除，报监理人批准后实施。

2.6.6　预制构件厂

承包人可在发包人提供的施工场地内设置预制构件厂，承包人负责设计、建安、运行、维护和拆除，报监理人批准后实施。

2.6.7　仓库及堆储场

承包人可在发包人提供的施工场地内设置仓库及堆储场，承包人负责设计、建安、运行、维护和拆除，报监理人批准后实施。

2.6.8　其他要求

1）车间与工作场地

（1）为了对供本工程使用的金属结构、钢管的安装基地或在本工程中用到的所有施工机械进行大修、检修或改进，车间必须要有适应的加工设备，堆场、库房、装卸应符合有关技术规定。

（2）施工机械停放场应保持整洁和便于人工操作的状态，没有障碍物品。

2）仓库与贮料场

仓库、贮料场规模和组成应为贮存设备、材料、备件及其他物件提供足够的空间，且在容量上能保证本工程的进展不致中断。仓库和贮料场应保持整洁，不同材料应加设标志，并按有关安全、贮存规定分类分别堆放，并防止有害物质与其他物质的污染和混杂。对金属结构仓库除应满足上述有关要求外，还应满足金属结构本身，以及制造厂家提出的仓贮要求。

2.7　大型设备的运行维护与管理

除合同另有规定外，本工程施工设备均由施工承包人负责采购、安装、调试、运行、维护、修理与管理，对拌和系统等大型设备投入生产运行以前，必须经过监理人组织验收。工程完工后，按监理人的要求拆卸（或保留）。本标段承包人的大型设备运行管理应服从监理人的统一协调。

2.8　通讯设施

2.8.1　承包人从发包人提供的电缆接线端口接线，建立分机系统，电话接入及通话费用由承包人自理。

2.8.2　承包人应在实施通讯设施之前，将规划、布线方案报送发包人通讯主管部门，并按照发包人制定的工程通讯设施管理办法履行报装手续。

2.8.3　承包人应负责设计、供应、安装、管理和维修本项目自设的内部通讯服务设施。

2.8.4　承包人应将其内部通讯服务设施免费提供给发包人及监理人使用。

2.9　供电设施

2.9.1　发包人提供的供电接口：_____。

承包人应负责发包人指定的电源接线点以下的_____供电主干线路及分支线路，以及为本合同生产服务的作业区和生活区的输电线路、配变电所及其全部配电装置和无功补偿装置的设计、采购与施工，并负责运行管理和维护。

2.9.2 为保证施工供电的可靠性及工程供电系统的安全运行，承包人供用电设施的全部设计要服从发包人供电管理部门的统一规划和发包人的相关规定，报监理人审核，并报发包人供电管理部门审批。

2.9.3 电量计量均采用高供高计方式，计量点均设置在发包人指定的电源接线点处。

2.9.4 承包人应按监理人的指示，为进入现场的其他承包人提供接线及用电方便。

2.9.5 承包人应根据其施工需要，为本合同配备必要的事故备用电源。

2.9.6 承包人生产供配电系统需自行配置无功功率补偿装置，若功率因数达不到国家标准，按国家有关规定加收电费。承包人应自行负责其电力设备出现故障所引起的损失。

2.9.7 运行期间，承包人因维护和管理供电设施所发生的费用以及运行的电费摊入相应的项目报价中。

2.9.8 上述_____供电线路及设施在运行期结束后，若发包人认为有必要，承包人应将_____供电线路及有关附属设施完好移交发包人。

2.9.9 其他有关事宜按发包人的相关的规定办理。

2.10 施工供风

承包人应按合同规定负责设计、施工、采购、安装、管理、维修供风系统，包括修建为保证正常供风的设施等。

2.11 照明设施

2.11.1 承包人应在合同规定的范围内负责设计、采购、安装、管理和维修施工工程区和生活区（包括发包人和监理人的现场办公地点和生活区）道路、桥涵、交通隧洞和停车场等的全部室内外照明线路和照明设施。

2.11.2 为确保工程顺利安全施工，除监理人另有指示外，各种作业区的照明照度要求按目前水电工程常用照明方式计算，同时应满足《建筑照明设计标准》（GB50034 2004）的要求。

2.11.3 承包人应按合同条款第9条和监理人的指示，为进入现场工作的其他承包人架设施工区和生活区的室外照明线路提供方便。

2.12 供水、场地排水及废渣处理

2.12.1 供水

发包人在左、右岸布置有供水系统，本标由发包人负责的施工（生产）用水由左岸下游水厂供给，生活用水由右岸上游水厂供给，目前左右岸水厂已具备供水条件。

1）施工用水

发包人提供的供水系统接口：_____。

2）生活用水

承包人营地生活用水由发包人统一供给，供水水质满足《生活饮用水卫生标准（GB5749）》，供水量和水压满足要求。施工现场人员饮用水由承包人自行解决。

2.12.2 承包人必须在合同规定的施工期间负责供应本标的施工用水和生活用水，水量、水压、水温、水质应符合国家有关规定。

2.12.3 发包人分别修建了生活和生产供水系统，承包人可从发包人许可的接口点取水，向本合同工程规定的施工区内供水。

2.12.4 承包人应负责设计、采购、安装、敷设、管理、维修合同上规定的自发包人提供的接口处至施工工地及其临时生活区的供水系统。

2.12.5 承包人应将设计的供水系统的完整说明与图纸提供给监理人、发包人供水主管部门批准，须经监理人批准的主要设计包括（但不限于）：

1）接向施工现场的管道。

2）接管处应安装水表计量。

3）施工企业的生产用水管道。

4）施工企业废水排放标准及施排设施。

5）布置在主要施工道路两侧的供水管道。

6）临时水厂、集中供水的临时加压泵站。

7）承包人施工区域内的干管网路布置。

2.12.6 承包人应根据本合同的规定，按监理人的书面通知，为按本合同安排进场工作的其他承包人提供施工用水和生活用水，具体付款办法应由双方另行签订协议。

2.12.7 施工场地排水及废渣处理

1）承包人在该项工程施工前14天内，向监理人提交（一式6份，同时报送4份给发包人）有详细说明的施工区排水规划及有关排水设备的数量、型号、性能、布置等资料以供监理人审批。

2）承包人除了应按施工图纸或监理人的指示尽早开挖截水沟、排水沟以外，还应根据需要设置必要的临时排水与截水设施。由于排水不畅而引起边坡失稳、工程延误等后果，均由承包人承担责任。

3）承包人应备有充足的排水设备及备用设备，以使部分设备发生故障时仍能排水。

4）承包人应保证施工自开工至完工验收或监理人指定的时间内的正常排水。

5）按图示或监理人指示建成的排水沟、截水沟、集水坑、抽水设施等以及施工需要而设置的抽、排水设施，承包人应计入相应的开挖或混凝土的单价中，不再单独支付。

6）废水、废渣由承包人自设处理、排放、运输等设施并承担一切责任及费用。废水、废渣不得排入、储存、堆集到别的项目内，废水排放须经处理，并应满足国家环境保护的有关规定。

2.13　污水、垃圾处理

2.13.1　承包人应负责施工工地生产废水和生活污水的处理，任何未经处理的污水和超标废水都不能直接排入河道。承包人建设的生产生活营地污水应汇入发包人修建的污水处理厂或经监理人批准的系统。在任何远离有固定卫生设施的地方，承包人应提供（维修、清理）带化学药品处理的卫生设施或其他类似卫生设施，这些设施供现场施工人员、承包人和发包人的工作人员及监理人使用，污水处理系统应予以管理、维护直到合同终了。

2.13.2　承包人的生活垃圾应运至发包人指定的垃圾处理场或垃圾收集站，建筑垃圾运至_____弃渣场，有毒垃圾必须运到发包人指定的场地掩埋。

2.13.3　污水处理系统的位置、容量与设计，应经过监理人批准。

2.13.4　承包人进行工作的每一块地区，应备有临时的污水汇集设施。

2.13.5　承包人应搜集和处理住房、办公室、驻地及其他房屋的一切垃圾，包括工程所有人员进行工作的区域的垃圾，以上垃圾搜集的处理工作，应进行到工程完工为止。

2.14　承包人营地建设及其他

2.14.1　总则

1）承包人应根据本技术标准和要求第1.3款的要求建立并维护为本合同工程范围内能有效地进行施工与管理所必需的生产生活房屋、施工工厂、仓库等。

2）除发包人提供的生活营地外，其他不足部分施工营地（包括生活营地、生产营地）由承包人自行在发包人提供的场地内建设。

3）施工营地（包括生活营地、生产营地）建设的总平面布置，应经监理人的事先批准。营地建设的管理与维护，应使监理人满意。

4）承包人自建的一切公共生活设施应免费提供给发包人及监理人使用。

5）承包人应为按本合同安排进入现场工作的其他承包人提供生活上的方便，包括按合同规定撤让部分临时生活设施或划拨场地。承包人提供其他承包人使用的临时生活设施，其具体付费办法应由双方签订协议。

6）承包人应向监理人递交其拟定的全部临时生活设施的详细布置图及其说明书（一式6份，同时报送4份给发包人）。该布置图应包括各种居住建筑以及各种辅助生活设施的位置、面积和规模、交通道路、照明系统、供水、供电等。

7）为了工程进行规范化管理，要求承包人自建的生活房屋及其他建房统一按砖混结构考虑，且与施工区建筑风格一致。

2.14.2 生活营地

1）由发包人提供部分房屋和室外场地，承包人应按发包人的房屋管理办法进行管理、维护、支付相应的水电费用。不足部分由承包人在指定场地或施工区域自行规划建设。

2）承包人应根据施工组织设计分时段（年）列报所需生活营地数量（主要指房屋面积），届时发包人将根据承包人所报计划和实际到场人员数量（经监理人审批的）对发包人所提供的生活营地数量（主要指房屋面积）进行动态调整。

3）施工现场除必要值班人员住房结合生产用地外，不应建设生活营地。

4）过渡期生活营地由承包人自行解决，发包人可以协助。

2.14.3 其他要求

工程完工时（或本合同结束时）生产场地或生活营地中的一切永久和非移动式建筑物均无偿留给发包人。属于移动建筑设备及附件可由承包人自行处理（发包人有保留要求的可通过双方协商处理）。

2.15 通风散烟设施

本合同工程有少量地下洞室施工项目，地下洞室施工时，除爆破、施工机械设备排放的有毒物质与有害气体外，岩层中还存在硫化氢以及可燃烧的甲烷，承包人应引起高度重视。承包人应根据本标工程的具体情况，负责对本标地下工程项目施工期通风散烟方案设计、实施、运行维护等；为了使地下洞室空气质量达到环保要求，承包人需新增设的通风散烟设施由承包人自行设计、施工、运行、维护、封堵及拆除等。在通风散烟设施开始施工前28天，承包人应将布置图及结构图报监理人审批。

2.16 临时工程的设计及验收

2.16.1 承包人根据合同要求，修建综合加工厂、金结拼装场、机修系统等各种临时工程。承包人应将拟修建的临时工程的规划设计说明书和图纸，于该项工程开工前14天内提交监理人批准。

2.16.2 承包人修建的临时工程设计中，应包括用途、规模、组成项目、工艺设计、工艺设备清单及自带或（和）新购情况、土建情况、建安工程、建安施工进度、技术措施及运行使用规程、系统总布置图、工艺设计图、主要土建安装图、施工进度表、环保、水保、消防及安全等内容。

2.16.3 临时工程验收参照1.16条款执行。

2.17 对发包人提供的公用设施的保护和结构物拆除

2.17.1 承包人应负责运行、维护发包人提供的公用设施，并使其在合同期内保持状况良好。

2.17.2　合同完成后，不用于维护永久工程的设施，都应按监理人的指示或予以拆除或无偿地移交给发包人，拆除后的场地应彻底清理并使监理人满意。

2.17.3　在整个合同工程施工期，承包人有意或无意破坏发包人公用设施，必须在发包人或监理人规定时间恢复其原有状况，并且由此造成的一切损失均由承包人负责。

2.18　施工工厂及设施的运行与维护

2.18.1　承包人负责施工工厂及设施的运行与维护，且必须满足施工的要求。

2.18.2　承包人应在当年四季度将下一年的生产计划报监理人审批后下达给各施工工厂。

2.18.3　承包人应建立健全运行维护规节制度，各生产车间应张贴安全操作规程、设备维护保养规程、设备检修规程、岗位责任制等，运行人员必须严格遵照执行。

2.18.4　承包人应及时整理施工工厂及设施的运行维护、测试记录并装订成册，一式 6 份，同时报送 4 份给发包人，按月报给监理人备查，所有记录应包括主要机械设备发生故障的时间，造成故障的原因、处理措施、排除故障的时间以及定期维护保养、检修措施等。

2.18.5　所有机械设备的运行与维护管理都必须按照制造厂家提供的使用与维护说明书进行。

2.18.6　对施工工厂及设施排放的"三废"，承包人应采取妥善的处理措施予以管理，并达到国家有关环保法规规定的排放标准。

2.18.7　各工厂内应设置有相应的消防设施。

2.18.8　对由发包人提供或租赁的设备及设施，零配件的更换及修理必须经监理人审批，并作好记录。

2.19　渣场及开挖渣料管理

　　1）本工程开挖的有用料堆存场地为_____，弃渣场为_____。

　　2）发包人已委托其他承包人负责弃渣场、存料场的维护、管埋。本合同开挖的渣料应根据有用料和无用料进行分类，按照规划的堆渣流向和数量运至指定地点按要求堆放。

2.20　计量与支付

2.20.1　本节建设项目，仅对合同规定并以投标《工程量清单》列出的临时工程项目进行报价、计量。未列出的临时工程项目的费用已包含在相应工程的单价中。

2.20.2　支付方法

　　对于《工程量清单》"一般项目"中已列出的总价承包的临时工程，按监理人签认的实际完成的该项的合格分项计量，并按《总价承包工程项目报价细目表》中所列项目分项费用并根据实施进度进行支付，支付总额不超过《工程量清单》所列相应项目总价。

本合同工程的全部临时工程所需的人工、材料、设备和其他辅助设施以及临时工程勘测设计费等的一切费用均包含在《工程量清单》所列"一般项目"中临时工程项目的报价中，发包人不另行支付。后述节节不再列出临时工程的土石方开挖、土石回填、混凝土、砌体工程等的计量和支付方式。

第三节　施工期水流控制

3.1　说明

3.1.1　范围

本节规定适用于为实施本合同工程而采取的水流控制措施，其工程项目包括（但不限于）：

1）大坝上、下游围堰修筑及下游围堰拆除；

2）大坝基坑施工期排水；

3）（排水或灌浆洞）地下洞室施工期渗漏排水；

4）本合同工程区域其他场地排水；

5）安全度汛与防护工程。

3.1.2　发包人负责的工作内容

本节由发包人负责的建筑物设计，并提供施工图纸的工程项目有：大坝上、下游围堰。

3.1.3　承包人的责任

1）承包人应按本合同技术条款的要求，负责本合同施工期水流控制工程，保证本标工程在旱地施工；负责提供其所需要的人工、材料和设备，以及质量检查和检验等工作。

2）承包人应提交本合同施工期水流控制工程的设计和施工文件，其中包括基坑、洞室排水措施、边坡截排水措施、防护措施和安全度汛措施等。上述文件均应经承包人项目经理签字后，报送监理人审批。监理人的批准，并不免除承包人应对上述水流控制工程的设计和施工应负的责任。

3）承包人应提交大坝下游围堰拆除的专项措施，包括先水上、后水下，先背水坡、后迎水坡，预留经济断面等拆除顺序。上述文件应经承包人项目经理签字后，报送监理人审批。监理人的批准，并不免除承包人应对上述水流控制工程的设计和施工应负的责任。

4）当河流通过天然流量小于或等于本合同规定的工程设计洪水标准时，因承包人自身原因造成建筑物的损失和损坏，应由承包人承担修复及应急抢救的费用。

5）施工期内遭遇不可预测的自然灾害或发生超标准洪水及暴雨时，承包人应按监理人的指示，采取紧急措施，进行防洪防灾的抢险工作。由于自然灾害或超标准洪水造成主体建筑物和辅助建筑物的损失和损坏，应按合同条款第 56 条的规定办理。

3.1.4　承包人应提交的主要文件

3.1.4.1　上、下游围堰施工组织设计

在围堰工程开工前 28 天，承包人应提交一份上、下游围堰施工组织设计说明（一式 6 份，同时报送 4 份给发包人），报送监理人审批，其内容应包括（但不限于）：

1）上、下游围堰基础防渗施工组织设计报告；

2）上、下游围堰土石填筑施工计划与措施；

3）监理人要求提交的其他资料。

3.1.4.2　施工水流控制工程布置和建筑物设计

在施工水流控制工程开工前 56 天，承包人应提交一份施工水流控制工程的布置及其说明（一式 6 份，同时报送 4 份给发包人），并应有详细说明的施工区水流控制与排水规划及有关排水设备的数量、型号、性能、布置等资料报送监理人审批。

其内容应包括（但不限于）：

1）施工水流控制工程总布置图及设计说明书；

2）大坝基坑排水措施；

3）降水管井排水措施；

4）地下洞室排水措施；

5）防暴雨及地下洞室渗漏水处理措施；

6）边坡截排水措施；

7）安全度汛和边坡防护措施；

8）控制性进度表及其相应的工程措施说明；

9）监理人要求提交的其他资料。

3.1.4.3　施工措施计划

在水流控制工程开工前 14 天，承包人应按照监理人批准的施工水流控制总体布置和本合同技术条款第 7.5 条规定的内容和要求，提交一份水流控制工程的施工措施计划（一式 6 份，同时报送 4 份给发包人），报送监理人审批。

3.1.4.4　安全度汛措施计划

在合同实施期间，承包人应在每年汛期前 56 天，提交该年度安全度汛措施计划（一式 6 份，同时报送 4 份给发包人），报送监理人审批。

3.1.4.5 下闸蓄水措施计划

在水库开始蓄水前 56 天，承包人应提交一份下闸蓄水措施计划（一式 6 份，同时报送 4 份给发包人），报送监理人审批。

3.2 大坝上、下游围堰

3.2.1 围堰设计说明

大坝上下游围堰为 _____ 级建筑物，挡水标准按全年 _____ 年一遇洪水设计，采用土石围堰结构型式。上游围堰堰顶高程为 _____ m，顶宽 _____ m，最大堰高 _____ m；下游围堰堰顶高程为 _____ m，顶宽 _____ m，最大堰高 _____ m。围堰挡水运行期间，金沙江洪水从左右岸布置的 _____ 条导流隧洞下泄。

3.2.2 围堰施工

承包人应按监理人提供的施工图纸进行大坝上下游围堰的施工，围堰的施工技术要求，应执行本技术条款各有关节节的规定。

承包人在进行截流进占施工前，应密切注意水情、雨情变化，确保截流施工期间上游来流量在设计截流流量范围内；截流戗堤施工时，其顶部高程始终高于戗堤上游水位 _____。出现上游来流量超标或戗堤堤头坍塌等异常情况，应立即上报监理人，并根据监理人新的指示执行。

围堰施工的上升速度应满足安全度汛标准及挡水的施工断面要求，并应保证围堰的施工断面在各种运行工况下处于稳定和安全状态。

3.2.3 围堰维护

1）承包人应对上游围堰的稳定、防止渗漏及其结构完好负全部责任。并对各种已经和可能发生的损坏进行修复和预防。

2）承包人应设专人定期巡视检查围堰运行状况，发现异常情况（如护坡损坏，堰体变形，表面裂缝，堆石体崩滑或人为破坏等）应立即向监理人报告，并提出补救处理方案，经监理人同意后，由承包人组织实施。

3）承包人有责任保护围堰堰体上埋设的安全监测设施，并对监测数据的采集提供必要的工作条件。发现监测设施损坏应及时向监理人报告并主动配合修复。

4）承包人应设置必要的量测设施，经常观测堰基的渗流情况，当发现渗流量增大、渗水浑浊或管涌流土等现象时，应及时向监理人报告。当渗漏状况严重恶化时，应立即研究处理方案报送监理人审议，同时准备应急工程措施，以便在接到监理人指令后能迅速实施。

5）承包人对围堰附近的集中水流应加以引导，避免冲刷堰面、堰脚，严禁在围堰反滤排水系统及石碴压坡体上堆填不透水材料。

3.2.4　围堰的拆除

1) 大坝上游围堰不予拆除；大坝下游围堰拆除到高程_____ m。

2) 承包人应按先水上、后水下，先背水侧、后迎水侧逐渐现成围堰经济断面的拆除程序进行大坝下游围堰的拆除。

3) 承包人应按监理人指示，以不妨碍建筑物的安全运行为前提，提交大坝下游围堰拆除的措施报送监理人审批。

4) 承包人应按施工进度要求，根据监理人的指示，及时拆除围堰至监理人认为合格为止。

5) 下游围堰拆除弃渣运往上游坝前回填。

3.3　施工排水

3.3.1　施工排水措施

承包人按本节第3.1.3　2) 款的规定提交施工措施计划，应对本合同工程施工场地的临时排水作出详细规划，针对施工区域的以下范围和内容编制施工排水措施，并报送监理人审批。

1) 施工区内冲沟、山洪和地下水的引排措施；

2) 大坝基坑初期排水、开挖及混凝土浇筑施工期间经常性排水措施；

3) 围堰背水侧坡脚覆盖层降水管井排水；

4) 施工排水系统的布置图；

5) 施工排水设备配置计划。

3.3.2　基坑排水

1) 大坝基坑最大渗流量预计为_____ m^3/天，其中上下游围堰各为_____ m^3/天。此数据仅供参考，承包人应根据招标文件提供的地质参数、围堰结构等资料进行基坑渗流量分析计算，自行确定基坑渗流量。

2) 承包人应负责围堰截流闭气后基坑积水的排除（参考值：约_____万 m^3），降水管井积水的抽排以及本标基坑内永久工程建筑物施工弃水的经常性排水（包括排除降雨、堰体和基坑渗漏水、地下水和施工废水等）。基坑初期积水抽排时，基坑水位降幅应不大于_____ m/天；

3) 承包人应负责提供施工排水所需的全部排水设施和设备，并负责这些设备和设施的安装、维修和运行，保证排水设备的持续运行，必要时应配置应急的备用设备和设施（包括备用电源），以避免施工场地造成积水而影响工程正常施工。

3.3.3　洞内排水

1) 承包人应详细了解本合同工程的水文地质条件，对本合同工程范围内所有地下洞室的施工排水应有充分估计。

2）承包人应负责地下工程洞内施工弃水及山岩渗水的排除，提供施工排水所需的全部排水设施和设备，并负责这些设施和设备的采购、运输安装、维修和运行，保证排水设备的持续运行，必要时应配置应急的备用设备和设施（包括备用电源），以避免施工场地造成积水而影响本标及其他项目的正常施工。

3.3.4 场地排水

1）承包人除了应按施工图纸或监理人的指示尽早开挖截水沟、排水沟以外，还应根据需要设置必要的临时排水与截水设施。由于排水不畅而引起边坡失稳、工程延误等后果，均由承包人承担责任。

2）承包人应备有充足的排水设备及备用设施，以使部分设备发生故障时仍能正常排水。

3）承包人应确保自开工至完工验收或监理人指定的时间内的正常排水。

4）按图示或监理人指示开挖的排水沟、截水沟、集水坑等以及施工需要而设置的抽、排水设施，承包人应计入相应的开挖或混凝土的单价中，不再单独支付。

5）严禁施工废水或渗水流入其他项目，避免影响其他项目的施工。否则，由此引起的一切责任和费用有承包人负责。

3.3.5 废水排放

废水由承包人自设处理、排放设施，并承担一切责任及费用。废水排放须经处理，并应满足本工程施工区环境保护和国家环境保护的有关规定。否则，由此引起的纠纷、赔偿由排放、储存、堆集者承担一切费用。

3.4 安全度汛

3.4.1 安全度汛措施

1）承包人应按本节第 3.1.4.4 条规定，编制安全度汛措施，报送监理人审批。其内容包括（但不限于）：

（1）施工期度汛措施；

（2）辅助工程建筑物的防护措施；

（3）防汛器材设备和劳动力配置；

（4）施工区和生活区安全防护措施；

（5）发生超标准洪水时的应急度汛措施；

（6）度汛演习。

3.4.2 防洪度汛准备

承包人应在每年汛前根据批准的安全度汛措施，备足防汛所需的材料和设备，并在紧急情况下，作好防汛劳动力安排。除超标准洪水度汛所增加的费用由发包人承担外，在设计洪水标准以内的度汛费用应由承包人承担。

3.5　施工期下闸蓄水与供水

3.5.1　说明

1）与本合同相关，由其他项目完成的施工期下闸蓄水与供水包括：

（1）＿＿年＿＿月～＿＿年＿＿月，＿＿＃～＿＿＃导流隧洞下闸；

（2）＿＿年＿＿月，＿＿＃导流洞下闸。

2）本合同工程负责的施工期下闸蓄水与供水包括：

（1）＿＿年＿＿月5＃导流洞下闸后，由泄洪中孔敞泄向下游供水；

（2）＿＿年＿＿月底，导流隧洞堵头施工结束后，泄洪中孔控泄向下游供水，水库开始蓄水至初期发电水位＿＿＿＿m。

3.5.2　下闸蓄水措施

承包人应按本节第3.1.4.5款规定，提交下闸蓄水措施报送监理人审批，其内容包括（但不限于）：

1）下闸蓄水前主体工程应完成的工程面貌；

2）主体工程蓄水前的检查验收和缺陷修复记录；

3）下闸蓄水闸门和启闭机的试运行检查记录；

4）水库蓄水前的库区施工场地清理工作及验收记录；

5）下闸蓄水后，后续工程计划和度汛形象面貌；

6）观测设备的埋设及下闸蓄水前的观测初始值；

7）下闸蓄水的施工措施（包括导流洞、导流底孔封堵措施）。

3.5.3　闸门和启闭机的检查

下闸蓄水前，承包人应对泄水和挡水建筑物的闸门、门槽、启闭机和拦污栅进行全面检查。并将检查记录报送监理人，发现有不合格的部件应及时进行修复，并应按监理人指示，在规定的时限内进行闸门和启闭机的试运行。并向监理人提交试运行记录。

3.5.4　施工区内的水库清理

在下闸蓄水前，承包人应按本合同的规定和监理人指示，对施工区域内的水库淹没范围进行清理，拆除淹没区内的临时工程建筑物，清除一切有碍水电站运行安全的施工废弃物和建筑垃圾，采取措施保护水下边坡的稳定，防止岸坡坍方。

3.5.5　下游供水

如果出现蓄水与供水的矛盾时，应按监理人指示办理。

3.5.6　下闸蓄水

承包人应按监理人批准的下闸蓄水措施，在规定的期限进行下闸蓄水。未经监理人批准，承包人不得擅自下闸蓄水或推迟下闸蓄水时间。

3.6 质量检查和验收

1）大坝上下游围堰的土石方开挖、土石方填筑工程、围堰防渗工程、混凝土工程以及钻孔灌浆工程等的质量检查，应按本技术条款中有关节节规定的内容和要求进行质量检查和验收。

2）为本工程服务的各种抽、排水设备和导、排水建筑物，在投入运行前，需接受监理人的质量检查与验收。

3）承包人应参加并配合截流前验收、导流洞下闸前验收、水库蓄水前验收等阶段验收工作。

3.7 计量和支付

本节工程项目分总价和单价两部分进行计量和支付。

3.7.1 单价支付项目

本合同中_____按单价支付。按监理人签认的合格工程量计量，按《工程量清单》相应项目的单价进行支付，该单价包括施工、试验、人工、材料、使用设备、工程运行和维护以及质量检查、验收等一切辅助设施费用，各项目的计量和支付详见本技术条款的其他节内容。

3.7.2 总价支付项目

1）除合同另有规定外，本合同工程施工所需的_____，按《工程量清单》所列项目的总价进行支付。总价支付应含有上述工程项目的设计、施工和试验；人工、材料和设备的提供；工程维护和运行以及质量检查和水流控制工程验收等所需的人工、材料、使用设备等一切费用。

2）施工期防洪度汛费用专项列入《工程量清单》所列的安全度汛和防护工程中，按总价进行支付。围堰维护（含异常状况下的补救与修复，不包括超标准洪水）的相关费用含在安全度汛与防护工程中，发包人不再另行支付。

3）建筑物基坑及工作面的施工期排水、排水设施修建与拆除等费用专项列入《工程量清单》所列的施工排水中，按总价进行支付。

4）除《工程量清单》所列的全部总价所包含的工程项目及其工作内容外，承包人按本节规定进行的各项工作，其所需费用均应分摊在各项目的报价中，发包人不再另行支付。

第四节　截流及围堰工程

4.1 说明

本节适用于为本合同实施截流及围堰工程而规定的各项技术条款，其具体内容包括：

    1）截流施工；

    2）土石方填筑；

    3）混凝土防渗墙施工；

    4）帷幕灌浆；

    5）复合土工膜；

    6）抛石护脚；

    7）降水管井施工；

    8）砌石工程；

    9）铅丝石笼。

4.2 截流设计与施工

4.2.1 截流设计

1）截流设计内容应包括（但不限于）选定的截流方式、截流时段、截流水力学参数、抛投材料的品种和数量、截流供料的料源、备料场地储量、施工主要设备、运输道路等。

2）承包人应按截流标准＿＿＿月＿＿＿％月平均流量为＿＿＿ m³/s 进行截流设计及施工准备。截流采用单戗双向立堵截流方式。

3）截流戗堤最终断面应满足发包人提供的围堰施工图纸设计要求。

4）截流时1♯～4♯导流隧洞参与分流，承包人应考虑工程施工期间石渣下江和导流隧洞围堰拆除不完全对坝址水位流量关系和截流施工的影响，承包人不得因此提出索赔。

4.2.2 承包人应提交的主要文件

在截流工程开工前84天，承包人应提交一份截流设计与施工文件（一式6份，同时报送4份给发包人），报送监理人审批，其内容应包括（但不限于）：

    1）截流方式、截流布置图及水力学计算；

    2）截流备料；

    3）截流施工组织设计报告；

    4）监理人要求提交的其他资料。

4.2.3 截流水力学原型观测

承包人应在截流施工过程中进行截流水力学原型观测，测定预进占段和龙口各区段水力参数，并将原始资料及时提交监理人，其主要内容如下：

    1）观测导流洞进口、戗堤轴线及上下游沿程水位；

    2）观测龙口及导流洞泄流量；

3）观测预进占段和龙口各区段的流态、水深、流速等指标；

4）观测龙口各区段戗堤上下游和堤头的边坡；

5）观测抛投料稳定状况和流失位置，估计其流失量；

6）观测龙口河床冲刷状况；

7）根据施测资料，绘制预进占段和龙口各区段水力特性曲线。

4.2.4 截流戗堤抛投材料

1）抛投材料分类及规格

截流戗堤抛投材料，非龙口段为石渣和块石料，龙口段为单个＿＿＿＿＿ m³ 左右的钢筋石笼（串）、块石及石渣料。块石料主要利用两岸坝肩开挖的灰岩或白云岩石料，根据截流戗堤抗冲要求和现场开挖及备料条件，截流抛投材料分三种规格。

（1）石渣料：一般最大粒径（折算为球体直径，下同）＿＿＿＿＿ cm，其中粒径＿＿＿＿＿～＿＿＿＿＿ cm 的块石含量大于＿＿＿＿＿%，粒径＿＿＿＿＿ cm 以下含量小于＿＿＿＿＿%。

（2）块石料：粒径＿＿＿＿＿～＿＿＿＿＿ m，重量＿＿＿＿＿～＿＿＿＿＿ kg 的块石，备料应从石渣中分选，单独存放。备料可按粒径大于＿＿＿＿＿ m，重量大于＿＿＿＿＿ kg 的块石含量大于＿＿＿＿＿%控制。

（3）钢筋石笼：单个钢筋石笼结构尺寸为＿＿＿＿＿ m×＿＿＿＿＿ m×＿＿＿＿＿ m，串体一般＿＿＿＿＿～＿＿＿＿＿个一串，钢筋石笼填装块石粒径应大于＿＿＿＿＿ cm，密实度应大于＿＿＿＿＿%。填装块石料应从石渣料分选，成品钢筋石笼应选定专门料场存放，单个钢筋石笼必须满足用吊车起吊装车的条件。

2）戗堤石渣料

预进占石渣填筑量约＿＿＿＿＿万 m³，左岸＿＿＿＿＿万 m³（约＿＿＿＿＿%）从＿＿＿取料，右岸＿＿＿＿＿万 m³（＿＿＿＿＿50%）从＿＿＿（由本标承包人提前备料）取料。龙口段石渣填筑量约＿＿＿＿＿万 m³左岸＿＿＿＿＿%约＿＿＿＿＿万 m³从＿＿＿取料，右岸＿＿＿＿＿%约＿＿＿＿＿万 m³从＿＿＿＿＿（由本标承包人提前备料）取料。

3）截流块石堆场

（1）上游戗堤两岸非龙口段及龙口段所需块石合计＿＿＿＿＿万 m³（填筑方），按＿＿＿＿＿倍系数备料计＿＿＿＿＿万 m³（填筑方），在＿＿＿＿＿＿＿＿备料场分别备存＿＿＿＿＿%。发包人已在＿＿＿＿＿＿＿＿由其他承包人保存了截流块石料，备料量分别约＿＿＿＿＿万 m³（填筑方）。本项目承包人应对已堆存块石料的备料数量规格进行复核，不足时补充备存。

（2）截流块石备料堆场须平整，平整时在面层回填石渣及碎石，碾压密实。堆场内及周边须设排水沟，为不影响交通，沟内可用块石及碎石填平。

（3）按材料规格分类划分堆场，各堆场应立牌，标出堆场名称，面积尺寸，堆料数量等，以便于截流指挥调度。

（4）堆存时应考虑方便取料。

4）截流特大块石约_____万 m^3，按_____倍的系数计_____万 m^3 准备钢筋石笼。此数据仅供参考，承包人应根据水文资料分析计算，自行确定备料量。

4.2.5 截流戗堤进占

1）截流戗堤进占施工道路

（1）鉴于截流戗堤进占施工车辆数量多、行车密度大。要求备料堆场至戗堤的截流施工道路路面平整，保证阴雨畅通无阻。

（2）在回填料及戗堤上修筑的截流施工道路，按碎石路面设计，必须碾压密实，并经常维修养护。

（3）无关车辆不得通行。

2）上游戗堤两岸非龙口段进占

（1）上游戗堤两岸非龙口段_____月末开始进占。_____月初进占长度按设计图施工，控制_____月_____日～_____日形成龙口宽_____m。

（2）上游戗堤两岸非龙口段高程降至龙口段高程_____m，堤顶龙口段加宽至_____m。

（3）戗堤两岸非龙口段进占抛投材料，一般用石渣料全断面抛投施工，进占过程中，如发现堤头抛投料有流失现象，可在堤头进占前沿的上游角（按戗堤轴线上游侧控制）先抛一部分较大块石，在其保护下，再将石渣抛填在戗堤轴线的下游侧。

（4）戗堤两岸均采用汽车抛填进占，汽车将块石料卸在堤头前沿上，用推土机推入水中，每个堤头均需配备_____台推土机。

（5）两岸非龙口段进占施工流量按逐月平均流量控制。根据水情预报在当月流量较小时段，安排_____天完成当月进占长度，并在堤头前沿_____～_____m 范围内，用较大块石抛在上游角压坡脚，使其形成防冲裹头，以防止遇当月_____％频率最大瞬时流量时，堤头冲刷坍塌。

（6）两岸非龙口段戗堤进占中，混合料戗堤（d<_____cm）尾随抛填，但需在截流戗堤与石渣混合料之间的过渡料抛填完成并经过验收后，才能尾随抛填石渣混合料，且控制石渣混合料进占长度滞后_____～_____m。

3）上游戗堤龙口段合龙进占

（1）龙口段合龙进占是截流成败的关键，合龙的具体日期应由发包人根据水文情况和各项准备工作的进展情况相机确定。截流龙口可能采用钢筋石笼（长宽高为_____m×_____m×_____m）平抛护底，最终根据截流模型试验和现场实际情况确定。施工方法由承包人根据当时地形及水文条件自行确定。在龙口合龙进占开始前，须对下列各项组织验收检查。

①导流洞。

②龙口段合龙抛投材料规格及备用数量须满足设计要求，并备放在距截流戗堤较近的截流基地上。

③两岸截流施工道路须满足大型机械通行，阴雨畅通无阻的要求。

④龙口合龙进占施工所需各种大型机械设备（自卸汽车、挖掘机、装载机、推土机、吊车等）必须检修合格，操作人员配备齐全、并经过训练。

⑤水文观测设施装备齐全，观测手段落实，具备观测条件。通讯联系通畅，指挥系统完善。

（2）龙口合龙抛投材料应按设计分3个区段进占

①区段（口门宽_____～_____m）可用块石及石渣全戗堤断面进占，如发现堤头抛投料有流失现象，可在堤头进占前沿的上游角（戗堤轴线上游侧）先抛一部分较大块石，在其保护下，再将块石及石渣抛在戗堤轴线的下游侧。

②区段（口门宽_____～_____m）为合龙的困难区段，可采用凸出上游挑角的进占方法。在上游角（与戗堤轴线成45°角）集中抛特大块石（或钢筋石笼）（串）控制在戗堤轴线上游_____～_____m，使上游角凸出_____m左右，将水流自堤头前上游角挑出一部分，从而使堤头下侧形成回流缓流区，可用块石及石渣进占。

③区段（口门宽_____～_____m）可用块石从戗堤轴线上游侧进占，再将块石及石渣抛在戗堤轴线下游侧。

（3）加强对戗堤上的施工机械及工作人员统一指挥，为防止堤头坍塌而危及抛投汽车的安全，可在堤头前沿设置安全排，并配备专职安全员巡视堤头边坡变化，观察堤头前沿有无裂缝发现异常情况及时处理以防患于未然。

（4）抛投特大块石（或钢筋石笼）的自卸汽车后轮至堤头前沿距离应通过水上斜坡抛投试验确定，自卸汽车后轮至堤头前沿边缘暂定_____～_____m，根据实际抛投资料修正。

（5）特大块石（或钢筋石笼）装车位置要适中，防止装车时偏斜，行走时出事故，开车要稳，不允许急刹车。自卸汽车装特大块石的数量建议通过实际抛投试验后确定。

（6）龙口合龙进占过程中，水文测验资料须及时报送截流指挥部，以便于根据龙口水力学指标调整抛投材料，确保截流龙口合龙成功。

4.2.6 计量和支付

本合同工程河床截流按《工程量清单》"截流设计与施工"项目的总价进行支付。总价支付应含截流的设计、截流模型试验参加并配合、截流水力学原型观测、备料（含截流用钢筋石笼）、场地清理、施工和试验，人工、材料和设备的提供，工程维护和运行以及质量检查和验收等所需的人工、材料和使用设备等一切费用。

4.3　土石方填筑

4.3.1　说明

4.3.1.1　范围

1）本节规定适用于本工程大坝上下游围堰填筑及施工图纸所示土石方填筑和其他填筑工程的施工。其工作内容包括：土石方料物平衡；填筑料开采、加工和运输；各种料物的填筑、碾压和接缝处理；质量检查和完工验收前的维护等工作。

2）_____年_____月底前，上下游围堰防渗墙施工平台分别按图纸填筑至高程_____m及_____m。_____年_____月底，上游围堰堰体填筑基本完成。

3）大坝上游填土填筑按本节要求执行。

（1）填筑范围为大坝上游天然河床以下，其中底部 3m 厚度范围采用黏土碾压填筑成防渗体，其余部位采用任意料填筑。

（2）坝前土料填筑应在相应部位接缝灌浆完成、坝面缺陷检查及处理完毕后进行。

4.3.1.2　承包人的责任

1）承包人应按施工图纸和监理人的指示，完成本节第 4.3.1.1 条范围内的全部工作。

2）本工程土石方填筑应尽可能利用工程开挖料，承包人应根据施工图纸的要求，在开挖料中选择合格的各种填筑石料集中堆存。

3）承包人应对开采和填筑的料物进行合理的平衡，保证填筑工程供料的连续和均衡。若供料不当，导致土石方填筑施工受阻，其延误的工期和增加的费用由承包人负责。

4）围堰工程的喷混凝土及无砂混凝土有关要求见本技术条款第 15 节。

5）钢筋石笼、铅丝石笼有关要求见本节第 4.9 节。

4.3.1.3　主要提交件

1）土石方填筑施工措施计划

在土石方填筑工程开工前 42 天，承包人应按施工图纸要求和监理人指示，提交包括下列内容的施工措施计划，报送监理人审批。

（1）施工布置图。

（2）土石方填筑程序和施工方法。

（3）料物供应及运输。

（4）施工设备和设施的配置。

（5）质量与安全保证措施。

（6）施工进度计划。

2）地形测量资料

土石方填筑工程开工前 28 天，承包人应将填筑区基础开挖验收后实测的平、剖面地形测量资料报送监理人，经监理人确认的地形测量资料作为填筑工程量计量的原始依据。

3）完工验收资料

土石方填筑工程完工后，承包人应按本合同的规定，为监理人进行完工验收提交以下完工资料：

（1）土石方填筑工程完工图。

（2）土石方填筑工程基础地质编录资料。

（3）土石料填筑现场生产性试验成果。

（4）土石方填筑体施工质量报告。

（5）质量事故处理报告。

（6）工程隐蔽部位的检查验收报告。

（7）监理人要求提供的其他资料。

4.3.1.4 引用标准和规程规范

1）本节各专项施工技术涉及的其他节节引用的标准和规程规范。

4.3.2 土石方开挖和填筑平衡

承包人应根据施工总进度计划的要求，做好土石料开挖和工程填筑计划的平衡，在按本节第 4.3.1.3 款提交的施工措施计划中，列出详细的土石方填筑料物的开采和填筑的平衡计划，以确保土石方填筑工程供料的可靠性和均衡性。

4.3.3 现场生产性试验

土石方填筑工程开工前，承包人应根据监理人的指示，进行与实际施工条件相仿的现场生产性试验，并根据下述 1）～4）条试验成果确定填筑施工参数，试验成果报告应报送监理人。

1）反滤料及过渡料填筑碾压现场生产性试验

（1）反滤料及过渡料应分别进行铺料方式、铺料厚度、振动碾的类型及重量、碾压遍数、铺料过程中的加水量、压实层的孔隙率和干密度、压实层的孔隙率和相对密度、干密度及渗透系数等试验。

（2）碾压试验采用的反滤料及过渡料应满足本技术条款及施工图纸要求。

2）黏土、石渣料、石渣混合料及混合料碾压试验

（1）黏土、石渣料、石渣混合料及混合料分别进行碾压试验，包括进行铺料方式、铺料厚度、振动碾的类型及重量、碾压遍数、行车速度、铺料过程中的加水量等碾压施工参数的试验，在复核试验中应测定压实层的空隙率、干密度和渗透系数以及碾压

后上述三种料的颗粒级配。

（2）碾压试验采用的黏土、石渣料、石渣混合料及混合料均应满足本技术条款及施工图纸要求。

3）层间结合碾压试验

承包人应进行复合土工膜与反滤层、反滤层与石渣混合料之间的填筑程序、压实方法等施工方法试验。

4）现场生产试验完成后，承包人应将全部试验成果整理编写成正式的现场碾压试验报告（必须包括施工中推荐采用的碾压参数）报送监理人，在得到监理人的批准同意后才能进行正式施工。

4.3.4　填筑料源

1）本工程填筑料除土料外全部采用开挖利用料。

2）填筑料颗粒级配要求

（1）石渣混合料

石渣混合料为围堰的主要填筑材料，为全、强、弱、微新岩石开挖混杂料。石渣混合料分为两大类，第一类为混合料，即混凝土防渗墙穿越区域，为了减少混凝土防渗墙造孔困难，其最大粒径应小于 20cm；其他区域石渣混合料为第二类，石渣混合料要求如下：

①颗粒级配：粒径大于＿＿＿＿＿ mm 含量（P5）为＿＿＿＿＿％，含泥量为＿＿＿＿＿％（按重量计），第一类最大粒径不超过＿＿＿＿＿ mm，第二类最大粒径不超过＿＿＿＿＿ mm；

②压实要求：水下抛填压实干密度为＿＿＿＿＿ g/cm³，水上分层碾压压实干密度大于＿＿＿＿＿ g/cm³。

③混合料（粒径＜＿＿＿＿＿ cm）在截流期间直接上堰填筑，料源不足时从＿＿＿＿备料场取料（约＿＿＿＿＿万 m³）。承包人截流前应对混合料料源进行复核，不足时及时备料。

④第二类石渣混合料需要量＿＿＿＿＿万 m³，分别从＿＿＿＿＿＿＿＿＿取料，各地用料放量为＿＿＿＿＿＿＿＿＿ 。

（2）石渣料

石渣料主要用于水下抛填压坡部位，根据试验研究成果及堰体稳定分析成果，提出石渣填料控制指标如下：

①石渣料要求石质坚硬，不易破碎或水解，主要采用坝肩及电站进水口开挖的微新或弱风化灰岩、白云岩和大理岩化白云岩等石料；

②石渣料的颗粒级配：粒径大于＿＿＿＿＿ mm 含量（P5）不小于＿＿＿＿＿％，含泥量小于＿＿＿＿＿％（按重量计），最大块径不宜大于＿＿＿＿＿ mm；

③石渣料压实标准：水下抛填料控制干密度 $\rho_d \geqslant$ ＿＿＿＿＿ g/cm³，水上压实控制压

实干密度 $\rho d =$ _____ g/cm³。

④石渣料需要量_____万 m³，分别从左岸坝肩、右岸坝肩、左岸进水口、右岸进水口及泄洪洞出口二期各直接利用开挖料_____万 m³，另从阴地沟取开挖弃渣_____万 m³。泄洪洞出口二期开挖料直接上堰填筑由其他承包人运输。

（3）堆石料

堆石料用于上游围堰迎水坡防止碎石土被冲刷，其控制指标如下：

①采用比较新鲜坚硬、组织均匀的碎石及块石，抗压强度不小于_____～_____MPa；

②级配较好，粒形方正，针片状含量≤_____%，最大颗粒粒径_____mm；

③压实标准：压实干密度不小于_____t/m³。

堆石料（块石）由其他承包人备料，本项目承包人应对已堆存块石料的备料数量规格进行复核，不足时补充备存。

（4）干砌块石

下游围堰枯水平台以上迎水坡采用干砌块石防护，要求采用新鲜坚硬、组织均匀石料干砌，抗压强度不小于_____MPa，块形方正，非针片状；干砌块石最长边不小于_____mm，块石重量一般_____kg～_____kg；坡脚与封边应用较大的块石料。

填筑用块石料（不含截流块石）由本标承包人备料。

（5）过渡料

过渡料用于石渣料或截流戗堤与石渣混合料之间的过渡，其控制指标如下：

①过渡料要求石质坚硬，不易破碎或水解，主要采用坝肩及电站进水口开挖的微新或弱风化灰岩、白云岩和大理岩化白云岩等石料；

②颗粒级配：粒径大于_____mm 含量（P5）不小于_____%，含泥量小于_____%（按重量计），最大块径不宜大于_____mm；

③压实标准：水下抛填料控制干密度 $\rho d \geqslant$ _____ g/cm³，水上压实控制压实干密度 $\rho d =$ _____ g/cm³。

④人工砂、过渡料及堰面碎石料采用下白滩砂石加工系统加工的料。承包人从砂石加工系统成品料仓有偿取用。

（6）反滤料

反滤料是用于干砌块石下部，起反滤作用的砂砾石料，其中大坝基坑内天然覆盖层开挖边坡反滤料分为反滤料1和反滤料2两层，其控制指标如下：

①利用经筛分的天然砂砾料或人工碎石配制而成，要求材料质地致密坚硬，具有较强的抗水性和抗风化能力；

②颗粒级配

反滤料 1：粒径_____ mm～_____ mm，其中粒径_____ mm～_____ mm 占_____％～_____％，_____ mm～_____ mm 占_____％～_____％，含泥量≤_____％；

反滤料 2：粒径_____ mm～_____ mm，其中粒径_____ mm～_____ mm 占_____％～_____％，_____ mm～_____ mm 占_____％～_____％，含泥量≤_____％；

③控制压实干密度不小于_____ t/m³。

④反滤料采用砂石加工系统加工的，并经级配混合的合格料。承包人从混合料出机口有偿取用。

（7）碎石土

为了巩固混凝土防渗墙顶部盖帽混凝土与复合土工膜的连接，在该部位采用具有防渗性能的碎石土填筑保护其接头。本工程碎石土用量小，可在开采的天然黏土料中掺入适量的碎石形成满足设计要求的碎石土。碎石土具体指标要求如下：

①碎石土中的水溶盐含量应小于_____％，有机质含量应小于_____％；

②碎石土料最大粒径应不大于_____ mm；小于 5mm 颗粒含量平均不宜小于_____％，小于 0.075mm 的颗粒含量不应小于_____％，并应有一定的粘粒含量，经筛除后的超径石含量应小于 2％；

③碾压密实后的碎石土，其渗透系数应小于_____ cm/s，抗渗透变形的临界坡降应大于_____，其渗透破坏型式应为流土；

④碎石土的塑性指数宜为_____。

3）坝前填筑料

（1）黏十料采用_____土料场中的黏土、粉土。黏土料质量要求如下：

①压实后渗透系数：不大于_____ cm/s；

②水溶盐含量（指易溶盐和中溶盐，按质量计）不大于_____％；

③有机质含量（按质量计）：不大于_____％；

④有较好的塑性和渗透稳定性；

⑤浸水与失水时体积变化小。

（2）任意料由下游围堰拆除弃渣直接供给，不足从_____取料。

4）其他要求

（1）石料中，遇有比较集中的软弱颗粒、软胶结物，应按本技术条款的规定处理。

（2）应严格控制大块石料的材质和粒径。

（3）监理人认为不合格的土石料一律不得进行填筑。

4.3.5 填筑料开采

1）在填筑料开采之前应清除腐殖土、树根、乱石及妨碍施工的障碍物。

2）除在料场周围布置截水沟防止外水浸入外，还应根据地形、取土面积及施工期间降雨强度在料场内布置排水系统，及时宣泄径流。排水沟应保持畅通，沟底随料场开挖面下挖而降低。

3）当料场土料天然含水率接近或小于控制含水率下限时宜采用立面开挖，以减少含水率损失；如天然含水率偏大，宜采用平面开挖，分层取土，必要时采取晾晒措施。

4）土料开采应在旱季进行，不得在雨季开采。

5）应根据开采运输条件和天气等因素，经常观测料场含水率的变化，并作适当调整。

4.3.6 填筑料运输

1）填筑料运输应采用自卸汽车，因施工需要而改用其他方式运输时，承包人应经过论证，并提交措施计划报送发包人批准。

2）监理人认为不合格的填筑料等，一律不得运入工作面。

3）运输道路的交叉路口，应有专职人员指挥、调度、统计运输车辆。

4.3.7 土石方填筑

4.3.7.1 说明

1）本节所述的堰体填筑适用于本节第 4.3.1 条所示范围内及坝前的土石方填筑。

2）堰体各部位的填筑，必须按设计断面进行，施工图纸所示的堰体填筑尺寸应是已考虑了沉陷影响后的外形尺寸和高程。

3）承包人应保证上堰料的质量，一旦将不合格材料运输上堰，承包人必须负责将其清运至指定区域，所发生的一切费用由承包人承担，并对由此引起的一切后果负责。

4）水下部分填料的填筑应采用 20t（载重量）以上（不超过 30t）自卸汽车端抛，推土机平料，并控制堰面高出水面 1.0m 左右，采用 18t 以上的振动碾压密实。

5）在完成水下堰体填筑后，进行水上堰体填筑，按照本节第 4.3.7.2 条至第 4.3.7.3 条的规定执行，同时应满足下列要求：

（1）堰体抛填出水后，应分层碾压，压实参数与控制标准必须满足相应堰体压实的参数和控制标准；

（2）振动碾行驶方向应平行于围堰轴线，靠近边坡碾压不到的地方可以顺坡行驶，但碾压遍数应适当增加。

6）反滤料和过渡料：反滤料、过渡料的备料堆置、运输、卸料和铺筑方式等均应经监理人认可。应避免分离和混杂，否则，监理人有权指示承包人舍弃或进行处理，承包人不得因此要求增加费用。

4.3.7.2　土石方填筑前的准备

1）承包人应按监理人的指示和本技术条款的规定，完成土石方填筑部位的基础清理和排水工作。

2）在基础最终开挖线以下的所有勘探坑槽，均应按施工图纸的要求回填密实。

3）土石方填筑部位的全部基础处理工作，应按施工图纸要求施工完毕。

4）土石方填筑的基础，应由监理人按本合同的规定进行验收，合格后，才能开始土石方填筑。

5）坝前土石方填筑

（1）防渗体坐落在基岩上，防渗体填筑前，应将基岩面清除和冲洗干净，并排除基坑积水；

（2）基岩面上的勘探槽、孔和平洞，均应按施工图纸要求回填封堵；

（3）防渗体填筑应在基础处理经监理人验收合格后进行。

4.3.7.3　围堰等土石方填筑

1）基础的准备

（1）承包人应按监理人的指示和本技术条款的规定，完成土石方填筑部位的基础清理和排水工作。

（2）基础内的软弱夹层以及其他缺陷应按施工图纸要求进行处理，并按施工图纸要求修整岸坡。

（3）土石方填筑部位的全部基础处理只有经验收合格后，才能开始填筑。

（4）防渗体的基础和岸坡处理：

①岩石地基上的防渗体与岩石岸坡结合，必须采用斜面连接，不得有台阶、急剧变坡、更不得有反坡。清理坡度符合施工图纸要求；

②防渗体的基础和岸坡面的断层、断层影响破碎带，以及卸荷节理和裂隙的处理，应在填筑前按施工图纸要求处理完毕。

2）填筑

（1）填筑料除纯黏土、淤泥、粉砂、杂土和有机质含量大于_____％的腐植土、过湿土、冻土外，其他满足设计要求的土石料均可上堰填筑。石料含泥量不大于_____％，含水量小，分层碾压密实，每层厚度在_____cm左右。

（2）大坝上下游围堰混凝土防渗墙施工平台采用粒径D<_____cm的混合料或砂砾石料或经监理人同意的砂砾石料的替代料填筑。

（3）防渗墙上部复合土工膜上下游各_____m范围采用砂砾石料或人工砂填筑。

（4）碎石土采用在土料中掺混碎石人工混合，混合后的碎石土粒径及级配要求应满足本节第4.3.4条的规定。

3）碾压

（1）水面以上堰体均须碾压。承包人应根据施工图纸要求及施工强度选择碾压机型。碾压设备应满足本技术条款有关压实度、平整度及其他技术要求。

（2）碾压参数应通过碾压试验后由承包人提出，须报监理人批准后方能实施。

（3）铺料和碾压过程中应加水湿润，石渣的卸料高度不宜过大，以防分离，铺料时不得将较粗颗粒集中于一处，而应力求做到粗细搭配，靠近岸边地带应铺填细料，以防架空现象。

（4）分段碾压时，相邻两段交接带碾迹应彼此搭接，顺碾压方向，搭接长度应不小于_____ m，垂直碾压方向的搭接宽度应为_____ m～_____ m。

（5）岸边地形突变而振动碾碾压不到的局部地带，应采用薄层铺筑石渣和小型振动碾碾压。靠近堰肩不易碾压的部位应采用专用碾压设备。

4）碎石土填筑

（1）碎石土应分层摊铺、分层碾压，建议分层厚度_____～_____ m、振动碾重不小于_____ t、频率_____～_____ Hz、行车速度_____～_____ km/h、碾压遍数：_____～_____遍，实际施工参数以现场试验成果确定。

（2）碎石土填筑碾压施工时必须采取有效措施防止其下部的复合土工膜破坏、渗漏，如发生破坏、渗漏承包人应返工修复直至监理人检查验收合格。

（3）保持土料正常的填筑含水量，日降雨量大于5mm时，应停止填筑。当风力或日照较强时，承包人应按监理人的指示，在堰面上进行洒水润湿，以保持合适的含水量。

（4）碎石土填筑面应略向上游倾斜，以利排除积水。

（5）在负温条件下进行填筑应按DL/T5129—2001第4.4节的有关规定执行。

（6）承包人应分析当地水文气象资料，确定当季各种填料施工天数，合理选择施工机械设备的数量，以满足堰体填筑进度。

4.3.7.4 坝前黏土料填筑

1）当气候干燥、土层表面水分蒸发较快时，铺料前，防渗体压实表土应适当洒水湿润，严禁在表土干燥状态下，在其上铺填新土。防渗体已压实表面铺土前应洒水湿润并将表面刨毛。

2）黏土料的铺筑应沿坝轴线方向进行，铺料应及时。分层厚度_____ m，宜采用定点测量方式，严格控制铺土厚度，不得超厚。

3）黏土料应用进占法卸料，汽车不应在已压实土料面上行驶。

5）黏土料采用振动凸块碾压实。碾压应沿坝轴线方向进行。

6）防渗体分段碾压时，相邻两段交接带碾迹应彼此搭接，垂直碾压方向搭接带宽度应不小于_____ m～_____ m；顺碾压方向搭接带宽度应为_____ m～_____ m。

7）黏性土应同上游任意料平起填筑。应采用先填任意料后填土料的平起填筑法施工。

8）如黏性土填筑过程中出现"弹簧土"、层间光面、松土层、干土层、粗粒富集层或剪切破坏等，应根据具体情况认真处理，并经监理人验收后，始准铺填新土。

9）黏性土的铺筑应连续作业，如因故需短时间停工，其表面土层应洒水湿润，保持含水率在控制范围之内。如需长时间停工，则应铺设保护层。复工时予以清除，经监理人验收后，方可填筑。

10）防渗体填筑面上散落的松土、杂物应于铺料前清除。

12）黏性土的施工填筑含水率应根据土料性质、填筑部位、气候条件和施工机械等情况，控制在最优含水率的－_____％～＋_____％偏差范围以内。

13）需要洒水时，防渗土料应采用洒水车喷雾洒水。

14）为保持土料正常的填筑含水量，日降雨量大于_____ mm 时，应停止填筑。当风力或日照较强时，承包人应按监理人的指示，在坝面上进行洒水湿润，以保持合适的含水量。

15）任意料运输经过黏性土体时，应防止粒料散落在黏性土体上，如有散落应及时清除。

4.3.7.5　黏土料雨季填筑

1）进入雨季黏性土停止施工时，黏性土的填筑面应适当向上游倾斜，以利排泄雨水。表面应用防水雨布覆盖。

2）黏性土不应在雨季填筑。

3）降雨来临之前，应将已平整尚未碾压的松土，用振动平碾快速碾压形成光面，并做好覆盖防雨措施。

4）雨季停工前，心墙表面应铺设保护层，复工前予以清除。

5）在黏性土填筑面上的机械设备，下雨前应撤离填筑面，停置于坝壳区。

6）做好坝面保护，下雨至复工前，严禁施工机械穿越和人员践踏黏性土。

4.3.7.6　结合部位处理

黏性土与混凝土面或岩石面结合部位填筑：

1）填土前，混凝土（岩石）表面乳皮、粉尘及其上附着杂物必须清除干净。

2）在混凝土或岩石面上填土时，应洒水湿润，并边涂刷浓泥浆、边铺土、边夯实，泥浆涂刷高度必须与铺土厚度一致，并应与下部涂层衔接，严禁泥浆干涸后铺土和压实。泥浆配比，土与水质量比宜为_____～_____，应通过试验确定。

3）黏性土和混凝土板接触部位填筑厚_____ m的接触黏土料。接触黏土料用轻型碾压机械碾压，待厚度在_____ m 以上时方可用选定的压实机具和碾压参数正常压实。

4）岩石上的填土含水率控制在大于最优含水率_____％～_____％，并用轻型碾压机械碾压，适当降低干密度，待厚度在_____ m～_____ m 以上时方可用选定的压实机具和碾压参数正常压实。

5）压实机具可采用振动夯、蛙夯及小型振动碾等。

6）填土与混凝土表面、岸坡岩面脱开时必须予以清除。

4.3.8 质量检查和验收

4.3.8.1 土石方填筑工程的质量检查和验收

1）土石方填筑前，承包人应会同监理人进行以下各项目的质量检查和验收：

（1）填筑前用于计量的地形平、剖面测量资料的复核检查。

（2）填筑前按本节有关规定进行基础面清理质量的检查和验收。

（3）各种土石方填筑料的物理力学性质的抽样检验。

（4）现场生产性试验选定的施工碾压参数及其各项试验成果的检查和验收。

2）施工期的质量检查和验收

（1）土石方填筑工程的质量检查采用控制碾压参数和试坑取样两种方法。取样试验应以本节的各条款的要求作为标准。

（2）土石方填筑须检验碾压后密度和颗分成果等指标。

（3）填筑体压实检验项目及取样次数按照《碾压土石坝施工规范》DL/T5129—2001 规定的有关内容和方法执行。

（4）填筑工程完工后，承包人应通知发包人和监理人进行检查验收。验收应按本节和《碾压式土石坝施工技术规范》DL/T5129—2001 的有关内容和办法进行。

（5）经发包人和监理人检查后，认为质量不合格，承包人应按发包人和监理人指示对工程缺陷进行返工、修理和补强。由此引起的工期延误和增加的施工费用应由承包人负完全责任。

（6）填筑中各项指标的质检试验，应遵照《水电水利工程土工试验规程》DL/T5355—2006 中的有关节节执行。

（7）除承包人日常质检工作外，在必要时，发包人和监理人有权对有怀疑部位和为质量检查进行的试验项目进行复查，发包人和监理人可指令承包人在发包人和监理人监督下进行试验，并向发包人和监理人提交试验成果资料。承包人不得以此要求发包人增加支付。

（8）全部土石方填筑工程完成填筑后，承包人应负责编制包括完工图及完工验收资料的完工报告。完工验收资料中应附有全部质量检查记录和文件，以及对工程缺陷的处理成果资料。

4.3.8.2 完工验收

土石方填筑工程全部完工后，承包人应按本合同的规定，向监理人申请完工验收，并按本节第4.3.1.3 3）款的规定提交完工验收资料。

4.3.9 计量和支付

1）土石方填筑最终工程量的计量，应按施工图纸所示各种填筑体的尺寸和基础开挖清理完成后的实测地形，计算各种填筑体的工程量，以《工程量清单》所列项目的各种填筑的每 m³ 单价支付。

2）土石方填筑的每 m³ 单价中，已包括填筑所需的料场清理、填筑料的提供、运输、堆存、试验、铺料、洒水、填筑、碾压、土料填筑过程中的含水量调整以及质量检查和验收等工作所需的全部人工、材料及使用设备和辅助设施等的一切费用。

3）利用开挖料作为永久或临时工程填筑料时，进入存料场以前的开挖运输费用不应在土石方填筑料费用中重复计算。

4.4 混凝土防渗墙施工

4.4.1 说明

4.4.1.1 范围

本节适用于围堰基础防渗处理的塑性混凝土防渗墙结构或监理人指示范围内的以下作业：

1）混凝土防渗墙施工准备，包括对施工现场情况及工程地质和水文地质情况进行调查。

2）混凝土防渗墙施工所必要的泥浆系统、混凝土运输、供电、供水及槽口导墙施工、导轨施工等。

3）混凝土防渗墙的槽孔钻进、观测仪器的埋设、混凝土浇筑等。槽孔先导孔钻进，墙体质量检查孔的钻进等。

4）各项观测、测试和各类使用材料的测试，全部施工作业实施，资料记录及整理和施工完工报告等。

5）河床上下游围堰防渗墙在各自防渗墙施工平台填筑完成并经验收合格后开始施工。

6）防渗墙盖帽混凝土、基座混凝土及刺墙混凝土有关要求见本技术条款第20节。

7）围堰防渗墙部位清坡明挖有关要求见本技术条款第12节。

4.4.1.2 承包人的责任（但不限于）

1）实际作业过程中，根据地质条件及混凝土防渗墙施工试验情况，监理人有权在任何时间指示承包人部分改变或全部改变各类钻孔或灌浆孔的埋管布置，增减孔排距、孔深、混凝土防渗墙深度、地质缺陷处理的范围以及技术要求的改变。承包人不应因此而要求改变各项目的支付单价。

2）各项目的实施必须遵循国家颁布的有关标准和规范的规定。

3）承包人应根据监理人的指示及本节的技术条款规定，对各类钻孔和混凝土防渗墙的有关参数、材料、设备及施工工艺措施等作验证性试验。承包人应在试验前28天提出试验计划，报送监理人审批，并将试验成果报送监理人审查，经批准后方可实施于工程施工作业。

4）承包人在施工作业过程中发现工程地质和水文地质条件有变化时，必须及时将有关资料报送监理人，并根据监理人的指示执行，否则由此而造成的工程质量事故或隐患、工期拖延及经济损失均由承包人承担其全部责任。

5）承包人在各项施工作业期间，应作好各项施工记录和成果资料整理汇总工作，及时报送监理人审查，完工验收前，应提供完工资料（除原始记录外）、材料质量检查报告、工程质量检查报告和完工报告等。

6）承包人应对防渗墙工程的施工质量负全部责任。承包人应会同监理人根据本节技术条款的规定，对工程使用的材料、关键施工工艺以及完成后的防渗墙工程，按照隐蔽工程的要求进行质量检验和验收。

4.4.1.3　承包人报送的施工计划

1）各单项工程作业开工前28天，承包人应向监理人报送施工措施计划一式4份。

2）施工措施计划的内容包括（但不仅限于）：

（1）施工平面布置图、剖面图及附属企业和辅助工程设计说明。

（2）施工工序、工艺和设备（包括规格、型号、数量、台时生产率、使用说明书等）。

（3）质量保证体系。

（4）使用材料及配比。

（5）施工进度计划。

（6）组织管理机构。

3）施工措施计划必须经监理人批准后才能实施。

4.4.1.4　引用标准（不限于）

1）《水利水电工程混凝土防渗墙施工规范》DL/T 5199—2004。

2）《钻井液材料规范》GB/T5005—2001。

3）《水利水电岩土工程施工及岩体测试造孔规程》DL/T 5125—2009。

4）《水工混凝土外加剂技术规程》DL/T 5100—1999。

5）《水工混凝土掺用粉煤灰技术规范》DL/T 5055—2007。

6）《水工混凝土施工规范》DL/T 5144—2001。

7）2011 年版《工程建设标准强制性条文》（电力工程部分）。

4.4.2　主要的施工机械设备和附属企业

1）承包人在施工前 28 天应向监理人报送主要的施工机械设备清单及其机械性能和台时生产效率，附属企业设置情况及其企业功能和生产效率等的资料，监理人审查后将于施工前 7 天对其设备进行现场验收。主要的施工机械设备和附属企业的生产总能力应满足高峰生产强度及控制性节点工期的要求。

2）承包人应提供的主要施工机械设备和附属企业应包括（但不限于）：

（1）造墙机械：能适应设计图纸文件所示的地层和成槽宽度及深度，以及垂直向精度要求，数量应能满足施工进度要求。

（2）泥浆拌制系统：包括储料场和自动配料拌和系统，应满足高峰期用料要求。

（3）泥浆中转站。

（4）泥浆净化回收系统；能及时将槽孔被污染的泥浆排出进行净化和回收达满足重新利用的要求。

（5）用于浇筑泥浆下混凝土的直升导管和用于墙段连接的设施。

（6）满足施工要求的供电、供水系统。

4.4.3　墙体材料

1）混凝土防渗墙墙体材料性能指标见表 4.4－1。

表 4.4－1　墙体材料性能指标

抗压强度 R28（MPa）	渗透系数 K20（cm/s）	允许渗透比降 J	坍落度	凝结时间
4～5	$<1\times10^{-7}$	>80	初始 20～24cm，保持 15cm 以上的时间不小于 1.5h	初凝≥6h，终凝≤24h

上述混凝土防渗墙物理力学指标仅供报价参考，实际实施时以设计图纸文件及监理人指示要求为准。

2）承包人所采用的混凝土（水泥土）配合比，原材料选用及其配制方法和拌制工艺流程，应是经现场施工试验验证后，并报经监理人批准同意的。但这并不减轻承包人为确保墙体和混凝土物理力学性能指标满足上一条款规定的要求所负的全部责任。报批时间为现场开始浇筑前 28 天。

3）当监理人认为承包人提供的混凝土配合比不能满足墙体物理力学性能要求时，有权指令承包人按监理人指定的配合比和配制方法进行配制。

4）承包人配制混凝土的原料，在配制前应分批进行原材料性能检测，并于使用前

5 天报监理人批准。已被批准使用的原材料在被使用之前应集中妥善保存，确保原材料的物理力学性能、化学性能保持不变。

5）混凝土选用的所有材料和外加剂均必须按照国家有关规范和标准进行严格试验，合格后方可应用于本工程。

6）原材料应满足如下性能指标：

（1）水泥：采用 42.5 级普通硅酸盐水泥，应满足《水工混凝土施工规范》（DLT5144—2001）的各项指标要求。现场使用时应是新鲜无结块的状态。可掺适量粉煤灰。

（2）粗骨料：粒径 5～20mm，含泥量＜0.4％，表观密度≥2550kg/m³，坚固性＜15％。

（3）砂：细度模数 2.4～2.8，含泥量＜5％，含水量＜5％，表观密度≥2500kg/m³，最大粒径小于 5mm，不均匀系数为 8～12。

（4）黏土、膨润土：应满足制泥浆用土料要求。

（5）水：符合拌制混凝土用水要求。

7）承包人应按设计图纸文件或监理人指示的位置，分种类、分批备足符合用料性能要求的上述原材料。以上储料量应满足混凝土防渗墙用料量的要求，并于施工前 7 天报请监理人验收。

4.4.4 混凝土防渗墙施工

4.4.4.1 总则

1）承包人应按照设计图纸文件或监理人指示，以及经监理人批准的施工措施计划进行作业。

2）承包人必须保证：混凝土防渗墙的设计位置、尺寸及墙体混凝土质量；混凝土防渗墙槽段连接处的墙厚和接缝质量。

3）承包人在施工前，选择典型地层进行防渗墙成槽、墙段连接及混凝土浇筑等生产性试验，取得有关造孔、泥浆固壁、清孔、墙体混凝土浇筑等的资料，经监理人批准，方可正式开展混凝土防渗墙施工作业。

4）承包人在施工前，应进行混凝土和泥浆的配合比及其性能试验，报送监理人审查批准。

4.4.4.2 施工准备

混凝土防渗墙施工前必须具备下列资料：

1）施工区域内施工场地的工程地质勘查资料（包括承包人进行的补充地质钻孔资料和地质剖面图及报告）。

2）承包人施工前应对施工机械进场条件、排水供电条件、现有构筑物等施工现场情况进行调查。

3）混凝土防渗墙的图纸。

4）承包人施工前须沿防渗墙轴线每隔 30m 或监理人指定的位置，布设地质钻孔以掌握地层岩性，钻孔底高程应低于相应位置防渗墙底高程 5m，此项工作承包人应于防渗墙开工前 3 天完成。并向监理人提供钻孔柱状图。

5）开工前 28 天提交施工组织设计方案，其内容应针对下列问题提出相应的技术措施，并报监理人批准后实施：

（1）地下墙挖槽方法及程序，防止孔壁过大变形和坍方的技术措施；

（2）保证混凝土的浇筑质量。

6）补充地质钻孔时应查明沿混凝土防渗墙轴线设计深度范围内的地下障碍物资料。

7）具备足够数量的挖槽机械，并准备泥浆池及槽段开挖时废浆的处理措施。

4.4.4.3　工作平台

承包人应根据设计图纸文件填筑混凝土防渗墙施工工作平台，工作平台应符合以下要求。

1）钻机工作平台必须坚实、平坦，不得产生过大或不均匀的沉陷，宜优选道轨形式的钻机工作平台，平台填筑还应遵守招标文件技术条款"土石方填筑工程"有关规定。

2）倒浆平台：宜采用现浇混凝板，其下应设块石垫层。当采用"两钻一抓"时，抓斗挖掘机应布置在倒浆平台一侧，此时应适当加厚倒浆平台混凝土板或加垫钢板，以防压坏。

3）工作平台完工后的拆除，按有关设计文件或监理人的指示进行。

4.4.4.4　固壁泥浆

1）使用的泥浆性能指标应满足规范要求并具有如下特性：良好的物理性能，良好的流动性能，良好的化学稳定性能，较高的抗水泥污染能力。

2）应根据施工条件、造孔工艺、经济技术性能指标等因素，优先选用优质膨润土拌制泥浆，使用前应取样，进行泥浆配合比试验。

3）承包人所使用的泥浆的技术性能，制备泥浆的原材料，配合比及配制方法和工艺流程，泥浆的供应使用，泥浆的净化回收工艺，应是经现场施工试验验证后并报经监理人批准同意的。但这并不减轻承包人应保证槽孔孔壁稳定所负的全部责任。

4）拌制泥浆的方法及时间应通过试验确定，并按批准或指示的配合比配制泥浆，加量误差值不得大于 5%。

5）承包人应对配制泥浆的黏土进行物理、化学分析和矿物鉴定。成品膨润土的质量标准可采用石油行业《钻进液用膨润土》标准。

6）施工作业时，不同阶段应对泥浆性能进行检验和控制。

7）配制泥浆用水应进行水质分析，避免对泥浆产生不利影响。

8）不得向孔内泥浆中倾注清水和废浆废渣等杂物，停钻时，应经常搅拌孔内泥浆。新制膨润土泥浆需存放24小时或加分散剂，使膨润土充分水化后方可使用。储浆池内的泥浆应经常搅动，防止离析沉淀，保持性能指标均一。

9）泥浆回收，可采用振动筛，旋流器、沉淀池或其他方法净化处理后重复使用。严禁泥浆流入河道。

10）施工期间，槽内泥浆面按高于施工期水位及地下水位0.5m以上控制，亦不应低于导墙顶面0.3m。施工场地应设置排水沟和集水井，防止地下水流入槽内破坏泥浆性能。

11）在容易产生泥浆渗漏的土层施工时，应适当增加泥浆黏度和增加储备量，如发生泥浆渗漏，应及时补浆和堵漏，使槽内泥浆保持正常液面。

4.4.4.5 导墙

1）槽段开挖前，应沿混凝土防渗墙墙面线两侧构筑现浇混凝土导墙。导墙墙厚度不小于0.5m，导墙混凝土标号不低于C_{30}，断面尺寸承载力应满足成墙设备和起拔深孔接头管、浇筑混凝土等工作的需要。顶面高程可根据实际地形、地质情况确定，但应高于施工地面并保持水平。

2）现浇混凝土导墙两侧土体应密实并满足地基承载力要求，必要时根据施工荷载对导墙两侧采取加固措施，导墙修筑后，两侧应分层回填夯实。

3）导墙的纵向分段位置需与防渗墙分段错开。

4）现浇混凝土导墙拆模后应立即在墙间加设支撑，混凝土养护期间禁止重型施工设备在附近作业或停置。

5）导墙施工误差限定在以下范围：

导墙平面误差　　　　　　±10mm

导墙顶面平整度误差　　　5mm

内墙面垂直度偏差　　　　1/500

内墙面平整度误差　　　　3mm

6）在槽段开挖及混凝土浇筑期间，距混凝土防渗墙3m范围内禁止堆载，3m以外地面堆载不得大于30kPa。

4.4.4.6 槽段开挖

混凝土防渗墙槽孔建造可采用钻抓（铣）法、钻劈法和铣削法。

1）槽孔宽度和槽孔分段长度

（1）防渗墙成墙厚度120cm，具体做法按设计图纸施工。

（2）槽孔分段长度应考虑以下因素：地质条件、地面荷载、起重机荷载、混凝土浇筑能力、混凝土导管布置、施工部位、造孔方法、延续时间等。槽孔段长宜控制在2.8m～7.0m，分二期槽施工；槽孔的段长划分应以确保槽孔孔壁稳定和混凝土浇筑能连续上升为前提条件。

2）槽孔中心线与垂直度：

（1）各单孔开孔中心线位置在设计防渗墙中心线径向内外误差不大于3cm。

（2）混凝土防渗墙槽壁及接头开挖均应保持平整垂直，一二期槽主副孔孔口下20m范围每5～10m进行1次孔斜测量，20m以下每15m进行1次孔斜测量，按规范要求记录测斜成果及计算成果，并随时进行纠偏，成槽质量要求如下：

槽孔垂直度偏差 ≤4‰（遇大块石时：≤6‰）

接头孔直度偏差 ≤3‰

槽段厚度方向允许偏差 ±20mm

槽段长度方向允许偏差 ±50mm

两相邻槽段接头处中心线在任意深度处的偏差 ≤60mm

（3）一期槽孔两端孔形质量应便于纠正孔斜，主孔应经检查合格后，方可钻劈或钻抓（铣）副孔。主孔验收时应分段检查孔斜。

（4）挖槽时应加强观测，如槽壁发生较严重的局部坍塌时，应及时回填并妥善处理。

3）槽孔深度：槽孔终孔深度由监理人按设计图纸、技术要求或设计通知确定。

4）终孔及清孔

（1）槽孔终孔后应报告监理人进行槽位、槽深、槽宽及槽壁垂直度全面检查验收，合格后方可进行清槽换浆。

（2）成槽检查采用试笼或超声波测井仪进行孔深、孔斜检查，合格后，进行清底换浆，保证沉渣厚度小于15cm，距离槽底0.15～0.5m处取出泥浆样品的性能指标应达到控制指标。在下钢管钢筋笼后应复测淤积招标，不合要求时应进行二次清孔。

（3）清理槽底和置换泥浆结束1小时后，应达到清孔要求：当使用膨润土泥浆时，泥浆密度≤1.15g/cm³，黏度≤40s，含砂量≤2.5%，在30分钟内失水量＜30ml，不含粒径大于5.0mm的钻碴，沉淀物淤积厚度不应大于10cm。泥浆取样位置距孔底0.5～1.0m。清孔换浆结束，经监理人验收合格后方可进行下一道工序的作业。

（4）清孔合格后应在4小时内浇筑混凝土，如因埋设设施需延长时间，应报告监理人批准并采取其他防止淤积的措施，但待浇混凝土时间最多不得超过16小时。为避免待浇混凝土时间过长，清孔前应做好所有准备工作（如灌浆管、浇筑管、钢筋笼及施工设备等）。

（5）二期槽孔清槽换浆结束前，应用刷子钻头清除混凝土孔壁上的泥皮，以刷子钻头上基本不带泥屑、孔底淤积不再增加为合格标准。

4.4.4.7　混凝土浇筑和接头处理

1）混凝土运输：塑性混凝土拌和系统拌制出的混凝土搅拌运输车，直接运至槽口。混凝土的拌和、运输应保证浇筑能连续进行。若因故中断时间不宜超过 40 分钟。

2）浇筑混凝土采用泥浆下直升导管法，导管内径不宜小于 20cm，每个槽段浇筑前导管应进行密闭承压试验，压力应大于 2.0MPa。

3）一期槽孔两端的导管距孔端应不超过 1.5m，二期槽孔两端的导管距孔端应不超过 1.0m，导管间距不得大于 3.5m。

4）安装导管时，导管底部出口与孔底距离不得大于 25cm，并不应大于 1.5 倍木球直径。开浇前，每个导管均应下入可浮起的木球（或排水胆）隔离球塞，堵塞导管底口。当孔底高差大于 25cm 时，导管中心应放在该导管控制范围内的最低处。

5）开浇混凝土前，应先在导管内注入适量的水泥砂浆，并准备好足够数量的混凝土，以使导管底口的木球塞被挤出后，能将导管底端埋入混凝土内。

6）混凝土必须连续浇筑，槽孔内混凝土上升速度不应小于 2m/小时，以不小于 4m/小时为宜，并连续上升至施工平台高程顶面。

7）导管埋入混凝土内的深度应不小于 1.0m，不得大于 6.0m，以免泥浆进入导管内和发生铸管事故。

8）槽孔内混凝土面应均匀上升，其高差应控制在 0.5m 以内。每 30 分钟测量一次混凝土面，每 2 小时测定一次导管内混凝土面，在开浇和结尾时应适当增加测量次数。

9）严禁不合格的混凝土进入槽孔内。夏季应控制入槽混凝土温度在 28℃以内。

10）浇筑混凝土时，孔口应设置盖板，防止混凝土散落槽孔内。槽孔底部高低不平时，应从低处浇起。

11）承包人应在混凝土浇筑时，在槽口入口处随机取样，检验混凝土的物理力学性能指标。

12）浇筑混凝土时，发现导管漏浆或混凝土内混入泥浆，应及时报告监理人，按监理人指示进行处理。

13）浇筑混凝土时，如发生质量事故，应报告监理人，承包人除按规定处理外，并应提供事故发生的时间、位置和原因分析、补救措施、处理经过和结果等报送监理人。监理人有指示时，按指示执行。

14）在浇筑混凝土过程中，应采取防止泥浆污染的措施。

15）相邻槽孔混凝土接头，优先采用接头管法连接。承包人也可采用铣削法、钻凿法等，无论承包人选用何法，都应确保槽孔可靠连接，最小接厚度不应小于 1.10m。

16）防渗墙与土工膜连接见招标文件技术条款"土工合成材料"有关规定。

4.4.4.8 防渗墙槽内埋设件

1) 灌浆管埋设

（1）墙下基岩灌浆在防渗墙内采用预埋钢管成孔，管底、中部和管上端采用矩形定位钢架进行固定，以保证钢管埋设的垂直度，钢架上下间距高度不超过 5m。

（2）墙下基岩灌浆预埋管间距 1.5m，其孔位应在相邻混凝土导管之间的中心位置。

（3）在混凝土浇筑过程中，应特别注意保持混凝土面均匀上升，并应注意观察埋管上端的变形位移。混凝土浇筑完毕，应妥善保护好预埋管，防止异物坠入。

（4）预埋管应为外径∅108mm、壁厚小于 3.5mm 的无缝钢管，孔位偏差不应大于±5cm。

（5）帷幕灌浆预埋管沿防渗墙轴线布置，当其与混凝土浇筑和仪器埋设干扰较大时，埋管可沿轴线在原设计孔位左右侧 20cm 范围内调整。

（6）墙体最大深度超过 90m，应高度重视预埋钢管的刚度及定位质量，预埋管件必须采取可靠的定位和连接措施，固定架的刚度及密度应确保钢管在起吊、下设、混凝土浇筑时不扭曲位移，浇筑混凝土时亦应采取措施，防止预埋钢管变形和接头断裂。混凝土浇筑后应对预埋钢管进行孔斜和深度测量，并记录测斜成果，测斜后及时孔口保护。

（7）埋管下基岩灌浆结束、检查合格后，应用水泥浆将埋管封填密实。

2) 仪器埋设

防渗墙内埋设有各类观测仪器，各类观测仪器埋设应满足仪器埋设有关设计文件和规范的要求。

4.4.4.9 特殊情况的处理

1) 承包人在防渗墙成槽过程中，遇到孤石、漂石、风化团块、嵌入弱风化岩，采用正常成槽手段难以快速成槽时，在考虑孔壁安全的前提下，可用重锤法处理，也可采用小钻孔爆破或定向聚能爆破的方法处理，岩质陡坡部位应采用控制爆破方法爆破成一槽 1～3 个台阶。在采用上述措施前，应得到监理人的批准。

2) 如造孔过程中出现塌孔现象，承包人应及时处理，对固壁泥浆配比及钻进手段进行调整，确保孔壁稳定，并应将有关情况报告监理人。

3) 承包人在成槽过程中，应对固壁泥浆漏失量及泥浆净化回收量作详细测试和记录，当发现固壁泥浆漏失严重时，应及时堵漏和补浆，并查明原因，采取措施进行处理。根据实际施工情况，可在固壁泥浆性能指标基本满足前述要求的前提下，适当调整泥浆配比，并适当放缓成槽速度，待固壁泥浆漏失量正常后再恢复正常成槽手段。待孔壁稳定后，加强施工力量，尽快开挖，浇筑成槽。如需采用预灌浓浆措施进行预堵漏处理，承包人应及时调整投入钻灌设备资源。预灌浓浆可采用黏土水泥浆或膨湿土水泥浆，浆液浓度和黏度宜采用大值。

4）在混凝土防渗墙成槽过程中，应根据施工情况，采取措施，防止由于侧壁土体坍塌引起本槽段浇筑混凝土绕过锁口进入相邻槽段。

5）承包人在浇筑常规盖帽混凝土之前，应清除防渗墙顶的杂物和次料墙体，不得使用爆破手段，不得对被保留部分产生造成防渗墙性能降低的影响。在凿除顶部墙体及浇筑常规盖帽砼之前，应报监理人批准。

4.4.5 钻孔与取样

4.4.5.1 一般规定

1）本条适用于成槽前的先导孔（基岩面鉴定孔）、质量检查孔等的钻孔施工作业。

2）钻孔作业应根据工程特性及场地条件、工程地质条件、地层性质，选择合适的钻孔手段及钻孔机具。

3）承包人应按设计图纸文件和监理人的指示进行钻孔作业。

4）承包人在钻孔作业前7天，应向监理人报送详细的施工作业计划，并经监理人批准后，方可正式进行钻孔作业。

5）当承包人的钻孔机具及钻孔、取样工艺不能满足钻孔、取样质量要求时，监理人有权指示承包人采用指定的钻孔机具及取样工艺进行钻孔、取样施工。

4.4.5.2 钻孔方法

1）所有钻孔宜采用回转钻探的方法和芯样钻探方法，使用合适的芯样钻头。

2）钻进过程中，宜连续施工，有利于防止缩孔或塌孔，当成孔困难或需间歇施工时，应采取护壁措施。

4.4.5.3 钻孔孔径及孔深、孔斜控制

1）钻孔孔径：根据钻孔取样要求，在76～110mm之间选用，先导孔终孔孔径不应小于76mm，检查孔孔径不小于91mm。

2）先导孔深应超过设计墙体深度5.0m，当超深5.0m仍然未达到防渗墙体要求深入的地层条件时，需继续超深5.0m，超深4.0m后还未达到要求时，承包人应将有关情况报告监理人，并根据监理人的指示进行处理。

3）检查孔孔深应超过防渗墙底线1.0m。

4）钻孔应符合如下孔斜要求：

（1）对先导孔，倾角控制在1°以内，垂直孔无方位角要求；

（2）检查孔孔斜控制在0.5%以内；

（3）孔位误差，先导孔不大于±10cm，检查孔不大于±1.0cm。

4.4.5.4 采取软土试样的质量以及所使用取土器，应根据设计文件所要求试样的质量

等级选择确定。并应符合国家规程规范要求。

4.4.5.5　钻孔记录应符合下列要求和规定

1）记录应按钻进回次逐段填写记录表格栏内容，分层应另记，不得将若干回次合并记录和事后追记。否则，监理人可认为承包人的钻孔不合格。

2）量测精度应为±0.05m。

3）编录内容除一般性要求外，应着重描述软土的湿度、状态，有机质和腐殖质含量、嗅味、含砂量（夹砂厚度）包含物，结构特征，钻进难易程度，提土情况等。

4）对于检查孔及其他重要的钻孔，应详细素描土样结构或分段拍摄土样（芯样）照片，并应保存芯样。

4.4.5.6　承包人对土试样的封装、运输、储存应符合以下规定

1）取土器提出地面之后，应小心地将土试样卸下，妥善密封，防止湿度变化。土样应直立安放，严禁倒放或平放，并应避免曝晒或冰冻。

2）试样运输前应妥善装箱，充填缓冲材料，运输途中要求行驶平稳，避免震颤。

3）试样应储存在温度10～30℃条件下，取土后至试验前的储存时间，不宜超过10天，必要时应储存在恒温、恒湿条件下，储存时间可适当延长。

4）开封后如有析水或变形现象时，应降低土样质量等级或重新取土。

4.4.6　施工作业场地的维护与清理

4.4.6.1　各项工程的保护

1）承包人有责任对各项工程在作业进行中和作业完成至验收前做好保护工作。

2）保护工作包括：

（1）各项观测设施的仪器、仪表。

（2）各项埋没好的观测设施、管路、电缆等。

（3）各类钻孔的孔口、排水孔的孔口装置、保留的岩芯。

（4）混凝土工程的养护和保护。

（5）混凝土防渗墙作业中，防止渣、油、混凝土散落于槽孔中，防止泥浆中倒入清水，防止混凝土混入杂物等，并应作好混凝土各种原材料的防潮、防雨、防污染等。

（6）监理人指定的需要保护的各项保护。

4.4.6.2　清理

1）承包人有责任对各项工程作业，在实施过程中和完工验收前必须作好各项清理工作。

2）清理内容包括：

（1）各项工程施工过程中埋入的非设计文件要求永久保留的钢筋、钢管、木桩、木塞及其他辅助设施，均应切割与建筑物表面或地面平齐，或按监理人指示处理。

（2）各项作业的废料、废渣、工作台等均应清除。

（3）成槽和混凝土浇筑作业中排放的污水、废浆应做沉渣处理后排至监理人指定的地点。

（4）监理人指示的其他必需清理的废物。

3）废料、废渣、不需保留的岩芯及其他弃物，必须清运至图示或监理人指定的地点。

4）有毒的污水应经处理后排放，有毒物质（如化学材料、凝固的浆体等）必须按监理人指定地点埋入地下，防止人畜中毒和污染水源及污染环境。

5）施工过程中遗留在墙体中对后序施工和完工验收后运行管理无作用的孔洞，必须采用孔洞周边类似材料封填密实。

4.4.7 质量检查

1）承包人应提供围堰防渗墙施工的槽孔开挖孔斜测量成果及计算分析成果。

2）混凝土防渗墙成墙后，承包人将全套施工资料报监理人审核并由监理人根据施工资料指定检查的位置、数量和方法。检查方法包括混凝土浇筑槽口随机取样检查、钻孔取芯试验、钻孔压（注）水试验；芯样室内物理力学性能试验。

3）检查应在成墙 28 天以后进行。

4）混凝土浇筑槽口取样试验数量应与常规混凝土试验要求相同。钻孔为沿轴线平均约每 50m 一孔，每孔均做压（注）水试验，钻孔取芯为每一孔取三组样进行。室内物理力学性能试验，试验项目为 90％的样品做抗压，抗折强度试验 10％的样品做渗透系数，允许渗透比降和初始切线模量测试样品，具体测试分配由监理人指示。

5）合格标准：混凝土物理力学强度指标和抗渗标准应达到设计值，合格率达 90％以上，不合格部分的物理力学指标必须超过设计值的 70％以上，且不得集中在相邻槽孔中；压（注）水检查的标准为渗透系数 $K < 1 \times 10^{-6}$ cm/s。

6）检查孔必须按机械压浆封孔法进行封孔；封孔材料为黏土水泥浆，土：灰：水＝3：1：2，也可采用 0.5：1 浓水泥浆。

7）检查不合格的槽孔段，承包人应按监理人指示进行处理，直至达到合格为止。

8）当检查不合格时，应加倍增加检查孔孔数，直到达到合格标准。

4.4.8 工程验收

4.4.8.1 混凝土防渗墙工程应进行下列项目的中间（隐蔽工程）验收：

1）槽段开挖。

2）清槽及换浆。

3）混凝土浇筑。

4.4.8.2　开挖后，应检查下列内容并填写验收记录。

1）墙面平整度和实测倾斜度。

2）混凝土质量。

3）槽段接缝质量（包括墙体夹泥和渗漏情况）。

4.4.8.3　混凝土防渗墙的质量要求

1）墙面垂直度符合设计要求。

2）墙顶中心线的允许偏差为±10mm。

3）裸露墙面应平整，局部突起部分的允许值，不宜大于100mm。

4）混凝土的强度、抗掺标号及防渗标号应符合设计要求。

4.4.9　资料记录与清理、报送的有关规定

4.4.9.1　记录

1）承包人有责任独立按照各项工程的规程规范和设计图纸文件及技术要求以及监理人指示，做好各项工程作业的记录。记录包括：

（1）各种原材料试验、检测记录。

（2）泥浆浆液配比、混凝土配比及物理力学性能指标试验记录。

（3）各工序和工艺作业的各种记录。

（4）混凝土防渗墙每个槽孔详细施工记录及混凝土配比、坍落度、泥浆密度等。

（6）各项观测、测试记录。

（7）各项中断、事故处理、特殊处理、质量处理等记录。

（8）各项质量检查记录。

（9）其他各项必须的记录。

2）各项记录必须是原始的，不得重抄，以免误抄出错。

4.4.9.2　资料清理

承包人应向监理人提供各项工程的以下施工完工资料：

图纸和文件、施工计划、施工设备资料、原始资料记录、成果资料、质量报告、完工报告，以及监理人所必需的其他各项资料。

4.4.9.3　资料报送

1）由承包人提供的图纸、计划、报告、手册、数据及所有文件，应是清楚易读的影印件、蓝图或打印件，除特殊需要说明外，应提交3份副本，并应有系统的连续的索引编号。报送监理人的图纸和文件应具有编写、校核签名，项目经理签字同意并加盖公节。需审批回复的，在监理人签收后的28天内，经理工程师将复审一份副本连同监理人的意见："同意"，"除备注外同意"，"返回修改"和"不同意"返回给承包人，复审的图纸由监理人负责签字并盖节。在送交这些文件的28天后，若仍未收到监理人

的指示，则应视为已批准。

2）施工计划

（1）如承包人的工程延期，或落后于已报经监理人批准的进度计划，承包人应在上述情况发生后 14 天内书面向监理人提交为加快进度、抢回已延误的进度而采取的措施的详细报告。

（2）次月 7 日前，承包人应向监理人提交一式 4 份包括本月所完成的全部工程项目和工程量的数据表格、说明和详细进度月报及质量评定报告。同时在每月末制订下月将要完成的工作计划报告。

（3）承包人向监理人报送的报告还应包括安全控制系统、照明方案、现场环境卫生措施、排污系统、供水系统、供电系统、通信系统等必须的内容和资料。

3）施工设备

承包人应负责提供、安装、操作、维修为实施工程所需的所有施工设备，并在合同中的主要施工设备表中说明使用时间，备置好表中列出的主要设备。未经监理人书面批准，上述设备不得撤离施工现场。监理人可根据需要指示承包人增添必要的施工设备或延长服务时间。且承包人不得因此要求发包人进行额外支付。

承包人应每月提交一份关于设备的数量、日工作运转记录、检查、维修事故报告与施工计划报送监理人审核。

4）原始资料、成果资料、质量报告、完工报告（包括但不局限于）：

（1）完工平面、剖面图（包括开挖后墙面实际位置和形状图）。

（2）每个槽孔的施工记录。

（3）各种原材料试验资料，混凝土配比试验资料，泥浆试验资料等。

（4）基岩鉴定资料和槽孔嵌入基岩深度记录。

（5）孔位、孔深、孔宽、孔径、孔斜记录。

（6）一、二期槽孔间的接头记录。

（7）清孔时槽孔内泥浆性能、孔底淤积厚度、孔壁刷洗质量等记录。

（8）混凝土浇筑各项检测记录（包括中间验收记录），随机取样混凝土物理力学性能指标资料。

（9）设计变更及材料变更通知单，修改后的实际混凝土配合比。

（10）仪器、钢管埋设及拔管记录资料，质量检查资料及工程质量事故的处理资料等。

（11）槽孔建造、混凝土浇筑方法和顺序的说明及完工报告。

4.4.10 计量与支付

1）混凝土防渗墙的计量与支付，应按施工图纸或经监理人验收认可的成墙面积，以 m² 为单位进行计量，并按《工程量清单》中所列项目支付。项目及单价中包括地质复勘、导墙与平台、施工准备、材料采购、配合比试验、槽孔施工、墙体浇筑、墙段接头、试验与检验，以及质量检查与验收等费用。

2）承包人为保证防渗墙施工质量所进行的各种原材料、浆液性能检测试验、设备检测、生产验证性试验，先导孔的钻进，施工完成后进行图纸文件规定或监理人指示的质量检查（包括现场检测和取样室内试验检测）的费用不另行支付，其费用应包含在单位成墙面积的单价中。

3）承包人为施工完成防渗墙而进行的科学试验，生产验证试验等所发生的所有费用均应包括在《工程量清单》所列的项目单价和总价中，不另支付费用。承包人对由于地质条件变化发生的墙体深度和成墙面积的变化，不得提出索赔要求。

4）承包人因墙体施工质量不合格而按监理人指示进行的补救加固处理，不另行支付费用。

5）承包人在施工过程中的场地清理维护，不再另行支付费用。

6）防渗墙轴线上的孤石爆破按《工程量清单》所列项目的每 m³ 单价进行工程量的计量和支付。单价中包括施工准备、钻孔、爆破、检测检验、安全防护、施工期安全措施、检查和验收等全部人工、材料和使用设备等一切费用。

7）防渗墙两端陡坡槽孔岩石爆破不单独计量支付，其费用应摊入混凝土防渗墙成墙面积每 m² 单价中。

4.5　帷幕灌浆施工

4.5.1　说明

4.5.1.1　范围

本节规定适用于本合同河床围堰施工图纸所示帷幕钻孔和灌浆，其内容包括：

1）钻孔：包括河床围堰勘探孔、观测孔、灌浆孔及检查孔的钻孔，以及钻孔和灌浆所需进行的钻取岩芯和试验、钻孔冲洗、压水试验、灌浆前孔口加塞保护等全部钻孔作业和各类灌浆等的全部施工作业实施。

2）灌浆：包括河床上下游围堰帷幕灌浆。

3）帷幕灌浆在相应部位防渗墙施工完成并经验收合格后开始施工。

4）围堰灌浆平洞开挖有关要求见本技术条款第 13 节。

5）上下游围堰岸坡段帷幕灌浆可与防渗墙同时施工，并应在该部位复合土工膜施工前完成。

4.5.1.2　承包人的责任

1）承包人应按本技术条款的规定以及施工图纸和监理人的指示，完成本合同工程的全部钻孔和灌浆作业，包括提供其所需的人工、材料、设备及其他辅助设施。

到结束标准时，应报请监理人共同研究处理措施。

（2）每个帷幕灌浆孔全孔灌浆结束后，承包人应及时报请监理人进行验收，合格的灌浆孔才能进行封孔。

4）帷幕灌浆与防渗墙接头部位采用"隔管法"施工，即孔口第 1 段先进行钻孔灌浆，然后下设隔管（长度 4m、外径 89mm、厚度 2mm 的无缝钢管）并灌（注）浆嵌固及待凝，再进行以下各段钻灌。具体按图纸要求施工。

5）河床围堰帷幕灌浆施工其他要求见本技术条款第 17 节 17.10 节有关规定。

4.5.11 灌浆工程质量检查

1）灌浆单元工程结束后，由承包人提供全套的灌浆资料报监理人审核。

2）帷幕灌浆质量检查应以分析检查孔压水试验成果为主，结合钻孔岩芯、灌浆记录和物探测试成果等进行综合评定，必要时辅以孔内电视检查。

3）灌浆单元工程结束后，由承包人提供全套的灌浆资料报监理人审核。

4）帷幕灌浆压水检查、物探测试检查应在灌浆结束后 7 天后进行。

5）灌后压水质量检查孔由监理人布置。为便于监理人布置检查孔，承包人应在相应部位灌浆作业结束后 4 天内，将该部位的灌浆综合成果表报监理人。

6）检查数量：帷幕灌浆压水质量检查孔数为不少于灌浆总孔数的 10%，且一个单元工程内至少应布置一个自防渗墙顶至帷幕底的检查孔。

7）帷幕灌浆检查孔应按本技术条款第 17.5 条的规定提取岩芯。

8）钻孔压水试验检查合格标准和合格率：

（1）帷幕灌浆合格标准为：质量检查合格标准为透水率 $q \leqslant 5Lu$。其中第 1 段（接触段）及其下一段的合格率应为 100%，以下各段合格率应达 90% 以上。不合格的孔段透水率 q 应不超过 7.5Lu，且不集中，方可认为合格。

（2）质量检查孔必须按灌浆孔要求进行灌浆封孔。

（3）检查不合格的部位，承包人应根据监理人指示进行处理，直至达到合格为止。

4.5.12 帷幕灌浆验收

4.5.12.1 帷幕施灌过程的验收

灌浆工程的验收应在钻孔和灌浆作业过程中，按照本节规定的各项施灌工艺标准和灌浆质量检查项目和内容进行逐项验收，并将质量检查和验收记录报送监理人。

4.5.12.2 灌浆工程的完工验收

围堰帷幕灌浆工程完工后，按照本技术条款第 9 节 9.14 节有关规定执行。

4.5.13 计量和支付

1）帷幕灌浆孔（含先导孔）、抬动观测孔、物探孔、帷幕灌浆检查孔均按施工图纸和监理人确认合格的钻孔进尺（包括混凝土钻孔和基岩钻孔），以每延 m 为单位计量，按《工程量清单》中所列各项目的各部位钻孔的每延 m 单价支付。该单价应包含钻孔所需的人工、材料、使用设备和其他辅助设施，以及与钻孔有关的所有辅助作业及其质量检查和验收所需的一切费用。

2）墙下帷幕灌浆先导孔、常规灌浆孔钻孔均自墙底（基岩顶面线）开始以延 m 长计量。

3）镶嵌帷幕灌浆（含先导孔）孔口管材料及安设不单独计量支付，均分摊在帷幕灌浆的每延 m 单价中。

4）帷幕灌浆（包括衔接帷幕灌浆）按注浆量＜50kg/m（注浆量为单孔平均每延米纯灌入的干水泥量，以下同）、50kg/m≤注浆量＜100kg/m 、100kg/m≤注浆量＜200kg/m、200kg/m≤注浆量＜300kg/m、注浆量≥300kg/m 五个等级，经监理人验收确认的灌浆长度，以延 m 为单位进行计量。按《工程量清单》所列项目的每延 m 灌浆的单价支付，其单价包括灌浆、封孔，水泥、掺和料、外加剂等材料的采购、运输、储存和保管费用，以及为实施全部灌浆作业所需的人工、材料、使用设备和辅助设施以及各种试验（包括压水试验、生产性灌浆试验）、观测（含抬动观测）和质量验收等所需的一切费用。

5）当帷幕灌浆注浆量大于 500kg/m 的部位，除按注浆量≥300kg/m 以延 m 为单位计量及支付外，超注浆部分（大于 500kg/m）按所消耗的纯水泥量以 t 计，按《工程量清单》中超注浆干水泥的每 t 单价支付，其单价只计列超注浆所需材料费（包括水泥、水、外加剂等）及税金。

6）围堰帷幕灌浆其他计量和支付按照本技术条款第 9 节 9.16 节有关规定执行。

4.6　复合土工膜施工

4.6.1　说明

4.6.1.1　本节规定适用于大坝上下游围堰及施工图纸所示的复合土工膜的采购和铺设施工。其内容包括（但不限于）：

1）施工前的准备工作；

2）土工材料产品规格与要求；

3）土工材料铺设；

4）土工材料联结与接头处理；

5）监督、质量控制、试验与检测。

4.6.1.2　上游围堰高程_____ m 处水平段复合土工膜在相应部位墙下帷幕灌浆施工完成并验收合格后开始施工。下游围堰高程_____ m 以上心墙复合土工膜在墙下帷幕灌浆施工完成并验收合格后开始施工。

4.6.1.3　承包人至迟应于本项作业开始前 14 天，编制施工作业措施计划报送监理人批准，其内容包括：

1）工程概况；

2）作业的准备工作；

3）作业程序；

4）施工方法；

5）质量保证和质量检测措施；

6）作业进度计划；

7）材料检测与试验报告。

4.6.2 复合土工膜材料

4.6.2.1 复合土工膜指标要求

1）抗拉强度（经、纬向）≥20kN/m；

2）主膜及两侧土工布规格

上游围堰主膜厚度≥_____ mm，两侧土工布规格为_____ g/m²；

下游围堰主膜厚度≥_____ mm，两侧土工布规格为_____ g/m²；

3）渗透系数 $k=i\times10^{-11}\sim i\times10^{-12}$ cm/s；

4）伸长率 $\varepsilon>30\%$；

5）耐静水压>0.5MPa。

4.6.2.2 土工合成材料的选用

1）复合土工膜应选用两布一膜型式，以便于护坡施工或土工膜做水平铺盖与地面接触时，避免因施工因素或地面尖角物体破坏主膜；

2）为方便施工，保证粘接质量，复合土工膜门幅宽应不小于 5m，并要求产品单面留边 10cm（布与膜可轻易脱开），成品必须已经切边处理整齐。

3）复合土工膜外观要求不允许有针眼、疵点和厚薄不均匀，也不允许有裂口、孔洞、裂纹或退化编制等材料。

4.6.2.3 黏接剂的选用

1）用于复合土工膜粘接的黏接剂，宜选用土工合成材料生产厂家的配套产品。

2）复合土工膜之主膜与无纺布应分别采用适用于自身粘接的黏接剂。黏接剂的可靠性必须经现场试验验证。只有经监理人批准的黏接剂才能用于工程的实施。

3）必须保证黏接剂粘接后的土工合成材料强度不降低。

4）黏接剂遇水浸泡后粘接强度不低于设计强度。

4 6.3 复合土工膜运输与储存

1）复合土工膜在运输、装卸过程中，需注意保护其表面不受损伤。

2）复合土工膜在运输过程中和运抵工地后应妥为保存，避免日晒，防止粘结成块，并应将其储存在不易受损坏和方便去用的地方，尽量减少装卸次数。

4.6.4 复合土工膜连接

1) 连接前必须使粘结面清洁干净，不得有油污、灰尘。阴雨天应在雨棚下作业，以保持粘结面干燥。

2) 复合土工膜的连接接头应确保有可靠的防渗效果。在涂胶水时，必须使其均匀布满粘结面，不过厚、不漏涂。在粘结过程中和粘结过程后 2 小时内，粘结面不得承受任何拉力，避免粘结面发生错动。土工膜粘结强度不低于母材的 80%，土工织物接缝粘结强度不低于母材的 70%。

3) 复合土工膜一次粘接长度宜控制在 50m 左右，以便于人工搬运、铺设。粘接好的复合土工膜应沿围堰防渗轴线方向卷成卷存放，以便于施工，减少作业场地。

（1）自身粘接

①复合土工膜自身粘接必须经现场试验检验。

②自身粘接宽度一般为 10cm，并应保证最小粘接宽度不小于 8cm。

③复合土工膜粘接施工前，应将其摊开后用强光照射，检查是否有破损，发现破损应立即修缮或更换。

④承包人应准备好刨光木板，粘接施工时，将木板预垫在复合土工膜下部，摊平膜体，在接口处用电吹风吹去灰尘后涂抹粘接剂，根据粘接剂的性能，待粘接剂凉干后（或立即）粘接，并不断用棉纱擦压。粘接好后应用砂袋压 18 小时以上。

（2）搭接或缝接

①复合土工膜铺设时在顺坡相邻块拼接可用搭接或缝接。缝接顺坡方向采用碟型接，沿岸坡走向方向采用平接，接缝形式及长度按有关规范执行。平地搭接宽度取 50cm；不平地面、极软土地面或水下铺设应不小于 100cm。

②预计复合土工膜在工作期间可能发生较大位移而使接缝拉开时，应采用缝接。

4) 采用现场粘接时，承包人应根据不同气候条件，采取不同的施工措施。晴天需勤揩擦，防止尘土和杂物落到粘接面上；阴雨天务必架雨棚，必须保持粘接面干燥和粘胶干后（或按厂方规定的使用条件及要求）才粘，已粘好的复合土工膜必须用雨布盖好，防止受损。已拼接好的复合土工膜预留边接口，应用薄膜保护好，防止接口土工膜被污染。

4.6.5 复合土工膜铺设

1) 复合土工膜铺设过程中，为缓解膜体受力条件，适应堰体变形变位，沿铺设轴线每隔 50m 设一伸缩节，在复合土工膜与其他防渗体接头部位附近及铺设拐角、折线等处亦需设置伸缩节。伸缩节按设计图示或监理人的指示制作。

2) 复合土工膜的存放，要严格按各类产品的存放要求进行。粘接剂、脱膜剂应与复合土工膜分开存放，并严禁烟火。

3）为便于铺设施工，复合土工膜自身粘接宜先在室内进行，拼接车间应有顶棚防雨，自然通风，易于粘接剂等有机溶剂挥发，并应加强职工劳保措施。

4）复合土工膜铺设应力求平顺，松紧适度，不得绷拉过紧；布应与土面密贴，不留空隙。

5）复合土工膜坡面铺设一般应自下而上进行。坡顶、坡脚应以锚固沟或其他可靠方法固定，防止其滑动。

6）复合土工膜的铺设施工应在该层堰体填筑施工满足要求，并报经监理人认可后方能实施。

7）坡面复合土工膜铺设前，应采用袋装土进行整坡。

8）承包人应规划好施工期堰上施工道路，采取可靠的车辆等机械设备跨越复合土工膜施工区的工程措施（如设置保护架），全面协调组织好堰体填筑、基础防渗处理和复合土工膜铺设施工。

9）施工过程中应尽量避免施工机械或人为破坏复合土工膜，一旦发现材料被破坏，应立即向监理人报告并按监理人指示更换破损部分或进行补修。

10）完工验收前，承包人应向监理人提供完工图与完工验收报告，经验收合格后，由监理人签发验收合格证书。

4.6.6 土工合成材料与防渗墙及帷幕灌浆连接

1）一般要求

（1）接头施工前应详细分析围堰防渗体与堰体填筑施工程序与进度，了解各种接头处理的特点，提出包括施工进度计划、施工措施、施工质量控制方法、接头保护及事故处理措施等内容的施工措施计划。

（2）土工合成材料接头处理是其防渗性能是否可靠的关键，应充分重视其施工质量，严格按照有关要求进行施工，杜绝接头破坏、防渗不封闭等现象的发生。

2）底部连接

（1）土工合成材料底部与塑性混凝土防渗墙相接，应待此段墙体及基础帷幕灌浆施工完毕，经验收合格，并经监理人批准后再进行接头处理施工。

（2）土工合成材料底部与墙体以墙体盖帽混凝土型式相接，浇筑盖帽混凝土前应先将自墙顶以下厚50cm部分凿除。清除时不能对下部墙体造成破坏或损坏。

（3）复合土工膜与防渗墙的连接严格按图纸的要求施工。

3）侧向连接

（1）土工合成材料侧向与基础帷幕灌浆相接，采用混凝土连接墙顶膨胀螺栓压紧扁钢片等的方式连接。

（2）该部位应待此段基础帷幕灌浆施工完毕，经验收合格，并经监理人批准后再进行接头处理施工。

（3）复合土工膜与岸坡帷幕灌浆部位的连接严格按图纸的要求施工，确保连接质量，满足防渗要求。

4.6.7 验收

1）土工材料铺设完成后，承包人应按本节规定的质量标准进行自检，自检合格后，报请监理人检查验收。对验收不合格的部位，承包人应根据监理人的指示返工，直至监理人满意为止。由此发生的一切费用由承包人承担。承包人只有得到监理人的指示后，才能进行上部混凝土预制块及垫层的铺设。

2）验收内容应包括（但不限于）：

（1）土工材料规格是否符合要求；

（2）土工材料的连接是否满足要求；

（3）土工材料下垫层不得有凹洞；

（4）土工材料不得有破损。

3）验收方法包括（但不限于）：看、敲、皮尺丈量，拉扯检查接缝。

4.6.8 计量与支付

土工材料按设计尺寸以 m^2 计量，重叠搭接部分不重复计量，并按《工程量清单》中所列相应项目的单价支付。此单价包括土工合成材料的采购、运输、存储、修缮费用，土工合成材料铺设、连接、检测及接头处理。维护等一切辅助设施、设备、人员、材料等费用在内。

4.7 抛石护脚

4.7.1 说明

4.7.1.1 本节条款规定适用于本标设计图纸所示的围堰抛石护脚工程或监理人指示其他抛石工程，其工作内容包括（不限于）块石料备料、装车、运输、试抛、抛投、整理、质量检查及完工验收前的维护等工作。

4.7.1.2 各项目作业前，承包人应根据监理人的指示及本节的技术条款的规定，提出施工设备及施工工艺措施等作验证性施工。承包人应在试验前 14 天提出试验计划，报送监理人审批，并将试验成果报送监理人审查，经批准后方可运用于工程施工。

4.7.1.3 各项目的实施必须遵循国家颁布的相关标准和规范的规定。

4.7.1.4 承包人在各项施工作业期间，应作好各项工程施工记录和成果资料的整理及汇总工作，及时报送监理人审查；完工验收之前，承包人应提交完工资料（除原始记录外）、材料质量检测报告、防护前后的地形测量成果、施工质量报告和完工报告。

4.7.2 准备工作

承包人应作好抛石前的技术准备、基础准备工作。施工前的 28 天内，承包人应根据施工详图和相应的技术规范要求编制实施方案报告，报送监理人批准。该报告应包括下列内容：

1）施工布置；

2）施工方法；

3）施工机械；

4）劳动力组合；

5）材料供应；

6）进度安排；

7）安全措施；

8）质量保障措施。

4.7.3 实施要求

1）承包人应根据批准的施工方案、施工详图、技术规范规定的尺寸、高程、质量标准和施工形象进度要求，实施抛石护脚。

2）施工时除必须遵守本节条款的规定外，尚须遵守已颁布的有关标准与规定、规范。

3）抛石护岸施工进度，必须严格按照设计进度要求分段、分区实施，未经监理人批准不得任意提前结束抛填或改变区域抛填，否则，由此造成的重复抛填、抛填料流失等一切后果均由承包人负责，承包人不得以此为由要求发包人增加额外支付的费用。

4）抛石护岸施工期间，监理人将可能根据地质资料、水文资料、施工条件、进度要求以及有关的设计审查意见等，对原设计（包括工程量、施工方法、施工进度、技术要求等）作出一定的修改和调整，以上的设计修改和调整按合同的变更条款办理。

4.7.4 备料场备料

1）备料场选择由承包人按监理人指定的区域或料场（备料场）中选择取料；各种材料均应满足物理力学指标要求，并应同施工进度及施工程序相结合。确定供料规模。

2）抛填块石料主要从坝肩及进水口开挖料中选取，在截流前备存于备料场或直接抛投。

3）对块石备料场，除应按要求备料外，不得混入石碴料、风化软弱的岩块料等。承包人应定期或不定期地对块石备料场进行自检，并报告监理人，以便确定是否应予以舍弃或采取其他处理措施。如监理人认为块石备料场不合格，承包人不得将其用于抛填，否则由此增加的一切费用均由承包人负责。

4.7.5　基础准备

4.7.5.1　所有石料抛填部位以及其他经监理人指定的部位均应按本节的有关规定进行基础准备。在基础准备未得到监理人签收之前不得进行抛填施工。

4.7.5.2　在抛填区域内，若出露有杂草或其他杂物等，应予以清除。

4.7.6　填筑边线与坡度

4.7.6.1　除另有指示外，必须按图纸所示的控制边线和坡度进行抛填。图纸所示的边线和坡度是指经施工沉陷、水流冲刷等作用后的边线和坡度，抛填高程应在施工详图规定的高程上预留沉降的抛填超高。

4.7.6.2　当安全或经济上需要时，监理人有权提高或降低坡度或在某些细部上做其他类似的修改和调整，承包人应予以执行，工程量变化按合同条款有关变更的规定办理。

4.7.6.3　抛填边线与图中所示的边线之间不允许出现欠抛或漏抛。

4.7.6.4　若监理人单位根据需要决定对边坡或坡度作出修改，按照第 4.7.3 条执行。

4.7.7　主要设备要求

4.7.7.1　护脚块石抛填应由承包人根据施工强度和路线条件选用合适的运输机械。以满足设计规定的控制性进度要求。

4.7.7.2　承包人可根据施工强度自行选用合适的运输设备。

4.7.8　现场生产性试验

4.7.8.1　承包人应根据监理人的指示在规定的部位取有代表性的石料及指定的或报经监理人认可的抛填区，进行与实际施工条件相仿的现场生产性试验，以便取得最终的施工参数。在试验前 14 天，承包人应向监理人递交一份现场生产性试验方案和计划，经批准后方可实施。

4.7.8.2　对抛填石料，应进行分选、装卸和抛投试验。

4.7.8.3　现场生产性试验结束后，承包人应将全部成果整理编写成报告（包括提出建议采用的施工方法和施工参数）递交监理人批准后才能进行正式施工。

4.7.9　块石料的技术规格要求

4.7.9.1　块石料质量要求

　　1）采用比较新鲜坚硬、组织均匀的块石，抗压强度不小于 80～100MPa；

　　2）颗粒粒径：粒形方正，粒径 400mm～1000mm。

　　3）不允许使用薄片、条状、尖角等形状的块石。风化石、泥岩等亦不得用作抛填石料。

4.7.9.2　块石料抛投技术要求

　　块石抛填施工时，必须按设计断面进行分序抛投，其范围见图纸。

4.7.10　水下地形测量

1）抛投施工每一序抛投结束后，应由承包人和监理人单位分别进行水下地形测量，或在监理人的指示下，由承包人进行水下地形测量，并由监理人审查核实。

2）抛投施工上一序抛投结束并进行水下测量后，应分析抛投结果，以便及时调整分条（区）格抛投计划和定位位置。

4.7.11　塌滑

为了保证施工安全，承包人应设专人密切注意堰体稳定，如施工过程中发生塌滑现象，需经过处理后再进行抛填作业。

4.7.12　石料抛填施工

4.7.12.1　说明

1）各堰段分条（区）格块石抛填施工应符合相应的施工技术规范和设计要求。

2）块石抛填前，抛填区域基础应按设计图纸和本节第4.7.6款的规定处理。

4.7.12.2　块石抛填

1）各堰段分条（区）格块石抛填，必须按设计断面进行，严密组织，保证工序衔接。

2）抛填料应按设计要求控制其质量，禁止不合格料进入施工现场。

4.7.13　监督、质量检查和验收

4.7.13.1　承包人应选派有经验的工程技术人员在现场抛填中进行监督和指导。承包人的监督人员应密切配合监理人的工作，及时向监理人报告检查中发现的问题，并及时向监理人提供必要的资料。

4.7.13.2　石料抛填施工完毕后，承包人应按监理人的要求和规定及时报请监理人进行检查验收。

4.7.13.3　经监理人检查后，认定质量不合格，承包人应按监理人的指示对工程缺陷部分进行返工、补抛。由此而引起的工期延误应由承包人负完全责任，其返工、补抛等的一切施工费用均由承包人自行负担。

4.7.13.4　除承包人的日常质量检查外，在必要时，监理人可对有怀疑部位和为质量检查进行的试验项目进行复查，监理人可指令承包人在监理人监督下进行试验，并向监理人提交试验成果资料。承包人不得以此为由要求发包人增加额外支付。

4.7.13.5　在监理人认为必要的情况下，监理人有权要求承包人在进行水下地形测量时采用水下摄像，以便复核水下块石抛填区域边线和坡度。若水下摄像资料表明该区域抛填块石不满足设计要求，监理人要求承包人采取补抛措施，承包人不得以此为由要求发包人增加额外支付。

4.7.13.6　全部石料抛填工程完成后，承包人应按监理人的规定和要求负责编制包括完工图及完工验收资料的完工报告。完工验收资料中应附有全部质量检查记录和文件以及工程缺陷的处理成果资料。监理人在受到完工验收资料后组织石料抛填的完工验收。

4.7.14 计量和支付

1）石料抛填工程量以 m^3 为计量单位。

2）符合设计要求的全部或部分石料抛填工程，经验收合格，应按工程量报价单所列项目的每 m^3 单价支付。

3）在施工过程中，根据单位指示，承包人在抛填现场取样试验以及质量检查监督所需费用，应包括在工程量报价单所列每 m^3 单价中。

4.8 降水井施工

4.8.1 说明

4.8.1.1 本节各条款规定适用于降水管井工程施工。

4.8.1.2 承包人应作好施工前的技术准备、基础准备工作。本合同签字后 14 天内，承包人应根据设计文件和相应的技术规范要求，按监理人的要求提交为完成降水管井工程的施工组织设计（一式 4 份），报送监理人审查和批准。施工组织设计内容应包括：

1）施工布置；

2）施工方法；

3）施工机械与设备；

4）组织管理体系与劳动力组合；

5）降水管井抽水试验计划；

6）降水管井施工及其抽水试验；

7）材料供应；

8）进度安排；

9）安全措施；

10）环境保护措施；

11）质量保障措施。

4.8.1.3 在降水管井施工期间，监理人将可能根据地质资料、水文资料、施工条件、进度要求以及有关的设计审查意见等，对原设计（包括工程量、施工方法、施工进度、技术要求等）作出一定的修改、调整或取消，以上的设计修改、调整或取消按合同的变更条款办理。

4.8.1.4 如承包人的工程延期，或落后于已经报经监理人批准的进度计划，则承包人应在 14 天内书面向监理人提交为加快进度抢回已经延误的工期而采取的措施的详细报告。

4.8.1.5 承包人对环境和场地内的设施有保护的义务，对于因施工而引起的环境污染、场地内的设施破坏须负责修复或赔偿，并不得索要额外的费用。

4.8.2 降水管井设计情况说明

由于本水电站河床覆盖层性状复杂，可能出现因岩土工程渗透特性变化造成基坑开挖期间覆盖层内浸润线过高的现象，为保证基坑覆盖层边坡开挖施工过程中的稳定性，在大坝上、下游围堰背水侧坡脚覆盖层顶部平台上各布设 4 口降水管井。

4.8.3 材料的技术规格要求

4.8.3.1 降水管井材料质量、规格要求

1）降水管井管采用卷壁钢管，每节长 4m，降水管井管间的连接采用外接头，螺丝连接。降水管井管结构尺寸、材料强度指标应符合设计文件及有关技术要求；

2）花管开孔采用圆孔，花管壁钻孔直径 2.5cm，纵向与横向钻孔孔心间距均为 4cm，梅花形布置；

3）降水管井管、滤网间隙、类型及规格应符合设计文件及有关技术要求；

4）连接用外套管壁厚 2cm，长度 20cm。连接螺丝为双排，每排 12 个螺丝，均匀布置在井管外壁，两排之间交错排列；

5）导向圆盘型式、尺寸及材料应满足设计文件及有关技术要求；

6）反滤料质地应致密坚硬，软化系数大于 0.85，含泥量小于 5%，物理力学指标应满足设计文件及有关技术要求；

7）用于降水管井封孔的粘土球应自然风干，直径为 1~2cm。

4.8.3.2 承包人采用其他替代材料需经监理人审查同意，所选材料应符合国家有关规程规范要求。

4.8.4 施工设备要求

4.8.4.1 承包人应提供、安装、操作、维修为实施工程所需要的施工设备。并在合同中的主要施工设备表中说明使用时间、备置。

4.8.4.2 未经监理人的书面批准，上述设备不得撤离施工现场。

监理人可指示承包人增添必要的施工设备或延长设备服务时间。

4.8.4.3 承包人应每月提交一份关于设备的数量、日工作运转记录、检查、维修事故的报告与施工计划报送监理人审批。

4.8.5 降水管井施工要求

降水管井施工过程中，若发现地质情况与设计条件不符，应及时通知监理人，由于擅自施工而引起的工期延误应由承包人负完全责任，其返工等的一切施工费用均由承包人自行负担。

1）降水管井应采用钻井法施工，采用其他方法埋设降水管井管需经监理人审查同意，施工方法应符合国家有关规程规范要求；

2）钻井采用清水固壁，为防止塌孔，可用套管护壁，严禁泥浆护壁；

3）钻井孔斜小于1.5%，井位平面误差小于±20cm，孔底应比设计高程深0.3～0.5m，并在降水管井管放入前，先填砂至设计高程；

4）花管外包裹缠丝滤网应包扎牢固，降水管井反滤料利用导管采用动力填砂法，分2～3层填筑，反滤料投入量应不少于计算值的95%，套管应逐段起拔；

5）过滤器各部位结合紧密，表面圆滑，无突起，外观直径符合设计及有关技术要求；

6）粘土球封孔深度按设计文件及有关技术要求执行；

7）降水管井施工及埋设过程中应做好孔口装置，防止降水管井井口堵塞；

8）设计要求须回填的已建降水管井井管采用起重机拔除，边拔边回填粘土球封闭；

9）降水管井钻孔终孔后应及时测量孔斜、孔深，及时进行洗井和抽水试验，其试验指标参照供水管井施工要求执行；

10）钻进过程中要取土样进行分层描述，终孔后绘出钻孔地质柱状图，图中应标明各层土的类别，并标明不同土层的分界。

4.8.6 施工质量检查和验收

4.8.6.1 承包人应选派有经验的工程技术人员在施工现场进行监督和指导。承包人的监督人员应密切配合监理人的工作，及时向监理人报告检查中发现的问题，并及时向监理人提供必要的资料。

4.8.6.2 施工过程中或完成后，承包者应按监理人的要求和规定及时报请监理人进行检查验收。

4.8.6.3 经监理人检查后，认为质量不合格，承包人应按监理人的指示对工程缺陷部分进行返工。由此而引起的工期延误应由承包人负完全责任，其返工等的一切施工费用均由承包人自行负担。

4.8.6.4 除承包人的日常质量检查外，在必要时，监理人可对有怀疑部位和为质量检查进行的试验项目进行复查，监理人可指令承包人在监理人监督下进行试验，并向监理人提交试验成果资料。承包人不得以此为由要求增加额外支付。

4.8.6.5 全部减压降水工程完成后，承包人应按监理人的规定和要求负责编制包括完工图及完工验收资料的完工报告。完工验收资料中应附有全部质量检查记录和文件以及工程缺陷的处理成果资料。监理人在受到完工验收资料后14天内，组织工程完工验收。

4.8.7 资料记录与整理、报送的有关规定

4.8.7.1 承包人所有施工作业过程都必须如实及时作好原始记录，原始记录不得提前预记录、写回忆录、改写。

4.8.7.2 由承包人提供的图纸、计划、报告、手册、数据及所有文件，应是清楚易读的影印件或蓝图，或打印文件，除特殊需要说明外，应提交1份正本、3份副本。

4.8.7.3 报送监理人的图纸和文件应具有编写校核签名，领导签字同意并盖有单位印节。在送交这些文件28天后，没有收到监理人的指示，则应视为已批准。

4.8.8 计量与支付

4.8.8.1 降水管井的抽水费用按《工程量清单》中施工期排水项目总价支付。

4.8.8.2 降水管井工程的施工按《工程量清单》中所列单价进行支付。

4.8.8.3 降水工程的试验按总价进行计量和支付，总价支付应包括项目的施工、试验、运行维护和质量检查、验收等所需的人工、材料和设备等一切费用。

4.8.8.4 监理人指示承包人增加的地质钻孔、取样试验应包含在降水管井《工程量清单》所列单价中，发包人将不为此另行支付。

4.8.8.5 符合设计及有关技术规范要求的全部或部分降水管井，经监理人验收合格，应按《工程量清单》上列明的单价进行支付。

4.8.8.6 降水管井的工程量以"口"为计量单位。

4.8.8.7 施工完毕的场地清理工作费用，应包含在降水管井工程量清单所列单价中，发包人将不为此另行支付。

4.9 砌体工程

4.9.1 说明

本节条款规定适用于本标设计图纸所示的围堰砌体（含钢筋石笼、铅丝石笼）工程。

承包人的责任与承包人应提交的主要文件要求及主要规程规范见本技术条款第22.1节。

4.9.2 砌石工程

围堰工程的砌石工程有关材料、砌筑施工、钢筋石笼及铅丝石笼施工要求见本技术条款第22.2节。

4.9.3 砌体工程质量检查和验收

围堰工程的砌石（含钢筋石笼、铅丝石笼）工程质量检查和验收要求见本技术条款第22.4节。

4.9.4 计量和支护

围堰工程的砌石（含钢筋石笼、铅丝石笼）工程计量和支付见本技术条款第14.5节。

第五节 土方明挖

5.1 说明

5.1.1 范围

本节规定适用于本合同施工图纸所示的土方明挖工程，包括本合同各项永久工程和临时工程的基础与边坡开挖、基础清理、以及监理人指示的其他土方明挖工程。其开挖工作内容包括（但不限于）：准备工作、场地清理、清坡、土方开挖、施工期排水、施工期边坡监测、完工验收前的维护，以及将开挖可利用或废弃的土方运至监理人指定的弃渣区堆存、土料场土料开采及临时边坡保护等工作。

5.1.2 承包人的责任

1）承包人应根据本技术标准和要求、施工图纸的要求和监理人的指示，按土方明挖工程的开挖线进行施工，若在实施开挖中偏离指定开挖线，应重新修整直到施工图纸所示开挖线并经监理人认可为止，因承包人自身施工失误所增加的工程量以及由此增加的额外费用均由承包人承担。

2）承包人为其施工需要，在本合同施工图纸开挖线以外进行的开挖，应在该开挖工作开始前，以书面方式报监理人审批。承包人必须注意保持永久开挖边坡稳定，规定开挖线以外增加的开挖费用由承包人摊入有关项目单价，发包人不予另行支付。

3）施工过程中，承包人应为设计补充勘探工作提供必要的场地和工期方面的配合，在清除覆盖层后、土方开挖之前应按设计要求对基础进行清理，为设计进行基础地质调查提供必要条件，承包人不得以此为由，向发包人索取额外费用和工期。

4）承包人应协助发包人进行地质测绘，其工作内容还应包括地质测绘前必要的局部清理和暂停开挖工作，承包人不得以局部清理和暂停开挖为由，向发包人索取额外费用。

5）在施工前，承包人应详细了解工程地质结构、地形地貌和水文地质情况，对可能引起的滑坡和崩塌体应有充分的估计，对本合同工程所有土质边坡安全稳定负全部责任。

6）承包人应对可能引起的滑坡和崩塌体及时采取有效的预防保护措施。在陡坡下施工，应仔细检查边坡的稳定性，如遇有孤石、崩塌体等，应事先进行妥善的清理和支护。

7）在已有建筑物附近进行开挖时，承包人的施工措施必须保证其原有建筑物的稳定和安全，并尽可能做到不影响其正常使用。

8）承包人应妥善制定施工安全措施，在危险地带应设置明显的标志。夜间施工时，应按本技术标准和要求第 2.11 节的要求执行。

9）承包人应对施工期间的人员及设备安全负全部责任。

10）本合同工程项目较多，承包人应加强合同内工程项目的施工协调；同时服从监理人指示，尽量减少与其他承包人的施工干扰。

5.1.3 承包人应提交的主要文件

5.1.3.1 施工措施计划

承包人应在本工程或每项单位工程开工前 28 天，按监理人的指示和施工图纸的规定，提交包括下列内容的施工措施计划（一式 8 份），报送监理人审批：

1）开挖施工平面布置图（含施工交通线路布置）。

2）施工程序和开挖方法。

3）施工设备的配置和劳动力安排。

4）排水或降低水位措施。

5）开挖边坡保护措施。

6）土料利用和弃渣规划及措施。

7）施工粉尘控制措施。

8）质量与安全保证措施。

9）施工进度计划等。

5.1.3.2 开挖放样资料

在土方明挖施工前 28 天，承包人应将开挖前实测地形和开挖放样剖面图报送监理人复核，经监理人批准后，方可进行开挖。监理人的复核，不免除承包人对其放线准确性应负的责任。承包人不能因监理人指示纠正其放线错误而引起的工程量增加，向发包人要求额外支付。

5.1.3.3 完工验收资料

土方明挖工程完工后，承包人应按本合同条款第 18 条的规定提交以下完工验收资料：

1）土方明挖工程完工平面和剖面图。

2）质量检查和验收报告。

3）监理人要求提供的其他资料。

5.1.4 引用标准和规范规程（不限于）

1）《建筑工程施工质量验收统一标准》GB50300—2001。

2）《建筑地基基础工程施工质量验收规范》GB50202—2002。

3）《建筑边坡工程技术规范》GB50330—2002。

4）《水电站基本建设工程验收规程》DL/T5123—2000。

5）《水电水利基本建设工程单元质量等级评定标准第 1 部分：土建工程》DL/T5113.1—2005。

6）《水电水利工程施工测量规范》DL/T5173—2003。

7）《水电水利工程土建施工安全技术规程》DL/T5371—2007。

8）《工程建设标准强制性条文》（电力工程部分）2011 年版。

5.2　场地清理

场地清理包括植被清理、表土清挖及清坡。其范围包括永久和临时工程、存弃渣场、料场等施工用地需要清理的全部区域及监理人指定的其他区域的地表。

5.2.1　植被清理

1）承包人应负责清理开挖工程区域内的树根、杂草、垃圾、废渣及监理人指明的其他有碍物。

2）除监理人另有指示，主体工程施工场地地表的植被清理，必须延伸至离施工图纸所示最大开挖边线或建筑物基础边线（或填筑坡脚线）外侧至少5m 的距离。

3）主体工程的植被清理，须预挖除树根的范围应延伸到离施工图纸所示最大开挖边线、填筑线或建筑物基础外侧3m 的距离。

4）承包人应注意保护清理区域以外的天然植被，因施工不当造成清理区域以外林业资源的毁坏，以及对环境保护造成不良影响，承包人应负责赔偿。

5）场地清理范围内，承包人砍伐的成材或清理获得具有商业价值的材料应归发包人所有，承包人应按照监理人的指示，将其运到指定地点堆放。

6）凡属无价值可燃物，承包人应尽快将其焚毁，在焚毁期间，承包人应采取必要的防火措施，并对燃烧后果负责。

7）凡属无法烧尽或严重影响环境的清除物，承包人必须按监理人指定的地区进行掩埋。掩埋物不得妨碍自然排水或污染河川。

8）场地清理中发现的文物古迹，承包人应按本合同条款第 16.4 条的规定办理。

5.2.2　表土的清挖、堆放和有机土壤的使用

1）表土系指含细根须、草本植物及覆盖草等植物的表层有机土壤，承包人应按监理人指示的表土开挖深度进行开挖，并将开挖的有机土壤运到监理人指定地区堆放。防止土壤被冲刷流失。

2）堆存的有机土壤应利用于工程的环境保护。承包人应按合同要求或发包人的环境整体规划，合理使用有机土壤。

5.3　土方开挖

5.3.1　土方定义

1）本节所指土方系指所有表层土的剥离及可以直接用手工操作或开挖机械进行施

工开挖的除坚硬岩体以外的全部材料以及小于0.7m³的孤石。包括：表土、覆盖层、黏土、淤泥、淤沙（粉砂、河砂）、砂砾石、松散坍塌体、石渣混合料、全风化岩体和所有小于0.7m³的孤石。

2）土方明挖分为一般明挖、沟槽开挖和柱坑开挖。一般明挖系指在一般工作条件下，不需设临时支撑，进行的上述土方材料的大断面地面开挖，其开挖厚度在30cm以上的；沟槽开挖系指施工图纸标明的、并需运用小型土方开挖器具或人工进行的小断面局部开挖，其底宽在3m以内，且沟槽长度大于沟槽宽度3倍以上的；柱坑开挖系指施工图纸标明的并需运用小型土方开挖器具或人工进行的小断面局部开挖，坑底面积在20m²及以内的。

3）实际土石分界线由监理人组织发包人、设计及承包人现场协商确定。

5.3.2 开挖区域的临时道路

承包人应按监理人根据本技术标准和要求批准的施工总布置设计中规划的场内交通道路布置临时道路，结合施工开挖区的开挖方法和开挖运输机械的运行路线，规划好开挖区域的施工道路。

5.3.3 旱地施工

除另有规定或监理人另有指示外，所有工程建筑物的基础开挖均应在旱地进行施工。

5.3.4 雨季施工

在雨季施工中，承包人应有保证基础工程质量和安全施工的技术措施，有效防止雨水冲刷边坡和侵蚀地基土壤。

5.3.5 校核测量

1）土方开挖施工前14天和土方开挖结束后，承包人应将初始及开挖后的测量成果提交监理人。

2）开挖过程中，承包人应经常校核测量开挖平面位置、水平标高、控制桩号、水准点和边坡坡度等是否符合施工图纸的要求。监理人有权随时抽验承包人的上述校核测量成果，或与承包人联合进行核测。如有必要发包人可以组织进行复测。

5.3.6 临时边坡的稳定

主体工程的临时开挖边坡，应按施工图纸所示或监理人的指示进行开挖。对由承包人自行确定的边坡坡度且时间保留较长的临时边坡，承包人应根据地形、地质条件和临时边坡的高度，结合当地同类土体的实际稳定状态自行选定。若经监理人检查认为其临时边坡存在不安全因素时，承包人应进行补充开挖并采取保护措施，承包人不得因此要求增加额外费用。

5.3.7　基础和边坡开挖

1）优选开挖方法，合理布置开挖工作面，确定开挖分区、分段、分层及开挖程序，以保证施工过程中边坡稳定并充分发挥机械的生产效率。

2）土方明挖应从上至下分层分段依次进行，严禁自下而上或采取倒悬的开挖方法，施工中应随时做成一定的坡势，以利排水，开挖过程中应避免边坡范围内形成积水。

3）基础和边坡开挖范围内风化岩块、坡积物、残积物和滑坡体等应按施工图纸要求开挖清理，并应在混凝土浇筑和土石方填筑前完成，禁止边开挖边填筑。清除出的废料，应全部运出基础开挖范围以外，堆放在监理人指定的场地。

4）基础开挖面上无永久排水设施时，应根据本技术标准和要求第5.4条的规定，采取临时截、排水措施，以保证开挖面上无积水。

5）一层边坡开挖完成后，应及时清理坡面上的危石，防止安全事故发生。并应按施工图纸要求或监理人指示在下一级马道开挖前进行保护。

6）在土方开挖中出现石方时，承包人应测量土石分界线，经监理人鉴定认可后，分层进行开挖。如果出现零星石方（体积大于 $0.7m^3$ 的孤石），承包人应在事前量测石方数量，报经监理人批准后，方能继续施工。

5.3.8　弃土的堆置

不允许在开挖边坡的坡顶和上部坡面弃土，必须在边坡上部临时堆置弃土时，应确保开挖边坡的稳定，并经监理人批准。

弃土应连续堆放，弃土堆顶面应向外侧倾斜；在开挖下侧弃土时，应将弃土堆表面整平，并向外倾斜。

不允许在弃渣场外的冲沟或沿河岸弃土；所有的弃土，均应按规划要求堆放和防护，保证弃渣堆放稳定，并防止山洪造成泥石流或河道淤塞。

5.3.9　机械开挖的边坡修整

使用机械开挖土方时，实际施工的边坡坡度应适当留有修坡余量，再用人工修整，以满足施工图纸要求的坡度和平整度。

5.3.10　边坡面渗水排除

在开挖边坡上遇有地表水及地下水渗流时，承包人应在边坡修整和加固前，采取有效的疏导和边坡稳定保护措施，严禁自流水渗入引起土体坍滑。

5.3.11　边坡的护面和加固

为防止修整后的开挖边坡遭受雨水冲刷，边坡的护面和加固工作应在雨季前按施工图纸要求完成。冬季施工的开挖边坡，如有冻结现象，宜在解冻后进行边坡的修整、护面及加固工作。

5.3.12　开挖线的变更

1）在工程实施过程中，根据土方明挖及基础准备所揭示的地质特性，需要对施工图纸所示的开挖线作必要修改时，承包人应按监理人签发的设计修改图执行，修改的内容涉及变更的应按本合同条款第 57 条的规定办理。

2）承包人因施工需要变更施工图纸所示的开挖线，应报送监理人批准后，方可实施，其增加的开挖费用应由承包人计入报价，发包人不为此另行支付费用。

5.3.13　重大地质变更

施工中，若发现实际地质情况有较大变化，承包人应及时将情况报告监理人，并按监理人批准的修改设计施工，此种修改不能作为人员窝工费和机械停置费索赔依据，由此引起的开挖和支护工程量等变更，按合同条款有关变更的规定办理。

5.3.14　边坡安全的应急措施

土方明挖过程中，如出现裂缝和滑动迹象时，承包人应立即暂停施工和采取应急抢救措施，并及时通知监理人。必要时，承包人应按监理人的指示设置监测点，及时观测边坡变化情况，并做好记录。

5.3.15　坍塌

1）承包人应采取一切必要的或监理人指示的措施，防止在开挖过程中出现塌方。

2）如果发现有可能坍塌的迹象，承包人应采取必要的处理措施并报告监理人。在此种情况下，承包人必须按监理人指示的处理措施，尽一切努力控制坍塌发生。

3）如发生坍塌，承包人应负责清除塌方，完成必要的清理，并承担可能发生的事故责任。

4）属承包人作业不当（包括有地质缺陷而支护不及时）所引起坍塌的费用由承包人承担，如进一步危及工程安全或延误施工工期，亦由承包人承担全部责任。

5.3.16　超挖

1）不论何处和出于何因，如果未得到监理人的指示及确认，其开挖超出了施工图所示的开挖线，则承包人应按监理人的指示对超挖部分进行回填及必要的处理，但不得以贴坡的形式进行回填。超挖、回填（包括混凝土回填）量与处理费用均由承包人承担。

2）由于承包人的施工方法与措施不当、测量放样错误等原因而造成的超挖或开挖线以外范围的松动，承包人应无偿清除超挖的渣料、松动范围的渣料，并按监理人的要求对该部位进行处理，且承包人应承担全部费用。

3）按监理人的指示进行超出施工图示开挖线以外的开挖、回填或进行其他处理，该部分费用将按开挖、回填材料或其他处理规定的相应单价支付。

4）由于施工需要而造成的超挖，这种开挖虽未在图上或工程量报价单中示出，但承包人认为这是施工中必不可少的，在取得监理人批准后可进行开挖，但此种开挖和因此超挖引起的回填，均应包含在相应的开挖单价中，不再另行支付费用。

5.4　施工期临时排水

5.4.1　临时性排水措施设计

承包人应在每项开挖工程开始前，尽可能结合永久性排水设施的布置，规划好开挖区域内外的临时性排水措施，并在向监理人报送的施工措施计划中详细说明临时性排水措施的内容，提交相应的图纸和资料。

5.4.2　提前做好排水设施

沿山坡开挖的工程，为保护其开挖边坡免受雨水冲刷，承包人在边坡开挖前，应按施工图纸的要求开挖并完成边坡上部永久性山坡截水沟的施工。对其上部未设置永久性山坡截水沟的边坡面，应由承包人自行加设临时性山坡截水沟，并经监理人批准后，在边坡开挖前予以实施。

5.4.3　及时排除地面积水

在场地开挖过程中，承包人应做好临时性地面排水设施，包括按监理人要求保持必要的地面排水坡度、设置临时坑槽、使用机械排除积水、渗水以及开挖排水沟排走雨水和地面积水等。

5.4.4　保护永久建筑物和永久边坡免受冲刷

承包人采取的临时排水措施，应注意保护已开挖的永久边坡面及附近建筑物及其基础免受冲刷和侵蚀破坏。由于承包人排水措施不当或处理不及时而引起的永久边坡面及附近建筑物及其基础因冲刷和侵蚀而造成破坏等一切后果，均由承包人承担。

5.4.5　平凹地区开挖的排水

在平地或凹地进行开挖作业时，承包人应在开挖区周围设置挡水堤和开挖周边排水沟以及采取集水坑抽水等措施，阻止场外水流进入场地，并有效排除积水。

5.4.6　降低地下水位的排水措施

1）对位于地下水以下的基坑开挖，可根据基坑的工程地质条件采用降低地下水位的措施。承包人应按施工图纸的要求和有关技术规范的规定，编制降低基坑地下水位的施工技术措施，报送监理人批准后实施。其施工技术措施的内容包括：排水孔、井或排水洞布置，抽排水设备配置以及基坑开挖措施等。

采用挖掘机、推土机等机械进行基坑开挖时，应保证地下水位降低至最低开挖面0.5m以下。

2）在基坑开挖期间，监理人认为有必要时，承包人应对基坑及其周围受降低水位影响的地区进行地下水位和地面沉降观测。承包人应按监理人指示将观测点布置、观测仪器设置和定期观测记录提交监理人。

5.4.7 防止施工排水污染河流

承包人应按本合同规定和监理人指示做好污水处理。

5.5 开挖弃渣

5.5.1 可利用渣料专用于本工程

承包人弃置废渣应按照本技术标准和要求第2.19条的规定运至指定地点堆放。

5.5.2 可利用渣料和弃置废渣应分类堆存

承包人进行工程开挖时，应将可利用渣料和弃置废渣分别运至指定地点分类堆存。承包人应严格按照监理人批准的施工措施计划所规定的堆渣地点、范围和堆渣方式进行堆存，应保持渣料堆体的边坡稳定，并有良好的自由排水措施。

5.5.3 可利用渣料的保质措施

对监理人已确认的可用料，承包人在开挖、装运、堆存和其他作业时，应采取可靠的保护措施，保护该部分渣料的可利用性。

5.6 质量检查和验收

5.6.1 土方开挖前的质量检查和验收

土方开挖前，承包人应会同监理人进行以下各项的质量检查和验收：

1）用于开挖工程量计量的原地形测量剖面的复核检查。

2）按施工图纸所示的工程建筑物开挖尺寸进行开挖剖面测量放样成果的检查。承包人的开挖剖面放样成果，应经监理人复核签认后，作为工程量计量的依据。

3）按施工图纸所示进行开挖区周围排水和防洪保护设施的质量检查和验收。

5.6.2 土方开挖过程中的质量检查

在土方开挖过程中，承包人应定期测量校正开挖平面的尺寸和标高以及按施工图纸的要求检查开挖边坡的坡度和平整度，并将测量资料提交监理人。

5.6.3 土方明挖工程完成后的质量检查和验收

土方明挖工程完成后，承包人应会同监理人进行以下各项质量检查和验收。

5.6.3.1 主体工程开挖基础面检查清理的验收

1）按施工图纸要求检查基础开挖面的平面尺寸、标高和场地平整度。

2）取样检测基础土的物理力学性质指标。

3）本款规定的基础面检查清理和填筑前的基础清理作业是检验目的和性质不同的两次作业，未经监理人同意，承包人不得将两次作业合并为一次完成。

5.6.3.2 永久边坡的检查和验收

1）永久边坡的坡度和平整度的复测检查。

2）边坡永久性排水沟道的坡度和尺寸的复测检查。

5.6.3.3　混凝土浇筑或砌体砌筑前，基础面的质量检查和验收

1）按本技术标准和要求第 5.6.3.1 款对基础面进行检查清理后，应保证基础面无积水或流水，不使基础面土壤受扰动。

2）作为永久建筑物土基的基础开挖面，在混凝土浇筑或砌体砌筑前应按监理人批准设计文件处理表面或监理人批准的施工方法进行压实。受扰动和受积水侵蚀软化的土壤应予清除。

5.6.4　完工验收

每项土方明挖工程完工后，承包人应按本合同约定，向监理人申请对该项土方明挖工程进行完工验收，并应按以下内容提交完工验收资料：

1）土方明挖工程完工平面和剖面图；

2）质量检查和验收记录；

3）监理人要求提供的其他资料。

5.7　计量和支付

1）本合同工程土方明挖的计量和支付应按不同工程项目以及施工图纸所示的不同区域列项，按监理人认可的测量断面成果，以 m³（自然方，下同）为单位计量，并按《工程量清单》中各相应项目的每 m³ 单价进行计量和支付。

其单价中包括准备工作、场地清理、土方的挖装运卸、边坡整治、施工期临时排水（不包括基坑排水）、基础和边坡面的检查和验收、场地平整、以及将开挖可利用或废弃的土方运至监理人指定的堆放区并加以保护、处理等所需全部人工、材料、机械设备等的全部费用。

2）发包人仅对堆放至监理人指定渣场的开挖土方进行支付，对于承包人随意堆放的土方不予支付。如承包人不按监理人指定地点堆放渣料，乱堆乱弃，按 <u>1000 元/车</u> 向发包人支付违约金。

3）土方的类别由承包人根据提供的地质条件判断，综合考虑后报价，合同期内不因土方的类别变化而调整单价。

4）本节第 5.2.1 条所列的植被清理工作内容，其所需的全部清理费用应分摊在《工程量清单》相应的开挖项目的每 m³ 单价中，不单独进行计量和支付。

5）土方明挖开始前，承包人应按监理人指示测量开挖区的地形和计量剖面，报监理人和发包人测量中心复核，并应按施工图纸或监理人批准的开挖线进行工程量的计量和支付。承包人所有计量测量成果都必须经监理人签认。除本节另有规定外，超出施工图纸或监理人批准的开挖线的任何超挖工程量发包人不再另行支付。

6）在施工前或在开挖过程中，监理人对施工图纸做出的修改，其相应的工程量应按监理人签发的设计修改图或设计通知单进行计算，属于变更范畴的应按本合同条款

第 47 条规定办理。

8）除施工图纸中已标明或监理人指定作为永久性工程排水设施外，一切土方明挖所需的临时性排水设施（包括（但不限于）排水设备的采购、安装、运行和维修、拆除等）均已包含在《工程量清单》所列的施工期排水项中，发包人不再另行支付。

9）承包人配合发包人对所有建筑物进行地质测绘、素描和编录工作产生的费用，包含在《工程量清单》相应开挖项目有效工程量的每 m³ 单价中，发包人不另行支付。

第六节　石方明挖

6.1　说明

6.1.1　范围

1）本节规定适用于本合同施工图纸所示的石方明挖工程，包括本合同各项永久工程和临时工程的基础与边坡开挖、基础开挖及清理、沟槽开挖以及监理人指示的其他石方明挖工程。其工作内容包括（但不限于）：准备工作，场地清理，施工期排水，钻孔爆破，石渣的运输和堆存，施工期监测和防护，完工验收前的维护等工作。

2）开挖场地清理和支护应分别按本技术标准和要求第 4 节"土方明挖"和第 8 节"支护"有关规定执行。

6.1.2　承包人的责任

1）承包人应按本技术标准和要求、施工图纸的要求和监理人的指示，组织并实施工程的全部石方明挖工作，若在开挖过程中偏离指定开挖线，应重新修整至监理人认可为止，因承包人自身失误所增加的工程量以及由此增加的额外费用均由承包人承担。

2）承包人在施工前应详细了解工程地质条件、地形地貌和水文地质情况，充分认识工程特性，对本合同工程边坡及清坡范围内边坡的安全稳定负全部责任。

3）承包人应按合同约定，完成施工图纸要求和监理人指示的现场爆破试验工作。

4）承包人应对不良地质地段的开挖稳定与安全采取有效的预防性保护措施。若承包人根据实际地质情况需要修改开挖边坡时，应经监理人批准。如因承包人原因导致开挖后边坡失稳，承包人应承担由此产生的一切责任。

5）承包人应在本合同工程开挖平台或马道外侧设置安全设施，确保平台或马道上的人员安全。承包人应对施工期间的人员及设备安全负全部责任。

6）承包人应妥善制定施工安全措施，在危险地带应设置明显的标志。夜间施工时，应根据本技术标准和要求第 2.12 款规定设置足够的照明。

7）承包人因施工和安全需要在施工图纸所示开挖线以外进行石方明挖时，承包人应保持开挖部位边坡或山体的稳定，并应经监理人批准。由此增加的开挖、填筑（含混凝土回填）等费用由承包人计入报价，发包人不另行支付费用。

8）承包人应对岩石开挖面进行施工地质记录，同时协助配合监理人（或监理人批准的人员）对岩石开挖面进行地质编录，其配合内容还应包括地质编录前必要的局部清理和暂停开挖工作，承包人不得以此为由，向发包人索取额外费用。

9）永久安全监测由其他承包人独立进行，本合同承包人需提供配合（包括提供施工场地、道路、水电接口、照明等）。同时承包人要采取措施保护监测设施，防止破坏，一旦受到破坏应及时报告监理人。承包人不得以此为由，向发包人索取额外费用和延长工期要求。

10）在已有建筑物附近进行开挖时，承包人的施工措施必须保证其原有建筑物的稳定和安全，并得到监理人批准。

11）若承包人按施工图纸进行开挖已达到设计开挖深度，但并未达到设计建基面要求，则承包人有义务根据监理人指示进行建基面调整开挖，此种开挖所产生的费用按合同条款变更项进行处理，承包人不得为此提出索赔。

12）承包人应根据本合同的施工用地范围和本技术标准和要求中相关管理要求，按指定地点和规定堆放块石备料和弃渣。

13）承包人应树立严格保护岩体的意识，在施工过程中，应采取必要的措施，尽可能减少对开挖线以外岩体的影响和扰动，尤其在建基面必须保证岩体的稳定和岩面的完整平顺，否则，由于开挖施工质量原因而导致增加结构工程量，或导致相邻工程及下一工序施工难度增加，或导致工期延误等一切后果，由承包人负全部责任。

14）承包人在施工过程中必须加强对边坡和基岩面岩体的变形观测，若遇异常情况，须及时报告监理人。

15）本合同工程项目较多，承包人应加强合同内工程项目的施工协调和管理；同时服从监理人指示，尽量减少与其他承包人的施工干扰。

16）服从监理人指定弃渣场及存（备）料场管理者的现场弃渣及堆存管理。

17）石方开挖爆破应采用磁电雷管进行起爆。

6.1.3　承包人应提交的主要文件

6.1.3.1　施工措施计划

承包人应在本工程或每项单位工程开工前 28 天，按监理人的指示和施工图纸的规定，提交施工措施计划报送监理人审批（一式 8 份），包括下列内容：

1）单位工程概况（包括水文、地质）。

2）施工测量控制网设置及施工测量控制措施。

3）开挖施工平面和剖面布置图（含施工交通线路布置）。

4）现场生产性试验计划及设计（包括项目、数量、部位、方法、进度等）。

5）开挖程序和施工方法（包括钻孔和爆破）。

6）施工进度计划。

7）出渣、弃渣和石料利用规划及措施。

8）施工设备的配置和劳动力安排。

9）施工期永久工程安全监测协调配合规划。

10）施工粉尘控制措施。

11）排水措施。

12）边坡保护及支护加固措施

13）平台或马道外侧的安全措施。

14）质量与安全保证措施。

15）环保计划及其保证措施。

16）水土保持计划及其保证措施。

6.1.3.2　开挖放样资料

在石方开挖前 28 天，承包人应将石方开挖前的实测地形和开挖放样剖面，报送监理人复核，经批准后方可进行开挖。监理人的复核不减轻承包人对其放线的准确性应负的责任，承包人不能因监理人纠正其自身放线错误而引起工程量的增加，向发包人要求支付额外费用。

6.1.3.3　钻爆作业措施计划

1）每项钻爆作业开始前，承包人均应进行爆破参数试验，确定钻爆参数，向监理人提交试验报告，经批准后实施。

2）在每项单位工程（或开挖区）的开挖作业开始前 28 天，承包人均应向监理人提交钻爆作业措施计划（一式 8 份），其内容应包括：

（1）分项工程爆破作业程序计划。

（2）爆区范围、台阶高度。

（3）爆破孔的孔径、孔排距、深度和倾角。

（4）所采用炸药的类型、单位耗量和装药结构，最大一段起爆药量和总装药量。

（5）延时顺序、雷管型号和起爆方式。

（6）承包人拟采用的任何特殊钻孔和爆破作业方法的说明。

（7）爆破参数试验。

3）监理人应在收到爆破作业措施计划 7 天内批复承包人。爆破方案的批准并不减轻承包人对爆破作业应负的责任。

6.1.3.4　承包人应按监理人要求提交单位工程的施工资料，其内容应包括（但不限于）：

1）开挖高程及台阶高度。

2）开挖部位及坐标。

3）开挖爆破的基本孔网参数。

4）开挖边坡的范围（高程、桩号）、方式及完成的工作量。

5）保护层开挖范围及施工方案。

6）施工中的质量及安全自检、质量及安全事故的处理情况。

7）设备、人员工作情况和主要材料消耗情况。

8）有关的测量和监测成果。

9）其他要求的数据。

6.1.3.5　完工验收资料

石方明挖完工后，承包人应提交以下完工验收资料：

1）石方明挖工程完工平面和剖面图。

2）边坡和基础开挖面的施工地质编录。

3）质量检查报告。

4）开挖事故处理记录。

5）监理人要求提供的其他资料。

6.1.4　引用标准和规范规程（不限于）

1）《建筑工程施工质量验收统一标准》GB50300—2001。

2）《水电水利工程施工地质规程》DL/T5109—1999。

3）《爆破安全规程》GB6722—2011。

4）《水电水利工程爆破安全监测规程》DL/T5333—2005。

5）《建筑地基基础工程施工质量验收规范》GB50202—2002。

6）《水工建筑物岩石基础开挖工程施工技术规范》DL/T5389—2007。

7）《水电水利工程爆破施工技术规范》DL/T5135—2001。

8）《建筑边坡工程技术规范》GB50330—2002。

9）《水电水利基本建设工程单元工程质量等级评定标准第 1 部分：土建工程》DL/T5113.1—2005。

10）《水电站基本建设工程验收规程》DL/T5123—2000。

11）《水电水利工程施工测量规范》DL/T5173—2003。

12）《水电水利工程土建施工安全技术规程》DL/T5371—2007。

13）2011 年版《工程建设标准强制性条文》（电力工程部分）。

6.2 测量与放样

1）承包人在发包人提供的施工测量控制网基础上应根据需要建立相对稳定的永久和临时施工测量控制点，控制网等级和精度按 DL/T5173—2003 执行。

2）根据施工图纸和有关设计通知、施工控制网和控制点进行测量定线，测放开口轮廓位置，开口轮廓位置的放线最大误差应控制在 ±15cm 以内。

3）开挖应有专门的放样计划，测量放样应与开挖进度相适应，放样时应放出轮廓点（包括坡顶点、转角点及坡脚点等），当轮廓线较长时，应视工程情况按 5m～10m 加密。放样轮廓点的点位线误差和高程线误差不大于 ±15cm（相对于邻近控制点）。

4）施工过程中每开挖一个平台，应沿开挖轮廓测绘平、剖面图和主要点的高程以及土石分界线，作为爆破设计、完工资料和计算工程量的依据，平、剖面图的比例和施测程序以及施测精度按 DL/T5173—2003 执行。

5）每一排炮均应放样，并测量上一排炮爆破后的开挖面的超、欠挖情况及开挖范围，并把资料及时报送监理人，以便确定对超、欠挖的处理。

6）承包人应对发包人提供的施工测量控制网进行复核，承包人应对测量准确性负责任，不能因为发包人提供的测量控制网错误而引起工程量的增加，向发包人要求支付额外费用。

6.3 钻孔与爆破

6.3.1 爆破作业安全

1）承包人应按合同条款第 15 条和技术标准和要求第 22 节的规定，加强对爆破作业的安全管理。承包人应制定严格的安全检查制度（特别是装药量的控制检查），设立专职的安全检查人员。一切爆破作业应经安全检查员检查签认后方可进行爆破。

2）参加爆破作业的有关人员，应持证上岗。

3）承包人应加强对爆破材料使用的监管，对爆破材料的提领发放、现场使用以及每次爆破后剩余材料回库等进行全面监管和清点登记，防止爆破材料丢失。并采取切实可行措施，保证从发包人炸药库到工作面之间爆破材料往返运输的安全。

4）承包人应采用磁电雷管起爆。对实施电引爆的作业区，承包人应采用必要的特殊安全装置，以防止暴风雨时的大气或邻近电器设备放电和杂闪电流的影响。特殊安全装置应以经过试验证明其确保安全可靠时方可使用，试验报告应经监理人审批。

5）开挖爆破中，应避免飞石危害，特别要加强对相邻建筑物或相邻项目的安全保护，对于飞石造成的损失，由承包人承担。

6）监理人认为有必要时，承包人应在指定的地段设置防护栏或防护墙，以减少飞石或滚石影响工程其他部位的施工，其费用不另计。

6.3.2 爆破材料的试验和选用

承包人应根据本合同工程的实际使用条件和监理人批准的钻爆措施计划中规定的技术要求选用爆破材料，每批爆破材料使用前应进行材料性能试验，证明其符合技术要求时才能使用，试验报告应报送监理人。

6.3.3 控制爆破

6.3.3.1 一般要求

1）为使开挖面符合施工图纸所示的开挖线，保持开挖后基岩的完整性和开挖面的平整度，也为减少对未开挖边坡和邻近建筑物的破坏及影响，本工程岩质边坡、建筑物基础、马道等所有轮廓线上的垂直、斜坡面和水平面应采用预裂爆破或光面爆破等控制性爆破技术，对于不适宜采用预裂爆破的部位，应预留保护层。并通过爆破试验取得合理爆破参数。承包人应在向监理人报送的钻爆作业措施计划中详细说明各开挖区采用的控制爆破技术方案和设计参数。

2）各项石方明挖工程开挖前，承包人应在监理人批准的场地范围内进行控制爆破试验，以选择合理的钻爆孔布置和线装药密度等参数，控制爆破试验成果应报送监理人。

3）建筑物基础保护层以上及设计边坡附近的开挖，只能采用钻孔松动爆破的方法，不得采用竖井、洞室及药壶等集中药包进行爆破。基岩开挖不得采用多排炮孔一响（齐响）爆破法。

4）建筑物基础开挖时，钻孔爆破的台阶高度根据施工情况确定，主爆破孔直径不得大于110mm，紧邻保护层以上的台阶爆破及预裂爆破钻孔孔径不得大于90mm，保护层爆破钻孔孔径不大于50mm。紧邻设计的建基面或边坡面以及防护目标地带的开挖，不应采用大孔径爆破方法。

5）对爆破有害效应（震动、空气冲击波和飞石等）应进行控制，并采取必要的防护措施，以免危及机械设备、其他建筑物和人身安全。

6）若采用预留岩体保护层的开挖方法，其上部开挖的炮孔不得穿入保护层。开挖保护层时，无论采用何种开挖爆破方法，钻孔均不得钻入建基面岩体。

7）应合理布置开挖分区，合理设计起爆网络，使炮孔临空面及起爆方向不朝向金沙江，避免爆渣落入金沙江。

8）与预裂面相邻的松动爆破孔，应严格控制其爆破参数，避免对保留岩体造成破坏，或使其间留下不应有的岩体而造成施工困难。

9）由于承包人的爆破作业引起其他建（构）筑物或设备破坏或致其无法使用时，承包人应负责修复至监理人满意。由此引起的一切费用和责任均由承包人承担。

10）各层分区分块边界均采用施工预裂爆破。

6.3.3.2 预裂爆破

1）边坡应采用预裂爆破。

2）预裂爆破必须采用不耦合装药，不耦合系数范围2～5，并通过试验确定。预裂爆破孔距、孔径、装药量及装药结构由爆破试验确定。

3）预裂孔应钻在设计轮廓面上。为保证大坝等建基面的质量，要求坝基预裂孔进行钻孔编号，每个钻孔的孔口位置和孔底位置均应采用坐标控制。钻孔质量标准如下：

（1）孔位偏差：不大于5％孔距；

（2）倾角与方向偏差：不大于±1.5％孔深（＋为超，－为欠）；

（3）终孔高程偏差：±5cm。

4）预裂炮孔和台阶炮孔若在同一爆破网络中起爆，预裂炮孔先于相邻台阶炮孔起爆的时间，不得小于75～100ms。

5）预裂孔最大单响药量应通过试验确定，在取得爆破试验成果之前，拱坝建基面预裂孔最大最大一段起爆药量暂按不大于20kg控制。当药量超过规定时，应根据预裂部位的具体情况进行分段起爆。

6）预裂爆破应达到的效果

（1）相邻两残留炮孔间的不平整度不应大于15cm；

（2）炮孔痕迹保存率对Ⅱ级岩体，应达到90％以上，Ⅲ级岩体，应达到90％～60％，Ⅳ级岩体，应达到60％～20％；

（3）超欠挖符合本技术标准和要求第 6.4.4 条的有关规定；

（4）对于不允许欠挖的结构部位应满足结构尺寸的要求，残留炮孔壁面不应有明显爆破裂隙，除明显地质缺陷处外，不得产生裂隙张开、错动及层面抬动现象。

6.3.3.3 台阶爆破

1）台阶爆破的高度一般不大于15m，建议15m 高的边坡台阶分2级开挖。爆破孔距、孔径、装药量及装药结构由爆破试验确定。装药应采用不偶合装药结构。

2）台阶爆破最大一段起爆药量应通过试验确定，取得爆破试验成果之前，暂定一般台阶爆破要求：距建基面30m 以外最大一段起爆药量不大于250kg，30m～15m 不大于150kg，15m 以内不大于75kg；并满足规范或本工程质点振动速度的要求。

3）拉槽台阶爆破，最大一段起爆药量及一次总药量均由爆破试验确定。

4）台阶钻孔质量标准如下：

（1）孔位偏差：不大于5％孔距（或排距）；

（2）倾角与方向偏差：不大于±2.5％孔深（＋为超，－为欠）；

（3）终孔高程偏差：0～20cm。

5）应采用毫秒延期爆破技术，不得采用多排留渣挤压爆破。

6）紧邻设计边坡的1排台阶炮孔应作为缓冲炮孔，其孔距和每孔装药量，应较前排台阶炮孔减少1/3～1/2。

7）台阶爆破的效果，应符合《水工建筑物岩石基础开挖工程施工技术规范》DL/T5389—2007的有关规定。

6.3.3.4　沟槽爆破

沟槽爆破除应遵循本节有关要求以外，还应遵循以下规定：

1）沟槽爆破应采用小孔径炮孔进行分层爆破开挖，并遵循先中间后两边的"V"型起爆方式，形成台阶爆破临空面，再向两侧扩挖。周边爆破必须采用光面或预裂爆破。

2）对于宽度小于4m的沟槽，炮孔直径应小于50mm，炮孔深度不大于1.5m。沟槽两侧的预裂爆破不得同时起爆；如果要求两侧的预裂爆破同时起爆，那么其中一侧的预裂爆破应至少滞后100ms。

3）沟槽开挖爆破应首先沿槽壁进行预裂爆破，然后采用中、小直径药卷和毫秒延期雷管进行分层爆破。具体要求：对于较窄沟槽（宽度在4m以内），只能采用手持式凿岩机钻孔爆破，最大一段起爆药量不得大于50kg；对于较宽沟槽（宽度大于4m）可使用70～55mm药卷进行爆破，并应尽量采用浅孔台阶爆破。

4）对廊道、齿槽和其他特殊沟槽等开挖必须作控制爆破设计，并需通过爆破试验调整爆破参数。

6.3.3.5　地质缺陷部位开挖爆破

1）地质缺陷附近的洞挖或置换洞开挖，周边采用光面爆破，同时采取短进尺弱爆破的爆破方式。光爆孔及爆破孔最大一段起爆药量均不大于20kg。实施过程中按照监理人指示进行调整，以不使周边岩体恶化为原则。

2）地质缺陷部位明挖，周边采用预裂爆破，根据开挖范围和开挖高差大小，确定台阶高度，一般情况下应采用浅孔台阶爆破。预裂孔最大一段起爆药量不大于20kg，爆破孔最大一段起爆药量不大于30kg，实施过程中按照监理人指示进行调整，以不使周边岩体恶化为原则。

6.3.3.6　特殊部位开挖

1）在新浇筑混凝土、新灌浆区、新预应力锚固区、新喷锚支护区和已建建筑物附近进行爆破，以及有特殊要求部位的爆破作业，必须按DL/T5389—2007的有关规定进行专门的爆破方案设计和现场试验，并将试验报告报监理人审批。监理人认为有必要时，可要求承包人进行振动监测，有关试验和监测内容应遵照DL/T5389—2007第10节规定。承包人应定期及时向监理人书面报送监测数据及分析资料。

2）若爆破监测表明，承包人的爆破作业可能对开挖部位的边坡和基础、灌浆、喷

人自行确定边坡坡度的临时边坡，经监理人检查认为存在不安全因素时，承包人应进行补充开挖和采取保护措施，且承包人不得因此要求增加额外费用。

6.4.4 基础开挖

1）除经监理人专门批准的特殊部位开挖外，永久建筑物的基础开挖均应在旱地中施工。

2）承包人必须采取措施避免基础岩石面出现爆破裂隙，或使原有构造裂隙和岩体的自然状态产生不应有的恶化。

3）开挖质量应满足以下要求：

（1）平整度：相邻两残留炮孔间的不平整度不应大于15cm；

（2）超欠挖：_____

（3）炮孔痕迹保存率：见本技术标准和要求 6.3.3.2　6）；

（4）爆前爆后声波衰减 10％的基岩厚度不大于 1m（建基面高程以下 1m）；

4）对破碎、极破碎及不良地质地段的岩体，其开挖偏差根据现场实际情况由发包人、监理人、设计（地质）人和承包人共同商定。

5）在工程实施过程中，依据基础石方开挖揭示的地质特性，需要对施工图纸作必要的修改时，承包人应按监理人签发的设计修改图执行，涉及变更的计量和支付应按合同条款 47 条的规定办理。

6.5　超挖

1）不论何处和出于何因，如果未得到监理人的指示及确认，其开挖超出了图示的开挖线，则承包人应按监理人的指示对超挖部分进行必要的处理，相应费用由承包人承担；若超挖部分需要由其他承包人进行回填，超挖方量、回填（包括混凝土回填）与处理费用亦均由本工程承包人承担。

2）按监理人的指示进行超出图示开挖线以外的开挖、回填或进行其他处理，该部分费用将按开挖、回填材料或其他处理规定的相应单价支付。

3）由于施工需要而造成的超挖，这种开挖虽未在图上或工程量报价单中示出，但承包人认为这是施工中必不可少的，只要经过监理人的批准，即可进行开挖。但是此种开挖以及由此超挖而引起的回填，均应计入相应的设计断面以内的单价内，也不作单独支付。

4）对监理人确认因地质缺陷处理引起的超挖，包括由此增加的支护和回填量，均按照监理人签认的工程量，并按工程量清单中相应项目的单价支付。

6.6　建基面等特殊部位开挖

6.6.1　建基面保护层开挖

1）邻近水平建基面，应预留岩体保护层，其厚度应由现场爆破试验确定。

2）紧邻水平建基面的保护层开挖可采用以下两种方法：

（1）沿建基面采取水平预裂爆破，上部采用水平孔台阶或浅孔台阶爆破法。

（2）沿建基面进行水平光面爆破，上部采用浅孔台阶爆破法。

3）基础开挖后表面因爆破震松（裂）的岩石，表面呈薄片状和尖角状突出的岩石，以及裂隙发育或具有水平裂隙的岩石均需采用人工清理，如单块过大，亦可用单孔小炮和火雷管爆破。

4）开挖后的岩石表面应干净、粗糙。岩石中的断层、裂隙、软弱夹层应被清除到施工图纸规定的深度。岩石表面应无积水或流水，所有松散岩石均应予以清除。建基面岩石的完整性和力学强度应满足施工图纸的规定。

5）保护层开挖后，如基岩表面发现缺陷，则承包人必须按监理人的指示进行处理，包括（但不限于）增加开挖、回填混凝土塞、埋设灌浆管等，监理人认为有必要时，可要求承包人进行基础的补充勘探工作。进行上述额外工作所增加的费用由发包人承担。

6）建基面上不得有反坡、倒悬坡、陡坎尖角。结构面上的泥土、锈斑、钙膜、破碎和松动岩块以及不符合质量要求的岩体等均必须采用人工清除或处理。

7）建基面不得欠挖，开挖面应严格控制平整度，欠挖部分应按监理人指示予以清除。

8）建基面超欠挖、不平整度及壁面质量要求见本技术要求第6.4.4条。

9）在工程实施过程中，依据基础石方开挖揭示的地质特性，需要对施工图纸作必要的修改时，承包人应按监理人签发的设计修改图执行，涉及变更的计量和支付应按合同条款47条的规定办理。

6.6.2　基础部位地质缺陷置换开挖

1）河床底部基础开挖时，监理人会同有关方面对实际的工程地质、水文地质情况与原设计条件是否相符进行复合检查及补充勘探。承包人应配合设计进行地质勘探工作，视揭示的地质条件，按监理人指示实施开挖。

2）其他部位地质缺陷置换开挖，应在建基面开挖到设计轮廓后，根据实际揭示的地质条件，按照监理人指示进行置换开挖。

3）置换开挖前，均应对开挖范围以外的建基面岩体进行锚固处理，以避免对建基面岩体造成新的松弛破坏。在置换开挖结束并完成本台阶支护后方能进行下一台阶的开挖。

6.7　危岩体及边坡不稳定岩体的处理

1）危岩体及边坡不稳定岩体包括图纸所示及边坡开挖过程中出现的块体。图纸所示边坡开口线以上的块体应在其下部边坡开挖前完成清除及加固，开口线以下的块体随着边坡台阶开挖随层开挖或加固，开挖过程中新出现的块体随着边坡台阶开挖随层处理。

2）危岩体及边坡不稳定岩体施工应按从上至下的顺序施工，禁止上下同时施工。

3）施工过程中避免形成新的不稳定块体，如形成新的不稳定块体应立即报告监理人，由监理人会同各方研究处理，并由承包人完成此处理施工。承包人不能因增加工程量、延长工期而提出索赔。

4）施工过程中可能发生新的不稳定岩体，承包人应按监理人的指示进行处理，承包人不能因增加工程量、延长工期而提出索赔。

5）承包人应详细了解地形特点及施工特性，充分了解该项工作的复杂性及艰巨性，认真研究、精心编制危岩体及边坡不稳定岩体处理施工组织设计。对施工期的人员及设施设备的安全负全部责任。

6）块体清除施工不能对已加固的块体造成危害，应避免损坏已完成的加固措施结构（如锚杆、索、喷混凝土）。

7）块体清除钻孔爆破应采用控制爆破技术，块体清除沿设计轮廓线采用预裂爆破或光面爆破，块体破碎采用松动爆破技术施工，严格控制爆破单位耗药量、单孔装药量、最大单段起爆药量，减小爆破震动效应，减弱爆破对边坡的振动影响，避免对已完成加固块体的振动破坏。控制爆破施工技术要求按本节第 6.3.3 条有关规定执行。

8）危岩体及边坡不稳定岩体加固的支护措施技术要求按第 8 节"支护"有关规定执行。

6.8 现场爆破试验与安全监测

6.8.1 现场爆破试验

1）在进行石方开挖前应结合本合同具体情况进行现场爆破试验，试验成果在经监理人审批之后，方可开始主体工程开挖施工，但监理人的审批不减轻承包人对其承担的工程项目所应承担的任何责任。承包人仍然对其承担施工的工程进度、质量、安全等负有全部责任。

2）在正式试验开始之前 14 天，承包人应向监理人提交全部详细的试验计划，该计划应包括（但不限于）：

（1）试验地点和部位。

（2）试验项目（或内容）及目的。

（3）试验成果清单。

（4）爆破方案。

（5）爆破安全监测及岩体弹性波检测的内容、部位，监测、检测仪器的型号及其布置等。

（6）试验组数、观测布置、方法、内容和仪器设备。

（7）试验工作（程）量和进度。

（8）其他。

只有在监理人批准试验计划之后，方可开始试验。

3）承包人只能在本合同范围内进行试验，但不得在最终的开挖线或建基面上进行试验。

4）明挖工程现场爆破试验应包含以下内容（但不限于）：

（1）炸药和雷管等爆破器材性能试验。

（2）爆破网络试验。

（3）保护层钻孔爆破可靠性试验（基岩保护层水平预裂或光面爆破试验）。

（4）爆破破坏影响范围及其测定试验。

（5）爆破安全与防护。

（6）监理人指示的其他试验。

5）现场安全监测及检测的内容包括（但不限于）：

（1）爆破震动安全监测。

（2）建基面岩体爆破质量弹性波（声波）检测。

（3）爆破质点振动衰减规律测试，并获得经验公式 K、α 值。

6）试验必须得出各部位合理的钻爆参数和起爆方式，应确保边坡与基础开挖的质量、安全。其中左右岸坝肩边坡及进水口边坡部位须分别进行明挖爆破试验与监测 3 次以上，直到得出合理参数和取得良好爆破效果为止。

7）试验参数除应根据直观的爆破效果判断是否合理之外，还必须结合爆破破坏范围试验和爆破地震效应试验结果进行综合分析确定。

8）试验必须采用在我国水电工程爆破试验中成熟的观测方法、仪器设备以及分析计算方法、经验公式等。

9）每组（次）试验之后，承包人应向监理人报送相应的试验资料，该资料应包括（但不限于）：

（1）试验名称、组别及内容。

（2）钻爆设计（包括：钻孔布置、装药结构、起爆网络、装药量与炸药名称、起爆器材等）。

（3）实际的钻孔布置、装药、孔网参数记录。

（4）破坏范围与安全监测（检测）资料（包括原始记录与分析）。

（5）爆破效果分析。

（6）监理人要求报送的其他资料。

6.8.2　安全监测

1）本节所指安全监测为承包人实施的施工期安全监测。

2）在正式开挖开始之前 14 天，承包人应向监理人提交全部详细的施工期安全监（检）测计划，该计划应包括（但不限于）：

（1）监（检）测项目（或内容）及目的。

（2）监（检）测对象和部位，以及测点布置。

（3）监（检）测仪器设备。

（4）监（检）测数量及实施方法。

（5）监（检）测工作（程）量和进度。

（6）监（检）测成果清单及提交方式。

（7）其他。

3）只有在监理人批准监（检）测计划之后，方可开始监（检）测。

4）开挖过程中进行安全监测的内容包括（但不限于）：爆破震动安全监测、变形监（检）测，围岩开挖爆破影响范围声波检测。

5）爆破震动安全监测对象包括（不限于）已完成已建建筑物、结构混凝土、压力灌浆、支护结构、相邻洞室、隧洞洞口及各种边坡等。

6）每次爆破震动安全监测均应收集该次实际爆破资料，包括：爆破部位、高程、平面布置、孔网参数、孔深、孔径、单位耗药量、单孔药量、爆破网络、分段数、分段时间、各段起爆药量、总药量、爆破与测点距离、爆破传播介质性质等。

7）现场试验获得安全质点振动速度控制标准前按本技术标准和相关规范要求执行。

8）监（检）测成果在每次测试后及时分析整理，书面报告监理人，并每月整理一次报监理人备查。

9）监（检）测成果报告内容包括（不限于）：施工概述、爆破参数、起爆网络、单位耗药量、单孔药量、爆破分段及分段数、各段起爆药量、测点布置及布置图、实测波形、爆破震动效应成果分析与评价、爆破效果分析与评价及对控制爆破震动的建议。

10）爆破震动安全监测包含在施工期临时安全监测项目中，按本节第 6.13 节的有关规定计量及支付。

6.9　施工期临时排水

6.9.1　制定施工期临时排水措施

承包人应在需要排水的开挖区和堆渣区设置临时性的表面排水设施，以排除流水和积水，特别应做好基坑和边坡的排水，承包人应按本节第 6.1.3.1 款规定提交的施工措施计划中，提出详细的施工期临时排水措施，施工区排水应遵循"高水高排"的原则，高处水不应排入基坑内。

6.9.2 利用永久性山坡截水沟排水

在建筑物永久边坡开挖前，承包人应按施工图纸和监理人的指示，在永久边坡大规模开挖前先开挖好永久边坡上部的山坡截水沟，以防止雨水漫流冲刷边坡。

6.9.3 边坡面及地面排水

1）永久边坡面的坡脚以及施工场地周边和道路的坡脚，均应开挖好排水沟槽和设置必要的排水设施，以及时排除坡底积水，保护边坡坡脚的稳定。

2）在场地开挖过程中，承包人应做好临时性地面排水设施，包括按监理人要求保持必要的地面排水坡度、设置临时坑槽、使用机械排除积水以及开挖排水沟排走雨水和地面积水等。

3）由于承包人排水措施不当或处理不及时而引起的永久边坡面及附近建筑物及其基础因冲刷和侵蚀而造成破坏等一切后果，均由承包人承担。

6.9.4 设置集水坑（槽）排水

对可能影响施工及危害永久建筑物安全的渗漏水、地下水或泉水，应就近开挖集水坑和排水沟槽，并设置足够的排水设备，将水排至不回流到原处的适当地点。不应将施工水池设置在开挖边坡上部，以防由于渗漏水引起边坡的滑动或坍塌。

6.9.5 防止施工排水污染环境

施工排水应注意减少污水对环境的污染，承包人应按本合同规定和监理人指示做好污水处理并满足国家和地方环保和水土保持的有关要求。

6.10 开挖渣料的利用和弃渣处理

6.10.1 可利用渣料专用于本工程

按合同规定，所有开挖渣料应归发包人所有。承包人按本节第 6.1.3.1 款提交的石方明挖工程措施计划中，应对本工程开挖渣料进行统一规划。渣料应专用于本工程永久和临时工程的填筑及场地平整等，剩余开挖料应运至合同规定弃渣场或监理人指定地点。

承包人若需将渣料使用于本合同工程以外的工程，必须不影响本合同工程的施工需要，并应经监理人批准。

6.10.2 可利用渣料和弃置废渣应分类堆存

1）承包人弃置废渣应按照本技术标准和要求第 2 节第 2.19 款的规定运至指定地点堆放。

2）承包人应按监理人的指示将开挖料中的有用块石料运至监理人指定的地方进行堆存，以便用于截流备料或其他需要。

3）严禁将可利用块石料与弃渣混杂装运和堆存，由此造成的损失将由承包人负责。

4）由于承包人未将可利用块石料堆存至监理人指定的堆料场而造成块石料损失，其相应的开挖工程量不予计量，承包人必须将未堆存在监理人指定堆料场的可利用块石料转运至监理人指定的地点。发包人不再为此另行支付费用。

6.10.3 可利用渣料的保护措施

承包人应按照监理人批准的施工措施计划所规定的堆渣地点、范围和堆渣方式进行堆存，应保持渣料堆体的边坡稳定，并有良好的自由排水措施。

对监理人已确认的可用块石料，承包人在开挖、装运、堆存和其他作业时，应采取可靠的保护措施，保护该部分块石料的可用性。

6.11 质量检查和验收

6.11.1 边坡开挖的质量检查和验收

承包人应会同监理人，对边坡开挖进行以下各款所列项目的质量检查和验收。

6.11.1.1 边坡开挖前，应进行以下项目的检查：

1）按施工图纸所示检查边坡开挖剖面和测量放样成果，经监理人复核签认后作为工程量计量的依据。

2）按监理人指示，对边坡开挖区上部的危岩清理进行检查，经监理人复查确认达到安全标准后，才能开始边坡开挖。

3）按监理人指示，对边坡开挖区上部的支护区加固的完工质量进行检查，经监理人复查确认完成及达到合格后，才能开始边坡开挖。

4）按施工图纸所示和监理人指示，对边坡开挖区周围排水设施的完工质量进行检查，经监理人确认合格后才能开始边坡开挖。

6.11.1.2 边坡开挖过程中

1）在边坡工程开挖过程中，承包人应按本技术标准和要求第 6.4.3 条的规定，定期检查开挖剖面规格和边坡软弱岩层及破碎带等不稳定岩体的处理质量，经监理人复查确认安全后，才能继续向下开挖。

2）对边坡开挖的爆破方法和措施进行严格的检查和监控，以保证边坡的开挖质量。

6.11.1.3 边坡开挖工程的验收

边坡开挖全部完工后，应进行边坡开挖工程的验收，承包人应为边坡开挖工程的验收提交以下资料：

1）边坡开挖面的完工平面和剖面图。

2）边坡稳定的监测成果。

3）承包人的质量检查记录。

4）监理人的质量验收单。

6.11.2　岩石基础的质量检查和验收

承包人应会同监理人进行以下各款所列项目的质量检查和验收。

6.11.2.1　开挖爆破措施的检查

1）在基础开挖过程中，特别是开挖至临近建基面时，承包人应会同监理人按本节第6.4.4条的规定，对基础开挖的爆破方法和措施进行严格的检查和监控，以确保建基面的开挖质量。

2）岩石基础开挖至保护层顶面时，按施工图纸所示检查开挖剖面和测量放样成果，以保证建基面形状、轮廓尺寸、高程满足设计要求。测量成果经监理人复核批准后，才能进行建基面的开挖。

6.11.2.2　建基面开挖质量的检查

1）按施工图纸要求检查建基开挖面的平面尺寸、标高和平整度、超欠挖、炮孔痕迹保存率、爆破裂隙，并检查建基面岩石级别。

2）按施工图纸和监理人指示检查建基面软弱夹层和破碎带的清理质量。

3）爆破影响深度采用声波检测，其值应小于规定值。

4）建基面开挖质量的检查采用宏观调查和地质描述、弹性波（含钻孔声波）测试法等方法综合判断。

6.11.2.3　岩基开挖工程的验收

1）本款规定的建基面检查验收与基础面填筑前或浇筑混凝土前的基础清理验收是两次性质和目的不同的验收。未经监理人认可，承包人不得将这两次验收合并成一次完成。

2）建基面基础开挖完成后，应进行岩基开挖工程的验收，承包人应为岩基开挖工程的验收提交以下资料：

（1）建基面的地质测绘平面和剖面图。

（2）建基面岩体检测成果（声波或地震波测试）。

（3）承包人的质量检查记录。

（4）监理人的质量验收单。

3）其他承包人负责的资料另行提供。

6.11.3　完工验收

石方明挖工程全部完成后，承包人应按合同条款第18条的规定，向监理人申请完工验收，并应按本节第6.1.3.5款规定的内容提交完工验收资料。

6.12 计量和支付

1）石方明挖和（或）槽挖应以监理人确认的现场实测的地形、土石分界线和断面测量成果，并应按施工图纸或监理人批准的开挖线为准，按《工程量清单》所列项目的每 m³ 单价进行工程量的计量和支付。

2）单价中包括施工准备、场地清理、钻孔、爆破、装车、运输、卸车、堆存、检测检验、施工期临时排水（不含基坑排水）、地基清理及平整、地质素描、施工期安全措施、基础和边坡面的检查和验收，以及将开挖可利用或废弃的石方运至监理人指定的堆放区等全部人工、材料和使用设备等一切费用。孤石钻孔解爆等费用分摊在石方开挖相应项目的单价中，发包人不再另行支付。

3）发包人仅对堆放至监理人指定渣场的开挖石方进行支付，对于承包人随意堆放的石方不予计量及支付。如承包人不按监理人指定地点堆放渣料，乱堆乱弃，按1000元/车向发包人支付违约金。

4）石方明挖开始前，承包人应按监理人指示测量开挖区的地形和计量剖面，报监理人复核，并按施工图纸或监理人批准的开挖线进行工程量的计量。承包人所有计量测量成果都必须经监理人签认。除另有规定外，超出施工图纸或监理人批准的开挖线的任何超挖及处理工程量的费用均应包括在《工程量清单》所列相应项目的单价中，发包人不再另行支付。对监理人确认因地质缺陷处理引起的超挖，包括由此增加的支护和回填量，均按照监理人签认的工程量，并按工程量清单中相应项目的单价支付；对监理人确认因地质缺陷引起的超挖或坍塌，包括由此增加的支护和回填量，均按照监理人签认的工程量，其中坍塌体及体积小于 0.7m³ 的孤石按土方明挖单价计量，体积大于 0.7m³ 的孤石按石方明挖单价计量。

5）石方明挖中，预裂爆破、光面爆破及保护层开挖不单独计量支付，其费用应摊入石方开挖单价中。

6）岩石级别均由承包人根据提供的地质条件判断，综合考虑后报价，合同期内不因岩石级别变化调整单价。

7）承包人配合地质编录和配合设计补充勘探等工作亦含在开挖单价中，发包人不再支付任何费用。

8）永久安全监测由发包人委托其他承包人独立进行，本合同承包人列报安全监测配合费用。

9）施工附加量的费用应摊入相应单价，发包人不单独支付。

10）利用开挖料作为永久或临时工程填筑料时，进入存料场以前的开挖运输费用不应在石方填筑料费用中重复计算；利用开挖料直接进行填筑时，进入填筑面以前的开挖运输费用不应在石方填筑料费用中重复计算。

11）除施工图纸中已标明或监理人指定作为永久性工程排水设施外，一切为石方明挖所需的临时性排水设施的运行、维修和拆除等均已包含在《工程量清单》所列的施工期排水项中，发包人不再另行支付。

12）承包人因施工需要自行布置的施工临时道路，按本技术标准和要求相关规定，包括在临时交通总价项目报价中，发包人不再另行支付费用。

13）施工期临时安全监测按《工程量清单》所列的项目进行计量，并按总价进行支付，该费用包括临时监测设备仪器的采购、运输、率定、安装及施工期观测和资料的分析整理等工作。

14）承包人为边坡开挖所需的爆破试验费按《工程量清单》所列的项目进行计量，并按总价进行支付。

15）防止石渣下江控制措施费包含在《工程量清单》"截流前防止石渣下江措施费"中，承包人分细项列报，总价承包，措施实施对工效的影响由承包人在开挖单价中考虑，发包人不再单独计量支付。

16）危岩体及不稳定块体清除按《工程量清单》所列项目的每 m³ 单价进行工程量的计量和支付。单价中包括施工准备、场地清理、排架与栈桥、钻孔、爆破、检测检验、地质素描、施工期安全措施、检查和验收等的全部人工、材料（含进入作业面的水平垂直运输）和使用设备（含进出作业面的水平垂直运输）等一切费用。危岩体及不稳定块体清除预裂爆破或光面爆破不单独计量支付，其费用应摊入相应开挖单价中。

17）石方明挖中的施工预裂爆破不单独计量支付，其费用应摊入石方开挖单价中。

18）钻孔、爆破、装卸渣及推渣抛渣的洒水喷水费用、主干道至开挖区的施工道路洒水费用均包含在《工程量清单》"开挖粉尘控制措施费"中，发包人不再另外支付。

第七节　地下洞室开挖

7.1　说明

7.1.1　范围

1）本节规定适用于本合同施工图纸所示各种类型的地下洞（井）室开挖。工作内容包括（但不限于）准备工作、洞线测量、施工期排水、照明和通风、钻孔爆破、围岩监测、塌方处理、完工验收前的维护，以及将开挖石渣运至指定地区堆存和废渣处理等工作。

2）本节只适用于钻爆法施工，不适用于掘进机施工。

7.1.2　承包人的责任

1）承包人应全面掌握本工程地下洞室水文地质条件及地形地貌条件，充分认识施工的复杂性，严格按施工图纸、监理人指示和本技术标准和要求规定进行本工程地下洞室的开挖施工。其开挖工作内容包括准备工作、洞线测量、施工期排水、照明和通风、钻孔爆破、围岩监测、塌方处理、完工验收前的维护，以及将开挖石渣运至指定地点堆存和废渣处理等工作。

2）承包人应按本合同的有关规定，做好地下工程施工现场的粉尘、噪音和施工产生有害气体的安全防护工作，以及定时定点进行相应的监测，并及时向监理人报告监测数据。工作场地内的有害成分含量必须符合国家劳动保护法规的有关规定。

3）承包人应对地下洞室开挖的施工安全负责。在开挖过程中应按施工图纸和本合同条款第15条、第16条和技术标准和要求第7.2.4条的规定，做好围岩稳定的安全保护与监测工作，防止洞室发生塌方、掉块危及人员安全。开挖过程中，由于施工措施不当而发生边坡、洞口或洞室内塌方，引起工程量增加或工期延误，以及造成人员伤亡和财产损失，均应由承包人负责。

4）在已有建筑物附近进行开挖时，承包人的施工措施必须保证其原有建筑物的稳定和安全，并尽可能做到不影响其正常使用。

5）承包人应按监理人批准的施工措施计划，在指定地点堆放石渣。服从监理人指定弃渣场及存（备）料场管理者的现场弃渣及堆存管理。

6）开挖过程中，承包人应按规范要求做好施工地质编录工作，同时应按监理人指示协助配合设计人地质编录和安全监测承包人的仪器埋设等。

7）自地下洞室开挖至工程完工验收结束，本合同工程所有部位的人员及设备安全均由承包人负责。

8）承包人应按《水工建筑物地下开挖工程施工技术规范》DL/T5099—2011规范中的要求，对地下工程进行测量和放样，建立地下与地面控制网统一的平面坐标和高程控制系统，并向监理人提供相应资料。在施工前、施工中及施工后，根据需要对地下洞室轴线、点位高程和开挖断面进行测量和放样。监理人有权在任何时候要求承包者提交测量成果，或对其测量成果进行复核，或指示承包者对其测量成果进行复核，但不减轻承包人对其施工测量的正确性及精度所负有的全部责任。所有测量工作均不单独计价，均包括在开挖单价内。

9）对违节作业造成质量事故，监理人有权要求承包人进行补救处理，由此造成的一切后果和费用全部由承包人承担。

10）在施工作业过程中，承包人应按图示或监理人的指示与相邻项目的施工作业做好协调工作，使工程施工满足整体工程的质量及进度要求，承包人不得因此项工作向发包人索取额外费用。

11）除非合同另有规定，承包人对与其实施项目相邻项目界面的施工安全、质量控制、进度要求亦负有相应的责任。

12）地下洞室施工应满足《水工建筑物地下开挖工程施工规范》（DL/T 5099—2011）第7.3条对照明的要求。

7.1.3　承包人应提交的主要文件

7.1.3.1　施工措施计划

在地下工程开挖前28天，承包人应根据施工图纸和本技术标准和要求的规定，提交一个包括下述内容的施工措施计划（一式8份），报送监理人审批：

1）地下工程开挖平面布置图及剖面图。

2）大断面洞室分层布置，各层开挖施工方式。

3）各种断面平洞、斜井及竖井开挖施工方式。

4）开挖设备和辅助设施的配置。

5）现场生产性试验计划及设计（包括项目、数量、部位、方法、进度等）。

6）钻孔爆破技术、方法以及控制超欠挖的措施以及关键部位（如隧洞平交口、相邻洞室等）的施工工艺。

7）出渣、弃渣以及渣料的利用措施。

8）洞口、岔洞口保护和围岩稳定的支护措施、处理塌方的应对措施。

9）地下水的防渗、排水措施（地下水、基坑积水及边坡地表水）以及封堵措施。

10）地质缺陷部位处理施工措施。

11）通风和散烟（尘、毒、害）措施，施工产生的烟尘、有毒、有害气体（H_2S、瓦斯等）及温度监测计划和措施。

12）照明设施。

13）通信、信号和报警设施。

14）洞室临时安全监测计划和措施。

15）施工进度计划及劳动力安排。

16）开挖质量和安全保证措施。

7.1.3.2　钻孔和爆破作业计划

在每项地下工程开工前14天，承包人应提交一份该工程项目钻孔和爆破作业计划，报送监理人审批，其内容应包括（但不限于）：

1）爆破钻孔（包括掏槽孔）的布置和参数。

2）爆破孔使用的炸药和雷管的类型及装药量，最大一段起爆药量和总药量。

3）爆破装药结构与起爆网络设计。

4）炸药爆破系数。

5）爆破参数试验方案和爆破监测方法。

6）不同洞室、不同围岩的开挖作业循环（包括临时支护型式）。

7）材料消耗和劳动力使用计划。

8）施工临时安全监测数据观测、记录、整理及提供，设备配置计划。

7.1.3.3 施工记录报表

在每项地下工程开挖过程中，承包人应按监理人指示，定期提交施工记录报表，其内容应包括（但不限于）：

1）各开挖工作面进尺。

2）实测开挖断面（5m一个剖面）和各种测量成果。

3）塌方和特殊事故处理。

4）临时安全支护措施。

5）地下工作场地定点的空气监测资料及实测成果。

6）设备运行和检修记录。

7）施工期安全监测数据观测、记录、整理及提供。

8）施工材料消耗情况、现场设备配置及使用情况和劳动力组织情况。

9）监理人要求提供的质量检查和验收记录。

7.1.3.4 完工资料

承包人应为监理人进行地下洞室开挖的完工验收提交以下资料（但不限于）：

1）地下洞室开挖完工图。

2）地下洞室开挖实测纵、横剖面图（5m一个剖面）。

3）地下洞室围岩地质测绘资料、水文地质资料及监测资料。

4）地下洞室开挖事故处理记录。

5）地下水处理记录。

6）施工支洞封堵完工资料。

7）监理人要求提供的其他完工资料。

7.1.4 引用标准和规范规程（不限于）

1）《爆破安全规程》GB6722—2011。

2）《水电水利工程爆破施工技术规范》DL/T5135—2001。

3）《水电水利工程锚喷支护施工规范》DL/T5181—2003。

4）《锚杆喷射混凝土支护技术规范》GB50086—2001。

5）《水工建筑物地下开挖工程施工技术规范》DL/T5099—2011。

6）《水电水利工程地下工程施工组织设计导则》DL/T5201—2004。

7）《水电水利工程爆破安全监测规程》DL/T5333—2005。

8）《水电水利基本建设工程单元工程质量等级评定标准第1部分：土建工程》

DL/T517.1—2005。

9）《水电站基本建设工程验收规程》DL/T5123—2000。

10）《环境空气质量标准》GB3095—1996。

11）《水电水利工程施工地质规程》DL/T5109—1999。

12）《水工建筑物岩石基础开挖工程施工技术规范》DL/T5389—2007。

13）《水电水利工程施工测量规范》DL/T5173—2012 。

14）2011 年版《工程建设标准强制性条文》（电力工程部分）。

7.2　钻孔与爆破

7.2.1　钻孔爆破计划

1）承包人进行任何钻孔爆破作业，必须按本节第 7.1.3.2 款的规定，向监理人提交钻孔和爆破计划，经监理人批准后方可进行施工。

2）在开挖过程中，承包人应根据地质情况的变化及时改变钻孔和爆破技术，修正爆破参数，以保证爆破后获得良好的开挖面。钻孔爆破技术和参数的改变，应经监理人同意。

3）尽管原拟定的施工方法得到过批准，如果由于使用该开挖方法出现严重超挖或不能开挖出完好的或均匀的最终断面，承包人应使用经监理人批准的替代的开挖方法，对于开挖方法的改变而发生的费用，发包人不再额外支付。

7.2.2　钻孔爆破的设计和试验

1）地下洞室的爆破应进行专门的钻孔爆破设计，其内容包括：

（1）掏槽方式。

（2）炮眼布置。

（3）装药量和装药结构以及炮孔堵塞方式。

（4）起爆方法和顺序。

（5）排炮循环进尺。

（6）绘制爆破图。

2）本合同地下洞室工程的开挖应采用预裂爆破、光面爆破技术，其爆破的主要参数应通过试验确定。预裂爆破、光面爆破采用的参数可参照《水工建筑物地下开挖工程施工技术规范》DL/T5099—2011 附录 F 选用。

3）承包人应选用岩类相似的试验洞段进行光面爆破、预裂爆破及爆破块度试验，以选择爆破材料和爆破参数，并将试验成果报送监理人。爆破试验的内容应包括：

（1）爆破材料性能的试验检测和材料选择。

（2）爆破参数选择试验。

（3）爆破效果检测。

（4）爆破对已建邻近建筑物、洞室及喷锚区影响试验。

7.2.3 钻孔爆破施工

1）钻孔的测定和开孔质量应符合下列要求：

（1）钻孔孔位应依据测量定出的中线、腰线及开挖轮廓线确定。

（2）周边孔应在断面轮廓线上开孔，沿轮廓线的调整范围和掏槽孔的孔位偏差不应大于5cm，炮孔外偏斜率不应大于50mm/m；其他炮孔孔位的偏差不得大于10cm。

（3）炮孔的孔底应落在爆破图规定的平面上。

2）炮孔的装药、堵塞和引爆线路的联结，应由经考核合格的炮工负责，并严格按爆破图的规定进行。地下洞室爆破应采用塑料导爆管引爆，预裂爆破应采用导爆索引爆。

3）隧洞上层及底板周边采用水平光面爆破法施工，中层周边（侧墙）采用预裂或光面爆破法施工。

4）光面爆破和预裂爆破效果应达到以下要求：

（1）残留炮孔痕迹应在开挖轮廓面均匀分布。

（2）炮孔痕迹保存率：完整岩石在80%以上，较完整和完整性差的岩石不少于50%，较破碎和破碎岩石不少于20%。

（3）相邻两孔间的岩面平整，孔壁不应有明显的爆震裂隙。

（4）相邻两茬炮之间的台阶最大错台应小于20cm。

（5）预裂爆破后必须形成贯穿连续性的裂缝。

5）承包人应在爆破后、出渣前清除所有开挖面上残留的危岩及碎块，以确保进入人员和设备的安全。承包人应经常检查已开挖洞段的围岩稳定情况，及时实施处理措施，如清除可能塌落的松动岩块及采用喷混凝土、锚杆、钢筋拱肋或钢拱架等措施加固岩体等。

6）承包人应根据施工开挖情况，不断优化爆破参数，避免岩石出现爆破裂隙，或使原有构造裂隙的发展超过允许范围，以及使岩体的自然状态产生不应有的恶化。由于施工开挖不当，引起岩体松弛或影响带过大，而导致监理人提出必要的处理措施的一切费用增加，均由承包人承担。

7）开挖后应按监理人要求布置固定断面及时测量岩壁变形，并将观测成果及时报监理人，同时抄报设计人。

8）洞室最终轮廓形成后，承包人应给由发包人指定的围岩物探检测单位及安全监测单位提供配合（含钻测试孔及回填，以及必要的施工机械和其他施工辅助措施），物探检测及安全监测配合费用分别按本技术标准和要求第22节规定执行。

9）隧洞放样误差偏差不大于10cm。对于两端相向开挖的平洞，其贯通极限误差，横向不大于 10cm，竖向不大于 5cm，纵向不大于 20cm。

10）除非监理人另有指示，地下洞室中的钻孔作业不允许采用干式钻孔，只允许采用带水钻孔作业。

11）不允许在工作面上或在距工作面 50m 以内加工药包及起爆药包。禁止炸药与雷管同车运输。

12）洞挖采用磁电雷管起爆。

7.2.4　爆破震动控制

1）在开挖过程中，承包人应注意保护地下混凝土衬砌、灌浆和支护结构不受损坏。在已完成的衬砌、灌浆、观测设施和支护结构附近进行爆破时，其爆破技术和爆破参数应进行专门的设计和试验，并应经监理人批准。

2）由于爆破或其他任何操作原因而造成衬砌、灌浆、观测设施和支护结构的损坏或变形，以及对工程任何部位造成的损坏或损伤，都应由承包人按照监理人的指示进行修复，其费用由承包人承担。爆破面距已完成混凝土衬砌、压力灌浆和支护结构的安全引爆距离，可参照《水电水利工程爆破施工技术规范》DL/T5135—2001 的相关规定，并将施工措施计划报监理人批准。

3）开挖过程中应进行安全监测，内容包括（但不限于）：爆破震动安全监测、变形监（检）测，围岩开挖爆破影响深度检测及危岩松动圈范围检测。监测成果与分析及时书面报告监理工程师。

4）爆破震动安全监测包含在施工期临时安全监测项目中，按本节第 5.17 款的有关规定计量及支付。

7.2.5　文明施工

1）钻孔应采用水钻法施工，或采用带钻屑收集器的钻机施工，钻屑收集器应有良好的集尘效果，避免钻孔施工时粉尘飞扬。

2）爆破前应对爆区岩体喷水，爆后立即对爆堆喷水，以降低爆破扬尘及减弱有害气体的污染和侵害。

3）渣料的装卸均应洒水或喷水，以降低该施工环节的扬尘污染。

7.3　开挖面的规格

7.3.1　开挖支付线的规定

施工图纸中标明的设计开挖线是计量付款的依据，除另有规定外，超出设计开挖线以外的超挖，及其在超挖空间内回填混凝土所发生的费用，均应包括在《工程量清单》该项目的单价中，发包人不再另行支付。

洞室的岩石表面应予以修整，采用剥离、撬挖或其他不含进一步破碎或损坏岩石的方法清除松散岩块或破碎岩石。对要求的岩石开挖表面的修正费用发包人不另行支付。

7.3.2　开挖面的欠挖清理

所有地下开挖应严格按照施工图纸所标明的设计开挖线进行放线，不允许任何型式的欠挖。除监理人另有规定外，伸入设计开挖线以内的欠挖，均应由承包人负责清除，其费用由承包人承担。

7.3.3　局部伸入设计开挖线的处理

对不衬砌或喷混凝土衬砌的地下洞室，在设计开挖线以内的岩尖角、局部喷混凝土面和锚杆头等，均需按监理人的指示进行处理。在混凝土衬砌断面不允许钢支撑伸入到开挖线以内，特殊情况报监理人批准。

7.3.4　监理人修改设计开挖线

监理人有权根据超前勘探获得的地质资料修改设计断面，增加或减少衬砌支护厚度，承包人不得拒绝执行。监理人进行的开挖线修改，属于设计变更范畴的，按合同条款第 47 条规定办理。

7.3.5　施工措施不当引起的超挖

除经监理人认可的地质原因引起的超挖外，承包人在开挖过程中由于施工措施不当或未在规定时限内进行支护而所引起的超挖，均应由承包人承担超挖增加的费用，包括因超挖需要回填的混凝土或经监理人批准的其他回填材料的费用。

7.3.6　施工需要增加的开挖

承包人为了施工需要（如布置施工设备、水泵、卷扬机、避车洞等需要扩大开挖断面）增加的开挖量以及由此而增加的回填混凝土费用，均应包括在《工程量清单》该项目的单价中，发包人不再另行支付。

7.3.7　地质原因而引起的超挖

由于地质原因引起的超挖，只有当是不可以预料的地质缺陷，或者突然的不可预料坍塌或岩崩的发生是由于不可避免的扰动且不能被正确的施工方法及支护措施所制止时，才能认为是地质超挖。由于地质原因超挖而发生的费用只有在得到发包人的检查与核准之后方能支付。承包人必须在超挖发生之后且坍塌或岩崩仍保留在现场时，立即报告发包人和监理人并进行测量，经发包人和监理人现场检查，并在测量结果表上签字核准之后，承包人才能得到相应的费用，否则不予支付。

7.4　洞（井）口开挖和处理

7.4.1　洞口开挖前山坡稳定性的勘察

承包人在各地下开挖工程的洞（井）口开挖前，应仔细勘查山坡岩石的稳定性，并按监理人指示，对危险部位进行处理和支护。

7.4.2　洞口的边坡开挖和清理

除非监理人另有指示，洞口削坡开挖应自上而下进行，严禁上下垂直作业。承包人应做好危石清理、坡面加固、马道开挖及排水等工作。洞口开挖还应遵守《水工建筑物地下开挖工程施工技术规范》DL/T5099—2011 第 7.2.1～7.2.6 条的有关规定。

7.4.3　洞脸（口）开挖

洞口的边坡开挖完成后，承包人在进行洞脸岩石和起始洞段开挖时，应采取有效的控制爆破措施，防止爆破震动造成洞顶山坡和洞（井）口岩石发生震裂、松动和塌方。同时根据具体情况对起始洞段采取有效的支护措施。

7.4.4　洞脸（口）安全检查

地下洞室开挖过程中，承包人应经常检查洞脸、洞口的安全性，一有险情应立即通知监理人，并及时采取有效的加固或支护措施，以防止事故的发生。

7.5　平洞开挖

7.5.1　平洞开挖方法根据围岩类别、工程规模（隧洞长短、断面尺寸、工程量）、支护方式、工期要求、施工机械化程度、施工条件（有无支洞、出渣方式等）和施工技术水平等因素选定。洞径小于 10m，断面面积不大于 $100m^2$，优先采用全断面掘进，超过上述尺寸时，可采取上导洞法施工。

7.5.2　在 Ⅳ 类围岩中开挖大断面平洞时，应采用分部开挖方法，及时做好支护工作。

7.5.3　在 Ⅴ 类围岩中开挖平洞时，应按照本节第 7.7 条不良工程地质地段施工的有关规定执行。

7.5.4　在下列情况下开挖隧洞时，可采用预先贯通导洞法施工。

　　1）地质条件复杂，需要进一步查清时；

　　2）为解决通风、排水和运输时；

　　3）断面大、长度短、机械化程度较低时。

7.6　斜（竖）井开挖

7.6.1　斜（竖）井开挖应采用反井钻导井扩挖法施工：反井钻钻出导孔并扩大为导井，再爆破扩挖为溜井，最后从上往下（或从下至上）分层扩挖至设计断面，开挖循环进尺根据岩石类别，施工设备以及工期综合优化选择。

7.6.2　施工前必须锁好井口，确保井口稳定，采取有效措施，防止井台上杂物坠入井内；井口应预留一定宽度的井台，井台外侧设置排水沟。

7.6.3　提升设施应有专门设计。

7.6.4　承包人应对斜（竖）井开挖制定专项施工措施，采用的施工方法及施工程序应确保洞室围岩稳定安全。严格按开挖一段支护一段或采用预灌浆的方法加固围岩后再开挖的方案施工。

7.6.5 井壁有不利的节理裂隙组合时，应及时进行锚固。

7.6.6 斜（竖）井与上下平洞连接处，应将连接段加固后再开挖。

7.6.7 涌水和淋水地段，应有防水、排水措施。

7.6.8 斜（竖）井施工应有专人负责安全监视、联系及指挥协调。

7.6.9 爆破后必须认真处理浮石和井壁，避免落石伤人毁物。

7.7 不良工程地质地段施工

7.7.1 说明

施工过程中可能遭遇涌水、断层破碎带等不良地质段，承包人应作好安全防护、超前地质预报、钻孔爆破、安全支护、安全监测、不良地质段处理等措施，并报监理人批准。不良工程地质地段施工一般应遵守下列原则：

1）调查地质条件，必要时可采用打勘探孔、勘探洞等方法进一步了解地质情况，做好地质预报。

2）减少对围岩的扰动，采用短钻孔、弱爆破和多循环的作业措施。

3）做好排水，锁好洞口，清除危石，及时锚喷支护并尽早衬砌。

4）分部开挖、分部支护。

5）掌握不良工程地质问题的性质，及时采取有效的支护。

6）加强监测，勤检查、勤巡视并且及时分析监测成果和检查情况。

7.7.2 断层破碎带和软弱岩层的开挖

1）开挖过程中，应根据围岩特性对局部不稳定部位增设随机锚杆和进行预注浆。对控制稳定的软弱结构面，采取锚筋桩加固或预应力锚索加固并伸到完整岩体中维护围岩稳定。

2）在松散、软弱破碎的岩体中开挖洞室，应尽量减少对围岩的扰动，宜采用先护后挖，边挖边扩或先对岩体进行加固后再开挖等方法。或者采取一掘一支护，稳步前进，即开挖一循环先喷混凝土，然后施工锚杆、挂网，再喷混凝土至设计厚度，如此循环掘进。围岩稳定特别差时，爆破后立即喷混凝土封闭岩面，出渣后，再打锚杆、挂网、喷混凝土，必要时安设钢支撑或钢格栅增加支护能力。

7.7.3 塌方及较大溶隙、裂隙处理

1）发生塌方或遇较大溶隙、裂隙时，承包人应会同监理人及时查明塌方原因及其规模、规律，提出措施迅速处理，防止塌方范围的延伸和扩大。塌方及较大溶隙段施工，应遵守以下原则：

（1）先加固好端部未破坏的支护或岩体。

（2）加固处理措施可与永久支护结合。

（3）塌落物未将洞室堵塞或遇较大溶隙空洞时，应先支护顶部再清除石渣。

（4）塌落物将洞室堵塞时，宜采用小导管加注浆或预注浆等方法加固，然后按边开挖边支护边衬砌的方法施工。

（5）冒顶塌方时，应先将地表陷落洞穴撑固或用不透水土壤夯填紧密，陷穴四周应做好排水设施，防止继续坍塌，塌落物宜采用花管灌浆固结，其开挖方法应进行专项设计。

（6）有地下水存在时，宜先治水后进行溶隙空洞和塌方处理。

2）塌方物清挖工作包括：塌方空腔松动块石撬挖、岩壁清理、塌落物出渣运输等。

3）溶洞内溶蚀物清挖工作包括：松动块石撬挖、岩壁清理、溶蚀物出渣运输等。

7.7.4　地下水治理

地下水活动较严重地段，宜采用排、堵、截、引的综合治理措施。

1）采用超前孔探明地下水的活动规律，测定漏水量、压力，防止突然暴渗。

2）截断补给水源，降低地下水位。

3）对围岩进行灌浆，降低渗透性或形成帷幕阻水。

4）利用侧导洞、集水井、打探孔或平行支洞排除地下水。

7.7.5　超前灌浆方法施工

对于卸荷严重地带，应采用超前灌浆的方法进行施工，超前灌浆应遵守下列规定：

1）超前灌浆的范围、孔位布置、灌浆材料、灌浆压力及工艺要求等，应做出专门设计。

2）超前灌浆的效果，可用单位透水率（即 q 值）、声波速度或被胶结的岩体强度值来检验。

3）灌浆后的开挖间隔时间，应根据灌浆目的和开挖跨度，通过试验确定。

4）采用分段灌浆时，其阻浆段的预留长度应根据灌浆压力和效果而定。

5）灌浆后的开挖，采取短进尺、弱爆破、快支护、早衬砌的原则进行。

7.7.6　地质缺陷处理

在隧洞开挖中对有可能出现的其他溶沟、溶槽、断层、层间错动、软弱夹层等不利地质条件，承包人应及时通知监理人，并严格按施工图纸或监理人的指令进行处理，无论监理人采取何种工程措施，承包人均不得拒绝。

由于地质缺陷（溶沟、溶槽、断层、层间错动、软弱夹层、溶洞等）的复杂性和不可预见性，发包人和监理人将视缺陷的具体情况，根据有关断层破碎带和软弱夹层处理、不良地质地段施工的原则，视具体情况另行提出处理措施。

由于地质缺陷的复杂性和不可预见性，《工程量清单》所列地质缺陷处理工程项目及工程量与最终实际发生并经发包人和监理人现场验收的工程项目和工程量会有较大变化，承包人应予以充分估计。在实施过程中，无论工程项目和工程量变化如何，地质缺陷处理有关单价都不作调整，工程量清单中未列的工程项目单价由发包人和承包人协商确定，工程量清单所列数量只是招标阶段估算量，不作为结算依据。

7.8 爆破安全要求

1）爆破材料的运输、储存、加工、现场装药、起爆及瞎炮处理，应遵照《爆破安全规程》GB6722—2011的有关规定。爆破材料应符合施工使用条件和国家规定技术标准，每批爆破材料使用前，必须进行有关的性能检验。

2）进行爆破时，人员应撤至飞石、有害气体和冲击波的影响范围之外，且无落石威胁的安全地点。

3）爆破安全措施除应满足上述条款外，还应符合《水工建筑物地下开挖工程施工技术规范》DL/T5099—2011中7.3节的规定。

4）本工程地下洞室密集，洞室长度大，大量存在单条洞相向开挖和多条平行洞同时开挖，安全要求如下：

相向开挖的两个工作面相距30m时，无论哪个工作面放炮，双方人员均需撤离工作面；相距15m时，应停止一方工作，单向开挖贯通。竖井（或斜井）采用单向自下而上开挖法时、距贯通面5m时，应自上而下贯通。

7.9 地下洞室开挖石渣的利用

1）按合同规定，凡可利用的开挖渣料应归发包人所有。承包人不得将渣料使用于本工程以外的工程。

2）本合同工程地下洞室的洞挖渣料应按照本技术标准和要求第2节第2.19款的规定按可利用渣料和弃置废渣进行分类，并分别运至指定地点分类分区有序堆存。

3）对监理人已确认的可用料，承包人在开挖、装运、堆存和其他作业时，应采取可靠的保护措施，保护该部分渣料的可用性。由于承包人施工措施不当而造成上述开挖料无法使用而引起的费用增加，应由承包人承担。

7.10 开挖面的清撬与冲洗

7.10.1 开挖面的清撬

承包人应在爆破后和出渣前，清撬所有开挖面上残留的危石碎块，以确保进入洞内的人员和设备的安全。在施工过程中，承包人应经常检查已开挖洞段的围岩稳定情况，清撬可能塌落的松动岩块。

7.10.2 开挖面的冲洗

承包人应对地下开挖爆破后的岩石开挖面，在进行支护或混凝土衬砌前用高压水或高压风冲洗干净，应清除岩石碎片、尘埃、碎屑和爆破泥粉，以便查清围岩中的软弱结构面，并供地质编录及采取支护措施。冲洗作业应紧随开挖进度进行，但冲洗面离工作面应不小于 10m。

7.11　地下洞室的二次扩挖

7.11.1　二次扩挖的定义

在原设计开挖断面以外因结构设计修改、地质缺陷等原因而进行的扩挖称为"二次扩挖"。

7.11.2　二次扩挖的计量原则

二次扩挖工程量按照原开挖线与二次扩挖线之间的体积进行计算，两者之间距离小于 15cm 者，按 15cm 计算。

7.12　地下照明和通风

7.12.1　地下照明

在地下工程施工期间，承包人应按本技术标准和要求 2.11 款以及《水工建筑物地下开挖工程施工技术规范》DL/T5099—2011 第 7.3 节的规定，提供全部地下工作面的照明。

7.12.2　通风与防尘

1）承包人应充分考虑本合同工程中地下洞室的施工特点，其地下开挖作业的卫生标准以及通风、防尘和防有害气体（H_2S、瓦斯等）的要求应遵守《水工建筑物地下开挖工程施工技术规范》DL/T5099—2011 第 12.1 条至第 12.3 条的规定及本技术标准和要求的规定。

2）承包人应充分考虑本标工程通风散烟的难度，综合考虑各种通风措施，按监理人批准的施工措施计划中的通风措施实施。施工过程中，根据实施效果，监理人有权要求承包人进一步完善施工期通风措施，承包人不得因此提出增加费用。

3）承包人应按监理人指示，配置监测有害气体浓度所必需的仪器仪表，以及报警信号系统，这些设备及仪表应由具有鉴定资质的单位进行鉴定和校正。

4）严禁地下开挖中使用以汽油或液化石油气（内烷、丁烷、乙烯、丁烯）为燃料的施工设备。

5）本合同承包人通风系统应维持至本工程合同工程全部结束。

7.13　地下水的控制和排除

7.13.1　说明

1）承包人应负责设计、采购、安装和维护全部地下施工排水系统。

2）承包人应采取适当的防护措施，防止地表水倒灌进入地下洞室，防护工程应由承包人设计、施工和维护。

3）承包人应详细了解本合同工程的水文地质条件，密切监测地下水的活动情况，高度重视地下水对施工的不利影响，对地下工程的施工排水有充分的估计。

4）对于施工过程中揭露出的大流量地下水，承包人应采取合理有效的引、排、截、堵等措施，以确保地下洞室在良好的施工条件下顺利实施。

5）若在施工过程中出现地下涌水等异常情况时，承包人应立即采取紧急措施控制涌水，并立即通知监理人。

6）地下水应排泄到不会重新流入地下工作面的地区，并应防止排出的水流导致地表冲刷。

7）承包人应在施工期间积极做好施工排水工作，并做好排除地下涌水及发生涌水时人员、设施、设备、物质的撤离和保护的准备工作。

7.13.2　排水设备

1）在地下洞室开挖期间，承包人应按监理人批准的排水系统，负责在每一掌子面设置足够的排水设备和设施（包括测量仪表），并负责全部排水设备和设施的采购、运输、安装和维护。

2）承包人应按照监理人批准的水流控制计划，采购、安装和维修地下水量测仪表。这些仪表应能准确地量测地下排出的水量，所有量测仪表均应有出厂产品合格证书，并由具有鉴定资质的单位进行鉴定和校正。

3）除合同另有规定或监理人指示应予保留的设备和设施外，承包人应在地下开挖工程完工后，拆除排水系统的所有设备和设施（包括工作平台、管线、量测仪表和电缆等）。

7.14　质量检查与验收

7.14.1　地下洞室开挖前的检查和验收

地下洞室开挖前，承包人应会同监理人进行地下洞室测量放样成果的检查，并对地下洞室安全清理质量进行检查和验收。

7.14.2　地下洞室开挖质量的检查和验收

1）隧洞开挖过程中，承包人应会同监理人定期检测隧洞中心线的定线误差，监理人认为有必要时，有权要求承包人共同进行抽查。隧洞等地下建筑物开挖的贯通误差应符合DL/T5099—1999第5.0.2条的规定。

2）地下洞室开挖完毕后，承包人应对其顶壁和侧壁开挖面的安全清理质量进行严格检查以确保施工安全。

3）地下洞室开挖完毕后，承包人应会同监理人按施工图纸和本节有关规定，对地下洞室开挖断面的规格和开挖质量进行检查、校测和验收。

7.14.3　地下洞室的完工验收

地下洞室开挖工程全部或部分完工后，承包人应按合同条款第43条报请监理人对地下洞室开挖按隐蔽工程的验收要求进行完工验收，并按本节第7.1.3.4款的规定，向监理人提交验收资料。

7.15　计量和支付

1）地下洞（井）室开挖应按施工图纸所示或按监理人现场签认的开挖线内的自然方进行计量，按《工程量清单》所列地下开挖项目的每 m^3 单价进行支付。该单价中包括（但不限于）准备工作、测量放线、钻孔爆破、装卸、运输、堆存、开挖面清撬冲洗、施工期排水、生产性试验、施工通风、施工照明、通讯、有毒及有害气体防患等临时设施的设计、设备采购、安装和运行维护、洞挖质量检查、验收前的维护以及设计允许超挖范围以内的超挖等所需的一切人工、材料及使用设备和辅助设备等费用。

2）超出施工图纸或监理人批准的开挖线的任何超挖及处理工程量（除另有规定外）的费用均应包括在《工程量清单》所列相应项目的单价中，发包人不再另行支付。

3）除经监理人认可的地质原因引起的超挖外，承包人在开挖过程中由于施工措施不当造成的超挖，以及未及时支护所引起的塌方等，均应由承包人承担责任，超挖回填混凝土及塌方清除和混凝土回填等处理费用均由承包人承担。若超挖及塌方等是由于未能预见的重大地质缺陷等自然因素所致，并经监理人认可，则可按《工程量清单》中地质缺陷清理和回填混凝土单价支付石渣清理和实际发生回填混凝土费用。对监理人确认因地质缺陷处理引起的超挖，包括由此增加的支护和回填量，均按照监理人签认的工程量，并按工程量清单中相应项目的单价支付；对监理人确认因地质缺陷引起的超挖或坍塌，包括由此增加的支护和回填量，均按照监理人签认的工程量，其中坍塌体及体积 $<0.7m^3$ 的孤石按土方明挖单价支付，体积 $>0.7m^3$ 的孤石按石方明挖单价支付。

4）承包人配合设计人的地质编录等工作亦含在开挖单价中，发包人不再支付任何费用。

5）承包人因施工需要开挖的施工排水集水井、临时排水沟、避车洞、通道扩挖和施工设备安装间扩挖等一切附加开挖量，均应包括在《工程量清单》所列项目的每 m^3 单价之中，发包人不再单独计量支付。

6）由于非施工原因而修改设计开挖线，并需要进行二次扩挖时，二次扩挖部分的开挖工程量应按《工程量清单》二次扩挖项目的每 m^3 单价进行支付。其二次扩挖所增加的混凝土工程量应按《工程量清单》所列地下工程项目的相同的混凝土的每 m^3 单价进行支付。

7）本标开挖施工期所需的照明等费用均应包括在《工程量清单》所列各地下开挖工程项目的每 m^3 单价中，发包人不再单独计量支付。

8）承包人为进行地下洞室开挖所需的爆破试验费按《工程量清单》所列的项目进行计量，并按总价进行支付，包括（但不限于）全部施工期爆破试验的设计、现场调查、动态安全监测及检测、仪器的采购、运输、率定、安装、资料整理、印刷及上报等一切费用已包含在《工程量清单》所列的施工期爆破试验项中，发包人不再另行支付。

9）地下工程施工过程中的施工排水费用，包括全部施工期排水设施的设计、施工、安装、运行和维护等一切费用，已包含在《工程量清单》所列的施工期排水项中，发包人不再另行支付。

10）施工期临时安全监测按《工程量清单》所列的项目进行计量，并按总价进行支付，该费用包括临时监测设备仪器的采购、运输、率定、安装及施工期观测和资料的分析整理等工作。

11）地下工程开挖施工期通风运行费及施工产生有害气体的检测及防护等费用均应包括在《工程量清单》所列各地下开挖工程项目的每 m^3 单价中，发包人不再单独计量支付。

12）合同文件所提供的围岩类别划分比例仅供参考，在实施过程中，合同期内不因岩石类别比例的变化调整单价。

13）钻孔、爆破及装卸渣的洒水喷水费用均包含在《工程量清单》"开挖粉尘控制措施费"中，发包人不再另外支付。

第八节　支护

8.1　说明

8.1.1　范围

本节规定适用于本合同施工图纸所示的所有土石方明挖边坡临时支护、永久支护和地下洞室开挖后的围岩永久支护及临时支护等。

8.1.2　支护类型

1）锚杆（包括砂浆锚杆、带垫板的砂浆锚杆、钢筋锚桩、张拉锚杆、预应力锚杆、中空注浆锚杆、中空自进注浆锚杆、钢制涨壳式张拉中空注浆锚杆和树脂锚杆等）；

2）喷射混凝土（包括喷射素混凝土、钢筋网或机编网喷射混凝土、钢纤维喷射混凝土等）；

3）锚杆和各种喷射混凝土的组合；

4）预应力锚索；

5）钢支撑、钢筋格栅支撑和钢筋拱肋。

8.1.3　承包人的责任

1）锚杆、锚索加固及喷射混凝土支护实施前，承包人应进行相应的现场生产性试验，以验证设计参数，确定、优化施工工艺。试验成果应报送监理人。

2）为确保明挖和地下洞室开挖过程中的岩体稳定及人身和设备运行的安全，承包人应对地质条件差的部位采用临时支护、超前支护，对开挖后的边坡和地下洞室围岩，应根据施工图纸和监理人的指示及时支护。若承包人未按本合同规定采取有效的临时支护、超前支护措施，或未及时支护，由此引起明挖边坡或地下洞室发生坍塌或其他安全事故，承包人应承担其安全责任和由此造成的一切损失。

临时支护类型包括喷射混凝土、锚杆、钢支撑、钢筋格栅支撑、钢筋拱肋等。

3）边坡和地下洞室临时支护由承包人按照不同建筑物、不同围岩类别分别提出支护设计方案，支护方案包括（但不限于）：总体设计、典型断面设计和初步计算分析、分部位工程量和汇总工程量等。如果该洞室设计有永久结构的初期支护，承包人必须利用，承包人自行分析判断永久结构的初期支护是否满足施工安全的需要，如果需要进一步加强支护，在上报的支护设计方案中要包括该部分内容并加以说明。承包人提出的临时支护方案需报监理人批准，监理人对此作的任何批示均不免除承包人对围岩稳定和施工安全的责任。

临时支护工程量按实际发生并经监理人签认的合格工程量计量。

临时支护工程的喷射混凝土、锚杆等检查、验收标准和抽检数量参照永久结构相关规定执行。

4）在开挖和支护过程中，承包人应按监理人批准的围岩和边坡稳定监测措施，对洞室围岩和边坡进行变形监测，并及时将监测资料报送监理人。承包人还应根据工作面的实际地质情况，结合上述监测资料随时分析洞室围岩和边坡的稳定性，遇有可能发生坍塌的危险情况时，应及时采取紧急措施进行快速支护，并报告监理人。

在边坡和地下工程开挖过程中，承包人应根据监测成果，及时调整开挖方法和支护措施，以保证施工安全。

5）承包人应按监理人指示，在邻近开挖工程的现场仓库内储备一定数量的锚杆、钢支撑、钢筋格栅支撑、钢筋拱肋、喷射混凝土的材料以及有关设备，以应急需。

6）施工过程中，承包人应做好各道工序的施工记录。

7）除特殊情况并经监理人同意外，在喷射混凝土之前承包人应配合完成地质素描。

8）承包人应采取系统全面的安全措施，对合同工期内所有人员、设备的安全负责。

8.1.4　承包人应提交的主要文件

8.1.4.1　施工措施计划

承包人应在提交土石方明挖和地下开挖工程施工措施计划的同时，按施工图纸的规定和监理人的指示，提交支护工程的施工措施，报送监理人审批，其内容包括（但不限于）：

    1）支护工程的范围；

    2）工程地质资料和数据；

    3）本工程支护结构型式和细部设计；

    4）施工方法和施工程序；

    5）支护用的施工设备配置和劳力安排；

    6）各项支护材料试验成果；

    7）边坡和地下洞室的围岩稳定监测措施；

    8）质量与安全保证措施。

监理人在收到施工措施计划14天内批复承包人，施工措施计划的批准并不减轻承包人对支护工程应负的责任。

8.1.4.2 施工记录报表

在施工过程中，承包人应为监理人进行质量检查提交各项工程的施工记录报表，其内容应包括（但不限于）：

    1）岩石锚杆、预应力锚索和喷射混凝土的支护时间和完成工程量统计；

    2）材料试验成果；

    3）质量检查记录和检测记录；

    4）质量事故处理记录。

8.1.4.3 完工验收资料

支护工程施工结束后，承包人应在提交开挖工程完工验收资料的同时，向监理人提交支护工程的完工验收资料，其内容至少应包括（但不限于）：

    1）支护工程完工图；

    2）锚杆、喷射混凝土、预应力锚索等支护材料的原材料试验成果报告，以及支护结构的现场监测及试验报告；

    3）预应力锚杆、锚索的施工和施加预应力记录；

    4）质量检查记录和质量事故处理记录；

    5）施工日记；

    6）监理人要求提交的其他完工资料。

8.1.5 引用标准和规程规范（但不限于）

    1）《锚杆喷射混凝土支护技术规范》   GB50086—2001

    2）《水电水利工程锚喷支护施工规范》   DL/T5181—2003

    3）《纤维混凝土结构技术规程》   （CECS38：2004）

4)《水电工程预应力锚固设计规范》   DL/T5176—2003

5)《预应力混凝土用钢绞线》   GB/T5224—2003

6)《无黏结预应力钢绞线》   JG161—2004

7)《预应力筋用锚具、夹具和连接器》   GB/T14370—2007

8)《水电水利工程预应力锚索施工规范》   DL/T5083—2004

9)《水电水利岩土工程施工及岩体测试造孔规程》   DL/T 5125—2001

10)《水电水利基本建设工程单元工程质量等级评定标准第1部分：土建工程》DL/T 5113.1—2005

11)《水电水利工程施工安全防护设施技术规范》   DL 5162—2002

12)《水电水利工程物探规程》   DL/T 5010—2005

8.2 岩石锚杆

8.2.1 说明

明挖边坡和地下洞室支护使用的锚杆有以下类型：

1）砂浆锚杆：采用普通钢筋，全长灌注水泥砂浆的锚杆；

2）带垫板的砂浆锚杆：普通砂浆锚杆外露端用螺母锁定钢垫板；

3）树脂锚杆：以树脂为胶结材料的锚杆，用于临时性支护；

4）张拉锚杆：采用普通钢筋，并施加一定张拉力（小于200kN 张拉力）的全长黏结锚杆。

5）预应力锚杆：杆材采用高强度钢材（精轧螺纹钢筋），有一定张拉自由段的预应力锚杆，用于边坡和地下洞室永久支护，要求全长度灌注水泥砂浆。

6）钢制涨壳式张拉中空注浆锚杆：采用高强钢材质的中空杆体（内端头含钢质涨壳锚固锁定装置）、在注浆前即可施加一定张拉力的全长黏结型锚杆，主要用于洞室的快速支护。

7）自钻式中空注浆锚杆：采用高强钢材质的中空杆体（杆体含钻头），钻进后直接注浆的全长黏结型锚杆，用于应急情况下或常规工法无法造孔的破碎岩体的锚固。

8）中空注浆锚杆：杆体采用钢管或中空螺纹钢、全长灌注水泥砂浆或水泥浆的黏结型锚杆，主要用于超前支护。

9）锚筋桩：杆体由多根钢筋组成，要求全长灌注水泥砂浆。

8.2.2 材料

1）锚杆：锚杆的材料应按施工图纸的要求，对于普通注浆锚杆和张拉锚杆，选用Ⅲ级螺纹钢筋或变形钢筋，对于预应力锚杆，采用高强精轧螺纹钢筋。

2）水泥：普通锚杆、预应力锚杆的水泥砂浆应采用强度等级不低于 42.5MPa 的高抗硫酸盐硅酸盐水泥。

3）砂：采用最大粒径小于 2.5mm 的中细砂。

4）水泥砂浆：砂浆强度等级必须满足施工图纸或有关设计文件要求，注浆锚杆水泥砂浆的强度等级不应低于 20MPa；预应力锚杆的水泥砂浆不应低于 30MPa。

5）外加剂：应采用符合施工图纸和质量要求的外加剂。在注浆锚杆水泥砂浆中添加的速凝剂和其他外加剂，其品质不得含有对锚杆产生腐蚀作用的成分，并应符合 DL/T5100—1999 标准。所用外加剂必须通过经发包人认可的检测单位试验或检验合格，生产厂家应具有一定生产规模和完善的质量保证体系，产品质量稳定。

在使用速凝剂前，应做与水泥的相容性试验及水泥净浆凝结效果试验，初凝不应大于 5 分钟，终凝不应大于 10 分钟；在采用其他类型外加剂或几种外加剂复合使用时，也应做相应的性能试验和使用效果试验。

6）承压板和垫圈

张拉锚杆组件所包括的承压板及螺帽和垫圈，应符合国家标准 GB699、GB688、GB700、GB3077。

7）树脂：用于注浆和非注浆锚杆端头快速锚固的树脂，应按施工图纸的要求，选购合格厂家生产的产品。树脂与填料的比例，应通过现场试验确定。

所有材料的质量及技术性能指标均应符合国家有关规程规范的要求。

8.2.3 锚杆孔的钻孔

1）锚杆孔的开孔应按施工图纸布置的钻孔位置进行，其孔位偏差应不大于 100mm。

2）锚杆孔的孔轴方向应满足施工图纸的要求。施工图纸未作规定时，其系统锚杆的孔轴方向应垂直于开挖面；局部加固锚杆的孔轴方向应与可能滑动面的倾向相反，其与滑动面的交角应大于 45°。钻孔的偏差角应符合设计要求。

3）注浆锚杆的钻孔孔径应大于锚杆直径，并满足施工图纸要求。

施工图纸未作规定时，对于注浆锚杆，若采用"先注浆后安装锚杆"的程序施工，钻孔直径应大于锚杆直径 15mm 以上；若采用"先安装锚杆后注浆"的程序施工，钻孔直径应大于锚杆直径 25mm 以上。对于 6m 及以上的仰孔普通砂浆锚杆，必须采用"先插锚杆后注浆"的工艺施工。

4）锚杆孔深度必须达到施工图纸的规定，孔深偏差值不大于 50mm。

5）钻孔应采用水钻法施工，或采用带钻屑收集器的钻机施工，钻屑收集器应有良好的集尘效果，避免钻孔施工时粉尘飞扬。

8.2.4 砂浆锚杆的注浆和安装

1）锚杆注浆的水泥砂浆配合比，应在以下规定的范围内通过试验选定。

水泥：砂，1:1～1:2（重量比）；

水泥：水，1：0.38～1：0.45。

稠度：顶拱部位 5cm～9cm，其他部位≤12cm。

2）注浆前，应将孔内的岩粉和水吹洗干净，并用水或稀水泥浆润滑管路。

3）砂浆应拌制均匀并防止石块或其他杂物混入，随拌随用，初凝前必须使用完毕。

4）锚杆安装按施工图要求程序进行。

锚杆安装采用"先注浆后插锚杆"的程序时，先将注浆管插至孔底，然后退管 50～100mm，注浆管必须借助浆压缓慢退出，不得人为拔管。锚杆插入过程应缓慢匀速，适当旋转，避免敲击安插，并且孔口要有浆液溢出。

锚杆安装采用"先插锚杆后注浆"的程序时应保证进回浆管绑扎可靠，且管路顺直、通畅，进浆管内径≥20mm，回浆管内径≥6mm。同时应对孔口进行严密封堵，孔口注浆管伸入仰孔锚杆内长度不小于 20cm，俯孔或水平孔锚杆的注浆管应距离孔底至少 5cm，注浆至回浆管回浓浆即可停止。

5）锚杆安装后五天内，不得敲击、碰撞、拉拔锚杆和悬挂重物。

6）带垫板的砂浆锚杆，安装垫板时，垫板与岩壁之间应用砂浆找平，保证垫板与岩壁紧密结合。

8.2.5　钢制涨壳式张拉中空注浆锚杆的安装和注浆

1）涨壳式锚杆安装前，应将锚杆的各项组件临时加以固定，组装后应保证楔子在胀壳内顺利滑行。

2）涨壳式锚杆钻孔应按设计要求严格控制孔径尺寸。

3）在吹净钻孔内石屑后，将安装涨壳锚头的锚杆插入钻孔，并立即拧紧杆体使涨壳锚头充分张开。

4）安装垫板、螺母及注浆管，施加张拉力至锁定荷载。

5）注浆，按本节砂浆锚杆的注浆规定执行。

8.2.6　自钻式中空注浆锚杆的安装和注浆

1）自钻式锚杆安装前，应检查锚杆体中和钻头的水孔是否畅通，若有异物堵塞，应及时清理。

2）锚杆体钻进至设计深度后，应用水和空气洗孔，直至孔口返水或返气，方可将钻机和连接套卸下，并及时安装止浆塞、垫板及螺母，临时固定杆体。

3）锚杆灌浆料宜采用纯水泥浆或水泥：砂为 1：1 水泥砂浆，水灰比宜为 0.4～0.5。采用水泥砂浆时，应通过试验确定砂子粒径。

4）灌浆浆液应由杆体中孔灌入，水泥浆体强度达 5.0MPa 后，可上紧螺母。

8.2.7 张拉锚杆和预应力锚杆施工

1）张拉锚杆和预应力锚杆施工前，应做工艺性试验和基本试验，基本试验按照 GB 50086—2001 的 7.6.1 条执行。

2）张拉设备

当要求施加的预应力值不大于 50kN，可使用扭矩扳手进行张拉，当施加的预应力大于 50kN 时，须使用液压油缸千斤顶进行张拉。扭矩扳手应有一个控制装置以便在超出需要的扭矩范围时切断。同时还应提供能使锚杆达到极限强度的液压油缸千斤顶，压力表为公制单位测压计。锚杆如使用千斤顶张拉，必须满足 GB50086—2001 规范要求。

所有张拉设备都应在张拉及试验操作前一个月时间内进行率定。以后定期率定。率定或重新率定证明的复印件应在率定后两天内提交给监理人。

3）预应力锚杆施工前，承包人必须进行相应的锚杆现场试验，未进行现场试验前，不得进行预应力锚杆施工。承包人应在正式试验前 21 天向监理人提交全部详细试验计划，只有在监理人批准试验计划后方可开始试验。承包人应按监理人的要求向监理人提供全部试验数据和成果。

4）张拉锚杆和预应力锚杆的施工应按施工图纸和有关技术文件进行。

5）锚固段的胶结材料，应根据施工图纸要求，分别选择水泥浆、水泥砂浆。胶结材料的性能应符合施工图纸要求。

6）采用速凝水泥砂浆加缓凝水泥砂浆锚固施工工艺时，需通过工艺试验确定砂浆配合比、稠度、凝结时间、张拉时间等主要参数，并经监理人批准后方可实施。

8.2.8 中空注浆锚杆施工

采用成型产品中空锚杆时，按产品说明书执行。现场制作中空锚杆时，应满足以下要求：

1）用作中空式锚杆的钢管规格、尺寸和材质均应符合设计要求。

2）杆体的前端应加工成不大于 45 度的尖角。杆体的外露端可加工 100mm～150mm 的管螺纹。直径较小，长度较短的中空式锚杆一般采用冲击式风动工具将杆体打入围岩，直径较大，长度较长的中空式锚杆一般需要先钻孔，当成孔困难时可采用套管跟进法进行钻孔。

3）当需要通过中空式锚杆对围岩进行固结灌浆时，注浆应在围岩被喷射混凝土覆盖之后进行。用来注浆的中空式锚杆，应在杆体前端 1/3～1/4 杆长范围内的管壁上开孔。孔径可为 6mm～8mm，孔距沿管轴向可为 100mm～150mm，沿环向可为 90mm，开孔宜布置成梅花型，托板上应设计约 12mm 的排气孔。孔口处锚杆与孔壁之间的空隙应进行封堵。注浆的浆液应采用添加早强剂、减水剂、膨胀剂的水泥浆。注浆压力应通过试验确定，一般不超过 1MPa。注浆时，待排气管出浆后，封堵排气管，并继续灌注至预定压力，停止灌注，封堵钢管口。

4）中空式锚杆用于管棚支护时，锚杆的仰角宜为 3～5°；用作超前锚杆时，锚杆仰角宜小于 30°。锚杆的外露端应支承在随后安装的钢拱架上。

8.2.9　树脂卷端头锚固型锚杆的施工

应采用监理人批准的树脂卷，树脂与填料的比例、锚固长度及施工程序等应根据试验或有关技术文件确定。

树脂卷应存放在阴凉、干燥和温度＋5°～＋25°之间的防火仓库内，过期和变质的树脂卷不得使用。锚杆安装前，应先用杆体量测孔深，并做出标记，然后用锚杆杆体将树脂卷送至孔底。搅拌树脂时，应缓慢推进锚杆杆体，并按厂家产品说明书规定的搅拌时间进行连续搅拌。树脂搅拌完毕后，应立即在孔口处将锚杆临时固定，搅拌完毕至少 15 分钟后安装好托板。

8.2.10　钢筋锚桩施工

1）钢筋锚桩施工应采用先插杆后注浆的施工工艺。

2）钻孔直径应大于钢筋束外接圆直径 20mm。

3）钢筋束应焊接牢固，并焊接对中环，对中环的外径可比孔径小 10mm 左右，一个钢筋束在孔内至少应有两个对中环。

4）注浆管和排气管应牢固地固定在钢筋桩体上并保持畅通，随桩体一起插入孔内。

5）注浆，按本节砂浆锚杆的注浆规定执行。

8.2.11　施工方式

洞内锚杆施工应以锚杆台车为主。采用其他方式施工，必须经过监理人批准。

8.2.12　岩石锚杆的试验和质量检查

8.2.12.1　锚杆材质检验

每批锚杆材料均应附有生产厂家的质量证明书，承包人应按施工图纸规定的材质标准以及监理人指示的抽检数量检验锚杆性能。

8.2.12.2　注浆锚杆质量检查

1）注浆密实度试验：选取与现场锚杆的锚杆直径和长度、锚孔孔径和倾斜度相同的锚杆和塑料管（或钢管），采用与现场注浆相同的材料和配比拌制的砂浆，并按现场施工相同的注浆工艺进行注浆，养护 7 天后剖管（包括纵剖和横剖）检查其密实度。不同类型和不同长度的锚杆均需进行试验，试验计划应报送监理人审批。试验段注浆密实度不小于 90%，否则需进一步完善试验工艺，然后再进行试验，直至达到 90% 或以上的注浆密实度为止。按监理人批准的该注浆工艺进行施工。

2）承包人应按监理人指示的抽验范围和数量，对锚杆孔的钻孔规格（孔径、深度和倾斜度）进行抽查并作好记录。不合格的钻孔不得计量支付，并必须进行补充设置。

3）砂浆锚杆砂浆密实度和锚杆长度检测

砂浆锚杆（含注浆张拉锚杆和预应力锚杆）的砂浆密实度和锚杆长度检测采用砂浆饱和仪器或声波物探仪进行无损检测。

（1）检测比例

主体工程永久边坡及洞室原则上按施工锚杆数量的 2％比例进行抽检；对交通工程、临时工程隧洞，按施工锚杆数量的 1.5％比例进行抽检。

地质条件变化或原材料发生变化时，砂浆密实度和锚杆长度至少分别抽检 6 根。

（2）锚杆长度合格标准

①常规部位永久锚杆或临时锚杆实测入岩长度大于等于设计长度的 95％。

②关键部位结构锚杆实测入岩长度大于等于设计长度的 95％，且不足长度不超过 20cm。

（3）锚杆密实度合格标准

永久锚杆：锚杆密实度无损检测合格标准为：单根锚杆大于 75％为合格；单元内所检测锚杆的 80％达到 75％的密实度，且单根锚杆最小密实度达到 70％，本单元锚杆的密实度评为合格；单元内所检测锚杆的 90％达到 85％的密实度，且单根锚杆最小密实度达到 70％，本单元锚杆的密实度评为优良。

如一次检测中发现有单根锚杆最小密实度低于 70％的，须增加一倍的检测比例；如一次检测密实度低于 70％的锚杆数量超过 3 根，则进行 100％的检测。检测结果有 80％达到 75％的密实度，则只对本次检出的密实度低于 70％的锚杆进行补打，否则应对所有低于 75％的锚杆进行补打。补打合格的不得评定为优良。

（4）第三方检测

承包人应接受发包人开展的锚杆第三方质量检测，承包人应协助进行检测工作。

第三方锚杆检测比例：3％。

第三方检测结果作为锚杆质量评定的依据。锚杆质量第三方检测合格时，第三方检测费用由发包人支付；锚杆质量初次第三方检测不合格时，承包人应负责补打锚杆或重新施工，直至检测合格，其全部费用及第三方再次检测的费用由承包人承担。

4）锚杆拉拔力检验

本项目不做锚杆拉拔力检验。

8.2.12.3　钢筋锚桩质量检查

按照注浆锚杆检查方法、数量、合格标准执行。

8.2.12.4　张拉锚杆拉拔力检验与验收试验

本项目不做锚杆拉拔力检验及验收试验。

8.2.12.5　预应力锚杆的基本试验

预应力锚杆的基本试验按照 GB 50086—2001 的 7.6.1 条执行。

8.2.12.6　预应力锚杆质量检查

预应力锚杆的验收试验按照 GB 50086—2001 的 7.6.2 条执行。

8.2.12.7　中空注浆锚杆、自钻式中空注浆锚杆、钢制涨壳式张拉中空注浆锚杆质量检查

按注浆锚杆检查方法、数量、合格标准执行。

8.2.13　岩石锚杆的验收

承包人通知监理人现场参加按上述第 8.2.11 条进行的试验检验工作。承包人应将每批锚杆材质的抽验记录、每项注浆密实度试验记录和成果、锚杆孔钻孔记录，各作业分区的锚杆砂浆密实度检查记录和成果、锚杆抗拔力检验和试验检查记录和成果、预应力锚杆性能试验和质量验收检查记录和成果以及验收报告报送监理人，经监理人验收，并签认合格后作为支护工程完工验收的资料。

8.3　岩石预应力锚索

8.3.1　说明

1）边坡与洞室中的预应力锚索采用无黏结型预应力锚索，分为内锚型锚索和对穿型锚索。边坡部位锚索为内锚型，采用一次注浆。洞室内锚索包括内锚型和对穿型。

边坡锚索采用混凝土锚墩，洞室锚索采用钢板下设纤维混凝土垫座的钢板垫墩。

2）承包人应在预应力锚索施工前 28 天，向监理人提交一份包括锚固张拉的机具、设备和仪表配置以及锚固程序和方法等岩石预应力锚索工艺报告，报送监理人审批。

3）承包人应按施工图纸所示的位置和规格，安装预应力锚索。除施工图纸规定外，监理人有权根据开挖中揭示的实际地质状况，改变预应力锚索布置位置、数量和长度，承包人应按监理人的指示执行。并不得以此为理由修改锚索单价和提出索赔。

4）承包人应制定预应力锚索制作安装和岩锚施工的操作规程，并提交监理人批准。

5）在预应力锚索实施前，承包人应对每一种类型的锚索进行相应的生产性试验，先选用 3 根试验性锚索进行试验，以验证设计参数，确定、优化施工工艺，试验程序及张拉步骤应严格做专项设计。试验费用含在锚索单价中，发包人不另行支付费用。

承包人应在正式试验前 21 天向监理人提交全部详细试验计划，只有在监理人批准试验计划后方可开始试验。承包人应按监理人的要求向监理人提供全部试验数据和成果。

8.3.2　材料

1）锚索用钢绞线为带 PE 套管的无黏结预应力钢绞线，预应力钢绞线采用 1860 级高强度低松弛钢绞线，应符合 GB5223—2003、GB5224—2003 和 JG 161—2004 的规定。材料均应有出厂合格证书和标牌，经监理人检查合格后方可使用。

2）每批预应力钢绞线应有材质成分的质量证明书，承包人应按监理人的指示和 GB5223—2003、GB5224—2003 和 JG 161—2004 的规定，对预应力钢绞线抽样进行力学性能试验，并应将试验成果报送监理人。

3）运输和贮存：钢绞线在运输中应防止磨损和免受雨淋、湿气或腐蚀性介质的侵蚀。钢绞线的存放应有专门仓库，架空储存，应采取严格的防锈蚀及防化学污染措施。

4）预应力锚索外锚头的钢垫板、锚板、夹片等材料的性能应符合国家关于钢材质量的规定，各种部件材质的力学强度应达到钢材极限抗拉强度的 95％以上。

5）锚具（包括夹片、工作锚板）

（1）按设计图纸的要求进行锚具选型。锚具的性能和质量应符合 GB/T 14370—2007 等标准的有关规定。

（2）购进的锚板、夹片均应有正式出厂证明书。

（3）随机抽取锚板及夹片组成一束组装件，并在试验台上作静态锚固试验。

要求：锚具效率系数 $\eta A \geq 0.95$，实测极限拉力时的总应变 $\varepsilon apu \geq 2.0\%$，且锚板和夹片未出现肉眼可见的裂纹或破碎。

6）灌浆管、排气管均采用 PE 塑料管，要求管路系统耐压值不低于设计灌浆压力的 1.5 倍，且不低于 0.5MPa；隔离支架、对中支架和导向帽采用工厂加工的 PE 塑料制品。

波纹管采用 HDPE（高密度 PE）单壁双波纹套管，波纹管壁厚不小于 1.0mm±0.1mm，波纹间距 12mm±1mm，齿高不小于 1.5mm±0.1mm，严禁采用带色的再生料生产的波纹管，以保证波纹管的质量。波纹管主要性能参数应符合以下要求：

密度：≥ 0.93kg/m^3

抗拉强度（23℃、试验速度 50mm/min）：≥ 25MPa

硬度（肖氏 D 级）：≥ 65

抗环境应力裂纹：200 小时无裂纹

7）水泥：注浆用水泥和洞室锚索垫座用水泥应采用强度等级 42.5MPa 的高抗硫酸盐硅酸盐水泥；边坡锚索锚墩用水泥应采用强度等级 42.5MPa 的普通硅酸盐水泥。

8）砂：采用最大粒径小于 2.5mm 的中细砂；

9）外加剂：按施工图纸要求，在注浆水泥砂浆中添加的速凝剂和其他外加剂，其品质不得含有对锚索产生腐蚀作用的成分。所掺外加剂品质应符合《混凝土外加剂》（GB8076—2008）标准，用量应根据配合比试验确定。

8.3.3　施工程序

预应力锚索工程技术性强，工艺要求严格，为确保工程质量，必须严格按施工程序和技术要求施工，承包人应在施工前将详细的施工程序及技术要求上报监理人审批后方可实施。

在实施过程中，每道工序均需进行中间检查，每道工序完成并经监理人检查合格后方可进行下道工序的施工。由于地质条件复杂，施工中可根据现场试验对施工工序进行适当调整，并报监理人批准。

8.3.4　预应力锚索的造孔

1）预应力锚索钻孔的位置、方向、孔径及孔深，应符合施工图纸要求。钻孔的开孔偏差不得大于 10cm，孔斜误差：内锚型不得大于孔深的 2%，对穿型不得大于孔深的 1%，钻孔方位角的允许偏差为 2°，钻孔孔径不应小于施工图纸和厂家产品说明书规定的要求，终孔有效孔深不得欠深，终孔孔深应大于设计孔深 40cm。

2）钻孔机具应经监理人批准，所选钻机应适合打各种角度的孔，钻头应选用硬质合金钢钻头或金刚石钻头。

3）内锚型预应力锚索的锚固端应位于稳定的基岩中，若孔深已达到预定施工图纸所示的深度，而仍处于破碎带或断层等软弱岩层时，应在征得监理人同意后，延长孔深，继续钻进，直至监理人认可为止，其增加的费用按本合同条款第 47 条的规定办理。

4）承包人应记录每一钻孔的尺寸、回水颜色、钻进速度和岩芯记录等数据。

5）钻孔完毕，应将水管伸入孔底，通入大流量水流，从孔内向孔外进行冲洗，直至回水清净延续 5～10 分钟。钻孔冲洗结束后，应观察孔内失水情况。如平均单位长度失水量大于 1L/分钟或内锚段失水量大于 10L/分钟，则应进行全孔固结灌浆。此处所给失水量为经验值，实际施工时如需调整时，应报监理人确认，并经发包人认可。

6）钻孔过程中遇岩体破碎、塌孔、掉块、严重失水，造成钻进严重受阻时，经监理人同意，可进行固结灌浆处理后再进行钻进。

7）钻孔应采用水钻法施工，或采用带钻屑收集器的钻机施工，钻屑收集器应有良好的集尘效果，避免钻孔施工时粉尘飞扬。

8）固结灌浆采用全孔一次灌浆，技术要求如下：

（1）固结灌浆采用纯压法用浓浆单孔单灌，灌浆压力采用 0.3MPa。灌浆浆液采用水泥浆或水泥砂浆，浆材强度等级 M25（28d）。参考配比水泥砂浆 0.4∶1∶1（水∶水泥∶砂），纯水泥浆水灰比 0.4∶1。其他事项按 DL/T5148—2012 规范执行。

（2）如果在灌浆过程中发现严重串孔、冒浆、岩溶洞穴漏浆不起压，应根据具体情况采取嵌缝、低压、浓浆、间歇灌浆、灌水泥砂浆、细骨料混凝土、加速凝剂等方法进行处理，若仍难以解决，应及时通知监理人和设计人，进行研究处理。

9）扫孔作业宜在固结灌浆后 2 天进行，扫孔后钻孔应清洗干净，孔内不得残留废渣、岩芯。

10）扫孔结束后应进行简易压水试验，以检查固结灌浆的效果。简易压水试验时将孔口临时封闭，全孔一次压水，压水压力为 0.1～0.2MPa，压水时间 20 分钟，每隔 5 分钟测读一次压入流量，取最后的流量作为计算流量，计算透水率。

如压水试验透水率小于 5Lu，则压水试验合格，并进行下道工序施工，否则，需对全孔重新进行固结灌浆、扫孔、压水试验。若复灌仍不合格，则应报监理人，由监理人另行确定处理措施。

施工过程中，应探索复灌效果，并采取一定措施改善一次施灌效果。

11）压水试验合格后，对钻孔进行全孔高压风吹干吹净，并做好孔口保护。

12）通过新浇混凝土结构的锚索孔，应在锚孔部位的混凝土结构内预留孔。

8.3.5 预应力锚索的制作与安装

8.3.5.1 锚索制作

1）钢绞线下料：钢绞线切断采用砂轮机，要求切口整齐无散头现象，下料长度应考虑到混凝土锚墩（垫座）厚度、钢垫板厚度、千斤顶长度、工具锚和工作锚的厚度要求，并适当留有余度。钢绞线在全长范围内不允许有接头或连接器。每根钢绞线都应完整无损，没有裂隙、疤痕、伤痕和其他缺陷，且表面不能有油污、润滑剂和污垢。

2）锚固段去皮洗油：锚固段钢绞线按设计锚固段长度去皮洗油，误差应在 1cm 以内，由于钢绞线长度下料误差，去皮洗油长度应以最短一根为准。采用电工刀锯口，人工拉拔方法去皮，洗油时采用专用工具将钢绞线松开，用汽油人工逐根清洗，干净棉纱擦干，保证钢丝上无油膜存在，以确保钢绞线与水泥胶结体之间有牢固的黏结力。

3）编号标识：将钢绞线和进、回浆管、排气管平行摊于木制工作台上，对钢绞线和不同的管道进行编号，并在外端用不同颜色或挂牌区别。

4）编制锚索体：将进、回浆管、排气管、内圈钢绞线、外圈钢绞线捆扎成一束。钢绞线之间、钢绞线与各管道之间用隔离支架分离，内锚段隔离支架间距 1m，两对隔离支架间绑扎一道无锌铅丝成枣核状。自由段和外锚段隔离支架间距 2m，绑扎时应保证钢绞线平行不得交叉。

灌浆管要平顺，不得弯曲、破损，已安装的灌浆管在灌浆前应检查其是否通畅，不通畅的要更换。管道安装检查完毕，管口临时封闭，并挂牌编号。

5）安装波纹管：将钢绞线束装入波纹管内，波纹管靠近内锚固段顶端安装 PE 塑料导向帽。导向帽末端可根据设计要求预留出浆孔。灌浆管及排气管按设计图纸要求布置，以保证波纹管内外灌浆及排气要求。

6）波纹管封堵器制作：为保证波纹管内灌浆质量，根据设计要求，在波纹管内设置封堵器，封堵器由波纹管、隔离及对中支架、石棉、锚索体、灌浆管、环氧砂浆、捆扎铅丝等组成。封堵器的位置及制作严格按施工图纸要求。环氧砂浆的配合比可参见表 10.3－1，实际施工时，配合比也可由现场试验确定。

表 10.3－1 环氧砂浆和环氧基液配比表（重量比）

材料名称	环氧树脂	T31	丙酮	二丁脂	石英砂	石英粉	干燥水泥
环氧砂浆	100	25～28	40～50	10	600	200	0～40
环氧基液	100	18～20		20		20	0～40

7）安装对中支架：在波纹管外侧安置成型的对中支架，对中支架间距在内锚固段为 1.0m，自由段为 2.0m，位置和隔离支架对齐，对中支架与锚索体之间应牢固绑扎，防止锚索入孔时对中支架与锚索体产生相对滑动。

8）对制作好的锚索应妥善存放，应采取保护措施防止钢丝或钢绞线锈蚀。运输过程中应防止锚索发生弯曲、扭转和损伤。并登记、挂牌标明锚索编号、长度等。存放点要求防潮、防水、防锈、防腐蚀、防污染。对存放时间较长的锚索在使用前要进行严格的检查。

9）对穿类锚索制作参照以上内锚类锚索制作步骤和方法进行。

8.3.5.2 安装

1）穿索宜采用人工辅以机械方法安装，锚索就位的曲率半径不应小于 3m。

2）锚索孔道验收 24 小时后，锚索安装前，应检查其通畅情况。

3）锚索入孔时，应一次穿索到位，不得反复的抽动、扭转锚索体，且送入孔道的速度应均匀，防止损坏锚索体，防止锚索体整体扭转。

4）穿索中不得损坏锚索结构，否则应予更换。

5）锚索安装完毕后，应对外露钢绞线进行临时防护。

8.3.6 垫墩（锚墩）浇筑

8.3.6.1 垫墩（锚墩）金属构件制作

1）垫墩金属结构包括钢垫板、钢套管等，这些部件必须在加工车间按设计要求加工，并在车间焊接组装完成。

2）经加工、焊接、组装完成后的垫墩钢结构应妥善保管，确保防水、防潮、防锈蚀。

8.3.6.2 垫墩（锚墩）施工

1）垫墩安装、浇筑前应清理松动块体，洗净岩面。

2）边坡锚索混凝土锚墩施工

按设计图纸进行锚墩钢结构和模板的架立，安装钢结构时，应使钢套管插入岩体的深度满足设计要求，钢套管轴线与钻孔轴线重合，钢垫板与钢套管轴线垂直。钢套管安装后，应用水泥砂浆填塞孔口处钢套管与岩壁间缝隙。

垫墩采用一级配混凝土，强度等级为 C_{35}（7d），混凝土浇筑时要注意垫墩下部的振捣，防止出现蜂窝麻面。

对于陡坡，锚墩浇筑前应安装连接钢筋或连接锚杆，以保证锚墩不滑移变位。

3）洞室内锚索钢板垫墩施工

在岩壁上按施工图要求提前安装钢板垫墩的固定锚杆。

按施工图要求的深度将钢套管插入钻孔，钢套管轴线与钻孔轴线重合，钢垫板与钢套管轴线垂直。钢垫板与围岩开挖面之间浇筑 CF_{35}（3d）钢纤维混凝土垫层（钢纤维掺量 $55kg/m^3$），厚度按施工图要求，应填充密实，并应按施工图要求埋置外锚段灌浆进浆、回浆管。钢垫板通过锚杆固定。

8.3.7 锚索孔的灌浆

8.3.7.1 无外锚段的内锚型锚索

1）在垫墩（锚墩）拆模板后，即可进行锚索灌浆，灌浆工作开始前，应通过灌浆管送入压缩空气，将钻孔孔道的积水排干。

2）在钢垫板上用螺钉固定灌浆定制锚板，锚板上开孔孔位与锚索张拉时的工作锚具一致。

3）在定制锚板、钢垫板、外露钢绞线 PE 护套表面均涂抹一层润滑油，以便于灌浆后剥离表面黏结的水泥结石。

4）可选择利用钢垫板加工过程中已钻设的螺栓孔固定灌浆钢罩，灌浆管与排气管伸出灌浆钢罩，钢罩朝上的一侧开设设计图纸规定直径的出浆管，钢罩与钢垫板之间应设置橡胶垫圈，防止灌浆时漏浆。

5）灌浆水泥采用 42.5 级中抗硫酸盐硅酸盐水泥，水泥浆标号为 M35（7d）。灌浆采用水泥浓浆灌注，水泥浆水灰比为 0.4∶1，具体配比及外加剂掺量应通过试验确定，试验成果应报监理人批准，同时抄送设计。

6）灌浆时灌浆管进浆，排气管上安装压力表，采用有压循环灌浆法。开始灌浆时，敞开排气管，以排出气体、水和稀浆，回浓浆时逐步关闭排气阀，使回浆压力达到 0.4MPa，吸浆率小于 1 L/分钟时，再屏浆 30 分钟即可结束。

7）一个内锚段的灌浆应连续不断灌满，原则上控制在 4 小时以内灌完，不允许中途停灌。

8）内锚段的灌浆应在锚索入孔后 24 小时内完成。灌浆完成后，7 天内不得扰动锚索。

9）灌浆结束，浆体终凝后再卸下灌浆钢罩、定制锚板，并应对其冲洗干净，以便再次使用。

8.3.7.2　对穿型锚索

对穿型锚索的灌浆方法和要求按以上内锚类锚索执行。

8.3.8　锚索张拉锚固

1) 当内锚段灌浆和垫墩混凝土达到设计强度，即可进行张拉。张拉前要计算每根锚索的理论伸长值。

2) 张拉设备的率定

为保证张拉控制力的准确性，在张拉作业前需对张拉设备系统（包括千斤顶、油管、压力表等）进行"油压值－张拉力"的率定，并经监理人批准后方可使用。率定周期为 6 个月，如一切正常则可延长至 10 个月。

3) 锚索张拉操作

(1) 安装测力计（适用于需进行应力监测的锚索）。

(2) 安装锚板、夹片、限位板、千斤顶及工具锚。安装前锚板上的锥形孔及夹片表面应保持清洁，为便于卸下工具锚，工具夹片可涂抹少量润滑剂。工具锥板上孔的排列位置需与前端工作锚的孔位一致，不允许在千斤顶的穿心孔中钢绞线发生交叉现象。

(3) 锚索正式张拉前，先对每股钢绞线施加 30 kN 的张拉荷载进行预张拉，以使锚索各钢绞线受力均匀、完全平直，并将该荷载锁定在锚板上。再将所有钢绞线一起张拉至超张拉荷载。张拉控制以拉力为主，辅以伸长值校验。

(4) 张拉过程中，当达到每一级的控制张拉力后稳定 5 分钟即可进行下一级张拉，达到最后一级张拉力后稳定 30 分钟，即可锁定。锁定后 48 小时内，若预应力损失超过设计张拉力的 10% 时，应进行补偿张拉。

(5) 张拉时应记录每一级荷载伸长值和稳压时的变形量，且与理论伸长值进行比较，如果实测伸长值大于计算值的 10% 或小于 5%，应查明原因并作相应的处理。

(6) 加荷、卸荷速率应平稳。张拉时，升荷速率每分钟不宜超过设计应力的 1/10，卸荷速率每分钟不超过设计应力的 1/5。

(7) 锚索张拉时，应采取措施，尽量避免邻近已锁定锚索产生应力松弛。

(8) 锚索张拉时应通知监理人到场，并及时准确记录油压表编号、读数、千斤顶伸长值、夹片外露长度等。

(9) 承包人应根据设计文件或监理人的指示进行试验束的张拉，试验束的数量和位置由监理人确定。在进行锚索试验时，应认真记录压力传感器的读数、千斤顶的读数以及试验束在不同张拉吨位时的伸长值，记录成果应及时报送监理人，每次进行试验束张拉，必须有监理人在场时进行。

（10）张拉检验标准

①到达控制拉力，未发生断丝和滑丝，视为合格锚索。

②达到控制拉力，断丝不超过2根，且油压不下降，视为基本合格。

③如发生滑丝，要卸荷检查原因后重装夹片张拉。

④以下锚索为不合格锚索

a. 断丝超过2根。

b. 断丝1根，但千斤顶油压控制拉力下降超过5％。

c. 未达到控制拉力。

8.3.9 外锚段的灌浆

有外锚固段的锚索（包括内锚型和对穿型），在锚索张拉48小时后，应力已达到稳定的设计值，应力损失没有超标，不需要补偿张拉时，由监理人检查确认后，应立即进行外锚段灌浆。外锚段灌浆应在锚索张拉后72小时内开工。

外锚段灌浆按内锚段灌浆要求执行。

8.3.10 锚索锚头保护

1）张拉（含补偿张拉）完成后，除用于安全监测的锚索外，锚具外的钢绞束除留存15cm外，其余部分应用砂轮切割机截去，锚头作永久的防锈保护。

2）按施工图纸要求对锚头用混凝土封闭保护。混凝土浇筑前，应将锚具、钢绞线外露头、钢垫板表面水泥浆及锈蚀等清理干净，并将锚墩混凝土与锚头保护混凝土结合面凿毛，涂刷一道环氧基液，环氧基液配比可参见表8.3－1。外锚头保护混凝土为一级配 C_{25}（28d）。

8.3.11 质量检查和验收

1）质量检查

预应力锚索施工过程中，承包人应会同监理人进行以下项目的质量检查和检验：

（1）每批钢绞线到货后的材质检验；

（2）预应力锚索安装前，每个锚索孔钻孔规格、孔深的检测和清孔质量的检查；

（3）预应力锚索安装入孔前，每根锚索制作质量的检查；

（4）锚索孔灌浆前，抽样检验浆液试验成果和对现场灌浆工艺进行逐项检查；

（5）预应力锚索张拉工作结束后，对每根锚索的张拉应力和补偿张拉的效果进行检查。

上述的每项质量检验和检查均应由承包人作出记录，并经监理人签认合格后，才能进行后续工序的施工。

2）验收试验和抽样检查

（1）验收试验：预应力锚索施工中，应按施工图纸和监理人指示随机抽样进行验收试验，抽样数量不应小于 3 束，对高边坡预应力锚索验收试验必须在张拉后及时进行。

（2）完工抽样检查：完工抽样检查的合格标准应以应力控制为准，其应力实测值不得大于施工图纸规定值的 5%，并不得小于规定值的 3%。当完工抽样检查的锚索中有一束不合格时，应加倍扩检，扩检不合格，必须按监理人的指示进行处理，由此增加的费用由承包人自理。

3）完工验收

（1）预应力锚索工程全部结束后，承包人应按招标文件本商务文件有关规定向监理人申请完工验收，并按本节 8.1.4.3 条有关规定提交完工验收资料。

（2）承包人应将包括本条各项质量检查记录，试验成果以及预应力锚索验收试验记录和抽样检查记录在内的验收资料提交监理人审查后作为预应力锚索工程的完工验收资料。

8.4　喷射混凝土

8.4.1　说明

本节规定适用于本工程施工图纸或监理人指示的喷射素混凝土、钢纤维喷射混凝土、钢筋网或机编网喷射混凝土、聚丙烯纤维喷混凝土等施工作业，喷射方法为湿喷。

8.4.2　材料

1）水泥：采用符合国家标准的普通硅酸盐水泥，当有防腐或特殊要求时，经监理人批准，可采用特种水泥，水泥强度等级不低于 42.5MPa。进场水泥应有生产厂的质量证明书。

2）骨料：细骨料应采用坚硬耐久的粗、中砂，细度模数宜大于 2.5，使用时的含水率宜控制在 5%～7%；粗骨料应采用耐久的卵石或碎石，粒径不应大于 15mm；喷射混凝土的骨料级配，应满足表 8.4-1 的规定。

表 8.4-1　喷射混凝土用骨料级配

项目	通过各种筛径的累计重量百分数（%）					
	0.6mm	1.2mm	2.5mm	5mm	10mm	15mm
优	12～22	23～31	35～43	50～60	73～82	100
良	13～31	18～41	26～54	40～70	62～90	100

3）水：应符合拌制水工混凝土用水的要求。

4）外加剂：应采用符合施工图纸和质量要求的外加剂。所用外加剂尽可能偏中性且对人体危害较少（速凝剂要求为无碱速凝剂），其品质不得含有对锚杆、钢筋、钢纤维产生腐蚀作用的成分，并应符合 DL/T5100—1999 标准。所用外加剂必须通过经发包人认可的检测单位试验或检验合格，生产厂家应具有一定生产规模和完善的质量保证体系，产品质量稳定。

在使用速凝剂前，应做与水泥的相容性试验及水泥净浆凝结效果试验，初凝不应大于5分钟，终凝不应大于10分钟。在采用其他类型外加剂或几种外加剂复合使用时，也应做相应的性能试验和使用效果试验。选用外加剂应经监理人批准。

5）钢筋（丝）网：应采用热轧Ⅰ级光面钢筋（丝）网，钢筋抗拉强度标准值不低于235MPa。

6）钢纤维

钢纤维的型式及尺寸应适合于喷混凝土施工（避免球结现象）及达到加强混凝土强度要求。钢纤维应符合下列条件：

（1）钢纤维的形状及尺寸：长约25mm～40mm，直径0.4mm～0.7mm的圆形或等面积的其他断面，长径比L/D＞55。钢纤维长度方向两端带钩，纤维间采用快速水溶性胶粘结成排；

（2）钢纤维强度等级采用1000级，应选用冷拉型钢纤维；

（3）钢纤维的长度应基本一致，并不得含有其他杂物；钢纤维不得有明显的锈蚀和油渍；

（4）钢纤维在施工过程中不得出现"V"字变形及结团、堵管现象。

7）聚丙烯纤维：应符合施工图纸要求并有生产厂的质量证明书，纤维长度30mm～50mm，直径0.5mm～0.85mm，断裂强度≥450MPa，断裂伸长率15％～30％，初始模量≥5000MPa，耐碱性能≥95％。

8.4.3 配合比

喷射混凝土配合比，应通过室内试验和现场试验选定，并应符合施工图纸要求，在保证喷层性能指标的前提下，尽量减少水泥和水的用量。速凝剂的掺量应通过现场试验确定，喷射混凝土的初凝和终凝时间，应满足施工图纸和现场喷射工艺的要求，喷射混凝土的强度应符合施工图纸要求，配合比试验成果应报送监理人审批。

对于钢纤维喷混凝土，其配合比除满足CECS38：2004中的规定及上述要求外，还应满足下列要求：

1）钢纤维掺入量应通过试验选定，并应符合施工图纸要求和满足表8.4－2的规定。

表8.4－2　钢纤维混凝土的最小韧度值

掺量（kg/m³）	20	25	30	35	40	45	50
弯曲韧度系数 Re3（％）	50	56	62	67	72	75	77

2）钢纤维混凝土试验应提供表8.4－3的资料和数据。

表 8.4－3　钢纤维混凝土试验应提供的资料

需要的试验特性	拌和物	钢纤维	钢纤维混凝土	素混凝土
稠度	√			
黏聚度	√			
保水性	√			
抗压强度			√	√
抗拉强度		√	√	√
抗剪强度			√	√
弯曲韧度			√	
抗冻			√	
抗渗			√	

注：① 钢纤维混凝土强度试验龄期为 7、14、28 天，抗冻、抗渗试验龄期为 28 天。

② 素混凝土强度试验龄期为 7、14、28 天。

8.4.4　配料、拌和及运输

1）称量允许偏差

拌制混合料的称量允许偏差应符合下列规定：

水泥和速凝剂　　　　±2%

砂、石　　　　　　　±3%

2）搅拌时间

混合料搅拌时间应遵守下列规定：

（1）采用容量小于 400L 的强制式搅拌机拌料时，搅拌时间不得少于 60 秒；

（2）采用自落式搅拌机拌料时，搅拌时间不得少于 120 秒；

（3）采用人工拌料时，拌料次数不少于三次，且混合料的颜色应均一；

（4）混合料掺有外加剂时，搅拌时间应适当延长。

（5）钢纤维喷混凝土的搅拌时间应通过现场搅拌试验确定。以加入的钢纤维能完全散开，单根均匀分布在混凝土中为准。

3）运输

混合料在运输、存放过程中，应严防雨淋、滴水及大块石等杂物混入，装入喷射机前应过筛。

8.4.5　喷射混凝土的准备工作

1）承包人应在喷射前对喷射面进行检查，并做好以下准备工作：清除开挖面的浮石、墙脚的石渣和堆积物；洞室挖除欠挖部分；处理好光滑岩面；安设工作平台；用高压风水枪冲洗喷面，对遇水易潮解的泥化岩层，应采用压风清扫岩面；埋设控制喷射混凝土厚度的标志；作业区应具有良好的通风和充足的照明设施。

2）喷射作业前，承包人应对施工机械设备、风、水管路和电线等进行全面检查和试运行。

3）承包人应在受喷面滴水部位埋设导管排水，导水效果不好的含水层可设盲沟排水，对淋水处可设截水圈排水。

8.4.6 喷射混凝土

1）喷射混凝土施工前 56 天，承包人应为每种拟用的外加剂至少作三次试块试验板，试验板测定的喷射混凝土工艺质量和抗压强度达到要求后，才能进行喷射混凝土施工。

2）喷射混凝土采用湿喷法施工。喷射混凝土作业应分段分片依次进行，区段间的接合部和结构的接缝处应做妥善处理，不得存在漏喷部位。喷射顺序自下而上，一次喷射厚度按 GB50086—2001 表 8.5.1 规定数据选用；分层喷射时，后一层应在前一层混凝土终凝后进行，若终凝 1 小时后再行喷射，应先用风水清洗喷层面；喷射作业应紧跟开挖工作面，混凝土终凝至下一循环放炮时间不应少于 3 小时。

3）喷射机作业应严格执行喷射机的操作规程：应连续向喷射机供料；保持喷射机工作风压稳定；完成或因故中断喷射作业时，应将喷射机和输料管内的积料清除干净。

4）喷射混凝土的回弹率：洞室拱部不应大于 25%，边墙（边坡）不应大于 15%。

5）喷射混凝土养护：喷射混凝土终凝 2 小时后，应喷水养护；养护时间一般工程不得少于 7 昼夜，重要工程不得少于 14 昼夜；气温低于 +5℃时，不得喷水养护。

6）冬季施工：喷射作业区的气温不应低于 +5℃；混合料进入喷射机的温度不应低于 +5℃；普通硅酸盐水泥配制的喷射混凝土在分别低于设计强度 30% 时，不得受冻。

8.4.7 钢筋（丝）网喷射混凝土

1）钢筋（丝）网的使用

（1）钢筋（丝）网的网格尺寸，使用的钢筋规格、钢材质量，应满足施工图纸要求，其保护层厚度不应小于 50mm。

（2）钢筋（丝）网应沿开挖面铺设，宜在岩面喷射一层混凝土后铺设。钢筋网与壁面距离 3cm～5cm。捆扎要牢固，在有锚杆的部位宜用焊接法把钢筋网与锚杆连接在一起。

（3）钢筋（丝）网喷射混凝土支护厚度应满足施工图纸要求和监理人的指示。

（4）使用工厂生产的定型机编网时，应经过喷射混凝土试验选择骨料粒径和级配。

2）钢筋（丝）网喷射混凝土施工

钢筋（丝）网喷射混凝土施工应按 GB50086—2001 和 DL/T5181—2003 中有关规定执行。

8.4.8 钢纤维喷射混凝土

1）钢纤维的使用

承包人应按施工图纸或监理人指示的范围使用钢纤维喷射混凝土。钢纤维的掺量应根据试验确定，并提交监理人批准。

2）钢纤维喷射混凝土的原材料除应符合 8.4.2 条的有关规定外，施工时还应符合下列规定：

（1）钢纤维的长度偏差不应超过长度公称值的 ±5％；

（2）钢纤维掺量应符合设计要求，其允许偏差值为 ±2％；

（3）钢纤维不得有明显的锈蚀、油渍或其他妨碍钢纤维与水泥黏结的杂质。钢纤维内含有的因加工不良造成的黏连片、表面锈蚀的纤维、铁屑及杂质的总重量不应超过钢纤维重量的 1％；

3）钢纤维喷射混凝土施工

钢纤维喷射混凝土施工除应遵守 GB50086—2001 和 DL/T5181—2003 有关规定外，还应符合下列规定：

（1）搅拌混合料时，宜采用钢纤维播料机向混合料中添加钢纤维；搅拌时间不宜少于 3 分钟；

（2）钢纤维在混合料中应均匀分布，不得成团；

（3）混合料的水平运输宜采用混凝土搅拌运输车。

8.4.9　聚丙烯纤维喷射混凝土及现场试验

1）聚丙烯纤维的使用

承包人应按施工图纸或监理人指示的范围使用聚丙烯纤维喷射混凝土。所采用的聚丙烯纤维的物理力学指标应符合施工图纸等设计文件规定，纤维的掺量根据试验选定，并经监理人批准。

2）聚丙烯纤维喷射混凝土施工

聚丙烯纤维喷射混凝土施工可参照第 8.4.8 条有关规定执行，具体应根据试验确定，并经监理人批准。

3）现场试验

聚丙烯纤维喷射混凝土施工前，必须进行现场试验（含配合比试验、工艺试验）。试验前 21 天，承包人应制定好详细的试验计划报送监理人审批，试验完成后应对试验成果及时进行总结并将总结报告报送监理人，并以监理人审查意见作为实施的依据。承包人应对试验质量、进度及施工安全负全部责任。

8.4.10　明挖边坡喷射混凝土施工

1）岩石边坡表面处理应按下列规定：

（1）岩石边坡应采用光面爆破或预裂爆破，以减少对边坡岩石的损伤和获得较平整的喷射面；

（2）自然边坡应将基岩面整平，并将表面松动岩块、浮渣等覆盖物清理干净；

（3）清除坡脚处的岩渣等堆积物。

2）土质边坡喷射混凝土支护应遵守下列规定：

（1）明挖土质边坡，喷射混凝土支护作业前，应将边坡整平、压实，自坡底开始自下而上分段分片依次进行喷射；

（2）严禁在冻土和松散土面上喷射混凝土。

8.4.11 养护

1）喷射混凝土的养护，应按 GB50086—2001 第 8.5.6 条的规定执行。

2）当喷射混凝土周围的空气湿度达到或超过 85％时，经监理人同意，可准予自然养护。

8.4.12 质量检查和验收

1）质量检查

在施工过程中承包人应会同监理人进行以下项目的质量检验和检查。

（1）承包人应按照 GB50086—2001 第 8.10 节及 10.1 节的有关规定进行喷射混凝土施工质量抽样试验，抽样试验报告应报送监理人。

（2）喷射混凝土抗压强度试验，应按 GB50086—2001 第 10.1.2 条中的规定执行。试验结果应满足 GB50086—2001 第 10.1.3 条规定要求，并定期报送监理人。

（3）喷层厚度检查，应按 GB50086—2001 第 10.1.4 条中的规定执行。检查记录应定期报送监理人。经检查，喷射混凝土厚度未达到施工图纸要求的厚度，应按监理人指示进行补喷，所有喷射混凝土都必须经监理人检查确认合格后才能进行验收。

（4）喷射混凝土与岩石间的黏结力以及喷层之间的黏结力，应按监理人的指示钻取直径 100mm 的芯样作抗拉试验，试验成果资料应报送监理人。所有钻取试件的钻孔，应由承包人用干硬性水泥砂浆回填。

喷混凝土与岩面间的粘结强度：I、II 类围岩不得低于 1.2MPa，III 类围岩不得低于 0.8MPa；喷层之间的粘结强度：C_{30} 喷混凝土不得低于 2.0MPa，C_{25} 喷混凝土不得低于 1.5MPa。

（5）经检查发现喷射混凝土中的鼓皮、剥落、强度偏低或有其他缺陷的部位，承包人应及时予以清理和修补，经监理人检查签认后，方能予以验收。

2）完工验收

喷射混凝土支护工程完工后，承包人应按本合同商务文件有关规定向监理人申请完工验收，并按本节第 8.1.4.3 款的规定提交完工验收资料。

8.5 钢支撑、钢筋格栅支撑及钢筋拱肋

8.5.1 说明

钢支撑指采用型钢加工而成的支架（拱架）。

钢筋格栅支撑指用钢筋焊接加工而成的桁架式支架（拱架）。

钢筋拱肋指采用 1～3 根直径 25mm～32mm 钢筋拼焊而成的肋形支架（拱架）。

承包人应根据监理人的指示和本技术标准和要求的要求，负责设计、提供和安装钢支撑、钢筋格栅支撑或钢筋拱肋，其设计和制作应遵守钢结构设计和制作规范的有关规定。钢支撑、钢筋格栅支撑和钢筋拱肋的施工图纸应报送监理人审批。使用钢支撑、钢筋格栅支撑及钢筋拱肋的部位须由监理人和承包人现场决定。

8.5.2　钢支撑、钢筋格栅支撑及钢筋拱肋的安装

1）承包人应按监理人的指示或在经超前勘探查明的岩石破碎软弱地段安装钢支撑、钢筋格栅支撑或钢筋拱肋，钢支撑、钢筋格栅支撑或钢筋拱肋应装设在衬砌设计断面以外，如某种原因侵入到衬砌断面以内时，须经监理人批准。

2）钢支撑和钢筋格栅支撑的安装应符合下列规定：

（1）钢支撑和钢筋格栅支撑应按照《水利水电工程锚喷支护技术规范》SL377－2007 的相关要求施工。

（2）测量开挖后的洞室轮廓尺寸。必要时按洞室轮廓尺寸修改钢支撑和钢筋格栅支撑的形状和尺寸；

（3）安装前，检查钢支撑或钢筋格栅支撑制作质量是否符合设计要求；

（4）安装允许偏差：横向间距和高程均为±50mm，垂直度为±2°；

（5）钢支撑和钢筋格栅支撑立柱应支立于可靠的基础上，不得支立于浮渣上；

（6）钢支撑和钢筋格栅支撑与壁面应紧密接触，与围岩的空隙应用喷射混凝土填充；

（7）每榀钢支撑和钢筋格栅支撑至少应与三根锚杆相连接，遇地质条件差、变形较大的洞段，应将系统锚杆和钢支撑连接成整体。

（8）相邻钢支撑、钢筋格栅支撑之间应采用连接钢筋连接牢靠；

（9）钢支撑、钢筋格栅支撑安装后，应立即喷射混凝土将其覆盖（若设置有钢筋网应先铺设钢筋网），覆盖后方可进行下一工序。

3）钢筋拱肋的安装应符合下列规定：

（1）钢筋拱肋应紧贴开挖面或开挖面初喷层布置；

（2）钢筋拱肋应利用系统锚杆固定，拱肋与锚杆焊接牢固；

（3）钢筋拱肋安装后应喷混凝土覆盖。

4）钢支撑、钢筋格栅支撑或钢筋拱肋安装后，承包人应对破碎软弱地带的围岩稳定进行监测，遇有危险情况，应及时增强钢支撑、钢筋格栅支撑、钢筋拱肋或采取其他加强措施，并报告监理人。经监理人检查认为不合格时，承包人应根据监理人的指示进行调整、修补和置换。

8.5.3 钢支撑、钢筋格栅支撑及钢筋拱肋的附件

1）钢支撑的所有附件均应采用钢板或型钢制成，附件包括钢挡板、钢棚架、钢枕、钢楔和钢柱鞋等。

2）钢支撑的附件安置就位后，应与钢支撑焊牢，以防松动，浇筑混凝土时，可将钢支撑及其附件留在其中。钢支撑或钢筋格栅支撑与岩石之间喷混凝土或混凝土填满，否则不予计量。

3）不允许使用木材制作的附件作为临时支撑。

4）钢支撑或钢筋格栅支撑之间应采用钢筋网（或钢丝网）制成挡网或钢纤维喷混凝土保护，以防止岩石掉块。若采用钢丝（筋）网挡网，应采用焊接或其他方式与钢支撑或钢筋格栅支撑牢固连接。在混凝土衬砌施工前，应按监理人的指示拆除一定范围的上述钢筋网（或钢丝网），以保证混凝土衬砌尽量填满空隙。

8.6 计量和支付

8.6.1 临时建筑物支护的计量与支付

承包人自行布置的施工支洞、施工道路、挡水围堰等总价承包的临时建筑物支护所需的锚杆、喷射混凝土、钢支撑等的费用已包括在该项目总价中，发包人不再另行支付。

8.6.2 施工期支护

永久边坡、洞室及发包人提供的施工道路、施工支洞等部位的系统支护、随机支护及开挖完成后的初期支护等按以下方式进行计量和支付：

1）锚杆、张拉锚杆、预应力锚杆按不同规格，以监理人签认的合格的锚杆安装数量（根）计量，并按《工程量清单》中相应每根单价支付。不合格的锚杆、张拉锚杆、预应力锚杆均不得计量支付。每根锚杆的单价均包括锚杆（含钢垫板、螺母等附件）的供货和加工、钻孔、安装、灌浆、张拉（仅张拉锚杆和预应力锚杆）以及试验和质量检查验收所需的人工、材料和使用设备、辅助设施等的一切费用。

2）钢筋锚桩按不同规格，以监理人签认的合格的钢筋锚桩安装数量（根）计量，并按《工程量清单》中相应每根单价支付。不合格的锚筋桩不得计量支付。每根钢筋锚桩的单价均包括钢筋锚桩的供货和加工、钻孔、安装、灌浆，以及试验和质量检查验收所需的人工、材料、损耗和使用设备、辅助设施等的一切费用。

3）预应力锚索的计量，根据不同规格（即不同锚固类型、不同预应力吨位、不同长度等），以施工图纸所示或监理人签认的预应力锚索数量，按《工程量清单》按锚索长度分列等级，按 10kN.m（t.m）为单位计量。预应力锚索的支付，按《工程量清单》中相应等级的每 10kN.m 的单价进行支付。单价应包括锚索孔钻孔、锚索材料（含钢绞线、锚具、钢垫板等）的采购、装卸、运输、保管、加工制作、安装、张拉、

锚固、注浆（不包括地质缺陷处理固结灌浆）、检验试验和质量检查验收，以及混凝土锚墩（或钢板垫墩）的施工和各种附件材料及其加工运输、安装等所需的全部人工、材料及使用设备和其他辅助设施、各种损耗等一切费用。若 PE 管无定型产品，则需特殊制模，其制模费用也含在锚索单价中，不另行支付。对于需要安装监测仪器的锚索，钢绞线长度需在增加 30cm，其费用不另行支付。

由承包人原因造成报废的预应力锚索孔及张拉报废的预应力锚索一律不予以支付。

4）预应力锚索施工中若遇地质缺陷，需进行固结灌浆处理。固结灌浆按监理人验收确认的灌浆长度，以延 m 为单位进行计量，并按《工程量清单》所列项目的每延 m 的单价支付，其单价包括灌浆所需的全部人工、材料及使用设备和其他辅助设施、各种损耗等一切费用。

当固结灌浆注浆量大于 150kg/m（注浆量为单孔平均每延 m 干水泥净耗量）时，除按延 m 为单位计量及支付外，超注浆部分按所消耗的纯水泥量以 t 计，按《工程量清单》中超注浆干水泥的每 t 单价支付，其单价只计列超注浆所需水泥材料费及税金。

5）喷射混凝土（包括喷射素混凝土、钢筋（丝）网喷射混凝土、钢纤维喷射混凝土、聚丙烯纤维喷射混凝土）的计量和支付应按施工图纸所示或监理人指示的范围内，以施喷在设计开挖面上设计厚度的混凝土，按 m³ 为单位计量，并按《工程量清单》所列项目的每 m³ 的单价进行支付。

喷射混凝土单价应包括（但不限于）骨料、水泥及外加剂的供应、运输、储存、准备、配料、拌和、喷射混凝土前岩石表面清洗、施工回弹料及清除、厚度检测和钻孔取样以及质量检验所需的人工、材料、各种损耗、使用设备和辅助设施等的一切费用。

喷混凝土的现场及室内试验费用包括在相应的喷混凝土单价中，发包人不另行支付。

由于施工不当不合格的，以及由于承包人自己的原因造成超挖而多喷的混凝土、回弹混凝土，均不予以支付。

6）钢筋网（或钢丝网）喷射混凝土中钢筋网（或钢丝网）按施工图所示的重量以 t 为单位计量。因现场实际所需，由监理人指定，或由承包人建议并经监理人批准安放的钢筋网（或钢丝网），以监理人确认的量计。因承包人自己的原因增加的钢筋网，均不予以支付。

钢筋网重量中不包括为固定钢筋网设置的支撑短筋、网片间搭接长度、压边需用的附加钢筋的重量，其费用含在相应单价中。钢筋网的支付按《工程量清单》所列项目的每 t 的单价进行支付。单价中应包括全部人工、材料和制作安装以及各种损耗等一切费用。

7）钢纤维喷射混凝土（或聚丙烯纤维喷射混凝土）中的钢纤维（或聚丙烯纤维）

按监理人签认的重量以 t 为单位计量，并按《工程量清单》所列项目的每 t 的单价进行支付。单价中应包括钢纤维（或聚丙烯纤维）的供货、运输、贮存、播料、损耗、试验及质量检查和验收等一切费用。

8）在永久支护结构施工前或施工过程中，发包人有权根据实际情况，对永久支护结构进行修改和调整。工程量按监理人认可的实际发生量，按相应项目单价计。承包人不应由此而要求索赔和改变各项目的支付单价。

9）预应力锚索、预应力锚杆的施工必须在监理人旁站下进行，否则不予计量。

10）开挖边坡、洞室围岩支护将根据施工中揭露的实际地质情况进行调整，工程中若采用了《工程量清单》中没有列出的锚杆规格时，按以下方法计算单价，锚杆规格包括锚固类型、杆体材料及直径、孔径及孔深、外露长度、张拉荷载大小等。

（1）锚杆仅杆体外露部分与《工程量清单》中所列锚杆不同时，以规格最接近的锚杆单价为基数，按外露长度的增减以钢筋的材料费进行单价调整。

（2）锚杆仅入岩深度与《工程量清单》中所列锚杆不同时，以规格最接近的锚杆单价为基数，以入岩深度之比按直线比例调整单价。

（3）锚杆仅杆体直径不同时，以规格最接近的锚杆单价为基数，以杆体材料费变化调整单价。

第九节　钻孔、灌浆和排水

9.1　说明

9.1.1　范围

本节规定适用于本合同施工图纸所示各建筑物以及承包人因施工需要自行布置并经监理人批准的钻孔、灌浆和排水孔，其内容包括：

1）钻孔：包括灌浆孔（含先导孔）、检查孔、抬动变形观测孔、物探测试孔、排水孔及其他由监理人指示的各类孔的钻孔，以及需进行的钻取芯样、钻孔冲洗、裂隙冲洗、压水试验、灌浆前孔口加塞保护等全部钻孔作业。

2）灌浆：灌浆：包括帷幕灌浆（含搭接帷幕灌浆）、基础固结灌浆、地下洞室围岩固结灌浆、衬砌顶拱回填灌浆等。

3）排水：包括排水孔钻孔与孔内保护装置和孔口导水装置，部位主要包括帷幕后基岩排水孔、抗力体排水洞排水孔及其他由监理人指示的排水孔等。

9.1.2　承包人的责任

1）承包人应按本技术条款的规定以及施工图纸和监理人的指示，完成本合同工程的全部钻孔、灌浆和排水作业，包括提供其所需的人工、材料、设备及其他辅助设施。

2）承包人应在施工前详细了解工程的地形地质和水文地质情况。在不良地质段钻孔和灌浆时，应采取有效的保护措施。承包人根据实际情况，需要修改钻孔布置、灌浆参数和灌浆程序时，应将修改的钻孔和灌浆措施计划报送监理人审批。

3）承包人应根据本技术条款的规定，编制生产性灌浆试验大纲，进行生产性灌浆试验。承包人应对灌浆生产性试验资料进行整理分析，并提交成果报告报送监理人。试验成果经监理人审查批准后方可进行大规模实施。

4）灌浆系隐蔽工程，需根据施工过程中揭示的具体情况，进行必要的动态优化与完善。《工程量清单》中灌浆工程量系根据现有资料初步确定，实际施工过程中，根据地质条件、结构要求、灌浆试验成果以及现场实施情况，钻孔灌浆布置范围、布置形式、孔排距、孔深、施工方法及施工技术要求可能发生变化。以上变化除另有规定者外，一般按合同规定的有关条款办理，承包人不得以实际工程量与预列工程量变化较大及设计参数变化为由而提出单价变更与索赔要求。

5）承包人应积极配合监理人安排的有关测试工作，提供便利条件。物探测试工作完毕后，应按相应灌浆部位质量检查孔封孔要求对物探测试孔进行封孔。

6）承包人在施工作业过程中发现异常或工程地质和水文地质条件与原设计条件有变化时，必须及时将有关资料报送监理人，并根据监理人的指示进行处理。

7）承包人在进行各类钻孔、灌浆和排水作业期间，应妥善作好施工期度汛和排水工作，对由此引起的廊道、洞室受淹而产生的工期延误、设备和材料损失等一切后果均由承包人负全部责任。

8）在已完成或正在进行灌浆作业的区域附近30m以内原则上不得进行爆破作业，如必须时，承包人应作出专门的爆破设计，采取必需的减震、防震措施，允许爆破质点振动速度按照《水电水利工程爆破施工技术规范》DL/T5135—2001附录B、《水工建筑物水泥灌浆施工技术规范》DL/T5148—2012第1.06条的有关规定执行，爆破设计方案报经监理人批准后方可实施。

9）承包人在施工作业期间，应做好各项施工记录和成果资料整理汇总工作，及时报送监理人审查。完工验收前，应提供完工资料、材料质量检查报告、工程质量检查报告和完工报告等。

10）实施钻孔、灌浆和排水作业前，应完成相应的辅助工程和前序工程项目的施工，达到设计要求并经验收合格后方可进行钻孔、灌浆和排水作业。

11）承包人应严格按照本节和有关规程规范的要求，提供满足本项目施工的钻孔和灌浆设备及其辅助设备，同时承包人应制定钻孔和灌浆安全守则，加强员工安全教育，组织员工进行安全演练。一旦出现安全事故，承包人应及时采取有效措施进行处理，避免事故进一步扩大，并应及时向监理人报告。

12）承包人应对钻孔、灌浆过程中人员、设备的安全负全部责任。

13）对已浇筑的混凝土建筑物部位进行钻孔、灌浆和排水作业时，承包人应按照监理人指示保护好建筑物体内的预埋设施。

9.1.3 承包人应提交的主要文件

9.1.3.1 施工措施计划

在灌浆作业开工前42天，承包人应根据本技术条款规定或监理人指示，提交一式四份生产性灌浆试验大纲以及钻孔、灌浆和排水施工措施计划报送监理人审批，其内容包括：

1）钻孔、灌浆和排水工程的施工平面布置图。

2）钻孔、灌浆和排水的材料和设备。

3）钻孔、灌浆和排水的程序和工艺。

4）钻孔、灌浆和排水的质量保证措施。

5）钻孔、灌浆和排水的施工人员配备。

6）废渣、废浆的排除措施。

7）生产性灌浆试验大纲。

8）施工进度计划等。

9.1.3.2 施工记录和质量报表

承包人应在施工过程中，提交钻孔、灌浆和排水工程的各项施工记录和质量报表，其内容应包括：

1）钻孔、灌浆和排水工程各项目完成工程量和累计工程量；

2）灌浆工程原材料试验和质量检验成果；

3）钻孔记录、测斜记录、岩芯取样试验成果；

4）压水试验记录；

5）抬动观测或变形观测记录；

6）制浆记录及现场浆液试验记录；

7）灌浆记录表、综合统计分析成果表及相应图件；

8）检验、测量与试验设备检定资料；

9）质量事故处理记录；

10）监理人要求提供的其他资料。

9.1.3.3 完工验收资料

承包人应为钻孔、灌浆和排水工程的完工验收提交以下资料：

1）灌浆和排水工程的完工图。

2）各类钻孔、灌浆和排水的施工原始记录和各项试验成果。

3）各类灌浆及压水试验综合统计分析成果表及相应图件。

4）钻孔岩芯取样试验的岩芯实物、柱状图和摄影资料。

5）质量检查和质量事故处理报告。

6）《水工建筑物水泥灌浆施工技术规范》DL/T5148—2012 及监理人要求提供的其他完工验收资料。

9.1.4 引用标准和规范规程（不限于）

1）《水工混凝土试验规程》DL/T5150—2001。

2）《水工混凝土外加剂技术规程》DL/T5100—1999。

3）《混凝土用水标准》JGJ63—2006。

4）《水电水利工程钻孔压水试验规程》DL/T5331—2005。

5）《水工建筑物水泥灌浆施工技术规范》DL/T5148—2012。

6）《水电水利工程岩石试验规程》DL/T5368—2007。

7）《水电水利岩土工程施工及岩体测试造孔规程》DL/T5125—2001。

8）《水电水利基本建设工程单元工程质量等级评定标准第 1 部分：土建工程》DL/T5113.1—2005。

9）《通用硅酸盐水泥》GB175—2007。

10）《水电水利工程物探规程》DL/T5010—2005。

11）《水工混凝土施工规范》DL/T5144—2001。

12）《水电水利工程爆破施工技术规范》DL/T5135—2001。

13）《灌浆记录仪技术导则》DL/T5237—2010。

14）2006 年版《工程建设标准强制性条文》（电力工程部分）。

15）《湿磨细水泥浆材试验及应用技术规程》（SL578—2012）

9.2 材料

9.2.1 说明

发包人负责提供灌浆所用的水泥、粉煤灰，但承包人应负责将上述材料运输至作业面，并负责上述材料在作业面的储存和保管。对于发包人未提供的钻孔和灌浆所需的其他材料，承包人应负责采购、运输、储存和保管。每批水泥、外加剂、掺和料等，均应符合有关的材料质量标准，并附有生产厂家的质量证明书和产品使用说明书。每批材料入库前均应按规定进行检验验收，承包人应及时将检验成果报送监理人。承包人灌浆所用的各种材料必须通过环保部门鉴定，符合国家环保要求，不得污染工程区周边环境和地下水。

9.2.2 水泥

1）承包人应根据施工图纸或监理人指示采用与灌浆项目相适应的水泥品种。用于

术规范》（DL/T 5148—2012）附录 A 中规定配置全套浆液质量检测仪器，由专人定期检测浆液质量和进行记录。

集中制浆站及中转站均应配置完善的废水、废浆处理设施，设置容量足够的沉淀池并定期清运浆渣，确保环境和文明施工符合要求。

9.3.3 灌浆设备

1）拌浆和注浆设备的型号、容量、布置都应得到批准，并且任何时候都应保证在最好的可操作状态。

2）承包人提供的灌浆泵性能应与灌浆液的类型和浓度相适应，其额定工作压力应大于最大灌浆压力的 1.5 倍，压力波动范围应小于灌浆压力的 20%，并应有足够的满足灌浆最大注入率要求的排浆量和稳定的工作性能；灌注纯水泥浆液应采用多缸柱塞式灌浆泵。

3）承包人应根据灌浆需要配置湿磨机、高速和低速浆液搅拌机。搅拌机的转速和拌和能力应分别与所搅拌的浆液类型及灌浆泵排浆量相适应，并应保证均匀、连续地拌制浆液。高速搅拌机的搅拌转速度应不小于 1200r/分钟。所有搅拌设备在用于拌制浆液前应在现场进行试运行。

4）灌浆管路应保证浆液流动畅通，并能承受 1.5 倍的最大灌浆压力。灌浆泵和灌浆孔口处均应安装压力表，进浆管路亦应安装压力表，所选用的压力表在使用前应进行率定。使用压力宜在压力表最大标值的 1/4～3/4 之间。使用过程中应经常检查核对，不合格和已损坏的压力表严禁使用。压力表和管路之间应设有隔浆装置。

5）为加强灌浆过程中的质量控制，对灌浆和压水全过程必须采用灌浆自动记录仪进行记录。承包人应采取必要的防尘、防潮措施，以确保其保持正常工作状态。

6）灌浆塞应与采用的灌浆方法、灌浆压力及地质条件相适应，胶塞应具有良好的膨胀性和耐压性能，在最大灌浆压力下能可靠地封闭灌浆孔段，并易于安装和拆除。

7）高压灌浆施工应采用下列设备和机具

（1）高压灌浆泵；

（2）耐蚀灌浆阀门；

（3）钢丝编织胶管；

（4）大量程压力表，其最大标值宜为最大灌浆压力的 2.0～2.5 倍；

（5）孔口封闭器或高压灌浆塞。

8）承包人应配备用于抬动变形观测的千分表，宜配备具有变形自动记录及超值自动报警功能的观测装置。

9）施工现场应配备用于现场质量控制的比重秤（比重计）、温度计、测斜仪等质检仪器。

10）采用化学灌浆时，承包人应配备和采用符合设计要求并报经监理人批准的化灌专用制浆机及灌浆设备。

11）所有灌浆设备、仪器、仪表均应注意维护保养，并保持其工作状态正常，并应配有足够的备用量。电力驱动的设备，应在接地良好并经确认能保证施工安全时，方可使用。

9.3.4　检验、测量与试验设备

承包人应为钻孔、灌浆与排水工程在灌浆施工现场配备足够数量和满足精度要求的检验、测量与试验仪器设备，主要包括钢卷尺、测绳、角度尺、罗盘、测斜仪、测斜仪校验台、流量计、压力表、温度计、黏度计、秒表、台秤等。在使用化学浆液或其他特殊材料时，承包人应配备和采用符合设计要求并报经监理人批准的化相应的检测设备。

灌浆自动记录仪由发包人提供，为安装灌浆自动记录仪所需的其他辅助设备由承包人负责提供。灌浆记录仪的运行、维护、保养、修理等均由承包人负责。灌浆记录仪的技术性能和安装使用的基本要求应符合《灌浆记录仪技术导则》DL/T5237—2010的规定。

所有检验、测量与试验设备在使用前，均应按国家有关规定由有资质的检测单位进行检定，检定报告报监理人审批。

所有仪器、仪表均应注意维护保养，保持其工作状态正常，并应配有足够的备用量。在使用过程中应按相关要求进行检验。

9.3.5　辅助设施

1）为了保证在持续的高峰生产期所有设备都能以最高效率同时进行生产，在各工区内应配备足够的气、水、电。

2）在所有封闭型工区（地下洞室）内要有充足的照明和良好的通风，以保证施工现场环境对施工人员的健康无损害，空气的能见度要便于观测，并满足相关安全规定以及合同文件所提出的安全及健康要求。

9.4　钻孔

9.4.1　说明

1）本节规定适用于灌浆孔（含先导孔）、排水孔、质量检查孔、抬动变形观测孔、物探测试孔及监理人要求的其他钻孔施工。

2）所有钻孔编号、孔深、孔斜度、孔序和分段应按设计图纸、文件或监理人指示执行。

3）所有钻孔应采用经监理人批准的钻孔设备和钻进方法钻孔。钻孔开孔位置与设计孔位偏差一般不得大于设计允许偏差值（岩石灌浆不大于10cm，混凝土盖重灌浆不

大于5cm），如特殊原因需调整孔位时，应报监理人批准，并记录实际孔位。

4）钻孔结束，承包人应报监理人进行检查验收，检查合格并经监理人签字后，方可进行下一步操作。

5）各类钻孔次序应按监理人指示及设计文件规定执行。

6）钻机安装应平整稳固，钻孔方向应按施工图纸要求确定，钻孔时必须保证孔向准确。

7）灌浆孔的施钻应按灌浆程序，分序分段进行。

8）灌浆检查孔的孔位应按监理人的指示确定。

9）钻孔周围埋设有监测仪器、混凝土内布设有冷却水管和止水片时，应严格控制钻孔偏斜，必要时可在混凝土内预埋导向管，避免因灌浆钻孔偏差导致仪埋设施、冷却水管和止水片的损坏失效。

9.4.2 钻孔孔径

1）帷幕灌浆先导孔终孔孔径不小于Φ76mm；常规帷幕灌浆孔终孔孔径不小于56mm；搭接帷幕终孔孔径不小于Φ56mm。

2）基础固结灌浆孔终孔孔径不小于Φ56mm。

3）物探测试孔孔径为Φ76mm。帷幕灌浆和基础固结灌浆部位质量检查孔孔径为Φ76mm；其他部位质量检查孔根据施工图纸或监理人指示进行。

4）抬动变形观测孔孔径为Φ91mm。

5）地下洞室和引水发电压力钢管段的回填灌浆孔、围岩固结灌浆孔、接触灌浆孔及其检查孔、排水孔孔径根据施工图纸或监理人指示进行。

9.4.3 钻孔方法

灌浆孔基岩段钻孔可采用各式合适的钻机和钻头造孔。拱坝坝基固结灌浆孔和排水孔的混凝土钻孔、帷幕灌浆孔（含先导孔）、检查孔、物探测试孔或其他指定的钻孔，应采用金刚石钻进、复合片钻进或硬质合金钻进等方法。

9.4.4 钻孔分段

除排水孔外，所有钻孔分段与相应的灌浆或压水试验分段相对应，各段段长误差不大于20cm。

9.4.5 钻孔孔斜

1）帷幕灌浆孔（含先导孔）、排水孔、帷幕灌浆质量检查孔、坝基固结灌浆孔、物探测试孔均应进行孔斜测量，其测量成果应记录并反映在相应钻孔成果表中。

2）承包人在钻孔施工中应采取可靠的防斜措施，在钻孔过程中，应进行孔斜测量。孔口段10m内至少测两次孔斜，以下各段至少每10m孔深应测量一次孔斜；发现钻孔偏斜超过要求时，应及时采取纠偏等补救措施处理，当处理无效时，应报告监理人，并根据监理人的指示重新布置钻孔，由此而引起的工程量的增加由承包人承担。

3）帷幕灌浆孔（含先导孔）、帷幕灌浆质量检查孔、物探测试孔、抬动观测孔孔底偏差值按以下原则控制：

（1）当孔向为垂直的或顶角小于5°时，孔底偏差不得大于下表的规定。

表 9.4－1　钻孔孔底最大允许偏差值表　　　　　单位：m

孔深	20	30	40	50	60	80	≥100
最大允许偏差值	0.25	0.50	0.80	1.15	1.50	2.00	≤2.50

（2）对顶角大于5°且有测斜要求的，其孔斜要求参照表9.4－1执行，但方位角的偏差不应大于5°。

4）排水孔的孔斜控制要求按施工图纸和监理人指示进行。

5）坝基固结灌浆采用混凝土盖重钻孔灌浆法时，孔斜控制按帷幕灌浆孔要求执行；固结灌浆与锚索等交叉部位根据监理人指示执行。其他固结灌浆孔孔底偏差不大于1/40孔深。

6）钻孔过程中发现的各种情况如涌水、漏水、坍孔、掉块、卡钻、断裂构造、岩层、岩性变化及混凝土段厚度等均应作详细记录，并反映在钻孔综合成果表中，作为确定加强灌浆、分析灌浆效果或孔内保护措施及保护范围的基本依据。对灌浆孔钻孔中发现涌水时，应测量涌水处孔深、涌水水量、水温和涌水压力。

7）当遇有掉钻、坍孔、卡钻等难以钻进时，应停钻进行灌浆处理；当发生不返水、严重漏水或涌水时，应查明周边洞室、管线等情况、分析原因，经处理后再行钻进。

9.4.6　钻孔保护

施工图纸所示的所有钻孔，承包人应妥善保护，防止流进污水和落入异物，直到验收合格为止。任何因承包人的过失造成堵孔或重钻的费用由承包人承担。

9.5　取样操作

1）取芯孔

先导孔、质量检查孔以及监理人指示的其他钻孔，应予钻取岩芯，按取芯次序统一编号，填牌装箱，并绘制钻孔柱状图和进行岩芯描述。

2）取芯施工

（1）取芯方法和取芯工具应经过监理人认可。

（2）在钻孔取芯施工过程中，应对钻孔冲洗液、钻孔压力、芯样长度及其他能充分反映岩石或混凝土特性的因素进行监测和记录，并提交监理人。

（3）岩芯采取率应满足取芯目的要求。检查孔岩芯采取率不应少于90%，其他孔岩芯采取率不宜少于 80％。

若岩芯采取率偏低，承包人应采取缩短取芯回次进尺、调整钻压、冲洗液量等措施或按监理人指示更换单动双管等高质量取芯钻具、施工设备或施工人员。

3）岩芯的装箱

岩芯从钻具取出后应按要求及时装入岩芯箱并用彩笔在芯样上进行标识，每次循环的岩芯应用标准岩芯牌进行分隔，标识牌按要求填写。

4）岩芯箱标记

岩芯箱应按要求进行明显的标识。标识应包括（但不限于）孔号、箱号、总箱数、孔顶高程及所在工程建筑物的部位。

5）取芯记录

承包人应对钻孔的所有操作进行全面的记录，在岩芯装入箱中后立即对每箱拍照存档。

6）岩芯保存

施工期内，承包人应建设临时岩芯库房，并安排专人进行库房管理。承包人应按监理人指示提供此岩芯库房给第三方检查单位临时存放岩芯。在取芯孔完成后，承包人应将装好岩芯的箱体从钻孔地点运至岩芯库妥善保管。根据监理人指示，将发包人需要长期保存的部分岩芯运输至发包人岩芯库存放，并有序移入发包人提供的岩芯箱，按要求填写岩芯牌。

9.6 钻孔冲洗和压水试验

9.6.1 说明

1）孔口封闭法帷幕灌浆孔口管段灌前均应进行钻孔冲洗、裂隙冲洗和压水试验，除孔口管段外其余各段均应进行钻孔冲洗和压水试验，不进行裂隙冲洗。其余灌浆孔按设计文件及 DL/T5148—2012 要求执行。

2）承包人应根据设计文件或监理人的指示对质量检查孔进行钻孔冲洗和压水试验。

9.6.2 冲洗

1）钻孔冲洗

所有钻孔均应在采净孔底残留岩芯后按规范要求进行钻孔冲洗。冲洗方法一般采用自孔底向孔外大水量敞开冲洗、风水轮换冲洗或风水联合冲洗等方法进行。

钻孔冲洗结束条件：冲洗后孔底残留物厚度不得大于 20cm，返水清净。

2）裂隙冲洗

承包人应根据不同的地质条件或监理人指示采用压力水冲洗、风水轮换冲洗或风水联合冲洗的方法进行裂隙冲洗。在岩溶、断层破碎带及裂隙发育等地质条件较复杂的区域，应按监理人指示或通过现场试验确定的方法进行。

裂隙冲洗压力：冲洗水压一般采用 80％的灌浆压力并不超过 1Mpa；冲洗风压一般采用 50％的灌浆压力并不超过 0.5MPa。

裂隙冲洗结束条件：冲洗至回水清净后 10 分钟结束，且总的时间要求，单孔不少于 30 分钟，串通孔不少于 2 小时。

3）冲洗用风必须经过油水分离器后方可使用。

4）灌浆段冲洗结束后 24 小时内必须进行灌浆作业，否则灌前应重新进行冲洗。

5）当邻近灌浆孔正在大注入率灌浆或发生了串浆，不应进行裂隙冲洗。

6）对回水长时间达不到清净要求和无回水的孔段，按监理人的指示进行处理。

9.6.3 压水试验

1）压水试验应在钻孔冲洗或裂隙冲洗后进行。

2）压水方式：

（1）帷幕灌浆先导孔和检查孔一般采用单点法压水试验，特殊部位采用五点法压水试验；常规帷幕灌浆孔灌前采用简易压水法；

（2）基（围）岩固结灌浆孔可在各序孔中选取不少于 5％的灌浆孔在灌浆前进行简易压水试验。简易压水试验可结合裂隙冲洗进行。

3）压水试验压力

（1）灌前压水试验压力一般采用灌浆压力的 80％，该值若大于 1MPa 时，采用 1MPa。固结灌浆孔压水试验压力统一采用 0.3MPa。

（2）灌后压水试验压力一般按相关设计文件或 DL/T5148—2012《水工建筑物水泥灌浆施工技术规范》附录 B 的规定执行。

4）压水试验稳定标准

（1）单点法及五点法压水试验：在稳定的压力下，每 5 分钟测读一次压入流量，连续 4 次读数其最大值与最小值之差小于最终值的 10％，或最大值与最小值之差小于 1L/分钟，以最终读数作为计算岩体透水率 q 的计算值。

（2）简易压水试验：在稳定压力下，压水 20 分钟，每 5 分钟测读一次压入流量，取最终读数为计算岩体透水率 q 的计算值。

（3）岩体透水率的计算按按 DL/T5148—2012 附录 B 的规定进行。

9.7 生产性灌浆试验

9.7.1 说明

1）分部（分项）工程、施工部位相对独立或地质条件特殊部位的灌浆项目开工前需进行灌浆生产性试验。

2）灌浆试验开工前 28 天，承包人应编制详细的试验计划及试验方案，报送监理人审批。

3）灌浆试验结束后，承包人应对试验成果进行分析，并将试验的详细记录和试验分析成果提交监理人。

4）如发包人有要求，承包人应根据监理人的指示进行其他相关试验及其配合工作，如提供工作部位、供浆、供水、供电、排污、通风等，方便其他承包人开展试验工作。

9.7.2 浆材试验

1）承包人应按监理人指示对不同水灰比、不同掺合料和不同外加剂的浆液进行下列项目试验：

（1）浆液配制程序及拌制时间。

（2）浆液密度或比重测定。

（3）浆液流动性或流变参数。

（4）浆液的沉淀稳定性。

（5）浆液的凝结时间，包括初凝或终凝时间。

（6）浆液结石的容重、强度、弹性模量和渗透性。

（7）监理人指示的其他试验内容。

2）用于生产性灌浆试验的浆液水灰比以及掺合料、外加剂等的品种及其掺量应通过浆液试验选择，试验记录和试验成果应提交监理人。

9.7.3 生产性灌浆试验

1）承包人应根据灌浆工程施工图纸的要求或按监理人指示选定有代表性的地段作为灌浆生产性试验区。

2）承包人按批准的试验方案拟定的施工程序和方法进行试验，检查灌浆的效果；灌浆试验结束后，承包人应整理分析试验资料，并将试验成果和试验记录提交监理人。

9.8 制浆

9.8.1 制浆材料称量

制浆材料必须按规定的浆液配比称量，制浆材料称量误差应小于5%，水泥等固相材料应采用重量称量法计量。承包人集中制浆站和小型制浆站的称量方法，应经监理人审批后方可采用。

9.8.2 浆液搅拌

1）各类浆液必须搅拌均匀，并测定浆液密度和粘滞度等参数，并作好记录。

2）纯水泥浆液的搅拌时间：使用普通搅拌机时，应不少于3分钟；使用高速搅拌机时，应不少于30秒。浆液在使用前应过筛，从开始制备至用完的时间应不大于4小时，否则不能再用，并弃置监理人指定的地点。

3）拌制细水泥浆液和稳定浆液，应加入减水剂和采用高速搅拌机，高速搅拌机转速应大于1200r/分钟，搅拌时间应通过试验确定。细水泥浆液从制备至用完的时间应小于2小时，否则不能再用，并弃置监理人指定的地点。

9.8.3　集中制浆

1）灌浆场地应设置集中制浆站。集中制浆站应制备水灰比为0.5：1的纯水泥浆液，输送浆液流速应为1.4m/秒～2.0m/秒，各灌浆地点应测定来浆密度，并根据各灌浆点的不同需要调制后使用。

2）寒冷季节施工应作好机房和灌浆管路的防寒保暖工作，炎热季节施工应采取防晒和降温措施；浆液温度应保持在5℃～40℃，低于或超过此标准的应视为废浆。

9.8.4　湿磨细浆液制备

1）承包人应将湿磨机布置在浆液中转站或灌浆机组部位。

2）对湿磨细浆液，承包人应进行细度检测，细度检测频度为每10t水泥检测一次，细度合格标准：$D95 \leqslant 40\mu m$、$D50 = 10\mu m \sim 12\mu m$。为保证磨细浆液的细度，承包人应采用湿磨机进行磨细遍数不少于3次，细度不合格者不得用于灌浆。湿磨细水泥浆液中宜加入高效减水剂，其品种及掺量应通过室内试验确定。

9.8.5　浆液中转

1）集中制浆站与灌浆部位距离较远，且灌浆工作量较大时，承包人应设置浆液中转站，以确保浆液有序管理。中转站应设置专人进行管理，并做好接收与分送记录。

2）中转站的浆液储存桶应具有低速搅拌功能以避免浆液沉淀，中转站储存浆液时间须尽量缩短，一般情况下，普通水泥浆液自集中制浆站、中转站到用浆机组的时间不应超过1小时，湿磨细和超细水泥浆液不应超过30分钟。

9.9　物探测试配合

1）发包人将委托其他承包人进行物探测试，其内容包括声波检测、孔内电视（钻孔全景成像）、孔内变模测试等。

2）物探测试孔的钻孔、冲洗、取芯、孔斜测量、压水试验、检测后封孔等工序的作业，均由本标承包人负责。

3）物探测试孔钻孔、冲洗、取芯、孔斜测量、压水试验、检测后封孔等技术要求与同部位的帷幕灌浆或固结灌浆技术要求相同。

4）设有物探测试孔的部位，灌浆前和灌浆结束14天后应分别进行物探测试工作。承包人应在相应的钻孔、灌浆结束后及时安排测试工作，并将这种安排提前3天通知监理人和测试单位。

5）钻孔孔内电视（钻孔全景成像）录像前，承包人应对钻孔进行反复冲洗，去掉孔壁残留附着物，使孔内液体清澈透明，以利于摄录的影像清晰。孔内变模测试要求

最佳孔径为 Φ76mm。

9.10 抬动变形观测

1）承包人应按照发包人关于抬动监测管理制度的要求，对灌浆区实行内观抬动监测。对重要建筑物、混凝土盖重小及缓倾角结构面等对抬动敏感部位，还应设置外观变形测量点，实行"内观、外观双控制"。外观监测点的布置及测量要求、应急处置程序要求等应经监理人审批。设有变形观测的部位，其观测孔临近 10m～20m 范围内的灌浆孔段在裂隙冲洗、压水试验及灌浆过程中均应进行观测。

2）内观抬动变形观测工作，包括钻孔、抬动变形观测装置的加工、埋设、安装及观测、抬动观测装置的拆除和封孔等工序的作业。

3）抬动观测装置应在该部位灌浆施工前安装完毕，其钻孔、抬动变形观测装置的加工、埋设、安装应满足要求，并通过监理人组织的验收。抬动观测孔深，应大于相应固结灌浆孔深度 3m，帷幕灌浆的抬动观测孔入岩孔深不应小于 30m。

4）抬动变形观测使用的千分表，对重要部位还应采用具有变形自动记录及超值自动报警功能的观测装置，同时应委派专人进行连续观测记录。在裂隙冲洗、压水试验及灌浆等作业过程中，当变形值发生、上升较快和接近允许值时，应及时采取处理措施，防止发生抬动破坏。如施工中发现接近规定的允许值，应立即降低灌浆压力，甚至暂停灌浆作业，报告监理人，并按监理人指示采取处理措施。

5）累计抬动变形允许值，基岩为 200μm，混凝土为 100μm。

6）抬动变形观测过程中，应严格防止碰撞测量装置，保证能在正常工作状态下进行观测，确保测试精度。

7）灌浆工作结束后，抬动观测孔应按监理人的要求进行封孔处理。

8）坝基和灌浆平洞内布置有工程安全监测有关变形的监测仪器，可监测岩体和混凝土的变形情况，本标承包人应通过监理人索取相关资料。

9.11 帷幕灌浆

9.11.1 一般要求

1）本节规定适用于招标范围内的全部帷幕灌浆（不包括混凝土防渗墙下帷幕灌浆），包括深孔帷幕和搭接帷幕。

2）帷幕灌浆应在达到以下条件后方可实施：

（1）必须完成灌浆区临近 30m 范围内的坝基固结灌浆、地下洞室的混凝土衬砌、喷锚支护、回填灌浆、围岩固结灌浆、岸坡接触灌浆、接缝灌浆、地质缺陷处理，勘探平洞混凝土回填及其回填灌浆；

（2）近坝范围内的帷幕灌浆应在相应部位的坝基固结灌浆、结束并检查合格后进行；

（3）设有物探测试孔的部位，灌前物探测试完成。

（4）抬动变形观测装置安装完毕且能进行正常测试工作。

（5）必须对已埋设的各种内、外观检测仪器、电缆、孔、管等设施妥善保护。

3）根据地形、地质条件，承包人应根据监理人指示选择有代表性的先导孔进行灌前稳定地下水位观测，作为计算压力起算零线的依据。地下水位观测稳定标准：每5分钟测读一次地下水位，当水位下降速度连续两次均小于5cm/分钟时，可认为稳定，以最后观测值作为地下水位值。

4）在灌浆过程中出现灌浆中断、串孔、冒浆、漏浆、孔口涌水、吸浆量大等情况时，承包人应及时通报监理人。

5）在已完成或正在灌浆的地区，其附近30m以内不得进行爆破作业。必须爆破时应采取减震和防震措施，并得到监理人的同意。

6）水库蓄水前，应完成蓄水初期最低库水位以下的帷幕灌浆及其质量检查和验收工作；水库蓄水或阶段蓄水过程中，应完成相应蓄水位以下的帷幕灌浆并检查合格。

9.11.2　施工顺序和灌浆方法

1）布置搭接帷幕的部位，搭接帷幕在相邻部位上层深孔帷幕灌浆施工前完成。

2）灌浆平洞内搭接帷幕灌浆按照先下排、再上排、后中间排顺序进行，排内分为二序施工；地下洞室内搭接帷幕灌浆按照先两边环（排）、后中间环（排）顺序进行，环（排）内分为二序施工。

3）深孔帷幕灌浆按"逐渐加密"原则施工。对于双排孔组成的帷幕，一般先灌注下游排，后灌注上游排。对于由三排孔组成的帷幕，一般先灌注下游排，后灌注上游排，再灌中间排。排内一般分Ⅲ序施工。

4）搭接帷幕采用孔内阻塞、自上而下、孔内循环灌浆法，第1段止浆塞阻塞在混凝土与基岩接触面处，无衬砌或混凝土盖板时，止浆塞阻塞在孔口，第2段及以下各段阻塞在灌段段底以上0.5m处，以防漏灌。

5）深孔帷幕灌浆孔（含先导孔）的第1段采用常规"阻塞灌浆法"进行灌浆，止浆塞阻塞在灌浆平洞底板衬砌混凝土与基岩接触面处，第2段及以下各段采用"孔口封闭法"灌浆。

6）帷幕灌浆同一排相邻两个孔之间以及后序排的Ⅰ序孔与前序排末序孔之间，在岩石中钻孔灌浆的间隔高差不小于15m。

7）孔口管镶铸

（1）孔口管须在第1段（接触段）钻孔、压水试验、灌浆结束后埋设。

（2）孔口管深度一般按深入基岩面以下2m控制。

（3）孔口管埋设后须待凝不少于3天，经检查合格后方可进行下一工序的施工。

（4）孔口管须镶铸牢实，如在钻孔、压水、灌浆时发现孔口管外侧冒水、冒浆时，须返工重新埋设。重新埋设费用由承包人承担。

（5）孔口管露出衬砌混凝土面的高度宜在10cm左右。

8）灌浆孔深

（1）所有灌浆孔均应达到设计孔深或监理人指示的深度。

（2）底层帷幕灌浆先导孔孔深应深度较防渗帷幕设计底线加深5m～10m。

（3）帷幕设计底线处帷幕灌浆终孔段基岩透水率大于防渗标准或终孔段灌浆单耗大于允许值（防渗标准为1Lu，灌浆单位注灰量50kg/m；防渗标准为3Lu，灌浆单位注灰量100kg/m），承包人应对该孔加深，并报告监理人，当加深两段后仍达不到终孔要求时，应按监理人指示进行处理。

（4）先导孔加深和按监理人指示的灌浆孔加深工程量应予以计量。

9）各灌浆段灌浆时，射浆管管口距孔底距离不得大于50cm，射浆管的外径与钻孔孔径之差不宜大于20mm。采用钻杆作射浆管时，应使用平接头连接。射浆管口距孔底距离应进行检测，不合要求者应重新安装。

10）灌浆过程中应经常转动和上下活动射浆管，回浆管宜有15L/分钟以上的回浆量，以防射浆管在孔内因水泥浆凝固而造成孔内事故。

11）灌浆过程中，应注意观察，当发生地表冒浆，压力突然升、降，吸浆量突然增、减等异常现象时，应立即查明原因，采取相应措施妥善处理，并作好详细记录，必要时报监理人研究处理。

12）灌浆结束待加深或钻孔结束待灌浆时，灌浆孔孔口应妥加保护，严防污水、污物流入孔内。

9.11.3 灌浆压力

1）帷幕灌浆压力及段长划分暂按表9.11－1执行，根据生产性灌浆试验成果可进行调整。

表9.11－1　帷幕灌浆段长及相应的最大灌浆压力表

部位		第1段	第2段	第3段	第4段	第5段及以下
主帷幕	段长	2	3	5	5	5
	顶层灌浆平洞最大灌浆压力（MPa）	1.0	2.0	3.5	4.5	6
	其他灌浆平洞最大灌浆压力（MPa）	2.0～2.5	3.0～3.5	4.0～4.5	6	6
临江侧帷幕	段长	2	3	5	5	5
	最大灌浆压力（MPa）	1.0	2.0	3.0	4.5	4.5
搭接帷幕	段长	2	3	5		
	最大灌浆压力（MPa）	1.0	1.5～2.0	2.5～3.0		

2）灌浆时应尽快达到设计压力，但灌浆过程中注入率较大时，可采用分级升压或间歇升压法灌注，使灌浆压力与注入率相适应，其最大灌浆压力与注入率之间的关系暂按表 9.11－2 的标准控制，灌浆试验后根据试验成果调整。

表 9.11－2　注入率与最大灌浆压力关系表

灌浆压力（MPa）	<1	1～2	2～3	3～4.5	4.5～6
注入率（L/分钟）	>40	40～30	30～20	20～10	<10

3）灌浆压力以回浆压力为准，回浆管压力表读数以中值为准，采用灌浆记录仪读数时，以记录仪记录平均值为准。压力波动范围应小于灌浆压力的±10％。

4）回浆管路上的压力表和压力计距灌浆孔间的管路长度不应大于 5m，以保证回浆管路上的压力表值能较准确反映灌段实际灌浆压力。

5）特殊情况下不宜按规定灌浆压力灌浆时，应事先报监理人批准。

9.11.4　浆液水灰比及浆液变换

1）普通水泥浆液采用 3∶1、2∶1、1∶1、0.8∶1、0.5∶1（重量比）等五个比级，细水泥浆液采用 2∶1、1∶1、0.6∶1（重量比）三个比级。根据灌浆试验成果，亦可采用监理人批准的其他水灰比施灌。灌浆浆液应由稀到浓逐级变换。

2）浆液变换应遵循如下原则：

（1）当灌浆压力保持不变，注入率持续减少时，或注入率不变而压力持续升高时，不得改变水灰比。

（2）当某级浆液注入量已达 300L 以上，或灌注时间已达 30 分钟，而灌浆压力和注入率均无显著改变时，应换浓一级水灰比浆液灌注；

（3）当注入率大于 30L/分钟时，根据施工具体情况，可越级变浓。

3）灌浆过程中，除采用灌浆记录仪自动监测浆液密度外，应每隔 15～30 分钟人工测记一次浆液密度和回浆温度，浆液变换及灌浆结束时亦应测记浆液密度，其测值应反映在灌浆综合成果表中。

9.11.5　特殊情况处理

1）灌浆过程中，灌浆压力或注入率突然改变较大时，应立即查明原因，并及时向监理人汇报，在监理人批准后，采取相应的处理措施。

2）灌浆过程中，当发现回浆"失水回浓"（30 分钟内回浓一个比级）时，应换用回浓前水灰比的新浆进行灌注，若效果不明显，延续灌注 30 分钟，但总的灌浆时间不少于 90 分钟可停止灌注。若"失水回浓"现象普遍，上述处理措施效果不明显且不能保证帷幕质量时，应研究改用细水泥浆、水泥膨润土浆或化学浆液灌注。

3）灌浆过程中发现冒浆、漏浆时，应根据具体情况采用嵌缝、表面封堵、低压、浓浆、限流、限量、间歇、待凝等方法进行处理。

4）钻灌过程中发现串通时，应查明串通部位和串通量，如与邻近洞室、仪埋设施等串通时，应立即停灌，报监理、设计单位研究处理措施；如与其他灌浆孔串通，应在串通部位上方 0.5m～1m 处将串通孔阻塞住，灌浆孔灌浆结束并待凝 24 小时后，再进行串通孔的扫孔、冲洗、钻进及灌浆。

5）溶洞灌浆应查明溶洞类型、规模和渗流、充填情况并作好记录，采取相应处理措施。

（1）溶洞内无充填物时，根据溶洞的大小和地下水的活动程度，可钻大口径孔泵入高流态混凝土或水泥砂浆、混合浆液、模袋水泥浆液等。

（2）溶洞内有充填物，根据充填类型、特征，研究处理措施。

①溶洞内充填密实的黏土，可直接采用高压灌浆处理；

②溶洞内充填碎石等可灌性较好的物质，可采用分级升压灌注；

③充填物为可灌性较差的粗砂、细砂时，可采用高压水脉动冲洗、风水轮换冲洗，必要时可加密灌浆孔冲洗，基本冲洗干净后采用泵入高流态混凝土或灌浆处理。

④溶洞中有涌水时，根据涌水量的大小、方向，应采用排水、引流等措施。必要时可采用化学灌浆，但实施前应报告监理人，经监理人批准后方可实施。

6）对孔口有涌水的孔段，灌浆前应测记涌水压力和涌水量，根据涌水情况，可按下述方法处理：

（1）相应提高灌浆压力，一般按设计灌浆压力＋涌水压力作为实际灌浆压力控制；

（2）灌浆结束后应采取屏浆措施，屏浆时间不少于 1 小时；

（3）闭浆待凝，灌浆管路系统拆除后应将孔内注满浓浆，孔口封闭待凝；

（4）涌水孔段经上述措施处理后，应重新扫孔至该段孔底，观测涌水情况。如无涌水或涌水较小，可直接进行下段钻灌；否则应重复上述措施；

（5）有涌水孔段计算基岩透水率时应计入涌水压力。

7）灌浆工作应连续进行，如因故中断应尽早恢复灌浆，恢复灌浆时，使用开灌水灰比的浆液灌注，如注入率与中断前相近可改用中断前水灰比的浆液灌注。如恢复灌浆后，注入率较中断前减少很多，且在短时间内停止吸浆，应报告监理人作为事故孔补孔灌浆处理。

8）当灌浆段注入量大而难以结束时，可按监理人指示选用下列措施处理：

（1）低压、浓浆、限流、限量、间歇灌浆。

（2）灌注速凝浆液。

（3）灌注混合浆液或膏状浆液。

9）灌浆孔段遇特殊情况，无论采取何种措施处理，其复灌前应进行扫孔，复灌后应达到灌浆结束的要求。

9.11.6　灌浆结束标准和封孔

1）帷幕灌浆在规定压力下，当注入率不大于 1L/分钟，继续灌注 30 分钟，且总的灌浆时间不少于 90 分钟，灌浆即可结束。

2）当长期达不到结束标准时，应及早报请监理人共同研究处理措施，不得擅自停灌。

3）帷幕灌浆全孔灌浆结束，经监理人验收合格后方可进行封孔。

4）帷幕灌浆封孔应采用"全孔灌浆封孔法"或"分段灌浆封孔法"。

5）采用"孔口封闭法"时封孔灌浆时间不少于 1 小时，封孔灌浆压力采用该灌浆孔的最大灌浆压力。采用孔内阻塞、自上而下、孔内循环灌浆法时封孔压力采用第 1 段灌浆压力。

6）已进行"全孔灌浆封孔法"或"分段灌浆封孔法"的灌浆孔，待孔内水泥浆液凝固后，应清除孔内污水、浮浆，若灌浆孔上部空余孔段大于 3m 时，采用"导管注浆封孔法"进行封孔；小于 3m 时可使用水泥砂浆封填密实。

9.11.7　质量标准及灌后检查

1）帷幕灌浆质量检查应以分析检查孔压水试验成果为主，结合钻孔岩芯、灌浆记录等进行综合评定，必要时辅以钻孔孔内录像（钻孔全景成像）检查、物探测试成果。

2）灌浆单元工程结束后，由承包人提供全套的灌浆资料报监理人审核。

3）帷幕灌浆压水检查、物探测试检查一般应在灌浆结束 14 天后进行。

4）灌后压水质量检查孔由监理人布置。为便于监理人布置检查孔，承包人应在相应部位灌浆作业结束后 7 天内，将该部位的灌浆综合成果表报监理人。

5）检查数量：深孔帷幕灌浆质量检查孔数不少于灌浆总孔数的 10%，搭接帷幕灌浆孔检查孔孔数为灌浆总孔数的 3%～5%，且一个单元工程内至少应布置一个检查孔。

6）帷幕灌浆检查孔应提取岩芯。

7）帷幕灌浆孔的封孔质量，应逐孔进行孔口外观检查，并按灌浆孔总数 1% 的比例钻孔取芯抽检，深度一般不应少于 30m，根据抽检情况和监理人指示，抽检比例可适当增加。

8）灌后质量检查合格标准

帷幕灌浆灌后基岩孔段透水率设计标准为 1～3Lu。单元工程灌浆检查合格标准为：单元内检查孔段坝体混凝土与基岩接触段及以下一段的透水率合格率应为 100%，其余各段合格率应达 90% 以上。不合格的孔段透水率不超过设计规定值的 150%，且不集中，方可认为合格。

9）质量检查孔必须按灌浆孔要求进行灌浆封孔。

10）检查不合格的部位，承包人应根据监理人指示进行处理，直至达到合格标准为止。

9.12 基础固结灌浆

9.12.1 一般要求

1）本节规定适用于本招标范围内所有基础固结灌浆。

2）无盖重灌浆部位，在钻灌施工前应按监理人指示对岩石裂隙进行封闭，裂隙封闭前应将裂隙面清理干净。

3）有混凝土盖重时，需待混凝土达到 50％设计强度或强度达 10Mpa 以上时才可进行钻孔灌浆。

4）抬动变形观测装置安装完毕且能进行正常测试工作，有物探测试孔的部位，灌前物探测试完成后，方可进行灌浆作业。

5）施工过程中，必须对已埋设的各种内、外观检测仪器、电缆、孔、管等设施妥善保护。

6）固结灌浆前、后的物探测试由发包人委托第三方检测单位进行，本标承包人应提供有关配合工作。

7）实施过程中，灌浆分区、灌浆方式、灌浆程序及灌浆压力和其他参数，均应通过生产性试验进行验证并进行调整。

8）在已完成或正在灌浆的地区，其附近 30m 以内不得进行可能损害灌浆工程的爆破作业。必须爆破时应采取减震和防震措施，并得到监理人的同意。

9）特殊地质情况处理及深孔固结灌浆可参照帷幕灌浆的技术要求进行施工。

9.12.2 施工方法

1）按施工图纸的要求或监理人的指示采用盖重灌浆、无盖重灌浆方式。

2）灌浆孔的灌浆段长小于 6m 时，可采用一次灌浆；大于 6m 时，宜分段灌浆。固结灌浆孔一般采用自上而下分段，孔内阻塞，孔底循环灌浆法。

3）灌浆按"排间分序、排内加密"的原则施工，排分Ⅱ序，排内分Ⅱ序。

4）采用自上而下分段灌浆法时，灌浆塞应阻塞在已灌段段底以上 0.5m 处，以防漏灌；一般情况下，各灌浆段灌浆结束后可不待凝，但在灌前涌水、灌后返浆或遇其他地质条件复杂情况，则宜待凝，具体待凝时间应根据现场具体情况，并经监理人批准后采用。

5）为防止岩石面或混凝土面抬动，固结灌浆原则上一泵灌一孔，当相互串浆时，如串浆孔具备灌浆条件，应一泵一孔同时进行灌注。否则，应塞住串浆孔，待灌浆孔灌浆结束后，再对串浆孔进行扫孔、冲洗，而后进行钻进或灌浆。

6）为防止灌浆孔钻孔钻断钢筋、预埋件等，根据设计文件要求或监理人指示，可采用预埋管中钻孔的方法。

9.12.3　灌浆参数

1）承包人应根据施工详图要求和现场固结灌浆生产性试验成果验证固结灌浆参数，经设计人优化调整后使用。

2）水泥及浆液

水泥采用强度等级 42.5 的普通硅酸盐水泥。灌浆一般采用纯水泥浆液，根据监理人指示也可采用湿磨细水泥浆液或其他浆液。

3）水灰比及变浆标准

普通水泥浆液的水灰比采用 2、1、0.8、0.5 四级。湿磨细水泥浆液的水灰比为 3、2、1、0.5 四级，采用最稀水灰比开灌。确有必要时，经现场试验按监理人指示执行其他的水灰比。灌浆浆液应由稀到浓逐级变换，其变换应遵循如下原则：

（1）当灌浆压力保持不变，注入率持续减少时，或注入率不变而压力持续升高时，不得改变水灰比；

（2）当某级浆液注入量已达 300L 以上，或灌注时间已达 30 分钟，而灌浆压力和注入率均无显著改变时，应换浓一级水灰比浆液灌注；

（3）当注入率大于 30L/分钟时，根据施工具体情况，可越级变浓。

9.12.4　灌浆结束条件和封孔

1）固结灌浆在规定压力下，当注入率不大于 1L/分钟，继续灌注 30 分钟，灌浆即可结束。

2）当长期达不到结束标准时，应报请监理人共同研究处理措施。

3）固结灌浆孔封孔应采用导管注浆法或全孔灌浆法封孔。

9.12.5　质量标准及灌后检查

1）固结灌浆质量检查应以声波测量岩体波速为主，并结合钻孔压水试验、灌浆前后物探成果、有关灌浆施工资料以及钻孔取芯资料等综合评定。

2）检查孔的数量不应少于灌浆孔总数的 5%。检查孔要求取芯，绘制钻孔柱状图，检查结束后应进行灌浆和封孔。

3）声波测试暂定按照每个坝段或单元进行评价，声波测试应在相应部位灌浆结束 14 天后进行，其孔位的布置、测试方法均应按监理人的指示或相关设计文件执行。

4）固结灌浆采用压水试验检查时，应在该部位灌浆结束 7 天后进行。其质量合格标准为：灌后质量检查孔 85% 以上压水试验段的透水率不大于 3Lu，其余试段的透水率不大于设计规定值的 1.5 倍，且不集中方为合格。

9.13　地下洞室灌浆

9.13.1　一般要求

1）本节规定适用于地下洞室围岩固结灌浆、衬砌回填灌浆、探洞、施工支洞、交通洞等封堵体顶部回填灌浆。与防渗帷幕相交的导流洞封堵段应按顺序进行回填灌浆、接缝灌浆或接触灌浆。各种灌浆均应在混凝土堵头挡水前完成。

2）地下洞室的回填灌浆应在洞室的封堵或衬砌混凝土达到 70％设计强度后进行；衬砌混凝土部位的围岩固结灌浆应在该部位的回填灌浆结束 7 天后进行。

3）灌浆结束后，应对往外流浆或往上返浆的灌浆孔进行闭浆待凝，待凝时间不少于 24 小时或按监理人指示的时间控制。

4）灌浆时应密切监视衬砌混凝土的变形，监理人认为有必要时，应安设变形监测装置，定时进行监测并作好记录。

9.13.2　地下洞室封堵回填灌浆

1）本节规定适用于本标段招标范围内的地下洞室（含施工支洞、导流洞、交通洞和勘探洞等）封堵后顶部混凝土脱空区域的回填灌浆。

2）地下洞室封堵时应分段设置止浆，将洞室划分为灌浆区段。每区段长度划分应按施工图要求执行。

3）回填灌浆管路系统应在回填混凝土浇筑前埋设。管路系统应包括进浆管、回浆管、排气管。

4）各灌浆管应引至后灌区或施工支洞内且应加明显标记，以免混淆。

5）地下洞室的回填灌浆应在封堵混凝土达到 70％设计强度后进行。

6）灌浆前应分别对进、回浆管进行充、回气检查，以保证管路畅通和模板封堵密实。管路堵塞时应采取钻孔的方式补救。

7）回填灌浆压力按施工图纸的要求或监理人的指示确定。

8）浆液浓度采用 1∶1、0.5∶1（水∶水泥重量比）2 个比级的水泥浆。空腔大的部位应灌注水泥砂浆、掺砂量不应大于水泥重量的 200％。

9）灌浆时可先采用 1∶1 的浆液灌注，待回浆灌排出 1∶1 的浆液后，改用 0.5∶1 的浓浆灌注。管路吸浆量小于 0.4L/分钟时，持续 10 分钟灌浆即可结束；若回浆管出浆不畅或灌浆过程中被堵塞时，在进浆管达到结束条件后，立即对回浆管进行灌浆，结束条件同上。

10）灌浆达结束条件后，应采用 0.5∶1 的浓浆进行闭浆封孔，闭浆时间不少于 24 小时。露出混凝土表面的埋管应割除。

11）回填灌浆因故中断时，应及早恢复灌注，如中断时间超过 30 分钟，或灌浆孔不吸浆，则应按监理人的指示钻孔进行灌注。

9.13.3　地下洞室衬砌回填灌浆

1）地下洞室的回填灌浆应在衬砌混凝土达到 70％设计强度后进行。

2）灌浆孔应布置在隧洞顶拱中心线上和顶拱中心角 90°～120°范围内。灌浆孔排距可为 3m～6m，每排可为 1～3 孔。

3）在素混凝土衬砌中的回填灌浆孔，可采用直接钻孔的方法；在钢筋混凝土衬砌中的回填灌浆孔应采用在预埋管中钻孔的方法，孔深深入岩石 10cm，并测记混凝土厚度和空腔尺寸。遇有围岩塌陷、超挖较大或设计有特殊要求等情况时，应在浇筑该部位的混凝土前预埋灌浆管路和排气管路，通过管路进行灌浆。埋管数量不应少于 2 个，位置在现场确定，或者由承包人制定特殊灌浆措施，并报送监理人审批。

4）灌浆前应对衬砌混凝土的施工缝和混凝土缺陷等进行全面检查，对可能漏浆的部位应先行进行处理。

5）回填灌浆应按划分的灌浆区段自较低的一端向较高的一端推进。

6）回填灌浆宜分序加密进行，分序序数和分序方法应根据地质情况和工程要求确定，但后序孔应包括顶孔。同一区段内的同一次序孔可全部或部分钻出后，再进行灌浆，也可单孔分序钻进和灌浆。

7）灌浆采用纯压式，浆液的水灰比可采用 1、0.5 两级，一序孔可直接灌注 0.5 级浆液。空隙大的部位应灌注水泥基混合浆液或回填高流态混凝土，使用水泥砂浆时掺砂量不宜大于水泥重量的 200％。

8）回填灌浆在规定的压力下，灌浆孔停止吸浆后，继续灌注 10 分钟即可结束。

9）回填灌浆因故中断时，承包人应及早恢复灌浆，中断时间大于 30 分钟，应设法清洗至原孔深后恢复灌浆，此时若灌浆孔仍不吸浆，则应重新就近钻孔进行灌浆。

10）灌浆结束后，应排除钻孔内积水和污物，采用干硬性水泥砂浆将全孔封填密实，孔口抹平，露出衬砌混凝土表面的埋管应割除。

9.13.4 地下洞室围岩固结灌浆

1）固结灌浆孔的钻孔应按施工图纸或监理人指示的孔位采用风钻或其他型式的钻孔机械进行钻孔，孔深和孔向均应满足施工图纸要求。根据设计文件要求或监理人指示，亦可采取在混凝土衬砌预埋管中钻孔的方法。

2）固结灌浆应按施工图纸要求或监理人指示，按环间分序、环内加密的原则进行，遇有地质条件不良地段，可由两序增为三序，但需经监理人批准。

3）承包人应在灌浆前，对灌浆孔（段）进行钻孔冲洗、裂隙冲洗，冲洗压力可为灌浆压力的 80％，若该值大于 1MPa 时，采用 1MPa。

4）围岩固结灌浆孔可在各序孔中选取不少于 5％的灌浆孔在灌浆前进行简易压水试验。简易压水试验可结合裂隙冲洗进行。

5）围岩固结灌浆一般应在混凝土衬砌或喷射混凝土完成并达 70％设计强度后进行。

6）围岩固结灌浆孔基岩段长小于 6m 时，可采用全孔一次灌浆；大于 6m 时，宜自上而下分段灌浆。

7）除施工图纸和监理人另有指示外，Ⅰ序孔灌浆压力一般为 0.3MPa，Ⅱ序孔灌浆压力一般为 0.5MPa。

8）灌浆浆液一般采用 2∶1、1∶1、0.5∶1 三级，必要时可灌水泥砂浆。在正常灌浆条件下，当某一级水灰比浆液单孔灌入量已达 300L 以上，而灌浆压力和注入率均无改变或改变不明显时，应变浓一级水灰比灌注。当其注入率大于 30L/分钟，根据施工具体情况，可越级变浓。

9）在规定压力下，当注入率不大于 1L/分钟，群孔不大于 1.5L/分钟时，继续灌注 30 分钟，灌浆即可结束。

10）固结灌浆孔封孔应采用"导管注浆封孔法"或"全孔灌浆封孔法"。

9.13.5 质量标准及灌后质量检查

1）封堵回填灌浆

（1）地下洞室封堵回填灌浆结束 3 天后，进行钻孔取芯和压浆检查。

（2）合格标准：根据设计文件或监理人指示执行。

2）衬砌回填灌浆

（1）回填灌浆质量检查应在该部位灌浆结束 7 天后进行。灌浆结束后，承包人应将灌浆记录和有关资料提交监理人，以便确定检查孔孔位。检查孔应布置在脱空较大、串浆孔集中及灌浆情况异常的部位。

（2）回填灌浆质量检查采用单孔注浆试验或双孔连通试验。单孔注浆试验时，向检查孔内注入水灰比为 2 的浆液，在规定压力下，初始 10 分钟内注入量不超过 10L，即为合格。双孔连通试验时，向其中一孔注入水灰比 2∶1 的浆液，压力与灌浆压力相同，若另一孔的出浆流量小于 1L/分钟，则为合格。否则，应按监理人指示或批准的措施进行处理。

（3）灌浆孔灌浆和检查孔钻孔注浆结束后，应采用水泥砂浆将钻孔封填密实，并将孔口压抹平整。

3）围岩固结灌浆

（1）围岩固结灌浆质量检查以压水试验成果为主，结合检查孔的钻孔取芯、物探测试成果进行综合评定。

（2）压水试验检查应在该部位灌浆结束 3～7 天后进行。压水试验采用"单点法"进行，其检查孔的数量应不少于灌浆孔总数的 5％，检查结束后应进行灌浆和封孔。

（3）围岩固结灌浆合格标准为压水试验围岩透水率按设计要求执行，孔段合格率应在 85％以上，不合格孔段的透水率不超过设计规定值的 150％，且不集中，灌浆质量可认为合格。否则，应按监理人批准的措施进行处理，费用由承包人承担。

9.14 排水孔

9.14.1 排水孔钻孔

1）排水孔应在相邻部位 30m 范围内的防渗帷幕完成并经验收合格后方可进行施工。蓄水前必须完成相应蓄水位以下排水孔的施工及单项工程验收。

2）钻孔的孔位、深度、孔径、孔斜等应按施工图纸要求和监理人指示执行。

3）钻孔结束，承包人应会同监理人进行检查验收，检查合格，并经监理人签认后，方可进行下一步操作。

4）排水孔钻进过程中，如遇有断层破碎带或软弱岩体等特殊情况，承包人应及时通知监理人，并按监理人的指示进行处理。

5）钻孔完成后对松散体、断层破碎带或土层等特殊部位按施工图纸要求或监理人的指示及时放入孔内保护装置，并将其固定在孔壁上。

孔内保护装置采用复合塑料滤水管外包无纺土工布进行保护；复合塑料滤水管的外径应与钻孔孔径相匹配，保证空隙不大于 5mm。

6）排水孔必须按施工详图或监理人规定的位置、方向和深度钻进。其平面位置的偏差不应大于 10cm；孔的倾斜度误差不应大于 1％；孔深误差不应大于孔深的 1％。在工程施工中，直至进行下一道工序前，每个孔都应在钻孔上加盖帽或采取措施加以保护，以避免堵塞。在作业完成前，所有堵塞的孔都必须进行扫孔或用别的孔代替，由此增加的费用应由承包人负担。

9.14.2 排水孔孔口保护装置

1）排水孔孔口保护装置包括孔口封闭装置和导水管。孔口保护装置的布设部位按施工图纸和监理人指示进行。

2）排水孔孔口保护装置应与排水孔孔口直径相匹配。排水孔孔口保护装置应采用市售成品或按设计图纸、文件要求进行加工安装。孔口装置的导水管应引向廊道排水沟并固定在洞壁或底板上。

3）使用的排水孔孔口保护装置应具有良好的封闭性能，孔口保护装置应具有较好的机械性能和耐久性，安装拆卸方便，便于后期排水孔的运行、维护和检修。

4）孔口保护装置安装应牢固，对不完整孔口应采用砂浆等进行修整，保证孔口封闭良好，能防止孔内积水从孔壁渗出。

9.14.3 排水孔质量检查

1）排水孔作业完成后，由监理人根据承包人提供的施工资料进行现场检查排水孔的孔斜、孔深和孔口装置的安装质量。

2）排水孔抽检孔数不少于总排水孔数的5%。

3）合格标准：孔深误差不大于孔深的1%，开孔位置误差不大于10cm，孔斜偏差上仰孔顶角不大于2°，俯孔顶角不大于1°。

4）孔口装置应安装牢靠，不得有渗、漏水现象出现。

5）不合格的钻孔、孔内保护及孔口装置，承包人应按监理人指示重新施工。

9.15　工程验收

9.15.1　施工过程的验收

在钻孔、灌浆与排水作业过程中，按照本节规定的各项工艺标准和本节所列各质量检查项目和内容进行逐项验收，并将质量检查和验收记录报送监理人。

9.15.2　完工验收

项目完工后，承包人应按合同条款的有关规定申请完工验收，提交完工验收资料。

9.16　计量和支付

9.16.1　钻孔

1）帷幕灌浆孔（含先导孔）与质量检查孔、固结灌浆孔与质量检查孔、物探孔及排水孔均按施工图纸和监理人确认合格的钻孔进尺，以"m"为单位计量，按《工程量清单》中所列各部位、各项目钻孔的每m单价支付。该单价应包含钻孔所需的人工、材料、使用设备和其他辅助设施，以及与钻孔有关的所有辅助作业及其质量检查和验收所需的一切费用。

2）除帷幕灌浆先导孔、常规灌浆孔钻孔自孔口管管底开始以延m长计量外，其余各类钻孔均从钻孔钻机进入覆盖层、混凝土或岩石面的位置开始以延m长计量。

3）先导孔及监理人指示需取芯的取芯钻孔包括钻孔取芯、芯样保护与描述、孔壁保护、压水试验、钻孔验收，以及芯样试验项目（包括试验所用的人工、材料和使用设备和辅助设施，以及试验检验）所需的一切费用，均不单独计量和支付，其费用包括在《工程量清单》中各相应钻孔项目的单价中。

4）物探测试配合工作内容包括钻孔、孔内临时保护、扫孔、封孔等，物探测试配合按固定总价支付。

5）对因承包人施工失误而报废的钻孔均不予计量和支付。

6）对承包人使用大于施工图规定钻孔孔径的钻孔，仍按施工图规定的相应钻孔进行计量和支付。

7）任何钻孔内冲洗和裂隙清洗均不单独计量和支付，其费用包括在《工程量清单》中各相应钻孔项目的灌浆作业单价中。

8）帷幕灌浆、固结灌浆质量检查孔钻孔以延m为单位单独计量支付，包括钻孔取芯、芯样保护与描述、孔壁保护、压水试验、钻孔验收，以及必要芯样试验项目

（包括试验所用的人工、材料和使用设备和辅助设施，以及试验检验）及封孔等所需的一切费用。

9）对因灌浆质量检查不满足合格标准而采取的增补灌浆的质量检查孔，其一切相关费用不予支付。

9.16.2　灌浆

1）镶铸帷幕灌浆（含先导孔）孔口管按孔口管理设长度和不同管径以套为单位计量，按工程量清单中所报相应的每套单价进行支付。此单价中应包括混凝土段及第1段基岩的钻孔、冲洗和第1段的压水试验、灌浆及孔口管理设等工序的人工、材料、使用设备和辅助设施以及质量检查验收等所需的一切费用，镶嵌不合格的孔口管不予支付。

2）帷幕灌浆（包括搭接帷幕灌浆）按注灰量＜50kg/m（注灰量为单孔平均每延m纯灌入的干水泥量，不包括封孔时注入灰量，以下同）、50kg/m≤注浆量＜100kg/m、100kg/m≤注浆量＜200kg/m、注浆量≥200kg/m四个等级，经监理人验收确认的灌浆长度，以延m为单位进行计量。按《工程量清单》所列项目的每延m灌浆的单价支付，其单价包括灌浆、封孔，水泥、掺和料、外加剂等材料的采购、运输、储存和保管费用，以及为实施全部灌浆作业所需的人工、材料、使用设备和辅助设施以及各种试验（包括压水试验、生产性灌浆试验）、观测（含抬动观测）和质量验收等所需的一切费用。

3）当帷幕灌浆注浆量大于500kg/m的部位，除按延m为单位计量及支付外，超注浆部分按所消耗的纯水泥量以t计，按《工程量清单》中超注浆干水泥的每t单价支付，其单价只计列超注浆所需材料费（包括水泥、水、外加剂等）及税金。

4）基础固结灌浆、围岩固结灌浆按注灰量＜20kg/m、20kg/m≤注灰量＜50kg/m、50kg/m≤注灰量＜100kg/m、注灰量≥100kg/m四个等级，经监理人验收确认的灌浆长度，以延m为单位进行计量。按《工程量清单》所列项目的每延m灌浆的单价支付，其单价包括管路埋设、压水、灌浆、封孔，水泥、掺和料、外加剂等材料的采购、运输、储存和保管费用，以及为实施全部灌浆作业所需的人工、材料、使用设备和辅助设施以及各种试验（包括压水试验、生产性灌浆试验）、观测（含抬动观测）和质量检查验收等所需的一切费用。

5）当基础固结灌浆、围岩固结灌浆注浆量大于250kg/m的部位，除按延m为单位计量及支付外，超注浆部分按所消耗的纯水泥量以t计，按《工程量清单》中超注浆干水泥的每t单价支付，其单价只计列超注浆所需材料费（包括水泥、水、外加剂等）及税金。

6）回填灌浆应按施工图纸所示，并经监理人验收确认的灌浆面积，以m²为单位进行计量，按《工程量清单》所列项目的每 m² 灌浆的单价支付，其单价包括水泥、掺和料、外加剂等材料的采购、运输、储存和保管费用，以及为实施全部钻孔、管路埋设、灌浆和封孔作业所需的人工、材料、钻孔、使用设备和辅助设施以及各种试验、观测、和质量检查验收等所需的一切费用。

7）抬动变形观测装置以"套"为单位计量，按《工程量清单》中所报相应的每套单价进行支付。此单价中包括钻孔、验收、抬动变形装置相关仪器设施及对其合理安装、观测等工序所需要的人工、材料、设备和其他一切辅助设施费用。

8）灌浆生产性试验的费用已摊入《工程量清单》所列的灌浆工程量单价中，单价中除包括灌浆工程费用外，还包括试验所需的人工、材料、设备运行，以及试验检验所需的一切费用。

9）灌浆过程中正常发生的浆液损耗应包含在相应的灌浆作业单价中。

10）灌浆用水包括钻孔、灌浆、冲洗等作业的用水和压水试验用水等，灌浆用水均不单独计量支付，其费用均包含在相应的各灌浆项目中。

11）根据施工图纸和监理人指示施工中所用的预埋管、灌浆管、套管、保护管、导向管及经监理人批准的金属埋件等费用，均包含在相应的灌浆工程单价中，发包人不另行支付。

12）各类压水试验均不单独计量和支付，其费用包括在《工程量清单》中各相应灌浆作业单价中。

13）对钻孔达设计深度后，未达防渗标准，按设计要求或监理人指示加深的孔深按《工程量清单》相关钻孔、灌浆项目的单价支付。

14）对于因施工事故（如钻孔未达到设计深度、灌浆中断时间超过设计规定、钻孔冲洗后在设计文件规定时间内未能进行灌浆施工、钻孔取芯未达到设计要求等）造成实际工程费用的增加，不予支付。

15）对于质量检查孔，若其不满足本技术条款规定的合格标准，全孔压水检查完成后应分段阻塞在不合格段段顶自下而上进行纯压式灌浆，全孔灌浆结束后进行扫孔并置换浓浆进行封孔，灌浆费用包含在质量检查孔单价中，不另支付。

16）对因灌浆质量检查不满足合格标准而采取的增补灌浆，除特殊地质原因经监理人批准，按《工程量清单》相关钻孔、灌浆项目单价进行计量支付外，一般不予支付。

17）施工用的风、水、电均不单独支付，其费用包含在相应的各项单价中。

18）承包人应接受发包人开展的灌浆项目第三方质量检测，承包人应协助进行检测工作。灌浆质量第三方检测合格时，由此增加的工作项目参照已有灌浆项目计价；灌浆质量初次第三方检测不合格时，承包人应负责补灌至合格，其补灌的费用及第三方再次检测的费用由承包人承担。

19）由于灌浆工程的复杂性和不可预见性，本标段《工程量清单》和施工详图中所列灌浆项目及工程量与最终实际发生并经监理人认定的工程项目和工程量可能有较大变化，承包人应予以充分估计。在实施过程中，无论工程项目和工程量变化如何，有关单价都不作调整，也不能作为索赔理由，工程量清单所列数量只是招标阶段估算量，不作为结算依据。

9.16.3　排水孔

1）排水孔钻孔应按施工图纸和监理人签认的实际钻孔进尺，以每延 m 为单位计量，按《工程量清单》中所列项目的各部位钻孔的每延 m 单价支付，该单价应包含钻孔所需的人工、材料和使用钻孔设备及风、水、电及其他辅助设施以及质量检查和验收所需的一切费用。

2）因承包人施工失误而报废的排水孔的钻孔，不予计量与支付。

3）排水孔孔内保护装置按施工图纸和监理人确认的合格的有效长度，以每 m 为单位计量，按《工程量清单》中所列的各项目和各部位的每 m 单价支付，该单价中包含制作安装所需的人工、材料及其质量检查和验收所需的一切费用。

4）排水孔孔口保护装置以套为单位，按《工程量清单》所规定的每套单价支付，单价中包含孔口装置及其他附件的购置、运输、储存、保管和加工安装及其质量检查和验收所需的一切费用。

第十节　模板

10.1　说明

10.1.1　一般要求

1）承包人应负责模板的材料供应、设计、制作、运输、安装和拆除等全部模板作业。模板的设计、制作和安装应保证模板结构有足够的稳定性、强度和刚度，能承受混凝土浇筑和振捣的侧向压力和振动力，模板位移控制在规范和设计要求范围内，确保混凝土结构外形尺寸准确，并应有足够的密封性，以避免漏浆。

2）承包人应在模板加工前 56 天，按本合同施工图纸要求和监理人指示，提交包括本工程各种类型模板的材料品种和规格、模板的结构设计以及混凝土浇筑模板的制作、安装和拆除等的设计和施工措施文件，报送监理人审批。

3）有外观要求的永久混凝土外表面，采用大型整体组合模板（包括钢或维萨面板、支撑件、连接件等）应有足够的强度和刚度。要求对缝拼装，拼缝严密，有足够的密封性，不漏浆。模板表面清洁，不含油质及其他可能影响混凝土表面颜色的物质，不得使用损坏或变形的模板。模板定位采用定位锥，不得使用一般钢筋拉结固定。模板定位应保证拆模后混凝土表面印迹线和定位孔位置横平竖直，正交排列。

4）对异型、特种模板应在现场做预拼装。

10.1.2 引用标准和规范规程（但不限于）

1）《水电水利工程模板施工规范》DL/T5110—2000

2）《组合钢模板技术规范》GB50214—2001

3）《水工建筑物滑动模板施工技术规范》DL/T5400—2007

4）《水工混凝土施工规范》DL/T5144—2001

5）《混凝土模板用胶合板》GB/T17656—2008

6）《竹胶合板模板》JG/T3026—2004

10.2 模板的材料和制作

10.2.1 材料

1）模板和支架材料应优先选用钢材、钢筋混凝土或混凝土等模板材料。

2）模板材料的质量应符合本合同指明的现行国家标准或行业标准。

3）尽量少用或不用木材制作模板，若经监理人批准同意采用木模时，木材质量应达到Ⅲ等以上的材质标准，腐朽、严重扭曲或脆性的木材严禁使用。

4）钢模板护面厚度应不小于3mm，钢模板的表面应光滑，不允许有凹痕，皱折或其他表面缺陷。

5）覆膜木胶合板或竹胶合板模板

（1）覆膜木胶合板：胶合板必须采用Ⅰ类胶合板。胶合板物理力学性能（含水率、胶合强度、静曲强度（顺纹、横纹）、弹性模量（顺纹、横纹）应符合GB/T 17656—2008的有关规定。

（2）覆膜竹胶合板模板：竹胶合板选用一等品，其技术指标应满足JG/T3026—2004的要求。

（3）胶合板的表面需在厂家经过专门优质覆面处理。

6）模板的金属支撑件（如拉杆、锚杆及其他锚固件等）材料应符合本卷第19节的有关规定。

10.2.2 制作

1）模板的制作应满足施工图纸要求的建筑物结构外形，其制作允许偏差不应超过DL/T5110—2000的规定。

2）异形模板，滑动式，永久性特种模板的允许偏差，应按监理人批准的模板设计文件中的规定执行。

3）模板及支架的设计应区分模板种类，按 DL/T5110—2000 规定的基本荷载组合进行强度和刚度的计算，并核算模板及支架的抗倾稳定性。

4）除悬臂模板外，竖向模板与内倾模板都必须设置内部撑杆或外部拉杆，以保证模板的稳定性。

5）大型模板可采购标准产品，钢模板的制作必须在有资质的专业厂家制作。

10.3 模板的安装与维护

1）应按施工图纸进行模板安装的测量放样，重要结构应设置必要的控制点，以便检查校正。

2）模板安装过程中，应设置足够的临时固定设施，以防变形和倾覆。

3）模板与混凝土的接触面，以及各块模板接缝处，必须平整、密合；分层施工时应逐层校正下层偏差，模板下端不应有"错台"。

4）在模板及支架上，严禁堆放超过其设计荷载的材料及设备。

5）过流面使用覆膜木胶合板或竹胶合板模板的允许安装偏差：模板面板拼缝高差≤1mm，拼缝宽度≤1mm，表面不平整度（用 2m 直尺检查）≤3mm。板面缝隙≤1mm。

6）模板安装的允许偏差：除监理人另有特殊规定外，现浇结构混凝土和钢筋混凝土板、梁、柱的模板安装允许偏差应遵守 GB50204—2002 第 4.2.7 条的规定；大体积混凝土模板的安装允许偏差应遵守 DL/T5110—2000 第 8.0.9 条的规定。

10.4 模板的清洗和涂料

1）钢模板在每次使用前应清洗干净，为防锈和拆模方便，钢模面板应涂刷矿物油类的防锈保护涂料，不得采用污染混凝土的油剂，不得影响混凝土或钢筋混凝土的质量。若检查发现在已浇筑混凝土面沾染污迹，承包人应采取有效措施予以清除。

2）木模板面应采用烤涂石蜡或其他保护涂料。

10.5 模板拆除和维修

1）模板拆除时限，除符合施工图纸的规定外，还应遵守下列规定：不承重侧面模板的拆除，应在混凝土强度达到其表面及棱角不因拆模而损伤时，方可拆除；在墩、墙和柱部位在其强度不低于 3.5MPa 时，方可拆除。底模应在混凝土强度达到表 10.51 的规定后，方可拆除。

2）混凝土或钢筋混凝土结构承重模板的拆除应符合施工图纸要求，并应遵守本条第 1）项的规定。

3）经计算和试验复核，混凝土结构物实际强度已能承受自重及其他实际荷载时，应经监理人批准后，方能提前拆模。

表 10.51　混凝土拆模强度表

结构类型	结构跨度（m）	按设计的混凝土强度标准值的百分率计（%）
板	≤2	50
	>2，≤8	75
	>8	100
梁、拱、壳	≤8	75
	>8	100
悬臂构件	≤2	100
	>2	100

4）预应力混凝土结构或构件模板的拆除，除应符合施工图纸的规定外，侧面模板应在预应力张拉前拆除；底模应在结构构件建立预应力后拆除。

5）对拆除后损坏不能使用或不再使用的模板应及时运离施工现场，并堆存在指定的地方，以保持施工现场的整洁和交通通畅。

6）拆下的模板、支架及其配件应及时清理与维修。暂时不用的模板应分类堆存，妥善保管。

10.6　特殊部位模板

1）特种模板和异形模板以高质量木模为主，辅以预制模板和组合钢模板。

2）滑模、拉模等特种模板的设计与制作除遵守常规模板设计与制作的有关规定外，尚需符合 DL/T5110—2001 等规范中关于相应各特种模板的设计与制作的具体规定。

3）预制模板

（1）所有混凝土及钢筋混凝土预制模板均须在预制厂预制。

（2）安装混凝土及钢筋混凝土预制模板，应制订专门的技术措施和工艺操作规程。

（3）承包人应保证购买的混凝土及钢筋混凝土预制模板的制作尺寸及平整度达到相应要求。混凝土预制模板运输时，应达到设计要求的吊装强度，或不低于混凝土设计强度的 70%。

（4）混凝土及钢筋混凝土预制的竖向模板，在安装前应先按施工缝要求处理下层混凝土面；在安装时，应铺砂浆找平垫实，以保证模板稳固及与下层混凝土牢固结合。

（5）永久性混凝土预制模板与现浇混凝土的结合面，必须在浇筑混凝土以前加工成粗糙面，并清洗、湿润。浇筑时不得沾染松散砂浆等污物。同时应适当加强平仓振捣，以确保模板与混凝土的可靠结合。

10.7　计量和支付

混凝土模板（包括预制混凝土模板、溢流面模板）的材料及其支撑材料，以及模板的设计、制作、安装（包括支撑）、拆除、质量检查、保管及维护等一切费用均包含在相应的混凝土单价之内，发包人不另行计量支付。

第十一节 钢筋

11.1 说明

11.1.1 适用范围

本节有关钢筋的规定适用于本合同混凝土（含预制混凝土）的施工详图和有关文件中所标示的所有结构钢筋、构造钢筋、插筋、防裂和限裂钢筋。本节所涉及到的所有有关钢筋的各种要求不包括预应力钢绞线、锚杆、预应力锚杆的有关要求。

11.1.2 一般要求

1）钢筋由发包人供应到承包人钢筋加工厂，部分钢筋由承包人在发包人仓库领取。所有钢筋均应按施工详图及有关文件要求切割、打弯、预埋安装及绑扎。所有钢筋均不应有剥落层、锈蚀和结垢，也不应有油迹、润滑油、泥浆、灰浆及其他可能破坏和降低钢筋与混凝土或砂浆握裹力的涂层。钢筋的安装原则上不应与混凝土浇筑同时进行，也不可在无适当措施能使钢筋定位的情况下浇筑混凝土。混凝土需要分阶段浇筑时，必须在浇筑下一阶段混凝土前清除掉粘附在钢筋上的灰浆。

2）所有钢筋均应用批准的金属或混凝土的支撑、衬垫或连接件固定。这些支撑应有足够的强度和数量，以保证在混凝土浇筑过程中钢筋不会移位。这些支撑不应暴露在混凝土的外面，也不应使混凝土受到诸如磨损或污染之类的损坏。

11.1.3 承包人的责任

1）承包人应负责钢筋材料的卸车、验收和保管，并应按本合同有关规定，对钢筋进行材质检验和验点入库，监理人认为有必要时，承包人应通知监理人参加检验和验点工作。

2）钢筋作业包括本技术标准和要求规定的钢筋、钢筋网、钢筋骨架和锚筋等的制作加工、绑焊、安装和预埋工作。

3）若承包人要求采用其他种类的钢筋替代施工图纸中规定的钢筋，应将钢筋的替代报告送监理人审批。

11.1.4 引用的标准和规范规程（但不限于）

1）《水工混凝土钢筋施工规范》DL/T5169—2013

2）《钢筋混凝土用钢第 1 部分热轧光圆钢筋》GB1499.1—2008

3）《钢筋混凝土用钢第 2 部分热轧带肋钢筋》GB1499.2—2007

4）《金属材料 拉伸试验 第 1 部分：室温试验方法》GB/T 228.1—2010

5）《金属材料 弯曲试验方法》GB/T 232—2010

6）《钢筋机械连接通用技术规程》JGJ107—2010

7）《带肋钢筋套筒挤压连接技术规程》JGJ108－96

8）《钢筋焊接接头试验方法标准》JGJ/T27—2014

9）《钢筋焊接及验收规程》JGJ18—2012

10）《水工混凝土结构设计规范》DL/T5057—2009

11）《钢筋机械连接用套筒》JG/T163—2013

11.2 材料

1）钢筋混凝土结构用的钢筋，其种类、钢号、直径等均应符合施工详图及有关设计文件的规定。热轧钢筋的性能必须符合国家标准GB1499的要求。

2）钢筋应有出厂证明书或试验报告单。使用前，仍应作拉力、冷弯试验。需要焊接的钢筋应作好焊接工艺试验。钢号不明的钢筋，不能在主体工程中应用。

3）使用进口钢筋时，在满足国家对混凝土用钢筋的机械性能指标后才允许使用。

11.3 取样与试（检）验

1）钢筋应分批取样试验，以同一炉（批）号、同一截面尺寸的钢筋为一批，每批重量不大于60t。

2）根据原附钢筋质量证明书或试验报告单检查每批钢筋的外观质量（如裂缝、结疤、麻坑、气泡、砸碰伤痕及锈蚀程度等），并测量每批钢筋的代表直径。

3）在每批钢筋中，选取经表面检查和尺寸测量合格的两组钢筋，各取一组拉力试件和一组冷弯试件，按《金属材料 拉伸试验 第1部分：室温试验方法》（GB/T 222.1—2010）和《金属材料 弯曲试验方法》（GB/T 232—2010）规定进行试验。如有一个试验项目的一个试件不符合所规定的数值时，则另取两倍数量的试件，对不合格的项目作第二次试验，如还有一个试件不合格，则该批钢筋即为不合格。

4）在拉力试验项目中，应包括屈服点、抗拉强度和伸长率三个指标。如有一个指标不符合规定，即作为拉力试验项目不合格。

冷弯试件弯曲后，不得有裂纹、剥落或断裂。

5）对钢号不明的钢筋进行试验，其抽样数量不得少于6组。

11.4 钢筋的保管

钢筋必须按不同等级、牌号、规格及生产厂家分批验收，分别堆存，不得混杂，且应立牌以资识别。在贮存、运输过程中应避免锈蚀和污染。钢筋宜堆置在仓库（棚）内；露天堆置时，应垫高并加遮盖。

11.5 钢筋的代换

以另一种钢号或直径的钢筋代替设计文件规定的钢筋时，必须经监理人批准，并应遵守以下规定：

1) 应按钢筋承载力设计值相等的原则进行。

2) 某种直径的钢筋，用同钢号的另一直径钢筋代替时，其直径变更范围最好不超过 4mm；变更后的钢筋总截面面积与设计文件规定的截面面积之比不得小于 100％或大于 103％。

3) 钢筋等级的变换不能超过一级。用高一级钢筋代替低一级钢筋时，宜采用改变钢筋直径的方法而不宜采用改变钢筋根数的方法来减少钢筋截面积。部分构件应校核裂缝和变形。

4) 以较粗的钢筋代替较细的钢筋时，部分构件应校核握裹力。

5) 温度钢筋禁止用粗钢筋代替细钢筋。

11.6　钢筋的加工

1) 钢筋的调直和清除污染应符合下列要求：

(1) 钢筋的表面应洁净，使用前应将表面油渍、漆污、锈皮、鳞锈等清除干净；

(2) 钢筋应平直，无局部弯折，钢筋中心线同直线的偏差不应超过其全长的 1％；

(3) 钢筋在调直机上调直后，所调直的钢筋不得出现死弯，否则应剔除不用；

(4) 如用冷拉方法调直钢筋，则其矫直冷拉率不得大于 1％；

(5) 钢筋的除锈方法宜采用除锈机、风砂枪等机械除锈。

2) 切割和打弯钢筋可在工厂或现场进行。弯曲应根据经批准的标准方法并用经批准的机具来完成。不允许加热打弯。图纸上没有标明但已被弯曲或扭弯的钢筋不能再用。

11.7　钢筋的安装

1) 钢筋的安装位置、间距、保护层及各部分钢筋的大小尺寸，均应符合施工详图及有关文件的规定。

2) 现场焊接或绑扎的钢筋网，其钢筋交叉的连接，应按设计文件的规定进行。如设计文件未作规定，且钢筋直径在 25mm 以下时，则除楼板和墙内靠近外围两行钢筋之相交点应逐点扎牢外，其余按 50％的交叉点进行绑扎。

3) 为了保证混凝土保护层必要厚度，非过流面应在钢筋与模板之间设置强度不低于设计强度的混凝土垫块。垫块应埋设铁丝并与钢筋扎紧。垫块应互相错开，分散布置。过流面钢筋与模板之间应采取其他必要措施保证混凝土保护层厚度，并报监理人批准。

在多排钢筋之间，应用短钢筋支撑以保证位置准确。

4) 安装后的钢筋，应有足够的刚性和稳定性。预先绑扎和焊接的钢筋网及钢筋骨架，在运输和安装过程中应采取措施，避免变形、开焊及松脱。

5) 在钢筋架设完毕，未浇混凝土之前，须按照设计图纸和《水工混凝土施工规范》（DL/T5144－2001）的标准进行详细检查，并作好检查记录。检查合格的钢筋，如长期暴露，应在混凝土浇筑之前，重新检查，合格后方能浇筑混凝土。

6）在钢筋架设安装后，应及时妥加保护，避免发生错动和变形。

7）在混凝土浇筑过程中，应安排值班人员经常检查钢筋架立位置，如发现变动应及时矫正。严禁为方便混凝土浇筑擅自移动或割除钢筋。

11.8　钢筋接头

1）钢筋的接头应满足设计要求，并且符合《水工混凝土施工规范》和《混凝土结构设计规范》中有关要求。钢筋焊接处的屈服强度应为钢筋屈服强度的 1.25 倍。

2）在加工厂中，钢筋的接头应采用闪光对头焊接。当不能进行闪光对焊时，宜采用电弧焊（搭接焊、帮条焊、熔槽焊等）和机械连接。钢筋的交叉连接，宜采用接触点焊，不宜采用手工电弧焊。

现场竖向或斜向（倾斜度在 1：0.5 的范围内）钢筋的焊接，宜采用接触电渣焊。现场焊接钢筋直径在 28mm 以下时，宜用手工电弧焊（搭接）；直径在 28mm 以上时，宜用熔槽焊或帮条焊，亦可采用可靠的机械连接法（挤压套筒连接，滚轧直螺纹套筒连接等）。

采用机械连接时应将所使用的连接材料、工艺、规格及连接方法等报监理人审批，并应进行接头工艺试验。机械连接接头的设计、应用与验收应遵守《钢筋机械连接通用技术规程》（JGJ107－2010）的规定。

直径在 25mm 以下的钢筋接头，可采用绑扎接头。轴心受拉、小偏心受拉构件和承受震动荷载的构件中，钢筋接头不得采用绑扎接头。

3）焊接钢筋的接头，应将施焊范围内的浮锈、漆污、油渍等清除干净。

4）在负温下焊接钢筋时，应有防风、防雪措施。手工电弧焊应选用优质焊条，接头焊毕后应避免立即接触冰、雪。雨天干地露天焊接，必须有可靠的防雨和安全措施。

5）焊接钢筋的工人必须有相应的考试合格证件。

6）采用不同直径的钢筋进行闪光对焊时，直径相差以一级为宜，且不得大于 4mm。采用闪光对焊时，钢筋端头如有弯曲，应予矫直或切除。

7）为保证闪光对焊的接头质量，在每班施焊前或变更钢筋的类别、直径时，均应按实际焊接条件试焊二个冷弯及二个拉力试件。根据对试件接头外观质量检验，以及冷弯和拉力试验验证焊接参数。在试焊质量合格和焊接参数选定后，方可成批焊接。

8）钢筋接头应分散布置。配置在"同一截面内"的下述受力钢筋，其接头的截面面积占受力钢筋总截面面积的百分率，应符合下列规定：

（1）闪光对焊、熔槽焊、接触电渣焊及机械连接接头在受弯构件的受拉区不超过 50%，在受压区不受限制。

（2）绑扎接头，在构件的受拉区中不超过 25%，在受压区不超过 50%。

（3）焊接与绑扎接头距钢筋弯起点不小于 10 倍钢筋直径，也不应位于最大弯矩处。

在施工中如分辨不清受拉区或受压区时，其接头的设置应按受拉区的规定办理。

如两根相邻的钢筋接头中距在 500mm 以内或两绑扎接头的中距在绑扎搭接长度以内，均作为同一截面处理。

9）钢筋采用绑扎搭接接头时，钢筋的接头搭接长度按受拉钢筋最小锚固长度控制，见表 11.81。

表 11.81　受拉钢筋绑扎接头的搭接长度

钢筋类型		混凝土强度等级				
		C_{15}	C_{20}	C_{25}	C_{30}、C_{35}	高于 C_{40}
Ⅰ级钢筋		50d	40d	30d	25d	25d
月牙纹	Ⅱ级钢筋	60d	50d	40d	40d	30d
	Ⅲ级钢筋	—	55d	50d	40d	35d
冷扎带肋钢筋		—	50d	40d	35d	30d

11.9　允许误差

钢筋加工安装的允许误差均应严格按照施工详图及有关文件规定执行。如无专门规定，钢筋加工和安装允许误差则遵照表 11.91 和表 11.92 执行。

表 11.91　加工后钢筋的允许偏差

偏差项目		允许偏差值
受力钢筋全长净尺寸的偏差		±10mm
箍筋各部分长度的偏差		±5mm
钢筋弯起点位置的偏差	构件	±20mm
	大体积混凝土	±30mm
钢筋转角的偏差		3°

表 11.92　钢筋安装的允许偏差

偏差项目		允许偏差
钢筋长度方向的偏差		±1/2 净保护层厚
同一排受力钢筋间距的局部偏差	柱及梁中	±0.5d
	板、墙中	±0.1 间距
同一排中分布钢筋间距的偏差		±0.1 间距
双排钢筋，其排与排间距的局部偏差		±0.1 排距
梁与柱中钢箍间距的偏差		0.1 箍筋间距
保护层厚度的局部偏差		±1/4 净保护层厚

11.10 插筋

11.10.1 要求

本技术标准和要求中的插筋其目的是：

1）为后期浇注混凝土中预埋件牢固固定提供条件；

2）将后期施工混凝土结构锚固在先期施工的结构上。

11.10.2 安装

1）插筋应按施工图纸所示或监理人指示的直径和尺寸的钢筋加工。除另有规定外，埋入施工缝两侧或上、下浇筑层混凝土中的插筋的长度至少为其直径的 35 倍。

2）在已凝固的混凝土上钻孔安装的插筋应采用螺纹钢筋，水泥砂浆插筋孔直径应大于插筋直径至少 20mm，插筋孔孔壁与插筋之间间隙应先注满水泥砂浆。插筋孔注浆前应进行清洗，水泥砂浆注满后予以捣实，在水泥砂浆初凝前将插筋加压插入到要求的深度，并加振或轻敲，确保砂浆密实。在已凝固的混凝土上钻孔安装插筋应经监理人批准。

3）除非另外批准，否则插筋都不能用于固定模板。后期混凝土开浇之前，插筋应按本卷第 11.6、11.7 节的规定予以清洁和检查。任何损坏的插筋应按监理人的指示进行修理或更换。

11.11 计量和支付

钢筋以监理人批准的施工图纸所示的钢筋直径和长度折算成重量，以 t 为单位进行计量，承包人为施工需要设置的架立筋、钢筋搭接、各种接头和加工损耗等施工附加材料量均不予计量，各部位钢筋分别按本合同《工程量清单》所列项目的每 t 单价进行支付。单价中包括（但不限于）钢筋材料的采购、加工、运输、储存、安装和损耗、试验以及质量检查和验收等所需全部人工、材料以及使用设备和辅助设施的一切费用。

第十二节　常态混凝土

12.1 说明

12.1.1 范围

本节规定适用于本合同施工图纸所示的永久工程建筑物及临时建筑物的混凝土、钢筋混凝土和预制混凝土等混凝土工程。

工作内容包括：混凝土生产（包括混凝土材料、配合比设计、混凝土拌制及混凝土的取样和检验等）；模板的设计、制作、运输和施工安装；钢筋的制作、运输和施工安装；管路和预埋件施工；止水、伸缩缝和排水施工；混凝土运输、混凝土浇筑和混凝土温度控制；混凝土养护；以及各项工作内容的质量检查和验收等。

12.1.2 承包人的责任

1）负责对发包人统供的原材料进行取样试验，负责统供材料以外的原材料的采购、运输、验收、试验、检验和保管。

2）负责进行各种混凝土的配合比设计、试验，混凝土的运输、浇筑、温控、抹面、养护、维修和取样检验等混凝土施工作业。

3）负责提供模板的材料以及进行工程所需模板的设计、制作、安装、维修和拆除。

4）负责提供止水和止浆、施工缝、膨胀缝、收缩缝、控制缝等所需的材料及其制作、安装和施工。

5）应按施工图纸要求及监理人指示负责混凝土浇筑前的地下水引、排、截、堵处理及混凝土浇筑完成后封堵处理。

6）应按设计要求及各种设备技术要求保证各种设备、埋件基础混凝土面的平整度，并负责混凝土覆盖的基岩面的修整。

7）负责提供钢筋混凝土结构的钢筋材料及其制作、运输和安装。

8）负责提供混凝土温度控制所需的材料和有关设施设备的采购、供应、制作和安装，并进行混凝土冷却。

9）负责提供混凝土表面保护所需的材料和有关设备的采购、供应、制作、安装。

12.1.3 承包人应提交的主要文件

1）施工措施计划

承包人应在混凝土浇筑前 28 天，提交混凝土工程的施工措施计划，报送监理人审批，其内容包括：混凝土、钢筋、模板等的供应计划和混凝土分层分块浇筑程序图和施工进度计划等。混凝土浇筑程序图应按施工图纸要求，详细编制各工程部位的混凝土和二期混凝土浇筑、钢筋绑焊、预埋件安装等的施工方法和程序。若承包人在编制混凝土浇筑程序时，需要修改施工图纸规定的施工缝布置时，应经监理人批准。

2）现场试验室设置计划

在混凝土工程开工前 84 天，承包人应提交现场试验室的设置计划报送监理人审批，其内容包括现场试验室的规模、试验设备和项目、试验机构设置和人员配备等。

3）质量检查记录和报表

在施工过程中，承包人应及时向监理人提供混凝土工程的详细施工记录资料，其内容包括：

（1）逐月的混凝土浇筑数量、累计浇筑数量。

（2）各种原材料的品种和质量检验成果。

（3）不同部位的混凝土等级和配合比。

（4）月浇筑计划中各构件和块体实施浇筑起讫时间。

（5）混凝土的温控、保温、养护和表面保护的作业记录。

（6）浇筑时的气温、混凝土出机口温度和浇筑温度。

（7）模板作业记录和各部位拆模时间。

（8）钢筋作业记录和各构件及坝块实际钢筋用量。

（9）混凝土试件的试验成果。

（10）混凝土质量检查记录和质量事故记录等。

4）完工验收资料

承包人应为监理人进行各项混凝土工程的完工验收提交以下完工资料：

（1）各种混凝土工程建筑物完工图。

（2）混凝土工程建筑物成型复测成果。

（3）各种混凝土工程建筑物的隐蔽工程及其部位的质量检查验收报告。

（4）各种混凝土工程建筑物永久观测设施的完工图和施工观测资料。

（5）各种混凝土工程建筑物的缺陷修补和质量事故处理报告。

（6）混凝土浇筑前岩面的地下水处理情况。

（7）监理人指示提交的其他资料。

12.1.4 引用标准和规范规程（但不限于）：

1）《通用硅酸盐水泥》GB175—2007

2）《中热硅酸盐水泥、低热硅酸盐水泥、低热矿渣硅酸盐水泥》（GB200—2003）

3）《低热微膨胀水泥》GB2938—2008

4）《水工混凝土掺用粉煤灰技术规范》DL/T5055—2007

5）《混凝土用水标准》JGJ63—2006

6）《水工混凝土外加剂应用技术规范》GB50119—2000

7）《水工混凝土外加剂技术规程》DL/T5100—1999

8）《预制混凝土构件质量检验评定标准》GBJ321—90

9）《公路水泥混凝土路面施工技术规范》JTGF30—2003

10）《水工预应力锚固施工规范》SL46—94

11）《水工混凝土施工规范》DL/T5144—2001

12）《水工混凝土试验规程》DL/T5150—2001

13）《水工建筑物水泥灌浆施工技术规范》DL/T5148—2012

14）《水工建筑物抗冲磨防空蚀混凝土技术规范》DL/T5207—2005

15）《水工混凝土砂石骨料试验规程》DL/T5151—2001

16)《水工混凝土配合比设计规程》DL/T5330—2005

17)《混凝土结构工程施工质量验收规范》GB50204—2002

18)《混凝土强度检验评定标准》GB50107—2009

19)《水电水利基本建设工程单元工程质量等级评定标准第1部分：土建工程》DL/T5113.1—2005

20)2010年版《工程建设标准强制性条文》（电力工程部分）

12.2 混凝土设计主要技术指标及配合比

1）常态混凝土可分为大体积混凝土、结构混凝土、预制混凝土、泵送混凝土、抗冲耐磨混凝土、预应力混凝土等，混凝土设计龄期包括28天、90天两种。

2）各部位混凝土按设计要求进行强度等级分区，各部位混凝土强度等级及主要设计指标详见表12.21及相关施工图。

3）混凝土的坍落度，应根据建筑物的性质、钢筋含量、混凝土运输、浇筑方法和气候条件决定，尽量采用小的坍落度，混凝土在浇筑地点的坍落度可按表12.22选定。

4）承包人应按表12.21和表12.22及施工图纸的要求和监理人指示，通过室内试验成果进行混凝土配合比设计，并报送监理人审批。

5）水工混凝土水胶比应根据设计对混凝土性能的要求，通过试验确定，并不超过表12.21的规定。

表12.21 本工程各部位常态混凝土强度等级及主要设计指标

部位	强度等级	级配	抗渗等级	抗冻等级	限制最大水胶比	最大粉煤灰掺量	极限拉伸值（$\times 10^{-6}$）		主要使用部位
							28天	90天	

表12.22 混凝土在浇筑地点的坍落度（使用振捣器）

建筑物的性质	标准圆坍落度（cm）
水工素混凝土或少筋混凝土	1～4
配筋率不超过1%的钢筋混凝土	4～6
配筋率超过1%的钢筋混凝土	6～9
泵送混凝土	11～17

6）28天或90天龄期混凝土强度等级：按照标准方法制作养护的边长为150mm的立方体试件，在28天或90天龄期用标准试验方法测得的具有95%保证率的立方体抗压强度来确定，用符号C或C_{90}（N/mm²）表示。

7）长龄期混凝土极限拉伸值以90天控制为主。

12.3 混凝土原材料及抽样测试

12.3.1 水泥

1）水泥品种：本合同工程混凝土所需水泥为中热硅酸盐水泥，强度等级为 42.5，由发包人提供，各种水泥均应符合本技术标准和要求指定的国家和行业的现行标准。

2）收货：承包人均应对每批送达水泥的品质进行检查复验，每批水泥均应附有出厂合格证和复检资料。所有的物理化学试验结果应及时提交监理人。每批水泥运至工地后，监理人有权对水泥进行查库和抽样检测，当发现库存或到货水泥不符合技术标准和要求的要求时，监理人有权通知承包人停止使用。

12.3.2 水

1）凡符合国家标准的饮用水，均可用于拌和与养护混凝土。未经处理的工业污水和生活污水不得用于拌和与养护混凝土。

2）地表水、地下水和其他类型水在首次用于拌和与养护混凝土时，承包人须按现行的有关标准，经检验合格方可使用，检验项目和标准应符合以下要求：

（1）混凝土拌和养护用水与标准饮用水试验所得的水泥初凝时间差及终凝时间差均不得大于 30 分钟。

（2）混凝土拌和养护用水配置水泥砂浆 28 天抗压强度不得低于标准饮用水拌和的砂浆抗压强度的 90%。

（3）拌和与养护混凝土的水的 pH 值和水中的不溶物、可溶物、氯化物、硫酸盐的含量应符合表 12.31 的规定。

表 12.31　拌和与养护用水的指标要求

项目	钢筋混凝土	素混凝土
pH 值	>4	>4
不溶物 mg/L	<2000	<5000
可溶物 mg/L	<5000	<10000
氯化物（以 Cl－计）mg/L	<1200	<3500
硫酸盐（以 SO_4^{2-} 计）mg/L	<2700	<2700

12.3.3 骨料

1）不同粒径的骨料应分别堆存，严禁相互混杂和混入泥土，装卸时，粒径大于 40mm 的粗骨料的净自由落差不应大于 3m，应避免造成骨料的严重破碎。

2）细骨料的质量技术要求规定如下：

（1）细骨料的细度模数，人工砂应在 2.6±0.1 范围内，测试方法按 DL/T5150—2001 有关的规定进行。

（2）砂料应质地坚硬、清洁、级配良好。

（3）人工砂可不分级。

（4）细骨料的含水率应保持稳定，人工砂饱和面干的含水率应小于6％，必要时应采取加速脱水措施。

（5）细骨料的其他品质要求应符合表12.3－2中的要求。

表12.3－2　混凝土骨料品质要求

项目		细骨料	粗骨料	
		（人工砂）	5～40mm	>40mm
石粉含量（%）		10～15	—	—
含泥量（%）		—	≤1	≤0.5
泥块含量		不允许	不允许	
坚固性	有抗冻要求的混凝土	≤8	≤5	
（%）	无抗冻要求的混凝土	≤10	≤12	
表观密度（kg/m³）		≥2500	≥2550	
硫化物及硫酸盐含量（%）		≤1	≤0.5	
有机质含量		不允许	浅于标准色	
云母含量（%）		≤2	—	
轻物质含量（%）		—	—	
吸水率（%）		—	≤2.5	
针片状颗粒含量（%）		—	<10	

4）粗骨料的质量技术要求规定如下：

（1）粗骨料的最大粒径不应超过钢筋最小净间距的2/3及构件断面最小边长的1/4，素混凝土板厚的1/2，对少筋或无筋结构，应选用较大的粗骨料粒径。

（2）施工中应将骨料按粒径分成下列几种级配：

一级配：5 mm～20mm，最大粒径为20mm；

二级配：分成5 mm～20mm和20 mm～40mm，最大粒径为40mm；

三级配：分成5 mm～20mm、20 mm～40mm和40 mm～80mm，最大粒径为80mm；

四级配：分成5mm～20mm、20 mm～40mm、40 mm～80mm和80mm～150mm，最大粒径为150mm；

（3）应严格控制各级骨料的超、逊径含量。以原孔筛检验，其控制标准：超径小于5％，逊径小于10％。当以超逊径筛检验时，其控制标准：超径为零，逊径小于2％。

（4）应控制粗骨料中针片状颗粒含量小于10％。

（5）采用连续级配或间断级配，应由试验确定，并报监理人批准。如采用间断级配，应注意混凝土运输中骨料的分离问题。

（6）各级骨料应避免分离。D150、D80、D40、D20分别用中径（115mm、60mm、30mm、10mm）方孔筛检测的筛余量应在40%～70%范围内。

（7）如使用含有活性骨料、黄锈、钙质结核等的粗骨料，必须进行专门试验论证。

（8）骨料表面应洁净，如有裹粉、裹泥或被污染等应清洗干净。

（9）粗骨料的质量要求见表12.32中的规定。

（10）取样与检验方法按DL/T5150—2001有关规定执行。

12.3.4 粉煤灰和其他掺合料

1）本合同工程混凝土采用Ⅰ级粉煤灰，由发包人统供，承包人应负责质量检验。

2）掺合料应通过试验验证，其质量指标应符合DL/T5055—2007及监理人指定的有关标准。

3）掺合料每批产品应有产品合格证，主要内容包括厂名、等级、出厂日期、批号、数量、品质检验结果等，并将产品合格证报送监理人。

4）粉煤灰掺量具体通过试验确定，其最高掺量应符合有关规范规定。

12.3.5 外加剂

除发包人提供的混凝土所需外加剂外，其他外加剂均由承包人自行解决。

1）一般要求

（1）混凝土应采用具有引气、减水、缓凝等作用的优质复合型外加剂，其质量应符合DL/T5100—1999第4.1.1至4.1.4条的规定。

（2）承包人应根据混凝土的性能要求，结合混凝土配合比的选择，通过试验确定外加剂的品种及掺量，其试验成果应报送监理人审批。外加剂质量检验按DL/T5100—1999第5节有关规定执行。

2）引气剂

（1）品质要求

为提高混凝土耐久性，除预应力混凝土外，各部位混凝土均应掺适量的引气剂。引气剂掺量应满足有关规范要求，并经试验论证后确定，报监理人批准。引气剂各项指标应满足有关规范及标准的要求，引气剂应加于拌和机中。

（2）合格证

引气剂生产厂家应提供运至工地的每批引气剂的合格证，从工地仓库到搅拌楼的每批引气剂应复检，以说明其满足本《技术标准和要求》要求。另外，厂家至少每6个月应提交一份证书，以证明其材料特性与原来批准的相同。

（3）批准

承包人应在接到中标通知书后的91天内或使用该引气剂之28天前，以书面形式向监理人提交其所获得引气剂生产厂家及其有关的详细资料。生产厂家获得GB/T

19000 质量管理标准认证证书是监理人批准的必要条件。

3）缓凝减水剂

（1）品质要求

为减少混凝土用水量和改善施工和易性，各部位混凝土均应掺适量的缓凝减水剂。缓凝减水剂应满足有关规范及标准的要求。缓凝减水剂的用量根据配合比试验及设计要求或监理人的指示使用。

（2）合格证

缓凝减水剂生产厂家应提供运至工地的每批缓凝减水剂的合格证，从工地仓库到搅拌楼的每批缓凝减水剂应复检，以说明其满足要求。另外，厂家至少每 6 个月应提交一份证书，以证明其材料特性与原来批准的相同。

（3）批准

承包人应在接到中标通知书后的 91 天内或使用该缓凝减水剂之 28 天前，以书面形式向监理人提交其所获得缓凝减水剂生产厂家及其有关的详细资料。生产厂家获得 GB/T19000 质量管理标准认证证书是监理人批准的必要条件。

4）泵送剂

（1）品质要求

在采用混凝土泵浇筑的部位，为增加或提高混凝土的可泵性、改善混凝土拌和物泵送性能，应在混凝土中掺适量泵送剂。泵送剂掺量应满足有关规范的要求，并经试验论证后确定报监理人批准。泵送剂应加于拌和机中。

（2）合格证

泵送剂生产厂家应提供运至工地的每批泵送剂的合格证，从工地仓库到搅拌楼的每批泵送剂应复检，以说明其满足本《技术标准和要求》要求。另外，厂家至少每 6 个月应提交一份证书，以证明其材料特性与原来批准的相同。

（3）批准

承包人应在接到中标通知书后的 91 天内或使用该泵送剂之 28 天前，以书面形式向监理人提交其所获得泵送剂生产厂家及其有关的详细资料。生产厂家获得 GB/T19000 质量管理标准认证证书是监理人批准的必要条件。

5）其他外加剂

其他需用的外加剂（速凝剂、防水剂和早强剂等）应满足引用标准 DL/T5100—1999 的有关规定。贯彻 GB/T19000 质量管理标准的供货厂是监理人批准的必要条件。

12.3.6　抽样测试

1）测试工作应根据《水工混凝土试验规程》（DL/T5150—2001）的有关规定进行，抽样应按《水工混凝土施工规范》（DL/T5144—2001）的有关规定进行。承包人应负责原材料的运输、堆存、回收等环节中的常规控制试验与分析工作。在混凝土生产期间，送到拌和机的骨料应进行抽样检查，以确定是否能满足规范要求。在拌和机处骨料的测试工作应根据监理人指示进行，承包人应提供测试可能用到的辅助设施、样品试验设备及劳动力。样品应根据监理人指示，在监理人现场监督下取样提供。

2）发包人将委托专门的试验检测机构对混凝土及其材料进行抽样试验，承包人应免费提供所需要的试样，并对取样提供必要的协助。

12.4 配合比试验

12.4.1 一般要求

在混凝土浇筑过程中，承包人应按 DL/T5144—2001 的规定和监理人的指示，在出机口和浇筑现场进行混凝土取样试验，并向监理人提交以下资料：

1）选用材料及其产品合格证。

2）试件的配料、拌和及试件的外形尺寸。

3）试件的制作和养护说明。

4）试验成果及其说明。

5）不同水胶比与不同龄期的混凝土强度曲线及数据。

6）不同掺合料掺量与强度关系曲线及数据。

7）各种龄期混凝土的容重、抗压强度、抗拉强度、极限拉伸值、弹性模量、坍落度和初凝、终凝时间等试验资料见表 12.4—1。

表 12.4—1 常态混凝土试验应提供的资料

需要的试验特性		龄期（d）					
		新拌	3	7	14	28	90
坍落度		√					
温度		√					
含气量		√					
容重		√					
泌水		√					
凝结时间	初凝（时：分）	√					
	终凝（时：分）	√					
抗压强度				√		√	√
劈裂抗拉强度				√		√	√
极限拉伸值						√	√
弹模				√		√	√
抗渗						√	√
抗冻						√	√

8）在混凝土浇筑 35 天以前承包人应将混凝土配合比试验 28 天、90 天龄期内各组试验的成果提交监理人审批。试验中所有材料来源均需事先得到监理人批准。

12.4.2　试验报告的递交

1）书面报告

在每一龄期（规定龄期）承包人都要向监理人提交书面报告。报告中应至少包括（但不限于）如下内容：

（1）所用的每种材料及其试验数据的详细描述；

（2）试验方法、程序及设备的详细描述；

（3）分组比例、配料、拌和、试验、制模及养护；

（4）材料及设备在试验期间的合格证明；

（5）试验结果的详细陈述；

（6）结论。

2）试验资料数据要求

混凝土试验应提供如下数据及资料：

（1）对不同标号的混凝土，应提供龄期分别为 7、28、90、180 天的水胶比与抗压强度关系曲线，每条曲线至少 3 个试验点，每一试验点的数据应由 3 个试件以上的试验结果得到。对于混凝土中掺用各种百分比量的粉煤灰应分列相应的关系。

（2）除以上（1）条外，还必须给出符合表 20.41 中列出的各项试验资料。

12.4.3　施工配合比

1）批准：混凝土中各种材料的比例应经监理人审核。承包人应提供所有必要的设备、加工厂及其他控制措施，以控制混凝土中各种材料的实际使用量。承包人还应将各种计划使用的混凝土的各种成分的比例，以及 7 天、28 天、90 天抗压强度或坍落度、含气量及每种配合比的其他技术特性提交监理人审查。这些资料应在混凝土浇筑开始的 28 天前提交监理人审批。必要时，根据本规范的要求或监理人的指示，对混凝土的配合比进行调整或变更。

2）称量：拌和混凝土所用的材料都应以重量形式称量。

3）配合比调整：实验室设计和试验的配合比在工地上要根据现场的实际情况予以调整，并报请监理人批准。

4）用水量或坍落度：每次拌和的混凝土应均匀一致，保持级配稳定。每次拌和混凝土所加水量需根据骨料含水量和级配变化情况作相应调整。混凝土中用水量由承包人决定，在浇筑前变稠的混凝土不允许再加水。

监理人可随时对混凝土进行抽样检查，承包人应无条件提供混凝土样品，而且还应提供样品测试需要的任何设备和辅助设施，以及相应的支持等。

浇筑地点的常态混凝土坍落度应满足表 12.22 的要求。对达不到坍落度要求的混凝土，不得采取任何补救方法，如加干料、外加剂等方式重新启用。

12.5 材料的运输和存储

12.5.1 水泥

1）运输：以散装水泥为主，袋装水泥为辅。水泥运输过程中不同品种或强度等级的水泥不得混杂，承包人应采取有效措施防止水泥受潮。

2）贮存：运到工地的水泥应按不同品种、强度等级、生产厂家和出厂批号、袋装或散装等，分别放在专用的仓库或储罐中，防止因贮存不当引起水泥变质。以水泥出厂日期算起，袋装水泥储运时间不应超过 3 个月，散装水泥不应超过 6 个月，快硬水泥不应超过 1 个月，否则，使用前应重新检验。袋装水泥的堆放高度不得超过 15 袋；罐储水泥一般应一个月倒罐一次。

3）除非有其他的保证措施并经监理人批准外，散装水泥运至工地的入罐温度不高于 65℃。

12.5.2 掺和料

掺合料应储存在专用仓库或储罐内，在运输和储存过程中应注意防潮，不得混入杂物，并应有防尘措施。粉煤灰的运输和储存，应严禁与水泥等其他粉状材料混装，以避免交叉污染。

12.5.3 外加剂

1）不同品种的外加剂应分别储存，在运输过程中不得相互混装，以避免交叉污染。外加剂贮存时间过长，对其品质有怀疑时，必须重新进行试验认定。

2）引气剂、缓凝减水剂若在工地存放时间超过 6 个月或出现凝结后不能使用，除非有试验证明其仍然有效。粉剂的存放条件与水泥相同。

12.6 拌和

12.6.1 基本要求

1）承包人不得使用未经监理人批准的混凝土配合比，由试验确定并经监理人审批的配料单，承包人必须严格执行，严禁擅自更改。在施工过程中，不论何种原因引起混凝土配合比更改时，须重新报请监理人审批。

2）所有配料设备及水泥仓都要有防尘措施。

3）除特别说明以外，所有的混凝土都应在设计布置的拌和系统拌和。拌和设备都应具有将骨料、水泥、粉煤灰、外加剂及水在规定的时间内均匀拌和且卸料也不发生离析的能力。

4）混凝土拌和楼应有可靠的措施保证每种级配的混凝土易于区别，以便浇到正确的部位。

5）所有混凝土拌和记录都应十分完好，并作为发包人的档案资料。

6）所有称量、指示、记录及控制设备都应有防尘措施，并不受气候影响。

12.6.2　拌合

1）在每次拌和循环前 1/4 的循环时间内，应将所有固体物料加入拌和机，拌和水加入后的拌和时间由承包人根据试验并经监理人批准确定。

2）混凝土拌和应符合 DL/T5144—2001 第 7.1.4 至第 7.1.9 条的规定，拌和程序和时间均应通过试验确定，且纯拌和时间应不少于表 12.6－1 的规定。

表 12.6－1　混凝土纯拌和时间（分钟）

拌和机进料容量 Q（m³）	最大骨料粒径（mm）	最少拌和时间（s）	
		自落式拌和机	强制式拌和机
1≤Q≤3.0	150（或 120）	120	75
Q＞3.0	150	150	90

注：① 入机拌和量应在拌和机额定容量的 110% 以内。
② 加冰混凝土的拌和时间应延长 30 秒（强制式 15 秒），出机的混凝土拌和物中不应有冰块。

3）混凝土拌和物出现下列情况之一者，按不合格料处理，应弃置在监理人指定的地点：

（1）错用配料单已无法补救，不能满足质量要求。

（2）混凝土配料时，任意一种材料计量失控或漏配，不符合质量要求。

（3）拌和不均匀或夹带生料。

（4）出机口混凝土坍落度超过最大允许值。

12.7　混凝土运输

1）承包人选用的混凝土运输设备和运输能力，应与拌和、浇筑能力、仓面具体情况相适应，以保证混凝土运输的质量，充分发挥设备效率。其中，大坝混凝土采用侧卸式罐车运输。

2）所有运输设备，应使混凝土在运输过程中不致发生分离、漏浆、严重泌水、过多温度回升和坍落度损失。

3）在高温或低温条件下，混凝土运输工具应设置遮盖或保温设施，以避免天气、气温等因素影响混凝土质量。

4）混凝土的自由下落高度不宜大于 1.5m，超过时承包人应采取切实可行的防止骨料分离的措施。

5）混凝土运输的其他要求符合 DL/T5144—2001 中 7.2 节的相关规定执行。

12.8 大体积混凝土浇筑

12.8.1 基本要求

1）混凝土浇筑前必须进行详细的仓面浇筑工艺设计，并填写混凝土仓面浇筑工艺设计图表，报监理人批准。混凝土仓面浇筑工艺设计主要包括浇筑块单元编码、结构形状、埋件位置、冷却水管、各种混凝土的工程量、浇筑方法（平铺法、层厚、次序、方向等）、浇筑时间、浇筑手段，仓面设备及人员配置、温控措施、浇筑注意事项及有关示意图等内容。仓面工艺设计是混凝土浇筑必要的技术准备，是保证施工质量的关键环节之一。

2）混凝土浇筑应根据建筑物类型分别满足《水工混凝土施工规范》（DL/T5144－2001）及国家颁布的其他混凝土施工规范中的有关规定，承包人应提供用于浇筑最大骨料粒径150mm及坍落度要求的混凝土浇筑设备。所有混凝土的浇筑方法及设备都必须得到监理人批准后方可使用。在气候不适宜或无法正常进行浇筑作业时，不应进行混凝土施工。除监理人另有规定，所有混凝土施工均应在干地进行。混凝土在浇筑过程中直到硬化之前，其表面不应有流水。

3）浇筑最大粒径150mm四级配混凝土，承包人应对浇筑的四级配混凝土进行配合比优化设计，严格控制特大石超径，使混凝土浇筑过程中不产生骨料分离，如有骨料分离时，必须及时采取有效措施予以解决。否则由此产生的质量事故及处理费用均应由承包人负责。

12.8.2 仓面（基础）验收

1）在混凝土浇筑之前应事先获得监理人的批准。在任何部位浇筑之前，承包人都要以监理人批准的标准表格书面通知监理人，以说明该部位的模板、清仓、钢筋、电缆敷设、管路、机电和金属结构及其他预埋件等准备工作的完成情况，施工设备的技术状况。承包人应允许监理人在收到上述通知后有不少于4小时的时间对浇筑部位的准备工作进行检查复核。在监理人未签发书面许可证之前，任何部位都不能浇筑混凝土，如果监理人认为环境条件不利于混凝土浇筑、凝固、养护时不允许浇筑混凝土。

2）混凝土建筑物的基础必须验收合格，并得到监理人书面批准，方可进行混凝土浇筑的准备工作。土基或强风化岩石上的混凝土，所有将要浇筑混凝土的水平面或坡面均应未受扰动且密实、干净、湿润并无积水或流水，能作为监理人指定的混凝土建筑物的基础。对于基岩上的杂物、泥土及松动岩石、有害淤泥、松散软弱夹层等均应清除。在混凝土浇筑之前，表面应用高压水或其他方法进行彻底清洗，并排净积水。基岩的渗水应采取妥当引排措施。在监理人认可的开挖完成直至实施浇筑准备前，应采取有效的基础保护措施。

12.8.3　混凝土浇筑

1）混凝土浇筑时，基岩面和老混凝土上的浇筑仓，基岩面与水平施工缝面上的第一坯混凝土应采用砂浆、二级配混凝土或三级配富浆混凝土（适当加大砂率）作为接触层，承包人应根据对施工机械使用的熟练程度，通过现场试验并报监理人批准执行。铺设工艺必须保证新浇混凝土能与基岩或老混凝土结合良好。

2）混凝土浇筑应保持连续性，如因故中止且超过允许间歇时间（自出料至覆盖上坯混凝土为止），则应按工作缝处理。若能重塑者，仍可继续浇筑混凝土。混凝土浇筑的允许间歇时间通过试验确定，并报监理人批准。工作缝的处理方法见技术条款 12.15 节。

3）混凝土浇筑作业应按经监理人批准的仓面设计进行。在竖井、廊道、止水片等周边浇筑混凝土时，应使混凝土均匀上升，浇筑过程中要采取有效措施使止水片保持施工详图中的位置及形状。在倾斜面上浇筑混凝土时，应从低处开始浇筑，浇筑面应保持水平。浇筑振捣层厚度应根据拌和能力、运输距离、浇筑速度、气温及振捣器的性能等因素确定。

4）浇入仓内的混凝土应随浇随平仓，不得堆积。采用缆机（门塔机）浇筑时，应采用两次卸料，以减少料堆高度。仓内若有粗骨料堆积时，应将堆积的骨料均匀散铺至砂浆较多处，但不得用水泥砂浆覆盖，以免造成内部蜂窝。

5）不合格的混凝土料严禁入仓。拌制好的混凝土不得重新拌和。凡已变硬而不能保证正常浇筑作业的混凝土必须清除废弃。浇筑混凝土时，严禁在仓内加水。混凝土浇筑期间，如果表面泌水较多，应及时清除，并研究减少泌水的措施，严禁在模板上开孔赶水，带走灰浆。

12.8.4　混凝土平仓振捣

1）浇筑混凝土应使用振捣器将混凝土捣实至可能的最大密实度，每一位置的振捣时间以混凝土不再显著下沉、不出现气泡并开始泛浆时为准。同时应避免振捣过度。对仓内大面积混凝土部位应使用平仓机平仓、振捣机振捣，辅以手持插入式振捣器。对于宽度不足 2m 部位用手持式振捣器振捣。钢筋密集的板梁结构用软管振捣器振捣。振捣器无法作业部位辅以人工捣实。

2）振捣作业应严格按有关规定执行。振捣器距模板的垂直距离不应小于振捣器有效半径的 1/2，并不得触动钢筋、止水及预埋件。浇筑的第一坯混凝土以及在两罐混凝土卸料后的接触处应加强振捣。

3）仓面平仓和振捣作业必须与缆机（门塔机）浇筑能力相匹配，平仓振捣机生产率必须满足缆机（门塔机）浇筑混凝土要求，仓面振捣应按顺序进行，以免造成漏振。尤其对于钢筋较密集部位应采取有效措施加强平仓振捣，防止漏振。

4）平仓振捣设备的生产率应大于混凝土入仓强度，应能满足低坍落度（1～3cm）、四级配（最大骨料料径150mm）混凝土的振捣，同时其整机又能在6～7cm坍落度的新浇混凝土面上正常行走和操作，整机重量10t左右，操作灵活。

12.8.5　混凝土浇筑温度

遵照本节12.12节执行。

12.8.6　混凝土浇筑层厚

混凝土浇筑分层按设计要求进行，大体积混凝土浇筑层厚：河床坝段基础强约束区一般采用1.5m，在满足设计允许最高温度和浇筑能力满足要求时也可采用3.0m；河床坝段脱离强基础约束区一般为3m，在埋件、钢筋密集的孔口部位如浇筑3.0m层厚存在温控与施工困难，可按一次立模两次浇筑方式施工，每次浇筑1.5m；两岸陡坡坝段一般采用3.0m层厚，下部基础尖角仓面面积较小的部位可加大浇筑层厚，但不宜超过4.5m。

12.8.7　层间间歇时间

遵照本节12.12节执行。

12.8.8　预冷混凝土保温

高温季节浇筑的预冷混凝土，承包人应采用阻燃、耐久性良好和方便施工的保温材料作为施工期的仓面保温。在混凝土开始浇混凝土前，应将选用的保温材料、保温措施报监理人批准。

12.9　结构混凝土浇筑

12.9.1　结构混凝土主要指大坝中孔、表孔等孔口周边，钢衬、闸墩、牛腿等。

12.9.2　结构混凝土的浇筑应遵循《水工混凝土施工规范》及本节12.8节中的有关规定。结构混凝土中使用的施工方法都应满足施工技术规范中的相应要求。

12.9.3　结构混凝土的材料规格、构件形式、尺寸及其位置均应符合施工详图或监理人的规定。承包人任何对结构形式的变更，需事先申报监理人，经监理人正式批准后方可实施。

12.9.4　过流面混凝土施工控制

1）泄水孔底板表面采用施工样架控制设计轮廓线和高程，样架应有足够刚度；

2）混凝土表面可采用人工或机械抹面，都须满足平整度要求。采用机械抹面时应避免骨料过度下沉，而降低表层混凝土的抗磨蚀性能或发生裂缝；

3）侧面模板表面应光滑平整，接缝严密不漏浆，以保证表面的平整度和混凝土实密性。上、下层模板要校正，支撑拉条要牢固，以防模板错台走样。

4）预留过流面混凝土与老混凝土的接触面，应对老混凝土面进行凿毛处理。

5）混凝土浇筑应连续均匀上升，尽量避免薄层长间歇；气温骤降期必须进行表面保护，入秋前应封闭孔口，以防裂缝发生。

12.10　预制混凝土构件

12.10.1　说明

1）本规定适用于预制混凝土梁、板、柱以及其他型式的各类预制混凝土构件的制作和安装工程。

2）预制混凝土构件应在预制厂进行统一预制，承包人应负责运输和安装预制混凝土构件，若承包人承担预制厂的工作，该承包人还应负责所有预制混凝土构件的制作及相关工作。预制混凝土构件的制作和安装应遵循《水工混凝土施工规范》中的有关规定。

12.10.2　主要提交件

1）施工措施计划

承包人应在预制混凝土构件制作前 28 天，提交预制混凝土构件制作安装的施工措施计划，报送监理人审批，其内容包括预制混凝土原材料的供应、主要设备和设施的配置、预制混凝土制作安装的措施和方法以及施工进度安排等。

2）质量检查记录和报表

承包人应在施工质量报告中向监理人提供预制混凝土构件制作安装的详细施工记录和报表，其内容包括：

（1）各类预制混凝土构件数量和混凝土工程量；

（2）各种原材料的品种和质量检验成果；

（3）各类预制混凝土构件的安装数量和时间；

（4）预制混凝土构件的混凝土试件的试验成果；

（5）预制混凝土构件的质量检查记录和施工过程中的质量事故记录。

3）完工验收资料

承包人应为监理人进行预制混凝土工程的完工验收提交以下完工资料：

（1）各项预制混凝土构件的完工图；

（2）各项预制混凝土构件的制作安装质量检验记录和原材料试验报告；

（3）质量事故处理报告；

（4）监理人指示提交的其他完工资料。

12.10.3　预制混凝土构件的制作

1）制作场地：制作预制混凝土的场地应平整坚实，设置必要的排水设施，保证制作构件不因混凝土浇筑和振捣引起沉陷变形。

2）钢筋安装和绑扎：承包人应根据施工图纸或监理人指示进行钢筋的安装和绑扎，并符合技术条款 19.7 条的有关规定。

3）预制构件的预埋件：按施工图纸所示安装钢板、钢筋、吊耳及其他预埋件。

4）模板安装和拆除：承包人应根据施工图纸或监理人指示进行模板的安装。模板安装和拆除应符合 GB50204—2002 相关规定。除监理人另有规定外，混凝土应达到规定强度后，方可拆除模板，拆模时应满足下列要求：

（1）拆除侧面模板时，应保证构件不变形和棱角完整；

（2）拆除板、梁、柱屋架等构件的底模时，如构件跨度小于或等于 4m，其混凝土强度不应低于设计强度的 50%，如构件跨度大于 4m，其混凝土强度不应低于设计强度的 75%。

（3）拆除空心板的心模时，混凝土强度应能保证构件和孔洞表面不发生塌陷和裂缝，并应避免较大的振动或碰伤孔壁。

5）预制混凝土构件的制作偏差：

（1）构件尺寸应符合施工图纸要求，其长度允许误差 10mm，横断面允许误差 5mm；

（2）局部不平（用 2m 直尺检查）允许误差 5mm；

（3）构件不连续裂缝小于 0.1mm，边角无损伤。

12.10.4 养护及质量控制

1）养护：混凝土应用水养护 28 天，并满足本节混凝土的有关规定。

2）表面修整：预制混凝土表面的修整应符合本节混凝土的有关规定。

3）成型偏差：预制混凝土浇筑的成型偏差应遵守 GB50204—2002 相关规定。

4）合格标记：经监理人检查合格的预制混凝土构件应标有合格标志，并应标有构件的编号、制作日期和安装标记。未标有合格标志或缺损的构件不得使用。

12.10.5 运输、堆放、吊运和安装

1）运输：预制混凝土构件的强度达到设计强度标准值的 75% 以上，才可对构件进行装运，卸车时应注意轻放，防止碰损。

2）堆放：堆放场地应平整坚实，构件堆放不得引起混凝土构件的损坏，堆垛高度应考虑到构件强度、地面耐压力、垫木强度及堆垛体的稳定性。

3）吊运：吊运构件时，其混凝土强度不应低于施工图纸和监理人对其吊运的强度要求，吊点应按施工图纸的规定设置，起吊绳索与构件水平面的夹角不得小于 45°；起吊大型构件和薄壁构件时，应注意避免构件变形，防止发生裂缝和损坏，在起吊前应做临时加固措施。

4）构件安装：应按施工图纸或监理人的指示进行安装，安装前，应使用仪器校核支承结构的尺寸和高程，并在支承结构上标出中心线和标高。预制混凝土构件的安装位置，须经校正无误后，方可焊接或灌注接头混凝土，接头部位的金属件焊接应符合

有关规范规定，应对全部焊缝的焊接质量进行严格检查后，方可灌注混凝土，灌注接缝的混凝土或砂浆不得低于构件混凝土强度等级。预制混凝土的安装偏差不得超过 GB50204—2002 规定的数值。尚未达到设计强度的预制构件应在安装完成后继续养护，只有在构件达到设计强度后，才允许承受全部设计荷载。

12.10.6 质量检查和验收

承包人应会同监理人对预制混凝土构件的制作和安装进行以下项目的检查和验收：

1）原材料的质量检验

预制混凝土原材料的质量检验按本节 12.25.2 条的规定执行。

2）混凝土质量检测

预制混凝土的质量检测按本节 12.25.3 条的规定执行。

3）预制混凝土构件制作安装质量的检查和验收

（1）按本节第 12.10.3 5）项的规定进行预制混凝土构件制作质量的检查；

（2）按施工图纸的要求和本节第 12.10.5 4）项进行预制混凝土构件安装质量的检查。

4）预制混凝土工程完工验收

预制混凝土工程全部完工后，承包人应按合同条款第 43 条的规定申请完工验收，并按本节第 12.10.2 3）项的规定提交完工资料。

12.11 雨季、汛期施工

1）承包人在雨季施工时，应按 DL/T5144—2001 中的 7.4 条的规定做好各项防雨、排水工作；凡抗冲、耐磨、需要抹面部位的混凝土或监理人另有规定的混凝土不得在雨天施工。

2）汛期必须在可能过水的浇筑层面（包括侧面）预先铺设钢筋网，以限制混凝土表面裂缝开展。

12.12 混凝土温度控制

12.12.1 分缝分块

列出本工程的坝体分缝、分块设计。

12.12.2 温度控制标准

1）设计允许最高温度标准

鉴于_____大坝属于 300m 级特高拱坝，结构受力复杂，工程重要性等级高，产生裂缝尤其是贯穿性裂缝的危害性极大，_____大坝混凝土温控从严控制。

_____水电站大坝混凝土按照基础强约束区和脱离基础强约束区两个区段进行温控设计，各部位设计允许最高温度见表 12.12—1。

表 12.12－1 _____水电站大坝混凝土设计允许最高温度 单位：℃

部位	基础强约束区	脱离基础强约束区
设计允许最高温度	27	30

注：陡坡和填塘部位混凝土应视所在部位结构要求和其特征尺寸，最高温度标准适当加严。混凝土浇平相邻基岩面后，应停歇冷却至与周围基岩温度相近时，再继续浇筑上部混凝土。

2) 新老混凝土上下层温差标准

在龄期 28 天以上的老混凝土上连续浇筑新混凝土，在新浇筑混凝土连续上升的条件下，新老混凝土在各自0.2L 高度范围内的上下层温差控制在16～18℃。当新浇凝土不能连续上升时，该标准适当加严。

3) 表面保护标准

新浇混凝土遇日平均气温在2～3 天内连续下降6～8℃及以上时，对基础强约束区及特殊要求结构部位龄期 3 天以上、一般部位龄期 5 天以上混凝土，必须进行表面保护。

中、后期混凝土受年气温变化和气温骤降影响，视不同部位和混凝土浇筑季节，结合中、后期通水情况，采取必要的表面保护措施。

4) 填塘混凝土温度控制要求

大坝浇筑块内建基面岩体高差大于5m 或其他监理人指定的部位，均应按填塘混凝土处理。填塘混凝土温控原则上按基础强约束区允许最高温度执行，但夏季加严 1～2℃，特殊部位按设计文件执行，填塘混凝土应埋设冷却水管，待混凝土浇至相邻基岩面高程附近并冷却至20℃～22℃方能浇筑上部混凝土。

12.12.3 温控措施要求

1) 优化混凝土配合比、提高混凝土抗裂能力

承包人在进行混凝土配合比设计和混凝土施工时，除满足混凝土标号及抗冻、抗渗、极限拉伸值等主要设计指标外，还应满足施工匀质性指标和强度保证率。同时应加强施工管理，提高施工工艺，改善混凝土性能，提高混凝土抗裂能力。

2) 合理安排混凝土施工程序和施工进度

合理安排混凝土施工程序和施工进度是防止基础贯穿裂缝、减少表面裂缝的主要措施之一。承包人应合理安排混凝土施工程序和施工进度，并努力提高施工管理水平。施工程序和施工进度安排，应满足如下几点要求：

（1）基础约束区、中孔和表孔等重要结构部位，在设计规定的间歇期内连续均匀上升，不得出现薄层长间歇，基础强约束区混凝土宜安排在低温季节施工。

（2）其余部位基本做到短间歇连续均匀上升。

（3）相邻坝段最大高差一般不超过12m，经论证并报监理人批准后可放宽至18m，

坝段最低与最高的最大高差30m，最大悬臂高度60m。

（4）合理控制间歇时间，避免出现长间歇现象，建议混凝土层间间歇时间控制在5～14天。

3）混凝土浇筑层厚

遵照本节12.8.6节执行。

4）控制坝体最高温度

（1）采取必要的温控措施，使混凝土实际出现的最高温度不超过设计允许最高温度。其有效措施包括降低混凝土浇筑温度、减少胶凝材料水化热温升、通水冷却等。

（2）拱坝各月混凝土浇筑温度建议值见表12.12-2。

（3）为减少预冷混凝土的温度回升，应严格控制混凝土运输时间和仓面浇筑坯覆盖前的暴露时间。混凝土运输机具应设置保温设施，减少转运次数，降低混凝土运输和浇筑过程中的温度回升。

（4）混凝土宜安排在夜间浇筑。当气温大于23℃时，应采用仓面喷雾措施，以降低环境温度；混凝土振捣后应立即采用保温被覆盖保温，以减少气温倒灌。

表12.12-2 大坝各月混凝土浇筑温度控制标准   单位:℃

区域	浇筑层厚	浇筑月份	浇筑温度（℃）	备注
基础强约束区	1.5m～3.0m	12、1	12～14	
		11、2		
		3、10	14	
		4、9	12	浇筑坯平仓振捣后立即用保温被覆盖
		5～8		
脱离基础强约束区	3.0m	12、1	12～14	
		11、2		
		3、10	14	
		4、9	12～14	浇筑坯平仓振捣后立即用保温被覆盖
		5～8		

5）混凝土表面保护

（1）大体积混凝土温控防裂除应满足以上温控要求外，还应满足表面保护要求。对于中孔钢衬表面应与之周围浇筑的混凝土同步进行表面保温。

（2）在气温骤降频发期间，应重视基础约束区、上游面及其他重要结构部位的表面保护，尤其应重视防止寒潮的冲击。所有混凝土工程在最终验收之前，还必须加以维护及保护，以防损坏。浇筑块的棱角和突出部分应加强保护。

（3）混凝土主要保温要求如下：

①保温材料：承包人应选择阻燃、保温效果好且便于施工的材料，经监理人批准后方可实施。保温后混凝土表面等效放热系数：大体积混凝土部位 $\beta \leqslant 2.0 \sim 3.0 W/m^2 \cdot ℃$；大坝上游面等部位 $\beta \leqslant 1.5 \sim 2.0 W/m^2 \cdot ℃$。建议在坝体上游面高程945m以下采用喷厚3cm带防火功能的硬性聚氨酯进行保温（兼顾保湿），坝体其他永久外露面采用苯板保温，横缝面可采用保温卷材临时保温。

②对于混凝土外露面，浇完拆模后立即进行保温，直至工程运行前或覆盖浇筑混凝土。

③每年入秋（9月底），应将坝体孔洞进出口进行挂帘封堵。

④当日平均气温在2～3天内连续下降超过（含等于）6℃时，28天龄期内混凝土表面（顶、侧面）必须进行表面保温保护。

⑤低温季节（如拆模后混凝土表面温降可能超过6～9℃）以及气温骤降期间，应推迟拆模时间，否则须在拆模后立即采取其他表面保护措施。

⑥承包人应在投标文件中，作出详细的保温设计（包括保温材料的厚度、保温方式、保温时间以及材料性能等）。在混凝土开始浇混凝土前，应将选用的保温材料、保温措施报监理人批准。

6）各部位混凝土浇筑时，如果已入仓的混凝土浇筑温度不能满足有关要求时，应立即通知监理人，根据监理人指示进行处理，并立即采取有效措施控制混凝土温度。

12.13 人工冷却

承包人在混凝土浇筑前6个月应将通水冷却供水总、干管布置设计图及冷却通水计划、保温措施等报监理人审批。大坝需布置有8～10℃和14～16℃两套供水管道，以满足大坝不同部位、不同季节和不同冷却阶段的通水要求。

12.13.1 冷却水管布置

1）大坝各部位均应埋设冷却水管进行通水冷却。冷却水管采用直径高密度聚乙烯冷却水管外直径 φ32mm，壁厚2mm，指标见表12.13－1。

表12.13－1 高密度聚乙烯冷却水管指标

项目	单位	指标
导热系数	kJ/（m·h·℃）	≥1.0
拉伸屈服应力	MPa	≥20
纵向尺寸收缩率	％	＜3
破坏内水静压力	MPa	≥2.0

项目		单位	指标
液压 试验	温度：20℃　时间：1小时 换向应力：11.8MPa	不破裂 \ 不渗漏	
	温度：80℃　时间：170小时 换向应力：3.9MPa	不破裂 \ 不渗漏	

2）承包人应在冷却水管埋设前2个月向监理人递交冷却水管、供水管的材料类型、制造厂家及各仓冷却水管埋设图等资料，经监理人批准后执行。冷却水管埋设时应作好施工记录。

3）冷却水管及供水管的规格、类型、间距长度等应满足坝体设计允许最高温度、坝体初、中、后期通水降温等各项要求，并报监理人批准，如因故变更时，应重新报监理人批准。

4）冷却水管的布置要求

（1）混凝土仓面冷却水管布置应按监理人批准的承包人的设计图纸所示或监理人的指示进行，供水干支管的布置、联结及保温由承包人根据工地情况确定，但必须经监理人批准。混凝土的稳定温度，混凝土降温速度、冷却程序以及温度监测方法均应按本技术条款有关规定或监理人指示进行。

（2）冷却水管表面的油渍等应清除干净。循环冷却水管的单根长度一般不宜超过250m。预埋冷却水管不能跨越收缩缝。

（3）所有管道均按监理人批准的方式，用金属件拉紧或支撑固定。在有帷幕、固结灌浆孔的仓面，应在弯管与直管段接头处加焊φ6mm短钢筋与仓面固定，做好详细记录，并采取有效措施防止冷却水管被钻孔打断。

（4）水管的所有接头应具有水密性，在有监理人在场的情况下清洗干净，并用0.35MPa的静水压力测试，水管埋设前在此压力下接头应不漏水。

（5）在混凝土浇筑前，冷却水管中应通以不低于0.2MPa压力的循环水检查。应用压力表及流量计同时指示管内的阻力情况。水管应细心地加以保护，以防止在混凝土浇筑或混凝土浇筑后的其他工作中，以及管子试验中使冷却水管移位或破坏。伸出混凝土的管头应加帽覆盖的方法等予以保护。

（6）与各条冷却水管之间的联结应随时有效，并能快速安装和拆除，同时要能可靠控制某条水管的水流而不影响其他冷却水管的循环水。所有水管的进、出端均应作好清晰的标记以保证整个冷却过程中冷却水能按正确的方向流动。总管的布置应使管头的位置易于调换冷却水管中水流方向。冷却水流的方向每24小时调换一次。承包人应保持书面记录，并每周向监理人上报以下记录：水压、每盘冷却水管进水端和出水端水流的流量和温度。

（7）裸露的冷却水管应用经监理人同意的方法隔热保温。

（8）管路在混凝土浇筑过程中，应有专人维护，以免管路变形或发生堵塞。在埋入混凝土 30cm～60cm 后，应通水（气）检查，发现问题，应及时处理。冷却水管在混凝土浇筑过程中若受到任何破坏，应立即停止浇混凝土直到冷却水管修复并通过试验后方能继续进行。

12.13.2　通水冷却

1）初期冷却

（1）大坝各部位混凝土均应进行初期通水，以降低混凝土最高温度。11月～次年2月浇筑的大坝混凝土初期通14～16℃制冷水，3月～10月浇筑的混凝土初期通8～10℃制冷水。通水历时15～20天，以混凝土温度达到22～25℃的目标温度为准。

（2）单根水管通水流量一般控制在1.2～1.5m³/小时，对于 4～9 月高温季节浇筑的大坝基础强约束区混凝土，初期通水（混凝土龄期 0～3 天）通水流量可增大至2.0～2.5m³/小时。

（3）混凝土宜自混凝土开仓浇筑时即进行初期通水，通水应保证连续，坝体混凝土与冷却水之间的温差不宜超过20～25℃，控制坝体降温速度不大于0.5℃/天。

2）中期冷却

（1）本工程坝体采用全年接缝灌浆的方式，在大坝进行后期通水冷却前，均需先进行中期通水。

（2）中期通水在混凝土龄期达到 50 天后即可开始，通水水温一般采用14～16℃制冷水，水管通水流量以控制在1.0～1.2m³/小时为宜，降温速度控制在0.3～0.5℃/天以内。通水历时25～35天，以混凝土温度达到17～20℃的目标温度为准。

（3）当大坝封拱灌浆进度需要时，对于部分灌区中期通水可直接采用通8～10℃制冷水进行冷却，以缩短中期通水时长，为后期通水留足时间。

3）后期冷却

（1）后期通水是使混凝土柱状块达到接缝灌浆温度的必要措施，在混凝土龄期达到 100 天后开始，通水水温8～10℃（加密埋设冷却水管部位先通14～16℃制冷水 10 天左右，再通8～10℃制冷水），通水流量控制在1.2～1.5m³/小时为宜，降温速度控制在0.3～0.5℃/天内。通水历时：＿＿＿＿＿＿＿＿＿＿＿＿＿＿＿，以混凝土温度达到表12.14－1的接缝灌浆温度为准。控制坝体实际接缝灌浆温度与设计接缝灌浆温度的差值在±1℃范围内，应避免过大的超温和超冷。

（2）后期通水冷却过程中，为避免由于上下层温差过大产生的温度裂缝，应严格控制大坝各灌区温度梯度分布，将大坝自下而上划分为已灌区、灌浆区、同冷区、过渡区和盖重区，通过对各灌浆区域的通水降温，合理控制坝体温度梯度分布，控制同冷区、过渡区和盖重区之间的温度差均不大于 6℃。

4）通水控温

初期通水与中期通水之间、中期通水与后期通水之间以及接缝灌浆后 1 个月按每 3 天观测 1 次温度，当混凝土温度回升超过 1℃，需采用小流量通水 0.5～0.8m³/小时控制混凝土温度回升，通水水温根据混凝土温度要求选用，通水历时以混凝土温度达到设计允许标准为准。

12.13.3　温度测量

1）承包人应在混凝土中埋设温度计进行混凝土的温度测量工作。每仓混凝土埋设 3 支混凝土施工期温度计，温度计布置在两层冷却水管的中间高度，上中下游区域（约长度方向 1/4 点）各布置 1 支。在钢筋密集区等特殊部位适当增加温度计，对照监测温控效果。

2）在混凝土开工前，承包人应提交施工期温度计埋设规划（含埋设部位、数量、监测及资料整理等内容），经监理人批准后实施。监理人认为有必要增加埋设的部位，承包人不得拒绝。

3）承包人应记录并至少每周提交一次温度测量报告报送监理人，内容包括（但不限于）：混凝土出机口温度、混凝土入仓温度、混凝土浇筑温度、混凝土内部温度、最高温度、每条冷却水管的冷却水流量、流向、压力、入口温度、出口温度以及监理人要求的其他测量指标。

4）当要测量最终的混凝土平均温度时，可以先停止一条冷却水管中的循环水流动 5 天，然后测量该水管中的水温，其平均值代表该混凝土的平均温度。

5）在混凝土施工过程中，应至少每 4 小时测量 1 次出机口混凝土温度、入仓温度、浇筑温度以及浇筑体冷却水的温度，并做记录。

6）混凝土浇筑温度的测量，每 100m² 仓面面积应不少于 1 个测点，每一浇筑坯层应不少于 3 个测点。测点应均匀分布在浇筑层面上。

7）温度计安装完毕后，承包人应按监理人批准的方法对设备进行校正、观测、并记录仪器设备在工作状态下的初始读数。温度计埋设后 24 小时以内，每隔 4 小时测 1 次，之后每天观测 3 次，直至混凝土达到最高温度为止。以后每天观测 1 次，持续一旬。再往后每 3 天观测 1 次，直至接缝灌浆完成后 1 个月，以后每月观测一次。

8）中期通水和后期通水冷却的末期，混凝土温度接近或达到设计要求的温度期间，每天观测 3 次。

12.14　接缝灌浆（含接触灌浆）

12.14.1　接缝灌浆管道埋设

1）承包人应在各灌区灌浆管道埋设之前，向监理人提交灌浆管道材料类型及生产厂家等资料，并作好预埋记录。

2）接缝灌浆管道的规格、类型及布置应按施工详图执行。故变更时，应报请监理人批准。

3）接缝灌浆灌区内键槽设置、灌浆管道及止浆片埋设等应按施工详图严格执行。

12.14.2 接缝灌浆的一般要求

各灌区需符合下列条件，方可进行灌浆：

1）灌区两侧坝块混凝土的温度必须达到设计规定值；

2）灌区两侧坝块混凝土龄期应大于 4 个月；

3）除顶层外，灌区上部设 1 个同冷区、1 个过渡区和 1 个盖重区。灌浆区、同冷区、过渡区和盖重区应同步进行通水降温，其中灌浆区、同冷区通水降温目标温度为接缝灌浆温度，过渡区通水降温目标温度为 18～21℃。

4）灌浆前，接缝张开度不宜小于 0.5 毫米，小于 0.5 毫米的接缝，应作细缝处理。

5）灌浆管道系统和缝面畅通，灌区止浆封闭完好，若有事故必须处理合格。

12.14.3 坝体接缝灌浆温度

根据本工程大坝体型、结构受力特点、上下游库水水温及稳定温度场分布情况及拱坝接缝灌浆需要等，____水电站拱坝各部位接缝灌浆温度取值见表 12.14-1。

表 12.14-1 大坝各部位接缝灌浆温度

高程（m）				
温度（℃）				

12.14.4 灌浆压力

灌浆压力以灌区层顶（排气槽）压力作为控制值，以进浆管口（灌区层底）压力作为辅助控制值。灌区层顶灌浆压力一般采用 0.2～0.25MPa。

12.14.5 灌浆材料及设备

1）接缝灌浆采用的水泥品种，应优先采用 42.5 中热硅酸盐水泥，采用其他水泥品种时，须报请监理人批准。水泥细度的要求为通过 $80\mu m$ 方孔筛的筛余量不宜大于 5％；当坝体接缝张开度小于 0.5mm 时，对水泥细度的要求为通过 $71\mu m$ 方孔筛的筛余量不宜大于 2％，或采用其他经监理人批准的灌浆材料。

2）灌浆用水泥必须符合相应质量标准，不得使用受潮结块的水泥。采用细水泥时，应严格防潮和缩短存放时间。

3）灌浆用水应符合拌制水工混凝土用水的要求。

4）灌浆泵宜用多缸柱塞式灌浆泵，搅拌机宜选用高速搅拌机。

12.14.6　接缝灌浆顺序及间歇时间

1）大坝采用全年接缝灌浆，各坝段从基础开始，采用逐层依序向上灌注，待下层全部灌浆完成形成拱圈条件后，上层才能进行接缝灌浆。

2）同层灌区灌浆由坝体中部向两岸推进，同一高程横缝，尽可能采用多缝同时灌浆，也可以逐区连续灌浆或逐区间歇灌浆，不能同灌时，应采取通水平压措施，平压压力同灌浆压力。逐区间歇灌浆的间歇时间不小于 3 天，当逐区连续灌浆时，如灌区间灌浆时中断时间超过 8 小时，则间歇时间也不小于 3 天。

3）上下层灌区同一坝缝在下一层灌区灌浆结束停歇 10 天后，上一层灌区才可开始灌浆。若上下层灌区均已具备灌浆条件，须报监理人审核批准后也可采用连续灌浆方式，但上下层灌区灌浆间歇时间不得超过 4 小时，否则仍应间隔 10 天后进行。

12.14.7　开始灌浆前应进行的工作

1）测定灌区两侧坝块和上部各区混凝土的温度。

2）测定灌区缝面的张开度。

3）对灌区的灌浆系统进行通水检查，通水压力一般应为设计灌浆压力的 80%。

4）灌浆前必须进行预习性压水检查，压水压力等于灌浆压力。对检查情况应作记录。

5）灌浆前应对缝面进行浸泡 24 小时，然后用风、水轮换冲洗各管道及缝面，直至排气管回清水，当水质清洁无悬浮或沉淀物，在排出缝内积水后，才能进行灌浆。

12.14.8　灌浆

1）灌浆过程中，必须严格控制灌浆压力和缝面增开度。灌浆压力应达到设计要求。

2）当灌缝张开度＞1mm 且灌区通畅条件下，浆液水胶比变换可采用1：1、0.6：1（或 0.5：1）二个比级。当灌缝张开度大于 2mm，进回浆管与排气管相互通畅，两个排气管单开出水量均大于 30L/分钟时，可直接灌注 0.6：1（或 0.5：1）浆液。

3）当排气管出浆浓度达到最浓一级浆液，排气管口压力或缝面增开度达到设计规定值，注入率小于 0.4L/分钟，持续 20 分钟，灌浆即可结束。灌浆结束时，应先关闭各管口阀门后再停机，闭浆时间不宜少于 8 小时。

12.14.9　陡坡接触灌浆

陡坡接触灌浆除应按接缝灌浆有关要求执行外，还必须满足以下要求：

1）灌浆一般采用岩壁钻孔埋管灌浆方式，混凝土浇筑前应由专人负责用水泥砂浆封闭排气槽盖板和钻孔埋管周边，反复检查多次封闭，直至合格。

2）灌区侧坝块混凝土温度须达到设计规定值。

3）灌区侧坝块混凝土龄期应大于 4 个月，同层接缝灌浆完成后，随即进行该层接触灌浆。

4）缝面的张开度不宜小于0.5mm。

12.14.10　质量检查

按《水工建筑物水泥灌浆施工技术规范》（DL/T5148—2012）及其他有关规范和标准或监理人的指示进行，各灌区的接缝灌浆质量，以分析灌浆资料为主，结合钻孔取芯、槽检等质检成果，进行综合评定。钻孔取芯、缝面槽检和压水检查工作，应选择有代表性的灌区进行。

12.14.11　冷却水管、检查孔的回填

1）承包人应提交坝体预埋冷却水管、接缝灌浆管道及施工处理钻孔、接缝灌浆质量检查孔等资料，回填施工工艺报监理人审批，在接缝灌浆质量检查以后并经监理人同意后进行回填。

2）坝体内埋设的蛇形水管，在本灌区及周围相邻灌区已完成灌浆任务，确认无需再通水冷却时（除监理人及设计要求预留部分水管闷温以观测坝体温度外），一律用0.5：1水泥浆封堵。封堵时采用循环式，先由进浆管进0.5：1水泥浓浆，同时将回浆管敞开，用以浆赶水方式将冷却水管残留水排出管外，直至回浆管的浆液浓度达到0.5：1（以比重控制，0.5：1浓浆比重为1.85），将回浆管扎死，最后用纯压式封堵，直至不进浆时并浆结束。

12.15　施工缝处理

12.15.1　说明

1）水平施工缝处理包括工作缝处理及冷缝处理。工作缝是指按正常施工计划划分层间歇上升的停浇面。工作缝处理按12.15.2条进行。冷缝指混凝土浇筑过程中因故中止或延误、超过允许间歇时间的浇筑缝面。冷缝按12.15.3条处理，或根据监理人的指示进行处理。施工缝处理机具及处理工艺必须报监理人批准后方可实施。

2）混凝土浇筑应保持连续性。

12.15.2　工作缝处理

1）工作缝缝面应使用高压水冲毛，如果工作缝缝面因混凝土龄期过长，应改用风砂枪处理成毛面，工作缝缝面必要时可采用人工打毛，以清除缝面上所有浮浆、松散物料及污染体，缝面处理以露出粗砂粒或小石为准，但不得损伤内部骨料。开始冲打毛时间及冲毛时水压、风压等根据现场试验确定并得到监理人认可或批准。对于浇筑仓横缝面必须将缝面清洗干净。

2）缝面冲打毛后清洗干净，保持清洁、湿润。缆机浇筑的仓面，应在基础面或仓面浇筑第一坯混凝土前，均匀铺设一层厚2～3cm的水泥砂浆。砂浆标号应比同部位混凝土标号高一级，每次铺设砂浆的面积应与浇筑强度相适应，以铺设砂浆后30分钟内

被混凝土覆盖为限。铺设工艺必须保证新浇筑混凝土能与老混凝土结合良好，并得到监理人认可或批准。

3）对于采用胎带机浇筑的仓面，在仓面浇筑第一坯混凝土前，应浇筑一层二级配混凝土或三级配富浆混凝土（适当加大砂率）。铺设工艺必须保证新浇筑混凝土能与老混凝土结合良好。二级配混凝土厚度一般按 20cm 控制，三级配富浆厚度一般 40cm 控制。对于仓面面积较大、钢筋较多且高温季节浇筑部位宜采用二级配混凝土垫层（二级配混凝土厚度按 20cm 控制）。采用此方式时，承包人应在施工前提出该层（坯）混凝土级配、厚度等报监理人批准后执行。

4）已浇筑的混凝土强度未达到 2.5MPa 前，不得进行下一层混凝土浇筑的准备工作。

5）遭受有害污染的缝面按工作缝处理，或根据监理人指示处理。

12.15.3 冷缝处理

1）混凝土浇筑允许间歇时间（自出料时算起到覆盖上坯混凝土时为止）应通过试验确定，并经监理人认可或批准。因故中止浇筑而且超过允许间歇时间的缝面按冷缝处理。冷缝的处理方式与工作缝相同。

2）除按监理人指示形成冷缝外，所有有关冷缝处理费用不另行支付。

12.16 养护

承包人应针对本工程建筑物的不同情况，选用喷雾、洒水或薄膜进行养护，采用薄膜养护应征得监理人批准。

1）采用洒水养护，应在混凝土浇筑完毕后 6 小时～18 小时内开始进行，其养护期时间不少于 28 天，有特殊要求的部位，应延长养护时间。大坝混凝土的水平施工缝宜采用喷雾养护，养护到浇筑上层混凝土为止；混凝土侧面及隧洞衬砌混凝土则应喷水养护，使表面保持湿润状态。

2）薄膜养护：在混凝土表面涂刷一层养护剂，形成保水薄膜，涂料应不影响混凝土质量。在狭窄地段施工时，使用薄膜养护应注意防止工人中毒。还需继续浇筑的混凝土面不得采用薄膜养护。

12.17 伸缩缝及止水

12.17.1 一般要求

1）在无特殊说明或指示的情况下，伸缩缝的位置、间距、结构设施的材料、安装和埋设，都必须按有关图纸及设计要求进行，伸缩缝及埋件的施工实施必须遵照《水工混凝土施工规范》（DL/T5144—2001）的规定执行。

2）止水材料及其安装或埋设的施工措施经监理人批准。除止水片外，不应有固定的金属埋件通过伸缩缝。

12.17.2 承包人应递交的图纸、样品及文件

承包人应在本项工作开始之 28 天前，向监理人递交伸缩缝止水片制造厂家、产品说明及其样品，以及安装或埋设止水片的施工措施计划，并在完工后递交实际施工实施的完工图。

12.17.3 伸缩缝止水材料

1）伸缩缝止水材料的尺寸及品种规格等，均应符合施工详图规定，如有更改须经监理人批准后方可实施。

2）伸缩缝止水材料的材质应符合以下要求：

（1）紫铜止水片、塑料止水片的物理力学性能见表 12.17－1 及表 12.17－2。

表 12.17－1　紫铜止水片物理力学指标表

材料名称	容重（kN/m³）	抗拉强度（MPa）	伸长率（％）	熔点（℃）
紫铜片	89	≥240	≥30	1084.5

表 12.17－2　塑料止水片物理力学指标表

材料名称	容重（kN/m³）	抗拉强度（MPa）		伸长率（％）		老化系数 70°±1℃360h
		极限	设计	极限	设计	
聚氯乙烯塑料止水片	12	18.6	12.0	369	280	0.95～0.9

（2）紫铜片应作冷弯试验，180°时不裂缝，冷弯 0～60°时，连续张闭 50 次无裂缝。

（3）聚氯乙烯塑料止水片外观为黑色或灰色，不得有气孔，塑化均匀，不得有焦烧及未塑化的生料，每一批塑料带应有分析检测报告。有变形和撕裂的止水片不得采用。

3）金属止水铜片的厚度及宽度应满足设计要求，其材料应符合国家标准 GB/T2040—2008 中规定的 T2（或 T3）冷轧软纯铜板的要求。止水铜片表面应光滑平整，并有光泽，其浮皮、锈污、油漆、油渣均应清除干净，如有砂眼、钉孔，应予焊补，如有撕裂，应采用与翼缘等宽的母体材料进行单面搭接焊（如有条件时应进行双面搭接焊），搭接长度不小于 100mm，且四周接触面均须满焊。

4）塑料止水片型式、尺寸应满足设计要求，其拉伸强度、伸长度、硬度及老化系数等均应符合有关规定，塑料止水片材料拉伸试验应按国家标准执行。

5）橡胶止水带断面的形状应同图纸所示的型式相似，尺寸允许偏差：宽度为 2mm，厚度为 1mm。橡胶止水带应具有 DL/T5144 － 2001 表 D3 中所要求的性能。每一批止水带应有分析检测报告。

12.17.4 伸缩缝止水的安装

1）止水片须按设计位置跨缝对中进行安装，并用托架、卡具定位，确保在混凝土

浇筑过程中不产生变形或位移。不允许有拉筋、钢筋或其他钢结构与止水相碰接。

2）止水铜片的衔接须按其不同厚度分别根据施工详图的规定，采取折叠、咬接或搭接，搭接长度不应小于20cm，咬接或搭接应采取双面焊，焊工需考试合格，焊接作业必须在递交试焊样品报请监理人批准后方可施焊。塑料止水片的搭接长度不应小于10cm。同类材料的衔接接头，均须采用与母体相同的焊接材料。铜片与塑料片接头，应采用铆接，搭接长度不应小于10cm。

3）止水铜片的"十"字接头和"T"字形接头应由厂家按设计尺寸提供成型产品，确需在现场加工时，应严格控制焊接质量。

4）上下游止水片应按施工图纸要求埋入基岩内。基座混凝土必须振捣密实，混凝土龄期达7天后，方能浇筑坝体混凝土。坝体混凝土浇筑前应在基座混凝土表面涂抹沥青。已埋入先浇混凝土块体内的止水片，应采取措施防止其变形移位和撕裂破坏，且止水片必须高出先浇块表面以上不少于20cm，特别是两项目交界面的止水片，先浇块承包人应对止水片进行妥善保护，并负责将完好的止水片移交给后浇块承包人。大仓面浇筑中仓内伸缩缝止水片，应在混凝土浇筑前架设在预定位置上，并用钢管或角钢等将其固定，不得因混凝土卸料或振捣发生移位。在浇筑坝体混凝土时，应清除止水片周围混凝土料中的大粒径骨料，并确保混凝土浇筑捣质量。

5）止水铜片的凹槽部位须用沥青麻丝填实，安装时应严格保证凹槽部位与伸缩缝位置一致，骑缝布置。埋入混凝土的两翼部分应与混凝土紧密结合，浇筑止水片附近混凝土时应辅以人工振捣密实，严禁混凝土出现蜂窝、狗洞和止水片翻折。

6）混凝土与岩体陡坡间止水片应按设计要求，先在基岩面上浇筑带锚筋的混凝土基座，止水片埋设在基座内，基座混凝土必须与基岩结合牢固，并在坝体混凝土浇筑前，在基座混凝土表面涂刷一层薄层沥青，使坝体混凝土与基座混凝土隔离，以防坝体混凝土收缩时拉坏基座混凝土。

12.17.5 止水加工

1）止水铜片加工宜采用机械切割，不允许加工过程中使用铁器工具锤击铜片表面。

2）止水铜片加工须用模具冷压成型，成型后应对其表面进行检查，如有裂纹（痕）应视为废品，并须对同批材料质量重新进行检验。

3）不同厚度的止水铜片加工后，应挂牌或做其他标志，以示区别和便于安装。止水铜片牛鼻子的凸出部位，不宜刷油漆。

12.17.6 止水（浆）片的质量控制

1）止水（浆）片的定位装置，必须经监理人检查认可后，方可进行混凝土浇筑。

2）止水铜片接头焊接质量须进行检查，监理人认为必要时，须进行渗油检验，合格后应将其油污清洗干净。

3）模板架立应牢固，止水（浆）片两侧模板须采用"Ω"形支撑或其他支撑结构，以避免因模板变形而导致错台和漏浆。

4）止水铜片处宜采用整块特制专用模板，以保证止水（浆）片定位牢固和接缝处不漏浆。

5）浇筑过程中避免大骨料在止水（浆）片部位聚集，并仔细振捣，保证止水（浆）片结合处混凝土密实。

6）合理安排布料和振捣程序，注意避免在止水（浆）片处泌水集中。

7）不应采取用预埋跨缝插筋作为支托止水（浆）片的做法。

8）在混凝土浇筑过程中，承包人应安排专人巡视、管理。监理人应加强对止水部位的检查，如发现跑偏，应指令承包人及时纠正。

9）混凝土收仓后，水平止水片的覆盖厚度不小于30cm。

12.17.7　施工期止水（浆）片的保护和浇筑振捣中的注意事项

1）混凝土振捣过程中，严禁振捣棒触及止水（浆）片，建议在止水（浆）片附近使用软轴振捣棒。

2）禁止在止水（浆）片处直接下料，特别是在水平止水（浆）片处更应严密监控，并防止下料碰撞。

3）在施工过程中，严格禁止践踏水平止水（浆）片。承包人应随时将其上污、杂物清除。

4）对混凝土浇筑块暂不上升的竖向止水铜片，宜用木板夹护，防止意外损伤及折扭。

12.17.8　排水检查井（简称排水槽）施工技术要求

1）排水槽后浇块模板为2mm厚的镀锌铁皮，施工应保持镀锌铁皮不变形，不漏浆，保持排水槽畅通。每浇一层，均应及时检查排水槽是否被堵塞，并及时进行临时封堵，以免施工期杂物进入。

2）相邻两层排水廊道间的排水槽（包括槽上、下端勾通排水廊道的管），均应在本段施工完成后，及时进行灌水试验，对排水槽被堵塞段应按照监理人及有关设计文件要求及时处理。保证排水槽清洁畅通，处理完毕后，方可继续向上浇筑混凝土。对通入廊道的钢管应挂牌"排水槽检查管"标记。

12.17.9　止水施工验收

止水设施的施工质量至关重要，对安装在永久缝（横缝）中的紫铜片、塑料片固定后应按隐蔽工程要求验收，验收合格并经签证后，方准浇混凝土。作为工程完建验收资料保存。

除上述要求外，尚应严格按有关现行部颁规程、规范、规定执行。

12.18　施工监测仪器的埋设和观测

1）混凝土施工监测仪器包括温度计、测缝计、裂缝计、应变计和无应力计等。

2）各种仪器的埋设、观测及资料整理，应满足施工详图及有关文件的有关要求，以及《混凝土大坝安全监测技术规范》中的有关规定或要求。

3）仪器的埋设、率定、安装埋设允许偏差等详见本卷第 36 节。

12.19　混凝土施工记录

在混凝土工程施工期间，必须有详细的施工记录，其内容包括（但不限于）：

1）每一构件、块体的混凝土数量，混凝土所用原材料的品种、质量，混凝土标号，混凝土配合比；

2）建筑物各构件、块体的浇筑顺序，浇筑起讫时间，施工期间发生的质量事故，养护及表面保护时间、方式、情况，模板和钢筋的情况；

3）浇筑地点的气温，各种原材料的温度，混凝土的浇筑温度，各部位模板拆除的日期，重要部位混凝土入仓温度；

4）混凝土试件的试验结果及其分析；

5）混凝土裂缝的部位、长度、宽度、深度、发现日期及发展情况、处理方法及材料；

6）混凝土表面缺陷的修复材料及修复方法；

7）施工监测仪器的埋设部位、埋设日期及观测数据；

8）其他有关事宜。

12.20　二期混凝土

12.20.1　承包人在混凝土浇筑前应制订二期混凝土的施工程序、施工工艺报监理人审批。

12.20.2　二期混凝土适用范围

大坝各孔口门槽混凝土、钢衬预留槽混凝土，门机大梁轨底预留槽混凝土以及施工图纸、技术文件中要求预留的孔洞、槽沟等回填混凝土。

12.20.3　二期混凝土的主要浇筑要求

1）二期混凝土多在狭窄部位或钢筋、埋件较密的部位进行浇筑，一般采用坍落度较大的一级或二级配混凝土。在浇筑前应将结构面的老混凝土用高压水风砂枪冲毛至露粗砂（或凿毛）、冲洗干净，保持湿润，并保证模板安装质量，控制模板的安装误差在允许范围内，模板安装误差见本卷第 18 节。在二期混凝土浇筑过程中，应用小型振捣机具或手工钎的方法捣实，避免漏振，并要求控制混凝土的上升速度，以保证钢筋和金属埋件不产生位移，模板不走样。

2）大体积二期混凝土部位，浇筑层厚按 1.5～3.0m 控制，对于门槽等结构厚度较小（≤2.5m）的二期混凝土浇筑层厚为 3～5m（经试验论证后也可加大层厚，需报监理人批准）。浇筑门槽部位的二期混凝土，应挂溜管或振动溜管，以避免混凝土分离和骨料破碎。采用吊罐浇筑二期混凝土时，应采取有效措施防止吊罐碰撞而使埋件产生位移。

3）其余参照本节第 12.8 节执行。

12.20.4　二期混凝土温度控制及质量控制

1）混凝土设计允许最高温度：大体积二期混凝土原则上参照本节第 12.12 节执行，特殊部位要求按设计文件执行。

2）混凝土浇筑温度：大体积二期混凝土浇筑温度同第 12.12.3 条中基础约束区混凝土浇筑温度要求，结构厚度较小的二期混凝土 11 月～次年 2 月采用自然入仓温度，其余季节混凝土浇筑温度为 16～18℃（相应出机口温度为 12～14℃）。

3）混凝土层间间歇期：大体积二期混凝土层间间歇期一般为 6～10 天，结构厚度较小的二期混凝土层间间歇期一般为 4～9 天，但最长间歇期不宜超过 10～15 天。

4）承包人在进行混凝土配合比设计及施工时，应满足表 12.21 中的要求，同时还应满足混凝土强度保证率应达到 95％以上。

5）混凝土浇筑完毕后应及时采取洒水、喷雾等措施进行养护，混凝土连续养护时间不少于 28 天。棱角和突出部位应加保护。

12.20.5　二期混凝土模板的拆除时间要求见第 18.5 节。

12.21　泵送混凝土

12.21.1　说明

1）本节规定适用于导流隧洞堵头封堵混凝土、坝肩地质缺陷深层处理回填混凝土、勘探平洞和施工支洞回填混凝土及部分二期混凝土等各环节施工。泵送混凝土的施工实施必须遵照《水工混凝土施工规范》（DL/T5144—2001）规范执行。

2）泵送混凝土分段浇筑，各段长度按施工详图或监理人指示确定。浇筑机械设备及施工方法应于浇筑开工前 28 天呈报监理人批准。

3）配合比设计及按规定必须进行的预备试验均应经监理人书面许可时，才允许泵浇混凝土。

12.21.2　泵送混凝土浇筑

用混凝土泵输送混凝土时，应遵守下列规定：

1）泵送混凝土应使用混凝土搅拌车运输，以保证混凝土质量。

2）混凝土应掺加外加剂，并应符合泵送的要求，混凝土的坍落度一般宜在 10～18cm 之间。

3）最大骨料粒径应不大于导管管径的 1/3，并不应使超径骨料进入混凝土泵。

4）安装导管前，应彻底清除管内污物及水泥砂浆，并用压力水冲洗。安装后要注意检查，防止漏浆。在泵送混凝土之前，应先在导管内通过水泥砂浆。

5）应保持泵送混凝土工作的连续性，如因故中断时，则应经常使混凝土泵转动，以免导管堵塞。在正常温度下，如间歇时间过久（超过 45 分钟），应将存留在导管内的混凝土排除，并加以清洗。当泵送混凝土工作一段落后，应及时用压力水将导管冲洗干净。

6）严禁为提高混凝土的和易性而在混凝土中加水。

12.22 抗冲磨混凝土

12.22.1 原材料

1）材料

本合同工程所需的抗冲磨混凝土由 _____ 混凝土生产系统提供，承包人负责混凝土生产及混凝土拌合物的运输、入仓浇筑、养护和仓面取样试验。承包人有义务按照监理人的要求配合发包人指定的试验单位和混凝土生产承包人开展抗冲磨混凝土的生产性试验。

2）供应计划

承包人应在进行抗冲磨混凝土浇筑 28 个工作日之前，向监理人提交抗冲磨混凝土的控制性计划，以便监理人通知混凝土生产承包人准备和采购原材料；承包人应于初次浇筑 7 天前通知监理人和混凝土生产承包人仓面浇筑计划，以便安排生产。

12.22.2 浇筑

1）抗冲磨混凝土出机后应尽量缩短运输中转时间，尽快达到仓面，尽快摊铺和碾压，运输时间和坍落度损失由现场试验确定。

2）抗冲磨混凝土易产生早期塑性开裂，承包人应加强巡视，浇筑过程中发现混凝土面发白或混凝土表面水分蒸发速度大于 0.5kg/（m²h）时，应采取挡风装置，喷雾保持表面湿度，降低混凝土温度措施。

3）表层抗冲耐磨混凝土和下层结构混凝土一次浇筑时，应严防品种错乱。当分开浇筑时，施工缝缝面应细致认真地处理，保证在无水而湿润的条件下浇筑上层抗冲耐磨混凝土，并保证表层抗冲耐磨混凝土和下层结构混凝土结合良好。层与层尽可能短间歇上升，间歇期不超过 5～7 天。

4）抗冲磨混凝土与普通混凝土之间不允许留施工缝，并保证抗冲磨混凝土设计的结构要求。

5）抗冲磨混凝土表面平整度应满足施工图纸的要求。

12.23 中孔闸墩预应力锚索

12.23.1 说明

本节内容适用于中孔下游闸墩的预应力锚索，包括 U 形主锚索及直线形次锚索。

12.23.2　主要提交件

12.23.2.1　施工措施计划

承包人应在预应力锚索施工前 56 天，提交一份包括下列内容的预应力锚索施工措施计划，报送监理人审批，其内容应包括（但不限于）：

1) 预应力混凝土原材料供应；

2) 预应力张拉设备率定；

3) 预应力锚固器具和张拉设备的配置；

4) 预应力锚索的制作、安装和非预应力钢筋制作、绑扎；

5) 预应力套管等预埋件的埋设和固定；

6) 预应力混凝土的浇筑和养护；

7) 预应力张拉工艺和程序；

8) 预应力孔道灌浆措施等；

9) 质量与安全保证措施。

12.23.2.2　质量检查记录和报表

承包人应按监理人的指示提交预应力锚索的施工记录和报表，其内容包括（但不限于）：

1) 预应力锚索混凝土工程量；

2) 预应力锚索混凝土各种原材料的品种和质量检验成果；

3) 预应力锚索混凝土的强度和配合比；

4) 预应力锚索混凝土取样试验成果；

5) 钢绞线分批量抽样进行试验，其主要项目如下：

(1) 钢绞线束的承载能力试验；

(2) 不同荷载作用下的延伸率测量；

(3) 钢绞线张拉的均一性；

(4) 钢绞线松弛的应力损失；

(5) 钢绞线束破坏的安全系数。

6) 预应力锚索张拉试验成果和张拉施工记录；

7) 预应力锚索孔道灌浆试验成果和灌浆施工记录；

8) 质量事故处理记录。

12.23.2.3　完工验收资料

预应力锚索混凝土工程完工后，承包人应提交以下完工资料：

1) 预应力锚索完工图；

2) 预应力锚索各种原材料和混凝土试验成果；

3）预应力锚索张拉施工记录；

4）质量检查和质量事故处理报告；

5）监理人指示应提交的其他完工资料。

12.23.3 材料及结构

12.23.3.1 材料

1）预应力混凝土采用的常规钢筋、水泥、骨料和掺合料等应符合施工图纸及本技术条款第 19 节和第 20 节的规定。

2）预应力钢绞线

（1）按设计规定选用无粘结预应力钢绞线，预应力锚索采用高强度低松弛钢绞线，公称直径 15.20mm。其力学性能应符合 GB/T5224 — 2003 的规定，强度标准值为 1860MPa。所有上述材料均应有出厂合格证书和标牌，经监理人检查合格后方可使用。

（2）每批预应力钢绞线均应有材质成分的质量证明书，承包人应按监理人的指示和 GB/T5224 — 2003 的规定，对预应力钢绞线抽样进行力学性能试验，并应将试验成果报监理人审批。

（3）运输和贮存：在运输中应防止磨损和免受雨淋、湿气或腐蚀性介质的侵蚀。存贮期间应架空堆放，如储存时间过长，对未镀锌的钢绞线应使用乳化防锈剂喷涂表面。

3）预留孔道

（1）U 形锚索预留孔道弧形段由分束管座形成，直线段由预埋钢管形成；次锚索预留孔道由预埋钢管形成。

（2）主锚索预埋管直线段采用 D219mm×6mm 无缝钢管，弧线段采用 25 根 D30mm×3mm 无缝钢管加工成分束管座；次锚索采用 D168mm×6mm 钢管，具体以施工图纸为准。

（3）预埋钢管的品质应符合 GB/T8162—2008《结构用无缝钢管》之规定。

（4）主锚索直线段钢管与钢垫板之间采用 2m 长锥管连接，锥管采用 6mm 厚 Q235B 钢板卷焊加工而成，锥底外径 219mm，锥顶外径 203mm，具体以施工图纸为准。

4）锚具

应符合本技术条款第 15.3.2 条（5）项的规定要求。

5）钢垫板

钢垫板采用 Q345B 钢板加工，主锚索钢垫板尺寸为 480mm×480mm×50mm；次锚索钢垫板结构尺寸为 400mm×400mm×50mm，具体以施工图纸为准。

12.23.3.2 结构

1）采用后张无粘结预应力结构，其施工方式是在混凝土中预埋波纹管或钢管成孔，待混凝土达到一定强度后，再穿束进行张拉，张拉完毕后按无粘结预应力结构的要求进行灌浆，并要求采用真空灌浆工艺。

2）预应力锚索选用 2500kN、3500kN 级，表 12.23－1 列出 2 种预应力锚索的规格参数。

表 12.23－1　预应力锚束参数表

锚索设计张拉力（kN）	超张拉力（kN）	钢绞线				
		使用标准	级别（MPa）	直径（mm）	带 PE 直径（mm）	根数
2500	2875	GB/T5224—2003	1860	15.20	18.2±0.1	16
3500	4025					23

12.23.4　预埋钢管加工及埋设

1）预应力主锚索分束管座及与连接板的堆焊连接需在工厂加工完成，整体埋设；主锚索大钢管随着混凝土往上浇筑逐节加长，现场连接，每节钢管长度可视产品型号而定，施工过程中应采取有效措施将钢管孔口临时封闭，防止杂物落入管内；次锚索预埋钢管也在现场连接。

2）主锚索直线段钢管及次锚索钢管的连接应采用缩节套管；若采用电弧焊，需确保焊接质量，施焊后管内焊缝应平滑，无凸出管壁的焊瘤，管外周边焊缝应均匀、密实、无砂眼、不渗漏，管道的通长线型应符合施工图纸要求。

3）主锚索分束管座需在工厂加工完成，各分束管之间不得焊透，成型后分束管内壁应该光滑，分束管座运输过程中应采取有效措施防止其变形、破损。

4）钢管及分束管座应按施工图纸所示位置敷设、固定，避免在混凝土浇筑和外力作用下发生位移，管轴两端允许安装偏差为±8mm，管轴局部允许安装偏差为±10mm。

5）管道安装、固定后，混凝土浇筑前，应将孔内清理干净，检查孔道的密封性、畅通性，经验收合格后，将孔口临时封闭严密，以防止混凝土浇筑时漏浆堵孔。

6）分束管座、钢管安装过程及混凝土浇筑过程中应采取有效措施严格防止异物进入孔道，混凝土浇筑过程中应有专人看护，严禁踏压、碰撞预埋管道和支撑架，张拉端、固定端混凝土必须振捣密实。

7）混凝土浇筑结束后（预埋孔管被混凝土覆盖后 2 小时内）可用有压水冲洗孔道，及时将可能渗入孔道内的水泥浆等污物排除，然后用高压风力将残留水赶出孔道，并将孔口临时封闭，防止异物落入孔内。

12.23.5　穿索

1）主锚索采用单根穿索法穿索，在埋设分束管座时，每根穿索用小钢管内预置一根牵引绳，并随着大钢管的连接将牵引绳穿过大钢管，钢管全部埋设完成后，将牵引绳在两端孔口临时固定，固定应牢靠。

2）牵引钢丝绳性能应满足施工工艺要求。在进行焊接操作的部位，应采取有效的保护措施防止牵引绳破损、烧断；承包人应采取有效措施确保牵引绳自然顺直，相互间不打绞，每根牵引绳均应做好标记，以使钢绞线两头能准确对位。

3）穿索前应仔细检查孔道是否畅通，若孔道内有杂物，可用高压水冲洗，并用高压风将残留水赶出孔道。

4）穿索应按施工图纸中锚索编号顺序依次进行，锚索两端安装张拉撑脚和锚板，锚板的锚孔排列方向应与管座直线段分束管排列方向相一致。进行穿索操作时，把钢绞线端头的 6 根钢丝用切割机切除，而露出 50mm～60mm 长的中心钢丝，用 LD 钢丝镦头器把中心钢丝镦头，然后用带有钢缆引线的穿孔器把钢绞线连接起来，钢缆与牵引绳连接后用手动或电动绞盘将钢绞线依次穿入上端临时撑脚、上直线段钢管、分束管座、下直线段钢管、下端临时撑脚，钢绞线穿过临时撑脚后，外露部分去除 PE 皮，再穿过锚板，每穿完一根钢绞线后需将其预拉绷直，以防止与其他钢绞线打绞，每根钢绞线预拉力可取为 15kN。

5）次锚索可采用整体穿索方式穿索，具体施工工艺由承包人根据次锚索布置及结构图制定，穿索工艺应保证钢绞线不打绞，且钢绞线两端对位一致、准确。

12.23.6　锚索张拉

1）锚索采用分级整束张拉方式张拉。闸墩混凝土强度达到设计强度后方可进行锚索张拉。

2）锚索张拉准备包括生产、技术、机具、人员等方面的工作，其要求如下：

（1）应清除张拉施工区内与张拉作业无关的材料、设备及其他障碍物。

（2）检查或搭设张拉作业所需的工作平台、脚手架，并固定牢靠，设置安全防护设施，挂警示牌。

（3）张拉用千斤顶、压力表、测力计必须配套标定，绘制张拉力—压力表（测力计）读数关系曲线。张拉机具配套标定按 DL/T5083—2010 相关要求执行。

（4）张拉机具就位后，先进行空载试运转，检查其运行状态及可靠性。

（5）有测力计的锚索，测力计与工作锚板同步安装，且均应与锚索孔道对中。

（6）张拉机具操作人员应定人、定位、持证、挂牌上岗，非作业人员不得进入张拉操作区。

3）锚索张拉前应检查两端钢绞线对位是否一致，并将钢绞线、锚具、夹具擦拭干净，锚板必须与钢垫板上对中止口对中，避免锚板偏出止口以外。

4）为保证张拉控制力的准确性，张拉设备应由专人使用和管理，并定期维护和校验，校验期限不宜超过半年，当张拉设备出现反常现象时，或在千斤顶检修后，应重新校验。

张拉设备应配套校验，校验张拉设备用的试验机或测力计精度不得低于±2%；校验时千斤顶活塞的运行方向应与实际张拉状态一致。

与张拉机具配套的压力表精度不应低于1.5级，张拉时压力表读数不超过表盘刻度的75%，宜选用抗震数显压力表。

5）锚索张拉应按照"先次后主，对称同步"的原则进行；主锚索两端均为张拉端，两端张拉需同步进行；次锚索一端为固定端，一端为张拉端，承包人可根据施工需要自行确定固定端和张拉端的布置。

6）千斤顶安装时，工具锚应与前端工作锚对正，使工具锚与工作锚之间各根预应力钢绞线互相平行，不得扭角错位。工具锚夹片外表面和锚板锥孔内表面使用前宜涂润滑剂，并应经常将夹片表面清洗干净。当工具夹片开裂或牙面缺损较多，工具锚板出现明显变形或工作表面损伤显著时，均不得继续使用。钢绞线端部PE护套断口处应用塑料胶带严密包缠，防止水分进入护套。

7）主锚索张拉前，应放松千斤顶，卸下临时撑脚，再重新安装锚夹具及千斤顶等张拉设备，准备进行张拉。

8）锚索张拉时，先对单根钢绞线进行预紧，预紧时单根张拉力30kN，再将所有锚索一起分级张拉至超张拉吨位锁定。张拉时按以下拉力分级进行，并进行及时准确的记录。

主锚索：逐根预紧（每根钢绞线预紧力30kN）→1000kN→2000kN→3000 kN→3500 kN→4025 kN（超载锁定）

次锚索：逐根预紧（每根钢绞线预紧力30kN）→700kN→1400kN→2000kN→2500kN→2875kN（超载锁定）

张拉过程中，升荷速率每分钟不宜超过锁定张拉力的1/10，当达到每一级控制张拉力后稳压5分钟即可进行下一级张拉，达最后一级张拉后，稳压10分钟即可锁定。

9）锚索张拉时应及时通知监理人到场，及时准确记录油压表编号、读数、千斤顶伸长值、夹片外露长度等。张拉时应记录每一级荷载伸长值和稳压时的变形量，锚索张拉以张拉力控制为主，伸长值校核的双控操作方法，当实测伸长值超出理论计算伸长值±6%时，应停机检查，待查明原因并采取相应措施后，方可恢复张拉。锚索伸长值的计算按DL/T5083—2010相关规定执行。

10）预应力锚索锚固时的内缩值在有顶压时不得大于5mm，无顶压时不得大于7mm，若不满足要求，应检查张拉设备状况及操作工艺，必要时加以调整。

11）预应力锚索锚固以后，因故必须放松时，宜采用专门的放松装置将锚具松开。

任何时候都不得在预应力筋存在拉力的状态下直接将锚具卸去。

12）预应力锚索张拉锚固后，应对张拉记录和锚固状况进行复核，确认合格后方可切割露于锚具之外的预应力筋多余部分。切割工作应使用砂轮锯。切割后预应力筋外露长度为 5cm。

13）预应力锚索张拉时应有安全措施，非作业人员不得进入锚索张拉区，千斤顶出力方向 60°范围内严禁站人。

14）预应力锚索张拉后，应及时将锚垫板、锚具、夹具、钢绞线外露部分擦拭干净，涂刷环氧树脂达到全密封效果。

12.23.7 锚索灌浆

1）预应力主、次锚索均采用真空灌浆工艺灌浆。

2）灌浆浆液采用 M45 水泥浆液，水泥采用 42.5 级普通硅酸盐水泥，外加剂采用专用真空灌浆外加剂，灌浆用水应清洁、无污染，符合饮用水标准。

3）灌浆浆液性能应符合以下要求

浆液水灰比：0.3～0.4 之间；

浆液流动性：≤30 秒（拌和后完成）；

浆液泌水性：3 小时≤1%，最大不超过 2%；24 小时为零，之前所泌出的水能自吸；

浆液凝结时间：初凝≥3 小时，终凝＜24 小时；

体积变化率：−1%～5%；

浆体强度：标准养护条件下，7 天龄期强度≥30MPa，28 天龄期强度≥45MPa；

抗渗性能：≥1MPa；

浆液对钢绞线无腐蚀作用。

4）真空灌浆设备按下图所示连接：

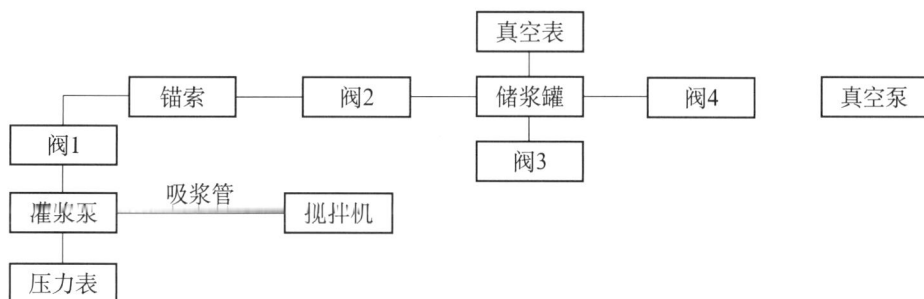

图 12.23−1 真空灌浆施工设备连接示意图

5）真空灌浆施工程序如下：

（1）灌浆前需检查管道是否畅通，如孔道需用水冲洗，冲洗完后必须用高压风吹干。

（2）采用无收缩水泥砂浆封锚，如图2所示，锚罩作为工具罩使用，安装前将钢垫板表面清理干净，保证平整，锚罩内壁涂油，然后将锚罩与钢垫板上安装孔对正，倒浆口朝正上方，用螺栓拧紧，把预拌好的无收缩水泥砂浆从倒浆口倒入捣实，约6小时后可拆除锚罩。

（3）清理钢垫板上灌浆孔、排气孔，保证灌浆通道畅通。

（4）确定抽真空端及灌浆端，安装引出管、球阀和接头，并检查其功能。搅拌水泥浆使其水灰比、流动度、泌水性达到技术要求指标。

（5）启动真空泵抽真空，使真空度达到－0.08MPa～－0.1MPa并保持稳定。

（6）启动灌浆泵，当灌浆泵输出的浆液达到要求的稠度时，将泵上的输送管接到钢垫板上的引出管上，开始灌浆。灌浆过程中，真空泵保持连续工作

（7）待抽真空端的透明网纹管中有浆液经过并进入储浆罐时，关闭阀4，然后关掉真空泵，打开排气阀3，当水泥浆从排气阀顺畅流出，且稠度与灌入的浆液一样时，关闭阀2。灌浆泵继续工作，在0.5MPa～0.7MPa下，持压1～2分钟。

关闭灌浆泵及灌浆端阀门1，完成灌浆。

拆卸外接管路、附件，清洗真空泵、管路及阀门。

完成当日灌浆后，必须将所有沾有水泥浆的设备清洗干净，安装在灌浆端及出浆端的球阀应在灌浆后5小时内拆除并进行清理。

6）浆液进入灌浆泵之前应通过1.2mm的筛网过滤。

7）搅拌后的水泥浆必须做流动性、泌水性试验，并浇筑浆体强度试块。

8）灌浆工作宜在浆液流动性下降前进行（约30～45分钟内），孔道一次灌浆要连续。

9）中途换管时间内，继续启动灌浆泵，让浆液循环流动。

10）灌浆孔数和位置必须做好记录，防止漏灌。

11）储浆罐的储浆体积必须大于所要灌注的一条预应力锚索孔道的体积。

12.23.8 锚索张拉监测

1）在锚索张拉过程中应对闸墩关键部位混凝土、钢筋及钢绞线的应力和变形进行监测，并设专人观察闸墩关键部位是否有混凝土开裂、破碎等不良现象发生，如发现异常，应停止张拉并采取妥善的处理措施。

2）施工过程中，应对监测仪器作好防护措施，避免监测仪器损坏。

3）对需要转入运行期监测的项目应注意保护并及时移交。如在规定的监测期内仪器发生故障、失效，应尽快恢复，继续监测。

4）监测报告的内容包括：监测项目、方法，监测仪器的型号、规格和标定资料。施工期监测的原始资料应包括预应力损失值及应力～应变曲线图。

12.23.9　封头二期混凝土浇筑

1）锚索灌浆完成后，应及时浇筑封头二期混凝土。

2）二期混凝土浇筑前，应将相应部位闸墩混凝土凿毛后把表面清理干净，并适当洒水，以利于混凝土的结合。

3）二期混凝土浇筑后应加强养护，防止开裂。

12.23.10　质量检查和验收

预应力锚索施工过程中，承包人应会同监理人进行以下项目的质量检查和检验：

1）每批钢绞线到货后的材质检验；

2）预应力锚索安装入孔前，每根锚索制作质量的检查；

3）锚固段灌浆前，抽样检验浆液试验成果，并对现场灌浆工艺进行逐项检查；

4）对每根锚索的张拉应力和补偿张拉的效果进行检查。

5）上述的每项质量检验和检查均应由承包人作出记录，并经监理人签认合格后，才能进行后序施工。

6）预应力锚索混凝土完工后，承包人应按合同条款43条的有关规定申请完工验收，并按12.23.2节规定提交完工资料。

12.24　混凝土外观质量及缺陷处理

12.24.1　混凝土工程的尺寸偏差

1）各建筑物轮廓点测量放样点点位中误差及平面位置误差分配按表12.24－1控制。

表 12.24－1　建筑物轮廓点测量放样点点位中误差及平面位置误差分配极限值

点位中误差（mm）		平面位置误差分配（mm）	
平面	高程	轴线点（测站点）	测量放样
±20	±20	±17	±10

2）各建筑物混凝土一般结构、大坝、水垫塘竖向偏差按表12.24－2控制。高速水流的过流面及特殊部位的尺寸偏差和表面要求见施工详图和有关技术要求。

表 12.24－2　建筑物竖向偏差限制

建筑物	相邻两层对接中心线相对偏差（mm）	相对基础中心线偏差（mm）	累计偏差（mm）
一般结构、水垫塘	±5	H/1000	±30
大坝	±3	H/2000	±20

注：H—总高度（mm）

12.24.2　混凝土表面允许偏差

1）大体积混凝土允许偏差和不平整度

（1）大体积混凝土永久外露面、一期浇筑门槽、有外观要求的其他外露面等，成型后的混凝土偏差不应超过 DL/T 5110—2000 表 8.0.9－1 模板安装允许误差的 50％。超标凸体磨除坡度 1∶10。

（2）大坝横缝缝面、隐蔽内面等，成型后的混凝土偏差不应超过 DL/T 5110—2000 表 8.0.9－1 模板安装允许误差的 100％。超标凸体磨除坡度 1∶5。

（3）墩、墙、机房等结构混凝土，成型后混凝土偏差不应超过 DL/T 5110—2000 表 8.0.9－1 和表 8.0.9－2 模板安装允许误差的 50％。超标凸体磨除坡度 1∶10。

（4）特殊结构与建筑装修另见施工详图及有关技术要求。一次性成型不再装修的表面要求见本卷第 28 节。

2）高速水流体型尺寸允许误差

（1）方形孔口：要求侧墙铅直，成型后墙面相对中心线的尺寸偏差：有压段不得超过＋5mm（或－5mm），明流段不得超过＋7mm（或－7mm）。孔口顶板与底板，横向（平行坝轴线）要求平直，顺流向要求顺直，其高程偏差：有压段不得超过＋5mm（或－5mm），明流段不得超过＋7mm（或－7mm）。

（2）圆形孔口：成型后要求保证设计轮廓为同心圆，其半径偏差不得超过＋5mm（或－5mm）。

3）高速水流混凝土表面平整度要求

（1）过流面不允许有垂直升坎或跌坎。升坎或跌坎的凸体磨除坡度 1∶30。

（2）各种孔口的有压段和门槽区，不平整度控制在 3mm 以下（2m 直尺），凸体磨除坡度 1∶30。其余部位（含水垫塘护坡及侧墙抗冲耐磨层、二道坝迎水面）的不平整度均控制在 5mm 以下，凸体磨除坡度 1∶20。

12.24.3　混凝土表面缺陷处理要求

1）检查

混凝土表面缺陷包括混凝土表面缺损、不平整、蜂窝麻面、气泡、错台、挂帘、架空、埋管或钢筋露头以及混凝土裂缝等。承包人应认真检查混凝土表面质量，查明表面缺陷的部位、类型、程度和规模等，对混凝土裂缝还应查明裂缝所在部位、高程、数量、形状、走向、缝长、缝宽、缝深、缝面是否有渗水、溶出物等，绘制裂缝图，并将检查资料报送监理人，修补实施方案经监理人批准后才能开始进行修补。对于过流面、大坝迎水面、不装修的外表面和重要结构的表面缺陷，在修补前需经发包人、监理人、设计人和承包人四方在现场进行联合检查签证后方可实施修补，修补后的验收也应经四方联合签证。

2）蜂窝处理

（1）蜂窝部位的松散混凝土应凿除，凿除范围的形状应为方形或多边形，避免出现锐角。先沿标定范围切割混凝土约 10mm 深，然后开始凿除缺陷混凝土，凿除深度视缺陷架空的深度而定，直至密实混凝土，最小凿除深度不小于 10mm。若缺陷深及钢筋，凿除深度必须超过钢筋 5cm，并将钢筋上粘接的混凝土清理干净。

（2）凿铲应垂直混凝土表面，避免凿坑修补材料与老混凝土成尖角搭接。

（3）凿除深度小于 25mm 的采用环氧砂浆修补。凿除深度大于 25mm 缺陷部位，采用分层修补，即先用预缩砂浆填补至距混凝土表面 10mm，然后表面用环氧砂浆修补。

（4）采用预缩砂浆先行填坑的蜂窝，应将凿除后的表面清洗洁净，并充分湿润后，涂一层净浆，然后镶补预缩砂浆。

（5）采用环氧砂浆进行镶补时，将凿除后的表面清理洁净，在确定无明显渗水条件下，方可先涂环氧基液，再镶补环氧砂浆。否则，采取导水措施、并用喷灯烘烤后，方可进行施工。

3）麻面处理

（1）过流面：深度<5mm 的麻面，主要采用打磨的方式进行处理，磨平后清洗表面，干燥后涂抹一道环氧基液，表面用环氧胶泥抹平。深度≥5mm 的麻面，按"蜂窝处理"的要求进行处理。

（2）非过流的外露面：深度<10mm 的麻面，主要采用打磨的方式进行处理，磨平后清洗表面，采用水泥砂浆抹平。深度≥10mm 的麻面，按"蜂窝处理"的要求进行凿除，然后回填预缩砂浆。水泥砂浆、预缩砂浆的颜色应与老混凝土颜色一致。

4）气泡处理

气泡处理视其缺陷深度和直径大小确定，直径小于 5mm 的气泡，原则上可不作处理。直径大于 5mm 的气泡，将气泡空腔内的污垢和乳皮用高压水或风清除干净，干燥后采用环氧胶泥修补。气泡密集区以满补为宜，散区可采用点补，采用满刮修补时，不得在混凝土表面留下刮痕。

5）错台、挂帘处理

（1）先铲除错台形成的漏浆挂帘，然后对错台进行处理。

（2）混凝土错台凸起高度≤20mm 时，将凸起棱角处磨除，使之与相邻面平顺连接，磨除坡度按"12.24.2 混凝土表面允许偏差"要求。错台相对高度>20mm 时，可先采用人工或风镐凿除错台至 5～10mm，凿除坡比缓于 1∶5，然后按"12.24.2 混凝土表面允许偏差"要求磨除。

（3）如果打磨表面光滑，则不做处理，如果打磨表面不光滑，过流面采用环氧胶泥均匀抹平，非过水面采用水泥砂浆均匀抹平。表面打磨质量由监理人现场确认。

6）埋管、钢筋或其他金属埋件外露

（1）高速过流面及有外观要求的外露面：将钢筋头、管件头用砂轮沿混凝土面切除后，采用电钻将周边混凝土切割成规则的形状，凿深 25mm 后割除露出的钢筋头、管件头。孔内残渣清除后，并充分湿润后，涂一层净浆，然后回填预缩砂浆。

（2）非高速过流面及水下：将钢筋头、管件头用砂轮沿混凝土面切除后，然后研磨到混凝土面以下 1～2mm，清洗干燥后刮环氧胶泥抹平。

（3）无外观要求的隐蔽外露面：将钢筋头、管件头用砂轮沿混凝土面切除并与周边混凝土磨平，采用防锈材料（颜色与混凝土的颜色应协调）进行表面涂刷，不少于 2 遍。

（4）严禁采用气割或锤击钢筋头及管件头，以保证混凝土周边不受损伤。

7）混凝土裂缝处理原则

承包人发现混凝土产生裂缝应及时报告监理人，由监理人组织对裂缝产生原因进行分析，确定裂缝类型，查明裂缝分布、规模等特性，一般裂缝由承包人按技术要求提出处理施工措施，报监理人审批后实施。较大裂缝由发包人组织研究处理建议方案，设计根据建议方案提出处理技术要求，承包人根据技术要求编制施工措施，报监理人审批后实施。需进行灌浆处理的裂缝一般应在低温季节进行，施工仓面上的裂缝应及时处理后上升。裂缝处理完毕需经监理验收合格后方可进入下道工序施工。

（1）施工过程中仓面上裂缝的处理

沿裂缝铺设跨缝钢筋（钢筋直径一般采用 Φ28～36，长 4～6m），间距视裂缝性状及发生的具体部位确定；缝口表面凿成宽 5～10cm 深 3～5cm 的 U 形（或梯形）槽（下同），水泥砂浆嵌缝，必要时埋设灌浆管后期灌浆。

（2）迎水面裂缝处理

Ⅰ类缝，凿槽嵌缝进行防渗处理；Ⅱ、Ⅲ、Ⅳ类缝应采取打斜孔（或贴嘴）灌浆，然后凿槽嵌缝进行防渗处理，若设计人认为有必要，还需在坝外增加其他防渗措施。

（3）过流面裂缝处理

Ⅰ类缝，清理后，涂括环氧胶泥；Ⅱ、Ⅲ、Ⅳ类缝一般采用贴嘴灌浆或凿槽嵌缝。缝口凿槽后将槽内及其两侧混凝土表面清污、烘干，在槽底及槽两侧用小毛刷均匀地刷一薄层环氧基液，待 15～20 分钟后用环氧砂浆填槽，砂浆应分层回填，每层≤2cm 为宜。

（4）其他部位裂缝处理

Ⅱ类缝采用预缩砂浆封口。Ⅲ、Ⅳ类缝进行灌浆处理。

12.24.4 混凝土表面质量缺陷处理材料

1）预缩砂浆

预缩砂浆主要用于非过流面缺陷修补，以及过流面缺陷深度大于 25mm 以上的缺陷部位作为填坑材料，以减小环氧胶泥及环氧砂浆修补工程量，其工艺控制措施如下：

（1）预缩砂浆采用强度等级为 42.5 的硅酸盐水泥或中热硅酸盐水泥、细度模数 2.0±0.2 的砂配制，采用预缩砂浆修补形成永久外露面时，应使拌制的预缩砂浆颜色与老混凝土颜色一致。预缩砂浆力学指标如下：

抗压强度（28 天）≥45MPa；

抗拉强度（28 天）≥2.0MPa；

与混凝土的粘结强度（28 天）≥1.5MPa。

（2）制备预缩砂浆，以手握成团，且手上有湿痕而无水膜为宜。

（3）拌制好的砂浆应遮盖存放 0.5～1.0 小时后使用，并要求在 4 小时内用完。

（4）修补面先进行毛面处理并冲刷干净，并在修补前保持湿润，且无明显的积水。

（5）修补前，在基面上刷一道厚 1mm 左右的水泥浆（水灰比 0.4～0.45）。涂刷水泥浆液和填塞预缩砂浆交叉进行，以确保施工进度和施工质量。水泥浆液涂刷前，用棕刷清除混凝土面的微量粉尘，以确保浆液的粘结强度。

（6）填入预缩砂浆，用木棒拍打捣实直至表面出现浆液。砂浆按每层厚 4～5cm 铺料和捣实（捣实后厚度约 2～3cm），每层捣实到表面出现少量浆液为度。作为永久面时，用抹刀反复抹压至表面平整光滑、密实。

（7）填补结束后保湿养护 7 天。

（8）预缩砂浆面上还需采用环氧胶泥或环氧砂浆修补时，待预缩砂浆养护结束，表面干燥后，先涂一道环氧基液，再用环氧胶泥或环氧砂浆压实抹光。

（9）外观控制：平整光滑，无龟裂，接缝横平竖直无错台。

（10）内部质量：修补后砂浆强度达 5MPa 以上时（施工时抽样成型决定强度），用小锤敲击表面，声音清脆者合格，声音发哑者凿除后重新修补。

2）环氧胶泥

环氧胶泥一般用于厚度为 5mm 左右、范围较小的过流面缺陷区修补，现场施工时，根据监理人的指示或现场实际情况，调整处理范围。其主要施工工艺要求如下：

（1）环氧胶泥力学指标：抗压强度（28 天）≥45MPa；与混凝土的粘结强度（28 天）≥2.5MPa。

（2）制备环氧胶泥，以手握成团，粘手但无浆液渗漏为宜。

（3）配制环氧胶泥时，随时拌制随时使用，并要求在 0.5 小时内用完。

（4）修补面先进行毛面处理并清理干净，在修补前保持修补面干燥。

（5）修补前，在基面涂一道厚 1mm 左右的环氧基液。涂刷环氧液和修补环氧胶泥交叉进行，以确保施工进度和施工质量。填补环氧胶泥时，用手触探涂抹基液面，出现拉丝现象后，方可填补环氧胶泥。

（6）填补环氧胶泥时，先用木板反复拍打捣实直至表面出现浆液，然后用铁抹子压光抹平。

（7）气泡内填补环氧胶泥时，采用劈灰刀将环氧胶泥压入气泡孔内刮平。刮补时，不得在混凝土表面留下刮痕。

（8）质量控制：平整光滑，无龟裂，接缝横平竖直无错台。

3）环氧砂浆

环氧砂浆一般用于厚度 5～25mm、范围较大的过流面缺陷区修补，现场施工时，根据监理人的指示或现场实际情况调整处理范围。其主要施工工艺要求如下：

（1）环氧砂浆力学指标：抗压强度（28 天）≥60MPa；与混凝土的粘结强度（28 天）≥2.5MPa。

（2）配制环氧砂浆时，随时拌制随时使用，并要求在 0.5 小时内用完。

（3）修补前，在洁净、干燥的基面上涂一道厚 1mm 左右的环氧基液。涂刷环氧液和修补环氧砂浆交叉进行，以确保施工进度和施工质量。填补环氧砂浆时，用手触探涂抹基液面，出现拉丝现象后，方可填补环氧砂浆。

（4）填补环氧砂浆时，环氧砂浆按每层厚 2cm 左右铺料和捣实，每层捣实到表面用木板反复拍打捣实直至表面出现浆液，方可填补下一层环氧砂浆，作为永久面时，表面用铁抹子压光抹平。

（5）环氧砂浆修补完成后，应养护 5～7 天，养护温度控制在 20℃±5℃。修补部位在养护期的前三天内不应受水浸泡或其他冲击。

（6）外观控制：平整光滑，无龟裂，接缝横平竖直无错台。

（7）内部质量：修补后环氧砂浆强度达 5MPa 以上时（施工时抽样成型决定强度），用小锤敲击表面，声音清脆者合格，声音发哑者凿除后重新修补。

4）小一级配混凝土

深度大于 100mm 的缺陷采用小一级配混凝土进行修补。

（1）修补部位混凝土强度等级低于 C30，均采用 C30 的小一级配混凝土修补；修补部位混凝土强度等级等于或大于 C30，需采用高一强度等级的小一级配混凝土修补。骨料最大粒径为 10mm。

（2）现场人工拌制，拌制现场打扫干净，每次拌和量视修补量而定，最大一次拌和量不超过 0.1m³。严格按配合比进行各种材料的称量。充分拌和均匀，在满足施工要求的前提下尽量减少用水量。以能手捏成团，手上有湿痕而无水膜为准，归堆存放预缩 30 分钟左右。

（3）基面凿挖的形状、深度、范围经验收合格后，清除基面松动颗粒，用清水冲洗干净，基面应浸透湿润但无积水。

（4）修补前，先在基面上涂刷一道水灰比不大于 0.4 的浓水泥浆作粘结剂，然后分层填补混凝土，每层填充的厚度为 30～40mm，并用木锤捣实，直至泛浆，各层修补面用钢丝刷刷毛，填平后收浆抹面，与周边成型混凝土平滑连接，用力挤压使其与周边混凝土接缝严密。

（5）混凝土修补完终凝后，用草袋覆盖养护，保温保湿养护 14 天。

（6）修补 7 天后，用小锤敲击表面，声音清脆为合格，声音发哑者应凿除重补。

5）裂缝灌浆处理

裂缝灌浆一般采用化学灌浆，化学灌浆施工前，应进行必要的室内配比试验，选择毒性低、对干湿缝均适应并适合各种不同缝宽缝深处理的材料配方。

灌浆施工工艺流程为：钻孔→冲孔、清槽（风、水轮换冲洗干净）→埋管（贴嘴）→嵌缝→压水（或压气）→通风吹干→灌浆→封孔→灌后检查（钻孔取芯、压水检查）。

12.25　混凝土质量控制、检查及验收

12.25.1　说明

承包人应按本合同技术条款的规定对混凝土的原材料和配合比进行检测以及对施工过程中各项主要工艺流程和完工后的混凝土质量进行检查和验收。监理人应经常抽样检测，承包人的检测资料应及时报送监理人。

12.25.2　混凝土原材料的质量检验

由发包人供应的混凝土原材料由发包人负责检验，但承包人应参加发包人组织的原材料的检验。

1）水泥的检验

每批水泥均应有厂家的出厂合格证和品质试验报告，应按国家和行业的有关规定，对每批水泥进行抽样检测，必要时还应进行化学成分分析。检测取样以 200t～400t 同品种、同强度等级的水泥为一个取样单位，不足 200t 也应作为 ·个取样单位。检测的项目包括：水泥强度等级、凝结时间、体积安定性、稠度、比表面积、密度、烧失量、碱含量、MgO、SO₃、水化热等试验。

2）掺合料的检验

粉煤灰及其他经批准的掺合料的检测取样以每 200t 为一取样单位，不足 200t 也作为一取样单位。检测项目包括细度（比表面积）、含水量、游离氧化钙、需水量比、烧失量和三氧化硫等指标。

3）外加剂的检验

配制混凝土所使用的各种外加剂应有厂家合格证书，应对其质量按国家和行业标准进行试验鉴定。贮存时间过长的应重新取样，严禁使用变质的不合格外加剂。

外加剂的分批以掺量划分，掺量大于或等于 1％的外加剂以 100t 为一批，掺量小于 1％的外加剂以 50t 为一批，掺料小于 0.01％的外加剂以 1t 为一批，一批进场的外加剂不足一个批号数量的，应视为一批进行检验。

现场掺用的减水剂浓聚物以 5t 为取样单位，引气剂以 200kg 为取样单位，对配置的外加剂溶液浓度，每班至少检查一次。

4）水质检查

拌和及养护混凝土所用的水，除按规定进行水质分析外，应按监理人指示进行定期检测。在水源改变或对水质有怀疑时，应采取砂浆强度试验法进行检测对比，如果水样制成的砂浆的抗压强度低于原合格水源制成的砂浆 28 天龄期抗压强度的 90％时，该水不能继续使用。

5）骨料质量检验

混凝土粗细骨料按照 DL／T5144—2001 的 11.2 节有关要求进行检验、检查。

6）原材料的温度检测

本合同承包人应对混凝土原材料温度进行检测，应至少每 4 小时检测 1 次。

12.25.3 混凝土质量的检测

1）混凝土拌和均匀性检测

（1）承包人应按监理人指示，对混凝土拌和均匀性进行检测。

（2）定时在出机口对一盘混凝土按出料先后各取一个试样（每个试样不少于 30kg），以测定砂浆容重，其差值应不大于 30kg/m³。

（3）用筛分法分析测定粗骨料在混凝土中所占百分比时，其差值不应大于 10％。

2）坍落度检测

按施工图纸的规定和监理人指示，每班应进行现场混凝土坍落度的检测，出机口应检测四次，仓面应检测两次。

3）强度检测

现场混凝土质量检验以抗压强度为主，同一等级混凝土的试件取样数量以表 12.25－1 规定为准，3 个试件为一组。

表 12.25－1　混凝土龄期试件取样表

类别		28 天龄期试件数	设计龄期试件数	非 28 天龄期、非设计龄期的其他龄期试件数
抗压强度	大体积混凝土	每 500m³ 成型试件 1 组	每 1000m³ 成型试件 1 组	每 5000m³ 成型试件各 1 组
	非大体积混凝土	每 100m³ 成型试件 1 组	每 200m³ 成型试件 1 组	每 1000m³ 成型试件 1 组
非大体积混凝土劈裂抗拉强度		每 2000m³ 成型试件 1 组	每 3000m³ 成型试件 1 组	每 2 万 m³ 成型试件各 1 组

续表

类别		28 天龄期试件数	设计龄期试件数	非 28 天龄期、非设计龄期的其他龄期试件数
大体积混凝土	轴心抗拉强度	每 3000m³ 成型试件 1 组	每 5000m³ 成型试件 1 组	每 10 万 m³ 成型试件各 1 组
	极限拉伸值	每 3000m³ 成型试件 1 组	每 5000m³ 成型试件 1 组	每 10 万 m³ 成型试件各 1 组
	轴拉弹性模量	每 3000m³ 成型试件 1 组	每 5000m³ 成型试件 1 组	每 10 万 m³ 成型试件各 1 组
	劈裂抗拉强度	每 3000m³ 成型试件 1 组	每 5000m³ 成型试件 1 组	/

4）混凝土质量检测应提供的资料

在混凝土生产及浇筑过程中，承包人应向监理人提交以下混凝土质量检测资料：

1）选用材料及其产品合格证。

2）试件的配料、拌和及试件的外形尺寸。

3）试件的制作和养护说明。

4）试验成果及其说明。

5）不同水胶比与不同龄期的混凝土强度曲线及数据。

6）不同掺合料掺量与强度关系曲线及数据。

7）各种龄期混凝土的容重、抗压强度、抗拉强度、极限拉伸值、弹性模量、坍落度和初凝、终凝时间等试验资料见表 12.5－2。

表 12.5－2　混凝土取样试验应提供的资料

需要的试验特性		龄期（d）				
		新拌	7	28	90	180
坍落度		√				
温度		√				
含气量		√				
容重		√				
泌水		√				
凝结时间	初凝（时：分）	√				
	终凝（时：分）	√				
抗压强度			√	√	√	√
劈裂抗拉强度			√	√	√	√
轴心抗拉强度			√	√	√	√
极限拉伸值				√	√	√
弹性模量			√	√	√	√

注：1. 混凝土取样试验只做设计龄期及以下龄期的相关试验。

抗冻、抗渗等其他特殊要求应在施工中适当取样检验，其数量可按每季度施工的主要部位取样成型1～2组。

12.25.4 大体积混凝土质量密实性检查

1）一般质量检查钻孔分自检孔和终检孔，自检孔由承包人承担施工，终检孔由发包人指定的承包人施工。混凝土密实性检查应按有关规程、规范及设计文件要求执行，承包人应按照针对性与随机性相结合的方式布孔检查，自检孔一般按每万方混凝土钻孔5m原则布孔。

2）对大坝上、下游防渗层、结构混凝土等重要部位及监理人对混凝土质量有怀疑的部位，应按监理人指示进行钻孔加密。

3）检查钻孔布置均应报监理人同意后方可实施。

4）检查方法分为压水检查、抽水检查、钻孔取芯及芯样试验、物探检查等。

5）钻孔孔径一般为Φ76mm机钻孔。必要时按监理人指示采用Φ219mm机进行钻孔取芯，并进行钻孔取芯、芯样描述、芯样物理力学试验、压水试验等。

6）钻孔孔位平面尺寸误差不大于±10cm，钻孔孔斜≤3%。检查孔在施钻过程中，应采取有效措施，防止污泥浊水进入孔内。钻孔结束后，应作好孔口保护。

7）承包人应详细记录每个检查孔在钻进过程中所遇到的卡钻、掉钻、失水、回水不畅、钻进速度变化等异常情况以及是否打穿埋件、基岩、孔洞等。受施工条件限制等原因需要调整孔位时，必须经监理人同意。

8）压水检查：采用纯压式进行，宜采用气压栓塞。压水压力孔口控制0.2MPa。压水检查前，要求采用风水轮换冲洗检查孔直至回水清净为止，冲洗水压与压水压力相同，风压0.15MPa。而后将孔内先注满水，以排尽孔内空气。

9）抽水检查：一般采用全孔抽水检查。全孔抽水检查前，测量钻孔综合孔深、孔径，计算相应的综合钻孔体积，然后孔内注满水。钻孔抽水一般1小时，抽水时，首先抽出孔内全部积水，间隔15分钟后，测量孔内水量，若孔内水量增加不足1L，可结束该孔抽水，亦不需分段抽水。否则每间隔15分钟进行孔内水量测量，水量增量超过3L者，进行钻孔抽水，如此反复进行。

10）钻孔取芯及芯样试验：承包人应按监理人指示对混凝土芯样进行指定项目的试验，有关试验要求参照《水工混凝土试验规程》（DL/T5150—2001）执行。

11）物探测试：承包人应按监理人指示进行有关的物探测试，有关要求参照《水利水电工程物探规程》（DL5010－92）执行。

12）检查合格标准

（1）压水检查：一般部位压水检查透水率q＜3Lu，重要部位透水率q≤1Lu。

（2）抽水检查：1小时每延米抽水量均小于孔容另加1L。

以上两条同时满足的检查孔，视为合格；对不合格的检查孔，应按监理人指示或设计文件进行处理。

13）承包人应及时整理检查成果资料并编写检查报告和建立档案报送监理人。

14）其他已建成或施工过程中混凝土建筑物是否需要进行钻孔取样及压水试验、结构荷载试验，以及钻孔取样的部位、数量，压水试验的部位、吸水率的评定标准等，以及是否需要进行超声波、回弹仪等无损检测试验方法评定混凝土质量，均按监理人的通知执行。

15）终检孔由发包人指定的单位负责实施，承包人应给与水、电接口便利和钻具转移等方面的施工配合。

12.25.5 混凝土工程建筑物的质量检查和验收

1）建基面浇筑混凝土前应按本节技术条款的规定进行地基检查处理与验收。

2）在混凝土浇筑过程中，承包人应会同监理人对混凝土工程建筑物测量放样成果进行检查和验收。

3）在混凝土浇筑中和浇筑完毕后，按监理人指示和本节有关规定进行混凝土入仓温度、混凝土内部温度和冷却水温度（如果有）的检测。

4）按监理人指示和本节相关规定对混凝土工程建筑物永久结构修整质量进行检查和验收。

5）混凝土浇筑过程中，承包人应按本节相关规定对混凝土浇筑面的养护和保护措施进行检查，并在其上层混凝土覆盖前，按本节相关规定对浇筑层面养护质量和施工缝质量进行检查和验收。

6）在各层混凝土浇筑层开仓检查验收时，应按本技术条款的相关规定，对埋入混凝土块体中的止水、排水设施和各种埋设件（安全监测埋件、金属结构埋件、机电埋件等）的埋设质量以及伸缩缝的施工质量进行联合检查和验收。

12.25.6 混凝土工程建筑物的成型质量复测

混凝土工程建筑物全部浇筑完成后，承包人应按监理人指示，对建筑物成型后的位置和尺寸进行复测，并将复测成果报送监理人，作为完工验收的资料。

12.25.7 混凝土质量的钻孔抽样检验

大体积混凝土承包人应进行钻孔压水试验和钻孔取样试验，检验内容见本节12.25.4条；钢筋混凝土一般用超声波或回弹仪等无损检测试验鉴定混凝土的质量，必要时采用钻孔取样和钻孔压水试验。

12.25.8 混凝土工程建筑物的完工验收

混凝土工程建筑物全部完工后，承包人可按合同条款第43条的规定，向发包人申请完工验收，并按本节第12.1.3 4）项规定的内容向监理人提交完工资料。

12.26　计量和支付

1）混凝土按施工图纸所示并经监理人确认的建筑物轮廓线或构件边线或混凝土材料分区内实际浇筑的混凝土工程量，以 m³ 为单位计量，按《工程量清单》所列项目的单价支付。除特殊注明和地质缺陷外，图纸所示或监理人指示边线以外由本项目承包人完成开挖的超挖回填混凝土及其他混凝土，均包括在每 m³ 混凝土单价中，发包人不再另行支付。其他承包人超挖而由本承包人实际浇筑的相应混凝土回填量经监理人确认后，以 m³ 为单位计量，按《工程量清单》所列项目的单价支付。混凝土单价包含混凝土所用材料的供货，建基面的清理，混凝土的采购、运输、浇筑、养护、施工缝处理、表面保护及拆除、试验、质量检查（含原材料检查）、验收、混凝土面修整及缺陷处理（除混凝土裂缝外）等所需的人工、材料及使用设备和辅助设施等一切费用。

2）由于承包人施工工艺、施工方法、施工管理、施工措施、自购材料等自身责任产生的混凝土裂缝，裂缝处理的材料费由发包人承担，人工、机械及管理等其他费用由承包人承担；由于极端气候、结构、发包人供应材料等非承包人责任产生的混凝土裂缝，承包人应按设计人提出的处理方案及技术要求进行处理，由发包人按合同报价的基本原则进行计费并予以支付。实施过程中，承包人对发现的裂缝隐瞒不报，裂缝处理一切费用由承包人承担。

3）本项目_____常态混凝土由_____供应，其他部位混凝土由_____系统供应，按此计算混凝土单价中的运输费用。监理人根据实际施工进度情况有权调整本项目非大坝部位混凝土的供应生产系统。混凝土单价中应给出每 1km 的运输费用。当因混凝土供应系统改变引起的运输距离变化，将按每 1km 运输费用调整混凝土单价。

4）凡圆角或斜角、金属件占用的空间，或体积小于 0.1m³，或截面积小于 0.1m² 的预埋件占去的空间，在混凝土计量中不予扣除。

5）承包人通过现场试验并经监理人批准的施工配合比，其水泥等原材料用量与投标配合比原材料用量出现增减时，均不作单价调整或费用补偿。

6）为满足混凝土温控要求的骨料预冷、冷水、冰的生产，混凝土表面保温、温度观测及资料分析等均不单独支付，包含在相应项目的混凝土单价内。施工期监测仪器设备和电缆费用按《工程量清单》所列项目单价支付，其单价包括设备（或材料）采购、埋设、检验（率定）等所需的人工、材料、设备损耗等一切费用。

7）混凝土初期、中期和后期通水冷却单独计量支付。混凝土中埋设的冷却水管数量以长度（m）为单位计量，通水量以不同通水水温以 m³ 为单位计量，并按《工程量清单》所列项目的单价进行支付。冷却水管单价包括供水主管、支管、冷却水管及附件的材料采购、制作、安装、拆除、试验、检验、质量检查和验收、冷却水管回填等一切费用。通水量单价包括供水和水冷却的材料和设备采购、安装、运行、拆除、试验、质量检查和验收、通水及水量损耗、进出水的温度测量、闷温等一切费用。

8）止水分类型按施工图中的数量以米（m）为单位计量，并按《工程量清单》所列项目的每米（m）的单价进行支付。单价应包括所用材料采购、装卸、运输、保管、试验、制作安装、保护、质量检验等所需的人工、材料、各种损耗、使用设备和辅助设施等的一切费用。

9）伸缩缝及其填料、坝体排水槽等所需所有费用均包括在每 m³ 混凝土单价内，不另行计量支付。

10）所有接缝灌浆（含陡坡接触灌浆）的材料安装、灌浆、观测及常规质量检查、拆除等费用均折合成灌浆面积以 m² 为单位单独计量支付。

11）大体积混凝土质量检查（自检孔）费用按钻孔长度、钻孔直径，以延米计量，检查结果表明无质量问题，有关费用根据工程量报价单中相应单价按延米由发包人支付，如检查结果表明存在质量问题，承包人负责承担处理和钻孔、检查及回填混凝土费用。对监理人认为有疑虑的部位增加的检查项目，如检查结果表明无质量问题，有关费用由发包人支付，如检查结果表明存在质量问题，承包人负责承担处理和钻孔、检查及回填混凝土费用。由发包人指定的单位进行终检孔检查，如检查结果表明存在质量问题，承包人应负责承担处理、钻孔、检查及回填混凝土费用。

12）预制混凝土以施工图纸所示并经监理人确认的构件尺寸，以 m³ 为单位进行计量，并按《工程量清单》所列项目的单价支付。单价中应包括材料供货，模板的制作、搬运和架设，混凝土的生产、浇筑，预埋件及其制安、预制混凝土构件的运输、安装、焊接以及试验、检验、质量检查和验收等所需的全部人工、材料及使用设备和辅助设施等一切费用。

13）基础面、施工缝面及冷缝面处理等铺设的砂浆、二级配混凝土或三级配富浆混凝土，其增加费用均摊入相应混凝土单价中，不另行计量支付。

14）一期埋件均以 t 计量支付。该支付包括按本规范规定和图纸要求完成下列各项工作的全部费用，包括一期埋件的材料供应、制作、处理、切断、焊接、运输、安装、定位等工作，以及提供所有其他劳务、监管人员、设备和材料所需的所有其他工作的全部费用。

15）由于设计修改而引起某项混凝土强度等级发生变化，这种改变不属新增单价，按改变后的混凝土强度等级与原混凝土强度等级的差价，在原合同单价的基础上增减后，经监理人认可，发包人批准后，作为结算单价。

16）中孔闸墩 U 形预应力主锚索、直线形次锚索以及坝顶门机轨道梁预应力锚索按《工程量清单》中所列项目每 10kN·m 的单价进行支付。单价应包括锚索孔成孔、锚索材料（含钢绞线、锚具、钢垫板等）的采购、装卸、运输、保管、加工制作、安装、张拉、锚固、注浆、检验试验和质量检查验收，以及混凝土锚头的施工和各种附件材料及其加工运输、安装等所需的全部人工、材料及使用设备和其他辅助设施、各种损耗等一切费用。对于需要安装监测仪器的锚索，钢绞线长度需在增加 30cm，其费用不另行支付。

第十三节　碾压混凝土

13.1　说明

13.1.1　本节规定适用于_____碾压混凝土的施工。

13.1.2　_____碾压混凝土施工时间紧、强度高，采用薄层连续上升方式或斜层碾压方式，在正式施工前需进行碾压混凝土生产试验，以确定合理的配合比、施工参数和施工工艺。碾压混凝土生产试验项目包括：

1）不同 VC 值与碾压混凝土压实容重的关系和可碾性关系；

2）不同碾压遍数与碾压混凝土压实容重和强度关系；

3）现场原位抗剪断试验；

4）钻孔取芯试验；

5）高温季节掺高效缓凝减水剂的使用方法和效果；

6）变态混凝土施工工艺使用效果。

13.1.3　承包人应提交的主要文件

承包人应提交的主要文件要求按本卷第 12.1.3 条执行。

13.2　混凝土设计主要技术指标及配合比

1）碾压混凝土按设计要求进行强度等级分区，各部位混凝土强度等级及主要设计指标详见表 13.2－1 及相关施工图。

2）承包人应按表 13.2－1 及施工图纸的要求和监理人指示，通过室内试验成果进行混凝土配合比设计，并报送监理人审批。

表 13.2－1　_____碾压混凝土强度等级及主要设计指标

强度等级	级配	抗渗等级	抗冻等级	限制最大水胶比	最大粉煤灰掺量	极限拉伸值（×10⁻⁶）		主要使用部位
						28 天	90 天	

3）碾压混凝土配合比应通过试验确定，遵照 DL/T 5112—2009 相关规定，并报监理人批准。砂率：应通过试验选取最佳砂率。粗骨料选用三级配。单位用水量：根据施工要求的工作度（VC 值）、砂率等通过试验确定。碾压混凝土拌和物的 VC 值，浇筑仓面建议控制在 1～8 秒范围内，以不陷振动碾为原则。

4）碾压混凝土的胶凝材料用量不应低于_____ kg/m³。

5）施工过程中，承包人若需要更换原材料的品种或来源时，应通过试验调整配合比，配合比试验成果应报送监理人审批。

6）混凝土强度等级：按照标准方法制作养护的边长为 150mm 的立方体试件，在 90 天龄期用标准试验方法测得的具有 95％保证率的立方体抗压强度来确定，用符号 C 90（N/mm²）表示。

7）混凝土极限拉伸值以_____天控制为主。

13.3 混凝土材料及抽样测试

13.3.1 水泥

水泥品种和质量按本卷第 12.3.1 条款执行并符合 DL/T5112—2009 的有关规定。

13.3.2 骨料

碾压混凝土骨料应符合本卷第 12.3.3 条款要求及 DL/T5112—2009 的有关规定。

13.3.3 掺合料

1）粉煤灰掺量：粉煤灰的掺量应综合考虑水泥、掺合料和砂子的品质因素，并通过试验确定，碾压混凝土最大掺量不超过_____％。

2）粉煤灰的主要品质要求及其他要求按本卷第 12.3.4 条款执行。

13.3.4 外加剂

外加剂的要求按本卷第 12.3.5 条款执行。

13.3.5 水

碾压混凝土拌和与养护用水应符合 DL/T5144 和 DL/T5152 的要求。

13.3.6 混凝土抽样测试

测试工作应根据《水工碾压混凝土试验规程》（DL/T5433—2009）和《水工混凝土试验规程》（DL/T5150—2001）的有关规定进行，抽样应按《水工碾压混凝土施工规范》（DL/T 5112—2009）和《水工混凝土施工规范》（DL/T5144—2001）的有关规定进行。在混凝土生产期间，送到拌和楼的骨料应进行抽样检查，以确定是否能满足标书和有关规范要求。在拌和楼处骨料的测试工作应根据监理人指示进行，承包人应提供测试可能用到的辅助设施、样品试验设备及劳动力。样品应根据监理人指示，在监理人现场监督下取样提供。

13.4　材料的运输和存储

水泥、粉煤灰、外加剂等材料的运输和存贮的要求按本卷第 12.5 条款执行。

13.5　混凝土配合比试验

13.5.1　一般要求

1）生产用的碾压混凝土配合比必须通过现场生产试验确定，并报监理人批准。

2）承包人应遵循《水工碾压混凝土施工规范》（DL/T5112—2009）、《水工碾压混凝土试验规程》（DL/T 5433—2009）、《水工混凝土试验规程》（DL/T 5150—2001）和《水工混凝土施工规范》（DL/T 5144—2001），满足混凝土主要设计指标及施工工艺等要求。

3）在碾压混凝土浇筑 35 天以前承包人应将混凝土配合比试验 90 天龄期内各组试验的成果提交监理人审批。试验中所用的所有材料来源均需事先得到监理人批准。

4）在任何碾压混凝土配合比试验前至少 72 小时，承包人应书面通知监理人，以使得在材料取样、试验、试验室配料与混凝土拌和、取样、制模、养护及所有龄期测试时监理人可以达到现场。混凝土试验应提供表 13.51 的数据及资料。

表 13.51　碾压混凝土试验应提供的资料

需要的试验特性		拌合物	需要的试验特性	龄期（天）					
				1	3	7	14	28	90
VC 值		√	抗压强度		√	√	√	√	√
容重		√	容重						√
含气量		√	劈裂抗拉					√	√
凝结时间	初凝	√	轴向拉伸					√	√
	终凝	√	弯曲强度					√	√
			抗剪					√	√
			原位抗剪					√	√
			弹模			√	√	√	√
			线膨胀						√
			抗渗						√
			抗冻						√
			比热						√
			导热系数						√
			绝热温升	√	√	√	√	√	√

13.5.2　试验报告的递交

1）书面报告

在每一龄期（规定龄期）承包人都要向监理人提交书面报告。报告中应至少包括

（但不限于）如下内容：

（1）所用的每种材料及其试验数据的详细描述；

（2）试验方法、程序及设备的详细描述；

（3）分组比例、配料、拌和、试验、制模及养护；

（4）材料及设备在试验期间的合格证明；

（5）试验结果的详细陈述；

（6）结论。

2）试验资料数据要求

混凝土试验应提供如下数据及资料：

（1）对不同标号的混凝土，应提供龄期分别为 7 天、28 天、90 天的水胶比与抗压强度关系曲线，每条曲线至少 3 个试验点，每一试验点的数据应由 3 个试件以上的试验结果得到。对于混凝土中掺用各种百分比量的粉煤灰应分列相应的关系。

（2）除以上（1）条外，还必须给出符合表 13.51 中列出的各项试验资料。

（3）变态混凝土应进行不同掺浆量混凝土相关性能试验，确定最佳掺量，给出变态混凝土相关性能。

13.5.3　施工配合比

1）批准：混凝土中各种材料的比例应经监理人审核。承包人应提供所有必要的设备、加工厂及其他控制措施，以控制混凝土中各种材料的实际使用量。承包人还应将计划使用的混凝土的各种成分的比例，以及 7 天、28 天、90 天抗压强度、VC 值（或坍落度）、含气量及每种配合比的其他技术特性提交监理人审查。这些资料应在混凝土浇筑开始的 35 天前提交监理人审批。变态混凝土中灰浆配比及掺浆量也须经监理人审核。必要时，根据本规范的要求或监理人的指示，对混凝土的配合比进行调整或变更。

2）配合比调整：实验室设计和试验的配合比在工地上要根据现场的实际情况予以调整，并报请监理人批准。

3）用水量、VC 值（或坍落度）：每次拌和的混凝土应均匀一致，保持级配稳定。每次拌和混凝土所加水量需根据骨料含水量和级配变化情况作相应调整。混凝土中用水量由承包人决定，除非监理人发现 VC 值（或坍落度）不满足技术规范要求而需要改变用水量。承包人确定的用水量应与各种混凝土标准相适应。在浇筑前变稠的混凝土不允许再加水。

4）监理人可随时对混凝土进行抽样检查，承包人应无条件提供混凝土样品，而且还应提供样品测试需要的任何设备和辅助设施，以及相应的支持等。若混凝土拌和时加入片冰，其重量应作为总的用水量的一部分。

13.6 配料及拌和

配料及拌和按本卷第 12.6 节执行

13.7 混凝土运输

1）承包人采用的碾压混凝土运输机具（如自卸汽车、溜管（槽）等）在进入仓内时，必须进行轮胎清洗，不得在混凝土表面留下污泥或其他污染痕迹。

2）采用混凝土溜管（槽）时，仓面转料使用的自卸汽车应按 DL/T5112—2009 规定的施工措施和方法施工，避免损伤碾压混凝土层面的质量。

3）采用连续运输机具与分批机具联合运输时，应在转料处设置容积足够的贮料斗。

4）为防止汽车轮胎将污水带入仓内，入仓口前 30～50m 长路面铺设干净石碴作为脱水路面，车辆等进入仓内时，必须充分进行轮胎周围的清洗，不得在混凝土表面留下污泥或其他污染痕迹。

5）除连续碾压情况外，对因故停浇，其时间超过表 13.91 中的 Ⅱ 型冷缝规定值，仓面混凝土抗压强度不小于 4.5MPa 后方可行驶汽车。

6）自卸汽车在仓内行驶时应考虑倒车运行及车辆间的安全，行驶速度不应超过 12km/小时。

7）对早龄期碾压混凝土部位及入仓口部位混凝土应铺设钢板进行保护。

8）输送灰浆应有防止浆液沉淀和泌水的措施，保证运送到现场的浆液满足技术条款的规定和施工图纸的要求。

13.8 碾压混凝土浇筑

13.8.1 基础准备

1）碾压混凝土开始浇筑前，应根据监理人指示进行基础准备，在基础准备未得到监理人验收签证之前不得进行 RCC 浇筑施工。

2）基础准备的所有费用已包含在相应项目的单价中，发包人不再另行支付。

13.8.2 铺筑

1）碾压混凝土铺筑应分条带进行，各条带铺料、平仓、碾压方向应平行。采用自卸汽车直接入仓卸料时，宜采用退铺法依次卸料。

2）严禁在仓内加水，不合格混凝土不得入仓，已进仓的不合格料应予挖除或采用经监理人同意的方法处理后方可继续铺筑。

3）平仓作业应选用平仓机械进行。平仓机不得直接在已压实的 RCC 面上行走。平仓过程中应防止 RCC 中骨料分离，平仓厚度 35cm 左右，经监理人批准可根据现场实际经验作适当调整，以满足压实厚度 30cm。

4）碾压混凝土应在卸料位置适时就地铺开，混凝土料宜卸在未碾压的混凝土面上。卸料堆出现骨料分离时，用前端装载机或其他施工机械或人工将分离骨料均匀散铺到未完成平仓作业的 RCC 含砂浆较多处或新混凝土面上。宜采用能控制卸料高度的机械设备承担铺料作业，减少或避免 RCC 骨料分离。

5）铺筑过的碾压混凝土表面应平整，无凹坑，碾压厚度应均匀。

6）碾压混凝土应采用大仓面薄层连续铺筑的平层通仓法。铺筑面积应与铺筑强度及碾压混凝土允许层间间隔时间相适应。

7）所有施工机械进仓前，必须冲洗干净。仓内施工机械设备不得有污染混凝土的现象发生，否则按正常工作缝处理，并报监理人批准。

8）当采用斜层铺筑法时，开仓前应按拟定的斜层坡度在模板上放样，并严格按放样要求进行摊铺。斜层的摊铺厚度为斜面法向方向厚 34cm 左右。摊铺沿导墙及尾坎轴线由坡顶至坡脚，为避免坡脚处的骨料被压碎，摊铺时应形成"靴"形。"靴"长3~4倍层厚，厚度与层厚相同。

13.8.3 碾压

1）施工前应根据碾压混凝土铺筑的综合生产力和气候条件，通过现场碾压试验确定最优施工碾压厚度和碾压遍数，并将现场碾压试验报告提交监理人审批。

2）平仓后应及时开始碾压作业。碾压时振动碾行走速度及碾压遍数根据现场试验及压实容重检测数据确定，并报监理人批准后方能执行。

3）大型振动碾无法作业的边角部位，采用小振动碾压实，压实遍数根据现场作业经验及压实度检测数据确定，并报监理人批准后执行，小碾无法碾压部位用振动夯夯实。

4）碾压混凝土入仓后应尽快完成平仓和碾压，从拌和到碾压完毕的最长允许历时，应根据不同季节、天气条件以及碾压混凝土工作度的变化规律，经过试验或工程类比确定，但不应超过 2 小时。

5）碾压混凝土上升速度应由混凝土拌和及碾压能力、温度控制要求、坝体分块尺寸和细部结构等因素确定。

6）采用斜层碾压时，振动碾碾压边线不得越过"靴"端，"靴"端没有碾压到的分散料留待下层在其初凝前完成碾压。碾压时操作人员应严格按拟定的斜层坡度进行碾压。

13.9 碾压混凝土层间结合及施工缝处理

1）水平施工缝处理包括工作缝处理和冷缝处理。工作缝指按正常施工计划分层间歇上升的停浇面。冷缝指在浇筑过程中因故中止或延误，超过允许间歇时间或层面允许停歇时间的浇筑缝面。

2）RCC 浇筑应尽可能采取大仓面通仓、薄层、均衡、连续上升的方式浇筑，各层间应保持清洁、湿润，不得有油类、泥土等有害物质。

3）连续上升铺筑的碾压混凝土，层间允许间歇时间应控制在混凝土初凝时间内，且碾压混凝土从拌和至碾压，宜在 1 小时内完成，不得超过 2 小时。对于碾压前摊放过久或因气温较高而造成表面发白的混凝土料，应做废料处理，严禁加水碾压。

4）工作缝处理采用冲毛等方法清除混凝土表面的浮浆及松动骨料（以露出粗砂、小石为准）。处理合格后，必须先铺设 2cm～3cm 厚扩散度大的砂浆（砂浆强度等级比混凝土高一级），然后立即在其上摊铺混凝土，并应在砂浆失水及初凝以前碾压完毕。

5）冲毛时间可根据施工季节、混凝土强度、设备性能等因素，经现场试验确定，并报监理人批准后执行。

6）冷缝视间歇时间的长短分成 I 型和 II 型冷缝，对 I 型冷缝面，将层面松散物和积水清除干净，铺一层 2cm～3cm 厚扩散度大的砂浆（砂浆标号比混凝土高一级）后，即可进行下一层 RCC 摊铺、碾压作业；II 型冷缝按施工缝处理。建议连续浇筑允许层间间歇时间及 I 型、II 型冷缝之间歇时间见表 13.9－1。具体执行标准经现场试验后拟定，并报监理人审批后执行。

表 13.9－1　连续浇筑允许层间间歇时间建议值

月份	层间允许间歇时间	I 型冷缝	II 型冷缝
11～2 月	≤10 小时	＞10 小时且≤16 小时	＞16 小时
3～4、9～10 月	≤8 小时	＞8 小时且≤14 小时	＞14 小时
5～8 月	≤6 小时	＞6 小时且≤12 小时	＞12 小时

7）II 型冷缝及遭污染的仓面必须按工作缝要求处理，处理措施须报监理人批准。对于要求铺砂浆的层面，必须使砂浆铺设均匀，砂浆稠度 8～12cm。

8）冲毛时间可根据施工季节、混凝土强度、设备性能等因素，经现场试验确定，并报监理人批准后执行。

9）因施工计划改变、降雨或其他原因造成施工中断时，应及时对已摊铺的混凝土进行碾压；停止铺筑处的混凝土面宜碾压成不大于 1：4 的斜坡面。

13.10　碾压混凝土成缝

1）缝面位置及缝内填充材料均应满足设计要求。横缝的成缝方式应报监理人批准后执行。

2）横缝采用切缝机切缝，横缝内填彩条布。其施工工艺为：混凝土碾压完成后，将一整块彩条布折叠成两层（折叠后，彩条布宽约 60cm、长度与切缝机刀片长度相适应），跨缝放置，然后采用切缝机将彩条布压入缝内，最后跨缝无振碾压两遍。

13.11 变态混凝土浇筑

1) 变态混凝土是在对应强度等级碾压混凝土中掺加水泥净浆得到。水泥净浆中应掺防水剂，其水胶比及粉煤灰掺量应不大于相应部位碾压混凝土的水胶比和掺量。

2) 变态混凝土中水泥净浆掺量以使该处碾压混凝土能振捣为准，应通过现场试验确定每立方米混凝土中水泥净浆的掺量。

3) 在对变态混凝土进行注浆之前应先将相邻部位的碾压混凝土压实，以免灰浆流到碾压混凝土内影响碾压质量，结合部位应采用振动碾压实，并确保变态混凝土的设计尺寸。

4) 灰浆应在集中制浆站制作，自搅拌到掺洒、振捣应在1小时内完成。

5) 对已注浆的变态混凝土应及时振捣，一般采用插入式振捣器。振捣时应认真、细致，不得出现欠振和漏振现象。

13.12 碾压混凝土温度控制

1) 分缝分块

列出本标段工程的分缝分块情况。

2) 温度控制标准

(1) 设计允许最高温度控制标准

二道坝各部位混凝土设计允许最高温度控制标准见表13.12－1。

表 13.12－1 _____碾压混凝土设计允许最高温度 ℃

月份	12、1	2、11	3、10	4、9	5～8
基础强约束区					
基础弱约束区					
脱离基础约束区					

(2) 新老混凝土上、下层温差标准

在龄期28天以上的老混凝土上连续浇筑新混凝土，在新浇筑混凝土连续上升的条件下，新老混凝土在各自0.2L高度范围内的上下层温差为16～18℃。当新浇混凝土不能连续上升时，该标准应适当加严。

3) 温度控制措施

(1) 控制碾压混凝土最高温度：承包人应采取必要的温控措施，使碾压混凝土实际出现的最高温度不超过设计允许最高温度。

(2) 混凝土浇筑温度：应根据设计允许最高温度及气温条件等因素来确定混凝土浇筑温度，据初步估算，建议混凝土浇筑温度见表13.12－2。

表 13.12－2　碾压混凝土浇筑温度

月份	气温	浇筑温度	
		基础约束区	脱离基础约束区
12、1		自然入仓	
2、11			
3、10			
4、9			
5～8			

（3）浇筑层厚与层间间歇期：碾压混凝土压实层厚约 30cm，采用连续上升的浇筑方式，正常工作缝和因故停歇的施工缝形成后，一般应停歇 3～5 天。

（4）加强表面保湿保温措施。外界气温超过 23℃ 时，为防止碾压混凝土表面失水及气温倒灌，应在仓面设置喷雾设备，以降低仓面小环境的温度，同时在白天高温时段对已压实混凝土表面覆盖彩条布内夹保温材料等保湿材料隔热保湿。

4）冷却水管埋设及通水要求

（1）埋设部位：为满足_____中期通水降温，减少内外温差及避免过水冷击裂缝，以及控制混凝土最高温度的要求，_____RCC 内需埋设冷却水管。

（2）埋设要求：冷却水管采用高密度聚乙烯冷却水管，埋设间距为 1.5m×1.5m。冷却水管埋设随碾压带推进而分段埋设，冷却水管铺设在第一个碾压混凝土坯层"热升层"30cm 和 1.8m 坯层上，并避免运输车辆直接碾压冷却水管，造成渗漏。

（3）初期通水：对高温季节浇筑的 RCC 及基础约束混凝土应在混凝土开仓浇筑时即进行初期通水冷却，通水水温 10～12℃，通水历时 15 天左右。

（4）中期通水：每年 9 月初开始对当年 5～8 月浇筑的二道坝 RCC 混凝土、10 月初开始对当年 4 月及 9 月浇筑的大体积混凝土块体、11 月初开始对当年 10 月浇筑的二道坝 RCC 进行中期通水冷却，削减混凝土内外温差。中期通水采用江水进行，通水时间 1.5～2.5 个月，以混凝土块体温度达到 22～24℃ 为准，水管通水流量应达到 1.2～1.5m³/小时。

5）混凝土表面保护标准

（1）施工期表面保护：遇日平均气温 2～3 天内降温大于 6～8℃，碾压混凝土顶侧面必须进行表面保护，保温后碾压混凝土表面等效放热系数 β≤2.5～3.0W/m²·℃。

（2）上游暴露面的保护：1～4 月浇筑的碾压混凝土上游面拆模后即设保温层，保温后混凝土表面等效放热系数 β≤2.0W/m²·℃。

（3）在气温骤降期或寒冷气温条件下拆模后应立即对其表面进行保温。

（4）承包人选定保温材料后，必须验算其 β 值，并经监理人批准后方可使用。

（5）下游斜坡面宜采用混凝土预制件兼作永久保温层，混凝土预制件板厚度不小于 0.5m。如不采用混凝土预制模板或混凝土预制模板在施工中拆迁重复使用，则须在下游面设置永久保温层，保温层混凝土表面等效放热系数不大于 $3.0W/m^2 \cdot ℃$。

6）温度监测

（1）选取最大坝高的坝段作为典型坝段，每个升层（3m）埋设 2 支温度计，上下游各一支。

（2）温度计采用后埋法，即在水平施工缝面开槽埋设，开槽深度不小于 20cm，回填混凝土应为原混凝土配合比剔除大于 40mm 粒径骨料的新鲜混凝土。温度计埋设工作与混凝土施工之间应有良好的配合与协调。

（3）浇筑块内部的温度观测，混凝土浇筑 7 天内应加密观测温度变化，8 小时内至少观测一次。7 天后 24 小时内至少观测一次。

（4）承包人应记录并至少每周提交一次温度测量报告报送监理人，内容包括（但不限于）：混凝土出机口温度、混凝土入仓温度、混凝土浇筑温度、混凝土内部温度、最高温度、每条冷却水管的冷却水流量、流向、压力、入口温度、出口温度以及监理人要求的其他测量指标。

13.13　伸缩缝及止水

碾压混凝土伸缩缝及止水的施工技术要求参照本卷第 12.17 节执行。

13.14　质量保证

13.14.1　原材料的质量检查和验收

碾压混凝土原材料检测应按本卷第 12.25.2 条款和 DL/T5112—2009 中相关规定执行。

13.14.2　碾压混凝土的质量检验

1）定期检验碾压混凝土材料称量衡器，其配料称量允许偏差值应按 DL/T5112—2009 第 8.2.1 条的规定执行。

2）碾压混凝土拌和物的均匀性检测应符合下列规定：

（1）用洗分析法测定粗骨料含量时，两个样品的差值应小于 10%；

（2）用砂浆容重分析法测定砂浆容重时，两个样品的差值应不大于 $30kg/m^3$。

3）从搅拌机口随机取样进行碾压混凝土质量的检测，检测项目和抽样次数见表 13.14—1。

表 13.14—1　碾压混凝土检测标准

检测项目	取样次数	检测目的	备注
VC 值	每 2 小时一次	控制工作度	气候条件突变时，需适当增加检测次数
含气量	每班 1 次	调整引气剂量	

检测项目	取样次数	检测目的	备注
温度	每 2～4 小时一次	温控要求	
抗压强度	每 1000m³ 混凝土成型 1 组	评定碾压混凝土质量及施工质量	

4）碾压混凝土仓面 VC 值宜为 1～8 秒。

5）严格控制掺引气剂的碾压混凝土中的含气量，其变化范围宜为±1％。

13.14.3 碾压混凝土现场质量检测

1）碾压混凝土现场铺筑检测：应按 DL/T5112—2009 表 8.3.1 的规定检测其 VC 值、抗压强度、表观密度、骨料分离情况、以及两个碾压层间隔时间、混凝土加水拌和至碾压完毕时间和入仓温度等检测项目和标准。

2）表观密度检测：应采用核子水分密度仪或压实密度计，每铺筑 100m²－200m² 碾压混凝土至少有一个检测点，每一铺筑层仓面内有 3 个及以上检测点，以碾压完毕 10 分钟后的核子水分密度仪测试结果作为压实容重的判定依据；

3）相对密实度指标应按 DL/T5112—2009 的规定执行。

13.14.4 碾压混凝土质量评定

1）碾压混凝土试件应在搅拌机口取样成型，碾压混凝土生产质量控制以 15cm 标准立方体试件，以标准养护 28 天的抗压强度为准。

2）碾压混凝土抗冻、抗渗检验的合格率不应低于 80％。

3）碾压混凝土生产质量水平评定标准按 DL/T5112—2009 表 8.4.3 条规定进行。

4）碾压混凝土质量评定，应按 DL/T5112—2009 第 8.4.4 条规定，以设计龄期的抗压强度为准。

5）碾压混凝土达到设计龄期后，承包人应按 DL/T5112—2009 第 8.4.5 条的规定，钻孔取样。钻孔的部位和数量应根据高程需要确定。

13.14.5 碾压混凝土完工验收资料

碾压混凝土工程建筑物全部完工后，承包人应按本合同《专用合同条款》第 43 款的约定，向发包人申请完工验收，并按下列各条的规定提交完工资料。

1）碾压混凝土工程土建筑物的完工图；

2）碾压混凝土试验成果分析表或统计表；

3）碾压混凝土工程建筑物成型复测成果；

4）碾压混凝土工程建筑物的隐蔽工程及工程隐蔽部位的质量检查验收报告；

5）碾压混凝土工程建筑物的永久观测设施的完工资料及建筑物观测成果；

6）碾压混凝土建筑物的缺陷修补和质量事故处理报告；

7）监理人指示提交的其他完工资料。

13.15　混凝土施工记录

在碾压混凝土工程施工期间，必须有详细的施工记录，其内容包括：

1）每一构件、块体的混凝土数量，碾压混凝土所用原材料的品种、质量，混凝土标号，混凝土配合比；

2）建筑物各构件、块体的浇筑顺序，浇筑起讫时间，施工期间发生的质量事故、养护及表面保护时间、方式、情况，模板和钢筋的情况；

3）浇筑地点的气温，各种原材料的温度，碾压混凝土的浇筑温度，各部位模板拆除的日期，重要部位混凝土入仓温度；

4）碾压混凝土试件的试验结果及其分析；

5）碾压混凝土裂缝的部位、长度、宽度、深度、发现日期及发展情况、处理方法及材料；

6）碾压混凝土表面缺陷的修复材料及修复方法；

7）施工监测仪器的埋设部位、埋设日期及观测数据；

8）其他有关事宜。

13.16　碾压混凝土工程的尺寸偏差和表面要求

碾压混凝土工程尺寸偏差及缺陷处理要求参见 12.24 节。

13.17　计量和支付

1）混凝土按施工图纸所示并经监理人确认的建筑物轮廓线或构件边线或混凝土材料分区内实际浇筑的混凝土工程量，以 m^3 为单位计量，按《工程量清单》所列项目的单价支付。除特殊注明和地质缺陷外，图纸所示或监理人指示边线以外由本项目承包人完成开挖的超挖回填混凝土及其他混凝土，均包括在每 m^3 混凝土单价中，发包人不再另行支付。其他承包人超挖而由本承包人实际浇筑的相应混凝土回填量经监理人确认后，以 m^3 为单位计量，按《工程量清单》所列项目的单价支付。混凝土单价包含混凝土所用材料的供货，建基面的清理，混凝土的采购、运输、浇筑、养护、施工缝处理、表面保护及拆除、试验、质量检查（含原材料检查）、验收、混凝土面修整及缺陷处理（除混凝土裂缝外）等所需的人工、材料及使用设备和辅助设施等一切费用。

2）由于承包人施工工艺、施工方法、施工管理、施工措施、自购材料等自身责任产生的混凝土裂缝，裂缝处理的材料费由发包人承担，人工、机械及管理等其他费用由承包人承担；由于极端气候、结构、发包人供应材料等非承包人责任产生的混凝土裂缝，承包人应按设计人提出的处理方案及技术要求进行处理，由发包人按合同报价的基本原则进行计费并予以支付。实施过程中，承包人对发现的裂缝隐瞒不报，裂缝处理一切费用由承包人承担。

3）本项目_____碾压混凝土由_____系统供应，按此计算混凝土单价中的运输费用。监理人根据实际施工进度情况有权调整本项目碾压混凝土的供应生产系统。混凝土单价中应给出每1km的运输费用。当因混凝土供应系统改变而引起的运输距离变化，将按每1km运输费用调整混凝土单价，承包人不得因此进行变更或索赔。

4）凡圆角或斜角、金属件占用的空间，或体积小于0.1m³，或截面积小于0.1m²的预埋件占去的空间，在混凝土计量中不予扣除。

5）根据本节要求完成的现场生产性碾压试验，包括所有材料供应、混凝土拌和、运输、浇筑、养护、温度控制，以及试验样品、劳动力、设备和辅助设施，以及与试验有关的养护和测试等所需的一切费用按工程量报价单中所报项目总价承包。

6）承包人通过现场试验并经监理人批准的施工配合比，其水泥等原材料用量与投标配合比原材料用量出现增减时，均不作单价调整或费用补偿。

7）为满足混凝土温控要求的骨料预冷、冷水、冰的生产，混凝土表面保温、温度观测及资料分析等均不单独支付，包含在相应项目的混凝土单价内。施工期监测仪器设备和电缆费用按《工程量清单》所列项目单价支付，其单价包括设备（或材料）采购、埋设、检验（率定）等所需的人工、材料、设备损耗等一切费用。

8）混凝土初期、中期通水冷却单独计量支付。混凝土中埋设的冷却水管数量以长度（m）为单位计量，通水量以不同通水水温以m³为单位计量，并按《工程量清单》所列项目的单价进行支付。冷却水管单价包括供水主管、支管、冷却水管及附件的材料采购、制作、安装、拆除、试验、检验、质量检查和验收、冷却水管回填等一切费用。通水量单价包括供水和水冷却的材料和设备采购、安装、运行、拆除、试验、质量检查和验收、通水及水量损耗、进出水的温度测量、闷温等一切费用。

9）止水分类型按施工图中的数量以米（m）为单位计量，并按《工程量清单》所列项目的每米（m）的单价进行支付。单价应包括所用材料采购、装卸、运输、保管、试验、制作安装、保护、质量检验等所需的人工、材料、各种损耗、使用设备和辅助设施等的一切费用。

10）伸缩缝及其填料、坝体排水槽等所需所有费用均包括在每m³碾压混凝土单价内，不另行计量支付。

11）大体积混凝土质量检查（自检孔）费用按钻孔长度、钻孔直径，以延米计量，检查结果表明无质量问题，有关费用根据工程量报价单中相应单价按延米由发包人支付，如检查结果表明存在质量问题，承包人负责承担处理和钻孔、检查及回填混凝土费用。对监理人认为有疑虑的部位增加的检查项目，如检查结果表明无质量问题，有关费用由发包人支付，如检查结果表明存在质量问题，承包人负责承担处理和钻孔、检查及回填混凝土费用。由发包人指定的单位进行终检孔检查，如检查结果表明存在质量问题，承包人应负责承担处理、钻孔、检查及回填混凝土费用。

12）预制混凝土以施工图纸所示并经监理人确认的构件尺寸，以 m³ 为单位进行计量，并按《工程量清单》所列项目的单价支付。单价中应包括材料供货，模板的制作、搬运和架设，混凝土的生产、浇筑，预埋件及其制安、预制混凝土构件的运输、安装、焊接以及试验、检验、质量检查和验收等所需的全部人工、材料及使用设备和辅助设施等一切费用。

13）基础面、施工缝面及冷缝处理等铺设的砂浆，其增加费用均摊入相应混凝土单价中，不另行计量支付。

14）一期埋件均以 t 计量支付。该支付包括按本规范规定和图纸要求完成下列各项工作的全部费用，包括一期埋件的材料供应、制作、处理、切断、焊接、运输、安装、定位等工作，以及提供所有其他劳务、监管人员、设备和材料所需的所有其他工作的全部费用。

15）由于设计修改而引起某项混凝土强度等级发生变化，这种改变不属新增单价，按改变后的混凝土强度等级与原混凝土强度等级的差价，在原合同单价的基础上增减后，经监理人认可，发包人批准后，作为结算单价。

第十四节 砌体工程

14.1 说明

14.1.1 范围

本节规定适用于本合同施工图纸和监理人指示的各类砌体工程建筑物，其工程项目包括永久和临时建筑物的浆砌石、干砌石和砖砌体工程，以及钢筋石笼、抛石和铅丝石笼等。

14.1.2 承包人的责任

1）承包人应按本合同施工图纸的要求和监理人指示，负责砌体材料的修琢加工、砌筑、基础和场地清理排水、材料的试验和供应、设备的配置和维修、工程质量的检验和验收等工作，以及提供为完成上述砌体工程所需的全部人工、材料、施工设备和辅助设施等。

2）承包人应负责砌体工程胶凝材料（如水泥砂浆）的试验工作，择优选定其配合比、稠度，并应达到施工图纸要求的强度。

3）承包人应按本节第 14.2 节的各项规定，提交砌体工程施工措施计划和施工工艺，报送监理人批准后，方可施工。

4）承包人对砌体工程施工过程中的安全工作负全部责任。

14.1.3 承包人应提交的主要文件

14.1.3.1 施工措施计划

砌体工程开工前28天，承包人应提交包括下列内容的施工措施计划，报送监理人审批。

　　1）施工平面布置图；

　　2）砌体工程施工方法和程序；

　　3）施工设备的配置；

　　4）场地排水措施；

　　5）质量和安全保证措施；

　　6）施工进度计划。

14.1.3.2 砌体石料的材料试验报告

承包人应在砌体工程开工前14天，将工程采用的各种石料的材料试验成果报告，报送监理人批准。未经批准的材料不得使用。

14.1.3.3 质量检查记录和报表

在砌体工程砌筑过程中，承包人应按监理人指示提交施工质量检查记录和报表，其内容包括：

　　1）砌体工程的施工形象面貌及其相应工程量和累计工程量；

　　2）砌体材料的取样试验成果；

　　3）砌体工程基础的质量检查记录；

　　4）砌体工程砌筑的质量检查记录；

　　5）质量事故处理记录。

14.1.3.4 完工验收资料

承包人应为监理人进行砌体工程的完工验收提交以下资料：

　　1）砌体工程完工图；

　　2）砌体材料试验报告；

　　3）砌体工程基础的地质测绘资料；

　　4）砌体工程的砌筑质量报告；

　　5）监理人要求提交的其他完工资料。

14.1.4 主要设计及验收规范

　　1）《砌体结构设计规范》GB50003—2011

　　2）《砌体工程施工质量验收规范》GB50203—2011

　　3）《建筑工程施工质量验收统一标准》GB50300

　　4）《砌筑砂浆配合比设计规程》（JGJ/T98—2010）

5)《建筑砂浆基本性能试验方法》JGJ70—2009

6)《混凝土用水标准》JGJ63

7)《通用硅酸盐水泥》GB175

8)《砂浆、混凝土防水剂》JC474

9)《烧结普通砖》GB5101—2003

10)《蒸压灰沙砖》GB11945—1999

11)《蒸压加气混凝土砌块》GB11968—2006

12)《普通混凝土小型空心砌块》GB8239—1997

13)《砌筑砂浆配合比设计规程》（JGJ/T 98—2010）

14)《建筑生石灰》JC/T479—1992

15)《建筑生石灰粉》JC/T480—1992

16)《砂浆、混凝土防水剂》JC474—2008

14.2 砌石工程

14.2.1 材料

14.2.1.1 砌石

1）砌石体的石料应采自施工图纸规定或监理人批准的料场，石料的开采方法应经监理人批准。砌石材质应坚硬新鲜，无风化剥落层或裂纹，石材表面无污垢、水锈等杂质，用于表面的石材应色泽均匀。石料应冲洗干净，并进行湿润。石料的物理力学指标应符合施工图纸的要求。

2）本合同砌石体为毛石砌体，石料外形规格如下：

毛石砌体：毛石应呈块状，中部厚度应不小于15cm。规格小于要求的毛石（又称片石），可以用于塞缝，但其用量不得超过该处砌体重量的10%。

14.2.1.2 砂

砂的直径应符合 SD120—84 表 2.1.2 的规定。砂浆采用的砂料，要求粒径为 0.15～5mm，细度模数为 2.5～3.0，砌筑毛石砂浆的砂，其最大粒径不大于 5mm，砌筑料石砂浆的砂，最大粒径不大于 2.5mm。

14.2.1.3 水泥、水

1）砌筑工程采用的水泥品种和强度等级应符合本技术标准和要求第 12.3.1 条的规定，到货的水泥应按品种、强度等级、出厂日期分别堆放，受潮结块的水泥应禁止使用。

2）应按本技术标准和要求第 12.3.2 条规定的用水质量标准，拌制砂浆。对拌和及养护的水质有怀疑时，应进行砂浆强度验证，如果该水制成砂浆的抗压强度低于标准水制成的砂浆 28 天龄期抗压强度的 90%以下时，则此水不能使用。

14.2.1.4 胶凝材料

1）胶凝材料的配合比必须满足施工图纸规定的强度和施工和易性要求，配合比必须通过试验确定。施工中承包人需要改变胶凝材料的配合比时，应重新试验，并报送监理人批准。

2）拌制胶凝材料，应严格按试验确定的配料单进行配料，严禁擅自更改，配料的称量允许误差应符合下列规定：

水泥为±2％；砂、砾石为±3％；水、外加剂为±1％。

3）胶凝材料拌和过程中应保持细骨料含水率的稳定性，根据细骨料含水量的变化情况，随时调整用水量，以保证水灰比的准确性。

4）胶凝材料拌和时间：机械拌和不少于2～3分钟，一般不应采用人工拌和。局部少量的人工拌和料至少干拌三遍，再湿拌至色泽均匀，方可使用。

5）胶凝材料应随拌随用。胶凝材料的允许间歇时间应通过试验确定，或参照表14.1－1选定。在运输或贮存中发生离析、析水的砂浆，砌筑前应重新拌和，已初凝的胶凝材料不得使用。

表 14.1－1　胶凝材料的允许间歇时间

砌筑时气温（℃）	允许间歇时间（分钟）
	普通硅酸盐水泥
20～30	90
10～20	135
5～10	195

14.2.2　浆砌石体砌筑

14.2.2.1　一般要求

1）砌石体应采用铺浆法砌筑，砂浆稠度应为30～50mm，当气温变化时，应适当调整。

2）采用浆砌法砌筑的砌石体转角处和交接处应同时砌筑，对不能同时砌筑的面，必须留置临时间断处，并应砌成斜槎。

3）砌石体的尺寸和位置的允许偏差，不应超过GB50203－98表6.1.6中的规定。

表 14.2－1　胶凝材料允许间歇时间

砌筑时气温（℃）	允许间歇时间（分钟）	
	普通硅酸盐水泥	矿渣硅酸盐水泥及火山灰质硅酸盐水泥
20～30	90	120
10～20	135	180
5～10	195	—

14.2.2.2　浆砌石

1）基础的第一个石块应座浆，且将大面向下。

2）砌石基础扩大部分，若做成阶梯形，上级阶梯的石块应至少压砌下级阶梯的 1/2，相邻阶梯的毛石应相应错缝搭接。

3）浆砌石砌体应分匹卧砌，并应上下错缝、内外搭砌，不得采用外面侧立石块、中间填心的砌筑方法。

4）浆砌石砌体的灰缝厚度应为 20～30mm，砂浆应饱满，石块间较大的空隙应先填塞砂浆，后用碎块或片石嵌实，不得先摆碎石块后填砂浆或干填碎石块的施工方法，石块间不应相互接触。

5）浆砌石砌体第一匹及转角处、交接处和洞口处应选用较大的平块石砌筑。

浆砌石墙必须设置拉结石。拉结石应均匀分布、相互错开，一般每 0.7m² 墙面至少应设置一块，且相邻的中距不应大于 2m。

拉结石的长度，若其墙厚等于或小于 400mm 时，应等于墙厚；墙厚大于 400mm 时，可用两块拉结石内外搭接，搭接长度不应小于 150mm，且其中一块长度不应小于墙厚的 2/3。

6）浆砌石砌体每日的砌筑高度，不应超过 1.2m。

7）在浆砌石和实心砖的组合墙中，浆砌石砌体与砖砌体应同时砌筑，并每隔 4～6 匹砖用 2～3 匹丁砖与浆砌石砌体拉结砌合，两种砌体间的空隙应用砂浆填满。

8）浆砌石墙和砖墙相接的转角和交接处应同时砌筑。

9）浆砌石料中部厚度不应小于 200mm；

10）每砌 3～4 匹为一个分层高度，每个分层高度应找平一次；

11）外露面的灰缝厚度不得大于 40mm，两个分层高度间的错缝不得小于 80mm。

12）砌筑挡土墙应按监理人要求收坡或收台，并设置伸缩缝和排水孔。

14.2.2.3　养护

砌体外露面，在砌筑后 12～18 小时之间应及时养护，经常保持外露面的湿润。养护时间：水泥砂浆砌体一般为 14 天，混凝土砌体为 21 天。

14.2.3　水泥砂浆勾缝防渗

1）采用料石水泥砂浆勾缝作为防渗体时，防渗用的勾缝砂浆应采用细砂和较小的水灰比，灰砂比控制在 1∶1 至 1∶2 之间。

2）防渗用砂浆应采用 P.O 32.5 以上的普通硅酸盐水泥。

3）清缝应在料石砌筑 24 小时后进行，缝宽不小于砌缝宽度，缝深不小于缝宽的 2 倍，勾缝前必须将槽缝冲洗干净，不得残留灰渣和积水，并保持缝面湿润。

4）勾缝砂浆必须单独拌制，严禁与砌体砂浆混用。

5）当勾缝完成和砂浆初凝后，砌体表面应刷洗干净，至少用湿润物覆盖保持 21 天，在养护期间应经常洒水，使砌体保持湿润，避免碰撞和震动。

14.2.4 干砌石体砌筑

14.2.4.1 一般要求

1）干砌石使用材料应按施工图纸要求和监理人指示采用。

2）石料使用前表面应洗除泥土和水锈杂质。

3）干砌石砌体铺砌前，应先铺设一层厚为 100～200mm 的砂砾垫层。铺设垫层前，应将地基平整夯实，砂砾垫层厚度应均匀，其密实度应大于 90%。

14.2.4.2 干砌石护坡

1）坡面上的干砌石砌筑，应在夯实的砂砾石垫层上，以一层与一层错缝锁结方式铺砌，砂砾垫层料的粒径应不大于 50mm，含泥量小于 5%，垫层应与干砌石铺砌层配合砌筑，随铺随砌。

2）护坡表面砌缝的宽度不应大于 25mm，砌石边缘应顺直、整齐牢固。

3）砌体外露面的坡顶和侧边，应选用较整齐的石块砌筑平整。

4）为使沿石块的全长有坚实支承，所有前后的明缝均应用小片石料填塞紧密。

14.2.5 钢筋石笼

1）钢筋石笼的钢筋网所用钢筋型号及尺寸参设计要求或批准施工图纸，钢筋网所有交接处焊接必须牢固。

2）钢筋石笼应采用人工方法填筑。钢筋石笼块石粒径应大于 30cm。密实度应大于 75%。

3）全、强风化块石不得用作填筑料。

14.2.6 铅丝石笼

1）本款规定适用于永久工程及临时工程施工图纸所示铅丝石笼护砌施工。

2）铅丝石石笼的钢筋网所用铅丝型号及尺寸参设计要求或批准施工图纸，钢筋网所有交接处焊接必须牢固。

3）石笼填充石料的技术指标应符合下列规定：

（1）采用块石，尺寸：80mm＜D＜250mm；

（2）级配较好，不均匀系数≥5。

（3）全、强风化块石不得用作填筑料。

4）边丝的直径应比绞合的经纬双丝加粗一个规格的丝号，以提高牢固性。

5）任何时候铺放设备均不得直接在石笼上行驶或作业，应保证其铺设时不损坏材料。

6）在施工时要在现场直接操作，避免搬运。在填料时，为保证石笼的表面的平整度，在靠近外表面的方向先用人工将块石料有序紧密垒在笼面后至顶部，后填入大量剩余石料。

7）装填石料时，尽可能不从过高处用机器料斗倾倒石料，保证石笼形状不受破坏。

14.3　砌砖工程

14.3.1　材料

14.3.1.1　砖

本节规定适用于灰砂砖、空心水泥砖，加气砼砌块，承包人应按施工图纸要求选用砖的品种和标号。

14.3.1.2　砌砖砂浆

1）采用的水泥、砂和水应符合设计的规定。

2）生石灰：熟化成石灰膏时，应用网过滤，使其充分熟化，熟化时间不得少于 7 d。

3）砂浆应满足下列要求：

（1）符合施工图纸规定的强度等级；

（2）符合规定的砂浆稠度要求；

（3）保水性能好（分层厚度不应大于 20mm）；

（4）拌和均匀。

4）砂浆的配合比应经试验确定，若须改变砂浆的材料组成，应重新试验，并经监理人批准。

5）砂浆的配合比应采用重量比，水泥等的配料精确度控制在 2％以内；砂、石灰膏、粘土膏、粉煤灰和磨细生石灰粉等的配料精度控制在 5％以内。

6）砂浆应采用机械拌和，拌和时间从投料完算起应不少于 2 分钟。

7）砂浆应随拌随用。水泥砂浆和水泥混合砂浆应分别在拌成后 3 小时和 4 小时内使用完毕；如施工期最高气温大于 30℃，应分别在拌成后 2 小时和 3 小时内使用完毕。

14.3.2　砌筑工艺要求

砌砖的砂浆稠度，应按表 14.3－1 的规定执行。

表 14.3－1　砌砖的砂浆稠度

序号	砌体种类	砂浆稠度（mm）
1	普通砖砌体	70～90
2	烧结多孔砖、空心砖砌体	60～80

1）砖应提前 1～2 天浇水湿润。普通砖、多孔砖含水率为 10％～15％。含水率以水重占干砖重的百分数计。

2）砌砖体的灰缝横平竖直，厚薄均匀，并填满砂浆。

3）埋入砌砖中的拉结筋，应安设正确、平直，其外露部分在施工过程中不得任意弯折。砌砖体尺寸和位置的允许偏差，应不超过 GB50203—2002 第 4.1.8 条规定的限值。

4）烧结普通砌砖体应上下错缝、内外搭接。实心砌砖体宜采用一顺一丁，梅花丁或三顺一丁的砌筑形式，砖柱不得采用包心砌法。

5）砌砖体水平灰缝的砂浆应饱满，实心砌砖体水平灰缝的砂浆饱满度不得低于80％，竖向灰缝宜采用挤浆或加浆方法，使其砂浆饱满，严禁用水冲浆灌缝。砌砖体的水平灰缝宽度一般为 10mm，但不应小于 8mm，也不应大于 12mm。

6）砌砖体的转角处和交接处应同时砌筑，对不能同时砌筑而又必须留置的临时间断处，应砌成斜槎。烧结普通砖砌体的斜槎长度不应小于高度的 2/3，多孔砖砌体的斜槎长高比应按砖的规格尺寸确定，外墙转角处严禁留直槎。

7）砌砖体接槎时，必须将接槎处的表面清洗干净，浇水湿润，填实砂浆，保持灰缝平直。

8）每层承重墙的最上一匹砖，应为整砖丁砌层。在梁或梁垫的下面，砌体的阶台水平面上以及砌砖体的挑出层（挑檐、腰线等）中，也应采用整砖丁砌层砌筑。

9）施工需要在砖墙中留置的临时洞口，其侧边离交接处的墙面不应小于500mm；洞口顶部设置过梁。砌体墙在悬挑部位墙体、变形缝两侧、女儿墙及纵横墙交接处等部位应设置构造柱。砌体墙超过一定高度应设置构造梁。临时施工洞口的补砌，洞口砖块表面应清理干净，浇水湿润，再用与原墙相同的材料补砌严密。

10）所有与混凝土柱相接的砖墙应用拉结钢筋与混凝土柱固定。所有砌体墙在竖直平面内均应垂直，每隔一定高度设置拉结钢筋，竖缝应交错，砌体砖墙顶部应与混凝土梁板顶紧，隔墙的顶部应填实，伸缩缝应用嵌缝而不用砂浆。

14.3.3　养护

1）外露面砌体，养护期内应避免雨淋或暴晒；

2）砌砖体完工后应至少洒水养护 3 天。

14.4　质量检查和验收

14.4.1　砌石工程质量检查

14.4.1.1　原材料的质量检查

1）砌石工程所用的毛石应按监理人指示和本节第 14.2.1.1 款的规定进行物理力学性质和外形尺寸的检查。所用衡量器，应在每次使用前进行校正。

2）用于砌石的水泥、水、外加剂以及砂和砾石等原材料应按监理人指示及本节第

14.2.1.1～14.2.1.4 款的规定进行质量检查。

14.4.1.2　胶凝材料的质量检查

1）应按监理人指示定期检查砂浆材料的配合比。

2）水泥砂浆的均匀性检查，应根据监理人指示，定期在拌和机口出料时间的始末各取一个试样，测定其湿容重，其前后差值每 m³ 不得大于 35kg。

3）水泥砂浆的抗压强度检查，同一标号砂浆试件的数量，28 天龄期的每 200m³ 砌体取成型试件一组 3 个。

14.4.1.3　浆砌石砌体质量检查

1）外观检查：砌体砌筑面的平整度和勾缝质量、石块嵌挤的紧密度、缝隙砂浆的饱满度、沉降缝贯通情况等的外观质量检查。

2）排水孔的坡度和阻塞情况。

3）浆砌石砌筑的尺寸和位置的允许偏差：其检查方法应按 GB50203 － 98 表 6.1.6 的规定执行。

14.4.2　砌砖工程质量检查

14.4.2.1　砖的品种、标号要求

砖的品种、标号要求必须符合施工图纸和监理人指示的要求，并检查出厂合格证和抽样试验报告。

14.4.2.2　砂浆品种除符合施工图纸要求外，还应符合以下的强度规定：

1）同品种、同标号砂浆组试块的平均强度不小于砂浆强度的标准值；

2）任意一组试块的强度不小于 0.75 砂浆强度的标准值；

3）砖砌体砂浆饱满度的检查应按本节第 14.3.2　5）款的规定执行。

14.4.2.3　外墙的转角处严禁留直槎，其他临时间断处，留槎的做法必须符合施工图纸和监理人指示的要求。

14.4.2.4　砌砖工程质量应满足以下要求：

1）砌砖体上下错缝应符合下列规定：砖柱、垛无包心砌法；窗间墙及清水墙面无通缝；混水墙每间（处）4～6 匹砖的通缝不超过 3 处。

2）砌砖体接槎处应灰浆密实，缝、砖平直，每处接槎部位水平缝厚度小于 5mm 或透亮的缺陷不超过 10 个。

3）预埋拉结筋应符合施工图纸的要求，留置间距偏差不超过 3 匹砖。

4）留置构造柱位置应正确，大马牙槎先退后进，残留砂浆清理干净。

5）清水面墙组砌正确，刮缝深度适宜，墙面整洁。

14.4.2.5　砌砖体尺寸、位置允许偏差

砌砖体尺寸、位置允许偏差应符合 GB50203—2002 表 7.2.3 和表 7.3.1 的规定。

14.4.3　钢筋石笼的资料检查

1）钢筋石笼的材料应符合设计要求。

2）钢筋石笼的规格尺寸应符合设计要求。

3）钢筋石笼砌码应错缝，外表面应平顺整齐。不平整度控制在 5cm 以下。

14.4.4　铅丝石笼的资料检查

1）铅丝石笼的材料应符合设计要求。

2）铅丝石笼的规格尺寸应符合设计要求。

3）铅丝石笼外表面应整齐。

14.4.5　工程验收

1）砌体工程砌筑、钢筋石笼及土工格栅施工前应进行砌筑体测量放样成果的检查和基础面开挖清理质量的检查和验收。

2）在砌体工程砌筑、钢筋石笼及铅丝石笼施工过程中，按本节第 14.2 及 14.3 的规定对砌体工程、钢筋石笼及铅丝石笼等的各项材料和施工质量进行检查和验收。

3）完工验收。每项砌体、钢筋石笼及铅丝石笼工程完工后，承包人应按合同条款第 18 条的规定，向监理人申请完工验收，并按本节第 14.1.3.4 款的规定向监理人提交完工验收资料。

14.5　计量和支付

14.5.1　临时工程的浆砌石体计量和支付

临时工程的浆砌石体所需的一切费用包含在相应临时工程总价中，发包人不另行支付。

14.5.2　永久工程的浆砌石体计量和支付

1）浆砌石以施工图纸所示的建筑物轮廓线或经监理人批准实施的砌体建筑物测量计算的工程量以每 m³ 为单位计量，并按《工程量清单》所列项目的每 m³ 单价进行支付。单价中包含材料供货、备料、砌筑、勾缝、养护、砂浆抹面、试验以及质量检查和验收等所需全部人工、材料以及使用设备和辅助设施等一切费用。

2）浆砌石砂浆抹面已包含在《工程量清单》所列项目的每 m³ 单价中。包括浆砌石砂浆抹面所用的材料供货、砂浆拌制、粉刷、养护、质量检查和验收等所需的人工、材料以及使用设备和辅助设施等一切费用，发包人不再单独计量支付。

3）因施工需要所进行砌体基础面的清理和施工排水，均应包括在砌筑体工程项目的单价中，发包人不再单独计量支付。

4）砖砌体工程所用的材料（包括砖、水泥、砂石骨料、外加剂等）的采购、运输、保管、材料的加工、砌筑、砂浆抹面、试验、养护、质量检查和验收等所需的全部人工、材料以及使用设备和辅助设施等的一切费用均包括在砌筑体单价中。

5）砂浆抹面和屋顶防潮涂层以施工图纸所示的部位或经监理人批准实施的工程量以每 m² 为单位计量，并按《工程量清单》所列项目的每 m² 单价进行支付。

屋顶防潮涂层施工所需的各种材料的采购、运输、贮存、保管、试验，防潮涂层的铺设、涂刷、养护以及质量检验和验收等所需的全部人工、材料、使用设备和辅助设施等一切费用均已包括在每平方米单价中。

6）埋入砌砖中的拉结筋以吨（t）计量，并按钢筋制作与安装的相应单价支付。

7）因施工需要所进行砌体基础面的清理和施工排水，均应包括在砌筑体工程项目的单价中，不再单独计量支付。

14.5.3　钢筋石笼计量和支付

本合同工程用的钢筋石笼按监理人实际签认合格的工程量以每 m³ 石方及每 t 钢筋为单位计量，并按《工程量清单》所列项目的每 m³ 石方及 t 钢筋单价进行支付。单价中包含材料供货、钢筋笼加工、备料、码石填筑、试验以及质量检查和验收等所需全部人工、材料以及使用设备和辅助设施等一切费用。

14.5.4　铅丝石笼计量和支付

本合同用的铅丝石笼按监理人实际签认合格的工程量以每 m³（含石方及铅丝）为单位计量，并按《工程量清单》所列项目的每 m³（含石方及铅丝）单价进行支付。单价中包含材料供货、铅丝笼加工、备料、码石填筑、试验以及质量检查和验收等所需全部人工、材料以及使用设备和辅助设施等一切费用。

第十五节　钢结构的制作和安装

15.1　说明

15.1.1　范围

本节规定适用于本合同施工图纸所示的钢爬梯、钢转梯、钢栏杆、钢盖板等及其附件的制造及本标工程其他零星结构以及上述项目的埋设件等钢结构的制造和安装。

15.1.2　承包人的责任

1）承包人应按本技术标准和要求的规定进行材料的采购、检验和验收。

2）承包人应负责本工程全部钢结构的制作和安装，包括按规定进行钢构件的制作、运输和存放，钢结构的安装，以及质量检查和验收等全部工作。

3）承包人应指派持有上岗证的合格焊工和无损检测人员，进行钢结构制作、安装的焊接和检验工作，并应按规定进行焊接工艺评定。

4）承包人应按合同规定，承担保修期的缺陷修复工作。

15.1.3　主要提交文件

15.1.3.1　钢结构制作、安装措施计划

承包人应在大型钢结构制作前 21 天，按施工图纸要求和监理人的指示，提交一份钢结构制作和安装措施计划，报送监理人审批，其内容应包括：

1）钢结构制作和安装场地的布置及说明；

2）钢结构的制作工艺设计；

3）钢结构的安装方法；

4）钢结构制作和安装的质量控制措施；

5）型钢构件的运输和吊装方案；

6）钢结构制作和安装的进度计划；

7）质量与安全保证措施。

15.1.3.2　材料采购计划

承包人根据工程进度计划和施工图纸的要求，按本技术标准和要求的规定提交用料采购计划，报监理人审批。

15.1.3.3　完工验收资料

承包人应按本合同条款的规定，为监理人进行钢结构工程的完工验收，提交以下完工资料：

1）钢结构工程完工图；

2）钢结构工程各项材料和外购件的质量证明书、使用说明书或试验报告；

3）钢构件验收合格证书及验收资料；

4）钢结构安装基础、支承面及隐蔽部位的检查验收报告；

5）钢结构安装焊缝的质量检验报告；

6）钢结构荷载试验报告；

7）施涂工艺和涂装检查报告；

8）重大缺陷和质量事故处理报告；

9）监理人要求提交的其他完工资料。

15.1.4　引用标准和规程规范

1）《钢结构工程施工质量验收规范》GB50205—2001

2）《钢结构工程质量检验评定标准》GB50221—1995

3）《钢结构设计规范》GB50017—2003

4）《金属熔化焊焊接接头射线照相》GB3323—2005

5）《钢结构高强度螺栓连接技术规程 JGJ82—2011》

6）《建筑结构荷载规范》GB50009—2012

7)《钢结构、管道涂装技术规程 YB/T9256—96》

8)《现场设备、工业管道焊接工程施工及验收规范》GB50256—98

9)《涂覆涂料前钢材表面处理表面清洁度的目视评定》GB/T8923—2008

10)《钢制对焊无缝管件》GB12459—2005

11)《热轧钢棒尺寸、外形、重量及允许偏差》GB/T702—2008

12)《热轧型钢》GB/T706—2008

13)《热轧钢板和钢带的尺寸、外形、重量及允许偏差》GB/T709—2006

14)《手工电弧焊及埋弧焊焊工考试规则》SDZ009

15)《涂装前钢材表面粗糙度等级的评定》GB/Tl3288

16)《埋弧焊焊缝坡口的基本型式与尺寸》GB/T986—1988

17)《气焊、焊条电弧焊、气体保护焊和高能束焊的推荐坡口》GB/T985—2008

18)《不锈钢无缝钢管》GB2270

19)《钢焊缝手工焊超声波探伤方法和探伤结果分析》GB12345

20)《涂漆通用技术条件》SDZ014

21)《火焰切割面质量技术要求》JB3092

22)《焊接件通用技术要求》JB/ZQ4000.3

23)《焊接接头机械性能实验方法》GB2649—2654

24)《焊工技术考核规程》DLJ61

15.2　材料和外购件

15.2.1　一般要求

1)钢结构制作和安装使用的全部钢材、焊接材料、外购件和涂装材料均应由承包人按批准的采购计划（清单）进行采购。

2)材料和外购件运抵工地后，承包人应负责验收入库，并应接受监理人的检查。每批到货的材料应附有质量证明书、使用说明书或试验报告。

3)承包人应按监理人指示，对到货的材料和外购件进行抽样检验，并将检验成果报送监理人。

4)承包人根据货源情况要求采用代用材料时，应提供代用材料的技术标准、质量证明书和试验报告。只有在证明其材料不降低工程质量和不影响施工进度的前提下，经监理人批准后，才能采用代用材料。

15.2.2　钢材

1)钢结构工程的钢材应按施工图纸规定的品种和规格进行采购，钢材的材质应符合现行国家标准。

2)钢材应存放在干燥通风的仓库内，注意防止锈蚀和污染。

3）钢材应分类堆放，挂牌注明品种、规格和批号，搁置稳妥，防止变形和损伤。

15.2.3 焊接材料

1）焊接材料应按施工图纸的要求选用，并应符合现行国家标准。

2）焊接材料必须分类存放在干燥通风良好的仓库内，库房内温度不应低于 5℃，相对湿度不大于 70%。

15.2.4 外购件

1）按施工图纸要求采购的螺栓和其他零部件应符合现行国家标准。

2）外购件应注意轻装轻卸，在室内按批号、规格分类存放。防止生锈、污染和损坏螺纹。

15.2.5 涂装材料

1）承包人按施工图纸要求采购的涂装材料，在制作厂提供的使用说明书中应说明涂层材料的特性、化学成分、配比、施涂方法、作业规则、施涂环境要求以及运输、存放和养护措施等。涂装材料应符合现行国家标准。

2）涂装材料及其辅助材料应贮于 5～35℃ 通风良好的库房内，按原包装密封保管。若制造厂另有规定，则应按制作厂规定执行。

15.3 钢构件制作

15.3.1 说明

1）承包人应按监理人提供的钢结构施工图纸，绘制钢构件的加工图和制订工艺措施，并在钢构件制作前 21 天报送监理人审批。

2）若承包人根据制造工艺，需对钢构件的施工图纸进行局部修改时，应经监理人批准，承包人不得因此要求增加额外支付。

15.3.2 钢构件零件和部件的加工

15.3.2.1 切割

1）气割前应清除切割边缘 50mm 范围内的锈斑、油污等；气割后应清除熔渣和飞溅物等。

2）机械剪切的加工面应平整。

3）坡口加工完毕后，应采取防锈措施。

15.3.2.2 矫正和成型

1）钢材切割后应矫正，其标准应符合以下规定：

（1）钢材冷矫正和冷弯曲的最小弯曲半径和最大弯曲矢高应符合 GB50205—2001 的规定。冷压折弯的零、部件边缘应无裂纹。

（2）钢材矫正后表面不应有明显的凹面和损伤，划痕深度不得大于该钢材厚度负偏差值的 1/2，且不大于 0.5mm。钢材矫正后的允许偏差应符合 GB50205—2001 的规定。

2）弯曲成形的零件，应采用样板检查。成形部位与样板的间隙不得大于 2mm。

15.3.2.3 边缘加工

1）刨、铣加工的边缘，要求光洁、无台阶。加工表面应妥善保护。

2）在施工图纸未规定时，边缘加工的允许偏差，应符合表 15.3－1 的规定；顶紧接触面端部铣平的允许偏差，应符合表 15.3－2 的规定。

3）焊缝坡口的型式和尺寸应按施工图纸和焊接工艺要求确定。

表 15.3－1 边缘加工的允许偏差

项 目	允许偏差
零件宽度、长度	±1.0mm
加工边直线度	L/3000 且不大于 2.0mm
相邻两边夹角	±6′
加工面垂直度	0.025t 且不大于 0.5mm
加工面表面粗糙度	▽50

注：t 为切割面厚度（mm）；L 为杆件长度（mm）。

表 15.3－2 端部铣平的允许偏差

项 目	允许偏差
两端铣平时构件长度	±2.0 mm
两端铣平时零件长度	±0.5 mm
铣平面的平面度	0.3 mm
铣平面对轴线的垂直度	L/1500

15.3.2.4 螺栓连接

1）螺栓孔的允许偏差必须符合施工图纸的规定。成孔后两孔间距离的允许偏差，在施工图纸未规定时，应符合表 15.3－3 的规定。

2）螺栓孔应采用钻孔成型，不得采用气割扩孔。孔边应无飞边和毛刺。

3）当螺栓孔的允许偏差超过施工图纸的规定值时，经监理人同意后，方可扩钻或采用与母材力学性能相当的焊条补焊后重新制孔，严禁用钢板填塞。扩钻后的孔径不得大于原设计孔径 2.0mm。每组孔经补焊重新制孔的数量不得超过 20％，处理后应作记录。

4）在强度螺栓连接处摩擦面应平整、无毛刺、油污等。其表面处理应符合施工图纸要求。

5）经处理的高强度螺栓连接处摩擦面，应在附件上作抗滑移系数试验，其最小值应符合施工图纸要求。

6）处理好的构件摩擦面应采取保护措施，以防污损。

表15.3－3　螺栓孔孔距的允许偏差　　　　　　　　　　　　　　　　　　单位：mm

项目　　＼＼　孔距	＜500	501～1200	1201～3000	＞3000
同一组内任意两孔间距离	±1.0	±1.5		
相邻两组的端孔间距离	±1.5	±2.0	±2.5	±3.0

注：螺栓孔的分组应符合下列规定：

（1）在节点中连接板与一根杆件相连的所有螺栓孔为一组。

（2）对接接头在拼接板一侧的螺栓孔为一组。

（3）两相邻节点或接头间的螺栓孔为一组，但不包括（1）、（2）所规定的螺栓孔。

（4）受弯构件翼缘上，每米长度范围内的连续螺栓孔为一组。

15.3.2.5　焊接钢板节点

1）焊接钢板节点板，应用机械切割。

2）节点板长度允许偏差为±2.0mm，节点板厚度允许偏差为＋0.5mm，十字节点板间及板与盖板间夹角允许偏差为±20，节点板之间的接触面应密合。

15.3.2.6　杆件

1）杆件应用机械切割。

2）杆件加工的允许偏差应符合表15.3－4的规定。

表15.3－4　杆件加工的允许偏差　　　　　　　　　　　　　　　　　　单位：mm

项目	允许偏差 mm
钢衬杆件长度	±1.0
型钢杆件长度	±2.0
封板或锥头与钢衬轴线垂直度	0.5％r
杆件轴线不平直度	L/1000 且不大于 5.0

注：r为封板或锥头底半径；L为杆件长度。

15.3.2.7　节点与杆件连接

1）节点与杆件的连接必须严格按施工图纸的要求执行。

2）节点与杆件在连接后应无明显损伤，并应清除焊疤和毛刺等。

15.3.2.8　厂家提供的零部件

若结构的零、部件由专业产品制造厂提供时，承包人应负责进货验收，检查其强度检验报告和产品质量证明书，并按监理人指定的抽检项目进行检验。厂家提供的上述报告和证书以及承包人的检验报告，均应提交监理人。

15.3.3　钢构件的组装和焊接

15.3.3.1　组装

1）钢构件组装前，应进行零、部件的检验，并作好记录，检验合格后才能投入组装。

2）连接表面及沿焊缝每边 30～50mm 范围的铁锈、毛刺和油污等脏物应清除干净。

3）对非密闭的隐蔽部位，应按施工图纸的要求进行涂装处理后，方可进行组装。

4）焊接连接组装的允许偏差应符合 GB50205—2001 的规定。

5）对刨平顶紧的部位用 0.3mm 塞尺检查，应有 75% 以上的面积紧贴，塞入面积之和应少于 25%，边缘间隙不得大于 0.8mm。顶紧面应经检查合格后，方能施焊，并做好记录。

6）H 型钢的板材需要拼接组装时，其翼缘板可按长度方向拼接，腹板拼接缝可采用"十"字形或"T"字形，翼缘板和腹板的拼接缝间距应大于 200mm。H 型钢组焊的允许偏差，应符合 GB50205—2001 的规定。

15.3.3.2　焊接工艺评定和焊接工艺规程

承包人对首次使用的钢材，以及改变焊接材料、焊接方法、焊后热处理等，应进行焊接工艺评定。焊接工艺评定规则应按 GB50256—98 第 4.2 节的规定进行，焊接工艺评定报告格式可参考 GB50256—98 附录 A 第 A.0.1 条的规定。焊接工艺评定报告应报送监理人审批。

15.3.3.3　焊工

1）焊工应持有上岗合格证。合格证应注明证件有效期限和焊工施焊的范围等。焊工参加焊接工作中断 6 个月以上的，应重新进行考试。

2）焊工应严格按焊接工艺规定的施焊顺序和方法以及批准的焊接参数进行焊接。焊接过程中应随时自控好构件制造和钢结构安装的变形。

15.3.3.4　焊接

1）焊接材料应储存在干燥、通风良好的地方，并有专人保管。使用前必须按产品使用说明书规定的技术要求进行烘焙，保护气体的纯度应符合工艺要求。低氢型焊条烘焙后应放在保温箱（筒）内，随用随取。焊丝、焊钉在使用前应清除其表面的油污、锈蚀等。

2）超过保质期的焊接材料、药皮脱落或焊芯生锈的焊条、受潮的焊剂及熔烧过的渣壳，均禁止使用。

3）施焊前，焊工应自检焊件接头质量，发现缺陷应先处理合格后，方能施焊。

4）焊工应遵守焊接工艺，在引弧板或坡口内引弧，不得在坡口外的母材上引弧，收弧时应将弧坑填满。对接、角接、T 形、十字接头等对接焊缝及组合焊缝，均应在焊缝两端加设引弧和引出板，其材质及坡口型式应与焊件相同。焊接完毕后，应用气割切除引弧和引出板，并修磨平整，严禁用锤击落。

5）每条焊缝应一次焊完，当因故中断后，应清理焊缝表面，并根据工艺要求，对已焊的焊缝局部采取保温缓冷或后热等，再次焊接前应检查焊层表面，确认无裂纹后，方可继续施焊。

6）多层焊接应连续施焊，及时将前一道焊缝清理检查合格后，再继续施焊，多层焊的层间接头应错开。

7）定位焊缝的长度、厚度和间距，应能保证焊缝在主缝焊接过程中不致开裂。定位焊焊接时，应采用与主缝相同的焊接材料和焊接工艺，并应由合格焊工施焊。

8）厚度大于 50mm 的碳素钢和厚度大于 36mm 的低合金钢，施焊前应进行预热，焊后应进行后热。温度控制应按施工图纸或焊接工艺评定确定，若无规定时，预热温度控制在 100～150℃，层间温度应保持在预热温度范围内（定位焊缝的预热温度较主缝预热温度提高 20～30℃）。预热区应均匀加热，加热宽度为焊缝中心两侧各 3 倍焊件厚度，且不小于 100mm。

当焊件温度低于 0℃时，所有钢材的焊缝应在始焊部位 100mm 范围内预热到 15℃以上。

9）焊接环境：

（1）焊接时的风速，在手工电弧焊、埋弧焊、氧乙炔焊时不应大于 8m/秒，在气体保护焊时不应大于 2m/秒。当超过规定时，应有防风设施。

（2）相对湿度不得大于 90％。

（3）当焊接表面潮湿，雨、雪、刮风天气，焊工及焊件无保护措施时，不应施焊。

10）焊接工作完毕后，焊工应清理焊缝表面，自检焊缝合格后，在焊缝部位旁，打上焊工工号钢印。

15.3.3.5 焊缝质量检验

承包人应按施工图纸规定的焊缝质量等级，并按 GB50205—2001 的规定，对焊缝进行外观检查和无损探伤检验。无损检测人员必须持有国家有关专业部门签发的无损检测资格证书，才能从事相应的焊缝检测工作。栓钉焊检验应遵照 GB50205—2001 的规定。

1）外观检查。应按 GB50205—2001 的规定，对全部焊缝进行外观检查。监理人认为有必要时，检查表面裂纹应采用磁粉或渗透探伤。

2）超声波探伤检验。按施工图纸的规定，对质量等级为一、二级的焊缝进行超声波探伤检验时，探伤检验的标准应按 GB50205—2001 的规定执行。

3）X 射线探伤检验。按施工图纸规定，须作 X 射线探伤检验时，X 射线探伤按 GB3323—2005《金属熔化焊焊接接头射线照相》标准评定。一级焊缝Ⅱ级合格；二级焊缝Ⅲ级合格。

4）监理人有权增加探伤比例，抽查指定容易产生缺陷或可疑的部位，并抽查到每个焊工的焊缝。在局部探伤部位发现有不允许的缺陷时，应在该缺陷两端增加探伤长度，增加的长度不应小于该焊缝长度的 10%，且不应小于 200mm；若在检验区内仍发现有不允许的缺陷时，则应对该焊缝的全长进行检验。

5）焊缝质量检验报告。承包人应向监理人提交一份附有上述检验记录的焊缝质量检验报告，供监理人进行钢构件验收用。

15.3.3.6　焊缝缺陷处理

经检查确认必须返修的焊缝缺陷，应由承包人提出返修措施，经监理人同意后进行返修。返修后的原缺陷部位仍需按本节第 15.3.3.5 款的规定进行检验。同一部位的返修次数不应超过两次。当超过两次时，应重新制定新的返修措施报监理人批准后实施。返修后的焊缝应重新进行检验。

15.3.4　涂装

1）构件制作的质量检验合格后，承包人应对构件的非连接部位进行涂装。大型钢构件的涂装应在施涂前 21 天，提交一份施涂工艺报告，报送监理人审批。报告内容应包括涂装材料的产品质量证明书、使用说明书、施涂方法、采用设备以及涂层试验、检验方法和缺陷修补等。

2）构件涂装前应对其表面进行除锈处理。除锈方法和除锈等级应按施工图纸要求，除锈质量应符合 YB/T9256－96《钢结构、管道涂装技术规程》第2.6节的规定。除锈合格后，应立即涂装，在潮湿气候条件下 4 小时内完成；在气候较好条件下不超过 12 小时。

3）在有雨、雾、雪、风沙及灰尘较大的户外环境中禁止进行涂装作业。

4）构件涂装时的环境温度和相对湿度，应遵守产品使用说明书的规定。在产品使用说明书未规定时，环境温度应控制在 5～38℃，相对湿度应小于 85%，构件表面不低于露点以上 3℃。涂装后 4 小时内不得淋雨和日光暴晒。

5）涂装层数、厚度、间隔时间、涂料调配方法及注意事项，均应严格按施工图纸、监理人的要求以及制造厂产品说明书的规定执行。当天使用的涂料应在当天配置，并不得随意添加稀释剂。

6）不得使用超过保质期的涂料。由于贮存不当而影响涂料的质量时，必须重新检验，并经监理人同意后方能使用。

7）施工图纸中注明不涂装的部件不应误涂，安装待焊部位应留出 80～100mm，连接部位结合面暂不涂装。

8）涂装应均匀、有光泽、附着良好，无明显起皱、流挂和气泡。

15.3.5　钢构件制作质量检查

15.3.5.1　钢构件外形尺寸的允许偏差应满足施工图纸要求，并应符合 GB50205－2001

的规定。

15.3.5.2 施工图纸要求预拼装的构件，在构件交付安装前，应在自由状态下进行预拼装检查。

1）多节柱，梁、桁架，管构件，构件平面总拼装的允许偏差，应符合 GB50205－2001 的规定。

2）多层板叠螺栓孔的通过率应符合以下要求：当采用比孔公称直径小 1.0mm 的试孔器检查时，每组孔的通过率不应少于 85％；当采用比螺栓公称直径大 0.3mm 的试孔器检查时，通过率应为 100％，通过率若不符上列规定时，可按本节第 15.3.2.4 款 3）项的规定处理。

3）预拼装检查合格后，应标注中心线及安装控制基准线等。

15.3.5.3 承包人应会同监理人按本节第 15.3.5.1 和第 15.3.5.2 款进行钢构件质量检查，并作好检查记录，由监理人签认后，作为本节第 15.5.2 条进行钢构件的验收资料。

15.4 钢结构的安装

15.4.1 说明

1）钢结构工程安装前，承包人应会同监理人按本节第 15.5.2 条的规定，对全部钢构件进行验收，合格并经监理人签认后，方能进行钢结构工程的安装。

2）安装前，承包人应校测用于安装的基准点和控制点以及检查钢结构工程的安装轴线、基础标高、基础混凝土强度和基础是否符合施工图纸的规定。

3）钢结构安装过程中应保证结构的稳定性和不产生永久性变形。

4）钢结构安装过程中的螺栓连接、组装、焊接和涂装等工序的施工应符合本节第 15.3.2.4 款、第 15.3.3 条和第 15.3.4 条的有关规定。

5）钢构件吊装前应清除其表面的泥渍、灰尘和油污等。

6）钢构件在运输和吊装过程中损坏的涂层及安装连接处未涂的部位，应按第 15.3.4 条的规定补涂。

7）钢结构制作、安装和验收用的测量器具，应满足精度要求，并应经计量检定机构检定合格。

15.4.2 基础和支承面

1）钢结构的支承构造应符合施工图纸要求，垫钢板处每组不得多于 5 块；采用成对钢斜垫板时，其叠合长度不应小于垫板长度的 2/3。垫板与基础面和钢结构支承面的接触应平整、紧密。调整合格后，在浇注混凝土前用点焊固定。

2）钢板支承面、地脚螺栓的允许偏差应符合表 15.4－1 的规定。

表 15.4－1 支承面、地脚螺栓的允许偏差

项目		允许偏差 mm
支承面	标高	±3.0
	水平度	L/1000
地脚螺栓	螺栓中心偏移	5.0
	螺栓露出长度	+20.00
	螺纹长度	+200
预留孔中心偏移		15.0

3）底座为座浆底板时，应采用无收缩砂浆。砂浆试块强度应高于基础混凝土强度一个等级。座浆垫板的允许误差应符合表 15.4－2 的规定。

4）钢结构在安装形成空间刚度单元后，应及时对柱底板和基础顶面的空隙用细石混凝土二次浇灌。

表 15.4－2 座浆底板的允许偏差

项目	允许偏差 mm
顶面标高	0－3.0
水 平 度	L/1000
位置	20.0

15.4.3 钢构件的运输和存放

1）承包人应负责将已验收的钢构件运到指定安装地点。对大型钢构件应按本节第 15.1.3.1 款规定，制订完善的运输措施，其内容应包括起重、运输设备和装卸、运输方法以及防止变形的加固措施。

2）钢构件在运输、存放期间，应注意防止损伤涂层。

3）钢构件存放场地应平整、坚实、干净。底层垫枕应有足够的支承面，堆放方式应防止钢构件被压坏和变形，钢构件应按安装顺序分区存放。

15.4.4 钢结构的安装

1）安装前，应对钢构件进行检查。当钢构件的变形超出允许偏差时，应采取措施校正后才能安装。

2）钢结构采用扩大拼装单元进行安装时，对容易变形的钢构件应进行强度和稳定性验算，必要时应采取加固措施。

3）大型钢构件采用单点或多点抬吊安装及高空滑移安装时，其吊点必须经过计算确定。

4）利用安装好的钢结构吊装其他物件时，事先应征得监理人同意，并应进行验算，在确认安全后方能使用。

5）钢柱、梁、桁架、支撑等主要构件安装就位后，应立即进行校正、固定，当天安装的钢构件应形成稳定的空间体系。

6）在室外进行钢结构安装校正时，除考虑焊接变形因素外，还应根据当地风力、温差、日照等影响，采取相应的调整措施。

7）施工图纸要求顶紧的接触面，应有 70％ 的面紧贴，用 0.3mm 厚塞尺检查，塞入面积之和应小于 30％，边缘最大间隙不应大于 0.8mm，并作好记录。

8）钢构件的连接接头，应按施工图纸的规定，检查合格后方能连接。

9）承受荷载的安装定位焊缝，其焊点数量、厚度和长度应进行计算确定。

10）钢构件摩擦面，安装前应复验构件制造厂所附试件的抗滑移系数，合格后方能使用。

11）高强度大六角头螺栓连接，应按出厂批号复验扭矩系数平均值和标准偏差；扭剪型高强度螺栓连接，应按出厂批号复验紧固轴力平均值和变异系数，复验结果均应符合 JGJ82—2011 有关规定。

12）高强度螺栓连接的安装应按 JGJ82—2011 有关规定执行。

13）高强度螺栓连接安装完毕后，应检查高强度螺栓连接复验数据、抗滑移系数复验数据、扭矩、扭矩扳手检查数据，扭矩检查应在螺栓终拧 1 小时以后、24 小时以前完成。检查记录应提交监理人。

14）用高强度螺栓连接的钢结构，在拧紧螺栓并检查合格后，应用油腻子将所有接缝处填嵌严密，并应按防腐要求进行处理。

15）当网架用螺栓球节点连接时，在拧紧螺栓后，应将多余的螺孔封堵，并用油腻子将所有接缝处填嵌严密，再补刷防腐涂料。

15.4.5 钢结构安装质量的检查

钢结构安装偏差的检验，应在结构形成空间刚度单元并连接固定后进行。钢结构安装的允许偏差应满足 GB50205—2001 的规定。

15.5 钢结构工程的验收

15.5.1 钢结构材料和外购件的验收

用于钢结构工程的钢材、焊接材料、外购件和涂装材料等，均应按合同条款以及本节第 15.2 节的规定进行检验和验收。每批材料和外购件均应经监理人检查签认后方能使用。

15.5.2 钢构件的验收

钢结构的各项构件制造完成后，承包人应在钢结构工程开始安装前 28d，向监理人提交钢构件的验收申请报告，并应同时提交以下各项验收资料，经监理人同意后，进行钢构件验收，并由监理人签发钢构件的质量合格证。提交的验收资料应包括：

1）钢构件验收清单；

2）钢构件加工图；

3）钢构件各项材料和外购件的质量证明书、使用说明书或试验报告；

4）焊接工艺规程和焊接工艺评定报告；

5）焊缝质量检验报告；

6）钢构件隐蔽部位的质量检查记录；

7）施涂工艺和涂装检查记录；

8）钢构件及预拼装检查记录。

15.5.3 钢结构工程的完工验收

钢结构工程的安装工作全部完成后，承包人应按本合同条款的规定，提交钢结构工程验收申请报告，并应按本节第15.1.3.3款的规定，提交完工验收资料，经监理人报请发包人批准后进行钢结构工程的完工验收。

15.6 计量和支付

1）钢结构以施工图纸所示并经监理人确认的工程量，按《工程量清单》所列项目的单位和单价计量和支付。

单价中包括材料供货、金属构件的制作和安装、检验和试验，以及质量检查和验收等所需的全部人工、材料、使用设备和辅助设施等的一切费用。

为了固定金属构件使之在混凝土浇筑、灌浆过程中保证正确位置所需的临时拉杆、夹具、安装螺栓、焊接金属及其他杂项材料不单独计量，其费用包括在相应项目的单价中。

2）涂装作业，包括涂装材料的采购、运输和存放，涂刷、试验和养护等工作所需的人工、材料、使用设备和辅助设施等的一切费用不单独支付，其费用均应包括在各钢结构物的单价中。

第十六节　钢衬的制作与安装

16.1 说明

16.1.1 工作范围

_____工程钢衬共_____孔（从左往右依次编为 _____ ♯ ～ _____ ♯孔），每孔孔道内设一期钢衬，由顶衬、侧衬和底衬组成。钢衬上游与事故门槽二期埋件连接，下游与弧形工作门二期埋件钢衬连接。

本节规定适用于钢衬及附件的制造、厂内及施工现场的吊装、装车、运输、安装材料采购、钢衬的安装及接触灌浆等。钢衬主要由不锈钢复合钢板、加劲肋板和加固锚筋；其中不锈钢复合钢板由发包人采购提供。钢衬制作安装项目见表16.1－1。

表 16.1－1　大坝中孔钢衬制作安装项目表（示例）

序号	项目名称	数量（套）	单重（t）	总重量（t）
1	1♯中孔钢衬			
2	2♯中孔钢衬			
3				
合计：				

注：上表工程量中包含钢衬与一期混凝土钢筋间相连接的锚筋的工程量。

16.1.2　承包人的责任

16.1.2.1　承包人应负责采购除不锈钢复合钢板以外的其他制造及安装所需的材料，包括焊接材料、连接材料、涂装材料，并应按本节第 16.2 节的规定，对上述材料进行检验和验收。

16.1.2.2　承包人应负责本工程钢衬及附件的制造和安装，包括钢衬的制作及安装时的装车、运输以及按本节第 16.3 节至第 16.8 节的规定进行的钢衬制作与安装、焊接、涂装、接触灌浆以及质量检查和验收等全部工作。

16.1.2.3　承包人应指派持有上岗证的合格焊工和无损检测人员，进行焊接和检验工作。

16.1.3　主要提交件文件

16.1.3.1　施工措施计划

承包人应在钢衬制造和安装开工前 56 天各提交一份钢衬制造和安装的措施计划，报送监理人审批，其内容至少应包括：

1）钢衬制造车间的布置；

2）钢衬的制作设备及人员的配置；

3）制造工艺设计；

4）制造程序和验收表格；

5）制造进度计划；

6）钢衬现场运输和安装的措施；

7）钢衬安装设备和人员的配置；

8）钢衬的安装程序和验收表格；

9）安装施工进度计划；

10）钢衬接触灌浆的施工方法；

11）钢衬制作和安装质量和安全保证措施。

16.1.3.2　钢衬制作及安装的质量检查记录

承包人应在钢衬制造及安装过程中，按监理人指示及时提交钢衬制造的质量检查记录及安装的质量检查记录。

16.1.3.3　涂装工艺措施报告和质量检验成果

承包人应提交钢衬制作及安装的涂装工艺措施报告，报送监理人审批，并应向监理人提交涂装质量检验成果。

16.1.3.4　完工验收资料

每批钢衬制造、安装结束后，承包人应按合同的规定，为监理人进行钢衬制造、安装工程的完工验收，提交以下资料：

1）钢衬完工图（全部钢衬制造及安装结束后提供）；

2）钢衬分节和附件清单；

3）各种材料的出厂质量证明书、使用说明书或试验报告；

4）焊接程序和工艺报告；

5）焊接质量检验结果；

6）钢衬制作及安装质量检查报告；

7）缺陷修整和焊缝缺陷处理记录；

8）钢衬分节单元和附件安装的尺寸偏差检查记录；

9）涂装质量检查记录；

10）钢衬接触灌浆质量检查报告；

11）监理人要求提供的其他验收资料。

16.2　材料

16.2.1　金属材料

用于制作和安装钢衬的金属材料必须符合施工图样的规定和相应的国家标准或部颁标准的要求。其机械性能和化学成分必须符合现行的国家和部颁标准，并具有出厂合格证。

16.2.2　焊接材料

1）焊条型号以及焊丝、焊剂，必须符合施工图样规定。当施工图样没有规定时，应选用与母材强度相适应的焊接材料。承包人应按监理人指示（如监理人认为必要时），对焊接材料进行抽样检验，并将检验成果与产品质量证明书、使用说明书提交监理人。

2）采购焊条、焊丝、焊剂等均应符合国家有关规定并具有产品合格证。

3）焊条的贮存与保管要求应按JB3223的规定执行。

16.2.3　连接件

连接件的品种和规格应符合施工图纸的规定。

16.2.4　涂装材料

1）涂料的化学性能、黏结强度和耐久性等应满足施工图纸和本节有关技术标准和要求的要求。

2）每批到货的涂料应附有制造厂的产品质量证明书和使用说明书。说明书内容应包括涂料特性、配比、使用设备、干硬时间、再涂时间、养护、运输和保管办法等。

3）涂装材料运抵工地后，承包人应按监理人指示进行抽样检查，并将检验成果及产品质量证明书和使用说明书提交监理人。

16.3 焊接

16.3.1 焊工和无损检测人员资格

16.3.1.1 焊工

凡参加钢衬制作及安装焊接的焊工，均应按 DL5017 第 6.2 节的规定通过考试，并取得相应的合格证。

16.3.1.2 无损检测人员

无损检测人员应经过专业培训，通过国家专业部门考试，并取得无损检测资格证书。评定焊缝质量应由 II 级或 II 级以上的无损检测人员担任。

16.3.2 焊接工艺

在钢衬及附件制作与安装前，承包人应制订钢衬安装焊接工艺指导书和钢衬制造、安装焊接工艺设计文件，报监理人审批。钢衬及附件的下料、焊接、组装、总成必须严格按编制好工艺文件及焊接规范执行。制作和安装过程中应随时进行检测，严格控制焊接变形和焊缝质量。

16.3.3 焊接连接

1）钢衬的焊接要求按施工图样和规范的规定以及 SD2008 的规定执行。

2）焊缝坡口的型式与尺寸应符合施工图样的规定；当施工图样未注明时，按 GB985 及 GB986 执行。

3）焊缝的分类及质量检查除施工图样另有说明者外，均按国标及 DL/T5018 规范执行。

4）现场安装时的焊接可采用手工焊或半自动焊，优先采用半自动焊。

16.3.4 焊缝检验

16.3.4.1 焊缝分类

钢衬面板的制作与安装对接焊缝为一类焊缝，钢衬顶、侧、底衬间连接组合焊缝为二类焊缝，其他焊接均为三类焊缝。

16.3.4.2 外观检查

所有焊缝均应参照 DL5017 第 6.4.1 条的规定进行外观检查。

16.3.4.3 无损探伤

钢衬面板的对接焊缝（包括现场安装对接焊缝）及顶、侧、底衬间的连接组合焊缝均应按 GB/T9444 进行磁粉探伤检查。

16.3.5 焊缝缺陷处理

承包人根据检验确定的焊缝缺陷，提出缺陷返修的部位和返修措施，经监理人同意后，由承包人进行返修，同一部位返修次数不应超过两次。返修后的焊缝，仍应按本节第 16.3.4.3 条的规定进行复检。

16.4 钢衬的厂内制作技术要求

16.4.1 说明

每块钢衬为面板和其加劲板构件的焊接结构件，面板材料为复合钢板，其厚度 _____ mm（基材 Q345B，厚度 t= __ mm；复合材料为 00Cr22Ni5Mo3N（2205），厚度 t= _____ mm）；其他构件材料为 Q345B。钢衬及埋件的制造应符合施工图样，并应严格遵守 DL/T5018、GB50205 和招标文件的规定。钢衬制作完毕后必须进行厂内预拼装，各部分的尺寸、形状、位置必须与施工图纸一致，对接部位应打上明显的拼装符号及中心线标志。全部组装合格后，并得到监理人复核认可后，才允许进行涂装施工。

16.4.2 切割

1）钢板切割前应清除切割边缘 50mm 范围内的锈斑、油污等；气割后应清除熔渣和飞溅物等。

2）钢板机械剪切的加工面应平整。

3）钢板坡口加工完毕后，应采取防锈措施。

16.4.3 矫正和成型

1）钢材切割后应矫正，其允许公差或偏差应符合 DL/T5018、GB50205 规范规定。

2）冷压折弯的零、部件边缘应无裂纹。钢材矫正后表面不应有明显的凹面和损伤，划痕深度不得大于该钢材厚度负偏差值的 1/2，且不大于 0.5mm。

3）弯曲成形的零件，应采用样板检查。成形部位与样板的间隙不得大于 2mm。

16.4.4 边缘加工

1）刨、铣加工的边缘，要求光洁、无台阶。加工表面应妥善保护。

2）在施工图纸未规定时，边缘加工的允许偏差，应符合表 16.4－1 的规定；顶紧接触面端部铣平的允许偏差，应符合表 16.4－2 的规定。

3）焊缝坡口的型式和尺寸应按施工图纸和焊接工艺要求确定。

表 16.4－1 边缘加工的允许偏差

项目	允许偏差
零件宽度、长度	±1.0mm

项目	允许偏差
加工边直线度	L/3000 且不大于 2.0mm
相邻两边夹角	±6′
加工面垂直度	0.025δ 且不大于 0.5mm
加工面表面粗糙度	50μm

表 16.4－2　端部铣平的允许偏差

项目	允许偏差（mm）
两端铣平时构件长度	±2.0
两端铣平时零件长度	±0.5
铣平面的平面度	0.3
铣平面对轴线的垂直度	L/1500

注：表 23－1 和 23－2 中，为切割面厚度（mm）；L 为杆件长度（mm）。

16.4.5　焊接与制作

钢衬在厂内制造拼装焊接时采用手工焊（附件的焊接）、半自动焊或自动焊，优先采用自动焊（厂内的对接焊缝必须采用自动焊）。钢衬厂内制作的对接焊缝为一类焊缝，板与构件的连接为二类焊缝，其他焊接均为三类焊缝。用于钢衬制造的焊接材料的品种应与母材和焊接方法相适应。

钢衬及附件的制造应符合施工图样，并应严格遵守 DL/T5018 和招标文件的规定。钢衬分节单元制作完毕后须进行厂内预拼装，各部分的尺寸、形状、位置必须与施工图纸一致，对接部位应打上明显的拼装符号及中心线标志。全部组装合格后，并得到复核认可后，才允许进行涂装施工。

16.4.6　钢衬厂内制造精度要求

钢衬（制造单元）过流面直线度的允许偏差为单元构件长度的 1/2000 且不大于 2.0mm。钢衬（制造单元）侧面直线度的允许偏差为单元构件长度的 1/1000 且不大于 2.0mm。

16.5　钢衬分节单元的现场运输

16.5.1　运输的责任

承包人应负责从钢衬制造厂至钢衬安装现场的装车、运输和卸车。承包人还应负责钢衬的现场起吊、装车、运输和卸车。其发生的一切费用均由承包人承担。

16.5.2　运输、吊装的最大单元尺寸和最大单元重量

钢衬运输、吊装的最大吊装单元尺寸为_____（单元最大长度×最大宽度×板厚）最大吊装单元重量为_____。

16.5.3　吊装和运输措施

承包人应按本节规定提交的施工措施计划，根据钢衬各运输部件的不同情况，制定详细的现场吊装、运输措施和计划，其内容包括采用的吊装和运输设备；大件运输方法以及防止钢衬变形的加固措施等。

16.6　钢衬的现场安装

16.6.1　安装要求与措施

承包人按本节规定提交的施工措施计划中，应详细说明安装使用的设备、安装方法、临时工程设施、质量检验程序和安全措施等。

1）钢衬安装时，应用加固材料将其固定牢靠，且其支撑应有足够的刚度，以保证钢衬在安装和混凝土浇筑过程中不发生位移和变形。钢衬的加固的材料可焊接在构件伸出的锚件上，或焊在不会引起主要的构件产生局部变形或整体变形的次要构件上。钢衬现场安装后，主要检查孔道内钢衬的直线度和局部平面度，应符合表16.6－1的要求。现场的对接焊缝及钢衬壁面的组合焊缝应进行磁粉探伤检查，不得有裂纹。

2）钢衬安装使用的基准线应能控制钢衬和孔口各部位构件的安装尺寸及精度。

3）现场焊接安装缝处应有可靠的屏蔽，以防止穿堂风或风雨潮湿对焊接的影响，每一条焊缝应连续完成不得中断。每一节钢衬定位焊的施工时段，应选择温差相对较小时进行，并应尽快焊接。

4）钢衬外布置有钢构件与一期混凝土钢筋焊接连接，搭接长度不小于5d。

5）钢衬组装单元安装就位和调整后，必须保证安装位置及组装精度偏差符合有关规范和本节的要求。各单元钢衬段组装完毕，经检查组装合格、监理人签证后，方可焊接。

6）拆除钢衬上的工卡具、吊耳等其他临时构件时，严禁使用锤击法，应用碳弧气刨或氧——乙炔火焰切除，严禁损伤母材。切除后钢衬壁上残留的痕迹和焊疤应再用砂轮磨平，并认真检查有无微裂纹。必要时应用磁粉或渗透探伤检查。

16.6.2　安装精度

钢衬的安装精度应符合表16.6－1的精度偏差要求

表 16.6－1　钢衬砌的安装精度要求

序号	项目	允许偏差
1	钢衬过流面直线度	构件长度的1/1500且不大于3.0mm
2	钢衬过流面局部平面度	构件长度的1/1500且不大于1.6mm
		每米范围内波浪数不多于2处
		波峰间距不大于400mm
3	安装错牙	按1/50缓坡处理

16.7 涂装

16.7.1 钢衬厂内制作涂装范围

埋入混凝土的钢衬板表面及安装结合表面。

16.7.2 涂装工艺措施

承包人应在涂装作业前 56 天，提交钢衬涂装工艺措施，报送监理人审批。涂装工艺措施应详细说明各种涂装材料的施涂方法、使用设备、质量检验和涂装缺陷修补措施等。

16.7.3 表面预处理

1）钢材埋入表面涂装前，必须进行表面预处理。在预处理前，钢材表面的焊渣、毛刺、油脂等污物应清除干净。表面预处理质量，应符合施工图纸的规定。埋入部分的表面 Sa2 级。预处理后，表面粗糙度应达到 Rz40～80 。

2）表面预处理应使用无尘、洁净、干燥、有棱角的铁砂或石英砂或棕刚玉喷射处理钢板表面。喷射用的压缩空气应经过过滤，除去油水。

3）当钢材表面温度低于露点以上 3℃、相对湿度高于 85％时，不得进行表面预处理。

16.7.4 涂装施工

1）钢衬板材与混凝土接触面（埋入面）应均匀涂刷无机改性水泥浆，干膜厚度≥300 ，涂后应注意养护。

2）施涂前，承包人应根据施工图纸要求和涂料生产厂的规定进行工艺试验。试验过程中应有生产制造厂的人员负责指导，试验成果应报送监理人。

3）涂装材料的使用应按施工图纸及生产厂的说明书进行。

4）当空气中相对湿度超过 85％、钢材表面温度低于大气露点以上 3℃以及产品说明书规定的不利环境，均不得进行涂装。

5）施涂后的钢衬应小心存放，保护涂层免受损伤；并防止高温，灼热及不利气候条件的有害影响。

16.7.5 涂层质量检验

1）在不适于施涂和养护的环境条件下所作的涂装，监理人有权指示承包人清除后重新涂刷。

2）涂层漏涂者应予修补。

3）涂装结束后，承包人应会同监理人对钢衬的全部涂装面进行质量检验和验收。钢衬涂装的质量检验成果应报送监理人。

16.8 钢衬的接触灌浆

16.8.1 说明

钢衬接触灌浆系指钢衬安装完毕并钢衬外混凝土浇筑结硬后，对钢衬外壁与混凝土之间进行灌浆，使钢衬结构能更好地与混凝土结合。接触灌浆的压力为0.2MPa，承包人若采用大于0.2MPa的压力灌浆时，应经监理人批准。

16.8.2 灌浆方式

钢衬接触灌浆采用预埋灌浆盒（管）的方式，以保证浇筑和灌浆的密实，避免在钢衬底板开孔二次补灌。

钢衬接触灌浆亦可采用拔管方式进行，具体施工工艺由承包人制定并报监理人审批后实施。本技术标准和要求按预埋灌浆盒的方式提出灌浆技术要求，若承包人采用拔管灌浆方式，不得因灌浆方式的改变而提出索赔。

16.8.3 灌浆材料

1）水泥：应根据施工图纸或监理人指示，选用灌浆用的水泥品种。用于接触灌浆的水泥强度等级不应低于42.5级。灌浆用的水泥必须符合规定的质量标准，不得使用受潮结块的水泥。水泥不应存放过久，出厂期超过三个月的水泥不应使用。

2）水：灌浆用水应符合JGJ63第3.0.4条的规定，拌浆水温度不得高于40℃。

3）外加剂：应根据钢衬接触灌浆工艺的需要选用速凝剂、减水剂等外加剂，其掺量应通过试验确定。

16.8.4 制浆

16.8.4.1 制浆材料称量：制浆材料必须称量，称量误差应小于5％。水泥等固相材料应采用重量称量法。

16.8.4.2 浆液搅拌

1）各类浆液必须搅拌均匀，测定浆液密度和黏滞度等参数，并作好记录。

2）纯水泥浆液的搅拌时间：使用普通搅拌机时，应不少于3分钟，使用高速搅拌机时，应不少于30秒。浆液在使用前应过筛，从开始制备至用完的时间宜小于4小时。

3）拌制细水泥浆液和稳定浆液，应加入减水剂和采用高速搅拌机，高速搅拌机的搅拌转应大于1200r/分钟，搅拌时间应通过试验确定。细水泥浆液的搅拌，从制备至用完的时间宜小于2小时。

16.8.4.3 集中制浆

1）集中制浆站宜制备水灰比为0.5：1的纯水泥浆液，输送浆液流速应为1.4～2.0m/秒，各灌浆地点应测定来浆密度，并根据各灌头点的不同需要调制使用。

2）浆液温度应保持在5～40℃，低于或超过此标准的应视为废浆。

16.8.5 灌浆设备

1）承包人提供的灌浆泵性能应与灌浆液的类型和浓度相适应，其容许工作压力应大于最大灌浆压力的1.5倍，并应有足够的排浆量和稳定的工作性能；灌注纯水泥浆液应采用多缸柱塞式灌浆泵。

2）承包人应根据灌浆需要配置高速和低速浆液搅拌机，搅拌机的转速和拌和能力应分别与所搅拌的浆液类型及灌浆泵排浆量相适应，并应保证均匀、连续地拌制浆液。所有搅拌设备，在用于拌制浆液前应在现场进行试运行。

3）灌浆管路应保证浆液流动畅通，并能承受1.5倍的最大灌浆压力。灌浆泵和灌浆孔口处均应安装压力表，进浆管路亦应安装压力表。所选用的压力表在使用前应进行率定，使用过程中应经常检查核对，不合格和已损坏的压力表严禁使用。压力表和管路之间应设有隔浆装置。

4）集中制浆站的制浆能力应满足灌浆进度高峰期所有机组用浆需要，制浆站应配备除尘设备，当浆液需掺加掺合剂或外加剂时，应增设相应的设备。

5）所有灌浆设备、仪器、仪表均应始终保持工作状态正常，并应配有足够的备用设备。电力驱动的设备，应在接地良好并经确认能保证施工安全时，方可使用。

16.8.6 灌浆前的准备

1）浇注混凝土前，按相关要求将灌浆盒及相应设备安装固定好。

2）接触灌浆前，采用稍高于灌浆压力的水（其压力不高于钢管抗外压的安全压力）挤开补强板与混凝土间的缝隙。

16.8.7 灌浆

1）接触灌浆应采用循环灌浆法。单排作一序盒，双排作二序盒。一序孔灌浆时，二序盒作排气孔兼出浆孔。二序盒灌浆时，留顶上一孔排气及出浆。浆液水灰比（重量比）可用（1～0.45）：1。缝隙越大，浆液越浓，二序浆液较稀。在规定的灌浆压力下，最大浓度浆液停止吸浆5分钟后可停灌。

2）承包人应按监理人指示严格控制进浆压力，并在灌浆孔旁设置变位计，观测钢管变位，防止管壁失稳。

3）承包人在灌浆过程中，应随班记录孔位、配比、吃浆量和钢管变形等，原始记录应提交监理人。

16.8.8 接触灌浆质量检查

灌浆结束7天后，由承包人会同监理人用锤击法进行灌浆质量检查，其脱空范围和程度应满足施工图纸的要求。不合格的部位应由承包人负责处理至监理人认为合格为止。

16.9 质量检查和验收

16.9.1 钢衬材料的检查和验收

钢衬制作与安装所需的钢材、焊接材料、连接材料和涂装材料等均应按本节第16.2节的规定进行检验和验收。每批材料均须经监理人签认后方准使用。

16.9.2 钢衬质量的检查和验收

1）在钢衬制作与安装过程中，承包人应会同监理人对现场焊缝进行检查和验收。

不合格的焊缝应进行返修和重新检验，直至监理人认为合格为止。验收记录应经监理人签认。

2）钢衬厂内与现场涂装工作结束后，承包人应会同监理人对钢衬涂装质量进行检查和验收，检查范围包括焊缝两侧的现场涂装部位和钢衬板材分节出厂前涂装面的损坏部位。不合格的涂装面应进行返修和重新检验，直至监理人认为合格为止。验收记录应经监理人签认。

16.9.3 钢衬安装工程的完工验收

钢衬及附件安装全部完工后，承包人应按规定提交钢衬验收申请报告，并应按本节第 16.7.3.4 条规定的内容提交完工验收资料。经监理人报送发包人批准后，进行钢衬的完工验收。验收合格后由监理人签发质量合格证。

16.10 计量和支付

16.10.1 钢衬及附件制作、安装的计量与支付

1）钢衬制作、安装的计量和支付，应按施工图纸所示的全部钢衬和附件并经监理人确认的工程量，以吨（t）为单位计量，并按《工程量清单》所列项目的每吨分别列出单价支付。其钢衬制作单价中包括：钢衬制作材料的采购、焊接、焊缝检验、无损探伤、涂装、质量检验、运输、保管和验收；其钢衬安装单价中包括：钢衬工地现场的运输、装卸、保管以及钢衬及附件安装材料的采购、安装（包括埋件、附件的组装、焊接、焊缝检验、无损探伤、质量检验）、涂装、灌浆、灌浆质量检查、验收等所需的人工、材料（包括损耗）及使用设备和辅助设施等的一切费用。

2）钢衬工程量计算应按施工图纸所示的钢衬的板厚与中心轴展开面积的乘积计算重量，焊缝不单独计量。

3）预埋灌浆盒、管路和其他附属灌浆设备等不单独计量和支付，包含在《工程量清单》相应项目的单价中。

4）钢衬内支撑、底座的费用不单独支付，包括在钢衬及其附件安装单价中。

5）制订焊接程序和焊接工艺试验所需的人工、材料、设备及化学、物理试验等一切费用不单独支付，分别包括在钢衬及其附件的制作及安装单价中。

6）生产性焊接试验所需的人工、焊接材料、设备及化学、物理试验等一切费用不单独支付，分别包括在钢衬及其附件的制作及安装单价中。

7）为制作、安装临时运输钢衬及其附件所需的吊耳、支架等辅助材料和设备费用不单独支付，分别包括在钢衬及其附件的制作及安装单价中。

8）消除焊缝应力和无损探伤的费用不单独支付，分别包括在钢衬及其附件的制作及安装单价中。

16.10.2　钢衬涂装的计量与支付

钢衬及附件的涂装计量和支付，应按《工程量清单》所列项目参考面积，以平方米（m²）为单位计量，并按监理人确认的实际涂装面积按每平方米单价支付。其单价中包括钢衬及附件制作与安装所需涂装材料的采购、运输、保管和验收；涂装试验和检验；涂装施工、涂层养护等所需的人工、材料及使用设备和辅助设施等的一切费用。

16.10.3　钢衬接触灌浆的计量和支付

接触灌浆的计量和支付，应按施工图纸和监理人确认的灌浆的钢衬外壁面积，以平方米为单位计量，并按《工程量清单》所列项目的每平方米单价支付。单价中包括灌浆材料及设备的采购、运输、装卸、保管和验收。包括灌浆试验、检验、质量检查及验收等所需的人工、材料及使用设备和辅助设施等的一切费用。

第十七节　压力钢管的制造和安装

17.1　说明

17.1.1　压力钢管设计简介

_____水电站为地下电站，_____。压力钢管直径为_____ m，经锥管段渐缩为_____ m，由连接段与蜗壳进口端连接。压力钢管长均为_____ m，总长_____ m。

压力钢管内径 D＝_____ m，设计水位_____ m，水轮机安装高程为_____ m，单机引用流量_____ m³/s，经调保计算，压力钢管的设计压力 H（包括水锤升压值）为_____ m，HD 值为_____ m²，属于超大型地下埋管。

压力钢管采用_____MPa级钢板制造，经计算，钢管壁厚为_____ mm（含锈蚀厚度）。在外压作用下，钢管外须布置加劲环，加劲环断面为矩形，间距_____ m，材质为 Q345C。一条钢管重量约为_____ t（不包括钢管安装、运输所用吊耳、内支撑、埋件等重量），总重量约为_____ t。

17.1.2　压力钢管组圆、安装基本要求

1）压力钢管以瓦片形式进行运输。

2）每个管节由____块瓦片组成，管节组圆以洞内组圆为主、厂房内组圆为辅，厂房内组圆时不得影响厂房施工。

3）钢管制造分节长度为 2.0m～3.0m，相应的管节最大外形尺寸为_____，最大起吊重量约为_____ t（不包括吊耳、内支撑等重量）。

17.1.3　范围

本技术要求适用于_____地下电站引水压力钢管及其附件的制造、运输和安装，

包括钢管直管、渐变管及其部件（以下统称钢管）的制造、运输、安装以及防腐涂装和检测；钢管加工运输安装过程中所需的组圆平台钢构件、内支撑、吊耳、现场埋件及连接件等。

17.1.4　承包人的责任

1）承包人除应严格遵守本技术要求外，还应严格遵守本施工招标文件、施工图纸的有关规定。

2）本工程制造压力钢管（含加劲环）的钢材由发包人提供，承包人应负责采购所需的焊接材料、涂装材料和连接件，并对本工程所需的钢板、焊接材料、涂装材料和连接件进行检验和验收。

3）承包人应负责本工程钢管制造和安装，包括按本节第17.3节至17.9节的规定进行钢管制造、焊接、试验、运输、安装以及质量检查和验收等全部工作。

4）为防止管节在运输、存放和安装过程中的超限变形，承包人应提供及装设钢管的内部支撑。

5）承包人应指派持有资格证的合格焊工和无损检测人员，进行焊接和检测工作，并应按本节17.4节的规定，进行焊接工艺评定。

6）承包人应按本技术要求第17.5节的规定提供钢管（及附件）的防腐涂料、完成涂刷工艺并负责修补钢管（及附件）在运输安装过程中损坏的涂层。

7）承包人应建立经监理人批准的检验室，以满足钢管（及附件）的材料焊接与涂装质量检验的需要。

8）承包人对压力钢管制造和安装过程中的安全工作负全部责任。

9）如压力钢管末端与蜗壳进口端衔接处厚度不匹配，可能会调整压力钢管末端的厚度，对此，承包人不得索赔。

10）承包人应负责在工厂钢管制造时完成压力钢管固结灌浆孔开孔及加强板焊接，下半段上超声波流量计用不锈钢底座和管夹的制作、安装和焊接，以及压力钢管超声波流量计的开孔等。

17.1.5　主要提交文件

17.1.5.1　施工措施计划

承包人应在钢管工程开工前42天向监理人递交钢管（及附件）制造、运输、安装等的施工措施计划报送监理人审批。其内容包括：

1）现场钢管加工车间的布置；

2）钢管（及附件）的制造工艺设计；

3）钢管的运输和安装方法；

4）钢管制造、运输和安装的工程进度计划；

5）质量保证体系文件和安全施工措施。

17.1.5.2 材料供应计划

承包人应按合同进度计划和施工图纸的要求，在进场后三个月内，提交钢材供应计划，报监理人审查、发包人批准，并按发包人批准的供应计划执行。

17.1.5.3 材料检验成果报告

承包人应按本节17.2.1条的规定所作的钢材检验成果、按本节第17.2.2条所作的焊接材料检验成果和按本节第17.2.4条所作的涂装材料检验成果，均应及时报送监理人。

17.1.5.4 车间加工图

1）承包人应按照钢管施工图，绘制钢管（及附件）的车间加工图。承包人在钢管制造前56天，应将这些车间加工图和制造程序的详细计划报送监理人审批。监理人应在收到图纸7天内批复承包人。

2）承包人应根据设计图纸及经监理人批准的车间加工图制造全部钢管及附件。

17.1.5.5 焊接工艺计划

承包人应在钢管施焊前56天，根据本技术要求第17.4.3条的规定，编制焊接工艺计划报送监理人批准。监理人应在收到报告后14天内批复承包人。

17.1.5.6 焊接工艺评定报告

承包人应在向监理人报送焊接工艺计划的同时，按本节第17.4.4条的规定完成焊接工艺评定报告，一并报送监理人审批。监理人应在收到报告后7天内批复承包人。

17.1.5.7 钢管制造和安装的质量检查记录

承包人应在钢管制造和安装过程中，按监理人指示及时提交钢管制造和安装的质量检查记录。

17.1.5.8 涂装工艺措施报告和质量检验成果

承包人应按本节17.5.1条的规定，提交钢管涂装工艺措施，报送监理人审批，按本节17.5.4条的规定，提交涂装质量检验成果。

17.1.5.9 完工验收资料

全部钢管工程施工结束后，承包人应按本技术要求向监理人提交钢管（及附件）的完工验收资料：

1）引水压力钢管工程完工图（全部钢管制造结束后提供）；

2）钢管管节和附件清单；

3）钢材、焊接材料、连接件和涂装材料的质量证明书、使用说明书或试验报告；

4）焊接工艺评定报告、焊接程序及工艺报告；

5）钢管制造、焊接、安装质量检查报告；

6）参加压力钢管焊缝焊接的焊工名单及代号（包括所焊焊缝类别及焊接部位等）；

7）缺陷修整和焊缝缺陷处理记录；

8）涂装质量检验记录；

9）钢管单元验收报告；

10）设计修改通知单；

11）监理人认为需要提交的其他内容。

17.1.6　钢管制造的出厂验收

17.1.6.1　承包人应在每批钢管管节和附件制造结束前 7 天，向监理人提交钢管管节和附件的验收申请报告，并应同时提交本节 17.1.5.9 款所要求的各项验收资料，经监理人审查同意后，组织对钢管管节和附件的验收，验收合格后由监理人签发质量合格证。

17.1.6.2　钢管制造的出厂验收并不免除承包人对本节所应负的责任和义务。

17.1.7　引用标准和规程规范（但不限于）

1）《水电水利工程压力钢管制造安装及验收规范》DL/T5017—2007

2）《水电站压力钢管设计规范》DL/T5141—2001

3）《水电水利工程金属结构设备防腐蚀技术规程》DL/T5358—2006

4）《水工金属结构焊工考试规则》SL35—2011

5）《水工金属结构焊接通用技术条件》SL36—2006

6）《水工金属结构防腐蚀规范》SL105—2007

7）《压力容器》GB150—2011

8）《锅炉和压力容器用钢板》GB713—2008

9）《低合金高强度结构钢》GB/T1591—2008

10）《中厚钢板超声波检验方法》GB/T2970—2004

11）《承压设备无损检测》JB/T4730—2005

12）《钢的成品化学成分允许偏差》GB222—2006

13）《钢板和钢带包装、标志及质量证明书的一般规定》GB/T247—2008

14）《金属低温夏比冲击试验方法》GB4159—1984

15）《金属拉伸试验方法》GB228—87

16）《金属弯曲试验方法》GB232—88

17）《水工建筑物金属结构焊接技术规范》SDZ008—84

18）《手工电弧焊及埋弧焊焊工考试规则》SDZ009—84

19）《涂装前钢材表面粗糙度等级的评定》GB/T13288—2009

20）《埋弧焊焊缝坡口的基本型式与尺寸》GB/T986—1988

21）《气焊、焊条电弧焊、气体保护焊和高能束焊的推荐坡口》GB/T985—2008

22）《金属熔化焊焊接接头射线照相》GB3323—2005

23）《钢焊缝手工焊超声波探伤方法和探伤结果分析》GB11345—1989

24）《涂覆涂料前钢材表面处理表面清洁度的目视评定》GB/T8923—2008

25）《低合金钢焊条》GB/T5118—1995

26）《压力钢管安全检测技术规程》DL/T709—1999

27）《焊接接头机械性能实验方法》GB2649—2654

28）《压力容器焊接工艺评定》JB3964—85

29）《焊工技术考核规程》DLJ61—81

17.2 材料

17.2.1 钢管材料性能

压力钢管管壁采用800MPa级高强钢钢材制造，加劲环、阻水环、止推环等附件采用Q345C钢材制造。

17.2.1.1 钢材的化学成分

用于制造钢管和加劲环、阻水环、止推环等附件的钢材化学成分必须符合表17.2—1、表17.2—2的规定值。

表 17.2－1　800MPa级高强钢钢板化学成分（％）

C	Si	Mn	P	S	V	Ni	Cr	Cu	Mo	B
≤0.14	≤0.55	≤1.50	≤0.015	≤0.015	≤0.05	0.30～1.50	≤0.80	≤0.50	≤0.60	≤0.005

表 17.2－2　Q345C钢板化学成分（％）

C	Si	Mn	P	S
≤0.20	0.25～0.55	1.00～1.60	≤0.035	≤0.035

对Q345C钢材，铬、镍、铜含量当作为残余元素时应各不大于0.30％，其总含量应不大于0.60％。

成品钢板化学成分的允许偏差应符合GB222的相应规定。

碳当量：Q345C钢板 $Ceq \leq 0.43\%$；

800MPa级高强钢板 $Ceq \leq 0.55\%$。

碳当量计算公式：$Ceq（\%）＝C＋Mn/6＋Si/24＋Ni/40＋Cr/5＋Mo/4＋V/14＋Cu/13$

（只有当Cu大于0.30％时才进行计算）

17.2.1.2 钢材的力学性能

1）用于制造钢管和加劲环、阻水环等附件的钢材力学性能必须符合表17.2—3、表17.2—4的规定。

表 17.2－3　800MPa 级高强度钢板力学性能

机械性能	取样位置	σ_s	σ_b	延伸率	冷弯性能	冲击试验（横向）	
		MPa	MPa	δ_5 %	D＝3a，180°	V 型冲击功 －40℃，Akv（J）	应变时效 5%，kvs，（J）0℃
标准	t/4（横向）	≥665	≥760	≥17	完好	≥47	≥34

注：t/4 表示取样方向及部位为横向 1/4 厚度处。

表 17.2－4　Q345C 钢板力学性能

试样	σ_s	σ_b	δ_5	冷弯性能	－20℃ V 型冲击功
厚度（mm）	MPa	MPa	％	D＝3a，180°	（纵向）Akv（J）
16～36	325	470～630	≥22	完好	≥28

2）进行拉伸和冷弯试验时，两种钢材均应取横向试样；进行夏比（V 型缺口）冲击试验时，800MPa 级高强钢板取横向试样，Q345C 钢板取纵向试样，冲击试验结果、冲击功值按一组三个试样算术平均值计算，允许其中一个试样单值低于以上表所列规定值，但不得低于规定值的 80％；按表中要求进行冷弯试验时，钢板不得有裂纹。

3）800MPa 级高强钢板应在钢厂内逐张进行力学性能和冷弯性能试验。

17.2.1.3　钢材的焊接性能

钢材焊缝热影响区硬度值：Q345C 钢板低于 300HV；

800MPa 级高强钢板低于 350HV。

800MPa 级高强钢板裂纹敏感性系数：Pcm≤0.28％

裂纹敏感性系数的计算公式：

$$Pcm＝C＋Si/30＋Mn/20＋Cu/20＋Ni/60＋Cr/20＋Mo/15＋V/10＋5B（％）$$

钢材应保证其焊接性能及焊接接头部位的韧性，厂家应提出与母材相匹配的焊接材料（焊条、焊丝、焊剂）、焊接方法、厚钢板焊前预热和焊后热处理方式以及重要焊接参数如层间温度、线能量等控制指标，焊后强度不应低于母材强度。

17.2.1.4　800MPa 级高强钢板应按《承压设备无损检测》（JB/T4730.3—2005）规定在钢厂内逐张进行 100％ 超声波探伤检验，达到Ⅰ级标准。

17.2.1.5　交货状态

钢板的交货状态：800MPa 级高强钢板以调质状态下交货，Q345C 钢板以正火状态下交货。

17.2.1.6　定尺交货

钢板长度应以钢管按三块瓦片组圆的尺寸定尺交货。

17.2.1.7　表面质量

钢板表面不允许有裂纹、气泡、结疤、裂纹、折叠、夹杂和压入氧化铁皮。钢板不得有分层。无氧化锰皮和铁锈的表面凹凸度不得超过钢板厚度公差之半，并应保证钢板允许的最小厚度。

钢板表面的缺陷不允许焊补和堵塞。切边钢板的边缘不得有锯齿形凸凹。个别发纹深度不得大于 2mm，长度不得大于 25mm。

17.2.1.8 尺寸、外形、重量及允许偏差

1）钢板尺寸、外形及允许偏差应符合 GB/T709 —2006 的规定。其中长度和宽度不允许有负偏差。

2）钢板不平度

公称厚度＞25～40mm，不平度每米范围内不超过 5mm；

公称厚度＞40mm，不平度每米范围内不超过 5mm。

3）对角线允许偏差为 10mm。

4）切边钢板应剪切成直角，切斜和镰刀弯不得使钢板长度和宽度小于公称尺寸，并须保证订货公称尺寸的最小矩形。

5）钢板厚度偏差应符合 GB/T709 —2006 中 C 类偏差的规定，不能有负偏差。

6）钢板按张数交货，投标文件按理论重量计价。

17.2.1.9 检验

1）钢板应成批验收，每批钢板由同一牌号、同一质量等级、同一炉罐号、同一热处理制成的钢板组成。

2）每批钢材入库验收时，向监理人提交产品质量说明书，并接受监理人的检查，没有产品合格证件的钢材不得使用。

3）所有钢板均应由承包人负责进行抽样检验。

4）每批钢板抽样数量，Q345C 钢板为 2％，且不少于 2 张；800MPa 级高强钢板为 10％。监理人认为有必要时，有权随机抽样，增加附加检验量。检验成果应报送监理人。

5）800MPa 级高强钢板进行超声波探伤检验时，不受上述 10％的限制，应逐张进行超声波探伤检验。

6）钢板抽样检验项目应包括：表面检查、外形尺寸、化学成分、力学性能以及超声波探伤等。

7）用样坯取样进行力学性能试验时，试样的轴线应位于离样坯表面的厚度 1/4 处，试样所处的位置离样坯各个侧面的距离应不小于钢板的厚度，但拉伸试样头部（或夹持部分）不受此限制。

8）夏比冲击试验（V 型缺口）结果不符合规定时，应从同一批钢板（或同一样坯）上再取 3 个试样进行试验，前后两组 6 个试样的平均值不得低于规定值，允许有 2 个试样小于规定值，但其中小于规定值 80％的试样只允许有 1 个。

9）钢板检验结果有任一项不符合本要求的规定，都应进行复验。

10）其他检验项目的复验应符合 GB247—2008 的规定。

17.2.1.10 包装、标志及质量证明书

钢板的包装、标志和质量证明书应符合 GB247—2008 的规定。

其他未尽事项见《水电站压力钢管设计规范》（DL/T5141—2001）、《锅炉和压力容器用钢板》（GB713—2008）、《压力容器》（GB150—2011）等的规定。

17.2.1.11 钢板的保管

钢板应按有关规定保管。钢板投入制造前，应分别按不同钢种、厚度分类堆放，垫离地面，作出明显标记，并应采取可靠的防腐、防潮、防变形及防污染措施。

17.2.2 焊接材料

1）焊接材料的化学成分、机械性能和扩散氢含量等各项指标均应符合现行国家标准规定，并具有出厂质量证明书，否则不得在钢管制造中使用。

2）承包人应按监理人的指示，对焊接材料进行抽样检验，并将检验报告及产品质量证明书、使用说明书提交监理人。

3）焊条和焊丝的极限抗拉强度、屈服点和延伸率等机械性能应与母材相匹配，否则不得在钢管制造中使用。

4）焊接材料在通过焊接工艺评定实验表明达到标准要求并经监理人批准后，方能使用。

5）承包人应按本技术要求第 17.4.3 条的规定对每一牌号的焊接材料做焊接工艺试验，以证明该焊接材料的机械性能符合要求。

6）所有焊接材料宜在不受气候影响的密封包装内运输，使用前方能开启。

7）焊接材料在使用前应按供货厂家建议的条件和标准烘烤、存放。

8）焊接材料存放的库房内通风良好，室温不应低于 5℃，相对湿度不应高于 70%，并定时记录室温和相对湿度。

9）用于埋弧焊的焊剂应按供货厂家的建议存放于干燥容器内，始终保持焊剂干净和干燥，并不互相混杂，焊丝同样要保持干净和干燥。

17.2.3 连接件

连接件的品种和规格应符合施工图纸规定。承包人应向监理人提交产品质量证明书。

17.2.4 涂装材料

1）涂装材料厂家的选择应报发包人审批，投标阶段投标人应推荐三家国内知名涂料厂家供发包人选择，发包人有权更改涂料厂家。

2）每批到货的涂料应附有制造厂的产品质量证明书和使用说明书。说明书内容应

包括涂料特性、配比、使用设备、干硬时间、再涂时间、养护、运输和保管办法等。

3）涂装材料运抵工地后，承包人应按监理人指示进行抽样检验，并将检验成果及产品质量证明书和使用说明书提交监理人。

17.2.5 测量工具和基准点

1）钢管制造、安装所用的钢卷尺和测量仪器应不低于下列精度，且应经计量检定机构检定并定期率定。

（1）精度为万分之一的钢卷尺；

（2）J2 型经纬仪；

（3）S3 型水准仪。

2）测量温度、电流用的仪表应定期率定。划线所用样板，其误差不应大于 0.5mm。

3）用于测量高程和安装轴线的基准点及安装用的控制点，均应明显、牢固和便于使用，并绘简图提交监理人，并定期复测。

17.3 压力钢管制造

在压力钢管制造前 30 天，由监理人组织发包人、承包人和设计人召开压力钢管设计联络会，所产生的费用计入投标报价中。

17.3.1 直管和渐变管的制造

17.3.1.1 钢板的下料和坡口加工

1）调质钢的下料、坡口加工方法要经过试验后确定。

2）钢板下料应满足下列要求：

（1）钢板划线的极限偏差应符合表 17.3－1 的规定；

表 17.3－1　钢板划线的极限偏差

序号	项目	极限偏差（mm）
1	宽度和长度	±1
2	对角线相对差	2
3	对应边相对差	1
4	矢高（曲线部分）	±0.5

（2）直管环缝间距不应小于 800mm；渐变管除遵照图纸的规定外不应小于 600mm；

（3）相邻管节的纵缝距离应大于板厚的 5 倍且不小于 500mm；

（4）纵向焊缝不应布置在钢管横断面的水平轴线和铅垂轴线上，并与上述轴线间夹角大于 10°。

（5）钢板划线后的标记应符合 DL5017—2007 第 4.1.2 条和第 4.1.3 条的规定。

3）钢板的切割和刨边应用机械加工或自动火焰切割进行。人工火焰切割仅限于机械加工或自动火焰切割无法进行处，但必须征得监理人的同意。800MPa级高强钢板切割和刨边应采用机械加工。如采用自动火焰切割，则应除去全部毛刺及淬硬层，并征得监理人同意。

4）切割和刨边面的熔渣、毛刺和缺口，应用砂轮磨去，所有板材加工后的边缘不得有裂纹、夹层和夹渣等缺陷。

5）焊缝坡口，应在钢管厂用机械加工。加工后坡口尺寸的极限偏差，应符合GB/T985—2008、GB/T986—1988的规定。

6）坡口加工完毕应按本技术要求第17.5条的有关规定立即涂刷H06－4环氧富锌底漆以防坡口生锈。

17.3.1.2　卷板

1）卷板应和钢板的压延方向一致。

2）钢板应在卷板机上卷制成型，卷板时不得锤击钢板，应防止在钢板上出现任何痕迹。

3）卷板前或卷制过程中，应将钢板表面已剥离的氧化皮和其他杂物清除干净。

4）800MPa级高强度钢卷板后，严禁用火焰校正弧度。

5）卷板后，将瓦片以自由状态立于平台上，用弦长为1500mm的样板检查弧度，样板与瓦片间的间隙不应大于2.5mm。

6）拼焊后，不宜再在卷板机上卷制或矫形。

17.3.1.3　钢管管节组装和组焊

1）各部件应按图纸所示分块作适当的组装标记。具体见DL/T5017—2007规范4.1.2和4.1.3条。

2）钢管管节组焊应按本技术要求第17.4条的有关规定进行。

3）为组装、运输和安装需要，在钢管管节上加焊和拆除卡具、吊耳等附加物时，应注意不伤及母材，焊接部位应保证起吊时钢管不受损伤和产生过大的局部应力。安装完毕并加固后，上述的卡具和吊耳均应拆除。

17.3.1.4　制造公差

1）对圆时管口不平度：钢管对圆应在平台上进行，其管口平面度允许极限偏差为3mm。

2）周长允许偏差：钢管对圆后，其实测周长与设计周长允许偏差不应超过±24mm；相邻管节周长差不应大于10mm。

3）钢管纵、环缝对口错边量：纵缝不应大于2mm，环缝不应大于4mm。

4）纵缝处弧度偏差：纵缝焊接后，用弦长1200mm的样板，检查纵缝处弧度，其间隙不应大于 4mm。

5）钢管圆度：同端管口相互垂直两直径之差的最大值不应大于±30mm，每端管口至少测 4 对直径。

6）单节钢管轴线长度偏差：单节钢管轴线长度与设计值之差不应大于±5.0mm。

17.3.2 附件的制造

17.3.2.1 加劲环、阻水环、止推环

1）加劲环、阻水环、止推环的制造和加工，应遵守本技术要求 17.3.1 条的有关规定。

2）上述各环的对接焊缝应与钢管纵缝错开 500mm 以上，加劲环与钢管管壁间的角焊缝或组合焊缝应满足施工图纸的要求。

3）加劲环、阻水环、止推环的内圈弧度偏差：加劲环、阻水环、止推环内圈弧度用弦长 1500mm 的样板检查时，样板与加劲环、止水环内圈表面间的间隙应不大于 2.5mm。

4）钢管的加劲环、阻水环和止推环组装的垂直度极限偏差，应符合 DL/T 5017—2007 表 4.1.20 的规定。

5）其他要求见 DL/T5017—2007 中 4.1.22、4.1.23 条的规定。

17.3.2.2 800MPa 级高强度钢不得在钢板上预留灌浆孔，灌浆应采用预埋的灌浆管路在钢管起始端或厂房内进行灌浆。

17.4 压力钢管焊接

17.4.1 焊接方法

除经监理人批准的焊接方法外，一般均应首选自动焊。

17.4.2 焊工和无损检测人员资格

17.4.2.1 焊工

1）从事钢管一、二类焊缝焊接的焊工必须持有劳动人事部门发给的锅炉、压力容器焊工考试合格证书或者通过有关权威部门颁发的适用于水利水电工程压力钢管制造、安装的焊工考试规则规定的考试，并持有有效合格证书。

2）焊工在钢管上焊接的钢材种类、焊接方法和焊接位置等均应与焊工本人考试合格的项目相符。

3）凡从事高强钢焊接的焊工应进行理论和实践的培训。

4）焊工中断焊接工作 6 个月以上者，应重新进行考试。

17.4.2.2 无损检测人员

无损检测人员应经过专业培训，通过国家专业部门考试，并取得无损检测资格证书。评定焊缝质量应由Ⅱ级或Ⅱ级以上的无损检测人员担任。

17.4.3　焊接工艺计划

焊接工艺计划应包括以下内容：

1）焊接程序；

2）材料标准、焊接规范及焊接的厚度范围；

3）焊接位置和焊缝设计（包括坡口型式、尺寸和加工方法等）；

4）焊接材料的型号、性能，熔敷金属的主要成分，烘焙及保温措施等；

5）焊接顺序，焊接层数和道数；

6）电力特性（电流、电压范围等）；

7）定位焊要求和控制变形的措施；

8）预热、后热方法，温度范围及其控制方法；

9）焊接工艺试验（包括同种钢材之间和异种钢材之间的焊接工艺试验）；

10）消除焊接残余应力的方法及工艺；

11）焊接工作环境要求；

12）质量检验的方法及标准；

13）监理人认为需要提交的其他内容。

以上内容应以本节第17.4.4条焊接工艺评定为依据，并将评定报告一并报送监理人审批。

17.4.4　焊接工艺评定

1）承包人应会同监理人按 DL/T5017—2007 第6.1节的规定进行焊接工艺评定，并按评定合格的工艺编写焊接工艺评定报告，报送监理人审批。焊接工艺评定报告的编制参考 DL/T5017—2007 附录 E 所示的推荐格式。

2）焊接工艺评定的试件，其试板钢材和焊接材料应与制造钢管所用的材料相同。试焊位置应包含现场作业中所有的焊接部位，并根据钢材焊接性能作相应的预热、后热或焊后消应处理。

3）根据钢管使用的不同钢板和不同焊接材料，组成各种焊接试板进行焊接工艺评定，焊接试板的具体组合情况，见相应设计施工图纸。

（1）对接焊缝试板，评定对接焊缝焊接工艺。

①纵缝对接焊缝；

②环缝对接焊缝。

（2）环向贴角焊缝试板，评定角焊缝焊接工艺。

（3）组合焊缝试板，评定组合焊缝（对接焊缝加角焊缝）的焊接工艺。

对接焊缝试板评定合格的焊接工艺亦适合于角焊缝。评定组合焊缝焊接工艺时，根据焊件的焊透要求，确定采用组合焊缝试板或对接焊缝试板加角焊缝试板。

（4）自动焊接工艺的手工补焊试板。

4）按 DL/T5017—2007 第6.1节规定可不作焊接工艺评定的焊缝，承包人必须提交已进行过的合格评定报告，报送监理人审批，经监理人批准后，可不另作评定。

5）对接焊缝试板长 2000mm、宽 1000mm，焊缝位于宽度中部；角焊缝试板高度不少于 300mm。试板的约束度应与实际结构相近，焊后过大变形应予校正。

6）试板应打上试验程序编号钢印和焊接工艺标记。试验程序和焊接工艺应有详细说明。

7）承包人应会同监理人对试板焊缝全长进行外观检查和无损探伤检查（检查方法与生产性施焊焊缝相同），并进行力学性能试验。试板不得有缺陷。若需修整的缺陷长度超过试焊长度的 5％，则该试件无效，须重作评定。

8）对接试板力学性能评定项目和试样数量及试验方法按 DL/T5017—2007 第6.1.20 条及第 6.1.21 条执行。

（1）供对接试板力学性能试验的试样，每一组对接焊接试板：横切焊缝拉伸试样 2件；供坚固性及硬度实验，取宏观断面试样 2件；供半径为 3 倍试板厚度的侧弯实验的式样 4件。

（2）冲击韧性试验，按 GB4159 规范及《合同》的有关规定执行。

（3）手工补焊工艺试板不要求做力学性能试验。

（4）承包人应负责完成焊接工艺试板的机械性能试验，并将试验结果报监理人审批。

9）已进行过焊接工艺评定，但改变下列重要参数之一者，应重新进行焊接工艺评定。

（1）钢材类别改变；

（2）焊条牌号、焊丝钢号、焊剂牌号改变；

（3）当焊条牌号不变，但用非低氢型药皮焊条代替低氢型药皮焊条时；

（4）预热温度比评定合格值降低 50℃以上时；

（5）改变保护气体种类、混合保护气体比例以及减少原定流量 10％以上时。

10）焊接工艺评定中所取的焊接位置应包含现场作业中所有的焊接位置。

17.4.5 生产性焊接试验

1）经监理人批准的焊接程序和工艺，还应通过生产性焊接试验不断修正制订焊接规范。试板与实际使用的焊件相同。试验应在监理人监督下进行。

2）承包人应完成以下内容的生产性焊接试验：

（1）按常规测试焊缝的坚固性及其他性能；验证现有的焊接程序和工艺；

（2）当钢板厚度变化时修正焊接规范内容，按规范要求，核实新的一批材料的机械特性及坚固性。

3）生产性焊接试验的试板

（1）凡属以下钢板品种的管壁纵缝，应作产品焊接试板：56mm、60mm的800MPa级高强钢。

（2）上述类别z的钢板，应每种厚度作两块产品焊接试板。试板尺寸、试件数量及试验项目与焊接工艺评定的规定相同。

（3）试板须在纵缝的延长部位与管壁同时施焊，试板的厚度和焊接工艺须与管壁相同，可以延长试板长度而不设助焊板。

17.4.6　生产性施焊

17.4.6.1　压力钢管焊接工艺规程

施焊前，承包人应根据已批准的焊接工艺评定报告，结合本工程实际，编制压力钢管焊接工艺规程，报送监理人。

17.4.6.2　焊前清理

所有拟焊面及坡口两侧各50～100mm范围内的氧化皮、铁锈、油污及其他杂物应清除干净，每一层焊接金属表面焊渣都应认真清理干净，在焊下一层前应清理所有焊渣，检查合格后再焊。

17.4.6.3　定位焊

拟焊项目应采用已批准的方法进行组装和定位焊。800MPa级高强钢的定位焊不得保留在任何焊缝内。

17.4.6.4　装配校正

装配中的错边应采用卡具校正，不得用锤击或其他损坏钢板的器具校正。

17.4.6.5　焊缝坡口间隙

当规定焊接根部缝隙时，焊件边缘应予固定，以便在焊接时使间隙保持在允许公差内。

17.4.6.6　预热

1）对焊接工艺要求需要预热的焊件，其定位焊缝和主缝均应预热（定位焊缝预热温度较主缝预热温度提高20～30℃），并在焊接过程中保持预热温度；层间温度不应低于预热温度，且高强钢不高于200℃。一、二类焊缝预热温度应符合焊接工艺的规定，如无规定时，可参照DL/T5017—2007表6.3.15推荐的温度。

2）焊口应采用电加热器或远红外线加热器预热。其他预热方法仅限于在监理人批准的部位使用。

3）承包人应使用监理人同意的表面温度计测定温度。测定宽度为焊缝两侧各3倍钢板厚度范围，且不小于100mm，在距焊缝中心线各50mm处对称测量，每条焊缝测量点不应少于3对。

4）监理人有权对某些焊接部位提出特殊的预热要求，承包人应遵照执行。

17.4.6.7 800MPa 级高强钢的焊缝应做焊后热消氢处理，后热温度由焊接工艺评定确定。

17.4.6.8 焊接程序

1）为了减少变形和尽量降低焊接应力至最低限度，承包人应选定焊接和定位焊的工艺，并报送监理人批准。

2）为尽量减少变形和收缩应力，在施焊前选定定位焊焊点和焊接顺序应从构件受周围约束较大的部位开始施焊，向约束较小的部位推进。

17.4.6.9 焊接要求

1）焊接环境出现下列情况时，应采取有效的防护措施，无防护措施时，应停止焊接工作。

（1）风速：气体保护焊大于 2m/秒，其他焊接方法大于 8m/秒；

（2）相对湿度大于 90％；

（3）环境温度低于－5℃；

（4）雨天和雪天的露天施焊。

2）施焊前，应对主要部件的组装进行检查，有偏差时应及时予以校正。

3）各种焊接材料应按 DL/T5017—2007 第 6.3.10 条和本技术要求第 17.2.2 节的规定进行烘焙和保管。焊接时，应将焊条放置在专用的保温筒内，随用随取。

4）双面焊接时，在其单侧焊接后应进行清根并打磨干净，再继续焊另一面。对需预热后焊接的钢板，应在清根前预热。若采用单面焊缝双面成型，应提出相应的焊接措施，并经监理人批准。

5）纵缝焊接应设引弧和断弧用的助焊板，严禁在母材上引弧和断弧。定位焊的引弧和断弧应在坡口内进行。

6）多层焊的层间接头应错开。

7）每条焊缝应一次连续焊完，当因故中断焊接时，应采取防裂措施。在重新焊接前，应将表面清理干净，确认无裂纹后，方可按原工艺继续施焊。

8）拆除引、断弧助焊板时不应伤及母材，拆除后应将残留焊疤打磨修整至与母材表面齐平。

9）焊接完毕，焊工应进行自检。一、二类焊缝自检合格后应在焊缝附近进行编号和作出记录，并由焊工在记录上签字。

10）手工焊还应遵守下列规定：

（1）根据产品的焊接工艺要求，正确选用焊接规范；

（2）厚板的焊接，应制定严密的焊接工艺，每条焊缝应连续焊成，不宜中断，并应采取预热、控制层间温度、缓冷和后热的措施。

11）自动、半自动焊还应遵守下列规定：

（1）在钢管厂焊接的纵缝，应采用全位置自动焊。加劲环角焊缝也可以采用全位置自动焊。

（2）根据可焊性试验，选用适宜的焊剂和焊丝，焊剂和焊丝应始终保持清洁，不受污染。

（3）焊前应根据初拟的焊接规范进行试焊，以修正焊接规范内容。焊接形状系数（熔宽/熔深）应控制在 1.3～2 之间。

（4）焊剂覆盖要均匀，以保证弧腔压力的均匀一致。

（5）电源的电压波动不得大于±5%，工作过程中瞬间波动不得大于±5V；交流自动焊电弧电压的波动值应在±2V 之间，电流的波动量应在±50A 之间。直流自动电弧焊电压的波动值应在±1V 之间，电流的波动量应在±30A 之间。超出上述规定范围时应停止焊接施工，检查送丝导电和供电系统。

17.4.6.10　后热消氢处理

后热消氢处理应由焊接工艺评定确定，也可参照下列规定执行：

1）800MPa 级高强钢应作后热消氢处理；

2）后热温度：800MPa 级高强钢的后热温度 150℃～200℃，保温时间在 2 小时以上。

17.4.6.11　管壁表面缺陷修整

1）管壁内面的突起处，应打磨清除。

2）管壁表面的局部凹坑，若其深度不超过板厚的 10%，且不超过 2mm 时，应使用砂轮打磨，使钢板厚度渐变过渡，剩余钢板厚度不得小于原厚度的 90%；超过上述深度的凹坑，应按监理人批准的措施进行焊补，并按本节第 17.4.7 条的规定进行质量检验。

17.4.7　焊缝检验

17.4.7.1　焊缝分类

1）一类焊缝：钢管管壁纵缝；按明管设计的钢管段环缝；预留环缝；凑合节合拢环缝。

2）二类焊缝：不属于一类焊缝的其他钢管管壁环缝；加劲环、阻水环、止推环的对接焊缝；阻水环与管壁的角焊缝。

3）三类焊缝：不属于一、二类焊缝的其他焊缝。

17.4.7.2　外观检查

所有焊缝均应按 DL/T5017—2007 第 6.4.1 条的规定进行外观检查。

17.4.7.3　无损探伤

1）进行探伤的焊缝表面的不平整度应不影响探伤评定。

2）焊缝无损探伤应在焊接完成后 48 小时以后进行。

3）超声波探伤按 JB/T4730.3—2005 的标准评定，一类焊缝 BⅠ级为合格，二类焊缝 BⅡ级为合格。TOFD 探伤按 JB/T4730.10—2005 规范执行，Ⅱ级为合格。

4）在焊缝局部探伤时，如发现有不允许缺陷，应在缺陷方向或在可疑部位做补充探伤，如经补充探伤仍发现有不允许缺陷，则应对该条焊缝进行全部探伤。

5）焊缝无损探伤的抽（复）查率见表 17.4－1。一类焊缝若采用超声波探伤，还应采用 TOFD 探伤复验，复查率见表 17.4－1，且每条纵缝不应少于一张片子。当采用超声波探伤时，应记录缺陷波形备查。抽查部位应按监理人的指示选择在容易产生缺陷的部位，并应抽查到每个焊工的施焊部位。

表 17.4－1　焊缝无损探伤抽（复）查率

方法	钢种	800MPa 级高强钢板	
	焊缝类别	一类	二类
1	超声波探伤抽查率（%）	100	100
2	TOFD 探伤复查率（%）	50	30
3	磁粉或渗透探伤	50	30

注：1. 以上三种方法同时进行。
2. 若超声波探伤有可疑波形，不能准确判断，则用 TOFD 复验。
3. TOFD 探伤应重点针对丁字形接头及超声波探伤发现可疑的部位。

6）无损探伤的检验结果须在检验完毕后 48 小时内报送监理人。

7）监理人查核检验结果后，或根据焊接工作情况，有权要求承包人增加检验项目和检验工作量。

17.4.8　焊缝缺陷处理

1）焊缝内部或表面发现裂纹时，承包人应进行分析，找出原因，制订措施，经监理人同意后，由承包人进行返修。返修后的焊缝，仍应按本节第 17.4.7 条的规定进行复检。

2）焊缝内部缺陷应用碳弧气刨或砂轮将缺陷清除成便于焊接的凹槽，焊补前要认真检查。如缺陷为裂纹则应用磁粉或渗透探伤，确认裂纹已经消除，方可焊补。

3）当焊补的焊缝需要预热、后热时，则焊补前应按本节第 17.4.6 条的规定进行预热和后热。

4）同一部位返修次数不应超过 1 次。若超过 1 次，应找出原因，制订可靠的技术措施，报送监理人批准后实施，并作出记录，返修后的焊缝，应用 TOFD 探伤或超声波探伤复查。

5）在母材上严禁有电弧划伤，如有擦伤应用砂轮做打磨处理，并检查有无微裂纹，对 800MPa 级高强钢在必要时还应用磁粉或渗透检查。

6）管壁内面的突起处，应打磨清除。

7）管壁表面的局部凹坑，若其深度不超过板厚的 10%，且不超过 2mm 时，应使用砂轮打磨，使钢板厚度渐变过渡；超过上述深度的凹坑，应按监理人批准的措施进行焊补，并按本节第 17.4.7 条的规定进行质量检验。

8）承包人应严格按以上规定进行缺陷部位返修，并作好记录，直至监理人认为合格为止。

17.4.9　焊后消除应力处理

800MPa 级高强度低合金钢板制作的钢管，应作消除焊接残余应力处理，承包人应提出采用的消应方法和工艺报监理人审批，并应向监理人提交消除处理试验成果报告。

17.5　压力钢管防腐蚀

17.5.1　涂装工艺措施

承包人应在涂装作业前，提交钢管涂装工艺措施，报送监理人审批。涂装工艺措施应详细说明除锈工艺方法和各种涂装材料的施涂方法、使用设备、质量检验和涂装缺陷修补措施等。

17.5.2　表面预处理

1）钢管表面涂装前，必须进行表面预处理。在预处理前，钢材表面的焊渣、毛刺、油脂等污物应清除干净。

2）钢管内外壁采用喷射除锈，钢管内壁表面除锈等级应达到 GB/T8923—2008 规定的 Sa2 1/2 级；钢管外壁表面除锈等级应达到 Sa1 级。

3）预处理后，钢管内壁粗糙度应达到 Ra60～100μm。

4）表面预处理应使用无尘、洁净、干燥、有棱角的铁砂喷射处理钢板表面。喷射用的压缩空气应经过过滤，除去油水。

5）当空气中相对湿度超过 85%、环境气温低于 5℃和钢材表面温度低于大气露点以上 3℃时，不得进行表面预处理。

6）喷刷后的表面应防止再度污染。施喷涂料前，应使用钢刷和真空吸尘器清除残留砂粒等杂物。作业人员应带纤维手套。若不慎用手触及已清理好的表面，应立即用溶剂清洗钢管表面。涂装前如发现钢板表面污染或返锈，应重新处理到原除锈等级。

17.5.3　涂装施工

17.5.3.1　一般要求

1）施涂前，承包人应根据施工图纸要求和涂料生产厂的规定进行工艺试验。试验过程中应有生产制造厂的人员负责指导，试验成果应报送监理人。

2）组焊后的管节及其附件（除安装焊缝外）应在车间内完成涂装；现场安装焊缝

及表面涂装损坏部位应在现场进行涂装。

3）清理后的钢材表面在潮湿气候条件下，钢管外壁涂装应在 4 小时内完成涂装；在晴天和正常大气条件下，钢管外壁涂装时间最长不应超过 12 小时。

4）当空气中相对湿度超过 85％、钢材表面温度低于大气露点以上 3℃ 或高于 60℃ 以及环境气温低于 10℃ 及产品说明书规定的不利环境，均不得进行涂装。

5）涂装材料的使用应按施工图纸和制造厂家的说明书进行。涂装材料品种以及层数、厚度、间隔时间、调配方法等均应严格执行。

6）涂装作业必须确保结构完好，严禁碰撞、锤击，可允许利用管节内支撑搭设脚手架，管节外壁允许搭设，不允许搭焊临时脚手架。

17.5.3.2 涂料涂装

1）钢管内壁、明管外壁及铺设软垫层的钢管外壁涂装厚浆型无溶剂抗冲耐磨环氧涂料，干膜厚度为 800μm（涂装道数与涂装厂家商定）。

与混凝土接触的钢管外壁以及加劲环、阻水环和止推环表面应均匀涂刷无机改性水泥浆，干膜厚度为 300μm～500μm，涂后注意养护。

2）安装环缝坡口两侧各 200mm 范围内，在表面预处理后，应立即涂刷无机富锌底漆，干漆膜厚度 100μm。环缝焊接后，应进行二次除锈，再用人工涂刷或小型高压喷漆机械施喷涂料。管节内支撑拆除后，漆膜损坏部位也应补涂。

3）施涂过程中，要特别注意防火、通风、保护工人健康。

4）施涂后的钢管应小心存放，保护涂层免受损伤，并防止高温、灼热及不利气候条件的有害影响。

17.5.4 涂层质量检验

1）涂料涂层质量检验应遵守 SL105—2007 第 3.4 节的规定。

2）涂装时如发现漏涂、流挂、皱皮等应及时处理，并用湿膜测厚仪测定湿膜厚度；每层涂装前对上一层涂层外观进行检查。

3）在不适于施涂和养护的环境条件下所做的涂装，监理人有权指示承包人清除后重新涂刷。

4）涂装后进行外观检查，应表面光滑、颜色一致、无流挂、皱皮、针孔、裂纹、鼓泡等缺陷；涂层厚度应基本一致，粘着牢固，不起粉状。如存在上述缺陷，应进行处理，直至监理人认为合格为止。

5）涂层内部质量检验应符合施工图纸要求和 SL105—2007 第 3.4.4 条至第 3.4.6 条的规定。

17.5.5 涂层验收

涂装结束后，承包人应会同监理人对钢管的全部涂装面进行质量检查和验收。钢管涂装的质量检验成果应报送监理人。

17.6 包装、运输

1）承包人应负责将加工完成的钢管管节及附件从钢管加工厂运送到安装地点或指定的堆放场。

2）起吊、装运和运输钢管及附件的设备和方法，应由承包人递交一份详细计划报送监理人审批。起吊、装运和运输方法要保证钢管不致造成应力、变形超限、扭曲或损坏，且应注意防止破坏涂层。

3）已制作完成的钢管及附件，在钢管厂启运前，承包人应给监理人提供17.9.2节所需要求、资料，并应在监理人在场的情况下，检验出厂部件，发给合格证后方可启运。

4）为防止管节在运输过程中的变形，应加临时支撑。

（1）运输成型的钢管管节时，应在管节内加设内支撑。内支撑的焊接和拆除应符合DL/T5017—2007第6.3.13条的规定，不得直接焊于管节上，应通过工具卡和螺栓等连接件加以固定。管节运输时，应将钢管安放在鞍形支座或加垫木梁上，以保护管节及其坡口免遭损坏。

（2）采用钢索捆扎吊运钢管时，应在钢索与钢管间加设软垫。

17.7 压力钢管安装

17.7.1 一般规定

1）投标人在其投标方案中应明确压力钢管的组圆场地（含面积）、运输路线及安装方法。如需使用主厂房场地进行组圆和运输安装，不得影响主厂房施工。承包人负责因钢管运输安装需要进行的相关部位扩挖及相应土建工程，其费用包含于总报价中。

投标人如将压力钢管的组圆场地选在钢管下平段，主厂房为辅助场地，实施过程中不得影响其他标段承包人施工。承包人应负责对扩挖的组圆场地进行设计，并在实施前将扩挖的具体位置、地质条件、面积及后期回填封堵等方案及参数报送监理人及设计人，经同意后方可实施，其费用包含于总报价中。如将压力钢管的组圆场地选在主厂房安装场，承包人也应在方案实施前将具体位置、地质条件、面积等参数报送监理人及设计人。

2）承包人应按照工程师提供的钢管布置图和管节图所要求的精度、强度及本节所述的要求进行施工，钢管现场安装工作除满足本节所述的要求外，还应符合DL/T5017—2007第5节的规定。

3）在安装工作开始前，承包人按第17.1.5条规定提交的施工措施计划中，应详细说明钢管安装使用的设备、安装方法、临时工程设施、质量检验程序、安全措施以及试验方法细节的报告报监理人批准，经监理人批准后，方可开始安装钢管及附件。

4）按本技术要求第17.4节有关规定焊接各管节，并对焊缝进行非破坏性检验。

5）钢管及附件安装完毕以后，承包人应立即进行安装缝及其临近区域内外表面防腐涂层的涂装。

17.7.2 监督、质量控制及检验

1）现场安装钢管及附件时，承包人应选派合格的、有经验的工程技术人员指导和组织，还应选派经监理人批准的具有施工大型钢结构焊接施工经验的监督人员进行监督，并建立完善的质量保证体系。

2）承包人的监督人员应密切配合监理人的工作，及时向监理人报告检查中出现的问题，并向监理人提供必要的资料。

3）控制焊接质量需由承包人在现场进行必要的检查、试验和定期进行全部焊接设备的检查。现场的整个焊接工作应按照批准的焊接工艺实验程序及生产性施焊的规定进行。焊工的技术熟练程度也应定期检查和考核。

4）监理人按有关规定在现场检查焊缝的质量，每阶段安装工作完成后，承包人应通知监理人检查验收，未经验收者，不得进行下一阶段的安装工作。

17.7.3 钢管安装

钢管应严格按照设计图纸要求进行安装，并确保其桩号和中心线与设计图纸相符。

1）钢管支撑（或支墩）应有足够的强度和稳定性，以保证钢管在安装过程中不发生位移和变形。

2）钢管的直管、弯管以及附件与设计轴线的平行度误差应不大于0.2%。

3）钢管安装中心的极限偏差应符合表17.7-1的规定。

表17.7-1　钢管安装中心极限偏差

始装节管口中心的极限偏差（mm）	与蜗壳、伸缩接连接的管节及弯管起点的管口中心极限偏差（mm）	其他部位管节的管口中心偏差（mm）
5	12	30

4）始装节的里程偏差不应超过±5mm。始装节两端管口垂直度偏差不应超过±3mm。

5）钢管安装后，管口圆度偏差不应大于40mm。至少测量4对直径。

6）环缝焊接除图样有规定外，应逐条焊接，不得跳越，不得强行组装。管壁上不得随意焊接临时支撑或脚踏板等构件，除设计有特殊规定外，不得在混凝土浇筑后再焊接环缝。

7）现场焊接安装环缝，应有适当的屏蔽，并防止穿堂风和风雨潮湿的影响，每条焊缝应连续完成，不得中断。

8）每节管节的定位点焊，应在温度较低时进行，并应尽快焊接。

9）拆除钢管上的工具卡、吊耳、内支撑和其他临时构件时，严禁使用锤击法，应用碳弧气刨或氧—乙炔火焰在离管壁 3mm 以上处切除，严禁损伤母材。切除后钢管内壁（包括高强钢钢管外壁）上残留的痕迹和焊疤应再用砂轮磨平，并认真检查有无微裂纹。对高强钢在施工初期和必要时应用磁粉或渗透探伤检查。如发现裂纹应用砂轮磨去，并复验确认裂纹已消除为止。同时应改进工艺，使不再出现裂纹，否则应继续进行磁粉或渗透探伤检查。

10）钢管安装后，必须与支墩和锚栓焊牢，防止浇筑混凝土时位移。

11）钢管的内部支撑在回填的混凝土未达到足够强度前，不得拆除。

12）钢管内、外壁的局部凹坑深度不超过板厚 10％，且不大于 2mm，可用砂轮打磨，平滑过渡，凹坑深度超过 2mm 的应按按本技术要求第 17.4 条的有关规定进行焊补。

13）土建施工和机电安装时，未经监理人允许不得在钢管管壁上焊接任何构件。

14）钢管安装时，按施工图纸要求，应同时进行观测仪器安装埋设。若仪器的安装埋设由其他承包人承担，本合同的承包人应积极予以配合。安装观测仪器支座的焊接应符合 DL/T5017—2007 第 6.3.11 条的规定，支座可不予拆除。

15）安装时应注意对漆膜的保护。

16）承包人对全部钢管安装并检验合格后，应将钢管工程的质量检验记录提交监理人。

17.8　交接验收

17.8.1　钢管材料的检查和验收

钢管制造和安装所需的钢材、焊接材料、连接件和涂装材料等均应进行检验和验收。每批材料和连接件均须经监理人签认后方可使用。

17.8.2　钢管制造质量的检查和验收

钢管在组圆场地制造成安装管节（包含内支撑）且所有项目检验合格后，由监理人组织验收。

承包人在钢管工程开始安装前 56 天，应向监理人提交钢管管节和附件的验收申请报告，并应同时提交以下各项验收资料：

（1）钢管管节和附件清单；

（2）钢材、焊接材料、连接件和涂装材料的质量证明书、使用说明书或试验报告；

（3）焊接工艺评定报告、焊接程序和工艺报告；

（4）参加压力钢管焊缝焊接的焊工名单及代号（包括所焊焊缝类别及焊接部位等）；

（5）焊缝质量检验结果；

（6）缺陷修整和焊缝缺陷处理记录；

（7）钢管管节和附件的尺寸偏差检查记录；

（8）涂装质量检验记录；

（9）钢管制造最终检查记录。

经监理人审查同意后，组织对钢管管节和附件的验收。验收合格后由监理人签发质量合格证。

17.8.3 钢管安装质量的检查和验收

在钢管安装过程中，承包人应会同监理人对每条现场焊缝进行检查和验收。不合格的焊缝应进行返修和重新检验，直至合格为止。

钢管的现场涂装工作结束后，应对钢管面的涂装质量进行检查和验收，检查范围包括焊缝两侧的现场涂装部位和管节出厂前涂装面的损坏部位。不合格的涂装面应进行返修和重新检验，直至合格为止。

钢管工程完工后，应进行工程验收，其制造、运输与安装的质量应符合设计图纸及现行规程、规范、标准及本技术要求的规定。

17.8.4 钢管工程的完工验收

钢管工程全部完工后，承包人应向监理人提交有关验收申请报告，并应按17.1.5.9款规定的内容提交各项验收资料。经监理人报送发包人批准后，进行钢管工程的完工验收。

17.9 压力钢管采用610MPa级高强钢材制作的技术要求

压力钢管管壁采用800MPa和610MPa级钢材制造两个方案同时报价，并计入评标总价。采用610MPa级钢材制作钢管方案的相关技术参数和要求见下。

17.9.1 压力钢管设计简介

压力钢管采用610MPa级钢材制造时，钢管的布置及其直径、水头等基本参数与采用800MPa级钢材制造时相同。

压力钢管采用610MPa级钢板制造时，经计算，钢管壁厚为＿＿＿＿＿mm（含锈蚀厚度）。在外压作用下，钢管外须布置加劲环，加劲环断面为矩形，间距＿＿＿＿＿m，材质为Q345C。一条钢管重量约为＿＿＿＿＿t（不包括钢管安装、运输所用吊耳、内支撑、埋件等重量），总重量约为＿＿＿＿＿t。

17.9.2 压力钢管组圆、安装基本要求

1）压力钢管以瓦片形式进行运输。

2）每个管节由3块瓦片组成，管节组圆以洞内组圆为主、厂房内组圆为辅，厂房内组圆时不得影响厂房施工。

3）钢管制造分节长度为＿＿＿＿＿m～＿＿＿＿＿m，相应的管节最大外形尺寸为＿＿＿＿＿m，最大起吊重量约为＿＿＿＿＿t（不包括吊耳、内支撑等重量）。

17.9.3 钢管材料性能

压力钢管管壁采用 610MPa 级高强钢材制作时，用于制造加劲环、阻水环、止推环等附件的钢材为 Q345C 钢材。

17.9.3.1 钢材的化学成分

用于制造钢管和加劲环、阻水环、止推环等附件的钢材化学成分必须符合表 17.9—1～表 17.9—2 的规定值。

表 17.9—1 610MPa 级高强钢板化学成分（%）

C	Si	Mn	P	S	Ni	Cr	Mo
≤0.09	0.15～0.40	1.20～1.60	≤0.03	≤0.02	≤0.30	0.1～0.30	0.1～0.30

表 17.9—2 Q345C 钢板化学成分（%）

C	Si	Mn	P	S
≤0.20	0.25～0.55	1.00～1.60	≤0.035	≤0.035

对 Q345C 钢材，铬、镍、铜含量当作为残余元素时应各不大于 0.30%，其总含量应不大于 0.60%。

成品钢板化学成分的允许偏差应符合 GB222—2006 的相应规定。

碳当量：Q345C 钢板 Ceq≤0.43%；

610MPa 级高强钢板 Ceq≤0.42%。

碳当量计算公式：$Ceq（\%）=C+ Mn/6+ Si/24+ Ni/40+ Cr/5+ Mo/4+ V/14+ Cu/13$

（只有当 Cu 大于 0.30% 时才进行计算）

17.9.3.2 钢材的力学性能

用于制造钢管和加劲环、阻水环、止推环等附件的钢材力学性能必须符合表 17.9—3、表 17.9—4 的规定。

表 17.9—3 610MPa 级高强度钢板力学性能

机械性能	取样位置	σb	σs	δ5	冷弯性能	−20℃，应变时效后冲击功
		MPa	MPa	%	D 3a，100°	Akv（I），横向试样
标准	t/4	≥490	610～740	≥17	完好	≥60

注：t/4 表示取样方向及部位为横向 1/4 厚度处。

表 17.9—4 Q345C 钢板力学性能

试样	σb	σs	δ5	冷弯性能	0℃ V 型冲击功
厚度（mm）	MPa	MPa	%	D=3a，180.	（纵向）Akv（J）
16～35	470～630	325	≥22	完好	≥34

进行拉伸和冷弯试验时，两种钢材均应取横向试样；进行夏比（V型缺口）冲击试验时，610MPa级高强钢板取横向试样，Q345C钢板取纵向试样，冲击试验结果、冲击功值按一组三个试样算术平均值计算，允许其中一个试样单值低于以上表所列规定值，但不得低于规定值的80％；按表中要求进行冷弯试验时，钢板不得有裂纹。

610MPa级高强钢板应在钢厂内逐张进行力学性能和冷弯性能试验。

17.9.3.3 钢材的焊接性能

钢材焊缝热影响区的硬度值：Q345C钢板低于300HV；

610MPa级高强钢板低于350HV；

610MPa级高强钢板裂纹敏感性系数：Pcm≤0.20％；

裂纹敏感性系数的计算公式：

Pcm＝C＋Si/30＋Mn/20＋Cu/20＋Ni/60＋Cr/20＋Mo/15＋V/10＋5B（％）

钢材应保证其焊接性能及焊接接头部位的韧性，厂家应提出与母材相匹配的焊接材料（焊条、焊丝、焊剂）、焊接方法、厚钢板焊前预热和焊后热处理方式以及重要焊接参数如层间温度、线能量等控制指标，焊后强度不应低于母材强度。

17.9.4 610MPa级高强钢板应按《承压设备无损检测》（JB/T4730.3—2005）规定在钢厂内逐张进行100％超声波探伤检验，达到Ⅱ级标准。

17.9.5 交货状态

钢板的交货状态：610MPa级高强钢板以调质状态下交货，Q345C钢板以正火状态下交货。

17.9.6 定尺交货

钢板长度应以钢管按三块瓦片组圆的尺寸定尺交货。

17.9.7 表面质量

钢板表面不允许有裂纹、气泡、结疤、裂纹、折叠、夹杂和压入氧化铁皮。钢板不得有分层。无氧化锰皮和铁锈的表面凹凸度不得超过钢板厚度公差之半，并应保证钢板允许的最小厚度。

钢板表面的缺陷不允许焊补和堵塞。切边钢板的边缘不得有锯齿形凸凹。个别发纹深度不得大于2mm，长度不得大于25mm。

17.9.8 尺寸、外形、重量及允许偏差

1）钢板尺寸、外形及允许偏差应符合GB/T709—2006的规定。其中长度和宽度不允许有负偏差。

2）钢板不平度

公称厚度＞25～40mm，不平度每米范围内不超过5mm；

公称厚度＞40mm，不平度每米范围内不超过 5mm。

3）对角线允许偏差为 10mm。

4）切边钢板应剪切成直角，切斜和镰刀弯不得使钢板长度和宽度小于公称尺寸，并须保证订货公称尺寸的最小矩形。

5）钢板厚度偏差应符合 GB/T709—2006 中 C 类偏差的规定，不能有负偏差。

其他要求与采用 800MPa 级钢材制作和安装压力钢管相同。

17.10　计量与支付

17.10.1　钢管及其附件的计量与支付

1）钢管及其附件的制造

钢管及其加劲环、阻水环、止推环等附件的制造应按施工图纸所示的全部钢管和附件的计算重量，以 t 为单位计量，并按《工程量清单》所列项目的每 t 单价支付。

其单价中包括钢材检验、保管，钢管及其附件的制造、焊接、试验和消应处理、焊缝检验、验收等所需的人工、材料（包括损耗）、设计联络会及使用设备和辅助设施等的一切费用。

2）钢管及其附件的安装

钢管及其加劲环、阻水环、止推环等附件的安装应按施工图纸所示的全部钢管和附件的计算重量，以 t 为单位计量，并按《工程量清单》所列项目的每 t 单价支付。

其单价中包括焊接材料和连接件的采购、钢材及其附件的运输、安装、焊接、焊缝检验、消应处理、安装所需的辅助材料（加固件及临时支撑材料）等所需的人工、材料（包括损耗）及使用设备和辅助设施等的一切费用。

17.10.2　涂装的计量与支付

钢管涂装按总涂装面积以 m² 为单位计量，并按《工程量清单》所列项目的每 m² 单价支付。

其单价中包括涂装材料采购、保管和验收；涂装材料涂装试验和检验；涂装施工、涂层养护等所需的人工、材料及使用设备和辅助设施等的一切费用。

第十八节　金属结构及设备安装工程

18.1　说明

18.1.1　安装工程范围

本节所涉及的工程范围为本合同施工安装图纸所示的各种钢闸门及启闭机的安装。项目包括各类钢闸门及其拦污栅、门（栅）槽（含闸门贮存槽）埋件、各种型式启闭机的机械和电气设备，及其有关的拉杆、锁定装置、自动挂脱梁、移动式启闭机轨道、液压启闭机管道及附件、启闭机承载平台及基础埋件等附属设施的安装、调试、试验（包括门机负荷试验、吊架设计制造、配重吊运、清场、试验报告的整理和移交）及验收、试运转工作，以及出厂验收、卸货、现场验收、工地范围的二次运输（包括相关设备的转运）、贮存、维护保养、支垫、防雨、设备安装后的防护（包括泵站和电控设备等）和向发包人正式移交前的运行、管理、安装项目完工资料的整理和移交。

闭门及启闭机埋件分为一期埋件和二期埋件。一期埋件预埋在一期混凝土内，承包人负责材料采购、一期埋件制作和预埋。二期埋件由发包人提供，承包人负责安装和埋设。

闸门及启闭机安装工作还包括试运转所必需的各种临时设施的安装，临时设施所需临时电源电缆、启闭机润滑油、润滑脂等材料由承包人自购。

闸门及启闭机安装工作还包括项目（启闭机设备）在施工期的临时防护（防物下落损坏设备、防雨）等。

闸门及启闭机安装工作还包括闸门、启闭机和闸门门槽埋件外露部分在工地安装拼接焊缝两侧的除锈和防腐蚀，以及闸门启闭机全部安装完成后而做的一道现场表面漆。

本项目金属结构一期埋件制作安装、金属结构设备及二期埋件安装项目的规格与数量见表18.1－1和表18.1－2。

在本节中及本合同招标图样中所表示的有关概要说明并不包含各项金属结构及启闭机械的所有设计和制造细节。概要说明可以作为承包人报价的基础。金属结构及启闭机械在工地交接验收后，发包人将向承包人提供用于合同设备安装的施工图及有关必要的资料。

18.1.2 发包人提供的设备

表18.1－2所列的全部设备均由发包人提供，液压管路冲洗设备、冲洗油、冲洗用滤芯及液压启闭机的液压油亦由发包人提供。启闭机负荷试验所需配重及吊架由发包人提供。

表18.1－1 本项目工程属结构一期埋件制作安装项目表

序号	项目名称	数量（套）	单重（t）	总重量（t）
1				
2				
3				
合计：				

表18.1－2　本项目工程金属结构设备及二期埋件安装项目表

序号	项目名称	数量（套）	单重（t）	总重（t）	最大分块		备注
					尺寸（m）	重量（t）	
1							
2							
3					门叶		
					支臂		

合计：t（不包括门机、桥机负荷试验吊架与配重块）

注：1. 大坝坝顶门机和中孔检修桥机共用一套负荷试验吊架与配重块。

18.1.3　承包人的一般责任

1）设备的到货验收责任

承包人应在合同规定的交货地点负责接收发包人提供的设备，并由发包人、监理人和承包人根据设备清单共同进行检查、清点后办理正式移交手续。

承包人应参加发包人提供设备的出厂验收工作，其费用包含在合同费用中。验收合格后，承包人与发包人一起在验收文件上签字。

2）设备开箱检查验收责任

开箱验收由监理人主持，承包人具体实施，制造监理人、制造厂承包人、发包人参加。开箱验收主要检测与安装、运行相关的项目，由承包人拆开包装箱，根据装箱单对箱内的零部件进行数量清点和质量检验。验收质量标准以图纸、合同、规范、规程、为依据并对交接验收单中记载的质量问题逐项详细检查。承包人应填制质量检验记录表，把检查情况（含数量）填入表内，并对该产品制造质量是否合格予以判定。若有质量缺陷或不合格产品，记入验收表（或附件），由监理人组织有关单位研究返修或退货。

3）设备运输和保管责任

除合同另有规定外，启闭机液压、电气控制及其他箱装件等设备交货地点在发包人的综合仓库，发包人负责此类设备到货后的入库保管，承包人负责从综合仓库提货至安装现场的装车、二次转运及安装现场卸车。闸门及启闭机设备机械、结构等设备交货地点在承包人施工营地金结拼装场，承包人负责设备卸货、临时保管、装车、二次转运及安装现场卸车。承包人在正式接收各项设备后，应承担由于卸车、装车、运输和保管不当造成的损失和损坏的全部责任。

启闭机负荷试验所需配重及吊架由发包人供货至发包人综合仓库，承包人负责配重及吊架从综合仓库提货至安装现场的装车、二次转运及安装现场卸车，试验完成后承包人负责配重块及吊架运输入库。承包人应承担卸车、装车、运输和保管及使用不当造成的损失和损坏的全部责任。

4）设备的安装责任

承包人应分别负责表 18.1－1 和表 18.1－2 所列设备的现场安装工作，包括设备调试和试运转工作，并应负责提供安装所需的人工、材料、设备、安装和检测器具，以及负责移交前的维护保管工作。

设备安装工作范围还包括配合其他承包人闸门及启闭机永久电源接入、远程控制调试，以及为机电安装承包人提供安装工作面基本条件（如临时照明、供电接口、通道等）。

承包人负责本标段内临时供电系统配置、安装和维护。对于不属于电站永久供电设备的闸门启闭机，承包人应承担启闭机系统的临时用电，配置相应的供电设备满足设备安装调试、下闸、临时运行等供电所需，并负责临时电源引接、维护和检修，直至闸门及启闭机临时运行完成、拆除完毕；桥机、门机和液压启闭机系统的安装调试电源由承包人自行考虑，涉及度汛的泄洪设施电源还需满足工程安全要求。

5）设备的保修责任

按规定，承包人应承担全部安装设备的施工安装期维护保养和本合同保修期内的因安装造成的质量缺陷修复工作。

6）设备的拆卸运输责任

回收设备拆卸前，在监理人的指示下，首先进行外观检查，然后进行空载试验，检验设备的机械、电气部件是否有故障。若存在问题，承包人和发包人双方对问题进行确认。回收设备的小型零部件应装箱，外露的液压、电气设备应进行防雨包扎，回收设备运输至存放地点后，设备进行外观检查，确认是否有外部损伤，承包人应承担由于拆运、卸车不当造成的损失和损坏的全部责任。设备拆卸回收存放地点为发包人或监理人指示的位置。

7）承包人应在必要的部位设置防火、防盗的临时钢制门。

8）闸门、启闭机安装完毕后应进行联合调试，承包人对所有金属结构安装调试过程中的安全负全部责任。

9）设备的运行、维护和检修责任。

发包人负责组织永久设备最终向电厂的移交，如果设备安装调试完成验收合格并具备移交条件而未能及时移交，承包人应继续负责设备具备移交条件时间起至向电厂正式移交期间的设备运行、维护工作。

18.1.4 主要提交文件

18.1.4.1 发包人或发包人委托监理人提供的图纸和文件

1）招标文件所附图纸为招标图纸，招标图纸仅供投标者投标之用，不能作为指导设备安装的依据。

2）合同签字后，安装工程阶段所需图纸，由监理人按工期、合同条款规定及监理人批准的供图计划，陆续分批提交承包人。

3）未经监理人签署的任何图纸和资料仅供参考，不能作为正式施工的依据。

4）承包人应对所收到的任何图纸和资料进行仔细阅读和检查，并有责任发现其中可能存在的缺陷和错误。如发现错误或表达不清，必须在收到图纸和资料 14 天内以书面方式通知监理人。

5）由于受不可预见因素影响，发包人无法按计划提供最终图纸和资料时，承包人有责任与监理人共同协商研究补救措施，把由此可能给工程带来的影响降到最低限度。

18.1.4.2　施工组织设计

承包人应在安装工作开始前 56 天，向监理人提交本合同安装项目的安装施工组织设计（一式四份），报送监理人审批。其内容应包括：

1）安装场地布置及说明、主要临时建筑设施布置及说明；

2）设备的运输及吊装方案；

3）闸门的安装方法和安装质量控制措施；

4）启闭机的安装方法和安装质量控制措施；

5）焊接工艺及焊接变形的控制和矫正措施；

6）闸门和启闭机的调试、试运转和试验工作计划；

7）安装进度计划；

8）质量保证、生产安全措施。

如果承包人未对此种钢材的闸门等进行过焊接工艺评定，应首先进行焊接工艺评定，通过后方可进行焊接工艺编写。

18.1.4.3　完工验收资料

各项设备安装完成后，承包人应向监理人提交完工资料，完工资料应包括但不限于以下内容：

1）完工项目清单；

2）安装完工图；

3）安装用主要材料和外购件的产品质量证明书、使用说明书或试验报告；

4）安装焊缝的工艺评定和检验报告；

5）缺陷修整和焊缝缺陷处理记录；

6）高强度螺栓连接件、摩擦面的抗滑移系数复验和安装检查报告；

7）涂装施工检验报告；

8）闸门和启闭机的安装、调试、试运转记录；

9）闸门、启闭机单项质量检查验收证书；

10）重大缺陷和质量事故处理报告；

11）启闭机负荷试验报告；

12）设计通知单；

13）运行期巡检、维护、检修和操作记录。

18.1.5 引用标准和规程规范

执行本招标范围各项目时，所有材料、设备制造工艺、质量控制和产品检查验收等均应遵守国家及行业的现行规范和标准，若现行规范、标准有修改时，应按新规范、新标准执行。对于采购国外的部分产品可参照该产品的供货国家有关标准执行，但不能低于国内标准。

1）《水电工程钢闸门制造安装及验收规范》NB/T 35045—2014

2）《水电工程启闭机制造安装及验收规范》NB/T 35051—2015

3）《水利水电工程钢闸门设计规范》DL/T5039—95

4）《水电水利工程启闭机设计规范》DL/T5167—2002

5）《水电水利工程液压启闭机设计规范》NB/T 35020—2013

6）《水电水利工程金属结构设备防腐蚀技术规程》DL/T5358—2006

7）《起重机设计规范》GB/T3811—2008

8）《水工金属结构焊工考试规则》SL35—2011

9）《水工金属结构焊接通用技术条件》SL36—2006

10）《水工金属结构防腐蚀规范》SL105—2007

11）《钢结构高强度螺栓连接技术规程》JGJ82—2011

12）《钢制对焊无缝管件》GB12459—2005

13）《热轧钢棒尺寸、外形、重量及允许偏差》GB/T702—2008

14）《热轧型钢》GB/T706—2008

15）《热轧钢板和钢带的尺寸、外形、重量及允许偏差》GB/T709—2006

16）《气焊、焊条电弧焊、气体保护焊和高能束焊的推荐坡口》GB/T985.1—2008

17）《埋弧焊的推荐坡口》GB/T985.2—2008

18）《液压系统通用技术条件》GB3766—2001

19）《起重设备安装工程施工及验收规范》GB50278—2010

20）《电气装置安装工程起重机电气装置施工及验收规范》GB50256—2014

21）《起重机械安全规程》GB6067—2010

22）《钢结构用高强度大六角头螺栓、大六角螺母、垫圈技术条件》GB/T1231—2006

23）《钢结构高强度螺栓连接技术规程》JGJ 82—2011

24）《无损检测人员资格鉴定与认证》GB/T9445—2008

25）《钢焊缝手工超声波探伤方法和探伤结果分析》GB11345—2013

26）《焊缝无损检测 超声检测 焊缝中的显示特征》GB-T29711—2013

27）《焊缝无损检测 超声检测 验收等级》GBT 29712—2013

28）《无损检测 焊缝磁粉检测》JB/T6061—2007

29）《无损检测 焊缝渗透检测》JB/T6062—2007

30）《涂覆涂料前钢材表面处理 喷射清理后的钢材表面粗糙度特性 第 2 部分：磨料喷射清理后钢材表面粗糙度等级的测定方法 比较样块法》GB/T13288.2—2011

31）《涂覆涂料前钢材表面处理 喷射清理后的钢材表面粗糙度特性 第 4 部分：ISO表面粗糙度比较样块的校准和表面粗糙度的测定方法 触针法》GB/T13288.4—2013

32）《涂覆涂料前钢材表面处理 表面清洁度的目视评定》第 1 部分：未涂覆过的钢材表面和全面清除原有涂层后的钢材表面的锈蚀等级和处理等级 GB/T 8923.1—2011

33）《涂覆涂料前钢材表面处理 表面清洁度的目视评定》第 2 部分：已涂覆过的钢材表面局部清除原有涂层后的处理等级 GB/T 8923.2—2008

34）《涂覆涂料前钢材表面处理 表面清洁度的目视评定》第 3 部分：焊缝、边缘和其他区域的表面缺陷的处理等级 GB/T 8923.3—2009

35）《涂覆涂料前钢材表面处理 表面清洁度的目视评定》第 4 部分：与高压水喷射处理有关的初始表面状态、处理等级和闪锈等级 GB/T 8923.4—2013

36）《热强钢焊条》GB/T5118—2012

37）《水电站门式起重机》JB6128—2008

38）《桥式和门式起重机制造及轨道安装公差》GB10183—2005

39）《起重机 试验规范和程序》GB/T5905—2011

40）《焊接接头机械性能实验方法》GB2649－GB2654

18.2　金属结构及启闭机械布置

18.2.1　金属结构及埋件

1）泄洪表孔事故检修门

2）泄洪表孔弧形工作门

3）泄洪中孔事故检修门

4）泄洪中孔弧形工作门

5）进水口事故门

6）进水口快速门

　……

18.2.2　启闭机械

1）坝顶双向门机

2）泄洪表孔弧形工作门液压启闭机

3）泄洪中孔弧形工作门液压启闭机

4）进水口快速门液压启闭机

5）进水口双向门机

18.3　设备安装程序及其工艺要求

18.3.1　一般要求

1）本合同各项目安装前应具备的资料：

（1）设备总图、部件总图、重要的零件图等施工安装图纸及安装技术说明书；

（2）设备出厂合格证和技术说明书；

（3）制造验收资料和质量证书；

（4）安装用测量控制点位置图；

（5）经监理人批准的施工措施；

（6）经监理人批准的与本项目相关的质量检验表格。

2）安装使用的基准线，应能控制门槽的总尺寸、埋件各部位构件的安装尺寸和安装精确度。为设置安装基准线用的基准点应牢固、可靠、便于使用，并应保留到安装验收合格后方能拆除。

3）安装检测必须选用满足精度要求、并经国家批准的计量检定机构检定合格的仪器设备。

4）承包人在安装工作中使用的所有材料，应有产品质量证明书，并应符合施工图纸和国家有关现行标准的要求。

18.3.2　设备堆放与保护

1）设备在安装之前，应分别按不同种类分类堆放，并作出明显标记。

2）所有到货的设备应垫离地面并采取有效的措施，防止设备受潮锈蚀以及油脂和各类有机物的污染。

18.3.3　设备起吊和运输

18.3.3.1　起吊和运输措施

承包人应根据设备总成及零件的不同情况和要求，制定详细的起吊和运输方案，其内容包括采用的起重和运输设备、运输路线、大件起吊和运输方法以及防止吊运过程中构件变形和设备损坏的保护措施，和安全措施，并报送监理人审批，经同意后方可实施起吊运输。

18.3.3.2　超大件设备的起吊和运输

超大件设备的起吊和运输应按本合同《合同条款》的规定执行。

18.3.4　安装前的准备

1）承包人在进行本合同各项设备安装前，应按施工图纸规定的内容，全面检查安装部位的情况，设备、构件以及零部件的完整性和完好性。对发生严重损伤、锈蚀的部位，应重点检查。必要时，应对损伤部位进行全面的外观和无损探伤检查，提出检查、探伤结果报告，对构件（零件）状态进行评估，并以书面形式报送监理人备案。对重要构件和部件应通过预拼装进行检查。

2）设备安装前，承包人应对发包人提供的设备，按施工图纸和制造厂技术说明书的要求，进行必要的清理和保养。

3）检查埋件埋设部位一、二期混凝土结合面是否已进行凿毛处理并冲洗干净；预留插筋的位置、数量是否符合施工图纸要求。

4）承包人须在合同规定的安装开工日期前向监理人提交开工申请，开工申请中至少应包含如下内容：

（1）安装工程进度计划与安装施工组织设计。

（2）对需安装的金属结构进行清点、检查后的状态评估报告，对严重受损伤、锈蚀部位的外观、无损探伤报告，以及对安装场地及安装部位的清理情况报告。

（3）安装所必需的生产资料、劳动力费用及相关辅助生产费用清单。

监理人将对上述内容进行复核后，向承包人下达开工许可令。

5）承包人因组织不力、措施不当而延误开工时，监理人将向承包人提出书面批评，或由发包人根据合同条款的规定追究相关责任。

18.3.5 焊接

18.3.5.1 焊工和无损检验人员资格

1）从事现场安装焊缝的焊工，必须持有有关部门签发的有效合格证书。焊工中断焊接工作6个月以上者，应重新进行考试。

2）无损检测人员必须持有国家专业部门签发的资格证书。评定焊缝质量应由2级或2级以上的检测人员担任。

18.3.5.2 焊接材料

1）承包人负责焊接材料的采购。采购到的每批焊接材料均应具有产品质量证明书和使用说明书，并按监理人的指示进行抽样检验，检验成果应报送监理人。焊接材料应通过焊接工艺评定及生产性焊接试验报监理人审批后方可采用。

2）焊接材料的保管和烘烤应符合 NB/T 35045—2014 第4.4.6条的规定。

18.3.5.3 焊接工艺评定

1）在进行本合同项目各构件的一、二类焊缝焊接前，应按 NB/T 35045—2014 第4.1条规定进行焊接工艺评定，承包人应将焊接工艺评定报告报送监理人审批。若承包人需要改变原评定的焊接方法时，必须按监理人指示重新进行焊接工艺评定。

2）承包人应根据批准的焊接工艺评定报告和 NB/T 35045—2014 第4.4条的规定

编制焊接工艺规程，报送监理人。

3）异种不锈钢焊接，必须做焊接工艺评定试验，经监理人批准后方可实施。

18.3.5.4 焊接质量检验

1）所有焊缝均应按 NB/T 35045—2014 第 4.5.2 条的规定进行外观检查。

2）焊缝的无损探伤应按 NB/T 35045—2014 第 4.5.3～4.5.9 条的规定进行。

3）焊缝无损探伤的抽查率，除应符合 NB/T 35045—2014 第 4.5.4 条的规定外，还应按监理人指定，抽查容易发生缺陷的部位，并应抽查到每个焊工的施焊部位。

18.3.5.5 焊缝缺陷的返修和处理

焊缝缺陷的返修和处理应按 NB/T 35045—2014 第 4.6 条的规定进行。

18.3.6 消除应力处理

消除应力处理应按 NB/T 35045—2014 第 5.0.1～5.0.3 及 5.0.5 条的规定进行。

18.3.7 螺栓连接

1）承包人负责螺栓连接副的采购。采购到的螺栓连接副应具有质量证明书或试验报告。

2）螺栓、螺母和垫圈应分类存放，妥善保管，防止锈蚀和损伤。使用高强度螺栓时应做好专用标记，以防与普通螺栓相互混用。

3）钢构件连接用普通螺栓的最终合适紧度为螺栓拧断力矩的 50％－60％，并应使所有螺栓拧紧力矩保持均匀。

4）高强度螺栓连接副和摩擦面，在安装前须进行的复验项目应符合以下的规定：

（1）承受荷载的安装定位焊缝，其焊点数量、厚度和长度应进行计算确定；

（2）钢构件摩擦面，安装前应复验制造厂所附试件的抗滑移系数，合格后方能使用。抗滑移系数应按 JGJ82—2011 的规定进行复验，抗滑移系数值应符合施工图纸要求。

（3）高强度大六角头螺栓连接副，应按出厂批号复验扭矩系数平均值和标准偏差；抗剪型高强度螺栓连接副，应按出厂批号复验紧固轴力平均值和变异系数，复验结果均应符合 JGJ82—2011 的规定。

5）高强度螺栓连接副的安装应符合 JGJ82—2011 的规定。

6）应准备两把同型号的高强度螺栓扳手，一把作为施工用，另一把作为检验专用。

7）高强度螺栓连接件安装完毕后，应检查高强螺栓连接件复验数据、抗滑移系数试验数据、扭矩、扭矩扳手检查数据和施工质量检查记录，并提交监理人审核。扭矩检查应在螺栓终拧 1 小时以后，24 小时以前完成。

18.3.8　涂装技术要求

18.3.8.1　涂装范围

1）施工图纸明确规定由本合同承包人完成的涂装部位。

2）现场安装焊缝两侧未涂装的钢材表面。

3）承包人在接受所移交的设备时，对全部设备表面涂装情况进行检查后所发现的损坏部位。

4）安装施工中设备表面涂装损坏的部位。

5）门槽埋件（水封座板、滑道及滚轮轨道除外）、闸门、启闭机在安装完毕后，须涂装一层干膜厚度 $50\mu m$ 的面漆。

18.3.8.2　涂装材料

承包人负责涂装材料的采购。采购到的涂装材料的品种、性能和颜色应与制造厂所使用的涂装材料一致；若承包人要求采用其他代用材料时，须进行试涂，证明其合格，并经监理人批准后方能使用。

18.3.8.3　涂装工艺措施报告

承包人在涂装施工开始前 28 天，应按施工图纸和制造厂使用说明书的要求提交现场涂装的工艺措施报告，报送监理人审批。工艺措施应说明环境条件及保证措施，表面预处理措施，各种涂装材料的施涂方法、采用设备、质量检验和损坏的修补措施等。

18.3.8.4　表面预处理

1）涂装前，应将涂装部位的铁锈、氧化皮、油污、焊渣、灰尘、水分等污物清除干净。闸门及埋件表面的除锈等级应达到 NB/T 35045—2014 第 6.2 条规定的标准；门机门架、机架等主要结构件除锈等级应达到 NB/T 35051—20014 第 6.1 条规定的标准。

2）涂装开始时，若检查发现钢材表面出现污物或返锈，应重新处理，直到监理人认可为止。

3）当空气相对湿度超过 85%，钢材表面温度低于露点以上 3℃时，不得进行表面预处理。

18.3.8.5　涂装施工

1）经预处理合格的钢材表面应尽快进行涂覆。所有埋件中与混凝土接触面采用无机改性水泥砂浆，干膜厚 $300\sim500\mu m$。涂料涂装的间隔时间可根据环境条件一般不超过 $4\sim8$ 小时，各层涂料涂装间隔时间，应在前一道漆膜达到表干后才能涂装下一道涂料，具体间隔时间可按涂料生产厂的规定进行。金属热喷涂宜在尚有余温时，涂装封闭涂料。

2）承包人现场涂装施工时，应先清除该车间底漆。

3）涂装施工应在施工环境相对湿度不大于 85%、金属表面温度不低于露点以上 3℃的条件下进行。为此，承包人应采取措施有效地控制施工环境条件，以满足前述环境的条件，确保涂装施工质量。

4）所有面漆漆膜厚度应符合 SL105—2007 规范要求。工地最后一道面漆涂装厚度为 50μm（干膜厚）。

5）承包人应严格按批准的涂装材料和工艺进行涂装作业，涂装的层数、每层厚度、逐层涂装的间隔时间和涂装材料的配方等，均应满足施工图纸和涂料制造厂使用说明书的要求。

6）涂装时的工作环境与表面预处理要求相同，若涂料制造厂的使用说明书中另有规定时，则应按其要求施工。

7）承包人必须具备与涂装施工要求相适应的设备和技术人员、生产人员。涂装的每道工序都必须经过监理人的认可后，方可进行下道工序，其质量要求必须达到国家的有关规范和标准及设计要求。

18.3.8.6　涂装质量检验

1）承包人应具备涂装（含表面处理）施工质量控制和检测试验所必需的一切仪器设备。

2）涂装前应对表面预处理的质量、清洁度、粗糙度等进行检查，合格后方能进行涂装。

3）承包人应按工序编制涂装施工的各类质量检查鉴证表和施工记录，报监理人审查批准后执行。质量检查监证表和施工记录中还必须包括施工日期、时间、当日当时天气状况（雨、雪、风、阴、晴等）、温度、湿度等环境条件。

4）涂装检验的质量检查监证表和记录，应交监理人签字认可，留作闸门及设备验收资料。

5）漆膜的外观检查、湿膜和干膜厚度测定、附着力和针孔检查应按 SL105—2007 第 4.4 节的要求进行。

6）金属喷涂的外观检查和厚度测定以及结合性能检查应按 SL105—2007 第 4.4 节的要求进行。

18.3.9　橡胶粘合

所有闸门橡胶水封接头的粘结，均采用生胶热压硫化胶合的方法。水封粘结和硫化工作由橡胶水封厂家自带加热压模在安装现场实施，承包人负责配合。（所有闸门橡胶水封接头的粘结，均采用生胶热压硫化胶合方法。生胶热压硫化胶合工作时，应按橡胶水封厂提供的操作规程进行粘结和硫化，并提供与橡胶水封形状和断面一致的加热压模。）

18.4　金属结构安装技术要求

金属结构安装应严格按照招标文件、设计文件（图纸）及有关规范、标准执行。

18.4.1　闸门门槽等及其他埋设件的安装

1) 闸门门槽及其他埋件的安装包括主轨、副轨、反轨、侧轨、护角、底坎、门楣、闸门锁锭机构埋件、启闭机机械和电气设备基础埋件等。

2) 承包人必须按施工图纸的要求和以下各条款的规定，进行埋件的安装施工。

3) 埋件安装单元的连接，应按照施工详图的要求进行。对采用现场焊接的部位，承包人必须制订相应的工艺措施，并在焊接过程中随时注意观测变形情况，以便及时采取矫正措施。

4) 埋件安装后，应用加固钢筋将其与预埋螺栓或插筋焊牢，以免浇筑二期混凝土时发生位移。但加固的钢筋不允许直接焊在门槽的主要构件上，如：主轨、反轨、侧轨、底坎、门楣等，而只能焊接在这些构件伸出的锚件上，或者焊在不会引起门槽主要构件产生局部变形以及整体变形的次要构件上。

5) 埋件上所有不锈钢材料的焊接接头，必须使用相应的不锈钢焊条进行焊接。

6) 所有的门槽构件的工作面上的连接焊缝，在安装工作完毕，二期混凝土回填后，必须仔细进行打磨平整，其表面光洁度应与焊接的构件一致。

7) 安装使用的基准线，除了应能控制门槽各部位构件的安装尺寸及精度外，还应能控制门槽的总尺寸及安装精度。

8) 为设备安装基准线用的基准点，应当保留到安装验收合格后才能拆除。

9) 埋件安装完毕后，应对所有的工作表面进行清理，门槽范围内影响闸门安全运行的外露物必须清除干净，并对埋件的最终安装精度进行复测，作好记录报监理人。

10) 安装好的门槽，除了主轨道的轨面、水封座的不锈钢表面外，其余表面均应涂刷最后一道面漆。面漆应符合有关闸门结构部分表面涂装技术要求。

11) 安装尺寸的误差检查，凡施工详图上注有公差要求的尺寸，则按图纸要求测量检查。图纸上没有注明公差要求的尺寸，按照水利水电工程钢闸门制造安装及验收规范（NB/T 35045—2014）进行检查。

12) 门槽二期混凝土必须在门槽二期埋件安装检查合格并经监理人签证后方可浇筑。二期混凝土拆模后，应对门槽及埋件进行复测同时清除遗留的钢筋头及污染物，应特别注意门槽一、二期砼超差部分的处理，以免影响闸门的启闭。

13) 二期混凝土浇筑过程中应注意对门槽构件的工作面（特别是止水和主轨的不锈钢工作表面）进行必要的保护，避免碰伤及污物贴附而影响止水及支承摩擦付的正常工作。

18.4.2 平面闸门的安装

18.4.2.1 安装技术要求

1) 在闸门组装之前，承包人应编制出安装工艺报告，该报告应着重提出防止焊接变形（在现场拼焊的闸门）的措施。平板闸门的拼装和焊接，可在校正好的平台上或门槽进行。

2) 闸门支承行走部件的安装调整，应当在整个门叶结构安装焊接完毕，并经过校正合格后才能进行。各个滚动（滑动）支承面应当调到同一平面上，其误差不得大于施工图纸的规定。所有滚轮应转动灵活。

3) 充水装置的安装，除应按施工图纸要求外，还应保证升降灵活，无卡阻现象，封水面无间隙。安装完成后结合闸门试验作充水平压阀行程试验，在全开、全关闭位置作出相应标记，调好启闭机行程信号系统。

4) 平面闸面的水封装置安装允许偏差和水封橡皮的质量要求，应符合 NB/T 35045—2014 第 8.2.4～8.2.9 条的规定。安装时，应先将橡皮按需要的长度粘结好，再与水封压板一起配钻螺栓孔。橡胶水封上的螺栓孔，应采用专用钻头使用旋转法加工，不准采用冲压法和热烫法加工。其孔径应比螺栓直径小 1mm。平面闸门水封压缩量应符合图纸要求。

5) 平面闸门安装完毕后，应清除埋件表面和门叶上的所有杂物，特别应注意清除不锈钢水封座板表面的水泥浆。在滑道支承面和滚轮轴套涂抹或灌注润滑脂。

6) 经监理人检查合格的平面闸门及门槽埋件，方能按本节第 18.3.8 款规定进行涂装修补。

7) 平面闸门安装完毕，应作静平衡试验。试验方法为：将闸门自由地吊离地面 100mm，通过滑道的中心测量上、下游方向与左、右方向的倾斜，单吊点平面闸门的倾斜不应超过门高的 1/1000，且不大于 8mm，当超过上述规定时，应予配重调整。

18.4.2.2 平面闸门的试验

闸门安装完毕后，承包人应会同厂家代表、监理人对平面闸门进行试验和检查。试验前应检查并确认充水装置在其行程内升降自如、密封良好；吊杆的连接情况良好；滚轮应转动灵活。平面闸门的试验项目包括：

1) 无水情况下全行程启闭试验。试验过程中检查滑道的运行有无卡阻现象，双吊点闸门的同步是否达到设计要求。在闸门全关位置，水封橡皮应无损伤，漏光检查合格，止水严密。闸门入槽前，其滑动支承面应涂钙基油脂；在本项试验的全过程中，必须对水封橡皮与不锈钢水封座板的接触面采用清水冲淋润滑，以防损坏水封橡皮。

2) 静水情况下的全行程启闭试验。本项试验应在无水试验合格后进行。试验、检查内容与无水试验相同（水封装置漏光检查除外）。

3）动水启闭试验。对于事故闸门应按施工图纸要求进行动水条件下的启闭试验，试验水头应尽可能与设计水头相一致。动水试验前，承包人应根据施工图纸及现场条件，编制试验大纲报送监理人批准后实施。

4）通用性试验。对一门多槽使用的平面闸门，必须分别在每个门槽中进行无水情况下的全程启闭试验，并经检查合格；对利用一套自动挂脱梁操作多孔和多扇闸门的情况，则应逐孔、逐扇进行配合操作试验，并确保挂脱钩动作100％可靠。

5）闸门在承受设计水头压力时，通过任意1m长止水范围内，漏水量不应超过0.1L/s。

18.4.3　弧形闸门的安装

18.4.3.1　安装技术要求

1）弧形闸门的安装，应按施工图纸的规定进行。

2）弧形闸门的安装允许偏差，应符合NB/T 35045—2014第8.3条的规定。

3）弧形闸门应首先安装支铰座或支铰总成。弧形支铰吊装时严禁直接在支铰上焊接任何工装，支铰安装工作结束，并经监理人检查认可后，才允许浇注支承大梁的二期混凝土。在二期混凝土的强度达到施工图纸的要求，并检查左右铰座中心孔同心度符合规定后，才允许将弧形闸门的支臂与支铰座连接。

4）弧形闸门面板拼装就位完毕，应用样板检查其弧面的准确性。样板弦长不得小于1.5m。检查结果符合施工图纸要求后方能进行安装焊缝的焊接。

5）弧形闸门安装焊缝的焊接必须由具备相应资格的合格焊工施焊。

6）门叶安装后检查门叶与埋件的安装控制尺寸，其中重点检查面板与埋件止水座的间隙。待调整至偏差容许范围内后方可浇筑二期混凝土。

7）弧形闸门的水封装置安装允许偏差和水封橡胶的质量要求，应符合NB/T 35045—2014第8.3.5条的规定。安装时，应先将水封橡胶按需要的长度黏结好，再与水封压板一起配钻螺栓孔。橡胶水封的螺栓孔，应采用专用钻头使用旋转法加工，不准采用冲压法和热烫法加工。其孔径应比螺栓直径小1mm。

8）弧形闸门安装完毕后，应拆除所有安装用的临时焊件，修整好焊缝，清除埋件表面和门叶上的所有杂物，在各转动部位按施工图纸要求灌注润滑脂。

9）弧形闸门安装应经监理人检查合格后，承包人方能按本节有关规定进行涂装修补和涂装最后一道面漆。

18.4.3.2　弧形闸门的试验

闸门安装完毕后，承包人应会同监理人对弧形闸门进行以下项目的试验和检查：

1）无水情况下全行程启闭试验。检查支铰转动情况，应做到启闭过程平稳无卡阻、水封橡胶无损伤。在本项试验的全过程中，必须对水封橡皮与不锈钢水封座板的接触面采用清水冲淋润滑，以防损坏水封橡胶。

2）在闸门全关位置，水封橡胶无损伤，漏光检查合格，止水严密。

3）动水启闭试验。试验水头应尽量接近设计操作水头。承包人应根据施工图纸要求及现场条件，编制试验大纲，报送监理人批准后实施。动水启闭试验包括全程启闭试验并检查支铰转动、闸门振动、水封密封等应无异常情况。

18.5　启闭机设备安装技术条件

18.5.1　固定卷扬式启闭机安装

18.5.1.1　安装技术要求

1）承包人应按启闭机制造厂提供的图纸和技术说明书要求进行安装、调试和试运转。安装好的启闭机，其机械和电气设备等的各项性能应符合施工图纸及制造厂技术说明书的要求。

2）安装启闭机的基础建筑物，必须稳固安全。机座和基础构件的混凝土，应按施工图纸的规定浇筑，在混凝土强度尚未达到设计强度时，不准拆除和改变启闭机的临时支撑，更不得进行调试和试运转。

3）启闭机机械设备的安装应按 NB/T 35051—20015 第 9.4 条的有关规定进行，电气设备的安装应按 NB/T 35051—20015 第 7.2 条的有关规定进行。

4）启闭机电气设备的安装，应符合施工图纸及制造厂技术说明书的规定。全部电气设备应可靠接地。

5）每台启闭机安装完毕，承包人应对启闭机进行清理，修补已损坏的保护油漆，并根据制造厂技术说明书的要求，灌注润滑脂。润滑油的规格性能应符合设计的要求。

6）对每台启闭机的荷载限制器接点、行程限位开关、闸门开度指示器以及抱闸、锁定等，承包人应在启闭机安装好后派专人负责调试。对经过调试合格的上述装置，其供调整的螺栓等部位，应由承包人用专门的油漆涂封。

18.5.1.2　固定卷扬式启闭机试运转

固定卷扬式启闭机安装完毕后，承包人应会同厂家代表、监理人及发包人进行以下项目的试验：

1）电气设备的试验要求按电气设备的安装应按 NB/T 35051—2015 第 7.3 条的规定执行。对采用 PLC 控制的电气控制设备，首先对程序软件进行模拟信号调试正常无误后，再进行联机调试；

2）空载试验。空载试验是在启闭机不与闸门连接的情况下进行空载运行试验。共往返运行 3 次。空载试验应符合施工图纸和 NB/T 350512015 第 9.5.1 条的各项规定；

3）带荷载试验。带荷载试验是在启闭机与闸门连接后，在设计操作水头的情况下进行的启闭试验，荷载试验应针对不同性质闸门的启闭机分别按 NB/T 35051—2015 第 9.5.2 条的有关规定进行；

4）承包人在进行动水启闭工况的带荷载试验前，应编制试验大纲，报监理人批准后实施

18.5.2 移动式启闭机的安装

18.5.2.1 轨道安装

轨道安装应符合施工图纸要求，并应符合下列规定：

1）移动式启闭机轨道安装前，承包人应对钢轨的形状尺寸进行检查，发现有超值弯曲、扭曲等变形时，应进行矫正（严禁采用火焰矫正），并经监理人检查合格后方可安装。承包人负责对发包人提供的轨道进行预弯（严禁采用动火方法），同时根据现场测量放样成果对轨道实施拟合调整，弧度调整时轨道不能有急弯、扭曲，调整完成后经监理工程师检查合格后方可浇筑二期混凝土；

2）安装轨道前，应测量和标定轨道的安装基准线。钢轨实际中心线与安装基准线偏差，当轨距不大于 10m 时，应不大于 2mm；当跨度大于 10m 时，应不大于 3mm；

3）轨距偏差：当跨度小于或等于 10m 时，应不超过 ±3mm；当跨度大于 10m 时，不应超过 ±5mm；

4）轨道顶面的纵向倾斜度：门式启闭机应不超过 1/1500；在全行程上最高点与最低点之差不超过 2mm；

5）同跨两平行轨道在同一截面内的标高相对差：当跨度小于或等于 10m 时，应不大于 5mm；当跨度大于 10m 时，应不大于 8mm；

6）两平行轨道的接头位置应错开，其错开距离不应等于前后车轮的轮距。接头用联接板联接时，接头左、右、上三面的偏移均不应大于 1mm，轨道接头间隙在 10℃ 时应不大于 1.5mm；对其他地区使用的移动式启闭机，轨道接头间隙在 20℃ 时应不大于 2mm；

7）轨道安装符合要求后，应全面复查各螺栓的紧固情况；

8）轨道两端的车挡应在吊装移动式启闭机前装妥；同跨同端的两车挡与缓冲器应接触良好，有偏差时应进行调整。

18.5.2.2 安装技术要求

移动式启闭机包括双向门机、桥式启闭机等，其安装、调试和试运转应按施工图纸、制造厂技术说明书的要求和 NB/T 35051—2015 的有关规定进行。如果施工图纸和制造厂技术说明书未注明或注明不完善的，要求按如下执行：

1）起升机构安装应按 18.5.1.1 条的规定执行；

2）门架、桥架的安装应按 NB/T 35051—2015 第 10.2.1 条的规定执行；

3）小车轨道安装应按 NB/T 35051—2015 第 10.2.2 条的规定执行；

4）移动式启闭机运行机构安装应参照 NB/T 35051—2015 第 10.2.3 条的规定执行；

5）电气设备的安装，应按施工图纸、制造厂技术说明书、NB/T 35051—2015 第 10.4.11 条～10.4.15 条以及 GB50256—2014 的规定执行。全部电气设备应可靠接地。

18.5.2.3 移动式启闭机的试运转

移动式启闭机安装完毕后，承包人应编制试验大纲，报监理人审批后，会同厂家代表、监理人根据试验大纲有关内容进行以下项目的试验（负荷试验所用的加重块及吊架由发包人提供）。

1）试运转前应按 NB/T 35051—2015 第 10.5.1 条要求进行检查合格。

2）空载试验。起升机构和行走机构（小车和大车）按 NB/T 35051—2015 第 10.5.2 条的规定检查机械和电气设备的运行情况，应做到动作正确可靠、运行平稳、无冲击声和其他异常现象。

3）静荷载试验。承包人应按施工图纸要求，对主钩进行静荷载试验，以检验启闭机的机械和金属结构的承载能力。试验荷载依次采用额定荷载的 70％、100％ 和 125％。本项试验应按 NB/T 35051—2015 第 10.5.3 条的有关规定进行。

4）动荷载试验。承包人应按施工图纸要求，对各机构进行动荷载试验，以检验各机构的工作性能及门架的动态刚度。试验荷载依次采用额定荷载的 100％ 和 110％。试验时各机构应分别进行，当有联合动作试运转要求时，应按施工图纸和监理人的指示进行。试验时，作重复的启动、运转、停车、正转、反转等动作，延续时间至少 1 小时。各机构应动作灵活，工作平稳可靠，各限位开关、安全保护连锁装置、防爬装置等的动作应正确可靠，各零部件应无裂纹等损坏现象，各连接处不得松动。

5）承包人应联合制造厂家对需型式试验的启闭机进行型式试验。

18.5.3 液压启闭机的安装

18.5.3.1 安装技术要求

1）液压启闭机的油缸总成、液压系统、电气系统、管道和基础埋件等，应按施工图纸和制造厂技术说明书进行安装、调试和试运转。

2）液压启闭机油缸支承机架的安装偏差应符合施工图纸的规定，若施工图纸未规定时，按照 NB/T 35051—2015 执行，油缸支承中心点坐标偏差不超过±2mm；高程偏差不超过±5mm；双吊点液压启闭机的两支承面或支承中心点相对高差不超过±0.5mm。

3）安装前承包人应对油缸总成进行外观检查。

4）承包人配合生产厂家进行工地现场的布管、管子的切割、管子与管子的对接焊、管接头或法兰的焊接、弯管等安装工作，管路的配置和安装具体要求：

（1）管道的酸洗、中和、干燥及钝化等工艺在管道出厂前完成，承包人在到货时需对管道进行详细检查。正式配管前，油缸总成、液压站及液控系统设备应正确就位，所有的管夹基础埋件完好。

（2）配管完毕后，对管口内热影响区采用酸洗膏或研磨膏去除氧化层，并清洗干净。

（3）液压管路系统安装完毕后，应使用冲洗设备进行油液循环冲洗。循环冲洗时将管路系统与液压缸、阀组分隔开，并行成回路。冲洗油应与工作介质相容，在冲洗过程中冲洗油应呈紊流状态，并加热到合适的温度。管路系统循环冲洗时间不少于72h。冲洗后在冲洗设备的回油滤器前取样或在线检测污染度，导流底孔和泄洪深孔应达到 NAS1638 中 8 级（或 ISO4406 中 17/14 级）的要求，泄洪表孔应达到 NAS1638 中 7 级（或 ISO4406 中 16/13 级）的要求。

（4）管材下料应采用锯割方法，不锈钢管的焊接应采用氩弧焊，弯管应使用专用弯管机，采用冷弯加工。

（5）高压软管的安装应符合施工图纸的要求，其长度、弯曲半径、接头方向和位置均应正确。

5）液压系统用油牌号应符合施工图纸要求。

6）液压站油箱在安装前必须检查其清洁度，并符合制造厂技术说明书的要求，所有的压力表、压力控制器、压力变送器等均必须校验准确。

7）液压启闭机电气控制及检测设备的安装应符合施工图纸和制造厂技术说明书的规定。电缆安装应排列整齐。全部电气设备应可靠接地。

18.5.3.2　液压启闭机的试运转

液压启闭机安装完毕后，承包人应编制详细的液压启闭机调试试验大纲，报监理人审批后，会同监理人按试验大纲要求进行调试。试验项目至少应包括：

1）电气控制设备应在进行模拟动作试验正确后，再作空载试验。

2）液压泵站试验应按 NB/T 35051—2015 第 11.3.4 执行。

3）空载试验：在活塞杆吊头不与闸门连接的情况下，作全行程空载往复试验三次，用以排除油缸和管路中的空气，检验泵组、阀组及电气操作系统的正确性，检测油缸启动压力和系统阻力，活塞杆运动应无爬行现象。

4）联机试验：在活塞杆吊头与闸门连接而闸门不承受水压力的情况下，进行启门和闭门工况的全行程往复动作试验三次，整定和调整好闸门开度传感器、行程极限开关和电、液元件的设定值，检测电动机的电流、电压和油压的数据及全行程启、闭的运行时间。

5）启闭试验：在闸门承受水压力的情况下，进行液压启闭机额定负荷下的启闭运行试验。检测电动机的电流、电压和系统压力及全行程启门的运行时间；检查启门过程应无超常振动，启停应无冲击现象。

18.6　闸门及启闭机的安全防护

1）承包人应负责闸门及启闭机在安装过程中的安全防护工作。

2）闸门及启闭机安装完成后，由于电站土建工程仍在继续浇筑上升，承包人需做好闸门及启闭机防砸、防污损、防潮等措施，包括（但不限于）施工期间及临时运行期间对固卷及其电气设备做好防砸和防雨措施、液压启闭机整体防护（含液压启闭机防护外套、油管和开度仪防砸罩、活塞杆防污套）、液压系统和电控柜整体成品板房、通风除湿设备等。

3）如深孔液压启闭机房在雾化区形成前未完工，承包人应做好整体临时机房防护，为深孔机房区域内的临时供水供电系统、液压启闭机、充压水封管道及附件创造安全的运行环境。

18.7　闸门和启闭机运行

1）承包人全面负责闸门启闭设备的运行、维护、检修、操作和安保等管理工作，主要包括 24 小时运行值班人员、维护人员及器材的配备、设备安保及区域封闭管理、设备设施进行防护、运行维护人员按规定进行培训等。

2）承包人根据厂家提供的设备资料和使用说明书编制运行维护规程，并报监理人审批后方可指导现场运行管理工作。

3）承包人在运行期间须做好日常巡检维护记录、消缺记录、例行检修记录和运行操作记录，并落实监理工程师和发包人巡查中提出的整改意见。

4）承包人接到调度指令后，按指令要求和运行规程要求进行启闭设备的运行操作，响应时长不得超过 60 分钟。运行及维护过程中发现启闭设备异常情况后，在 10 分钟内通知发包人和监理单位。

5）按运行维护规程规定进行液压启闭设备的运行和维护，编制备件需求计划，经监理单位审批后，向发包人领取所需备件。维护和检修用工器具和材料、一般性耗材由承包人自行考虑。

6）发包人未按运行维护规程和设备使用说明书规定运行及维护，所造成的启闭设备损坏，经监理单位鉴定后，其损失在运行及维护费中扣除；造成的损失超过运行维护费金额的，承包人还应当对超过部分予以赔偿。

7）深孔度汛期间的电源需实现双路互投，承包人需自行考虑临时供电电缆及配电柜，并负责安装和调试发包人所提供的箱变及附属设施。

18.8 质量检查和验收

18.8.1 埋件的质量检查和验收

1）埋件安装前，应对安装基准线和基准点进行复核检查，并经监理人确认合格后，才能进行安装。

2）埋件安装就位并固定后，应在二期混凝土浇筑前，对埋件的安装位置和尺寸进行测量检查，经监理人确认合格后，才能进行混凝土浇筑，测量记录需经监理人签字。

3）二期混凝土浇筑后，应重新对埋件的安装位置和尺寸进行复测检查，经监理人确认合格后，共同对埋件进行中间验收，其验收记录应作为闸门及启闭机单项验收的资料。

4）若经检查发现埋件的安装质量不合格时，应按监理人的指示进行返工处理，其处理的措施和方法应经监理人批准。

18.8.2 闸门及启闭机安装质量的检查和验收

1）在闸门及启闭机安装过程中，承包人应会同监理人按本节第18.3款至第18.5款规定的安装技术条件，对本合同所有闸门及启闭机项目安装的焊接质量、涂装质量、安装偏差以及试验和试运转成果等的安装质量进行检查和质量评定，并作好记录。安装质量评定记录经监理人签认后，作为本合同各项目验收的资料。

2）闸门及启闭机安装完成，并经试验和试运转合格后，承包人可向监理人申请对闸门、启闭机进行各项设备的验收。验收前，承包人应向监理人提交以下资料：

（1）单项闸门、启闭机的设备清单；

（2）安装质量的检查和评定记录；

（3）埋件质量检验的中间验收记录；

（4）闸门试验检测成果和启闭机试运转记录。

3）闸门及启闭机验收后，在尚未移交给发包人使用前，承包人仍应负责对设备进行保管、维护和保养。

18.8.3 完工验收

承包人在闸门及启闭设备移交时，即可申请对合同工程进行完工验收，并向发包人和监理单位并按本节第18.1.4.4款的规定提交完工资料。

18.9 文明施工

闸门及启闭机安装工程全过程应统一遵守电站主体工程文明施工要求，服从发包人、监理人等的管理。

18.9.1 闸门及启闭机调试运行期间安全文明施工要求

1）调试及运行（验收）前，应成立专项指挥及工作机构，明确责任。

2）应编制调试大纲、调试措施、试验方案（验收方案），按规定进行报批。

3）调试运行执行前应进行安全条件检查，应对相关人员进行安全技术交底并签字。

4）应编制单机试运计划和措施，参与和配合分系统试运和整套启动试运工作。

5）试运系统、设备应与正在施工的系统、设备可靠安全隔离。

6）保护定值应由有权单位批准、下达。保护、联锁应按批准的试验方案进行试验和验收，并形成记录。

18.9.2 闸门及启闭机文明施工要求

1）闸门及启闭机在运行期间，承包人应成立专项运行、维护班组以及技术和安全管理监督机构，并明确责任。

2）严禁向坝前坝后乱扔物件，防止落物伤人，防止砸损启闭设备。

3）液压启闭机备用电源、不停电电源或保安电源应切换可靠。

4）试运期间应落实启闭门操作指令单、工作票安全措施和许可签发制度。

5）施工废水或冲仓水需集中排放，严禁在启闭机及闸门上方乱排，如上方水泥浆污损闸门构件，需及时在初凝前冲干净，如已凝固需打磨干净，便于后期闸门整体面漆涂刷。

6）因承包人管理不当造成的闸门启闭设施损坏和污损，承包人应立即处理，由此引起的工程量和费用的增加均由承包人负担。

18.10 计量与支付

18.10.1 计量

1）本节所规定的、由发包人提供的金属结构和启闭机械的安装、运输、贮存、试验、调试将按《工程量清单》中所列各个项目经监理人审批的实际工程量 t（或台）为单位进行计量。

2）安装运输、贮存、试验与调试、验收所需设备、人员、材料及其他一切辅助工作均已含在各个安装项目中计量，不再单独计量。

3）各种金属结构、启闭机械以及承包人为安装所需的辅助材料（加固和临时支承材料），设备的运输、管理、维护、保养（直至经正式验收移交发包人前）也均含在各个安装项目中进行计量，不再单独计量。

4）本节规定的所有埋设项目中，凡涉及沟槽开挖、回填和砼浇筑等的人工、设备和材料费用均已包含在各建筑物施工的沟槽开挖、回填和砼浇筑的有关项目内。

5）涂装工程均已含在各个单项设备单价中，不再单独计量。

18.10.2 支付

1）发包人将按《工程量清单》中所列的各个项目以单价支付。

2）所有涂装费用均包含在《工程量清单》单价中，发包人不单独支付。

3）门（桥）机负荷试验所需费用应包括 18.1.3 款第 16）、第 19）项所述的全部工作内容，均含在安装单价中，不单独计量支付。

4）液压启闭机调试及管路冲洗费用，均包含在安装单价中，不单独计量与支付。

第十九节　机电设备安装

19.1　说明

承包人应按合同文件要求和监理人的指示完成大坝工程中供电（含直流）、照明、接地、泄洪闸现地控制、工业电视、通信、暖通、生活给排水、渗漏排水等系统的埋件及各项机电设备、材料的现场到货卸车、到货验收、工地运输、保管、安装（包括设备间的电缆敷设和接线）、管路涂漆，以及上述设备的调试、现场试验、启动试运行直至移交给发包人的全部工作。上述机电设备的详细内容见以下相应小节。

所有机电设备运抵现场后，承包人应与设备厂商有关人员，并会同发包人和监理人在现场开箱清点检查。检查时应根据设备厂商提供的供货清单和图纸资料，核对设备的型号、规格、数量（含零部件和备品备件）是否与合同文件的规定相符，若有缺陷、变形、碰伤、错、漏等情况，应及时采取措施，提出立即更换或其他妥善解决办法，并详细记录备查。

承包人还应完成埋件制作（不含厂家埋件）、预埋、构件支架，一期埋件的采购供应工作（费用应包含在投标总价中），以及发包人委托的设备、零件、材料的采购等工作。

承包人应参加发包人组织的设备出厂、现场交货验收及其他相关工作。完成设备的临时运行、维护和保养工作。根据调试要求完成配线、接线和改线等工作。

承包人应编制完工图纸和资料。完工图应与实际相符，并要求图面整洁，字迹清楚，手续齐全。

19.2　排水设备的安装及调试

19.2.1　工作范围

承包人应承担本招标文件规定的排水系统所有设备和材料的到货卸车和验收、保管、工地转运、安装（包括设备间电缆的敷设和接线）、调试（包括与电站计算机监控系统的联调）、现场试验、试运行、维护、交接验收直至移交给发包人的全部工作。

19.2.2　设备布置及主设备参数

1）渗漏排水系统

简述本合同渗漏排水系统布置。

渗漏排水系统管路包括系统内所有的管道、阀门、伸缩节、管道支架、管道附件以及相应部位上设置的流量、压力等自动控制元件。排水管路埋设钢管采用焊接方式连接，根据压力、直径采用内衬不锈钢管。跨越伸缩缝的埋设钢管，在伸缩缝处作套管或包扎弹性垫层等过缝处理。辅助系统管路的规格和数量见施工详图阶段图纸。

19.2.3 控制设备组成及功能

渗漏排水泵采用自动和手动控制运行相结合的方式，由液位信号器根据集水井的水位变化自动控制水泵的启、停及报警。<u>简述本合同控制设备组成。</u>

水泵控制盘完成如下的功能：

1）水泵启停控制；

2）数据采集及处理；

3）自诊断及报警；

4）设备状态显示及指示；

5）通过电站计算机监控系统大坝 LCU 二道坝排水远程 I/O 柜接受监控系统命令，并向监控系统发送运行和故障信息，有效地实现水泵的远方监控。

19.2.4 安装技术要求

1）除厂家已铅封或标明"不准拆卸"的设备及部件外，承包人对设备及部件都应进行全面分解清扫，按国家、部颁最新标准及设计人、制造厂提供的图纸、使用说明书进行检验和安装调整。承包人应对各设备逐台进行试运转，检查其性能是否达到制造厂保证的各项指标，并满足设计要求。所有试运转记录、出厂合格证要监理人验证，并随完工资料移交。

2）由承包人现场配置的管道及管道附件应按规定进行耐压或渗漏试验。做水压强度耐压和严密性试验时，承包人应通知监理人进行检查验收，监理人出具验收合格证后方能浇筑混凝土。

3）承包人应按照工程设计人、设备制造厂的安装图纸及合同文件和有关技术规范进行安装、调整、试验及维护。设备及管道要按设计图纸规定的尺寸安装，尺寸公差除另有规定外，应符合有关标准的要求，施工工艺及质量应达到有关规范和标准的要求。

4）全部隐蔽工程在混凝土浇筑前应按有关设计图纸认真检查，发现错、漏之处，承包人应及时向发包人提出并协助发包人提出处理意见。承包人不得以土建埋设质量问题推卸责任，也不得要求支付额外的费用。

5）隐蔽工程所有管路管口在每仓混凝土浇筑前后均要进行临时封堵。有焊接接头及连接接头时，每仓均应进行水压试验，并通知监理人检查验收。

6）设备及管路系统安装过程中所需的安装及吊运用的临时支撑、管堵、锚件等由承包人设计、制作、埋设。

7) 在现场要进行焊接的部位，在焊接前应对焊缝坡口进行清理，调整焊缝坡口的间隙及对接边的错牙在允许的范围内，并严格按规定的焊接程序和工艺进行焊接。焊接完成后按规定的检查方法对焊缝进行检查，焊缝质量应符合要求。焊接完成后应清除部件表面的焊渣、飞溅物等。

8) 用螺栓把合的部件，把合前应对组合面进行仔细的检查和清理，除出组合面的污物，螺栓的把合力矩和组合面之间的间隙应符合要求。

9) 控制设备的安装和接线应符合设计图纸、设备合同文件及相关规范和标准的要求。

10) 法兰接口用环形橡胶垫圈的质量要求如下：

(1) 材质均匀，厚薄一致，表面光洁、无气孔、裂缝、皱纹及老化现象。

(2) 垫片厚 3～4mm，当为非整体垫片时，拼接良好，拼缝平整。

(3) 垫片内径同法兰盘内径，允许偏差：口径小于 150mm 时为＋3mm，口径200mm 以上者为＋5mm。

(4) 垫片外径与法兰密封面外缘相齐，且不超过螺栓孔内缘。

11) 焊接弯头，弯曲半径应不小于管子外径的 1.5 倍；冲压弯头弯曲半径不小于管子外径。弯管的椭圆率：管径小于或等于 150mm，不得大于 8％。管径小于或等于200mm，不得大于 6％。管壁减薄率不得超过原壁厚的 15％。折皱不平：管径小于或等于 125mm，不得超过 3mm，管径小于或等于 200mm，不得超过 4mm。

12) 安装记录必须完整。

13) 设备安装完毕后，必须得到监理人的认可，否则，不得进行调试、试验工作。

14) 内衬不锈钢复合钢管性能及材质要求如下：

各类型复合钢管的外层钢管应符合 CJ/T192—2004 规范的要求，材质为＿；复合钢管的内衬不锈钢管应符合 CJ/T151—2001 规范的要求，材质为＿＿＿。

(1) 压扁性能

管径大于 50mm 的复合管应做压扁性能试验，经压扁后，不发生焊缝裂痕。

(2) 液压试验

复合钢管应能承受 GB/T241—2007 规定的液压试验。

(3) 结合强度

复合钢管的内衬不锈钢和外层钢管之间结合强度不应小于 2.0MPa。

15) 不锈钢钢管性能及材质要求如下：

各类型不锈钢管应符合"流体输送用不锈钢无缝管"GB/T14976 最新规范的要求，材质为 ＿＿＿。管件应符合"钢制对焊无缝管件"GB/T12459 最新规范的要求，材质为＿＿＿＿＿。

抗拉强度：$R_m = 520MPa$，屈服强度 $R_{m0.2} = 205MPa$

19.2.5 检查和验收

发包人或受其委托的监理人单位，将对渗漏排水系统施工进行以下项目的中间阶段检查、单项试验，以保证排水系统的安全、长期运行。但这并不免除承包人对施工质量承担的合同责任。

1）全部隐蔽工程在混凝土开仓前应进行检查，并由监理人代表出具合格证后方能浇筑混凝土。

2）除设计单位、厂家资料和有关技术规范另有规定外，至少应对下列项目进行检查验收：

（1）水泵现地手动、自动起动运行试验；

（2）系统管道充水及升压试验；

（3）各类阀门、自动化元件调整试验；

（4）与电站计算机监控系统联调试验。

19.2.6 安装工程量

安装工程量见表19.2-1。

表 19.2-1 排水系统安装工程量表（示例）

序号	设备名称	型号及规格	单位	数量	备注
1	井用潜水泵		台		含扬水管及埋件
2	控制柜		面		含盘柜基础埋件
3	远程I/O柜		面		含盘柜基础埋件
4					

19.2.7 计量与支付

1）所有工程项目的计量，均以公制计量。

2）除非另行报经监理人批准或合同文件另有规定，否则凡超出图纸所示或监理人指示的任何范围，都不予计量或计算。

3）确定按合同提供的材料数量和完成的工程数量所采用的测量与计算方法，应是监理人批准或指示的方法。

4）除非监理人另有指示，否则一切计量工作都应在监理人在场的情况下，由承包人测量。发现不符合监理人指示的测量成果，监理人有权指示承包人重新测量。

5）承包人签名的计量或测量成果，应提交给监理人，监理人可以检查记录原本。

6）申请结算的工程量应由承包人计算，经监理人审核。工程量计算的副本应提交给监理人并由监理人保留。

7）本招标文件所列工程量仅供承包人在投标时参考，不作为支付时工程量计量的依据。实际的工程量应以设计文件和监理人的决定为准，并应分别按《工程量清单》所列各埋件分项数量的单价进行计量支付。

8）对在混凝土浇筑中，为固定埋件使之位置正确而采用的起吊装置，临时支撑、锚杆、锚具、联杆、垫片、加强筋和夹具等各种材料，灯开关盒、接线盒、插座盒等辅助材料，以及电缆埋管临时封口盖板、水管堵头等，均包含在埋件工程报价的单价中，不单独计量。

9）对穿越结构伸缩缝的水管、电缆管外的套管及接地导体的伸缩缝接头，应分别按设计文件要求埋设，其工程量已列入相应规格的埋件《工程量清单》中，不单独计量仍按相应单价进行支付。

10）无论由发包人提供的埋件还是由承包人负责制作的埋件的贮存、安装（埋设）和试验的计量和付款包含在各个项目的计量单价中，不另计量支付。

11）全部必需的管道弯头、管道连接件、膨胀螺栓、水管堵头、开关盒、接线盒、装备、机具、螺栓、垫圈和钢制件等所有辅助作业与所发生的材料、人工、机械费用均已包括在工程量清单中所列的有关支付项目中，不再单独计量。

19.3　供电系统（含直流）设备的安装及调试

19.3.1　工作范围

承包人应承担本招标文件规定的供电（含供电监控系统现地设备、直流系统）、照明、接地系统所有设备和材料的到货卸车和验收、保管、工地转运、安装（包括设备间电缆的敷设和接线）、调试（包括与电站计算机监控系统的联调）、现场试验、试运行、维护、交接验收直至移交给发包人的全部工作。主要工作范围包括（但不限于）：

1）门机、启闭机的供电设备及埋件；

2）变电所的供配电设备及埋件；

3）排水泵的供电设备及埋件；

4）柴油发电机房的供配电设备及埋件；

5）本项目内其他用电设施（如电梯、照明、控制保护、消防、通风排烟等）的供电设备及埋件；

6）本项目内所有建筑物、坝面、廊道、通道的照明（包括正常、疏散、应急照明系统）系统设备及埋件；

7）本项目内所有电缆廊道、电缆沟及电缆竖井内的电气埋件；

8）本项目内所有电缆桥架的安装、电线电缆的敷设；

9）本项目内工程接地网、所有供用电设备的接地线、以及与相邻接地系统的连接；

10）大坝直流系统的供配电设备及埋件；

11）其他。

集控楼内供配电设备的埋件、安装及调试要求见其他项目招标文件。

19.3.2 设备布置及埋件

19.3.2.1 供配电设备的布置及埋件

1）柴油发电机

（1）供电范围及接线

<u>简述本合同供电及接线范围。</u>

（2）布置及埋件

柴油发电机组放置于可靠的结构基础上，通过管路与储油设施相连。

动力分电箱、照明分电箱采用挂墙式或嵌墙式安装。进出分电箱和至各用电负荷点的电缆尽可能采用埋管敷设。电缆埋管均在墙内或混凝土内埋设，电缆埋管的规格_____水煤气管规格为_____。

2）供配电设备的布置及埋件

（1）启闭机房变电所电气设备

①供配电设备：

②直流系统：

（2）电气设备的布置及埋件

每台变压器基础由两个铁板凳组成，每个铁板凳底部插筋应埋设于混凝土内，并与结构钢筋焊牢。

动力分电箱、照明分电箱采用挂墙式或嵌墙式安装。进出分电箱和至各用电负荷点的电缆尽可能采用埋管敷设。电缆埋管均在墙内或混凝土内埋设，电缆埋管的规格为_____水煤气管规格为_____。

19.3.2.2 照明设备的布置及埋件

1）照明布置

一般工作场所选用普通类型的工矿灯和荧光灯，重要工作场所则选用大功率、高光强的工矿灯和无眩光高效荧光灯。照明方式以一般照明为主、分区一般照明与局部照明为辅，照明布置简单、合理，与土建结构及建筑布局相协调。

（1）变电所

在变电所内的盘柜前布置格栅灯 YGD1（2×28 W），在四周布置防水防尘型壁灯 BD2（1×70 W 金卤灯）。

（2）柴油机房

在柴油机房内布置防爆型吸顶灯 XDD3（1×70 W 金卤灯）及防爆型壁灯 BD3（1×70 W 金卤灯）。

（3）启闭机房

在启闭机房内布置防水防尘型壁灯 BD2（1×70 W 金卤灯）。

（4）排水泵房

在排水泵房内布置防水防尘型壁灯 BD2（1×70 W 金卤灯）。

（5）廊道

在各层廊道内布置防水防尘型荧光灯 YGD2（2×14 W 和 1×28 W）。

（6）电梯楼梯间

在电梯楼梯间各层平台布置防水防尘型吸顶灯 XDD2（1×32 W 环形荧光灯）。

（7）坝顶

在坝顶公路下游侧布置单臂路灯 LD（1×250 W 高压钠灯），在表孔启闭机房附近布置双臂路灯 LD（2×250 W 高压钠灯）。

另外，在设备室、排水泵房等工作场所以及大坝楼梯间、各主要疏散通道、安全出口等部位设有事故照明，布置自带蓄电池的应急灯和标志灯。

大坝照明线路除局部穿埋管暗敷外，均采用穿 PVC 管（线槽）明敷。

2）照明埋件

照明设备的埋件根据照明电源的设置、照明线路走向、照明设备现地布置等情况而确定。

照明线路如为埋设水煤气管暗敷，水煤气管的管径根据内穿线路确定。照明分电箱的进线埋管管径一般为 $\varnothing 50$，照明分电箱各出线埋管、连接至灯具及现地控制开关、插座等其他照明设备的埋管管径一般为 $\varnothing 20 \sim \varnothing 40$。

当照明线路为埋设水煤气管暗敷时，在灯具布置处均应预埋灯头盒，在现地控制开关、插座布置处均应预埋接线盒，且在埋管转弯处应埋设分线盒。灯头盒、接线盒、分线盒均为装置性材料，由承包人包含在合同总价中，不另单独计价。

在各路灯布置处的一期砼中均应埋设约 $\varnothing 20$ 的圆钢插筋，并预留二期砼坑。

要求在所有埋设的水煤气管内均应预穿细铁丝。

19.3.2.3 接地系统的布置及埋件

1）范围

简述本工程接地布置范围。

2）接地网的连接

简述本工程各部位接地网的连接。

各部分接地网都敷设连接好后，均应做证明其电气完整连通性的测试。在整个枢纽工程接地网形成后，需进行接地电阻测量工作。

3）设备设施的接地

所有启闭设备、变配电设备、电力拖动设备、排水设备、控制保护设备、照明设备、暖通空调设备、消防设备、电缆桥架等机电设备均应按有关规程规范的要求进行接地。

所有户外构架、栏杆、楼梯、灯杆等金属设施均就近与接地干线相连。

所有建筑物屋顶避雷带引下后，应与主接地网相连。

4）接地材料的选择及敷设方式

自然接地网主要利用结构面层钢筋、门槽、轨道、钢管、埋件等金属物作为接地体。

人工接地网接地干线及支线主要采用热镀锌钢接地材料（如热镀锌扁钢 60mm×6mm 等规格材料）。

19.3.2.4 电缆通道的布置及埋件

1）电缆通道的布置

在_____等多处设置了分支电缆通道，各分支电缆通道均与主电缆廊道连通。

2）电缆桥架的安装及埋件

电缆桥架的安装有后置式固定方式或预埋件方式两种，当采用预埋件方式时，需预先在一期混凝土内埋设电缆桥架的埋件，如热镀锌钢板及型钢。此外各电缆通道内还包括接地埋件和电气埋管。

19.3.3 主要设备技术特性

1）10kV 干式变压器

额定容量（暂定）	1600kVA（XXX）
相数	三相
额定电压：	
高压	10.5kV
低压	0.4kV
联接组别	Dyn11
绝缘水平	高压 LI/AC　75/35
低压 LI/AC　－/3	
阻抗电压百分数	6%
重量	约 6000kg（带保护外壳）

2）0.4kV 低压开关柜

型式	固定分隔式开关柜
额定工作电压	400V
额定绝缘电压	690V
额定工频耐受电压（1min）	3kV

污染等级	3
外壳防护等级	IP4X
外形尺寸（高×宽×深）	2200×800（1000）×1000mm
重量	约800～1200kg

3）直流系统

简述本工程直流系统。

19.3.4 安装及调试技术要求

19.3.4.1 概述

承包人应按照有关标准、规程、规范、工程设计图纸和文件、设备制造厂的安装图纸及合同文件和有关技术规范进行安装、调整、试验及维护。设备及各种通道要按设计图纸规定的尺寸安装，尺寸公差除另有规定外，应符合有关标准的要求。

承包人应对本工程范围内的所有设备进行现场接收和检查，所有的设备应有完整的出厂随机文件，如装箱清单、安装使用说明书、检验记录、合格证等。如发现设备不全或与随机文件不符，应作好记录，及时报监理人核查。

设备安装应按照设计文件和制造厂商提供的安装使用说明书进行，一些重要设备的安装应在有制造厂商安装指导人员在场的情况下进行。

在施工期间，承包人应按制造厂商的要求对现场设备采取临时保护措施，如防潮、屏蔽、防尘、通风和加温等。

安装就位的设备应做到整齐、美观，不得有伤痕和其他损坏，其位置应与设计文件和图纸一致。

设备安装完毕后，应按照制造厂的安装说明书和有关标准进行检查及现场试验，并做好检查及试验记录。

任何设备安装完毕后，必须得到监理人的认可，否则不能进行调试工作。

所有电气设备安装完毕后，在调试前均应进行系统的质量检查，其结果应满足规程规范及设计要求。

按照调试大纲和设备说明书及设计所规定的内容、功能等逐项进行调试、试运行，其结果应符合性能指标，达到设计要求。

19.3.4.2 安装技术要求

1）10kV干式变压器

承包人应按照设计文件、制造商的安装说明书和相关规程规范的规定进行。

变压器在装卸和运输过程中，应避免冲击和振动。

变压器安装前应进行必要的检查。

变压器基础槽钢应保持水平，其水平度应小于 1/1000，槽钢中心线与变压器轮距中心线应对正，允许偏差≤10mm。

变压器安装完毕后，应进行如下几项检查：

变压器本体及所有附件均无缺陷；

相色标志正确；

变压器顶上无遗留杂物；

变压器相序符合要求；

接地良好、可靠；

温度计指示正确，整定值符合要求。

2）10kV、0.4kV 开关柜

承包人应按照设计文件、制造商的安装说明书和相关规程规范的规定进行。

基础槽钢的安装应符合下列要求：

项目	允许偏差	
	mm/m	mm/全长
不直度	<1	<5
水平度	<1	<5
位置误差及不平衡度		<5

基础槽钢安装后，其顶部宜高出抹平地面 10mm；基础槽钢应有可靠接地。

盘、柜及柜内设备与各构件间连接应牢固。

垂直度、水平偏差以及盘柜面偏差和盘柜间接缝的允许偏差应符合下列规定。

项目		允许偏差（mm）
垂直度（1/m）		<1.5
水平偏差	相邻两盘顶部	<2
	成列盘顶部	<5
盘面偏差	相邻两盘边	<1
	成列盘面	<5
盘间接缝		<2

柜的接地应牢固良好。

检查防止电气误操作的"五防"装置齐全，并动作灵活可靠。

柜的面层应完整，无损伤。

3）0.4kV 动力分电箱和照明分电箱

承包人应按照设计文件、制造商的安装说明书和相关规程规范的规定进行；

进行外观检查，外观应无损伤，箱内元件完好无缺，箱体无锈蚀，回路标志应正确、清晰；

箱内导线排列整齐、固定牢固；

分电箱安装：垂直与水平允许偏差应小于或等于 3mm，嵌入式分电箱面板应紧贴墙壁面，箱体安装应牢固；

分电箱内的裸露载电部位与非绝缘金属部位间表面距离应大于或等于 20mm；

分电箱内导线间、导线与电器间连接应牢固，接触良好，导线引出板面应套绝缘管；

分电箱外壳应良好接地，正常工作照明分电箱的进线电缆零线应与箱体外壳连接并接地；

分电箱绝缘检查应用 500V 兆欧表测量绝缘电阻，其电阻值应不小于 0.5MΩ。

4）电缆桥架、电缆管

电缆支架应安装牢固，横平竖直。固定方式应按设计要求进行。各支架的同层横档应在同一层水平面上，其高低偏差不应大于 5mm。沿桥架走向左右的偏差不应大于 10mm。

梯架在每个支架上的固定应牢固。

电缆支架全长均应有良好的接地。

电缆管弯曲半径应大于 10 倍的管外径，管子弯制后无裂纹和凹陷，管口平齐呈喇叭形，无毛刺。电缆管口应排列整齐，裸露的金属管应涂防锈漆。电缆管出入地沟、廊道和建筑物的管口应采取封堵措施，以免管路堵塞。电缆管穿越土建伸缩缝时，应进行过缝处理。

5）电线电缆

（1）敷设路径应符合设计文件要求；

（2）电缆敷设前应测量实际路径，计算每根电缆的长度，合理安排每盘电缆，减少电缆损耗；

（3）10kV 电力电缆在终端头附近宜留有备用长度；

（4）电缆敷设时，电缆应从盘的上端引出，不应使电缆在支架上及地面摩擦拖拉。电缆上不得有铠装压扁、电缆绞拧、护层折裂等未消除的机械损伤。

（5）距离较长的电缆敷设时，应进行施工组织设计，确定路径敷设方案、敷设方法、线盘架设位置、电缆牵引方向，校核牵引力和侧压力，配备敷设人员和机具，并经监理人审核。

（6）电缆的固定应符合下列要求

垂直敷设或超过 45°倾斜敷设的电缆在每个支架上，或桥架上每隔 1m 处应加以固定。水平敷设的电缆每隔 5m～10m 处以及电缆首末两端及转弯处应加以固定。

（7）明敷 PVC 电线管的连接和固定应牢固和严密，排列应整齐，管卡与终端或电气器具间的距离应符合《电气装置安装工程施工及验收规范》有关要求。

6）照明系统

（1）应按照设计文件、制造商的安装说明书和相关规程规范的规定进行。

（2）所有照明设备应进行外观检查，例如：灯具、现地控制开关、插座的本体及其配件应齐全、无机械损伤、变形等缺陷等；

（3）灯具、现地控制开关、插座安装应平整、牢固、位置正确、高度一致，现地控制开关应装在相线回路，现地控制开关、插座暗装时应紧贴墙面；

（4）成排灯具、现地控制开关、插座安装的允许偏差应符合下列要求：成排灯具中心允许偏差应小于或等于 5mm；现地控制开关、插座垂直高度差应小于 0.15%，相邻高低差应小于 2mm，同室内高低差应小于 5mm；

（5）所有照明设备的配套附件的规格应一致；

（6）路灯基础安装必须牢固可靠，灯杆应垂直地面，倾斜角度不应大于 1.0o；

（7）灯具的接地应连接可靠。

7）接地系统

（1）技术要求

①承包人应按有关规程规范、施工详图及技术要求，完成上述接地工程材料的采购、制作和安装工作；所有埋件需在监理人组织验收合格后，方可进行砼浇筑；承包人应按合同文件的规定和监理人的指示提交上述埋件安装的合格证书、质量检查或检测记录等。

②由承包人制作埋件的材料应按合同规定经过检查和试验。监理人有权要求承包人提供由承包人负责采购的材料的材质证明、出厂合格证书、材料样品和试验报告。承包人对其提供使用的材料应负全部责任。一旦发现承包人在本工程使用不合格的材料时，承包人应按监理人指示立即予以更换，并承担由于工程质量不合格所造成的一切损失。

③本招标文件所列接地工程埋件的数量和重量，仅供承包人在投标时参考，不作为支付时工程量计量的依据。埋件的实际参数、数量、重量及布置，应以施工图纸和监理人的文件为准。

④承包人应按施工图纸的要求完成本项目接地网与其他项目接地网的连接，并在规定的位置预留接地端子或接地井，以便其他承包人进行机电设备的接地安装。预留的接地端子或接地井应按作上明显标志，采取妥善保护措施，防止锈蚀、机械损伤和覆埋。

⑤承包人在完成本项目接地网的安装及测试后，还应协助其他项目的承包人完成

对整个工程接地网的接地电阻测量工作。

⑥承包人应严格遵守施工详图及说明书的要求。承包人要求更改接地系统的部分设计时，应经监理人批准，并按监理人规定的方式作好更改的完整记录。

⑦接地系统的全部零件，除另有特殊规定外，均应与施工详图相符。

⑧接地导体通过结构伸缩缝时，应按施工详图规定采用专门措施，以免被结构变形应力损坏。

⑨所有电气设备、设备支架、构架、基础及辅助装置的工作接地、保护接地、保护接零和防雷接地以及金属构件和金属管路的接地等，应按施工图纸规定的方式、要求和位置，用专门的接地线连接到接地引出线接地端子上。

⑩电气装置的每个接地部分均应采用单独的接地线与接地网连接，不允许有几个接地部分同时串接在一根接地线上。

⑪接地装置之间的连接以及与电气设备接地连接一般采用焊接，如采用螺栓连接应有缩紧螺帽或平弹垫圈，当采用焊接时应符合下列要求：

焊接牢固，焊缝应无裂纹、气孔等缺陷；

焊接长度要求：扁钢为其宽度的 2 倍以上，且至少有三个棱边焊牢；圆钢为其直径的 6 倍；圆钢与扁钢的焊接长度为圆钢直径的 6 倍；

⑫在施工期间，应对接地装置埋设给予足够的重视和保护，由于承包人疏忽而造成的遗漏和损失，应立即修复至监理人满意为止，其费用由承包人自理。

⑬全部接地系统的埋设施工应严格遵守《电气装置安装工程接地装置施工及验收规范》（GB50169）和本招标文件的有关规定。

（2）接地装置材料

①除另有明确说明外，接地干线及支线采用 60mm×6mm 镀锌扁钢。大坝工程主要接地干线、支线采用暗敷方式，电缆沟内接地线采用明敷方式。

②所有接地敷设安装用固定件、接地测量盒、接地井等的材料规格均应符合设计图纸要求。

（3）测试

①各部分接地系统都敷设连接好后均应做测试，以证明其连通性。

②承包人应对埋设完好的接地系统做电气完整性试验，试验应符合《接地装置特性参数测量导则》（DL/T475—2006）的有关规定。试验应接受监理人的指示，测试方法和仪器、设备须经监理人审查批准后方可采用。承包人也可委托有资质、有经验的专业单位进行。

③承包人应将试验的测量记录和测量结果递交监理人审核、认可。

④监理人如提出增设接地装置，承包人应按施工图纸的要求施工。

⑤承包人在完成本项目接地网的安装及测试后，还应协助其他项目的承包人完成对整个工程接地网的接地电阻测量工作。

8）供电保护监控系统、直流系统

供电保护监控系统、直流系统的安装、电缆敷设和接线应符合设计图纸、设备合同文件及相关规范和标准的要求。

19.3.5　检查和验收

1）10kV干式变压器

安装完毕后的现场试验及验收应按照制造商的技术标准和要求要求和相关规程规范的有关规定进行，并做好检查记录。现场试验项目如下：

（1）测量绕组的直流电阻；

（2）检查变压器的三相接线组别及各分接头的电压比；

（3）测量绕组的绝缘电阻；

（4）绕组的交流耐压试验；

（5）额定电压下的冲击合闸试验；

（6）检查相位。

2）10kV、0.4kV开关柜

安装完毕后的现场试验及验收应按照制造商的技术标准和要求要求和相关规程规范的有关规定进行。现场试验项目如下：

（1）10kV开关柜：

①主回路的工频耐压试验及验收；

②辅助回路和控制回路的耐压试验；

③主回路电阻的测量；

④机械性能、机械操作及机械防止误操作装置或电气连锁装置功能的试验；

⑤仪表、断路器元件校验及接线正确性检定；

⑥测量断路器分、合闸时间；

⑦测量分、合闸线圈及合闸接触器线圈的绝缘电阻和直流电阻；

⑧"五防"功能检查、试验；

⑨继电保护试验，包括弧光保护装置试验；

⑩备自投试验；

⑪消谐及小电流接地选线试验；

⑫无线测温装置试验；

⑬与电站计算机监控系统的联动试验。

（2）0.4kV 开关柜：

①测量低压电器连同所连接电缆及二次回路的绝缘电阻；

②电压线圈动作值校验；

③低压电器动作情况检查；

④低压电器采用的脱扣器的整定；

⑤低压电器连同所连接电缆及二次回路的交流耐压试验；

⑥备自投试验；

⑦无线测温装置试验；

⑧与火灾报警系统的联动试验；

⑨与电站计算机监控系统的联动试验。

3）0.4kV 动力分电箱和照明分电箱

安装完毕后的现场试验应按照制造商的技术标准和要求，以及相关规程规范的有关规定进行。现场试验项目如下：

（1）测量低压电器连同所连接电缆及二次回路的绝缘电阻；

（2）电压线圈动作值校验；

（3）电器动作情况检查；

（4）脱扣器的整定；

（5）与火灾报警系统的联动试验；

（6）低压电器连同所连接电缆及二次回路的交流耐压试验。

4）照明系统

照明灯具安装完毕后按照产品技术说明和相关规程规范的有关规定进行验收。

5）接地系统

按相关规程规范进行接地安装的检查和验收。本工程接地系统埋设与安装施工完毕后，承包人应根据设计的要求会同监理人进行分项验收，并将相应的测试资料提交监理人和工程设计人。

6）直流系统

直流电源设备的现场试验应满足《电力系统直流电源柜订货技术条件》、GB50150《电气装置安装工程电气设备交接试验标准》，现场试验应至少包括以下项目：

（1）绝缘电阻和绝缘强度试验；

（2）监视装置试验；

（3）电池组容量试验；

（4）稳压精度试验；

（5）稳流精度试验；

（6）纹波系数测量；

（7）充电装置的浮充试验；

（8）充电装置的均充试验；

（9）充电装置模拟故障试验；

（10）充电装置逆变试验；

（11）负荷联络试验；

（12）噪声测量；

（13）设备合同及厂家规定的其他试验项目。

现场试验应符合厂家安装使用说明书和有关规程的要求。

①与＿＿＿＿＿＿＿＿＿＿控制系统联调；

②与＿＿＿＿＿＿＿＿＿＿计算机监控系统联调。

在所有现场试验、系统联调完成后，经监理人确认该系统已符合部标和国标以及订货合同的要求，并在技术资料、文件和备品备件齐全时方可验收。系统设备验收要求应满足设计图纸、随机安装说明书，并应符合 GB50150《电气装置安装工程电气设备交接试验标准》、GB50171《电气装置安装工程盘、柜及二次回路结线施工及验收规范》标准和制造厂相关标准的要求。

19.3.6 安装工程量

安装工程量见表 19.3－1。

表 19.3－1 供电系统（含直流）安装工程量表

工程量清单						
项目编号	项目名称及内容	计量单位	工程量	单价（元）	合价（元）	备注

19.4 闸门启闭控制系统设备

19.4.1 工作范围

承包人应承担本招标文件规定的闸门启闭机控制系统所有设备和材料的到货卸车和验收、保管、工地转运、安装（包括设备间电缆的敷设和接线）、调试（包括与电站计算机监控系统的联调）、现场试验、试运行、维护、交接验收直至移交给发包人的全部工作。主要工作内容包括（但不限于）：

1）承包人应负责泄洪闸启闭机控制设备的安装，包括：大坝泄洪闸 5 个表孔、6 个中孔闸门启闭机的现地控制站的动力柜、控制柜、端子箱、开度检测装置等设备；

2）负责各启闭机室内及其至电缆廊道、电缆沟的埋件制作及埋设；

3）负责各启闭机室内，以及启闭机室至右岸电站监控系统大坝 LCU 的全部电（光）缆的敷设和连接；

4）负责泄洪设施闸门启闭机控制设备的单机调试；

5）配合泄洪闸现地控制站与右岸电站监控系统大坝 LCU 间的联合调试。

19.4.2 设备布置及埋件

1）设备布置

简述闸门启闭设备布置情况及其附件。

2）埋件

控制设备、检测装置埋件的包括：启闭机室控制柜至每台油泵电机、液压泵站、闸门开度检测装置、阀组、液压控制信号等的电缆埋管，以及固定控制柜的槽钢基础等。

19.4.3 主要技术特性

每个泄洪工作闸门在各自的液压启闭机房内均布置 1 套现地控制设备，共 11 套，现地控制设备通过现场总线接入电站监控系统的 LCU，实现现地控制和远方监控。

每套现地控制设备由 1 个动力柜和 1 个控制柜组成；其中，动力柜内主要安装配电装置及电机启动主回路设备；控制柜内主要由可编程序控制器（PLC）、彩色触摸屏、电气传动执行器件、控制电源装置、操作开关、保护报警显示器件等组成。

现地控制设备采用可编程序控制器（PLC）和彩色触摸屏作为主要控制装置，另备一套常规继电器简单控制线路作为故障时的应急操作，现地控制设备主要完成下述功能：

1）控制功能

（1）现地/检修控制；

（2）远方集中控制；

（3）闸门开度预置；

（4）油温控制；

（5）纠偏控制（仅表孔有）；

（6）闸门下滑超限提升复位。

2）显示功能

（1）运行方式显示；

（2）运行及故障信号显示；

（3）闸门开度显示；

（4）两缸行程差显示（仅表孔有）。

3）故障报警功能

（1）电机过流、过负荷报警；

（2）闸门启闭上、下限位保护；

（3）油路过压和失压保护；

（4）油温过高和过低保护；

（5）滤油器堵塞报警；

（6）闸门开度越限（超过预置开度）保护。

19.4.4 安装技术要求

1）一般规定

（1）控制设备的安装应符合有关标准、规程、规范和设计文件、图纸的要求。

（2）承包人应对本工程范围内的所有设备进行现场接收和检查，所有的设备应有完整的出厂随机文件，如装箱清单、安装使用说明书、检验记录、合格证等。如发现设备不全或与随机文件不符，应作好记录，及时报监理人核查。

（3）设备安装应按照设计文件和制造厂商提供的安装使用说明书进行，些重要设备的安装应在有制造厂商安装指导人员在场的情况下进行，如安装指导人员的意见与设计文件和安装使用说明书有矛盾时，需有安装指导人员的书面文件，并必须征得工程设计人的认可，报监理人核定。

（4）在安装设备前，应根据制造厂商提供的设备清单对所有设备进行逐一检查，如发现设备不全等问题，应作好记录。在搬运和安装设备时，应尽量避免设备受到振动或冲击。

（5）在施工期间，承包人应按制造厂商的要求对现场设备采取临时保护措施，如防潮、屏蔽、防尘、通风和加温设施等。

（6）安装就位的设备应做到整齐、美观，不得有伤痕和其他损坏，其位置应与设计文件和图纸一致。

（7）任何设备安装完毕后，必须得到监理人的认可，否则不能进行调试工作。

（8）开度传感器、位置开关安装应牢固，位置准确，动作灵活并满足设计文件、制造厂家安装说明书的要求。

（9）通讯电缆应将屏蔽层单点接地。

2）安装调试程序

（1）设备运抵工地后，在安装前应重新进行测试，测试结果符合性能指标后才能安装就位。

（2）所有电气设备安装完毕后，在调试前均应进行系统的质量检查，其结果应满足规程规范及设计要求。

（3）按照调试大纲和设备说明书及设计所规定的内容、功能等逐项进行调试，其结果应符合性能指标，达到设计要求。

（4）所有调试工作完毕后，应进行整体设备的试运行。试运行期间电源不得中断，设备应连续 72 小时通电无故障。

19.4.5　检查、调试与验收

1）检查项目

（1）设备的安装位置应正确、固定及接地应可靠，盘面应漆层完好、清洁整齐；

（2）设备内所装电器元件应齐全完好，安装位置正确，固定牢靠；

（3）所有接线应准确，连接可靠，标志齐全清晰，绝缘符合要求。

2）试验与调试

（1）检查设备与元器件安装接线的正确性；

（2）检查设备与元器件动作的正确性和可靠性；

（3）检查传感器的测量精度和范围以及动作的灵敏度；

（4）调整各运行设备的参数；

（5）使各类设备的操作控制和运行管理功能满足泄洪闸门运行调度的要求。

调试内容如下：

①开度传感器调整

开度传感器安装后应配合机械试验或单独进行率定，检查其准确度和灵敏度是否符合要求。

②位置开关调整

包括闸门下极限、上极限、检修位置行程开关的调整；行程开关在泄水闸门机械调试时进行整定，使其符合运行要求。

③信号采集、处理和显示的正确性；

④柜台内器件和操作面板上器件动作的灵活性、正确性调整；

⑤启闭机电气设备的通电动作调整；

⑥操作、控制功能调整；

⑦故障保护的可靠性；

⑧现地单机调试

3）验收

验收由发包人、管理单位、监理人、工程设计人、承包人、必要时包括设备生产厂家的代表组成验收小组，由发包人主持共同对承包人安装的工程项目进行验收。安装质量符合设计及标准、规范要求方能通过验收。同时承包人应提交详细的安装、检测和调试记录，并应经监理人确认。

19.4.6 安装工程量

安装工程量见表 19.4－1。

表 19.4－1 闸门启闭机控制设备安装工程量

序号	设备名称	型号及规格	单位	数量	备注
1					
2					

19.5 图像监控及通信设备的安装及调试

19.5.1 工作范围

承包人应承担本招标文件规定的图像监控系统及通信系统所有设备和材料的到货卸车和验收、保管、工地转运、安装、调试、现场试验、试运行、维护、交接验收直至移交给发包人的全部工作。主要工作内容包括（但不限于）：

1）图像监控系统

（1）承包人应承担布置在大坝范围内图像监控设备的安装与调试，包括：摄像机、支架、云台、解码器、网络交换机（箱）等以及大坝变电所内的设备；

（2）负责埋件的制作及埋设；

（3）负责各设备间电源电缆及网络电缆敷的敷设和连接，以及大坝图像监控系统至右坝肩集控楼的光缆敷设和连接；

（4）负责大坝图像监控系统与右坝肩集控楼图像监控系统的联合调试。

（5）负责与大坝火灾报警系统的联动调试。

2）通信系统

通信系统设备安装包括通信电缆的敷设、通信管路的埋设、配线设备的安装、电话开通、调试，以及通信系统设备的联合调试等工作。

19.5.2 设备布置与埋件

1）图像监控设备

（1）设备布置

大坝设置 1 套图像监控系统设备，实现对大坝设备数据、图像等综合信息的全方位监控，并与火灾报警系统联动。

在大坝部分重要场所和部位设置摄像机，在大坝变电所设置图像监控系统大坝分控中心，大坝的图像信息从分控中心经光缆送至的右岸集控楼内的主控中心。

前端设备根据被监控对象的布置，初步选定摄像机的布置位置，详见下列前端设备统计表，其最终摄像机的数量及布置以施工图为准。

表 19.5－1　　____分区前端设备统计表

序号	摄像机布置位置	室内摄像机	室外摄像机	备注
1				
2				
3				

根据以上统计，____图像监控系统共设置_____个摄像机，其中室内摄像机_____个，室外摄像机_____个。另外还有____路视频信号至各大坝电梯机房。

（2）埋件

在上述各摄像点部位将水煤气管就近埋设至可通向大坝变电所的电缆沟、电缆廊道、电缆吊架旁或其他通道内，用以穿设各摄像点的网络和电源电缆。

2）通信设备

（1）设备布置

利用电站通信系统为其提供用户电话设备，并在大坝集控室控制台上设置 1 个调度台，用于调度____区域内的电话用户。

（2）埋件

在每个房间及设备机房分别埋设出线盒，各出线盒与电缆廊道或电缆竖井之间分别埋设水煤气管，用以穿设由分线箱至各出线盒之间的电话线。大坝电梯的出站层门厅分别埋设出线盒，每个出线盒至电缆竖井之间分别埋设水煤气管，用以穿设分线箱至各出线盒之间的电话线；各层出线盒之间串接埋设水煤气管，用以穿设出线盒之间的电话线。

19.5.3　安装技术要求

1）图像监控设备安装

（1）摄像机的底座及其附件的安装应牢固、安全并便于测试、检修和更换。

（2）在镜头视场内，不应有遮挡监视目标的物体。

（3）在搬运、架设摄像机的过程中，不得打开镜头盖。

（4）从摄像机引出的电缆不得影响摄像机的转动。

（5）安装在立柱上的摄像机应用导卡、抱箍和螺栓固定，安装在墙壁上的摄像机应用膨胀螺栓固定。

2）通信设备安装

（1）通信设备、分线箱、分线盒及防潮电话机和普通电话机等设备的安装、接线及接地应满足设计图纸及随机安装说明书的要求。

（2）通信设备及分线箱固定应平稳牢固。

（3）不允许电缆线有断头、破损、刮伤。

（4）布放电缆的规格、路由、截面和位置应符合施工图的规定；电缆在工程中的编号标识必须准确、清楚、牢固，并经专门处理以抗多年环境风化、腐蚀；电缆排列必须整齐，外皮无损伤

19.5.4　调试与验收

1）现场调试

（1）图像监控设备

现场试验至少应包括以下项目：

①摄像机通电及性能试验（包括镜头云台性能试验等）；

②防盗报警试验；

③监视器性能试验；

④视频通道各种自动及手动切换试验；

⑤远程控制和调节各监控点摄像机、镜头、云台试验，对主控中心、分控中心设备的控制试验；

⑥光端机功能试验。

（2）通信设备

通电前后应对接线和设备进行检查。应对各用户逐个拨号通话，直到所有用户正常通话完毕。

2）安装验收

在所有现场试验完成后，经监理人确认该系统已符合部标和国标以及订货合同的要求，并在技术资料、文件和备品备件齐全时方可验收。

19.5.5　安装工程量

安装工程量见表 19.5－2、表 19.5－3。

表 19.5－2　图像监控系统设备安装工程量统计表

序号	设备名称	规格或型号	单位	数量	备注
1					

表 19.5－3　通信系统设备安装工程量表

序号	设备名称	规格或型号	单位	数量	备注

19.6　暖通设备的安装及调试

19.6.1　工作范围

承包人应承担本招标文件规定的暖通系统所有设备和材料的到货卸车和验收、保管、工地转运、安装（包括设备间电缆的敷设和接线）、调试（包括与电站计算机监控系统的联调）、现场试验、试运行、维护、交接验收直至移交给发包人的全部工作。

19.6.2　设备布置

简述暖通设备布置。

19.6.3　主要技术特性

简述设备主要技术特性指标。

19.6.4　安装技术要求

1）一般技术要求

（1）承包人应按发包人提供的设计图纸和设计文件，国家和部颁最新的有关规范、规程、标准，以及设备生产厂家的安装图纸、安装说明书进行设备、部件的安装、调整、试验。

（2）承包人应对安装过程中各种数据、情况作出详细记录并经监理人签证，其中隐蔽工程安装后，经监理人验收合格、签证，才能做土建施工。承包人有责任根据监理人的指示进行复查。该记录资料将作为工程验收的重要依据。

（3）承包人在工程安装调试完毕后直到发包人验收，仍负有对所安装工程设施的维护保养和安全保卫工作的责任。

（4）在安装过程中，因安装工艺不当，或因疏忽大意、操作不当所造成的责任事故，或在安装后的维护不周、保护不当引起的事故，造成所安装设施的损坏、丢失，承包人应主动向监理人提出详细事故报告，并承担修复所需要的一切费用，以及所引起的延误工期等一切责任。修复工艺和所用材料也应符合设计图纸、文件、国家标准、规范及本合同的技术要求。

（5）若承包人在安装过程中，由于采用了不合格的材料（设备、部件），或不正确的工艺，使工程质量达不到合格标准时，监理人有权要求承包人返工，返工所需一切费用和由此引起的责任由承包人负责。

（6）设计图纸采用国家标准图集时，承包人应按设计图纸所指定的标准图集号，自行置备标准图集。凡有关安装规程、规范、标准图集、技术要求已经明确或属于常规安装的部分，设计图纸上不再提供安装大样图。

（7）除设计图纸所列出的主要设备、材料以外，承包人还必须置备完成安装工作所必需的、设计图纸中未一一列出的各种辅助材料，如螺栓、螺母、垫圈、铆钉、垫片、支撑、夹具、压条、网格、电焊条、密封填料、保温辅材、油漆、铁丝、粘结材料、二期混凝土、二期砂浆等等。其规格数量按有关安装规程、规范、定额、标准图集、设计大样图及合同技术要求等的规定置备。

（8）承包人应自行提供完成安装工程所必需的用于制造、安装、运输、起吊等作业的合格的施工设备、工具、检测仪表、脚手架及其他材料等，其费用列入报价单中的安装单价中。

（9）承包人应在安装过程中按有关规程要求，同步进行质量控制检测。安装后对系统进行冲（吹）洗、试压检漏，对设备逐台进行试运行，作好检测和试验记录，并需监理人到场核查签证，直到参加发包人组织的工程项目完工验收。

2）主要技术要求

（1）所有到货设备，应根据设计有关文件检查是否符合设计文件上指定的制造厂家、产品名称、规格及型号。产品设备应具备完整的包装及全套技术文件，如发现异常情况，应与厂家联系，直至满足要求。

（2）轴流风机安装时，机身应保持水平，牢固可靠，允许偏差 0.20mm/m。叶轮与风筒的对应两侧间隙差不大于±0.5mm。在墙洞内安装时与预留洞间空隙应采取有效措施严密封堵。

（3）风口和格栅的表面应与最终的墙（或天花板）面平齐，送风口与送风管之间、送风管与土建风道之间均不得有漏风间隙。出现间隙时应采取柔性软管或砂浆填塞等措施。

（4）分体空调机的室内机按施工图纸所示位置布置，且应稍向凝结水排放孔一侧倾斜，凝结水出水管转弯处应避免折扁以致排水不畅；室外机就近布置在室外墙上，应安装牢固且周围不能有遮挡物，以免影响散热。室内、外机的汽、液、凝结水管连接，以及抽空、灌氟等均应由设备供应厂商派人进行。

（5）通风管道要求采用厚度为 0.75mm 的机制彩钢风管。

（6）控制设备的安装和接线应符合设计图纸、设备合同文件及 1.18 相关规范和标准的要求。

19.6.5 检查和验收

承包人在设备安装完毕后，须进行下列单机试验检查，作好记录，由监理人验证。具体检查内容可参见有关施工验收规范的规定，本条列入了检查的主要内容。

1）风机的启动运行试验

试运行时间不少于 2 小时，应符合：

（1）叶轮旋转方向正确，运行平稳，转子与机壳无摩擦声音；

（2）转动部分的径向振动应≤ 0.08mm；

（3）滑动轴承温度不超过 70℃，滚动轴承温度不超过 80℃；

（4）电动机电流不超过额定值。

2）分体空调机的试运行

试运行时间为 8 小时，运行工况符合：运转平稳，噪声低，制冷迅速，制冷量符合要求，电动机电流不超过额定值。热泵式机组还要求进行冷、热二种工况的转换运行。

3）通风空调设备的现地手动、自动启动试验，与电站计算机监控系统的联调试验。

19.6.6 安装工程量

安装工程量见表 19.6－1。

表 19.6－1 暖通设备安装工程量表

序号	设备名称	型号及规格	单位	数量	备注
1					
2					
3					

19.7 计算机监控系统 LCU 的安装及调试

19.7.1 工作范围

承包人应承担本招标文件规定的计算机监控系统大坝 LCU 设备和材料的到货卸车和验收、保管、工地转运、安装、调试、现场试验、试运行、维护、交接验收直至移交给发包人的全部工作。主要工作内容包括（但不限于）：

1）负责 LCU 设备（包括本地盘柜及远程 IO 盘柜）的安装及调试；

2）负责上述设备安装基础制作及埋件的埋设；

3）负责＿＿＿范围内，LCU 至现地控制设备间全部控制电（光）缆的敷设和连接；

4）负责＿＿＿＿至集控楼间的全部控制电（光）缆的敷设，在集控楼内监控系统设备的控制电（光）缆的连接及设备安装调试由其他承包人完成；

5）负责参与和电站计算机监控系统其他设备安装承包人的联合调试。

19.7.2 设备布置及埋件

1）设备布置

简述设备布置情况。

2）埋件

埋件包括 LCU 的盘柜基础预埋插筋、基础槽钢制作及盘柜至就近电缆沟、电缆廊道、电缆吊架或现场设备等部位的水煤气管的埋设。

19.7.3 主要技术特性

简述设备主要技术性能。

19.7.4 安装技术要求

1）一般规定

（1）设备的安装应符合有关标准、规程、规范和设计文件、图纸的要求。

（2）承包人应对本工程范围内的所有设备进行现场接收和检查，所有的设备应有完整的出厂随机文件，如装箱清单、安装使用说明书、检验记录、合格证等。如发现设备不全或与随机文件不符，应作好记录，及时报监理人核查。

（3）设备安装应按照设计文件和制造厂商提供的安装使用说明书进行，一些重要设备的安装应在有制造厂商安装指导人员在场的情况下进行，如安装指导人员的意见与设计文件和安装使用说明书有矛盾时，需有安装指导人员的书面文件，并必须征得工程设计人的认可，报监理人核定。

（4）在安装设备前，应根据制造厂商提供的设备清单对所有设备进行逐一检查，如发现设备不全等问题，应作好记录。在搬运和安装设备时，应尽量避免设备受到振动或冲击。

（5）在施工期间，承包人应按制造厂商的要求对现场设备采取临时保护措施，如防潮、屏蔽、防尘、通风和加温设施等。

（6）安装就位的设备应做到整齐、美观，不得有伤痕和其他损坏，其位置应与设计文件和图纸一致。

（7）任何设备安装完毕后，必须得到监理人的认可，否则不能进行调试工作。

2）安装调试程序

（1）设备运抵工地后，在安装前应重新进行测试，测试结果符合性能指标后才能安装就位。

（2）所有电气设备安装完毕后，在调试前均应进行系统的质量检查，其结果应满足规程规范及设计要求。

（3）按照调试大纲和设备说明书及设计所规定的内容、功能等逐项进行调试，其结果应符合性能指标，达到设计要求。

（4）所有调试工作完毕后，应进行整体设备的试运行。试运行期间电源不得中断，设备应连续 72 小时通电无故障。

19.7.5　现场检查、试验和验收

承包人应在计算机监控系统设备供货方的监督、指导下进行系统的硬件安装，配合设备的供应方进行系统的调试。承包人在完成安装工作后，应根据合同规定、设计人提供的图纸和设备厂家提供的技术资料等进行检查和试验。现场接收试验应有监理人目击。任何部件不能满足技术规范要求以及设备厂家的保证性能时，承包人应作好记录并报请发包人进行处置。计算机监控系统设备的现场试验应满足 GB50150《电气装置安装工程电气设备交接试验标准》、DL/T578《水电厂计算机监控系统设备基本技术规范》以及设备供货合同中规定的试验项目，现场检查、试验应至少包括以下项目：

1）硬件组装和工厂试验记录及技术文件评审；

2）设备外观及接线检查；

3）配置检查；

4）诊断软件可用性检查；

5）安全地检查；

6）信号地检查；

7）接地绝缘检查；

8）通电检查；

9）直流电源输出电压检查；

10）电源功能检测；

11）手动/自动切换操作检查；

12）电气表计校验检查；

13）温度表计校验检查；

14）变送器校验检查；

15）模拟量通道校验检查；

16）跳闸输出检查；

17）抗干扰测试；

18）耐压检查；

19）其他检查。

20）与泄洪闸门控制系统联调；

21）与右岸计算机监控系统联调。

在所有现场试验、系统联调完成后，经监理人确认该系统已符合部标和国标以及订货合同的要求，并在技术资料、文件和备品备件齐全时方可验收。系统设备验收要求应满足设计图纸、随机安装说明书，并应符合 GB50150《电气装置安装工程电气设备交接试验标准》、GB50171《电气装置安装工程盘、柜及二次回路结线施工及验收规范》标准和制造厂相关标准的要求。

19.7.6 安装工程量

安装工程量见表 19.7－1。

表 19.7－1 ＿＿＿＿ LCU 设备安装工程量

序号	设备名称	型号及规格	单位	数量	备注
1					

第二十节　消防

20.1　说明

20.1.1　工程范围

本节内容包括消防供水管道及管件在大坝顶部的预埋。承包人还应承担坝区消防监控系统的预埋件、预埋管路的采购、制作及埋设等，具体数量参见第 19 节"机电设备安装"。

20.1.2　工程部位

大坝顶部。

20.1.3　工作内容

承包人应根据设计图纸及本文件的要求，承担消防供水管道及管件在大坝顶部的预埋工程的材料验收、埋件的制作、检测、试验、保管、运输、就位、固定、埋入、维护直至最终验收等全部工作。其中除合同规定另行计价的工作外，各项工作费用均包括在埋件单价内，不再另行计价。除预埋件外，所有材料由发包人提供。

20.1.4　消防有关的规范、标准

20.1.4.1　施工验收规范

1）SD267－88《水利水电建筑安装技术工作规程》

2）DL/T 5123－2000《水电站基本建设工程验收规程》

3）GB 50242－2002《建筑给水排水及采暖工程施工质量验收规范》

4）GB 50268—2002《给水排水管道工程施工及验收规范》

5）GB205—83《钢结构工程施工及验收规范》

6）GB50235—97《工业金属管道工程施工及验收规范》

7）DL/T 5031—94《电力建设施工及验收技术规范》

8）GB50236—98《现场设备、工业管道焊接工程施工及验收规范》

9）GB8564—88《管路设备安装试验、涂漆》

20.1.5　质量检验评定标准

1）SDJ249.1—1998《水利水电基本建设工程单元工程质量等级评定标准》

2）SDJ249.4—1988《水力机械辅助设备安装工程》

3）GB50300—2001《建筑工程施工质量验收统一标准》

4）GBJ300—1988《建筑安装工程质量检验评定统一标准》

5）GB50252—1994《工业安装工程质量检验评定统一标准》

6）GBJ302—1988《建筑采暖卫生与煤气工程质量评定标准》

7）JB4708—2000《钢制压力容器焊接工艺评定》

8）DL/T679—1999《焊工技术考核规程》

20.1.6　材料标准

1）JGJ55—2000，JGJ15—1983，JGJ52—1992，JG53—1992，JGJ19—1992 建筑材料质量要求

2）GB/T3092—1993《低压流体输送用焊接钢管》

3）GB/T3092—1993《低压流体输送用焊接钢管（第1号修改单）》

4）GB8163—1999《输送流体用无缝钢管》

5）SY/T5037—2000《普通流体输送用螺旋缝埋弧焊接钢管》

6）GB12459—2005《钢制对焊无缝管件》

7）GB/T 702—2004《热轧圆钢和方钢的尺寸、外形、重量及允许偏差》

8）GB704—1988《热轧扁钢》

9）GB706—1988《热轧工字钢和方钢尺寸、外形、重量及允许偏差》

10）GB707—1988《热轧槽钢和方钢尺寸、外形、重量及允许偏差》

11）GB709—1988《热轧钢板和钢带的尺寸、外形、重量及允许偏差》

12）GB9787—1988《热轧等边角钢尺寸、外形、重量及允许偏差》

13）GB9788—1988《热轧不等边角钢尺寸、外形、重量及允许偏差》

20.2　分类与组成

20.2.1　工程项目

本节工程为消防供水管道及管件在大坝顶部的预埋。

20.2.2 分类与组成

本节预埋件分消防供水管、预埋件等。

管道数量见表 20－1 "消防工程埋管布置表"。

表 20－1 消防工程埋管布置表

项目编号	工程名称	型号及规格	单位	数量	埋设地点	购买方	备注
1	供水管						

20.3 埋设及安装技术要求

20.3.1 概述

1）承包人应按照施工图纸（包括修改文件）、有关规程、规范及本文件技术要求，完成上述各部位埋件的制作、埋入直至验收等全部工作；

2）承包人应合理安排施工计划，搞好埋件埋设与土建施工（立模板、扎钢筋、混凝土浇筑等）及其他专业安装的协调配合，减少干扰和矛盾，在需要埋设埋件的部位，按要求尺寸及时埋设，不得漏埋或错埋；

3）用于制作埋件的材料规格、性能应符合设计图纸的要求和国家规范、标准的规定。并附有材质证明或合格证书；

4）所有金属埋件，除已注明者外，均用 Q235 钢材制作，承包人在征得设计和监理人同意后可改用其他钢材。

20.3.2 埋件的制作

1）管子弯头的制作，一般情况下采用成品弯头，如果需要弯制钢制弯头时，当管径小于 DN80 时，可现场弯制。管子弯制应采用弯管机，其弯曲半径一般不小于管径的 3 倍。当管径大于或等于 DN80 时，管子弯头应采用焊接弯头或压制弯头，焊接弯头的曲率半径一般不小于管径的 1.5 倍。90°弯头的分节数，一般不小于 4 节。弯制有缝管时，其纵缝应置于水平与垂直面之间的 45°处；

管子弯制的质量应符合下列要求：

（1）无裂纹、分层等缺陷；

（2）管子截面的最大与最小外径差，一般不超过管径的 8％；

（3）弯曲角度应与样板相符；

（4）弯管内侧波纹褶皱高度一般不大于管径的 3％，波距不小于 4 倍波纹高度。

2）预埋管道的连接应按设计要求进行。一般钢管均用焊接，若经设计和监理人同意，小于 DN80 的钢管也可用螺纹连接。玻璃钢管按粘接或法兰连接的方式进行接口连接，并应符合有关标准、规范的规定。从事管道焊接的焊工和其他管道工必须持有有效合格证书；

3）按设计要求，在可能渗水的混凝土部位预埋水管上设置止水环时，预埋水管与止水环之间应双侧满焊；

4）埋件按设计图纸要求进行加工，锚筋与钢板或扁钢的焊接应牢固，锚筋与埋铁之间全部接触长度上双侧满焊。除在图纸上特别注明者外，焊缝截面积不应小于 6 倍锚筋的截面积，并且每根锚筋焊缝长度不宜小于 100mm；

5）预埋水管在埋入混凝土（或以其他方式隐蔽）以前，应进行压力试验或严密性试验。在进行试验以前，应告知监理人，以便这类试验得到监理人或其授权的监理人员的签证。如果试验发现漏水现象或其他的缺陷，承包人应进行合格的修理或更换。

试验方法应符合有关规范、标准以及施工图纸的要求，在无特殊要求时，一般可按下述方法进行：

（1）压力供水管道的试验压力为 1.5 倍额定工作压力，保持 10 分钟，无渗漏及裂纹等异常现象，压力降不大于 0.05MPa，再降低压力至额定工作压力，外观检查无渗漏现象。试验期间，要仔细检查每个接头部位是否漏水。焊接接头应在管道承压情况下做锤击试验。有漏水的接头应及时处理直到不漏水为止。导致漏水的缺陷焊缝应铲掉并重焊；

（2）非承压自流管道排水管等采用灌水试验的方法检漏。将管口塞住，用水充满直到水位到达该管道的最高点，检查焊缝和接合处有无泄漏。管道充满水 15min 后再补水至最高液面维持 5 分钟，液面不应降低。

6）各种预埋钢结构件及插筋，在埋设前应将其表面的浮锈、油渍、浮皮或油漆等清除干净。其裸露于混凝土外的表面再涂防锈漆两道。管道内部进行吹扫。

20.3.3　埋件的存放与运输

1）制作埋件的材料和制成的埋件应存放在干爽避雨和通风之处，制成的埋件作好标记；

2）在存放和运输途中，不得发生碰压变形锈蚀损伤，若发生上述损害时应采取有效措施进行修补，并重新经监理人检验合格后方可使用；

3）玻璃钢风管搬运时不得抛掷、叠压，存放时把底垫平、风管上面不能叠压。

20.3.4　埋件的埋入

1）所有埋件应配合土建混凝土浇筑进度，按埋件施工图纸标定的正确位置、尺寸及时埋设，并给以牢靠的固定，不得发生扭曲变形，同时要保证在浇注混凝土时埋件不会移位；

2）当设计图纸要求埋件水平或垂直呈直线排列埋设时，埋件的中心线，与设计图纸所标明的水平或垂直标注线的实际偏差不应大于 10mm/m，最大累计偏差不得大于 50mm；其暴露面一般不应有混凝土覆盖。对于倾斜成直线排列的埋件，可参照此方式执行。除设计图纸另有说明外，以上要求同样适用于其他型式的埋件的制作与埋设；

3）预埋风管连接方法：采用法兰连接方法，风管应保持垂直偏差不应大于 3mm，以免螺丝紧固时损坏法兰；

4）法兰连接的密封垫片应选用不漏气、不产气、耐腐蚀，弹性好并具有一定强度的橡胶材料；

5）穿过墙壁或梁的套管应与墙壁或梁的两侧齐平。穿过楼板的套管应与楼板底部齐平，在楼板上部的最终加工表面上凸出 25mm 或如设计图纸所示。作为未来通水管道一部分的预埋水管两端均应伸出混凝土表面，伸出长度按设计图纸要求确定。设计图纸未特别注明的，一般按预埋水管两端各伸出长度 300mm，预埋风管伸出一期混凝土长度 200mm；埋件、预埋钢框架表面与混凝土面平齐，埋件表面则与抹面后的最终墙表面平齐；

6）各种吊筋、吊钩埋件，其埋入部分，应符合设计长度。在使用前，应作荷载试验以确保安全；

7）预埋水管、风管在穿越混凝土沉降缝或伸缩缝时必须按设计图示要求作过缝处理，无特殊要求时可在缝两侧各 1m 范围依次包扎（涂）石棉布，油毡，沥青，包扎厚度 δ＝30～50mm；

8）需承受外荷载的埋件，在混凝土浇筑后必须有至少 28 天的龄期方能承受外载；

9）承包人对于已埋入的各种埋件尤其是露出混凝土的部分在移交之前负有保护、维修的责任。若发生损坏、锈蚀，应采取有效措施予以修补恢复，直到最终验收；

10）所有的埋件在完成埋设工作后，应在便于观察的部位用红色油漆作出标志，标明位置和代号。

20.4　检查和验收

20.4.1　埋件的检查和验收

埋件的检查和验收分初步检查验收和最终验收两个步骤：

1）初步检查验收包括：承包人应按监理人的指示提交所有埋件包括埋件材料的合格证书及质量检查或检测及试验记录等，在监理人批准后，方可埋设。由发包人或其他承包人（厂家）提供的埋件，承包人应负责验收和埋设，并承担验收之后的一切责任；

承包人在完成某部位的埋设（试验）后，在浇筑混凝土之前，应经监理人进行检查验收，并经监理人批准，方能进行混凝土浇筑；

2）最终验收：在浇筑混凝土满 28 天的龄期后，承包人可以通知监理人，会同安装承包人进行检查验收，并经监理人批准，才能进行下步设备安装；

20.4.2　质量处理

不合格或遗漏的埋件，承包人应负责修补，处理至监理人检查合格为止，由此引起的工程量和费用的增加均由承包人负担。

20.5 计量与支付

1）消防相关埋件按《工程量清单》所示的计量单位，按已埋设就位并经监理人验收的数量来计量，按《工程量清单》相应项目的单价进行支付；

2）在混凝土浇筑中，为固定埋件使之位置正确而采用的起吊装置、临时支撑、锚杆、锚具、联杆、垫片、加强肋、夹具和油漆、止水环、过缝设施等各种材料，以及埋管临时盖板、堵头等不单独计量，均包含在埋件单价中；

3）由于本节中的各项设施的设备尚未招标，本节所述的工程量仅供投标时作参考，不作为计量和支付的依据，由于实际工程量的变化而引起的费用问题，按合同有关条款处理。

第二十一节 建筑与一般装修工程

21.1 说明

21.1.1 适用范围

本合同建筑与一般装修工程，包括_____。

21.1.2 一般要求

1）承包人资质应满足招标文件关于投标人资格条件的要求，并由有经验的专业技术人员及熟练的技术工人完成本项目所包括的工作内容的施工。

2）承包人应根据施工设计图纸及监理人指示组织施工，除必须遵守本节规定的材料、施工技术、做法和质量要求外，尚应符合国家现行的工业与民用建筑工程（包括装饰工程）的各种规范、标准，以及现行的通用建筑标准设计《建筑配件图集》中有关要求规定。

3）材料及采购

承包人应提供完成本工程所有的材料，包括商品构件、建筑装饰成品材料、五金配件及其他装修设备等。材料应选用合格原材料或产品，并符合国家颁布的相关环保要求。有关建筑装修材料的颜色、图案、规格、型号等问题均先确定厂家，采购样品，经发包人、设计、监理人审定同意后方可正式采购。

4）各专业设备工种的预留孔洞、管道及设备安装与建筑装饰施工应密切配合、安排好施工程序，防止交叉影响及返工等现象发生。

5）施工图设计或施工过程中，为保证本工程先进性和合理性，设计人将可能对本招标文件的设计（包括材料选用、施工方法、技术要求、工程量等）作一定的修改和调整，设计变化按合同条款有关变更的规定办理，承包人不得以此作为索赔理由。

6）在任一单项工程开工之前14天（或按监理人指定的期限），根据设计图纸及有关文件、规范的要求，承包人应提交详细的施工计划（一式四份）报送监理人批准，其内容应包括（但不限于）：

（1）施工作业平面布置图

（2）施工方法及施工措施（包括安全措施）

（3）施工设备及其数量、型号、性能

（4）材料及设备供应计划

（5）施工进度计划

（6）质量保证措施和施工组织管理机构

（7）施工报告提纲与资料目录

7）承包人对自己施工中所产生的废渣废水应及时予以清理，并按监理人要求运至指定的地点或处理。

8）建筑与安装标准图由承包人自备并负责费用。

9）承包人对其实施项目的施工质量、进度及施工安全负有全部责任。

10）承包人在工程完工验收后必须负责其承担工程范围内产品质量缺陷修补。

21.1.3 适用的主要规程规范

工程建设标准强制性条文（建筑工程部分）

建设工程项目管理规范	GB/T 50326
建筑工程施工质量验收统一标准	GB50300
建筑装饰装修工程质量验收规范	GB50210
建筑涂饰工程施工及验收规程	JGJ/T29
建筑材料及制品燃烧性能分级	GB 8624
建筑幕墙	GB/T 21086
玻璃幕墙工程技术规范	JGJ102
建筑工程饰面砖粘结强度检验标准	JGJ110
建筑地面设计规范	GB50037
铝合金门窗工程技术规范	JGJ214
屋面工程技术规范	GB50345
建筑设计防火规范	GB50016
建筑内部装修设计防火规范	GB50222
合成树脂乳液砂壁状建筑涂料	JG/T24
合成树脂乳液外墙涂料	GB/T9755
溶剂型外墙涂料	GB/T9757
合成树脂乳液内墙涂料	GB/T9756

复层建筑涂料	GB/T9779
水溶性内墙涂料	JC/T423
民用建筑工程室内环境污染控制规范	GB50325
室内装饰装修材料内墙涂料中有害物质限量	GB18582
室内装饰装修材料胶粘剂中有害物质限量	GB18583
建筑材料放射性核素限量	GB6566
防火门通用技术条件	GB12955
合页通用技术条件	GB7276
钢门窗粉末静电喷涂涂层技术条件	JG/T3045.2
建筑外门窗气密、水密、抗风压性能分级及检测方法	GB/T7106
清水混凝土应用技术规程	JGJ169

所有规程规范按照现行最新版本执行。

21.2 建筑及一般装修

21.2.1 概述

1) _____。

2) _____。

21.2.2 建筑与一般装修明细表

21.2.2.1 一般装修做法明细表

表 21.2—1 一般装修做法明细表

编号	名称	做法	部位	备注

表 21.2—2 栏杆、扶手做法明细表

编号	名称	做法	部位	备注

表 21.2—3 门窗表（示例）

编号	名称	尺寸	部位	备注

21.2.2.2 装修部位表

表 21.2—4 本合同建筑物装修部位表

部位	房间名称	楼面	内墙	踢脚	顶棚	外墙	屋面

21.3 施工技术要求

21.3.1 透明保护涂料清水混凝土工程技术要求

21.3.1.1 适用范围

透明保护涂料清水混凝土适用范围包括_____（根据本标段透明保护涂料清水混凝土适用范围进行补充。）

21.3.1.2 混凝土表面基层处理要求

1）对混凝土面外露钢筋头、钢管件头的处理：将钢筋头、管件头周边混凝土用砂轮切成规则的形状，凿深 25mm 后沿根部割除露出的钢筋头、钢管件头，用环氧富锌防锈漆涂刷二遍，凿孔用预缩砂浆填平。

2）表面蜂窝、麻面、气泡密集区的处理：缺陷深度＜10mm，打磨或凿除缺陷后，与周边混凝土平顺连接；缺陷深度≥10mm，宜采用预缩砂浆修补，凿除深度需满足修补厚度不小于 25mm。

3）错台、挂帘的处理：采用凿除及砂轮打磨，使其与周边混凝土平顺连接。

4）锚孔修圆的处理：对破损的锚孔采取扩孔的方法形成圆形孔洞，再用高压水冲洗干净。

5）对锚孔填预缩砂浆，表面留 20mm 深度的浅坑，不得污染混凝土表面。

6）对混凝土面污渍、污垢、灰渣等的处理：可采用金刚石磨片机械打磨方式对坝面进行去除。

7）混凝土结构轮廓阳角线条的处理：用砂轮打磨成 R＝5mm 的圆角。

8）表面清理打磨后，再用高压水冲洗干净。

9）混凝土表面清理清洗应采取自上而下、分层施工的方法进行。为避免环境污染，混凝土面清理清洗应采用物理方法进行，禁止采用化学清洗试剂。

10）打磨及清洗后的混凝土表面无附着污渍及修补疤结，外露新鲜混凝土表面，应保持清洁，表面颜色均匀一致，无污痕，结构轮廓边线分明、平直，深浅一致。混凝土面修补的部位与周边表面紧密结合为整体，无干缩裂缝、孔洞，其颜色及纹理与周围混凝土基本一致。表面无明显错台和打磨痕迹；表面无颜色不一的洗刷痕迹和花斑。

21.3.1.3 清水混凝土透明保护涂料涂饰施工工艺

1）清水混凝土透明保护涂料（包括透明保护水性底漆、透明保护水性中涂漆和透明保护氟碳水性面漆）由发包人免费提供。清水混凝土透明保护涂料的施工工艺由涂料生产厂家提供技术指导。

2）清水混凝土透明保护涂料涂饰施工工序和工艺如下（由里到外）：

（1）透明保护水性底漆：涂布量 0.15kg/m²，分 2 次涂刷。

①使用时充分搅拌，搅拌时间为 15 分钟以上，分 2 次用滚筒均匀地用力进行

涂装。

②保证整体的均匀涂装。

③第一次涂装后间隔 2 小时进行第二次涂装。

④下涂涂装完工后，间隔 3 小时以上进行中涂的涂装（以 20 摄氏度以上，通风良好的环境为标准）。

（2）透明保护水性中涂漆：涂布量 $0.09kg/m^2$，1 次涂刷。

①和下涂不同，不能有涂料下垂现象。

②使用时充分搅拌，搅拌时间为 15 分钟以上，1 次用滚筒均匀地用力进行重复滚涂。

③施工中出现流挂现象，马上用滚筒重复滚涂。

④涂装完中涂后，间隔 3 小时以上进行上涂的工序。（以 20 摄氏度以上，通风良好的环境为标准）

（3）透明保护氟碳水性面漆：涂布量 $0.11kg/m^2$，分 2 次涂刷，加水 5％稀释（重量比）。

①使用时充分搅拌，搅拌时间为 15 分钟以上，分 2 次用滚筒均匀地用力进行重复滚涂。

②和中涂一样，在没有流挂现象的同时，进行充分的涂装。

③第一次涂装和第二次涂装的间隔为 2 小时以上（以 20 摄氏度以上，通风良好的环境为标准）

④目测涂装后的乳白色消失，变为透明即可。

3）清水混凝土透明保护涂料的涂饰可用机械喷涂也可用人工滚涂。使用时充分搅拌，应涂饰均匀，材料用量准确，不得有漏涂。

4）清水混凝土透明保护涂料施工时的外界大气温度，满足低温应＞5℃，高温应＜35℃。应避免雨天施工，应避免太阳下高温暴晒。

5）清水混凝土透明保护涂料施工前，混凝土基层的含水率应不大于 10％。

6）涂刷材料控制

承包人应结合施工组织设计编制详细的材料使用计划，涂料进场后由监理组织对其进行清点验收，对每批进场涂料进行编号，使用过程中，根据理论涂布量和实际涂刷面积核算发放涂料，并及时回收空桶，定期核算使用情况。

21.3.1.4　清水混凝土透明保护局部表面调色

1）混凝土表面以清洗后的自然本色面层做透明保护涂料。但局部有钢筋头处理处、严重锈蚀印迹处、严重油污变色处或其他明显表面色差较大处须在清水混凝土透明保护涂料施工前先做调色处理。

2）调色做法为：

（1）对调色部位用生产厂商配套的调色腻子满批，待腻子部分干燥后，用砂纸砂除高出混凝土墙面部分和多余的腻子。

（2）用涂料生产厂商配套的下地调整材进行基面调整，使之达到混凝土的自然肌理效果。

3）局部做调色处理的，应使颜色过渡均匀，调色宜浅。

21.3.1.5 现场样板试验

1）承包人在大面积涂饰施工前应先进行现场样板试验。

2）承包人应在涂料生产厂家的技术指导下，首先了解清水混凝土透明保护涂料涂饰施工和局部调色的材料类型与性能、施工工序与工艺、材料用量、涂饰工具、质量缺陷预防措施等。

3）由发包人、设计、监理和承包人一起在现场先选择有一个代表性的部位进行现场清水混凝土透明保护涂饰施工样板试验。

4）通过现场样板试验，承包人应熟悉清水混凝土透明保护涂料涂饰施工和局部调色的材料类型与性能、施工工序与工艺、材料用量、涂饰工具、质量缺陷预防措施等，并培训能够熟练掌握清水混凝土透明保护涂料涂饰施工和局部调色技术的合格施工人员。

21.3.2 非透明保护涂料清水混凝土工程技术要求

大坝不装修一次浇筑成型的永久砼外表面部位（除透明保护涂料清水混凝土外），这一部分结构表面必须符合第10、11、12节有关条款的要求。

21.3.3 抹灰工程

21.3.3.1 说明

需要灰浆的范围按图纸或设计报告，灰浆应直接抹在混凝土结构或砌体表面上。

21.3.3.2 砂浆配合比

1）混合砂浆

（1）砌体灰浆打底 使用砂浆为（重量计）：1：1：6水泥石灰砂浆。

（2）面层 使用砂浆为（重量计）：1：0.5：3水泥石灰砂浆。

2）水泥砂浆：所有打底用的水泥砂浆应是（重量计）：1：3水泥砂浆，面层用水泥砂浆应是（重量计）：1：2水泥砂浆。

21.3.3.3 砂浆的使用

1）在使用砂浆之前、使用期间、直到砂浆完全干燥为止，所要做砂浆的室内温度应保持不低于10℃，应提供必要的定时的通风。在上抹灰层之前，砌体应用喷雾器喷水打湿，所有底层都应向下抹至地板。

2）抹灰层厚度及尾数：除另规定或要求外，抹灰的最小厚度墙面应为 20mm，顶面应为 12mm。墙上混合砂浆抹灰应分两层进行，天花板上的混合砂浆抹灰应为三层，墙上水泥砂浆或其他地方应为二层。

21.3.3.4　修补

贴面和其他工作的周围应该勾缝，抹灰有缺陷或损坏应铲除并修补，抹灰修补应与原来的纹理光结相协调，与先前应用的抹灰结合，并应抹光平整。

21.3.3.5　质量要求

灰浆与结构粘接可靠，表面光滑、洁净，接槎平整，灰线清晰顺直，不得有砂眼。施工及验收的质量要求应满足《建筑装饰工程施工及验收规范》（JGJ 73－91）中级抹灰质量的要求。

21.3.4　楼地面工程

21.3.4.1　说明

本工程包括水泥砂浆、地砖等楼面工程的材料、制作安装、质量要求及维护。

21.3.4.2　水泥砂浆楼地面

1）说明

包括水泥砂浆楼地面、踢脚线、楼梯平台、踏步板和竖板的材料、制作、质量要求及维护。

2）材料

（1）水泥：除非另有规定，水泥应为普通硅酸盐水泥。

（2）砂和水：砂和水遵照"砌体工程"中的规定。

3）施工

准备浇筑水泥砂浆的楼层应彻底清扫一遍，洒适量的水，并敷素水泥浆一道，然后做 1∶3 水泥砂浆底层及 1∶2 水泥砂浆面层，表面用泥刀手工抹平收光。抹平后应保持 6 天潮湿。

4）质量要求

表面平整光洁，不得有砂眼，分格条的位置准确并应露出。

电缆沟、排水沟等预制砼盖要求表面平整光洁，角边平直，安装平稳，成型后偏差不应超过表 21.2－1 中的限制数值。

21.3.4.3　地砖楼地面

地砖楼地面，面层材料应选用优质产品，承包者应根据厂商提供的工艺要求施工。

质量要求：与基层粘结牢固，不得有空鼓，套割吻合，表面整洁，颜色均匀，嵌缝严密，深浅一致。

21.3.5　门窗工程

1）钢制门（室内门）

采用成品普通钢制套装门，配门锁和门碰，浅灰色烤漆。门靠墙垛边安装，带浅灰色烤漆钢制套装贴脸。

2）防火门

采用普通钢制门，面板为浅灰色烤漆。所有平开防火门均配置中高档不锈钢门锁和闭门器。所有双扇防火门配置顺序关闭器。采购的防火门应为国家消防检测中心检验合格产品。

3）不锈钢板门（外门）

不锈钢板门的门板和门框、贴脸、门锁均为304材质的不锈钢。不锈钢板门的抗风压性能应不低于《建筑外门窗气密、水密、抗风压性能分级及检测方法》GB/T7106—2008中1级的要求。

4）铝合金玻璃窗、百叶窗采用灰色70系列，铝合金框1.4厚。玻璃为6厚透明钢化玻璃。窗为上悬开启或推拉开启。铝合金百叶厚度为1.4厚。开启窗内侧配隐形纱窗。铝合金玻璃外窗的抗风压性能应不低于《建筑外门窗气密、水密、抗风压性能分级及检测方法》GB/T7106—2008中1级的要求。

5）安装

门框与墙体的连接采用铁脚两种方式，铁脚每边不少于三个，中距不大于700。

6）五金配件

包括门锁、门碰、合页、闭门器、门牌等，应选用优质厂家成品。

21.3.6　吊顶工程

21.3.6.1　说明

按照施工图纸上所示，承包人应完成吊顶锚杆及埋件埋设、龙骨、面板的采购制作、安装、面层装饰及维护。

21.3.6.2　材料

1）龙骨：根据施工设计图纸选定的系列定型的厂家产品，轻钢龙骨应为镀锌板经冷弯成型，连接件采用镀锌钢板冲压成型。

2）吊杆：Φ8的镀锌钢筋吊杆或按设计图纸要求。

3）面板：选用定型厂商成品，面板不应有气泡、起皮、裂纹、缺角、污垢和图案不完整等缺陷。

4）油漆及涂料：应按施工设计图纸及有关规范执行。

21.3.6.3　安装施工

1）在现浇板或预制板中，按设计要求设置预埋件或吊杆，吊杆与主体结构应连接可靠。

2）根据吊杆的设计标高在四周墙上弹线。弹线应清楚，位置准确，其水平允许偏差5mm。

3）吊杆距主龙骨端部距离不得超过300mm，否则应增加吊杆，以免主龙骨下坠。

4）灯具和设备与吊顶构造分离，并用Φ8吊杆单独固定。

5）罩面板不得有悬臂现象，否则应增加附加龙骨。

6）面层油漆及涂料施工应符合有关油漆及涂料施工的规程规范的要求，面层颜色均匀一致，并符合设计要求。

21.3.7　屋面工程

21.3.7.1　说明

本节适用于大坝所有屋面的施工。

21.3.7.2　材料

1）保护层：混凝土块材保护层。

2）防水层：自粘性SBS改性沥青防水卷材、混凝土刚性防水层。

3）找平层：1：2.5水泥砂浆找平。

4）雨水斗、雨水管：选用UPVC塑料制品。

21.3.7.3　技术要求

1）卷材防水在女儿墙转折处及天沟，檐沟处应增铺附加层，其转角处的圆弧半径R＝20，在雨水口周围应用不小于2厚高分子防水涂料或高聚物改性沥青类涂料涂封。

2）严格保证转角泛水附加卷材尺寸，平铺段≥250，上反≥300，上端边口切齐，压入预留凹槽内，用压条或垫片钉压固定，钉距为500，再用密封膏嵌固。转角或盖缝处单边粘贴空铺的附加卷材，空铺宽250。

21.3.7.4　施工验收要求

1）防水层和附加层要求严格按《屋面工程技术规范》（GB50345—2012）的施工操作规定和验收要求。

2）所有施工遵照我国现行验收规范。

3）有保温层屋面的排汽通道和穿墙水平汽孔保持贯通，防止阻塞。

天沟、檐口铺贴卷材应从沟底开始，当沟底过宽，卷材需纵向搭接时，搭接缝应用密封材料封口。

涂膜施工时屋面基层表面干燥程度应与涂料特征相适应。

21.3.8　玻璃幕墙

1）本项目采用横显竖隐玻璃幕墙采用钢化夹层中空安全玻璃，幕墙玻璃必须由3C认证，应满足风压变形时强度和刚度（挠度）要求，应正常使用条件下的安全可靠性。

2）幕墙铝合金型材

（1）铝合金型材厚度≥2.5mm。

（2）铝合金型材采用 AA3000 系列或 AA5000 等级铝合金板材。铝合金型材必须采用中国西南铝产品或进口产品，所有材料必须保证为全新及没有缺陷的一级品或优等品。

（3）铝合金型材表面为氟碳涂层。颜色为灰色。

3）玻璃幕墙配件

预埋件、连接件等配件必须采用镀锌处理。固定螺栓采用不锈钢螺栓。

4）水密性设计

本工程幕墙水密性等级为 5 级。

5）气密性设计

本工程幕墙气密性等级为 3 级。

6）防火设计

幕墙玻璃、铝合金型材、铝板均采用不燃材料。

7）防噪音设计

在金属与金属直接接触可能产生噪音的地方均设有防噪音柔性垫片。

8）绿色环保设计

（1）幕墙所选用的玻璃、铝型材、钢材等均为绿色材料，都不会对环境造成污染，且都可回收利用。

（2）各种密封胶、油漆应满足室内环境使用要求。

（3）防光污染设计：

玻璃幕墙均采用反射比不大于 0.30 的玻璃。

9）抗震设计

根据抗震规范采用七度抗震设防设计。幕墙的面板与骨架间采用防脱、防滑设计。

10）耐腐蚀设计

在两种不同金属材料（不锈钢除外）接触的部位设置绝缘垫片，防止双金属腐蚀。钢件表面采用热镀锌、无机富锌涂料处理或采用其他有效的防腐措施。后置固定螺栓采用不锈钢化学螺栓。

11）玻璃防自爆设计

（1）严格控制玻璃钢化应力的均匀度。

（2）如有必要还可以采取均质处理（HST）来消除钢化玻璃自爆。

（3）采用吸热率较低的钢化玻璃，避免玻璃吸热后非均匀膨胀而产生热炸裂。

（4）合理的分格玻璃板块的尺寸，避免由于玻璃板块过大而受热膨胀炸裂。

（5）玻璃板块四周做到棱及精磨边处理，以消除边部切割时留下的细小裂纹。

21.3.9 栏杆及扶手

承包者应提供和安装一切建筑钢筋混凝土及钢制（不锈钢）扶手栏杆和栏杆花格，并依照施工图中所示的线条和斜度来安装。

钢筋混凝土栏杆执行施工图纸及"混凝土工程"的规定。

所有不锈钢板和不锈钢管材质规格为304，面层为哑光。所有构件连接采用焊接，应将焊接点打磨光滑。

21.4 主要材料技术要求

21.4.1 外墙涂料

1）外墙涂料采用丝光耐洗刷防霉弹性防水外墙涂料，技术要求如下：

序号	项目		技术指标
1	低温稳定性		不变质
2	耐碱性		360h 无异常
3	耐水性		480h 无异常
4	耐酸性（pH＝3）		360h 无异常
5	耐洗刷性/次		≥10000
6	耐人工老化性		600h 不起泡、不剥落、无裂纹，粉化≤1 级；变色≤2 级
7	涂层耐温变性（5 次循环）		无异常
8	断裂伸长率%	标准状态下	≥300

2）内外墙涂料腻子必须采用专用的成品弹性防水腻子，不得采用自行配制的双飞粉和白水泥腻子。

3）油漆、胶粘胶水的环保要求复合《民用建筑工程室内环境污染控制规范》（GB50325—2001 最新版）要求。

21.4.2 花岗石、大理石

所有花岗石和大理石放射性指标限量应符合《民用建筑工程室内环境污染控制规范》（GB50325—2010）的要求：

外照射指数：≤1.3

内照射指数：≤1.0

21.4.3 玻化砖技术要求

玻化砖采用超洁亮产品，承包人应按湿贴法工艺要求施工。要求与基层粘结牢固，不得有空鼓，套割吻合，表面整洁，颜色均匀，嵌缝严密，深浅一致。

玻化砖主要技术指标如下：

1）破坏强度：平均值≥2000N

2）断裂模数：

平均值≥45MPa

单个值≥42MPa

3）长度、宽度、厚度≤0.5%

4）表面平整度：±0.2%

5）边直度、角直度：±0.2%

6）耐磨度≤175mm²

7）放射性：

外照射指数：≤1.1

内照射指数：≤0.7

8）摩擦系数：

干法≥0.68

9）吸水率：≤0.5%

21.4.4 其他

根据施工图纸或监理人的指示执行。

21.5 检查和验收

1）承包人应选派有经验的工程技术人员在施工现场进行监督指导和日常性自查。承包人的监督人员应密切配合监理人的工作，及时向监理人报告检查中发现的问题，并及时向监理人提供必要的资料。

2）除承包人的日常质检工作外，在必要时，监理人有权按国家有关规定对有关部位和为质检进行的试验项目进行复查，监理人可指令承包人在监理人监督下进行试验，并向监理人提交试验成果资料。承包人不得以此要求发包人增加额外支付。

3）经监理人检查认为质量不合格时，承包人应按监理人指示对工程缺陷部分进行返工、修理和补强。由此而引起的工期延误应由承包人负完全责任，其返工、修理或补强的一切施工费用均由承包人承担。

4）各建筑物的检查和验收分初步检查验收和最终验收二个阶段进行。在建筑工程从结构基层面作业开始每完成一道工序（如砌体工程），须经监理人验收批准后方可进入下道工序（如抹灰工程）的施工。在该工程所有专业工种完成后，承包人应按监理人的规定和要求负责编制包括完工图及完工验收资料的完工报告。完工验收资料中应附有全部质量检查记录相文件以及工程缺陷的处理成果资料。监理人及发包人应在收到全部完工验收资料后 28 天内组织各有关部门对所完成工程全面完工验收。

5）所有建筑项目工程详细验收技术要求见《建筑装饰工程施工及验收规范》（GB50210—2001）、《地面与楼面工程施工及验收规范》（GBJ209－83）、《屋面工程技术规范》（GB50345—2012）、《砖石工程施工及验收规范》（GBJ203－－83）、《玻璃幕墙工程技术规范》JGJ102—2003 和《建筑幕墙》GB/T 21086—2007、《钢结构工程施工及验收规范》（GB50205）、《西南地区建筑标准设计通用图（合订本）》、《建筑工程质量检验评定标准》（GBJ301－88）及《工程建设标准强制性条文》（建筑工程部分）。

21.6　计量与支付

1）本工程建筑项目的计量：楼地面、吊顶工程量均按水平投影面积 m² 为单位计量；屋面工程量按平面面积 m² 为单位计量；内、外墙面工程量按垂直投影面积 m² 为单位计量；踢脚工程量按 m² 为单位计量；门窗工程量按洞口面积 m² 为单位计量；砼栏板工程量按 m³ 为单位计量，栏杆扶手工程量按长度 m 为单位计量。

幕墙制造及安装工程工程量均按投影面积 m² 为单位计量。玻璃幕墙工程项目包括铝合金型材、玻璃、密封胶、固定件、连接件、支撑件、预埋件。

2）本工程建筑项目的计量与支付根据图纸或监理人批准的项目和单位进行，承包人按图纸规定或监理人指示以实际完成量按单价计量支付。

3）单价中应包括材料价格、仓库（或工厂）至工地的费用、制造安装费用及验收前维护等费用。

4）砼表面凿毛处理费用计入相应墙面装修费用中，不另行单独支付；砼表面其他要求所增加的工作计入模板及砼工程中，装修中不再支付。

5）对门上窗、门框、装饰和门套等不单独支付，全部费用应计入门的价格。门窗五金配件不单独支付，全部费用应计入门、窗的价格。嵌缝及玻璃不单独支付，其费用应包括在门、窗和其他适当项目的价格内。

6）吊顶吊杆、垫片、线角不单独支付，全部费用应计入吊顶的价格。

7）木门、防火门及一般外露金属构件的油漆涂料不单独支付，全部费用应分别计入木门、防火门及一般外露金属构件的价格。

8）砂浆和钢筋：本节中提及的砂浆和钢筋的费用不单独支付。

9）杂项金工包括金属栏杆和钢筋、铝制建筑栏杆及栏杆花格，镀锌及镀铬金属杆、镀锌或镀锌钢管，按图示或监理人指示所提供安装及刷漆（或镀锌）的材料，以 t 为支付单位对杂项金工进行付款计量。对为了固定金属物件使之在混凝土浇筑、灌浆过程中保证正确位置所需的临时拉杆、夹具、安装螺栓、焊接金属及其他杂项材料不另行计量付款，其价格包括在各种金工项目的单价之中。

第二十二节　施工安全监测及安全监测配合

22.1　说明

1）施工期临时安全监测：由本合同承包人完成的，服务于施工安全和施工过程的监测内容。

2）施工期临时建筑物安全监测：由专业安全监测承包人完成的，服务于施工期临时建筑物（例如围堰等）的监测内容。

3）永久安全监测：由专业安全监测承包人完成的，服务于施工期和运行期对永久建筑物进行的监测内容。

4）承包人完全自行服务于其施工安全的监测设施，由土建承包人自行负责实施。

5）如发包人将该部位施工期临时建筑物安全监测或永久安全监测项目另行（单独）委托专业安全监测承包人承担，承包人应与安全监测承包人单位密切配合，以确保安全监测工作的顺利实施。承包人应根据安全监测工程的工作范围、工作内容、监测设施布置来理解安全监测工程应配合、协调的工作内容及工程量并予以报价。

6）施工期临时安全监测，包含在本次招标范围内，本合同承包人按固定总价进行报价，并由本合同承包人负责实施。

7）本合同承包人的土建施工进度安排应为安全监测仪器设备安装及埋设留有必要的时间和工作面，并为安全监测工程标承包人提供风、水、电、照明等条件，以保证监测仪器的安装、埋设及观测能顺利完成。同时，承包人有责任配合、协调与管理在本合同范围内各工程部位的监测仪器安装、埋设及施工期观测，并做好职责范围内仪器设备的保护工作。

8）由发包人另行招标单独授予安全监测承包人的大坝工程安全监测的工作范围，主要包括：_____。（根据实际情况进行说明。）

9）由发包人另行招标单独授予安全监测承包人大坝工程安全监测工作范围内的安全监测主要内容包括：_____。（根据实际情况进行说明。）

10）由发包人另行招标单独授予安全监测承包人的大坝工程安全监测主要设施布置如下：_____。（根据实际情况进行说明。）

22.2　承包人的工作内容

本合同承包人承担的内容主要包括（但不限于）：

1）本合同承包人必须做好与安全监测工程承包人的配合及协调工作。

2）施工期临时安全监测：为保证施工安全，本承包人应对有施工安全风险部位设置临时监测，进行施工期临时监测，并上报监理人。

3）坝体正垂线和竖直传高仪预埋管的制作及埋设安装工作。

22.2.1　本合同安全监测工程配合工作内容

1）承包人应向安全监测工程标承包人提供项目的季、月和周施工进度计划。计划中要协调考虑所施工部位安全监测的施工时间，给安全监测工程现场施工等留出合理的施工时间。在每个单元工程开工前，认真检查是否有安全监测项目在该单元工程中实施，并在安全监测项目实施部位前24小时通知发包人安全监测中心和安全监测工程标承包人。

2）承包人应参加安全监测工程标施工的协调会。

3）承包人应妥善协调好开挖和混凝土施工与仪器埋设安装之间的关系，并为安全监测工程标承包人提供仪器埋设安装的施工工作面，向安全监测承包人移交工作面，要保证工作面干净、整洁、没有污泥、污水、废渣等，创造必要的条件保证埋设安装工作顺利进行。在监测仪器未埋设就绪前不得进行下一道工序的施工，并且不得以配合埋设安装监测仪器设备为理由，要求发包人延长工期或者支付额外费用。

4）承包人应按22.1.　10）安全监测设施布置要求完成安全监测仪器的安装配合工作；为安全监测承包人提供埋设安全监测仪器所需的登高设施及小型工作平台。

5）承包人有责任维护其施工范围内监测仪器设备的安全，并采取保护措施。施工过程中不得碰击监测仪器设备和损坏仪器电缆，因承包人的责任造成监测设施损失，将按损失费（含仪器采购、率定、埋设安装及观测费用）或者修复费用赔偿，并由发包人在其配合项目的支付中扣除。

6）承包人在施工组织设计中应考虑安全监测所带来的工期影响。

7）承包人应为安全监测工程标承包人进入场地，实施其安装提供必要的便利和供风、供电、供水、照明等。

8）安全监测工程标承包人因施工需要，需要租用承包人的机械设备时，承包人须提供必要的便利；并按本项目的土建工程机械使用台时费计取租赁费用。

9）承包人在埋设有安全监测仪器设备部位进行钻孔等作业，应注意保证安全监测仪器设备不受到损伤、损坏，在钻孔等作业前应由安全监测有关方面会签，并由发包人安全监测中心认可。因承包人原因造成的损坏，其处理修复费用由承包人承担。

10）承包人应按监理人指示完成其他的配合工作。

22.2.2　施工期临时安全监测内容

1）本合同施工期临时安全监测内容（但不限于）：_____。（根据实际情况进行说明。）

2）施工期临时观测埋设安装要求

（1）温度计

埋设在混凝土内的温度计，可在该层混凝土振捣后挖坑埋入，再回填混凝土，并人工捣实。

（2）测缝计

①首先，在先浇块上埋设附件。先浇块立模后，在接缝一侧的模板上放样，确定测缝计的埋设点。

②将安装盖钉于埋设点模板上，同时将护筒及连接座旋上，螺纹上要涂机油，护筒内塞满棉纱，并用油漆在埋设点做记号。为了保证附件安装更为牢靠，可再用铅丝将护筒缚住钉在模板上，以免混凝土浇捣及拆模过程中将其损坏。

③当接缝的另一侧混凝土浇筑到顶面时，挖开埋设点周围的混凝土，露出安装盖。

④取下安装盖，按设计编号将相应的测缝计小心地旋紧在连接座上，在护筒内仪器四周空隙中用麻丝或棉纱大概加以填塞，不能填塞过紧，既要防止水泥砂浆进入，又要不妨碍仪器伸缩。

3）施工期临时观测频次要求

（1）温度计

①温度计安装完毕后，承包人应按监理人批准的方法对设备进行校正、观测、并记录仪器设备在工作状态下的初始读数。温度计埋设后 24 小时以内，每隔 4 小时测 1 次，之后每天观测 3 次，直至混凝土达到最高温度为止。以后每天观测 1 次，持续一旬。再往后每 3 天观测 1 次，直至接缝灌浆完成后 1 个月，以后每月观测一次。

②中期通水和后期通水冷却的末期，混凝土温度接近或达到设计要求的温度期间，每天观测 3 次。

（2）测缝计

①测缝计埋设后，24 小时以内，每隔 4 小时测 1 次；之后每天观测 3 次，直至混凝土达到最高水化热温升为止；以后每月观测 3 次。或根据现场情况确定。

②灌区接缝灌浆前 2 周至接缝灌浆结束后 24 小时内，每天观测 3 次；以后每月观测 1～3 次。或根据现场情况确定。

22.2.3 主要工程量

承包人需要完成的主要工程量见表 22.2－1。

表 22.2－1 主要工程量（示例）

序号	项目名称	单位	估算数量	备注
1				
1.1				
1.2				
2				

22.3　计量和支付

1）本合同承包人必须做好与安全监测工程标承包人的配合及协调工作，并按工程量清单的"安全监测施工配合费"项目按总价承包，经监理人考核分期支付，该费用包含对本项目监测项目的施工配合、负责、协调、管理以及为安全监测工程承包人提供仪器设备埋设安装所需风、水、配电、照明、交通、仪器埋设安装配合、提供多点位移计等钻孔所需的登高设施及小型工作平台、监测仪器设备维护等费用。

2）锚杆扩孔按监理人验收确认的扩孔长度，以 m 为单位进行计量，并按《工程量清单》所列项目的每 m 的单价支付，其单价包括扩孔所需的全部人工、材料及使用设备和其他辅助设施等一切费用。

3）施工期临时监测仪器设备和电缆费按《工程量清单》所列项目单价支付，其单价包括设备（或材料）采购、埋设、检验（率定）和观测等所需的人工、材料、设备损耗等一切费用。

4）正垂线和竖直传高仪坝体内钢筋混凝土预埋管的制作、埋设安装按监理人验收确认的长度，以 m 为单位进行计量，并按《工程量清单》所列项目的每 m 的单价支付，其单价包括预埋管所需的全部人工、材料及使用设备和其他辅助设施等一切费用。

5）施工期临时安全监测观测和资料的分析整理，以及人工巡视检查等费用按总价进行支付。

第二十三节　环境保护与水土保持

23.1　说明

23.1.1　工作内容

本节工作内容包括本合同施工及维护期间的环境保护与水土保持等的有关作业。

本条款旨在规范工程施工及维护期间环境保护行为，按招标设计要求预防和控制施工现场的废水、废气、固体废弃物、噪声、振动等对环境的污染和危害，预防和控制水土流失及生态破坏，确保发包人和承包人环境保护责任的有效落实。

23.1.2　相关环境保护和水土保持词语含义

合同文件中下列词和短语，除上下文另有要求外，应具有本款所给定的含义。

1）环境保护：指为减免和控制工程施工期间产生的各类不利环境影响，依照法律法规要求和本工程招标设计文件而采取的所有工程措施和管理措施的行为。一般情况下，包括水土保持。

2）Ⅰ类环境保护项目：指本标工程中具有环境保护和水土保持功能的项目，以及主体工程施工过程中应采取的预防和控制环境影响的措施。

3）Ⅱ类环境保护项目：指环境保护和水土保持专业项目，包括环境保护和水土保持专项工程的建设和运行、环境监测和水土保持监测、环境保护和水土保持综合协调管理等。

4）_____工程环境管理中心：由发包人成立的环境保护管理机构，旨在加强施工区环境保护和水土保持工作的组织领导。环境管理中心实行项目管理和监理管理一体化工作方式。

5）工程建设监理：指受发包人委托，对水电站建筑工程项目和辅助工程项目实施监理的当事人。工程建设监理须对Ⅰ类环境保护项目实施监理，并按发包人安排对部分Ⅱ类环境保护项目实施监理。

6）工程环境监理：指由发包人委托、对本合同内的部分Ⅱ类环境保护项目实施监理的当事人。如不加说明，工程环境监理和工程建设监理统称监理人。

7）监理工程师：取得国家或相关部门颁发的监理工程师执业资格和上岗证书，在监理机构中负责或承担工程监理工作的人员。经总监理工程师授权，主持单项或分项工程的监理工程师也可称为项目监理工程师，从事专业监理工作也可称为专业监理工程师。

环境管理是本合同项目监理工程师应履行的主要职责之一。

8）环境质量标准：指根据国家、地方或行业环境质量标准，由环境保护行政主管部门确认的本项目施工区应达到的环境质量标准。

9）污染物排放标准：指根据国家、地方或行业污染物排放标准，由环境保护行政主管部门确认的本项目施工区应达到的污染物排放标准。

10）环境监测：指环境监测机构依法定权限和程序以及发包人要求，对施工区和工程施工影响区的污染物源及环境质量状况、污染物排放状况进行采样监测的活动。

11）排污费：指按照国家法律、法规和相关标准，强制排污单位对其已经或仍在继续发生的环境污染损失或危害承担的经济责任，由环境保护行政主管部门代表国家，依法向排放污染物的单位强制收取的费用。它包括排污费和超标排污费。

12）"三同时"制度：指对环境有影响的一切建设项目，必须依法执行环境保护设施与主体工程同时设计、同时施工和同时投产使用的制度。

13）环境保护阶段验收：指工程建设达到一定关键时段的验收，包括截流验收、蓄水前验收等。阶段验收时，按建设项目环境保护验收程序由中国长江三峡集团有限公司组织验收工作，各相关责任部门准备相应的验收材料。

14）建设项目环境保护完工验收：指建设项目完工后，环境保护行政主管部门根据《建设项目完工环境保护验收管理办法》规定，依据环境保护验收监测或调查结果，并通过现场检查等手段，考核建设项目是否达到环境保护要求的活动。按建设项目环境保护验收程序由中国长江三峡集团公司组织验收工作，各相关责任部门准备相应的验收材料。

　　15）开发建设项目水土保持设施完工验收：指水行政主管部门按照水利部《开发建设项目水土保持设施验收管理办法》，根据具备资质的机构验收前的技术评估，采取符合国家验收规程规定的验收程序和方法，考核建设项目是否达到水土保持要求的活动。按建设项目环境保护验收程序由中国长江三峡集团有限公司组织验收工作，各相关责任部门准备相应的验收材料。

23.1.3　法律法规、技术标准及规程规范

　　1）《中华人民共和国环境保护法》（2015 年 1 月 1 日实施）

　　2）《中华人民共和国水污染防治法》（2008 年 6 月修订）

　　3）《中华人民共和国大气污染防治法》（2015 年 8 月 29 日修订，2016 年 1 月 1 日生效）

　　4）《中华人民共和国环境噪声污染防治法》（1996 年 10 月修订，1997 年 3 月 1 日实施）

　　5）《中华人民共和国固体废物污染环境防治法》（2013 年 6 月 29 日修订）

　　6）《中华人民共和国传染病防治法》（2013 年 6 月 29 日修订）

　　7）《中华人民共和国野生动物保护法》（2009 年 8 月 27 日修订）

　　8）《中华人民共和国水法》（2002 年 8 月修订）

　　9）《中华人民共和国水土保持法》（2010 年 12 月修订）

　　10）《中华人民共和国野生植物保护条例》（1996 年 9 月）

　　11）《建设项目完工环境保护验收管理办法》（国家环境保护总局令第 13 号，2001 年发布，2002 年实施，2010 年环境保护部令第 16 号修订）

　　12）《开发建设项目水土保持设施验收管理办法》（水利部令第 16 号，2002 年发布，2005 年修订）

　　13）《开发建设项目水土保持技术规范》（GB 50433—2008）

　　14）《开发建设项目水土保持设施验收技术规程》（GB/T 22490—2008）

　　15）《地表水环境质量标准》（GB3838—2002）

　　16）《污水综合排放标准》（GB8978—1996）

　　17）《环境空气质量标准》（GB 3095—2012）

　　18）《大气污染物综合排放标准》（GB16297—1996）

　　19）《声环境质量标准》（GB3096—2008）

20)《建筑施工场界环境噪声排放标准》（GB12523—2011）

21)《城市区域环境噪声标准》（GB3096—1993）

22)《粪便无害化卫生标准》（GB7959）

23.1.4　管理体系和管理机构及相应职责

本工程环境管理体系是在中国长江三峡集团有限公司统一组织和领导下的环境保护管理体系，由决策层、监督管理层、实施层组成。该体系包括了中国长江三峡集团有限公司与各参建单位的环境保护管理机构及其各层次、各项目的环境保护负责人。

决策层包括＿＿＿＿＿＿＿＿＿＿＿＿＿＿＿＿。

监督管理层包括＿＿＿＿＿＿＿＿＿＿＿＿＿＿＿。

实施层包括工程施工承包单位、工程设计单位、环境监测和水土保持监测单位、运行管理单位、工程服务机构等。

1）环境管理中心的职责

（1）落实环境保护部、水利部和地方相关部门及中国长江三峡集团有限公司对工程施工区环境保护和水土保持的有关要求，落实经批准的《水电站环境影响报告书》和《水电站水土保持方案报告书》及其审批意见所提出的各项环境保护、水土保持措施，配合地方相关部门的监督检查工作。

（2）负责＿＿＿工程环境保护和水土保持工作的统一监督和管理，编制年度管理计划。

（3）负责＿＿＿工程施工区环境保护和水土保持宣传培训工作。

（4）负责＿＿＿＿工程施工区环境保护和水土保持各项信息收集、统计、分析整理，组织编制相关的简报和专题报告。

（5）负责＿＿＿工程施工区的日常环境保护巡视，监督和检查＿＿＿工程环境保护和水土保持项目的实施状况，并针对存在的问题提出整改意见。

（6）对本标工程施工过程中的环境保护和水土保持资料管理进行统筹安排，制定格式要求、规定资料内容、明确资料提交时限等。

（7）参加Ⅰ类项目和主体工程项目的验收，并签署相应的环境保护意见；参加涉及Ⅰ类项目的主体工程项目进度款支付会签。

（8）审查监理人、承包人报送的环境保护管理计划、环境保护工作报告和环境统计报表等文件，并对统计报表文件进行汇总分析，形成全面的环境保护工作报告。

（9）若工程施工过程中出现违反环境保护和水土保持要求的施工行为，环境管理中心应要求监理人督促承包人采取必要的整改措施；对于情节严重者，应要求监理人依据合同条款采取处罚措施。

（10）负责编制施工区生态破坏和环境污染事件应急预案并协助工程建设部组织实

施，负责组织施工区生态破坏和环境污染事故调查处理。

2）工程建设监理的环境保护责任、义务和权利

（1）工程建设监理应建立适合本标工程的环境保护管理体系和制度，配备相应的环境保护人员。

（2）审查承包人报送的环境保护管理计划、环境保护工作报告和环境统计报表等文件。

（3）工程建设监理月、季、年报均应有反映工程环境保护工作的内容。

（4）对工程环境保护工作信息、资料（包括文字和声像等资料）进行归档管理。

（5）协助环境保护管理中心开展施工区生态破坏和环境污染事故调查。

（6）有权依据合同规定和本工程环境保护管理实施办法，对承包人不履行环境保护和水土保持承诺的行为进行相应处罚。

（7）有权对业主提出环境保护合理化建议。

3）工程环境监理的责任、义务和权利

（1）承担业主指定的Ⅱ类项目工程建设监理工作。

（2）承担施工区环境监测和水土保持监测工作的监理工作。

（3）组织承担监理责任的Ⅱ类项目的验收。

（4）对环境保护和水土保持专项设施进行日常巡视检查，检验其运行效果，并对存在的问题提出处理意见，督促运行管理单位加强对专项设施的维护，确保各项设施正常发挥其功能。

（5）按照相关技术标准核算排污费，组织并审核承包人填报污染物排放统计报表和环境保护设施统计报表，并按发包人相关要求报送环境保护管理中心。

（6）协助环境保护管理中心开展施工区生态破坏和环境污染事故调查。

（7）在Ⅱ类工程项目的监理中，具有全过程、全方位的监理权限。

23.1.5　管理制度及程序

1）现场管理制度

本标工程环境保护和水土保持现场管理采取工程环境监理和工程建设监理分工合作的现场管理模式，承包人必须配合工程环境监理和工程建设监理的环境保护现场管理工作。

2）报告制度

工程施工期间，承包人须按合同条款和监理人要求编制各类环境保护和水土保持专题报告。

Ⅰ类项目和工程建设监理负责监理工作的Ⅱ类项目，承包人的各类环境保护和水土保持专题报告和与环境保护和水土保持相关的综合类报告，主送工程建设监理，抄

送环境管理中心。

工程环境监理负责监理工作的Ⅱ类项目，承包人的报告送工程环境监理。

3）统计制度

实施统计报表制度，掌握工程施工期间环境保护和水土保持措施实施状况。承包人的统计报表的报送和审查流程按专题环境保护报告执行。

4）会签制度

环境管理中心参加涉及Ⅰ类环境保护项目的主体工程项目进度款支付会签。

5）配合执法检查制度

本标工程的环境保护和水土保持工作，接受环境保护和水行政主管部门的监督和检查。发包人负责环境保护和水土保持的对外协调和联系。承包人应按发包人的统一安排，接受和配合环境保护和水土保持执法检查等行政管理工作，并及时向监理人和发包人通报相关情况。

6）验收制度

环境保护验收包括合同项目验收、阶段验收、工程完工验收。合同项目验收由溪洛渡工程建设部和相应的监理单位组织，各相关单位按要求提交验收资料；工程阶段验收和完工验收由中国长江三峡集团有限公司组织，各相关单位按要求提交验收资料。

23.1.6 施工期间的环境保护与水土保持的一般规定

1）承包人是施工合同项目环境保护措施的实施单位，在整个施工期间和退场阶段，承包人应严格遵守国家和地方的有关环境保护和水土保持的法律、法规和规节以及本合同的有关规定，做好办公生活区、施工作业区、生产设施区的环境保护工作，防治由于工程活动造成施工区及其附近地区的环境污染和生态破坏，防治水土流失。承包人应对其违反上述法规和规节以及本合同的规定所造成的环境破坏及人身伤害和财产的损失承担全部责任。

2）承包人必须遵守国家和地方有关环境保护与水土保持方面的法律、法规和规节，按照有关环境保护、水土保持的合同条款、技术规范要求，做好施工区及生活营区的环境保护与水土保持工作。接受国家和地方环境保护与水行政主管部门的监督检查，接受环保、水保综合监理的监督管理。

3）承包人应在投标文件中明确其环境保护管理体系及职责，承包人需要配备环保负责人，定期报送承包项目环境保护实施进度和工程量，并协调环保、水保管理、监理工作。并应在合同签订后28天内向监理人提交一份环境保护措施实施方案报告，报告应包括承包人为落实环境保护所建立的组织机构及人员配备情况、具体措施和计划。

4）在发包人向承包人提供的场地中，凡属已建成的道路、桥涵、房屋和构筑物、灯柱、地下管线、绿化带等设施均属发包人所有，承包人在进行场地规划时，不得损坏上述设施，并应采取可靠措施保证原有交通的正常通行和维持沿线村镇的居民饮水、农田灌溉、生产生活用电及通讯等设施的正常使用，否则由此产生的一切后果均由承包人承担。

承包人的环境保护管理体系，应实行项目负责人－职能管理部门－现场管理人员三级环境保护管理体制，配备专（兼）职环境保护管理人员，并接受发包人、工程环境监理和工程建设监理的管理及监督性检查。

5）承包人应接受和配合发包人委托的监测机构和监理人的监督性环境监测，并按监理人要求提供工程相关资料。

6）承包人必须保证污染防治和生态保护的环境保护设施与生产系统同时施工、同时投入运行。工程完工后，应对施工迹地进行恢复。

7）超出按《排污费征收管理条例》规定和本工程施工区污染物排放标准计算的排污费，由承包人承担。该费用不计入合同报价，由承包人自行承担。

8）承包人应制定本工程活动范围内的生态破坏和环境污染事件应急预案。若发生责任范围内的生态破坏和环境污染事件，承包人应立即采取有效的污染控制措施，同时通报发包人，并承担由此发生的一切费用。

9）承包人生产、生活设施应符合环境保护要求，在发包人的安排下接受相关行政主管部门的检查。

10）由于承包人的过失、疏忽，或者未及时按图纸规定和监理人指示做好永久性的环境保护与水土保持工程，导致需要另外采取措施时，此部分额外工作费用应由承包人负担。

11）对于在施工中发生的环境保护和水土保持问题的争议，按《合同条款》"争议的解决"执行。

12）发包人按国家和地方现行的环境保护法律、法规和规节的有关规定，以及工程环境影响报告书、工程水土保持方案报告书及其审批意见的要求，负责配合环境保护和水土保持行政主管部门的执法和监督检查工作；统一筹划和管理本工程的环境保护工作。

13）负责施工外部环境因素的协调。

14）发包人承担按《排污费征收管理条例》规定和本工程施工区污染物排放标准内的排污费。

15）发包人组织制定突发生态破坏和环境污染事件应急预案，若发生生态破坏和环境污染事件，发包人应立即组织采取有效的污染控制措施，并通知可能受影响的人群，同时报告当地环境保护行政主管部门。

23.2 环境保护

23.2.1 环境保护工作项目和内容

本标区域范围内承包人承担的环境保护工作包括但不限于下列内容：

1）水土保持

2）水环境保护

3）声环境保护

4）环境空气保护

5）环境卫生和生活垃圾处理

6）施工人员健康保护

7）野生动植物保护

8）文物保护

9）社会环境保护

10）环境监测

11）环境纠纷处理

12）突发生态破坏和环境污染事件预防和处理

13）其他环境保护

23.2.2 承包人责任

1）承包人应按监理人的指示，完成本节第23.2.1条范围内的全部工作。

2）承包人应按本技术标准和要求的规定维护施工环境质量和控制污染物排放浓度。若超标准排放污染物，承包人应承担超标排污费。

3）承包人应保证环境保护和水土保持专项设施与生产设施的"三同时"。

23.2.3 主要提交件

1）措施计划

承包人应根据合同条款和招标文件中的环境保护和水土保持要求制定具体环保措施实施方案，在收到开工通知后的28天内，报送本合同项目监理工程师审批。本合同项目监理工程师应在签收后15天内批复承包人。承包人制定的环境保护和水土保持措施必须遵守通用条款的法律法规，符合基本技术标准及其相关技术规范要求。

工程建设监理和工程环境监理按合同条款规定程序对承包人的措施计划进行审查和批复。

承包人制定的环境保护和水土保持措施应包括但不限于以下内容：

（1）水土流失防治措施

（2）生产废水处理措施

（3）施工噪声防治措施

（4）施工粉尘防治措施

（5）环境卫生与生活垃圾处理措施

（6）施工人员健康保护措施

（7）野生动植物保护措施

（8）文物保护措施

（9）其他环境保护措施

2）专项设施施工措施

承包人应提交详细的环境保护设备、设施选择和施工措施报告。

3）工作月报

承包人应每月提供环境保护工作月报，供工程环境监理工程师和工程建设监理工程师对承包人的环境保护工作进行监督检查。

承包人编制的月度环保文件应在月底报工程建设监理审核，工程建设监理于下月5日前报工程环境监理审查；承包人应在每年1月5日前向工程环境监理提交上年度环境保护工作总结。

环境保护工作月报的内容应包括但不限于以下内容：

（1）工程进度及形象面貌简介

（2）上月环境保护问题整改情况

（3）本月的主要环境保护措施

（4）环境保护统计。统计报表格式由工程环境监理工程师规定。

（5）本月环境保护和水土保持工作总结

（6）下月环境保护和水土保持工作计划

（7）问题和建议

4）环境保护验收资料

（1）环境保护与水土保持专项设施验收，在满足技术标准和要求相关要求的前提下，按发包人制定的合同项目验收管理办法规定的要求准备相应材料。

（2）提交环境保护完工资料

本标工程全部完工后，承包人应提交环境保护完工资料，完工资料应包括但不限于以下内容：技术标准和要求要求的环境保护措施方案、环保措施实施进度记录、质量检查记录、专项环境保护和水土保持设施的运行台账、生态破坏和环境污染事故处理记录、环境保护总结、其他必要的环境保护完工资料。

23.2.4　水环境保护

23.2.4.1　一般规定

1）承包人对水环境保护、水资源的有效利用和污水处理负责。在任何时候，未经处理的污水不得直接排放。施工生产废水提倡处理后循环利用，若要排放则需处理达标后排放，排放水质需满足本工程应达到的排放标准要求。承包人应按监理人要求对其工作区域内排放的污水的数量和水质实施监测。

2）为了防止地表水受到污染，禁止向水体排放油类、酸液及其他有毒的或不允许排放的废液或污染物，禁止在水体中清洗装储过油类或其他有毒污染物的容器。禁止向水体倾倒生产废渣、生活垃圾及其他废物；禁止向水体排放或倾倒任何放射强度超标的废水、废渣或任何由于污染物的连续渗出而污染地表水的废物。

3）为了防止地下水受到污染，禁止利用渗坑、渗井和裂隙排放或倾倒废水；防渗工程施工中加入的化学物质不得污染地下水。

4）住地污水应汇入自建的符合标准的污水处理系统或经监理人批准的污水处理系统。在任何远离有固定卫生设施的地方，承包人应提供（维修、清理）带化学药品处理的卫生设施或其他类似卫生设施供现场施工人员、承包人和发包人的工作人员及监理人使用，承包人对污水处理系统应予以管理、维护直到合同终了。

5）排污系统的设置说明及图纸应报监理人批准。其设置必须符合环境保护要求，并且不得污染环境或影响周边取用水水质。

6）承包人的工作场所，应备有临时的污水汇集设施。承包人应提供工地污水处理与清洁工作所需的全部设备和劳力。工程交工时，承包人应将其排污设施全部拆除（监理人驻地除外）和进行必要的卫生清理，但在交工前双方另有约定者除外。

7）承包人在施工过程中应采取有效措施，保护饮用水源水质，生活水井周围150m范围内不得设置可能污染水质的堆料场或存放危害水质的物品。

23.2.4.2　砂石废水处理

1）砂石骨料生产系统生产废水处理目标：依照《污水综合排放标准》（GB8978—96）一类标准，施工废水 SS 排放浓度需控制在 70mg/L 以下或处理后循环利用不外排。

2）承包人应在投标文件中提出满足招标设计要求的废水处理工艺和方案，并在进场后进行详细设计，由发包人和监理人审批后实施。

承包人报送的废水处理系统设计文件，应包括系统建设、运行期污泥脱水及泥渣处置、完工后设施拆除和迹地恢复等内容。

3）提倡废水处理后循环利用。

废水处理系统运行期间，承包人应加强维护管理，及时清理沉淀池泥沙并堆放至监理人指定地点。

4）承包人应按环保设施"三同时"的要求，保证废水处理设施与砂石系统同时设计、同时建设、同时投入使用。

5）承包人应按监理人要求开展环境监测。承包人应配合发包人委托的专业监测机构进行的监督性监测，其成果作为达标判定及排污费核定的依据。

6）承包人在废水处理设施运行期间应加强维护和管理，确保其正常发挥效益。

23.2.4.3　混凝土系统废水处理

1）承包人应保证混凝土拌和废水经处理后应达到的目标：SS 控制目标为 70mg/L 以下，pH 控制在 6～9 范围内。

2）承包人应在投标文件中提出满足招标设计要求的废水处理工艺和方案，并在进场后进行详细设计，由发包人和监理人审批后实施。

承包人报送的废水处理系统设计文件，应包括系统建设、运行期污泥脱水及泥渣处置、完工后设施拆除和迹地恢复等内容。

3）承包人应保证废水处理设施与各混凝土拌和系统同时建设，同时投入运行。

4）承包人应按监理人要求开展环境监测。承包人应配合发包人委托的专业监测机构进行的监督性监测，其成果作为达标判定及排污费核定的依据。

5）承包人在废水处理设施运行期间应加强维护和管理，确保其正常发挥效益。

23.2.4.4　机修系统及汽车保养系统废水处理

1）承包人应保证机修废水和汽车保养系统废水经处理后达到《污水综合排放标准》（GB8978—1996）第二类污染物最高允许排放浓度一级标准：$COD_{cr} \leqslant 100mg/L$，石油类 $\leqslant 5.00mg/L$，$SS \leqslant 70\ mg/L$。

2）承包人原则上应按招标设计推荐的工艺进行含油废水处理方案设计，设计方案必须保证达标处理，并报监理人审批。

3）承包人应加强对机械维修车间及临时油库的管理，避免因机械施工产生的漏油、弃油及冲洗汽车对江水造成污染，严禁乱倒弃油，弃油采用集油池收集，定期运出工区处理。

4）承包人应确保废水处理设备与机修系统和汽车保养协调同时投用，该设备的管理和维护工作纳入机修和汽车保养系统内统一安排。

23.2.4.5　基坑废水、大坝混凝土浇筑及养护废水处理

1）大坝混凝土浇筑及养护废水 pH 较高，该部分废水流入基坑后与基坑废水一并处理。

2）处理目标：基坑排水排放标准执行《污水综合排放标准》（GB8978—1996）一级排放标准控制，SS 排放浓度控制在 70mg/L 以下。

3）承包人原则上应按招标设计推荐的工艺进行处理方案设计，设计方案必须保证达标处理，并报监理人审批。

4）基坑排水口设置应综合考虑对下游附近河段取水口的影响，排放口不能与下游

取水口同侧布置，且应尽量远离取水口，避免基坑排水对取水口水质的影响。

5）承包人应按监理人要求开展环境监测。承包人应配合发包人委托的专业监测机构进行的监督性监测，其成果作为达标判定及排污费核定的依据。

23.2.4.6　生活污水处理

1）生活污水处理目标：依照《污水综合排放标准》（GB8978—96）一类标准，生活污水 BOD5 排放浓度需控制在 20mg/L 以下，CODcr 排放浓度需控制在 100mg/L 以下。

2）施工营地生活污水处理系统的建设、运行由承包人承担。发包人另有安排的例外。

3）承包人应按发包人和监理人要求，在施工现场设置满足需要的移动环保型厕所，负责移动厕所的购置、安装、运行维护、废弃物处置。移动厕所废弃物处置方案必须经监理人审批。

4）未经发包人和监理人批准，承包人在施工区任何区域不得搭建临时办公和生活用房。经批准搭建的临时办公和生活用房，必须配套设置污水处理设施，承包人负责建设、运行维护、拆除和卫生清理等工作。

5）承包人应按监理人要求开展环境监测。承包人应配合发包人委托的专业监测机构进行的监督性监测，其成果作为达标判定及排污费核定的依据。

23.2.5　声环境保护

1）承包人应按合同技术规范的规定加强对噪声的控制和处理，采用先进设备和技术降低噪声，声环境保护以保证施工营地、施工区周边居民点、学校等敏感区域声环境质量满足《城市区域环境噪声标准》（GB3096—93）2 类标准为控制目标，昼、夜噪声控制在 60dB（A）和 50dB（A）。

承包商应通过有效的技术手段和管理措施将施工噪声控制到最低程度。当施工工地或作业场所距居民住宅区距离小于 150m，承包商不得在夜间安排噪声在 55dB 以上的机械施工或作业。

2）为达到声环境控制目标，承包人应采取包括但不限于以下的措施：

（1）噪声源控制

①选用低噪声设备和工艺。

②加强设备的维护和保养，保持机械润滑，减少运行噪声。

③砂石筛分系统采用橡胶筛网、塑料钢板、涂阻尼材料以降低噪声。

④振动大的机械设备使用减振机座降低噪声。

⑤合理安排施工时间，夜间 22：00～次日 7：00 尽量避免露天爆破。

⑥加强交通噪声的管理和控制，进入施工营地和其他非施工作业区的车辆，不使用高音喇叭和怪音喇叭，尽量减少鸣笛次数；在生活区附近路段设置限速和禁鸣标牌；

⑦合理安排广播宣传、音响设备时间，不影响公众办公、学习和休息。

（2）传声途径控制

破碎机、制砂机、筛分楼、拌和楼、空压机、制冷压缩机等车间尽可能用多孔性吸声材料建立隔声屏障、隔声罩和隔声间。

（3）个人防护措施

承包人应为其在高噪声区作业人员配备、使用耳塞、耳罩、防声头盔等个人防护措施进行个人保护。

（4）承包人应按监理人指令定期进行声环境监测，并配合发包人委托的环境监测部门做好声环境监测工作。

23.2.6 环境空气保护

承包人应按本技术规范的规定加强对粉尘的控制和处理，采用先进设备和技术，控制粉尘浓度，采取相应的环境空气保护措施，削减施工大气污染物排放量，阻碍污染物扩散，改善施工现场工作条件，保护施工生活区及外环境敏感区环境空气质量。敏感点环境空气质量依照《环境空气质量标准》（GB3095—96）二级标准要求，TSP控制目标为 $0.30mg/m^3$。

承包商应在施工期间加强环保意识、保持工地清洁、控制扬尘、杜绝漏洒材料。

为达到环境空气保护目标，承包人应采取包括但不限于以下的措施：

1）开挖、爆破粉尘的消减与控制

（1）施工工艺

工程爆破方式应优先选择凿裂爆破、预裂爆破、光面爆破和缓冲爆破技术等，以减少粉尘产生量。

凿裂、钻孔、爆破提倡湿法作业，降低粉尘。

（2）除尘设备

钻机应选用配备收尘系统的型号。

（3）降尘措施

钻爆施工中，应分别针对钻孔、爆破、出渣等主要产生粉尘的施工过程采取降尘措施。通常要求采取湿法作业。

在开挖、爆破高度集中的坝、厂区，非雨日每日洒水降尘，加速粉尘沉降，缩小粉尘影响时间与范围。

地下工程采用增设通风设施，加强通风，降低废气浓度；也可在各工作面喷水或装捕尘器等，降低作业点的粉尘。

（4）个人防护

承包人应采取加强个人防护的方式对施工人员加以保护，高尘区作业人员需配备个人防尘设施，如佩带防尘口罩等。

2）砂石骨料与混凝土系统粉尘消减与控制

（1）施工工艺

砂石骨料加工系统应采用湿法破碎等低尘工艺，减少粉尘的产生。生产过程中，需注意喷雾器的维护，保证骨料得到足够的润湿。

水泥和粉煤灰运输应采用封闭运输，并保证运输容器良好的密闭状态，避免和控制运输过程中的扬尘。

（2）除尘设备

混凝土拌和楼应采用除尘设施和设备。在拌和楼生产过程中，需保证除尘装置正常使用。

（3）降尘措施

对各加工系统附近辅以洒水降尘，缩减砂石骨料加工系统粉尘影响的时间和范围。

3）燃油废气的消减与控制

对尾气排放不能满足环保要求的车辆，需安装尾气净化器，保证尾气达标排放。

执行《在用汽车报废标准》，推行强制更新报废制度，对于发动机耗油多、效率低、排放尾气严重超标的老、旧车辆，及时更新。

4）交通粉尘消减与控制

（1）合理设计场内施工道路路面等级，尽可能减少路面产尘。

（2）成立公路养护、维修、清扫专业队伍，保持道路清洁、运行状态良好。

（3）无雨日采用洒水车喷水降尘。

（4）做好公路绿化，依不同路段情况，分别栽植树木与草坪。

5）搅拌场站必须设在距离居民区、学校等环境敏感点 300m 以外的下风向处，且不能采用开敞式或半封闭式沥青熬化作业。

6）承包人应按监理人指令定期进行声环境监测，并配合发包人委托的环境监测部门开展环境空气监测工作。

23.2.7 人群健康保护

1）控制目标

（1）保护施工人群健康，保证各类疾病尤其是传染病发病种类和水平不因工程建设发生异常变化；

（2）保护施工人员健康，防止因施工人员交叉感染或生活卫生条件引发传染病流行，保证工程顺利建设。

2）保护方案

为保护施工区人群健康，承包人至少应采取以下保护方案：

（1）工作人员进场前的卫生检疫

承包人对准备进入施工区的工作人员进行1次全面卫生检疫，以了解将要进入施工区的工作人员的健康和带菌情况，及时发现和控制带菌者及其进入施工区的新病种，防止在施工区人群中造成相互传染和流行。

检查项目为疟疾、传染性肝炎（包括乙型肝炎）等；外来工作人员还应视其来源地的疾病构成确定相应的检疫项目。

（2）工作人员定期健康检查

承包人在施工期间对工作人员进行每年1次观察和体格检查，有利于掌握不同施工期劳动力的健康状况，及时预防和控制疾病的发生和蔓延，保证工程正常进行。

（3）工作人员预防免疫计划

旨在提高施工人群在施工期对疾病的抵抗能力，防止危害较大且易感染的疾病在施工区暴发流行，危害施工人群健康。

根据水利水电工程施工现场疾病流行的相关调查统计，承包人应对施工人群采取疟疾预防性服药、甲型、乙型肝炎疫苗和流行性出血热疫苗接种的预防免疫措施。

预防免疫针对全体人员。

（4）疫情监控

承包人应设疫情监控点，落实责任人，按当地政府疫情管理及报送制度进行管理。一旦发现疫情，及时采取治疗、隔离、观察等措施，对易感人群提出预防措施。

工区及影响区一旦发生传染病流行，应按疫情上报制度及时上报并采取治疗、抢救、隔离措施，对易感人群采取预防措施。

3）环境卫生及食品卫生管理与监督

施工区和施工影响区食品卫生是影响人群健康的重要方面，应按相关规定加强管理和执法。管理内容包括：

（1）承包人定期对工区食堂进行卫生清理和卫生检查，除日常清理外每月集中清理不得少于2次，生活废弃物要妥善处理。根据气候变化及时安排灭蚊、灭蝇、灭鼠。

（2）对食堂服务人员和供水工作人员实行"健康证制度"，每年定期进行健康检查，有传染病带菌者要及时撤离岗位。

（3）设置垃圾桶，配置清运车，定期清运垃圾。

（4）在施工场地设置移动厕所。

4）有害气体防护

地下工程施工过程中，切实加强通风设施，确保洞内空气质量达标；同时配备对有害气体检测和报警装置；施工人员地下施工时必须使用防护面具，避免遭受有害气体的危害。

5）承包人需向工作人员提供清洁的、足量的饮用水，饮用水各项水质指标需符合《生活饮用水卫生标准》（GB5749-85）要求。

6）承包人应按国家和地方有关环境保护法规和规节的规定控制施工及生产运行过程中的噪声、粉尘，保障工人的劳动卫生条件。

23.2.8 环境卫生和生活垃圾处理

1）承包人应按本技术规范的规定，收集住房、办公室、驻地及其他房屋的一切垃圾，包括工程所有人员工作区域的垃圾，并运至监理人指定的垃圾场。生产办公、生活营地垃圾需每日清理，保持办公、生活区环境清洁。

2）本工程施工区生活垃圾填埋场另行委托建设。本标施工营地的生活垃圾由负责生活区垃圾清运的单位统一运至垃圾场进行卫生填埋处理，承包人应配合生活垃圾清运和处理工作。

3）承包商应在施工企业、施工现场区域和临时营地等设置移动厕所和垃圾箱，确保各施工场地保持良好的环境卫生状况。

23.2.9 文物古迹保护

1）承包人应加强工作人员文物保护的宣传教育工作，提高保护文物的意识。

2）在工程施工过程中，若发现地下埋藏重要文物古迹，需停止施工保护现场，防止移动和破坏，并立即通报监理工程师和当地文物主管部门，按相关要求进行处置。

3）在工程现场发掘的所有化石、钱币、有价值的物品或文物、建筑结构以及有地质或考古价值的其他遗物等均为国家财产。承包人应采取预防措施，防止其雇员或其他人员移动或损坏上述物品。一旦发现上述物品，应在移动之前立即把发现的情况通知监理人和发包人，并按监理人的指令处理，倘若由于监理人的指令使承包人遭受工期延误或发生额外费用，监理人在审查复核后，确定：

（1）给予承包人延长工期的权力；

（2）另行支付发生的额外费用。

23.2.10 野生动植物保护

1）承包人必须严格遵守施工区进行封闭管理的规定，把施工影响范围限制于规划占地区域。除了不可避免的工程占地、砍伐以外，对原始地貌不应再发生其他任何形式的人为破坏。

2）施工期间，承包人应加强对工作人员的管理，加强火源管理，杜绝森林火灾。

3）承包人应制定相应制度，禁止工作人员非法猎捕、购买珍稀保护动物和鱼类及其制品。

4）承包人应教育工作人员，禁止捕食蛙类、蛇类、鸟类、兽类，以减轻施工对陆生动物的影响。

5）承包人集中供应生活能源，工作人员及家属禁止砍伐当地植被。

6）除合同另有规定外，承包人应在规定时间内，拆除施工临时设施，消除施工区和生活区及其附近施工废弃物。

23.2.11　环境监测

本标工程的环境监测，包括发包人委托专业监测机构实施的监测、监理单位日常的监督性监测、承包人为掌握环境质量状况和污染治理效果而实施的生产性监测。

水土保持监测由发包人委托具有甲级监测资质的监测机构统一实施。

承包人应按批准的施工组织设计，积极开展生产性环境监测工作，并在环境保护工作报告中反映相应的监测成果。

此外，承包人应配合专业监测机构和监理人的监测工作。

23.2.12　其他

本技术标准和要求其他各节节对环境保护的具体要求，承包人均应严格遵守。任何因施工造成的环境污染、人群疾病、安全事故，承包人都有责任采取措施予以防治和消除。

23.3　水土保持

23.3.1　施工弃渣的处理

1）承包人应按本合同技术标准和要求的有关规定和监理人的指示做好施工弃渣（土）的处理，严格按指定的渣场弃渣，并采取分层填渣、防洪排导、挡护或绿化等措施进行处理。对于单独成标的渣场，本标承包人应配合渣场标承包人及监理人做好施工弃渣（土）的处理，在指定范围内弃渣。本标承包人不得任意堆放弃渣，严禁向河道弃渣，以防止和减少水土流失。在弃渣运输过程中，应尽可能实施封闭运输，禁止超载，尽量避免渣土在运输过程沿线撒落引起水土流失。

2）在施工道路修建、场地平整、岸坡开挖、料场开采、施工弃渣等土石方工程的施工活动中，应尽可能坚持"先拦后挖、先挡后弃"的原则，有效控制这些施工过程中的水土流失，减少渣土进入金沙江的可能性。

3）对于难以避免而滑入河道的（渣）土、因不当施工造成场地塌滑、毁坏林草等问题，承包人应接受主管部门和监理人的监督检查，并及时、无条件地进行处理。

23.3.2　施工挡护及防洪排水

23.3.2.1　施工挡护要求

1）承包人应按合同规定采取有效措施对施工开挖、回填形成的边坡等及时进行挡护（包括喷混凝土，建拦渣网、挡土（渣）墙等）。需要布设拦挡的工程部位包括（但不限于）：（1）场平工程填筑边坡坡脚；（2）临江开挖边坡坡脚；（3）道路下边坡坡脚等。

2）施工活动结束后，承包人应完善施工场地挡护措施。

23.3.2.2 防洪排水要求

1）承包人应根据施工特点，对施工场地（包括永久、临时场地）采取排水、沉沙等水土保持措施。承包人应在施工过程中根据施工区场地平整和开挖情况在施工场地的低洼部设置临时简易沉砂池，拦截施工区地表径流带走的泥沙。承包人施工区期间应始终保持工地的良好排水状态，做好场地的排水工作，防止降雨对施工场地地表的冲刷，包括事先设置排水沟、涵洞（管）等。

2）承包人应预先做好料场开采边坡、路堑及路基填筑边坡、施工支洞洞脸、场平开挖及填筑边坡等施工作业业面的上侧截排水工作，以减少开挖、回填施工作业业面的水土流失，包括预先设置截排水沟、涵洞（管）等。

3）因承包人未设置足够的排水设施致使环境及工程遭受破坏时，其责任由承包人自负。

4）施工活动结束后，承包人应完善施工场地排水措施。

23.3.3 临时绿化、腐殖土保护及施工迹地清理

23.3.3.1 临时绿化及覆盖措施

对于施工场地开挖或填筑形成的短时裸露土质边坡，承包人应在暴雨期间采用塑料布进行临时覆盖，避免雨水对开挖剖面的直接冲刷；对于开挖或填筑形成的裸露较长时间的土质边坡，承包人应及时采取撒播草种或移栽灌木植物加以覆盖，移栽灌木可利用施工压占区原有灌木。

23.3.3.2 腐殖土的保护

承包人应保护施工场地厚约30m的地表腐殖土，严禁随意开挖和堆弃表层腐殖土。承包人应按监理人要求进行分部开挖，并把表层腐殖土集中堆存至指定地点，且做好防护。

23.3.3.3 施工迹地清理

本标施工场地内各项施工设备全部撤离后，承包人应对施工场地内建筑垃圾、弃渣等进行清理，拆除临时场地硬化地面，为后期场地复绿创造场地条件。

经过场地平整和清除杂物后，采取翻土绿化的方式恢复地表植被，改善其原有生态环境。以种植灌草进行绿化，以提高地表植被覆盖度，防止水土流失的发生。覆土厚度不少于30cm，所需的土料可利用覆盖层表土和其他项目场平时剥离的表土或由监理人指定料源。

23.3.4 施工过程管理

承包人应自觉保护施工场地周围的林草和水土保持设施（包括塘、沟、渠、拦渣

坝等），尽量减少对地表的扰动，避免或减少由于施工造成的水土流失。因施工不当或未按设计要求施工，而致使环境遭到破坏的，其责任由承包人自负。

23.4 环境保护与水土保持设施的验收

1）工程环境保护、水土保持专项设施的完工验收分别按国家《建设项目完工环境保护验收管理办法》（国家环境保护总局令第 13 号，2001 年发布，2002 年实施，2010 年环境保护部令第 16 号修订）和《开发建设项目水土保持设施验收管理办法》（水利部令第 16 号，2005 年修订）的有关规定执行。

2）施工场（区）内的专项环境保护、水土保持设施在投入使用前经过监理人的验收，验收不合格的不能投入使用。

23.5 计量支付

1）凡环境保护与水土保持工程已在《工程量清单》中有单独列项的，工程量按监理人核准的实际工程量计量，按工程量清单所列分项单价进行支付。

2）除第 1）项外所发生的环境保护与水土保持费用均在《工程量清单》"环境保护与水土保持专项措施费"项目中列报，采用总价承包方式，在合同期内按"总价项目分解表"的分项实际完成情况支付。

第二十四节 劳动安全与工业卫生及文明施工

24.1 说明

劳动安全与工业卫生及文明施工应严格执行国家和地方相关法律法规、规程规范及发包人相关安全管理规节制度，认真落实本技术标准和要求《附件 1 水电工程建设项目招标文件安全生产标准条款（安全管理条款）》和《附件 2 水电工程建设项目招标文件安全生产标准条款（安全技术标准和要求）》。承包人应建立完善的安全管理体系，确保体系有效运转，配备专职安全管理人员；应以建筑安装工程造价为依据，按照《企业安全生产费用提取和使用管理办法》（财企〔2012〕16 号）规定的 2% 计取并投入安全生产费用，安全生产费用列入工程造价，在投标时，不得删减或列入项目外管理（国家对基本建设投资概算另有规定的，从其规定）；制定本单位的综合应急预案、专项预案及现场处置方案，报监理审批，按规定报地方、发包人备案，配备必要的应急物资及应急救援队伍，并开展演练。

24.2 人群健康保护

除遵循附件相关规定外，还需按以下要求做好人群健康保护：

1）承包人应向本项目各施工场地、营地的职工和民技工提供足够的、符合国家《生活饮用水卫生标准》的饮用水。

2）为降低施工区各种病原微生物和虫媒动物的密度，预防和控制施工区传染性疾病和自然疫源性疾病的流行，承包人在施工人员入住前采取消、杀、灭措施对施工营地进行卫生清理，同时每年需对施工人员居住区至少开展一次消毒灭害工作。为保护施工区现有人群健康，承包人应对准备进入施工区的施工人员进行健康检查，了解将要进入施工区施工人员的健康和带菌情况，防止在施工人群中造成相互传染和流行。为了提高施工人群对疾病的抵抗能力，防止疾病在施工区爆发流行，承包人应制定施工人员的预防免疫计划。

3）为了有效预防传染病、职业病，承包人应遵守并执行国家或当地医疗部门的有关条例、规定，并建立疫情报告制度。

4）承包人应做好食品卫生工作，食堂工作人员需持有个人健康证明。

5）承包人应按国家对劳动保护的有关要求，做好现场施工作业人员的劳动保护工作，提供有益于职工身心健康和安全保障的生产条件，配备足够的防护用品，施工人员在进入强噪声环境中作业时，如凿岩、钻孔等，应配戴耳塞、耳罩或者防声头盔，在高粉尘区作业应配备口罩等。

6）承包人应要做好粪便清理管理工作。办公生活区厕所应与建筑物配套，厕所内应配备相应的自来水冲洗系统，房顶高度_____ m，保持空气流通，采光良好，有夜间照明设施，地面要坚硬平整，便于清扫。施工现场应根据人员规模，配备数量适宜，满足卫生要求的固定式或移动式厕所，粪便定时清运至监理人指定地点。

24.3 其他

承包人应关注如下安全事项：

1）加强作业人员进场资格审查、上岗安全培训、职业健康防护等管理。

2）严格按法律法规和规程规范要求制定各项安全措施，并按规定的程序报批后实施。

3）高处作业的临空面、通道底部等可能有坠物的部位应采用双层密目网封闭。

4）电缆接头、灯具接口不得裸露，洞内需安装满足规范要求的照明设施，地面夜间施工照明应满足要求。

5）竖井、孔洞口需设置盖板等安全防护措施。

24.4 计量与支付

1）计量

安全生产措施费和文明施工措施费应由承包人按《工程量清单》所列的总价项目分项列报。承包人在工程建设过程中的每年年度初期，按《工程量清单》所列总价项目，根据年度生产进度计划制定年度安全生产费用投入计划，单个安全生产费用项目实施前需经监理人审核后报发包人审批；单个安全生产费用项目实施后，监理人再对承包人安全生产费用项目实际完成情况进行复核，报发包人审批。

2）支付

安全生产和文明施工措施经监理人检查合格后分项支付，并按《工程量清单》所列的总额进行支付。《工程量清单》所列单项之外的安全生产和文明施工措施费均包含在工程各项工程价格中，不单独支付。

第二十五节　计算机信息及数字化管理

25.1　计算机信息管理的内容及要求

承包人应运用计算机技术对合同项目进行科学管理，全面提高合同工程施工管理水平。发包人建立了_____工程"计算机信息管理系统"，承包人是该系统最基础的信息源之一，承包人应配置和运用计算机系统进行项目施工管理，包括进度、质量、安全、资源、合同、合同结算、文档、生态、环保及水保等管理系统。

承包人的计算机系统规划、配置及人员应符合发包人的相关规定，并报监理人批准。

25.1.1　施工进度计划

承包人在工程承包合同中必须附上通过_____系统编制的（概要）施工总进度计划及分部位的细化进度计划，在施工期间，承包人使用_____工程计划进度管理软件编制的内容应符合本技术标准和要求相关的规定。

在提交进度计划的同时，还应提交需求的劳动力计划表且附有工程实施计划的详细的描述，并应与合同文件相一致。该计划必须根据承包人合同中向发包人承诺的进度目标和监理人提出并经发包人统一协调后下发的项目管理纲要的要求，并报监理人和发包人批准后存入_____系统。施工期间承包人应以_____系统产生的进度计划为指导组织施工，定期（周、月、季和年）向_____系统录入施工实际进度信息，并将实际进度信息上报监理人核实。当计划与进度脱节时，必须运用_____系统，会同发包人、监理人等有关各方制定赶工计划，并将其反馈到原计划上去。计算机输出的结果将作为发包人、承包人、监理人与设计人"四方协调会议"讨论的基础。承包人的分包人的相应计划与控制手段由承包人自己负责。

有关施工进度计划编制方面的具体办法应参照发包人的有关规定。

25.1.2　实施进度报告

承包人应按监理人指示提供年报、季报、月报、周报，在每个月底以前按已批准的格式填报周、月、季及年进度报告，相应资料应及时录入发包人的"施工信息管理系统"，该报告至少应记载以下内容：

1）按照《工程量清单》项目填报的计划及日进度；

2）现场施工的实际工程量进展情况（其中重点部位反映到日、周进展情况）；

3）现场施工的形象进度；

4）记载对施工进度产生不利影响的情况，以及为减轻这种不利状况并重新达到预期进度所采取的措施；

5）所用设施的现场实施和运行状况；

6）承包人设备和工程设备的到货以及将来的到货计划；

7）承包人关键施工设备的状况，包括配置、数量、运行、维护、性能等；

8）合同期内钢筋、水泥、粉煤灰等主要材料用量情况；

9）施工现场和今后3个月的人员数；

10）意外情况，如质量缺陷、人身事故及停工等记录；

11）记载承包人拟要求进行的工程技术措施和管理决定等事项；

12）坝址处的水文气象记录；

13）按监理人要求报告的其他情况等。

25.1.3 施工质量报告

承包人应迅速报告合同项目各施工单元的施工质量情况。

1）日、周施工质量记录报告；

2）当前施工质量问题、缺陷和处理措施、处理结果情况报告；

3）合同项目单元工程分解；

4）单元工程及重要工序的质量评定及验收；

5）材料检验情况与结果；

6）其他施工质量统计资料。

25.1.4 施工安全

承包人应按照有关规定提供安全培训、安全检查、安全措施、安全会议及安全事故方面的信息。报告的内容应符合监理人的要求和发包人制定的安全管理办法规定的有关内容。

25.1.5 生态、环保及水保

承包人应按照有关规定提供生态、环保及水保措施的信息。报告的内容应符合监理人的要求和发包人制定的生态、环保及水保规定的有关内容。

25.1.6 合同价格与单价分析表

承包人应将合同价格，包括工程量清单、单价分析表和其他辅助资料（包括合同变更的单价分析资料）录入发包人的"施工信息管理系统"。

25.1.7 合同变更、补偿

承包人应按有关规定将相关合同变更、补偿、奖励、价差等信息录入"施工信息管理系统"。合同期中当前变更、补偿项目的情况，包括原因、范围、内容、实物量、价格计算分析、措施等及时录入在"施工信息管理系统"中报告并汇总。

25.1.8 合同结算报表

承包人应按发包人有关规定将结算报表的信息录入"施工信息管理系统"。

25.1.9 合同文档

承包人应按照监理人和发包人有关档案管理要求及时做好合同文件的归档，并向"施工信息管理系统"录入相关信息。

25.1.10

本款规定的承包人应提供的在线状况的"施工信息管理系统"报告，应做到正确、完整、及时，但并不替代承包人按本合同规定应提交书面文件的责任及其有效性。

25.2 计算机硬件

承包人应配置满足"施工信息管理系统"要求的计算机和工作站来支持日常的合同项目施工管理工作，计算机最低配置为：CPU 主频 2.5GHz、内存 4G、硬盘 500G。

25.3 计算机软件

应在 Windows 操作系统上运行，操作系统软件和____进度计划软件由承包人自己负责，"施工信息管理系统"应用软件由发包人统一免费配置。

25.4 人员配备

承包人应配备一定数量的专门人员负责支持和维护"施工信息管理系统"，并报发包人备案。承包人至少应有如下人员：

计算机系统专门人员：要求熟悉计算机软件技术，能进行"计算机信息管理系统"的日常维护，负责与发包人计算机系统人员协调解决"施工信息管理系统"管理中出现的接口问题。

数据管理和录入人员 2～3 名：负责采集、录入、核定发包人和监理人要求提供的信息，并保证数据的及时准确。

以上人员须参加岗位培训，经一定形式的考核后方能上岗。"施工信息管理系统"专用软件培训由发包人免费提供。

25.5 信息内容、格式及信息传递要求

承包人应及时准确地按发包人和监理人所要求的时限、内容和格式将相关工程信息录入并传递给发包人和监理人（其中网络进度采用_____软件编制）。承包人如未能按发包人的规定将信息录入或传递给发包人，可以成为发包人缓付或停付工程进度款的理由。

25.6　计量与支付

计算机信息管理费用由承包人按《工程量清单》所列的总额进行支付。

第二十六节　缆机设备的安装及运行管理

26.1　说明

1）缆机布置概况

简述本工程缆机布置情况。

表 26.1－1　_____缆机布置参数（单台缆机）

项目	参数值	项目	参数值
额定起吊重量		满载起升速度	
主索跨度		满载下降/空载升降速度	
左/右岸缆机平台高程		满载下降/空载升降加速度	
缆机平台长度		小车横向牵引速度	
主索最大垂度		小车横向牵引加速度	
吊钩扬程		大车行走速度	
两台缆机最小安全距离			

2）主要完成项目

承包人需完成的项目主要包括_____台_____t缆索起重机的缆机平台开挖及支护、缆机轨道基础混凝土浇筑、锚索、轨道安装、缆机取（供）料平台混凝土及钢栈桥安装、缆机金属结构、电气设备（电气柜、变压器、现场接线箱、接地操作盒、照明箱、联动台等）的安装工程以及系统的调试、性能测试、试运行、运行管理及维护等。若施工阶段根据需要增加一台缆机，承包人不得拒绝。承包人应完成下列项目：

（1）缆机平台开挖及支护、缆机轨道基础混凝土浇筑、锚索等土建工程；

（2）缆机取（供）料平台及钢栈桥安装；

（3）主副车前轨、后轨、水平轨的轨道和埋件采购安装、轨道排架混凝土及预留槽二期混凝土浇筑；

（4）主车、副车金属结构及附属安全装置金结构件安装；

（5）起升机构、牵引机构、大车运行机构等的安装；

（6）主索调整机构及主副车拉板装置的安装；

（7）机房、电气房、司机室、滑轮等的安装；

（8）索道系统安装；钢丝绳的现场就位和安装；

（9）缆机主车、副车电气系统及控制系统的安装并需对调试进行配合；且应对缆机供货商应承担的调试项目之外的所有调试项目进行调试（如并车）；

（10）安全保护装置的安装；

（11）金属结构、电气设备的工地涂装（补漆）；

（12）过江电缆的安装；

（13）所有缆机机械、电气设备、索道系统和安装附件的工地卸货、场内运输、保管、储存；

（14）电源接入点至缆机用电设备之间供电系统的设计、线路架设、设备（考虑保护装置、电容补偿器等）采购安装；

（15）接地系统安装；

（16）新购设备、材料购置；

（17）为保证缆机专用平台轨道以上部位的安装需要的其他辅助设施；

（18）缆机备品配件的保管、退库及不足部分的采购；

（19）缆机安全、使用许可证的办理。

26.2　技术要求

26.2.1　缆机平台及取（供）料平台工程

1）缆机平台二次开挖及支护、取（供）料平台钢栈桥基础开挖等相关要求参照第6节和第8节相关条款执行。

2）缆机轨道（型号 QU100）、轨道支托、扣件、车挡等埋件由承包人自行采购、加工。

3）轨道安装要求

轨道安装首先应符合施工图纸要求，在施工图纸未明确时应符合下列规定：

（1）轨道安装前，承包人应对钢轨的形状尺寸进行检查，发现有超值弯曲、扭曲等变形时，应进行矫正，并经监理检查合格后方可安装。

（2）吊装轨道前，应测量和标定轨道的安装基准线。轨道实际中心线与安装基准线的水平位置偏差应不超过 2mm。

（3）轨距偏差：轨距偏差应不超过±3mm。

（4）轨道顶面的纵向倾斜度：不应大于 $1/1500$，在全行程上最高点与最低点之差应不大于 10mm；轨道的侧向局部弯曲不应大于 $1/2000$；轨道顶面横向倾斜度不应大于顶面宽的 $1/100$。

（5）同跨两平行轨道在同一截面内的标高相对差：应不大于 5mm。

（6）两平行轨道的接头位置应错开（并应与混凝土接缝错开），其错开距离不应等于前后车轮的轮距。两轨道接头处左、右偏移和轨面高低差均不大于 1mm。

（7）轨道铺设时，先将各段钢轨焊接为整根，再安装在基础上，从而减轻主车或副车通过钢轨接头时引起的冲击。轨道安装后，应全面复查检查轨道的安装精度及焊缝和压板螺栓紧固的情况，并给以必要的修整。轨道接头焊缝必须磨平，平稳过渡，轨面不得有明显得高低差及侧向偏差。

（8）轨道两端的车挡应在缆机安装前装妥；同跨同端的两车挡与缓冲器应接触良好，有偏差时应进行调整。

（9）新铺设轨道的安装精度要求见表26.2－1。

表26.2－1　轨道安装精度要求

垂直轨轴线距离	主车轨距	
	副车轨距	
垂直轨轨面高程允差		
主车水平轨轨面与后垂直轨轴线距离		
主车水平轨轴线与后垂直轨轨面高差		
副车水平轨轨面与后垂直轨轴线距离		
副车水平轨轴线与后垂直轨轨面高差		
各轨道轴线弯曲允差		
各轨道轨面倾斜度		
各段钢轨焊接接头高差		

4）钢筋、模板及混凝土等相关要求参照第10～12节相关条款执行。

26.2.2　设备安装

1）本节规定适用于缆机本体安装，全部安装项目包括：主车、副车金属结构；索道系统安装（含滑轮、承马、吊钩、牵引小车以及临时索道、索头浇铸等）；起升机构、牵引机构、大车运行机构、司机室、机房、电气房等；金属结构结构、电气设备的涂装（补漆）；缆机主车、副车电气及控制系统安装及调试；电缆装置的安装等。安装工作还包括本合同规定的各项设备调试（电气设备的调试由制造商负责，承包人配合）、试验（性能测试）和试运转工作，以及试运转所必需的各种临时设施的安装。

2）承包人应在缆机使用维护说明书、相关图样和技术资料的基础上，根据国家安全生产法等相关法律法规的要求，并结合 GB6067－85《起重机械安全规程》、DL/T946—2005《水利电力建设用起重机》、安装场地、机具和以往经验，制订详细的安装作业指导书，论证其可行性，并得到监理人的批准后实施。在安装作业指导书中必须明确组织机构、人员分工、机具、安全措施（特别是应急预案）、环境保护等内容，在具体的实施过程中必须严格按照批准的安装作业指导书的规定执行。同时承包人还应满足以下几点要求：

（1）承担缆机安装工作的承包人应取得国家有关部门颁发的相应类型和等级的缆索起重机的安装与维修资质并在有效期内；

（2）从事安装工作的各工种人员应配备齐全，对国家与行业有许可证规定的工种从业人员应持有效证件上岗；

（3）确保安装机具的安全可靠以及有效合格；

（4）对从事安装工作的人员进行质量、职业健康、安全、环境管理体系的培训，并达到合格标准；

（5）在开始正式安装前，必须申报有关主管部门备案，并经监理人签发开工令。安装完毕后及时完成自检工作并报告监理人，提请试验验收，如有整改意见，则必须及时完成整改，并再次报检，只有在取得国家有关职能部门颁发的特种设备准用证后，设备才可投入正常运行；

（6）安装作业人员应配备齐全劳防用品，必须遵守国家法律法规以及工地现场的相关管理规定；

（7）仔细勘查安装场地及周边的情况，预防地质灾害以及可能的外界伤害。对安装场地进行清晰的警示标识，对水、电、氧气、乙炔等危险源进行有效的识别并采取妥善的安全保护措施。不得有影响安全的架空电缆线在缆机的安装现场，以免触电或干涉；

（8）对可能的夜间施工必须保障施工道路以及作业面有足够的照明，并有完善的安全保护措施；

（9）在缆机供货方进行索头浇锌以及保温冷却凝固期间，配合供货方的工作并与监理人协调作业时间，严禁一切放炮作业，同时在作业现场不得有影响浇铸质量的震动；

（10）对安装过程中产生的固体、液体废弃物必须统一收集、妥善处理，安装完毕应清理场地，保护环境。

3）一般要求

（1）各项目安装前应具备的资料

①设备总图、部件总图、重要的零件图等施工安装图纸及安装技术说明书；

②设备出厂合格证和技术说明书；

③制造验收资料和质量证书；

④安装用控制点位置图；

（2）安装使用的基准线，应能控制轨道、埋件的安装尺寸和安装精确度。为设置安装基准线用的其准点应牢固、可靠、便于使用，并应保留到安装验收合格后方能拆除。

（3）安装检测必须选用满足精度要求，并经国家批准的计量检定机构检定后合格的仪器设备。

（4）承包人在安装工作中使用的所有材料，应有产品质量证明书，并应符合施工图纸和国家有关现行标准的要求。

4）设备起吊和运输

（1）承包人应制定详细的起吊和运输方案，其内容包括采用的起重和运输设备、大件起吊和运输方法以及防止吊运过程中构件变形和设备损坏的保护措施。

（2）承包人如遇有超大件设备的起吊和运输，应由承包人向交通管理部门办理申请手续，起吊和运输超大件设备所需进行的道路和桥梁临时加固或改造费用以及其他有关费用由承包人承担，若遇有承包人投标时无法预计的情况时，由发包人和承包人共同协商确定各自分担的费用。

5）安装前的检查和清理

承包人在进行本合同各项设备安装前，应按施工图纸规定的内容，全面检查安装部位的情况、设备构件以及零部件的完整性和完好性。对重要构件的部件应通过预拼装进行检查。

（1）按施工图纸逐项检查各安装设备的完整性。

（2）逐项检查设备的构件、零部件的损坏和变形情况。

（3）对上述检查中发现的缺件、构件损坏和变形等情况，承包人应书面报送监理人，并负责按施工图纸要求进行修复和补齐处理。

（4）安装前的准备工作一般应包括以下内容

①根据现场现有起重设备的能力确定安装方案；

②做好本机各结构构件和设备的清点和检验工作；

③安装场地临时设施的准备，主要如场内工作栅、工具房、卷扬机房、地锚等安装所需临时设施和布置和实施；

④缆机轨道铺设和轨道两端限位和对零行程开关的撞块、缓冲柱、锚定装置以及电缆装置的安装；

⑤劳动力组织；

⑥根据轨道铺设，测定缆机实跨距，确定缆机轴线的基准位置并作出标记，以此作为本机安装和以后主车副车偏斜对零的"基准轴线"；

⑦在起重能力许可的情况下，尽可能安排扩大地面拼装工作，以加快安装速度和减少高空作业；

⑧确定为保证安装质量和安全作业所需采取的措施。

（5）设备安装前，承包人应对发包人提供的设备，按施工图纸和制造厂技术说明书的要求，进行必要的清理和保养。

6）缆机设备安装

参照发包人提供的、由缆机制造设计单位编制的缆机安装说明书，由承包人编制详细的安装步骤和安装工艺及检测控制要求并报监理人审批后实施，对于重要焊缝应进行探伤检查。

7）调试、性能测试

安装工作完成后，在发包人设备供应商指导和监理人监督下，由承包人根据主要机构试验和测试大纲，负责设备的调试工作，调试时间不超过 42 天。承包人应作好调试记录，及时发现和处理问题。

调试合格后，承包人在发包人设备供应商指导下负责对缆机的技术性能进行测试，测试的内容包括：

（1）按额定起重量和额定速度进行两次全扬程和全正常工作区的运行测试，大车的运行距离不少于＿＿＿＿＿＿＿ m。

（2）按 110％额定起重量和 100％额定速度分别对起升和牵引进行两次运行测试，每次升降扬程为 100m；每次牵引距离不少于往返各 300m，其中一端为正常工作区的起始点。

（3）按 125％额定起重量将荷载慢速提离地面 100～200mm，持续时间不少于 10 分钟。

以上技术性能测试的工作时间最多为 10 天。由于承包人的原因测试结果不合格，承包人应进行检查，并解决问题，发包人可接受因此而推迟的时间不超过 10 天。测试结束后，由承包人负责提交测试报告。

调试工作完成后，将根据试验和测试大纲，对整台缆机的安装和调试质量进行检查。

8）系统试运行

缆机性能测试完成并确认合格后，承包人将在发包人设备供应商的指导下对缆机进行累计 200 小时或 30 天（先到为止）正常工况下的无故障试运行。在此期间，缆机如因质量原因发生故障，承包人将在发包人委托的设备供应商指导下进行排除，若运行中断时间超过两小时，试运行时间重新开始累计。

9）缺陷修复

缆机使用过程中，如发现由于缆机安装质量不合格或在缺陷责任期间严重缺陷而影响系统运行，承包人应负责修复，并承担一切费用。

26.2.3　缆机运行管理

1）一般要求

（1）承包人应根据国家安全生产法等相关法律法规的要求，并结合 GB6067－85《起重机械安全规程》、DL/T946—2005《水利电力建设用起重机》、《电力建设起重机械安全监察规定》、《电力建设大型起重机械的选型、安装和拆卸管理规定》、《电力建设施工机械设备管理规定》、《缆机使用说明书》以及《缆机安装手册》等的要求，制定缆机运行管理实施细则；

（2）缆机的安全操作、维护、运行必须满足发包人对缆机运行日检查、周维护、月维修的相关要求，并符合国家对环境保护的要求。

2）安全性能的检测和保障

（1）新安装或大修后的缆机必须按 GB5905－86《起重机试验规范和程序》、DL/T454－2005《水利电力建设用起重机检验规程》、DL/T946—2005《水利电力建设用起重机》及缆机说明书的规定进行缆机载荷试验，试验合格并取得当地技术质量监督部门颁发的特种设备使用许可证后方可投产；

（2）在设备长时间停机（在2个月以上）、重要技术改造、暴风袭击和发生其他重大事故等情况后，都必须对架空部分和各钢丝绳等关键部件、部位进行详细检查，确保无隐患存在后，方可进行吊载荷运行；

（3）测试仪器及其配套零部件均应保持性能完好和配套完整，以保证测试结果的精度和可靠性；

（4）各运动机构的限位开关、接近开关、位置编码器、超速、过载保护等部件及夹轨器、风速仪、灯光音响报警信号等安全保护装置均不得随意拆除，并应定期进行检查、紧固和调整，以确保其始终处于完好状态；

（5）保持各种电器设施、通讯电缆、主电缆和其他控制线路处于完好状态，绝缘必须良好，非电气人员不准拆装电气设备和检修线路；

（6）在更换牵引、起升绳后必须恢复小车和吊钩原有的设定位置参数，确保定位准确；

（7）禁止在小车、塔架等部位悬挂标语及广告牌等增加附加风载的障碍物。

3）环境保护

（1）承包人应根据国家对环境保护的相关规定，对缆机安装、运行、维护、检修等全过程中有可能对环境造成不良影响的物品、行为等制定细则，加以防范和合理处置；

（2）应对有可能造成环境污染的行为提出警告和制止，并及时汇报主管部门；

（3）对各环节中产生的废弃物、更换或损坏的部件要分类集中放置并按照国家相关规定处置；

（4）对缆机润滑、液压、检修维护等用油要加强管理，对有可能产生油液油脂渗漏、摔溅等提前作好防范，废弃油要集中，由专业部门妥善处置；

（5）缆机运行及施工过程中相关人员要作好防范，以免噪声影响人体健康。

4）施工期间发包人除提供的缆机设备的备品配件和其他维护材料外，其他设备的配件、运行维护材料均由承包人负责。承包人必须保证所更换配件、油料的质量，不允许使用质量不合格的配件、油料。发包人不承担任何由于零配件替换而引起的后果和责任。

5）发包人随缆机采购备有的部分备品备件及专用工具，将免费提供给承包人使用。承包人在施工期间需添置的零配件，报监理人批准后自行采购，采购费用由承包人自行负责，并进入投标报价。承包人应保证零配件能充分满足缆机正常、安全稳定运行的需要。所需零配件的数量须经监理人、发包人审核。

6）承包人对发包人提供的设备应按厂家或公认的经济寿命及时更换易损部件、配件等，不得疲劳使用。工程完工后，承包人应及时将未使用的由发包人免费提供的零配件返还发包人。

7）缆机的机械结构件在承包人设备存放场交货，由承包人负责卸车并承担费用，承包人还应承担上述设备由存放场至安装现场的二次运输费用。缆机的电气设备、液压设备及相关备品备件在发包人综合仓库向承包人交货，承包人承担提货时装车、场内运输及卸车费用。

8）工程完建后，承包人负责完成缆机的拆除，并运送至施工区发包人指定仓库内，所有部件、零件应满足设备规程和库存要求，完整无缺，如发生缺损则由承包人按其原价赔偿。

26.3　计量和支付

1）本节所列缆机平台开挖及支护、钢筋、混凝土、锚索等的计量与支付，参照本施工招标文件相关的计量和支付原则执行。

2）缆机轨道的计量和支付，应按施工图纸所示的轨道长度，以延米为单位进行计量，并按《工程量清单》所列项目的延米单价支付。其单价应包括附件及埋件的材料及其采购、运输、保管、清洗、防腐、安装、维护、质量检查和验收等所需的全部人工、材料、使用设备和辅助设施等一切费用。轨道附件及埋件的材料及其采购、制作、运输、装卸、架立、安装焊接和辅助设施等一切费用均不予另行计量与支付，其费用包含在相应轨道单价内。

3）缆机取（供）料平台钢栈桥的计量和支付，以 t 为单位进行计量，并按《工程量清单》所列项目的单价支付。其单价应包括钢栈桥的设计、材料及其采购、运输、保管、清洗、防腐、安装、维护、质量检查和验收、拆除等所需的全部人工、材料、使用设备和辅助设施等一切费用。钢栈桥的基础开挖、材料及其采购、制作、运输、装卸、架立、安装焊接和辅助设施等一切费用均不予另行计量与支付，其费用包含在相应轨道单价内。

4）缆机设备的安装计量和支付，以台为单位进行计量，按《工程量清单》所列单价支付，其单价应包括缆机设备的工地现场装卸、运输、保管、清洗、涂装、安装（包括焊接焊缝检验及螺栓连接）、调试、试运行、维护、质量检查和验收、拆除等所需的全部人工、材料、使用设备和辅助设施等一切费用。

5）缆机供电系统安装计量和支付，按《工程量清单》所列项进行支付。其费用包括从电源接入点至缆机用电设备之间的缆机供电系统的设计、线路架设、设备（包括保护装置、电容补偿器等）采购及安装、调试、试运行及拆除等所需的全部人工、材料、使用设备和辅助设施等一切费用。

6）缆机运行费用（包括缆机运行、维修、日常维护、更换备品备件、吊运混凝土、钢筋、模板、金属结构、一期埋件等所需的全部人工、材料、使用设备和辅助设施等一切费用）包括在相应土建及安装项目单价中。

第八章　投标文件格式

_____（项目名称及标段）招标

投 标 文 件

投标人：_____（盖单位章）

法定代表人或其委托代理人：_____（签字）

_____年_____月___日

目　录

一、投标函及投标函附录

（一）投标函

_____ （招标人）：

1. 我方已仔细研究了_____ （项目名称及标段）施工招标文件的全部内容，愿意以人民币（大写）_____ 元（￥_____ ）的投标总报价，工期_____ 日历天，按合同约定实施和完成承包工程，修补工程中的任何缺陷，工程质量达到_____ 。

2. 我方承诺在投标有效期内不修改、撤销投标文件。

3. 随同本投标函提交投标保证金一份，金额为人民币（大写）_____ 元（￥_____ ）。

4. 如我方中标：

（1）我方承诺在收到中标通知书后，在中标通知书规定的期限内与你方签订合同；

（2）随同本投标函递交的投标函附录属于合同文件的组成部分；

（3）我方承诺按照招标文件规定向你方递交履约担保；

（4）我方承诺在合同约定的期限内完成并移交全部合同工程。

5. 我方在此声明，本次投标活动不违反国家相关法律法规和本项目招标文件的规定，不与其他投标人串通投标，不提供虚假资料、不借用其他单位的资质投标也不将我方资质借予其他投标人，若经评标委员会评审认定，我方违背上述承诺，招标人有权取消我方的中标资格并没收投标保证金。

6. _____ （其他补充说明）。

投标人：_____ （盖单位章）

法定代表人或其委托代理人：_____ （签字）

地址_____ 邮编_____

电话_____ 传真_____

电子邮箱_____

网址：_____

_____ 年_____ 月_____ 日

（二）投标函附录

序号	条款内容	合同条款号	约定内容	备注
1	项目经理	1.1.2.4	姓名：_____	
2	工期	1.1.4.3	_____日历天	
3	缺陷责任期	1.1.4.5		
4	承包人履约担保金额	4.2	签约合同价的____%	
5	分包	4.3.4	见分包项目情况表	
6	逾期完工违约金	11.5	_____元/天	
7	逾期完工违约金最高限额	11.5	_____	
8	质量标准	13.1		
9	价格调整的差额计算	16.1.1	见价格指数权重表	
10	预付款额度	17.2.1		
11	预付款保函金额	17.2.2		
12	质量保证金扣留百分比	17.4.1		
	质量保证金额度	17.4.1		
……	……			

备注：投标人在响应招标文件中规定的实质性要求和条件的基础上，可做出其他有利于招标人的承诺。此类承诺可在本表中予以补充填写。

投标人：_____（盖单位章）

法定代表人或其委托代理人：_____（签字）

_____年____月____日

价格指数权重表

名称		基本价格指数		权重			价格指数来源
		代号	指数值	代号	允许范围	投标人建议值	
定值部分				A			
变值部分	人工费	F_{01}		B_1	__至__		
	钢材	F_{02}		B_2	__至__		
	水泥	F_{03}		B_3	__至__		
	……	……		……	……		
合计						1.00	

二、授权委托书、法定代表人身份证明

授权委托书

本人_____（姓名）系_____（投标人名称）的法定代表人，现委托_____（姓名）为我方代理人。代理人根据授权，以我方名义签署、澄清、说明、补正、递交、撤回、修改_____（项目名称及标段）施工投标文件、签订合同和处理有关事宜，其法律后果由我方承担。

代理人无转委托权。

附：法定代表人身份证明

投　标　人：_____（盖单位章）

法定代表人：_____（签字）

身份证号码：_____

委托代理人：_____（签字）

身份证号码：_____

_____年_____月_____日

注：若法定代表人不委托代理人，则只需出具法定代表人身份证明。

附：法定代表人身份证明

投标人名称：＿＿＿＿＿＿＿＿＿＿＿＿＿＿＿＿＿＿＿

单位性质：＿＿＿＿＿＿＿＿＿＿＿＿＿＿＿＿＿＿＿＿

地址：＿＿＿＿＿＿＿＿＿＿＿＿＿＿＿＿＿＿＿＿＿＿

成立时间：＿＿＿＿＿＿年＿＿＿＿月＿＿＿＿日

经营期限：＿＿＿＿＿＿＿＿＿＿＿＿＿＿＿＿＿＿＿＿

姓名：＿＿＿＿＿＿＿＿＿性别：＿＿＿年龄：＿＿＿职务：＿＿＿＿＿＿

系＿＿＿＿＿＿＿＿＿＿＿＿＿＿＿＿＿（投标人名称）的法定代表人。

特此证明。

附：法定代表人身份证件扫描件

法定代表人身份证件扫描件

投标人：＿＿＿＿＿＿＿＿＿＿＿＿＿＿＿＿＿（盖单位章）

＿＿＿＿年＿＿＿月＿＿＿日

三、联合体协议书

牵头人名称：_____

法定代表人：_____

法定住所：_____

成员二名称：_____

法定代表人：_____

法定住所：_____

……

鉴于上述各成员单位经过友好协商，自愿组成_____（联合体名称）联合体，共同参加_____（招标人名称）（以下简称招标人）_____（项目名称及标段）（以下简称本工程）的施工投标并争取赢得本工程施工承包合同（以下简称合同）。现就联合体投标事宜订立如下协议：

1. _____（某成员单位名称）为_____（联合体名称）牵头人。

2. 在本工程投标阶段，联合体牵头人合法代表联合体各成员负责本工程投标文件编制活动，代表联合体提交和接收相关的资料、信息及指示，并处理与投标和中标有关的一切事务；联合体中标后，联合体牵头人负责合同订立和合同实施阶段的主办、组织和协调工作。

3. 联合体将严格按照招标文件的各项要求，递交投标文件，履行投标义务和中标后的合同，共同承担合同规定的一切义务和责任，联合体各成员单位按照内部职责的部分，承担各自所负的责任和风险，并向招标人承担连带责任。

4. 联合体各成员单位内部的职责分工如下：_____。按照本条上述分工，联合体成员单位各自所承担的合同工作量比例如下：_____。

5. 投标工作和联合体在中标后工程实施过程中的有关费用按各自承担的工作量分摊。

6. 联合体中标后，本联合体协议是合同的附件，对联合体各成员单位有合同约束力。

7. 本协议书自签署之日起生效，联合体未中标或者中标时合同履行完毕后自动失效。

8. 本协议书一式_____份，联合体成员和招标人各执一份。

牵头人名称：_____（盖单位章）

法定代表人或其委托代理人：_____（签字）

成员一名称：_____（盖单位章）

法定代表人或其委托代理人：_____（签字）

成员二名称：_____（盖单位章）

法定代表人或其委托代理人：_____（签字）

____年____月____日

四、投标保证金

（一）采用在线支付（企业银行对公支付）或线下支付（银行汇款）方式

采用在线支付（企业银行对公支付）或线下支付（银行汇款）方式时，提供以下文件：

投标保证金承诺（格式）

致：

鉴于___（投标人名称）___已递交（项目名称及标段）招标的投标文件，根据招标文件规定，本投标人向贵公司提交人民币___万元整的投标保证金，作为参与该项目招标活动的担保，履行招标文件中规定义务的担保。

若本投标人有下列任何一种行为，同意贵公司不予退还投标保证金：

（1）在开标之日到投标有效期满前，撤销或修改其投标文件；

（2）在收到中标通知书 30 日内，无正当理由拒绝与招标人签订合同；

（3）在收到中标通知书 30 日内，未按招标文件规定提交履约担保；

（4）在投标文件中提供虚假的文件和材料，意图骗取中标。

附：投标保证金退还信息及中标服务费交纳承诺书（格式）

投标保证金递交凭证扫描件

投标人：_____（盖单位章）

法定代表人或其委托代理人：_____（签字）

日　期：____年____月____日

（二）采用银行保函方式

采用银行保函方式时，按以下格式提供投标保函及《投标保证金退还信息及中标服务费交纳承诺书》

投标保函（格式）

受益人：

　　鉴于_____（投标人名称）（以下称投标人）于___年___月___日参加___（项目名称及标段）_____的投标，（_____银行名称_____）（以下称"本行"）无条件地、不可撤销地具结保证本行或其继承人和其受让人，一旦收到贵方提出的下述任何一种事实的书面通知，立即无追索地向贵方支付总金额为_____的保证金。

　　（1）在开标之日到投标有效期满前，投标人撤销或修改其投标文件；

　　（2）在收到中标通知书 30 日内，投标人无正当理由拒绝与招标人签订合同；

　　（3）在收到中标通知书 30 日内，投标人未按招标文件规定提交履约担保；

　　（4）投标人未按招标文件规定向贵方支付中标服务费。

　　本行在接到受益人的第一次书面要求就支付上述数额之内的任何金额，并不需要受益人申述和证实他的要求。

　　本保函自开标之日起（投标文件有效期日数）____日历日内有效，并在贵方和投标人同意延长的有效期内（此延期仅需通知而无需本行确认）保持有效，但任何索款要求应在上述日期内送到本行。贵方有权提前终止或解除本保函。

银行名称：_____（盖单位章）

许可证号：_____

地　　址：_____

负 责 人：_____（签字）

联系电话：_____

日　　期：___年___月___日

　　注：投标人可参考本格式或使用出具银行的格式提交投标保函。如使用出具银行的格式，对于本格式中所规定的保额、责任条件、有效期等规定不能变更。

附件：投标保证金退还信息及中标服务费交纳承诺书

三峡国际招标有限责任公司：

我单位已按招标文件要求，向贵司递交了投标保证金。信息如下：

序号	名称	内容
1	招标项目名称及标段	
2	招标编号	
3	投标保证金金额	合计：￥_____元，大写_____
4	投标保证金缴纳方式（请在相应的"□"内划"√"）	□4.1 在线支付（企业银行对公支付） 汇款人： 汇款银行：　　　　　银行账号： 汇款行所在省市： □4.2 线下支付（银行汇款） 汇款人： 汇款银行：　　　　　银行账号： 汇款行所在省市： □ 4.3 银行投标保函 投标保函开具行：
5	中标服务费发票开具（请在相应的"□"内划"√"）	□ 5.1 增值税普通发票 □ 5.2 增值税专用发票（请提供以下完整开票信息）： • 名称： • 纳税人识别税号（或三证合一号码）： • 地址、电话： • 开户行及账号：

我单位确认并承诺：

1. 若中标，将按本招标文件投标须知的规定向贵司支付中标服务费用，拟支付贵司的中标服务费已包含在我单位报价中，未在投标报价表中单独出项。

2. 如通过方式 4.1 或 4.2 缴纳投标保证金，贵司可从我单位保证金中扣除中标服务费用后将余额退给我单位，如不足，接到贵司通知后 5 个工作日内补足差额；如通过方式 4.3 缴纳投标保证金，将在合同签订并提供履约担保（如招标文件有要求）后 5 日内支付中标服务费，否则贵司可以要求投标保函出具银行支付中标服务费。

3. 对于通过方式 4.1 或 4.2 提交的保证金，请按原汇款路径退回我单位，如我单位账户发生变化，将及时通知贵司并提供情况说明；对于通过方式 4.3 提交的银行投标保函，贵司收到我单位汇付的中标服务费后将银行保函原件按下列地址寄回：_____。

投标人名称（盖单位章）：

　地　　址：　　　　　　邮编：　　　　联系人：　　　联系电话：

法定代表人或其委托代理人：　　　　　　年　　月　　日

说明：1. 本信息由投标人填写，与投标保证金递交凭证或银行投标保函一起密封提交。

　2. 本信息作为招标代理机构退还投标保证金和开具中标服务费发票的依据，投标人必须按要求完整填写并加盖单位章（其余用章无效），由于投标人的填写错误或遗漏导致的投标担保退还失误或中标服务费发票开具失误，责任由投标人自负。

五、已标价工程量清单

说明：已标价工程量清单按第五章"工程量清单"中的相关清单表格式填写。构成合同文件的已标价工程量清单包括第五章"工程量清单"有关工程量清单、投标报价以及其他说明的内容。

六、施工组织设计

1　总体说明

投标人应依据发包人划定的施工场地范围、本招标文件商务部分、技术标准和要求的要求编制施工组织设计，自行考虑对本合同工程红线外的影响。递交包括临时工程及专项措施等在内的完整的施工组织设计，说明各分部分项工程的施工方法、程序和施工计划，提交包括临时设施和施工道路的施工总布置图及其他必需的图表、文字说明等资料。至少应包括：

（1）工程施工特性；

（2）施工进度；

（3）施工方案；

（4）施工规划细节说明；

（5）施工规划图纸；

（6）对施工规划图纸的基本要求；

（7）特殊施工措施等；

（8）施工队伍组织及施工设备配置。

2　临时工程设计资料

提交各项临时工程的生产与任务规划、设计、图纸、施工方案、技术措施、施工进度等。

3 施工设备计划

投标人拟用于承建本合同工程的施工机械设备，包括投标人拥有的机具设备，应说明现在何处，何时调运到本合同工程工地，并按表 3－1 格式填写。

表 3－1 施工设备计划表

设备名称	规格、型号、容量	数量	现有或新购	制造年份及厂家	已使用情况	现在何地	现在价值	额定功率	达到现场时间
1. 自有设备									
2. 租赁设备									
3. 其他									

4 主要永久设备计划

表 4－1 主要设备需求计划明细表

序号	设备名称及规格	单位	数量	需交货时间					备注
				年/月					

表 4－2 装置性材料需求计划量明细表

序号	名称	规格	单位	需用量	计划用量					备注
					年/月					

续表

序号	名称	规格	单位	需用量	计划用量					备注
					年/月					

5　辅助用地计划表

表 5－1　施工辅助用地计划表

占用土地项目	所需面积 m²	位置	需用时间（自…至…）
1. 生产设施			
2. 施工辅助道路			
3. 其他辅助设施			
合计			

注：投标人应在图纸中标出规定范围内的用地，范围外的辅助工程用地按其所需面积用图纸标出。

6　投标人劳务计划及民工管理

6.1　劳务计划

投标人应按表 6－1 的格式填写打算在本工程中使用的自有成建制专业工人和使用的民工等劳动力计划，应按工种列出人员数量和总工日数量。

表 6－1　投标人劳务计划表

人数　＼　工种			人数	人 工 工日数
＿＿年	1 季度			
	2 季度			
	3 季度			
	4 季度			
……	1 季度			
	2 季度			
	3 季度			
	4 季度			

续表

人数＼工种							人数	人 工 工日数
＿＿年	1季度							
	2季度							
	3季度							
	4季度							
总计								

6.2 民工管理

投标人应按表6－2的格式提交投标报价中所包含的民工管理费用构成。

7 技术、质量、进度和合同管理体系与措施

8 劳务、设备、材料管理与措施

表6－2 民工管理费用构成明细表

序号	费用名称	计算说明	金额	备注
1	培训费			按人·年
2	劳动工作服费用			
3	其他劳保费用			
4	生活设施配套费			
5	医疗保险费			
6	其他			
7	……			
	合计			

9 环保和文明施工管理措施

10 施工安全设计方案及安全措施

11 大坝施工照明、混凝土仓面排水和坝后栈桥设计及技术措施

12 协调配合措施及承诺

七、项目管理机构

（1）项目组织机构与职责、运作方式

投标人应提供打算建立的合同项目现场管理机构图（生产、技术、安全、质量等应为独立机构）。投标人中标后，应实现本管理机构，并经发包人同意，或除非监理人和发包人另有指示，不应对该组织机构作重大变更。

（2）主要人员

投标人应按表7－1－1、7－1－2、7－1－3的要求，列出与总部现场管理机构相对应的主要人员，并提供资历、资格证明。工程项目经理未经发包人同意，不得更换。主要管理人员调离应得到监理人的批准。

表7－1－1　拟委任的项目经理和项目总工程师资历表

姓名		年龄		专业	
职称		公司单位职务		拟在本标段工程担任职务	
毕业学校		年　　月毕业于		学校　　专业，学制　　年	
经历					
年～　年	参加过的工程项目名称		担任何职	发包人及联系电话	
	获奖情况				
目前任职项目状况	项目名称				
	担任职位				
	可以调离日期				
备注					

备注：1. 本表应附项目经理的身份证、职称证书以及建造师注册证书、安全生产考核合格证书的扫描件，并应提供其担任类似工程的项目经理或项目副经理的相关业绩证明材料扫描件；

2. 本表应附项目总工程师的身份证、职称证书的扫描件，并应提供其担任类似工程的项目总工程师或项目副总工程师的相关业绩证明材料扫描件；

3. 前未在具体项目上任职的，请在备注栏说明现在负责的工作内容。

表 7－1－2　拟委任的其他主要管理人员和技术人员汇总表

姓名	年龄	拟在本项目中担任的职务	技术职称	工作年限	类似施工经验年限

表 7－1－3　拟委任的其他主要管理人员和技术人员资历表

姓名		年龄		专业	
职称		公司单位职务		拟在本标段 工程担任职务	
毕业学校		年　　月毕业于　　　　　　学校　　专业，学制　　　年			
经历					
年～　年	参加过的工程项目名称		担任何职	发包人及联系电话	
获奖情况					
目前任职 项目状况	项目名称				
	担任职位				
	可以调离日期				
备注					

备注：1. 本表人员应与表 7－1－2 中所列人员相一致，在本表后附身份证、学历证书、职称资格证书以及资格等证书（如安全生产考核合格证书、试验检测资格证书等）的扫描件；

2. 目前未在具体项目上任职的，请在备注栏说明现在负责的工作内容。

八、投标人拟承担或分包情况表

表 8-1　投标人直属施工单位拟承担的项目或专业工程清单

序号	直属单位名称	施工部位	项目名称	主要工程量		合同金额（万元）	人员数量	设备数量	单位现状	类似项目业绩

表 8-2　投标人拟劳务协作的项目或专业工程清单

序号	劳务协作单位名称	施工部位	项目名称	主要工程量		合同金额（万元）	人员数量	设备数量	单位现状	类似项目业绩

表 8-3　投标人拟专业分包的项目或专业工程清单

序号	专业分包单位名称	施工部位	项目名称	主要工程量		合同金额（万元）	人员数量	设备数量	单位现状	类似项目业绩

注：1. "项目名称"一栏应填入拟承担项目或专业工程的名称；

2. "单位现状"一栏应填报该单位目前所在的工地，正在承担施工的项目。

3. 投标人需根据拟分包的项目情况提供分包意向书/分包协议、分包人资质证明文件。

九、资格审查资料

（一）投标人基本情况表

投标人名称					
投标人组织机构代码或统一社会信用代码					
注册地址			邮政编码		
联系方式	联系人		电话		
	传真		网址		
组织结构					
法定代表人	姓名		技术职称	电话	
技术负责人	姓名		技术职称	电话	
成立时间			员工总人数：		
企业资质等级		其中	项目经理		
营业执照号			高级职称人员		
注册资金			中级职称人员		
开户银行			初级职称人员		
账号			技工		
经营范围备注					
备注					

备注：本表后应附企业法人营业执照副本（全本）、企业资质证书副本、安全生产许可证等材料的扫描件

（二）近年财务状况表

序号	项目	____年	____年	____年
1	固定资产			
2	流动资产			
	其中：存货			
3	总资产			
4	长期负债			
5	流动负债			
6	净资产			
7	利润总额			
8	资产负债率			

序号	项目	_____年	_____年	_____年
9	流动比率			
10	速动比率			
11	销售利润率			

备注：在此附经会计师事务所或审计机构审计的财务财务会计报表，包括资产负债、损益表、现金流量表、利润表和财务情况说明书的扫描件，具体年份要求见第二章"投标人须知"的规定。

（三）近年完成的类似项目情况表

项目名称	
项目所在地	
发包人名称	
发包人地址	
发包人电话	
合同价格	
开工日期	
完工日期	
承担的工作	
工程质量	
项目经理	
技术负责人	
总监理工程师及电话	
项目描述	
备注	

备注：1. 类似项目指＿＿＿＿＿＿＿＿＿＿＿＿＿＿工程。

2. 本表后附中标通知书和（或）合同协议书、工程移交证书（工程完工验收证书）扫描件，具体年份要求见投标人须知前附表。每张表格只填写一个项目，并标明序号。

（四）正在施工的和新承接的项目情况表

项目名称	
项目所在地	
发包人名称	
发包人地址	
发包人电话	

项目名称	
签约合同价	
开工日期	
计划完工日期	
承担的工作	
工程质量	
项目经理	
技术负责人	
总监理工程师及电话	
项目描述	
备注	

备注：本表后附中标通知书和（或）合同协议书扫描件。每张表格只填写一个项目，并标明序号。

（五）近年发生的诉讼及仲裁情况

序号	案由	双方当事人名称	处理结果或进度情况
…	…	…	…

说明：（1）本表为调查表。不得因投标人发生过诉讼及仲裁事项作为否决其投标、作为量化因素或评分因素，除非其中的内容涉及其他规定的评标标准，或导致中标后合同不能履行。

（2）诉讼及仲裁情况是指投标人在招投标和中标合同履行过程中发生的诉讼及仲裁事项，以及投标人认为对其生产经营活动产生重大影响的其他诉讼及仲裁事项。投标人仅需提供与本次招标项目类型相同的诉讼及仲裁情况。

（3）诉讼包括民事诉讼和行政诉讼；仲裁是指争议双方的当事人自愿将他们之间的纠纷提交仲裁机构，由仲裁机构以第三者的身份进行裁决。

（4）"案由"是事情的原由、名称、由来，当事人争议法律关系的类别，或诉讼仲裁情况的内容提要。如"工程款结算纠纷"。

（5）"双方当事人名称"是指投标人在诉讼、仲裁中原告（申请人）、被告（被申请人）或第三人的单位名称。

（6）诉讼、仲裁的起算时间为：提起诉讼、仲裁被受理的时间，或收到法院、仲裁机构诉讼、仲裁文书的时间。

（7）诉讼、仲裁已有处理结果的，应附材料见第二章"投标人须知"3.5.3；还没有处理结果，应说明进展情况，如某某人民法院于某年某月某日已经受理。

（8）如招标文件第二章"投标人须知"3.5.5 条规定的期限内没有发生的诉讼及仲裁情况，投标人在编制投标文件时，需在上表"案由"空白处声明："经本投标人认真核查，在招标文件第二章'投标人须知'3.5.5 条规定的期限内本投标人没有发生诉讼及仲裁纠纷，如不实，构成虚假，自愿承担由此引起的法律责任。特此声明。"

（六）企业其他信誉情况表（年份要求同诉讼及仲裁情况年份要求）

1. 近年企业不良行为记录情况

2. 在施工程以及近年已完工工程合同履行情况

3. 其他

备注：1. 企业不良行为记录情况，主要指近年来中国长江三峡集团有限公司各部门和单位记录的投标人在工程建设过程中因违反有关工程建设的法律、法规、规章或强制性标准和执业行为规范而形成的不良行为，以及中国长江三峡集团有限公司外经县级以上行政主管部门或其委托的执法监督机构查实和行政处罚而形成的不良行为记录。

2. 合同履行情况主要是投标人近年所承接工程和已完工工程是否按合同约定的工期、质量、安全等履行合同义务，对未完工工程合同履行情况还应重点说明非不可抗力解除合同（如果有）的原因等具体情况等等。

十、构成投标文件的其他材料

1. 初步评审需要的材料

投标人应根据招标文件具体要求，提供初步评审需要的材料，包括但不限于下列内容，请将所需材料在投标文件中的对应页码填入表格中。

序号	名称	网上电子投标文件	纸质投标文件正本	备注
	...			

注：1. 所提供的企业证件等资料应为有效期内的文件，其他材料应满足招标文件具体要求。

2. 投标保证金采用银行保函时应提供原件，同《投标保证金退还信息及中标服务费交纳承诺书》原件共同密封提交。

3. 本表供评标时参考，以投标文件实际提供的材料为准。

2. 招标文件规定的其他材料。

3. 招标文件第二章"投标人须知"中的第 4.2.2 项的规定，请列出投标文件未能上传的内容目录（如有）。

4. 投标人认为需要提供的其他材料。